墒情诊断 理论、方法及其验证

Theory, Method and Its Validation of Soil Moisture Diagnosis

侯彦林 等 著

中国农业出版社

内容简介

全书共6章，对2012—2014年的全国部分土壤墒情监测数据进行了系统研究，建立了6个独立的土壤墒情诊断模型和将6个独立的诊断模型联合应用的1个综合诊断模型，统称为墒情诊断综合模型，并应用2015年对应监测点的土壤墒情数据进行了诊断验证。

本书可供从事农学、生态学、地理学的科学工作者以及大专院校相关专业师生参考。

编 委 会

主　　编： 侯彦林　米长虹　杜　森

副 主 编： 黄治平　刘书田　郑宏艳　丁　健
李敬亚

参编人员： 王铄今　侯显达　李　兆　钟永红
吴　勇　张　赓　王　农　任　军

前　言

农谚说“有收无收在于水，收多收少在于肥”。如果说土壤是作物的母亲，那么土壤水就是作物的血液。土壤墒情是指土壤含水量状况，它直接关系到作物的生长发育、产量以及品质的形成。降水和灌溉是土壤水的主要来源，作物蒸腾和土壤蒸发以及深层渗漏是土壤水的主要去向。影响土壤墒情的因素包括：年降水量及其时间分配、降水频率或日数、每次降水特征（降水量、降水持续时间、降水强度等）、地形（高程、坡度、坡向、坡位）、土壤（质地、有机质、质地剖面等）、作物栽培模式、灌溉管理方式、气温和土温、空气湿度、日照、风、作物覆盖和长势变化、土壤孔隙随时间的变化以及时间等，因此精准地掌握墒情并非易事。

长期以来，国家对土壤墒情监测、诊断和预报工作高度重视，先后在农业部、水利部和气象局3个部门建立了墒情监测和预报系统，对实时指导农业生产发挥了极为重要的作用。国家“十三五”百大工程中的第17项“确保建成高标准农田8亿亩[①]、力争10亿亩（灌溉是基本保障）”和第19项“新增高效节水灌溉面积1亿亩（墒情监测、诊断和预报是合理灌溉的科学依据）”都与墒情有着直接和重要的关系，同时互联网、物联网、大数据、云计算等也为现代化、信息化和实时的墒情监测、诊断和预报平台建设和运行提供了先进的技术手段和保障，然而现实中的一个难题是墒情诊断与预报的理论和方法并不成熟，迫切需要理论、方法和技术体系的创新。

本书的形成过程是：(1) 2011年作者思考一个问题，即久旱皆旱透雨皆润的道理，那么土壤质量含水量就在5%～30%之间25个质量含水量范围内波动，而土壤水来源主要是降水和灌溉，理论上，土壤墒情的诊断不应该是一件太难的事情。(2) 俗语说“隔行如隔山”，作者长期从事生态平衡施肥研究，虽然两次博士后期间从事的都是土壤水方面的研究，但是并未涉及墒情诊断内容。在取得农业部全国墒情监测数据后，对墒情诊断与预报方法进行了系统研究，结果令人失望。(3) 在获得大量墒情监测数据前，也曾经设计了一些墒情诊断与预报模型，验证结果表明均不实用。(4) 无奈之下，开始用数据挖掘和大数据分析方法思考如何建模，先后经历一年多时间的建模和不断验证，最终从20多个模型中优选出6个独立的模型和将6个独立的模型综合起来应用的综合模型，初步研究结果令人鼓舞。

本书分6章，其中第一章简介了常用的土壤含水量测定方法和墒情诊断模型以及我国目前墒情监测现状，第二章详细介绍了6个独立的墒情诊断模型和将6个独立模型综合起来应用的墒情诊断综合模型，第三章以7个省23个县87个监测点2～4年的墒情监测数据对所有模型进行了验证，第四章对所有模型进行了总结和评价，第五章对模型

---

① 亩为非法定计量单位，1亩=1/15hm^2≈667m^2。——编者注

应用条件进行了综合评价，第六章对所建立的理论、方法和模型体系进行了系统评价和展望。本书从思考到完成跨越6年时间，如此之快，这要得益于以下3个方面的支持：一是中国农业科学院科技创新工程的经费保障和团队成员的齐心协力；二是全国农业技术推广服务中心节水处的信任和数据资源的保障；三是多年来积累的建模经验和大数据研究思维方法。

本书创新点如下：(1) 理论上，建立了墒情诊断通用概念模型，并实现了将影响因素控制在3个以内的降维处理，即墒情 $P_{(i+1)}$＝f（“天”；“地”；“人”；时间）＝f［某时刻土壤含水量（“地”）；降水（“天”）＋灌溉（“人”）；时间；其他因素合计（其他与“天”有关的气象因素等＋与“地”有关的下垫面因素等＋与“人”有关的栽培管理因素等）］＝f（P_i，某时刻土壤含水量；P_w，相邻两次监测日间的降水量；Days，相邻两次监测日的时间间隔）；按监测点建立模型情况下，其他因素合计的影响反映在以 P_i、P_w、Days 3个独立变量建立的6个模型参数中，即每个监测点建立独立的墒情诊断模型和参数体系，这相当于把“其他因素合计”的影响剔除掉了；在简化模型中增加了“某时刻土壤含水量”作为变量，这相当于考虑了墒情随时间变化的因素；6个模型中的其他变量都为非独立变量，可由3个独立变量通过某种运算而获得。(2) 方法上，建立了由6个独立诊断模型组成的综合诊断模型：墒情诊断与预报的复杂性决定了任何一个模型都难以实现所有含水量范围的精准诊断与预报，因此首先建立较为准确的多个独立的模型，然后再将所有优选出来的模型诊断结果通过与降水量的比对，最后建立综合诊断模型，这样的思维方式是解决实际问题的有效处理方法。(3) 应用上，使用就近国家气象站的降水量数据，解决了大量监测点没有就地降水量数据的难题；验证结果表明，尽管距离十几甚至近百千米，墒情综合诊断模型还是将看似密切程度不高的两个数据联系在了一起，并证明了其存在显著相关关系。

本书主要研究结论：(1) 关于模型应用的下垫面条件是综合诊断模型可以应用于不同气候条件、不同地貌单元、不同土壤类型和质地类型、不同作物类型（大田作物、蔬菜、果树）、不同熟制类型、不同监测时间（除冻期外的所有时段）等，要求气象站的降水量要与墒情监测点的降水量趋势必须一致和必须有2年以上的足够的监测数据。(2) 模型适应性验证结果表明6个独立的模型和1个综合模型适用于所验证的7个省23个县87个监测点2～4年的监测数据，说明模型具有广泛的适用性。(3) 6个诊断模型优劣顺序如下：差减统计法＞间隔天数统计法＞移动统计法＞比值统计法＞统计法＞平衡法；着眼于各种模型的预测功能情况下，逐日预测的稳定性以及准确性应该是首选的指标，此种背景下差减统计法、间隔天数统计法、移动统计法、比值统计法和统计法都是比较适用的模型。以上主要研究结论说明：在缺少参数的地区可以按气候、地貌、土壤和作物的相似性来选择已有模型试用，这将大量节省人力、物力、财力和时间，同时为提高诊断和预报速度、扩大诊断和预报面积提供参考模型库和参数库。(4) 模型自回归和验证结果表明：诊断和预测精度达到3个质量含水量以内的概率为75%以上，即诊断和预测100次，其中75次以上诊断和预测的质量含水量在3个质量含水量范围内。

本书基于中国农业科学院科技创新工程项目（2014-cxgc-hyl、2015-cxgc-hyl、2016-cxgc-hyl）部分研究成果而著成，同时得到天津市科技支撑计划项目“天津市种植业信息化网络平台建设研究与示范项目（15ZCZDNC00700）”、全国农业技术推广服务中心项目“墒情监测数据挖掘方法调研（2016-hx-hyl-5）”、北部湾环境演变与资源利用教育部重点实验室（广西师范学院）、广西地表过程与智能模拟重点实验室（广西师范学院），以及广西师范学院地理学一级学科博士学位点建设项目经费资助，在此表示感谢。

由于水平所限，不足之处在所难免，恳请大家批评指正。

著　者

2016年12月24日

目　　录

第一章　墒情监测、诊断和预报方法综述

我国水资源紧缺，农业是用水大户，每年用水总量为 3 900×10^8 m^3，约占全社会总用水量的 70%～80%；干旱缺水已成为我国粮食稳定增产、农业可持续发展的重要制约因素。根据农业部统计，中华人民共和国成立以来，我国旱灾发生频率不断增加，其中轻旱发生频率为 90%，中旱发生频率为 60%～70%，大旱发生频率达到 25%～30%。近几年来我国旱情面积、发生频次、严重程度等方面都呈现增加的态势（顾颖，2011）。

农谚说“有收无收在于水，收多收少在于肥”。如果说土壤是作物的母亲，那么土壤水就是作物的血液。墒情也称土壤墒情，是作物根系分布层土壤水分的分布状况，即土壤含水量状况，其多少直接影响着作物的生长发育和产量、品质的形成，它是确定灌溉的主要依据之一（张忠，2007），对节水灌溉和排水措施、施肥决策等的制定具有重要意义（杨曙光，2007）。降水和灌溉是土壤水的主要来源，作物蒸腾和土壤蒸发以及深层渗漏是土壤水的主要去向。影响土壤墒情的因素包括：年降水量及其时间分配、降水频率或日数、每次降水特征（降水量、降水持续时间、降水强度等）、地形（高程、坡度、坡向、坡位）、土壤（质地、有机质、质地剖面等）、作物栽培模式、灌溉管理方式、气温和土温、空气湿度、日照、风、作物有无和长势变化、土壤空隙变化以及时间等，同时墒情表现为土体（还涉及不同层次）、田间和区域 3 个空间尺度和中期月、短期周和每日 3 个时间尺度上，因此精准的土壤含水量诊断和墒情等级划分并非易事，所以，建立土壤墒情监测、诊断和预报模型和信息平台是一项紧迫的农业技术推广工作，然而土壤墒情监测、诊断和预报理论、方法和技术体系并非成熟，对其进行系统的科学研究特别是大数据研究就显得十分重要和紧迫。

本章对墒情监测、诊断和预报中的关键技术即土壤含水量测定方法、诊断和预报模型、诊断和预报模型的时空尺度、技术发展趋势和我国墒情监测与预报现状进行综述。

第一节　常用的土壤含水量测定方法

土壤含水量测定是墒情监测、诊断和预报的基础，常见的土壤水分测定方法（时新玲，2003）包括烘干法（Oven Drying Method）、张力计法（Tensiometer）、中子仪法（Neutron Instrument Method）、时域反射仪法（Time-Domain Reflectometer）、遥感监测法（Remote Sensing Monitoring），还有 γ 射线透射法（Gamma Ray Transmission Method）、频域反射法（Frequency Domain Reflection）、电阻法（Electric-Resistivity Method）、电容法（Capacitance Method）、探地雷达法（Ground Penetrating Radar Method）等。

（1）烘干法：烘干法一直是公认的最经典和最精确的测定土壤质量含水量的方法，因其操作简单，得到广泛应用。其缺陷是取样及测定时间长，破坏土壤结构，难以实现定点连续监测

土壤水分的动态变化。

（2）张力计法：张力计法又称负压计法，在非饱和土壤中，土壤的溶质势可以忽略不计，这时张力计插入待测土体中一段时间至平衡后，此时土壤水分与其所受的基质势具有一一对应的关系，因此，用张力计法监测土壤含水量时，通常是先在室内测定所测土壤的水分特征曲线（土壤质量含水量和负压计法测定的土壤基质势关系曲线即土壤水吸力关系曲线），然后根据土壤水分特征曲线，由张力计测得的土壤基质势反算出土壤含水量。由于张力计法结构简单，易于制造，易于操作，使用较为广泛。但是该法易受环境温度影响，仪器稳定性较差。同时由于负压计具有滞后性，往往不能及时反映土壤水分状况，对太过干燥的土壤不适用。

（3）中子仪法：中子仪法适用于监测田间土壤水分动态，能长期定位连续测定，不用采土，不破坏土壤结构，不受滞后作用影响；中子仪还可与自动记录系统和计算机连接，因而成为田间原位测定土壤含水量较好的方法，并得到广泛的应用。中子仪法的主要缺点是需要田间校准、中子仪价格昂贵和有辐射危害。

（4）时域反射仪法：时域反射仪法是利用时域反射原理定点微波测量技术测量某一土层内的土壤水分情况，即通过测量电磁脉冲在土壤介质中的通过时间间接测定土壤含水量。时域反射仪法的仪器有较好的测量效果，是目前较先进的土壤湿度仪，便于实现自动化监测，但价格较为昂贵。

（5）遥感法：遥感监测法主要是利用气象卫星的热通道资料来反演土壤的含水量，是一种大范围的土壤墒情监测方法。遥感监测常用的方法有热惯量法和作物缺水指数法等，前者主要用于裸露土壤或作物生长前期，后者虽可用于作物生长旺盛期，但其计算复杂，要求地面气象因素较多，在实践应用中有较大困难。

以上为常用的土壤水分测定方法，其中烘干法为标准方法，中子仪法为第二标准方法，时域反射仪法为主流的连续田间测定方法，张力计法为简易的连续田间测定方法，遥感法可以进行大范围土壤含水量的估算，以上所有方法都离不开烘干法对土壤质量含水量的标定（杨涛，2010；汪潇，2007）。

第二节　常用的土壤墒情诊断和预报模型

一、模型分类

墒情诊断和预报模型主要有确定性和随机性两类模型。确定性模型：是从土壤水分运移、转化所遵循的物理规律（如质量守恒、能量守恒）出发，建立土壤水动态模型，主要包括概念性模型（水量平衡模型）、机理性模型（SPAC水分传输模型、SPAC水热传输模型）等。随机性模型：影响农田土壤水分动态变化的因素（气象、土壤、作物等）在时间、空间上均有一定的随机特性，从不同的角度考虑以上随机因素的影响，便可以得到不同类型的随机性墒情预报模型，如数理统计模型、随机水量平衡模型与随机土壤水动力学模型等。

二、常用的墒情诊断和预报模型

常见的墒情诊断和预报模型有：经验公式法、水量平衡法、消退指数法、土壤水动力学法、遥感监测法，还有时间序列法、神经网络模型法和支持向量机法等（粟容前，2005）。

（一）经验公式法

原理：经验公式法是用影响土壤水分的因素（如降雨量、饱和差、日平均气温等）建立经验模型的方式来进行土壤墒情诊断和预报的方法。现有的经验模型主要是考虑时段末土壤含水量与时段初土壤含水量、时段累积降雨量、日平均气温、日平均饱和差的多元线性模型。

模型：$\theta_t = a\theta_0 + bP + cT + d$　　(1-1)

$\theta_t = a\theta_0 + bP + cD + d$　　(1-2)

式中，θ_t、θ_0为预测或时段末土壤含水量和时段初土壤含水量（%）；P为时段内累计降水量和灌溉量之和（mm）；T为时段内日平均气温（℃）；D为时段内日平均空气饱和差（hPa）；a、b、c、d为统计的经验系数。

应用条件：一个地区建立的经验公式只能适用于这个特定的地区和特定的作物，模型不利于推广应用。

优缺点：经验公式法具有建模简单、所需数据量少的特点；但其模型系数易受时空分布的影响，适用范围小，模型不利于推广应用；预报结果稳定性和可靠性差。

（二）水量平衡法

原理：水量平衡法是建立在水量平衡原理之上的，在任意土壤区域，一定时段内进入的水量与输出的水量之差等于该区域内的贮水变化量。水量平衡法是通过研究水量平衡方程中的有效降雨量、农田蒸发蒸腾量、地下水补给量等参数之间的相互影响关系，确定土壤水分收支变化，并对土壤墒情进行预报的方法。

模型：$\Delta W = (P_0 + I) + K + L_1 - ET - D - L_2$　　(1-3)

式中，ΔW为时段内土壤贮水变化量；P_0为时段内有效降雨量；I为时段内有效灌溉量；K为时段内地下水补给量；L_1为时段内土体内侧向补给量；ET为时段内作物蒸发蒸腾量；D为时段内深层渗漏量；L_2为时段内土体内侧向渗漏量和径流量之和。式（1-3）单位为mm。

应用条件：水量平衡法不受气象因素影响，计算公式简单、预测精度较高，其结果在非均匀下垫面和任何天气条件下均可应用。

优缺点：原理简单，在有大量实测资料时能达到较高的精度；缺点是所需参数较多，一般进行各种假设后，往往造成精度的降低；所需参数和实测数据较多，预测精度受实测资料数量和精度的影响较大。

（三）消退指数法

原理：消退指数法是通过分析消退指数与其影响因素之间的相关关系，建立消退指数与其影响因素间的统计模型，进而对土壤墒情进行预报的方法。这种方法可直接根据前期土壤含水量资料进行预报。消退指数法实质上是水量平衡法的变形，即将式（1-3）变化后为$ET = (P_0 + I + K + L_1 - D - L_2) - \Delta W = f(W)$，即瞬间蒸发蒸腾量等于土壤贮水量的变化率，它与贮水量（W）之间呈正相关。

模型：在无降雨和灌水的时段内，土壤含水量的变化率与含水量（W）之间的关系可表达为：

$ET = dw/dt = -kw$　　(1-4)

式中，k为土壤水分消退指数，无量纲，主要与气象、土壤、作物等条件有关。

对上式在时间 t_1-t_2 内进行积分即可得到无降水及灌水时土壤水分消退的指数模式：

$$w_2=w_1e^{-k(t_2-t_1)} \tag{1-5}$$

降水及灌水增加了土壤贮水量，在考虑此情况下，以日为单位的土壤贮水量的递推关系为：

$$w_{t+1}=w_te^{-k\Delta t}+Pe+I \tag{1-6}$$

式中，w_t、w_{t+1}为第 t 日和 t+1 日的土壤贮水量，$\Delta t=1d$，Pe、I 为有效降水量和灌溉量。

上文的有效降雨量对土壤水分预报是十分重要的，它受多种因素影响，可用下式计算：

$$Pe=TP \tag{1-7}$$

式中，P 为降雨量，T 为降雨入渗系数，其值与一次降雨的雨量、降雨强度、降雨延续时间、土壤特征、地面植被和地形等有关。根据对陕西关中西部的研究，冬小麦生育期一次降雨量小于 5mm 时，T 为 0；降雨量为 5～50mm 时，T 为 1.0～0.8；降雨量大于 50mm 时，T 为 0.7～0.8。有效灌溉量的处理方法可以参照有效降水量的处理方法。

应用条件：遇到降雨或灌溉时，需要考虑水分入渗系数，其参数的确定要因地制宜。

优缺点：所需参数较少且容易获得，方法相对简单，但遇到较大降雨或灌溉过多或地下水埋深较浅时，即下边界通量不能忽略时误差较大，而且模型中土壤水分消退指数的地域和时域的局限性较强。

（四）土壤水动力学法

原理：土壤水动力学法是根据土壤水分运动基本方程，在研究地表蒸发、作物蒸腾、根系吸水等随作物生长的变化规律的基础上，探寻田间土壤水分变化的机理，进而利用数值方法求解基本方程来对土壤含水量进行预报的方法。

模型：在不考虑温度等因素的影响时，作物生长条件下田间土壤水分运动基本方程可表示为：

$$\frac{\partial\theta}{\partial t}=\frac{\partial\left[\frac{D(\theta)\,\partial\theta}{\partial x}\right]}{\partial x}+\frac{\partial\left[\frac{D(\theta)\,\partial\theta}{\partial y}\right]}{\partial y}+\frac{\partial\left[\frac{D(\theta)\,\partial\theta}{\partial z}\right]}{\partial z}-\frac{\partial K(\theta)}{\partial z}-S(x,y,z,t) \tag{1-8}$$

式中，θ 为土壤容积含水量（cm^3/cm^3）；D（θ）为土壤水分扩散率（cm^2/min）；K（θ）为土壤导水率（cm/d）；S 为根系吸水项，即单位时间内根系从单位体积土壤中吸收的水量［$cm^3/(cm^3\cdot d)$］。

应用条件：土壤水动力学法理论基础坚实，能够动态反映土壤水分的变化情况；模型参数及其计算方法是关键环节。

优缺点：该方法的优点是具有坚实的土壤物理背景，但需要许多难以测定的土壤和作物参数，且这些参数又存在着相当大的空间变异性，这些都限制了该方法的田间实际应用。

（五）遥感监测法

原理：遥感监测法主要是通过建立影响土壤含水量的各因素（如热惯量、归一化植被指数等）与土壤含水量之间的统计模型来对土壤墒情进行预报的方法。现有的遥感监测方法有热惯量法、微波法、热红外法、距平植被指数法、作物缺水指数法等。

模型（举例）：$R=ae^{bp}$ （1-9）

式中，R 为光谱反射率；p 为土壤含水率（%）；a、b 为经验系数。

应用条件：在区域范围内有土壤水监测的历史数据和同期对应的遥感信息源。

优缺点：遥感法建立回归模型，能够及时了解区域土壤水分变化，但需要积累大量的观测数据，工作量大，模型不稳定；地面实测资料多为点状，影响模型精度；遥感监测法适用于大范围的土壤水分预测。

第三节　墒情监测、诊断与预报的时空尺度

一般地，墒情监测、诊断与预报的时间尺度可以划分为中期如月或季、短期如旬或周、日三种。土壤水分的动态变化具有一定的空间尺度效应，一般可分为土体尺度、农田尺度和区域尺度。目前对土壤水分动态模拟与墒情预报的研究多是针对土体尺度进行的，一般不考虑气象、土壤、作物等因素的空间变异性。在农田尺度下，如果气象因素变化不大，并且土壤、作物等的空间分布也比较均匀，则可以用土体尺度的方法和模型来进行研究，而对于区域尺度，则需要考虑以上因素的空间变化，当观测点密度或采样点密度达到一定程度后，可以采用空间插值方法或与遥感监测方法相结合，实现区域墒情诊断和预报的目的。

第四节　墒情监测、诊断和预报技术发展趋势

当前土壤墒情监测、诊断和预报研究与应用广泛使用 3S、互联网和物联网技术（Ben B，2006；McCartney J S，2006；Njoku E G，2002；Scott C A，2003），一个集降水量和灌溉量、土壤含水量、作物长势和遥感技术等于一体的综合土壤墒情监测、诊断与预报体系正在逐步形成，可望形成自动化监测、信息化管理和实时诊断及预报的在线土壤墒情云服务平台。

第五节　我国墒情监测、诊断和预报现状

长期以来，国家对土壤墒情监测、诊断和预报工作高度重视，先后在农业部、水利部和气象局三个部门建立了墒情监测和预报系统，对实时指导农业生产发挥了极为重要的作用。国家“十三五”百大工程中的第 17 项“确保建成高标准农田 8 亿亩、力争 10 亿亩（灌溉是基本保障）”和第 19 项“新增高效节水灌溉面积 1 亿亩（墒情监测、诊断和预报是合理灌溉的科学依据）”都与墒情有着直接和重要的关系，同时互联网、物联网、大数据、云计算等也为现代化、信息化和实时的墒情监测、诊断和预报平台建设和运行提供了先进的技术手段和保障，然而现实中的一个难题是墒情诊断与预报的理论和方法并不成熟（许秀英，2013；李明生，2005；马扬飞，2012；吴代晖，2010），迫切需要理论和方法创新、技术体系创新和服务模式创新。

水利部从 2003 年开始推进土壤墒情监测工作，组织建立土壤墒情监测网络，并于 2006 年颁布了《土壤墒情监测规范》(SL 364—2006)，2012 年颁布了《土壤墒情评价指标》（贾宏伟，2014），对监测站网密度、监测制度、监测方法以及墒情评级指标等进行了规范。2012 年水利部对土壤墒情监测现状的评价是：“旱情监测系统建设还处于起步阶段，土壤墒

情监测站点稀少、精度不高，旱情监测评估和预测分析能力严重滞后”。根据墒情监测现状，水规总院审查编制了《土壤水分监测仪器通用技术条件》（试行），建立了测墒仪器准入制度。虽然我国水利系统引进了一些先进的土壤墒情自动监测仪器，但目前土壤水分的监测仍主要使用传统的人工土钻取土、烘干测量土壤含水量方法（章树安，2013）。因为墒情自动监测设备采用的相关参数在不同区域、不同土壤环境中存在差异。水利部门正在加速推进土壤墒情自动监测设备参数率定工作，检验和率定土壤墒情自动监测设备的适用性和实用性。

2010年，农业部发布《农业部办公厅关于做好土壤墒情监测工作的通知》（农办农[2010] 60号）要求各部门针对本区域水资源状况、不同耕地类型及农作物种植情况，结合各种农业建设项目，按照土壤墒情监测网络化、标准化、信息化的建设标准，建立合理监测站点，并根据监测结果及时发布土壤墒情监测信息，科学指导农业生产。之后印发《全国土壤墒情监测工作方案》的通知，对监测点布设，数据采集，指标体系建立，墒情评价等做了新的要求，通过改进监测技术方法，推进数据自动采集、信息无线传输和结果可视化表达，全面提升监测效率和服务能力。2014年，全国农业技术推广服务中心在北京召开的秋冬种墒情会商会提出应加强墒情监测网络体系建设，开展墒情监测关键技术研究，建立墒情会商制度，加强与气象、水利等部门的协调沟通，与农情、苗情监测紧密合作，强化相关信息合作共享。农业部墒情监测数据采集利用固定式采集站，即采用GPRS/GSM技术，开发了利用基站信息的具有自主定位的墒情采集器，实现了墒情监测网络的快速部署和低成本定位，这是目前农业部用得最多的土壤墒情监测设备。

气象局对土壤墒情的监测主要是用气象卫星与遥感热惯量法、作物缺水指数法、红外辐射法等相结合，同时考虑降水、土壤水、作物需水状况，从而实现多源实时观测/预报数据对干旱进行监测预报。例如，河南气象局以EOS/MODIS卫星资料和遥感监测，河北省气象局应用FY3C卫星数据和Terra卫星数据合成分析对土壤墒情进行评价，结合土壤墒情与降雨量、气温等气象因子间的相关关系，判断土壤增墒情况。由于自动观测数据优于人工观测数据（刘苈今，2011），更能反映真实情况，因此，气象部门建立健全了自动土壤水分站网，实现了土壤水分自动观测站资料的实时接收。

参 考 文 献

顾颖，倪深海，林锦等．2011．我国旱情旱灾情势变化及分布特征[J]．中国水利（13）：27-30.

李明生，刘震．2005．土层水量平衡模型在土壤墒情预报中的应用[J]．东北水利水电，23（1）：49-51.

粟容前，康绍忠，贾云茂，等．2005．农田土壤墒情预报研究现状及不同预报方法的对比分析[J]．干旱地区农业研究，23（6）：194-199.

刘苈今，李毅．2011．自动站与人工站气象观测数据差异浅析[J]．云南大学学报（自然科学版），S1：253-258.

马扬飞．2012．土壤墒情预报模型与精准灌溉控制系统研究[D]．北京：北京林业大学．

时新玲，王国栋．2003．土壤含水量测定方法研究进展[J]．中国农村水利水电（10）：84-86.

汪潇，张增祥，赵晓丽，等．2007．遥感监测土壤水分研究综述[J]．土壤学报（1）：157-163.

吴代晖，范闻捷，崔要奎，等．2010．高光谱遥感监测土壤含水量研究进展[J]．光谱学与光谱分析，30（11）：3067-3071.

许秀英，衣淑娟，黄操军，等．2013．土壤含水量预报现状综述[J]．农机化研究（7）：11-15.

杨涛，宫辉力，李小娟，等.2010. 土壤水分遥感监测研究进展［J]. 生态学报（22)：6264-6277.

杨曙光.2007. 土壤墒情研究进展［J]. 山西水利，23（1)：106-107，109.

章树安，章雨乾.2013. 土壤水分监测技术方法应用比较研究［J]. 水文（2)：25-28.

张忠，蒲胜海，何春燕，等.2007. 我国土壤墒情预报模型的研究进程及发展方向［J]. 新疆农业科学，44（5)：720-723.

Ben B，Karen M B. 2006. Spatial Dynamics of soil moisture and temperature in a black spruce boreal chronosequence [J]. Canadian Journal of Forest Research，369（11)：2794-2802.

McCartney J S，Zornberg J G. 2006. Correction of Lightning Effects on Water Content Reflectometer Soil Moisture Data [J]. Vadose Zone Journal，5（2)：673-683.

Njoku E G，Wilson W J，Yueh S H，et al. 2002. Observations of soil moisture using a passive and active low-frequency microwave airborne sensor during SGP99 [J]. Geoscience and Remote Sensing，40（12)：2659-2673.

Scott C A，Bastiaanssen W G M，et al. 2003. Mapping root zone soil moisture using remotely sensed optical imagery [J]. Journal of Irrigation and Drainage Engineering，129：326.

第二章　土壤墒情诊断模型

本书所述土壤墒情诊断模型均基于降水量数据和土壤墒情历史监测数据而建立，包括平衡法、统计法、差减统计法、比值统计法、间隔天数统计法、移动统计法和综合模型法，前6个模型可以单独实现土壤含水量的诊断，综合模型是前6个模型的综合应用模型，7个模型均可以实现对应历史监测日的时段和逐日的土壤含水量诊断。本章以甘肃省平凉市辖区620801J001监测点为例，对7种土壤墒情诊断模型的应用进行具体介绍。

平凉市位于甘肃省东部，陕西、甘肃、宁夏三省（自治区）交汇处，地处东经107°45′～108°30′，北纬34°54′～35°43′之间，全市辖泾川、灵台、崇信、华亭、庄浪、静宁六县和崆峒一区，总土地面积1.1万km^2，海拔在890～2 857m之间。年均气温8.5℃，年平均降水量511.2mm。平凉市属半干旱、半湿润的大陆性气候，气候特点是南湿、北干、东暖、西凉，由于地形和海拔高度的影响，气候的垂直差异明显。在全省气候区划中，属于泾渭河冷温带亚湿润区。在农业气候区划中，属于陇东温和半湿润农业气候区。

平凉市辖区620801J001土壤墒情监测点位于平凉市辖区崆峒区白土村（经度为106.84°，纬度为35.39°），主要农作物为小麦、玉米，一般农田具备灌溉条件。诊断模型所使用的降水量数据来源于国家气象站（经度为106.67°，纬度为35.55°），该台站距离监测点约24km。该监测点土壤质量含水量测定方法为铝盒烘干法。由于监测点没有提供每次测定时的土壤容重数据，所以本书将容重统一规定为1.15g/cm^3，监测数据表明土壤质量含水量范围为10.36%～25.33%。2012—2014年土壤含水量监测数据见表2-1。

表2-1　甘肃省平凉市辖区620801J001监测点原始数据

日期	间隔天数（d）	实测含水量（P_i）（%）	实测含水量（P_i）（mm）	时段降雨量（P_w）（mm）
2012/4/9	—	13.34	30.68	—
2012/4/23	14	13.13	30.20	9.84
2012/5/7	14	14.50	33.35	31.34
2012/6/8	32	15.05	34.62	50.52
2012/6/23	15	12.04	27.69	13.15
2012/7/3	10	19.57	45.01	60.20
2012/7/23	20	19.92	45.82	35.30
2012/8/8	16	20.54	47.24	16.36
2012/8/22	14	20.05	46.12	75.04
2012/9/7	16	21.95	50.49	57.66
2012/9/23	16	21.92	50.42	29.06
2012/10/10	17	21.68	49.86	33.17
2012/10/23	13	15.22	35.01	9.93

（续）

日期	间隔天数（d）	实测含水量（P_i）（%）	实测含水量（P_i）（mm）	时段降雨量（P_w）（mm）
2012/11/10	18	14.96	34.41	2.48
2013/3/10	—	12.68	29.16	—
2013/4/10	31	10.36	23.83	6.41
2013/4/25	15	12.91	29.69	24.95
2013/5/10	15	11.85	27.26	12.55
2013/5/24	14	12.89	29.65	48.84
2013/6/9	16	11.99	27.58	33.16
2013/6/25	16	23.38	53.77	89.46
2013/7/18	23	24.41	56.14	165.43
2013/7/25	7	24.44	56.21	13.97
2013/8/12	18	24.31	55.91	106.28
2013/8/26	14	24.00	55.20	37.24
2013/9/11	16	18.48	42.50	111.06
2013/9/22	11	17.88	41.12	22.71
2013/9/30	8	18.35	42.21	30.48
2013/10/9	9	14.10	32.43	0.39
2013/10/21	12	16.53	38.02	16.32
2013/10/29	8	14.58	33.53	0.08
2013/11/12	14	15.66	36.02	14.14
2014/3/18	—	13.41	30.84	—
2014/3/27	9	12.29	28.27	0.09
2014/4/7	11	14.31	32.91	9.21
2014/4/17	10	25.33	58.26	10.20
2014/4/28	11	23.70	54.51	57.91
2014/5/10	12	15.70	36.11	4.02
2014/5/20	10	13.93	32.04	0.50
2014/5/30	10	13.22	30.41	6.30
2014/6/11	12	12.13	27.90	3.92
2014/7/7	26	13.15	30.25	43.76
2014/7/23	16	12.85	29.56	24.46
2014/8/14	22	13.93	32.04	16.82
2014/8/29	15	15.10	34.73	64.65
2014/9/28	30	24.07	55.36	201.00
2014/10/9	11	22.35	51.41	47.31
2014/10/19	10	21.04	48.39	14.00
2014/10/27	8	19.38	44.57	0.38

（续）

日期	间隔天数（d）	实测含水量（P_i）（%）	实测含水量（P_i）（mm）	时段降雨量（P_w）（mm）
2014/11/7	11	18.30	42.09	10.61
2014/11/21	14	17.91	41.19	1.54

注：本章所有图表均为甘肃省平凉市辖区620801J001监测点相关分析诊断结果，以下图表名称均为监测点名称。

第一节　平衡法墒情诊断模型

一、平衡法墒情诊断模型的构建原理

平衡法墒情诊断模型就是将影响土壤墒情的两个重要因素，即相邻两个监测日之间的降水量和前一次实测含水量作为自变量，将后一次实测含水量作为因变量，再引入相邻两个监测日之间的土壤水分的“蒸渗流（蒸发＋渗漏＋径流）”项，从而建立的平衡法（遵循质量守恒定律）墒情诊断模型。

二、平衡法墒情诊断模型数学表达式和参数含义

平衡法墒情诊断模型数学表达式：$P_{(i+1)}=P_i+P_w-P_v$　　(2-1)

式中，$P_{(i+1)}$为后一次实测的土壤含水量（mm）；P_i为前一次实测的土壤含水量（mm）；P_w为相邻两个监测日之间的降水量（mm）；P_v为蒸渗流（mm）。

三、平衡法墒情诊断模型的分类

平衡法墒情诊断模型分“时段模型”和“逐日模型”两类。

（一）时段模型法

时段模型法就是根据前一次观测日的土壤含水量、到后一次观测日期间的降水量和间隔时间去诊断后一次土壤含水量的方法，其计算方法如下：

第一步：计算相邻两个监测日之间的降水量（P_w）和实测含水量（P_i）之和，即P_i+P_w（mm）；质量（重量）含水量转化为高度含水量公式如下：

水层厚度（mm）＝土层厚度（mm）×土壤容重（g/cm^3）×质量含水量百分数（%）　　(2-2)

第二步：根据式（2-1）即$P_{(i+1)}=P_i+P_w-P_v$，反求蒸渗流P_v（mm）；

第三步：计算每日蒸渗流（mm/Day），即求P_v/Days，Days为间隔天数；

第四步：以P_i+P_w为横坐标、以P_v/Days为纵坐标做散点图，如图2-1（以甘肃省平凉市辖区620801J001监测点为例，n＝48，下同）；

第五步：观察分析散点图的趋势，可以看出，当（P_i+P_w）大于80mm之后，P_v/Days随（P_i+P_w）增加而波动变大，当（P_i+P_w）超过150mm后甚至P_v/Days呈现下降趋势，再结合土壤水运动规律，可以在60～80mm范围定义一个界限，即小于这个界限值范围内，可以建立回归方程以反映P_i+P_w和P_v/Days的定量关系，而大于这个界限值后，适采用其他方法描述P_i+P_w和P_v/Days的关系，例如本案例中界限值定为60mm。本案例中的回归方程为，$P_v/Days=0.0513\times(P_i+P_w)-1.4258$（$r=0.8559^{**}$，n＝27），如图2-2所示。

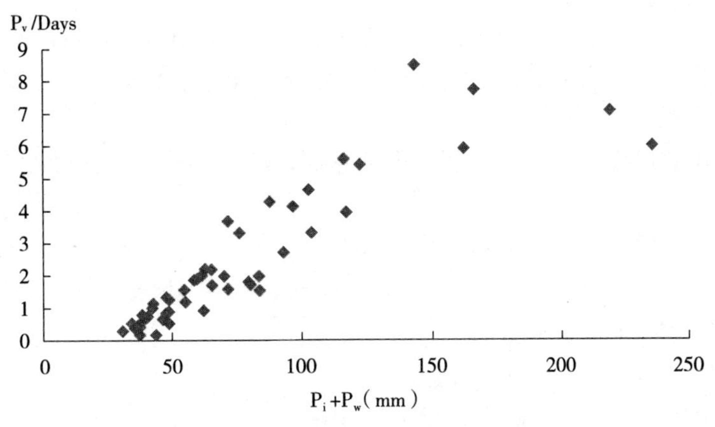

图 2-1　P_i+P_w和 P_v/Days 的散点图

需要特别注意的是，在建立不同监测点模型时，主要考虑具体土壤特性和含水量最大值等监测结果而具体确定监测点的模型表示方法和参数，即每个监测点的模型和参数是特异性的，它反映了气象-土壤-作物等的共同特性。

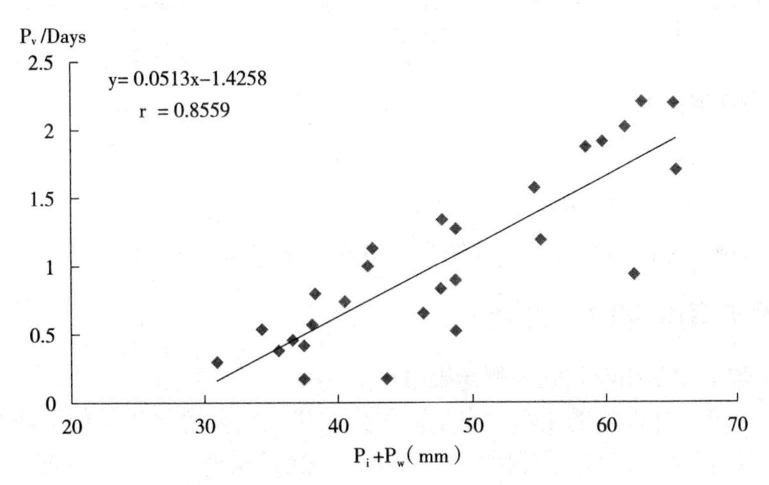

图 2-2　P_i+P_w和 P_v/Days 的散点图

第六步：将 P_i+P_w分段，分别建立土壤含水量预测模型和确定参数，以甘肃省平凉市辖区 620801J001 站点 P_i+P_w和 P_v/Days 散点图为例的分段方法如下，

（A）当 $P_i+P_w\leqslant 60$ 时，用蒸散量方程“y=0.051 3x－1.425 8（见图 2-2）”计算 P_v/Days，即 y 值，再计算预测含水量，$P_{(i+1)预}=[(P_i+P_w)-(y\times Days)]/2.3$（2.3 是土层厚度取 20cm，土壤容重取 1.15g/cm^{3}得到的换算系数）。

（B）当 $P_i+P_w\in(60, 80]$ 时，用“A”中每日蒸渗流方程计算 P_v/Days（x 取 60），即 y=0.051 3×60－1.425 8，将 y 值代入下式再计算预测含水量：$P_{(i+1)预}=(60-y\times Days)/2.3$。

（C）当 $P_i+P_w>80$ 时，$P_{(i+1)预}$=最大实测值－1。当降雨量达到一定大时，土壤含水量就可以达到饱和，过多的降雨量对土壤墒情作用不大，因此不用蒸渗流方程计算，即取 $P_{(i+1)预}$=最大实测值－1。

（二）逐日模型法

逐日模型法就是根据前一次观测日的土壤含水量和以后每日降水量诊断下一日土壤含水量，直到间隔多日的后一次观测日土壤含水量测定结果出来后再进行校验为止的方法，其计算方法如下：

第一步：利用时段模型法算法和所获得的参数，所不同的是每次预测 1d，时间间隔也为 1d；

第二步：与时段模型法算法不同的是分别取诊断日前 1 天、前 2 天、……前 15d 的累计降水量（P_w），每天得到 15 个预测值，将 15 个预测值平均作为逐日的每日预测值；

$$P_{预测1}=f(P_i, P_i+P_{w1}, Day_1) \tag{2-3}$$

$$P_{预测2}=f(P_i, P_i+P_{w2}, Day_2) \tag{2-4}$$

……

$$P_{预测15}=f(P_i, P_i+P_{w15}, Day_{15}) \tag{2-5}$$

$$P_{逐日预测}=(P_{预测1}+P_{预测1}+\cdots+P_{预测15})/15 \tag{2-6}$$

第三步：当间隔天数≤15d 时（一般监测点时间间隔为 15d 测定一次），每个预测值均以上一个实测值为准进行计算；当间隔天数＞15d 时，需要计算出一个第 15 天的预测值即 $P_{逐日预测}$，用该值取代 P_i进行后面日期的预测，直到下一个有实测值的日期，再以该实测值为标准进行计算。

四、模型使用条件

模型使用条件：（一）土壤含水量以高度含水量方式表示；（二）每年第一个监测数据参与建模，不进行自回归预测，因为需要第一个 P_i作为基础数；（三）散点图需要经过专业分析后，取未发散部分之前的所有点并且结合实测含水量范围再次做图。

五、平衡法墒情诊断模型案例

（一）原始数据建模和自回归预测结果分析

使用 2012—2014 年 3 年的土壤含水量监测数据建立具体的该站点的平衡法墒情诊断模型，表 2-2 为时段模型法自回归预测结果，表 2-3 为逐日模型法自回归预测结果，图 2-3 到图 2-6 为预测结果图，其中图 2-3 为时段模型法自回归预测结果图，图 2-4 到图 2-6 为逐日模型法自回归预测结果图。

表 2-2 表明：时段模型法预测的质量含水量与实测质量含水量相比误差大于 3 个质量含水量的监测日有 10 个，占 20.83%，其中大于 5 个质量含水量的监测日有 6 个，占 12.50%；如果将预测误差小于 3 个质量含水量作为预测合格标准，则平衡法时段模型的自回归合格率为 79.17%，平均误差为 2.30%，最大误差为 10.00%，最小误差为 0.02%。

从表 2-3 可见，从逐日模型法预测结果中筛选出所有监测日所对应的预测结果，将有监测记录的预测结果与实测结果相比，预测误差大于 3 个质量含水量的监测日有 7 个，占 14.58%，其中大于 5 个质量含水量的监测日有 1 个，占 2.08%；如果将预测误差小于 3 个质量含水量作为预测合格标准，则平衡法逐日模型的自回归合格率为 85.42%，平均误差为 1.87%，最大误差为 10.06%，最小误差为 0.15%。

表 2-2　2012—2014 年原始数据平衡法时段验证结果（%）

监测日	实测值	预测值	误差值	监测日	实测值	预测值	误差值
2012/4/9	13.34	—	—	2013/9/22	17.88	18.18	0.30
2012/4/23	13.13	13.64	0.51	2013/9/30	18.35	20.34	1.99
2012/5/7	14.50	16.03	1.53	2013/10/9	14.10	15.55	1.45
2012/6/8	15.05	22.17	7.12	2013/10/21	16.53	15.59	−0.94
2012/6/23	12.04	14.08	2.04	2013/10/29	14.58	14.73	0.15
2012/7/3	19.57	22.17	2.60	2013/11/12	15.66	14.52	−1.14
2012/7/23	19.92	22.17	2.25	2014/3/18	13.41	—	—
2012/8/8	20.54	14.59	−5.95	2014/3/27	12.29	12.82	0.53
2012/8/22	20.05	22.17	2.12	2014/4/7	14.31	13.92	−0.39
2012/9/7	21.95	22.17	0.22	2014/4/17	25.33	15.33	−10.00
2012/9/23	21.92	14.59	−7.33	2014/4/28	23.70	22.17	−1.53
2012/10/10	21.68	22.17	0.49	2014/5/10	15.70	17.22	1.52
2012/10/23	15.22	16.72	1.50	2014/5/20	13.93	13.95	0.02
2012/11/10	14.96	12.41	−2.55	2014/5/30	13.22	14.32	1.10
2013/3/10	12.68	—	—	2014/6/11	12.13	13.18	1.05
2013/4/10	10.36	10.09	−0.27	2014/7/7	13.15	7.41	−5.74
2013/4/25	12.91	14.19	1.28	2014/7/23	12.85	14.18	1.33
2013/5/10	11.85	13.53	1.68	2014/8/14	13.93	11.04	−2.89
2013/5/24	12.89	16.03	3.14	2014/8/29	15.10	22.17	7.07
2013/6/9	11.99	14.59	2.60	2014/9/28	24.07	22.17	−1.90
2013/6/25	23.88	22.17	−1.71	2014/10/9	22.35	22.17	−0.18
2013/7/18	24.41	22.17	−2.24	2014/10/19	21.04	18.90	−2.14
2013/7/25	24.44	21.06	−3.38	2014/10/27	19.38	17.46	−1.92
2013/8/12	24.31	22.17	−2.14	2014/11/7	18.30	17.27	−1.03
2013/8/26	24.00	22.17	−1.83	2014/11/21	17.91	14.02	−3.89
2013/9/11	18.48	22.17	3.69	—	—	—	—

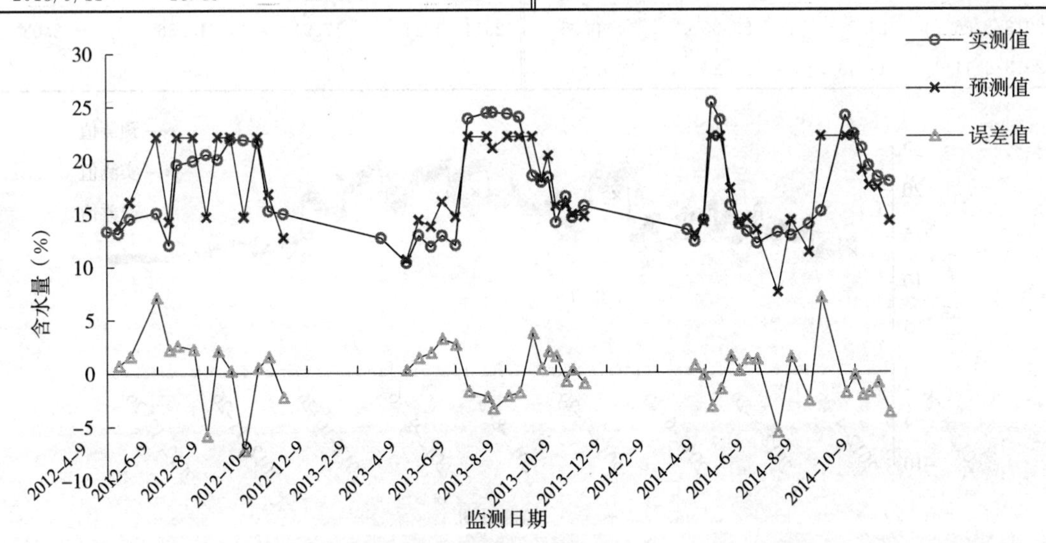

图 2-3　2012—2014 年原始数据平衡法时段验证结果（注：差值为重量含水量%，下同）

表 2-3　2012—2014 年原始数据平衡法逐日验证结果（%）

监测日	实测值	预测值	误差值	监测日	实测值	预测值	误差值
2012/4/9	13.34	—	—	2013/9/22	17.88	20.39	2.51
2012/4/23	13.13	13.41	0.28	2013/9/30	18.35	19.60	1.25
2012/5/7	14.50	15.17	0.67	2013/10/9	14.10	15.86	1.76
2012/6/8	15.05	17.78	2.73	2013/10/21	16.53	15.52	−1.01
2012/6/23	12.04	15.85	3.81	2013/10/29	14.58	15.02	0.44
2012/7/3	19.57	20.44	0.87	2013/11/12	15.66	14.27	−1.39
2012/7/23	19.92	19.01	−0.91	2014/3/18	13.41	—	—
2012/8/8	20.54	19.11	−1.43	2014/3/27	12.29	12.88	0.59
2012/8/22	20.05	23.20	3.15	2014/4/7	14.31	13.31	−1.00
2012/9/7	21.95	21.45	−0.50	2014/4/17	25.33	15.27	−10.06
2012/9/23	21.92	19.95	−1.97	2014/4/28	23.70	23.14	−0.56
2012/10/10	21.68	17.09	−4.59	2014/5/10	15.70	19.83	4.13
2012/10/23	15.22	19.21	3.99	2014/5/20	13.93	14.48	0.55
2012/11/10	14.96	13.94	−1.02	2014/5/30	13.22	13.91	0.69
2013/3/10	12.68	—	—	2014/6/11	12.13	13.13	1.00
2013/4/10	10.36	12.69	2.33	2014/7/7	13.15	16.05	2.90
2013/4/25	12.91	14.79	1.88	2014/7/23	12.85	13.00	0.15
2013/5/10	11.85	13.74	1.89	2014/8/14	13.93	15.68	1.75
2013/5/24	12.89	15.08	2.19	2014/8/29	15.10	15.76	0.66
2013/6/9	11.99	14.01	2.02	2014/9/28	24.07	22.58	−1.49
2013/6/25	23.88	21.03	−2.85	2014/10/9	22.35	22.56	0.21
2013/7/18	24.41	23.27	−1.14	2014/10/19	21.04	19.10	−1.94
2013/7/25	24.44	22.68	−1.76	2014/10/27	19.38	17.46	−1.92
2013/8/12	24.31	23.34	−0.97	2014/11/7	18.30	17.34	−0.96
2013/8/26	24.00	23.05	−0.95	2014/11/21	17.91	15.86	−2.05
2013/9/11	18.48	23.23	4.75	—	—	—	—

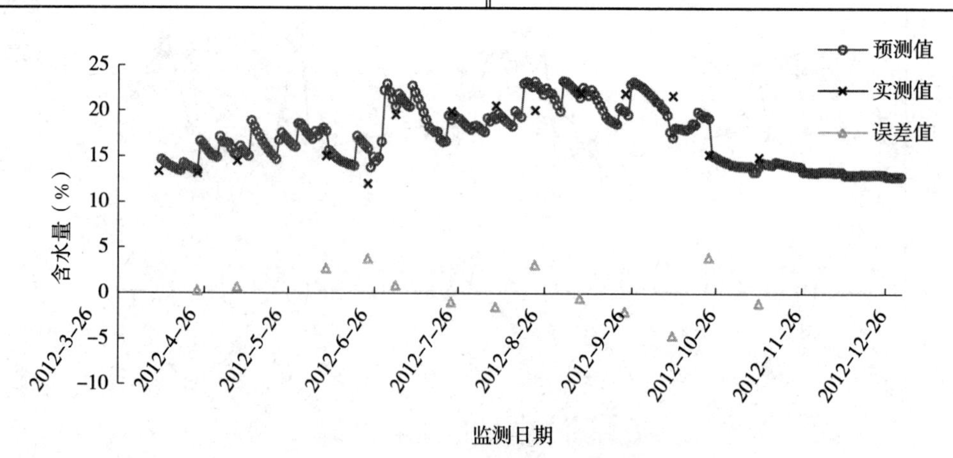

图 2-4　2012 年平衡法逐日验证结果

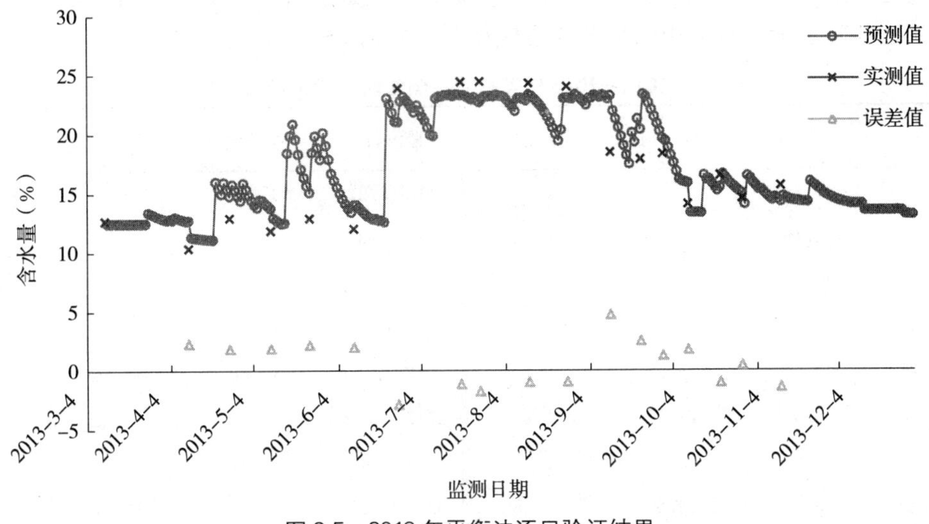

图 2-5　2013 年平衡法逐日验证结果

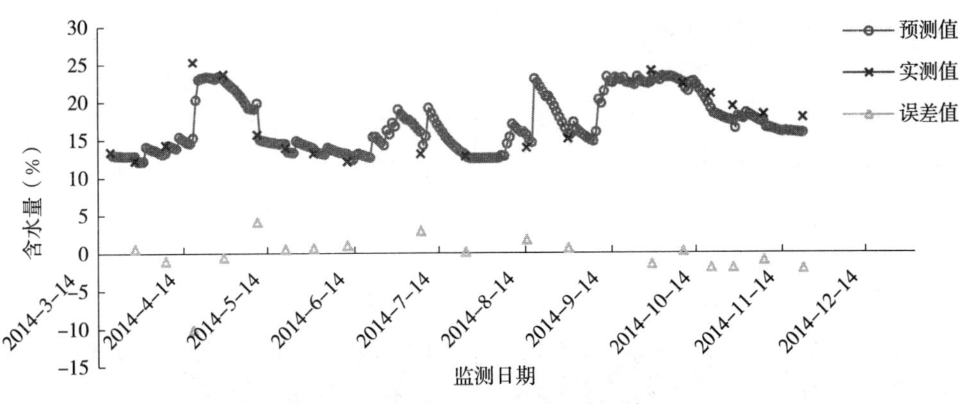

图 2-6　2014 年平衡法逐日验证结果

（二）灌溉后建模和自回归预测结果分析

本模型所采用的降水量数据是从就近的国家标准气象站获得的每天降水量的数据，土壤墒情监测数据中没有灌溉时间和灌溉量的记录，其降水量数据与墒情监测点的实际降水量在个别时间段内可能存在较大差距，使得个别监测时间的土壤含水量突然明显增加，而时段的降水量不足以满足土壤含水量增加之幅度，合理的解释就是灌溉造成了土壤含水量的突然明显增加，即使没有灌溉，也可以理解为监测点的降雨量明显高于气象站的降雨量，因此，必须在原始数据中将灌溉量适当增加到适当时间段内的降水量之中。本案例考虑 2014 年 4 月 7～17 日时间段内增加灌溉量，最终在时间上取大致中间点即将 2014 年 4 月 12 日作为灌溉日而增加灌溉，考虑到普通灌溉方式确定为灌溉量为 100mm。

就普遍意义而言：当监测点土壤含水量明显升高时，而时段降水量不足以使其达到升高的幅度时，就可以考虑时段存在灌溉；当监测点土壤含水量明显下降，而时段降水量明显适宜时使其不足以降低幅度那么大时，就可以认为时段气象站的降水量明显多于监测点的降水量，这种情况无法从时段降水量中扣除一部分降水量，这是造成部分情况下建模和预测误差偏大的主要原因。就本案例而言，监测点距离气象站的直线距离大约为 24km，因此两地间的降水量之差是影响建模和预测误差大的主要原因，这就提示我们，如果有物联网同期监测的土壤墒情和降水量，将会极大地提高建模和预测的精度。

表 2-4　2012—2014 年灌溉后平衡法时段验证结果（%）

监测日	实测值	预测值	误差值	监测日	实测值	预测值	误差值
2012/4/9	13.34	—	—	2013/9/22	17.88	18.23	0.35
2012/4/23	13.13	13.86	0.73	2013/9/30	18.35	20.37	2.02
2012/5/7	14.50	16.09	1.59	2013/10/9	14.10	15.68	1.58
2012/6/8	15.05	22.17	7.12	2013/10/21	16.53	15.72	−0.81
2012/6/23	12.04	14.25	2.21	2013/10/29	14.58	14.86	0.28
2012/7/3	19.57	22.17	2.60	2013/11/12	15.66	14.68	−0.98
2012/7/23	19.92	22.17	2.25	2014/3/18	13.41	—	—
2012/8/8	20.54	14.66	−5.88	2014/3/27	12.29	13.01	0.72
2012/8/22	20.05	22.17	2.12	2014/4/7	14.31	14.11	−0.20
2012/9/7	21.95	22.17	0.22	2014/4/17	25.33	22.17	−3.16
2012/9/23	21.92	14.66	−7.26	2014/4/28	23.70	22.17	−1.53
2012/10/10	21.68	22.17	0.49	2014/5/10	15.70	17.28	1.58
2012/10/23	15.22	16.78	1.56	2014/5/20	13.93	14.13	0.20
2012/11/10	14.96	12.71	−2.25	2014/5/30	13.22	14.48	1.26
2013/3/10	12.68	—	—	2014/6/11	12.13	13.40	1.27
2013/4/10	10.36	10.65	0.29	2014/7/7	13.15	7.52	−5.63
2013/4/25	12.91	14.35	1.44	2014/7/23	12.85	14.30	1.45
2013/5/10	11.85	13.75	1.90	2014/8/14	13.93	11.31	−2.62
2013/5/24	12.89	16.09	3.20	2014/8/29	15.10	22.17	7.07
2013/6/9	11.99	14.66	2.67	2014/9/28	24.07	22.17	−1.90
2013/6/25	23.88	22.17	−1.71	2014/10/9	22.35	22.17	−0.18
2013/7/18	24.41	22.17	−2.24	2014/10/19	21.04	18.95	−2.09
2013/7/25	24.44	21.09	−3.35	2014/10/27	19.38	17.55	−1.83
2013/8/12	24.31	22.17	−2.14	2014/11/7	18.30	17.35	−0.95
2013/8/26	24.00	22.17	−1.83	2014/11/21	17.91	14.21	−3.70
2013/9/11	18.48	22.17	3.69	—	—	—	—

表 2-4 表明，数据调整后平衡法时段验证结果的预测的质量含水量与实测质量含水量相比误差大于 3 个质量含水量的监测日有 10 个，占 20.83%，其中大于 5 个质量含水量的监测日有 5 个，占 10.42%；如果将预测误差小于 3 个质量含水量的监测日作为合格预测结果，则平衡法时段模型的自回归合格率为 79.17%（其中大于 5 个质量含水量的减少 1 个，其他未变化），平均误差为 2.17%，最大误差为 7.26%，最小误差为 0.18%，可见加灌溉后的预测误差有所减小。

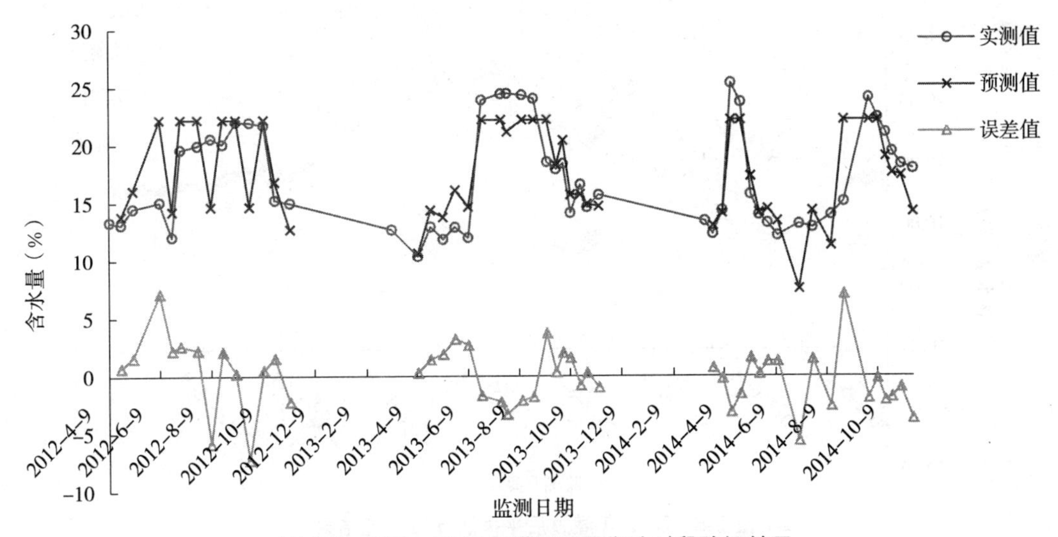

图 2-7　2012—2014 年灌溉后平衡法时段验证结果

表 2-5　2012—2014 年数据调整后平衡法逐日验证结果（%）

监测日	实测值	预测值	误差值	监测日	实测值	预测值	误差值
2012/4/9	13.34	—	—	2013/9/22	17.88	20.42	2.54
2012/4/23	13.13	13.56	0.43	2013/9/30	18.35	19.63	1.28
2012/5/7	14.50	15.26	0.76	2013/10/9	14.10	15.98	1.88
2012/6/8	15.05	17.89	2.84	2013/10/21	16.53	15.62	−0.91
2012/6/23	12.04	15.95	3.91	2013/10/29	14.58	15.14	0.56
2012/7/3	19.57	20.45	0.88	2013/11/12	15.66	14.40	−1.26
2012/7/23	19.92	19.10	−0.82	2014/3/18	13.41	—	—
2012/8/8	20.54	19.18	−1.36	2014/3/27	12.29	13.05	0.76
2012/8/22	20.05	23.20	3.15	2014/4/7	14.31	13.46	−0.85
2012/9/7	21.95	21.47	−0.48	2014/4/17	25.33	20.99	−4.34
2012/9/23	21.92	19.99	−1.93	2014/4/28	23.70	23.14	−0.56
2012/10/10	21.68	17.21	−4.47	2014/5/10	15.70	19.88	4.18
2012/10/23	15.22	19.25	4.03	2014/5/20	13.93	14.61	0.68
2012/11/10	14.96	14.16	−0.80	2014/5/30	13.22	14.05	0.83
2013/3/10	12.68	—	—	2014/6/11	12.13	13.29	1.16
2013/4/10	10.36	12.98	2.62	2014/7/7	13.15	16.16	3.01
2013/4/25	12.91	14.88	1.97	2014/7/23	12.85	13.21	0.36
2013/5/10	11.85	13.87	2.02	2014/8/14	13.93	15.84	1.91
2013/5/24	12.89	15.15	2.26	2014/8/29	15.10	15.85	0.75
2013/6/9	11.99	14.19	2.20	2014/9/28	24.07	22.59	−1.48
2013/6/25	23.88	21.05	−2.83	2014/10/9	22.35	22.58	0.23
2013/7/18	24.41	23.27	−1.14	2014/10/19	21.04	19.14	−1.90
2013/7/25	24.44	22.69	−1.75	2014/10/27	19.38	17.54	−1.84
2013/8/12	24.31	23.35	−0.96	2014/11/7	18.30	17.41	−0.89
2013/8/26	24.00	23.05	−0.95	2014/11/21	17.91	15.97	−1.94
2013/9/11	18.48	23.23	4.75	—	—	—	—

从表 2-5 可见，从数据调整后的逐日模型预测结果中筛选出所有监测日所对应的预测结果，将有监测记录的预测结果与实测结果相比，预测误差大于 3 个质量含水量的监测日有 7 个，占 14.58%，其中大于 5 个质量含水量的监测日有 0 个，占 0%；如果将预测误差小于 3

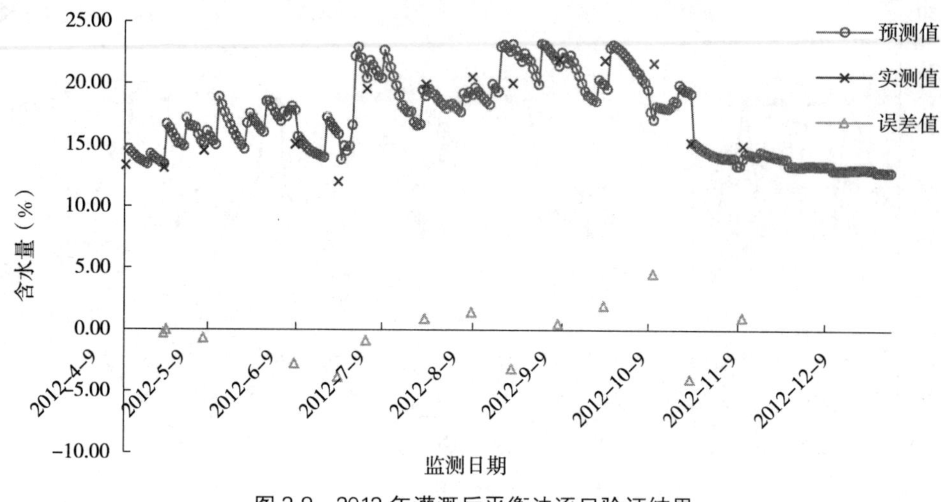

图 2-8　2012 年灌溉后平衡法逐日验证结果

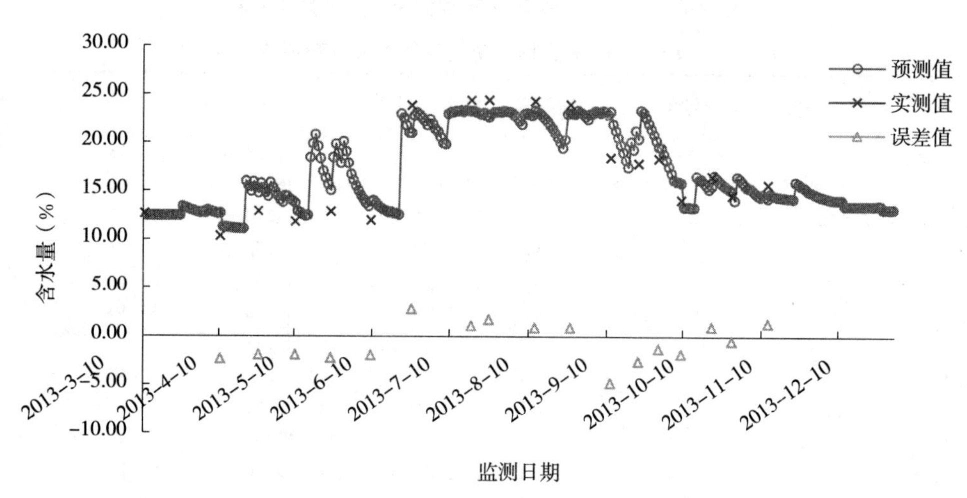

图 2-9　2013 年灌溉后平衡法逐日验证结果

个质量含水量作为预测合格标准，则平衡法逐日预测的自回归合格率为 85.42%，平均误差为 1.78%，最大误差为 4.75%，最小误差为 0.23%，可见加灌溉后的预测误差有所减小。

（三）2015 年预测结果分析

本书所用方法中，自回归预测是指将建模数据代入模型中预测的结果，每一次预测的结果都称之为土壤墒情的诊断结果；预测是指基于所建立的模型，使用未建模的数据预测的土壤墒情结果。表 2-6 是甘肃省平凉市辖区 620801J001 站点 2012—2014 年数据建模后再用 2015 年数据进行验证的结果，图 2-11 和 2-12 分别为对应的平衡法时段模型和逐日模型的预测结果。

表 2-6　2012—2014 年数据建立平衡法模型对 2015 年预测结果（%）

监测日	实测值	时段预测值	时段误差值	逐日预测值	逐日误差值
2015/3/10	17.59	—	—	—	—
2015/3/18	17.89	16.28	−1.61	16.23	−1.66

（续）

监测日	实测值	时段预测值	时段误差值	逐日预测值	逐日误差值
2015/3/29	16.14	16.12	−0.02	16.26	0.12
2015/4/8	16.85	18.95	2.10	18.28	1.43
2015/4/26	16.72	13.23	−3.49	18.93	2.21
2015/5/6	16.71	17.12	0.41	16.89	0.18
2015/5/26	14.92	11.81	−3.11	18.32	3.40
2015/6/12	15.91	22.17	6.26	22.40	6.49
2015/7/10	14.75	22.17	7.42	17.13	2.38
2015/7/27	12.26	13.27	1.01	15.13	2.87
2015/8/7	12.41	17.90	5.49	17.49	5.08
2015/8/24	15.27	13.95	−1.32	13.07	−2.20
2015/9/12	18.24	22.17	3.93	21.07	2.83
2015/9/24	19.63	17.52	−2.11	19.18	−0.45
2015/10/7	20.09	16.65	−3.44	17.72	−2.37
2015/10/29	19.73	22.17	2.44	18.91	−0.82
2015/11/9	19.87	17.17	−2.70	18.13	−1.74
2015/11/22	19.89	15.87	−4.02	17.42	−2.47

从表 2-6 可见，对 2012—2014 年原始数据进行加灌溉数据处理后建模得到 2015 年平衡法时段模型预测结果中，预测误差大于 3 个质量含水量的监测日有 8 个，占 47.06%，其中

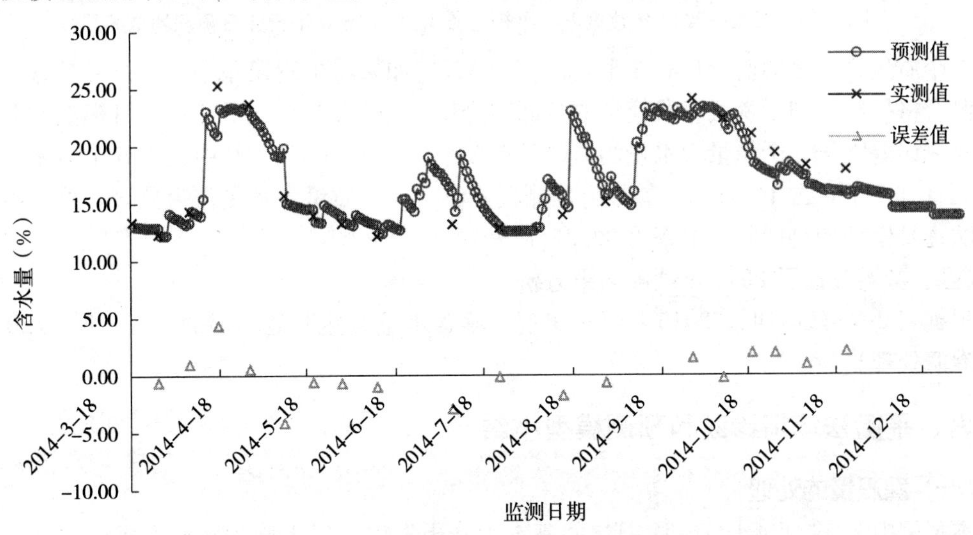

图 2-10　2014 年灌溉后平衡法逐日验证结果

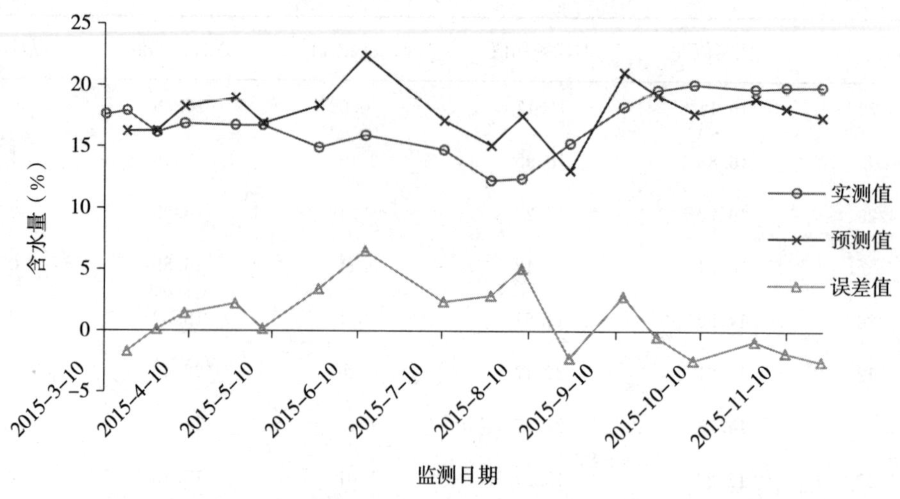

图 2-11　2012—2014 年数据建立平衡法模型对 2015 年进行时段预测的结果

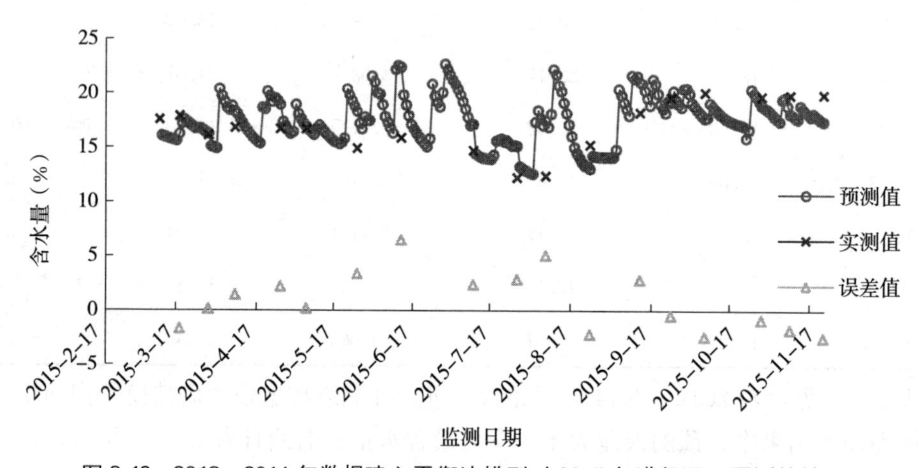

图 2-12　2012—2014 年数据建立平衡法模型对 2015 年进行逐日预测的结果

大于 5 个质量含水量的监测日有 3 个，占 17.65%，如果将预测误差小于 3 个质量含水量作为预测合格标准，则平衡法时段模型的自回归合格率为 52.94%；平衡法逐日模型预测结果中，预测误差大于 3 个质量含水量的监测日有 3 个，占 17.65%，其中大于 5 个质量含水量的监测日有 2 个，占 11.76%，如果将预测误差小于 3 个质量含水量作为预测合格标准，则平衡法逐日模型的自回归合格率为 82.35%。

（四）数据处理后 2015 年预测结果分析

根据表 2-6 可以表明，2015 年没有出现土壤含水量突然明显增加的情况，所以 2015 年未作灌溉处理。

六、平衡法墒情诊断和预测模型小结

（一）灌溉量的处理

本案例中 2014 年 4 月 7～17 日之间基本无降雨发生，但土壤含水量大幅度地增高即从 14.31%提高到 25.33%，因此对中间日 2014 年 4 月 12 日增加了 100mm 灌溉量的处理，处理后预测误差明显从10%减小到5%左右。

（二）预测误差分析

造成模型预测误差的主要原因是：降水量在地点上与观测点不配套；灌溉无记录；土壤参数如容重没有每次都测定，所以对土壤容重采用统一数值，在不同地区、不同土壤类型以及不同观测日的土壤含水量计算上会产生一定的误差。其中随着监测数据的增多，参数设定是平衡方法需要改进的主要内容。

本书中所使用的降水量数据是从就近的国家标准气象站获得的每天降水量的数据，其降水量数据与墒情监测点的实际降水量在个别时间段内可能存在较大差距。

（三）时段模型法的特点

时段模型法就是利用两次监测时段的降水量对土壤墒情进行诊断和预测，如果能够获取监测点的实际降水量和每次的土壤容重等数据，模型和参数都将实现个性化，预测精度会大幅度地得到提高。

（四）逐日诊断的特点

逐日模型法可以实现首个实测值后的每一天的诊断和预测，并且对间隔天数>15d时进行了技术处理，即将第15天的预测值作为“实测值”参与计算。逐日诊断和预报可以实现土壤墒情的实时监控和预报，使得现阶段不具备自动墒情监测条件的地区也能够及时获得当地实时的墒情状况，可见逐日模型法是实现土壤墒情信息化管理的潜力方法。

（五）模型应用的可行性分析

本案例仅就一个点的监测数据进行了系统分析，关于模型应用的可行性分析必须等大量案例验证后才能得出相应的结论。但是，仅就本案例可以初步得出以下结论：对于特定监测点而言，时段模型法建模并不断得到修正后，再采用逐日模型法即可实现实时动态土壤墒情的预测，这就为县级和省级乃至国家级的土壤墒情监测网的建立提供了方法模型，还可以就某一气候区域或其他特殊区域的需要建立在线墒情诊断与预测网。

第二节　统计法墒情诊断模型

一、统计法墒情诊断模型构建原理

统计法墒情诊断模型就是将影响土壤墒情的两个重要因素，即相邻两个监测日之间的降水量和前一次实测含水量作为自变量，同时考虑两者对后一次实测含水量的交互影响，即降水量和含水量的乘积项，将后一次实测含水量作为因变量，从而建立的统计法墒情诊断模型。

二、统计法墒情诊断模型数学表达式和参数含义

统计法墒情诊断模型数学表达式：$P_{(i+1)}=aP_i+bP_w+c(P_iP_w)+d$　　(2-7)

式中，$P_{(i+1)}$为后一次实测的土壤含水量（质量含水量）；P_i为前一次实测的土壤含水量（质量含水量）；P_w为相邻两个监测日之间的降水量（mm）。

三、统计法墒情诊断模型的分类

统计法墒情诊断模型分“时段模型”和“逐日模型”两类。

(一) 时段模型法

时段模型法就是根据前一次观测日的土壤含水量、后一次观测日期间的降水量和间隔时间去诊断后一次土壤含水量的方法，其计算方法如下：

第一步：计算相邻两个监测日之间的降水量（P_w）及它（P_w）与实测含水量（P_i）乘积，即 P_iP_w。

第二步：以后一次含水量（$P_{(i+1)}$）为因变量（y），以相邻上一次监测的含水量（P_i）、时段降水量（P_w）、土壤含水量与时段降水量乘积（P_iP_w）分别为自变量 x_1、x_2、x_3，用 Excel 中 LINEST 函数作相关，得到甘肃省平凉市辖区 620801J001 站点的统计法相关性方程为：$P_{(i+1)}=0.8637P_i+0.1679P_w-0.0065(P_iP_w)+0.6766$，$r=0.8693^{**}$，$n=48$。

F 检验：$V_1=n-df-1=51-44-1=6$，自由度 $V_2=df=44$，显著性水平为 0.05 时，$F_{0.95}(6,44)=2.32$，$F=45.36\gg F_{0.95}$，F 检验合理；T 临界值检验：自由度为 44、显著性水平为 0.05 的 t 临界值为 2.02，P_i、P_w和（P_iP_w）的 T 观察值分别为 7.99、5.15 和 3.61，均大于 2.02，F 检验和 T 检验结果说明 P_i、P_w和（P_iP_w）对土壤含水量预测值影响显著。

第三步：根据所得方程求土壤含水量。

(二) 逐日模型法

逐日模型法就是根据前一次观测日的土壤含水量、以后每日降水量诊断下一日土壤含水量，直到间隔多日的后一次观测日土壤含水量测定结果出来后再进行校验为止的方法，即利用时段方法及参数对土壤墒情进行了逐日诊断，P_w取预测日前 15d 累计降水量。

当间隔天数≤15d 时（一般监测点时间间隔为 15d 测定一次），每个预测值均以上一个实测值为准进行计算；当间隔天数＞15d 时，需要计算出一个第 15 天的预测值即 $P_{逐日预测}$，用该值取代 P_i进行后面日期的预测，直到下一个有实测值的日期，再以该实测值为标准进行计算。

四、模型使用条件

模型使用时的条件：每年第一个监测数据参与建模，不进行自回归预测，因为需要第一个 P_i作为基础数。

五、统计法墒情诊断模型案例

(一) 原始数据建模和自回归预测结果分析

使用 2012—2014 年 3 年的土壤含水量监测数据建立具体的该站点的统计法墒情诊断模型，图 2-13 到图 2-16 为预测结果图，其中图 2-13 为时段模型法自回归预测结果图，图 2-14 到图 2-16 为逐日模型法自回归预测结果图。

表 2-7 表明，时段模型法预测的质量含水量与实测质量含水量相比误差大于 3 个质量含水量的监测日有 6 个，占 12.50%，其中大于 5 个质量含水量的监测日有 3 个，占 6.25%；如果将预测误差小于 3 个质量含水量作为预测合格标准，则统计法时段模型的自回归合格率为 87.50%，平均误差为 1.84%，最大误差为 11.05%，最小误差为 0%。

表 2-7　2012—2014 年原始数据统计法时段验证结果（%）

监测日	实测值	预测值	误差值	监测日	实测值	预测值	误差值
2012/4/9	13.34	—	—	2013/9/22	17.88	17.88	0.00
2012/4/23	13.13	13.54	0.41	2013/9/30	18.35	17.81	−0.54
2012/5/7	14.50	14.85	0.35	2013/10/9	14.10	16.86	2.76
2012/6/8	15.05	16.88	1.83	2013/10/21	16.53	14.51	−2.02
2012/6/23	12.04	15.00	2.96	2013/10/29	14.58	15.41	0.83
2012/7/3	19.57	16.27	−3.30	2013/11/12	15.66	14.72	−0.94
2012/7/23	19.92	19.06	−0.86	2014/3/18	13.41	—	—
2012/8/8	20.54	18.64	−1.90	2014/3/27	12.29	12.95	0.66
2012/8/22	20.05	20.87	0.82	2014/4/7	14.31	12.72	−1.59
2012/9/7	21.95	20.09	−1.86	2014/4/17	25.33	14.28	−11.05
2012/9/23	21.92	20.37	−1.55	2014/4/28	23.70	22.74	−0.96
2012/10/10	21.68	20.45	−1.23	2014/5/10	15.70	21.13	5.43
2012/10/23	15.22	19.72	4.50	2014/5/20	13.93	14.78	0.85
2012/11/10	14.96	14.51	−0.45	2014/5/30	13.22	13.75	0.53
2013/3/10	12.68	—	—	2014/6/11	12.13	13.06	0.93
2013/4/10	10.36	12.81	2.45	2014/7/7	13.15	15.12	1.97
2013/4/25	12.91	12.57	−0.34	2014/7/23	12.85	14.39	1.54
2013/5/10	11.85	13.41	1.56	2014/8/14	13.93	13.66	−0.27
2013/5/24	12.89	15.34	2.45	2014/8/29	15.10	17.48	2.38
2013/6/9	11.99	14.82	2.83	2014/9/28	24.07	25.92	1.85
2013/6/25	23.88	18.40	−5.48	2014/10/9	22.35	21.97	−0.38
2013/7/18	24.41	23.49	−0.92	2014/10/19	21.04	20.31	−0.73
2013/7/25	24.44	21.79	−2.65	2014/10/27	19.38	18.98	−0.40
2013/8/12	24.31	22.82	−1.49	2014/11/7	18.30	18.05	−0.25
2013/8/26	24.00	21.99	−2.01	2014/11/21	17.91	16.87	−1.04
2013/9/11	18.48	22.77	4.29	—	—	—	—

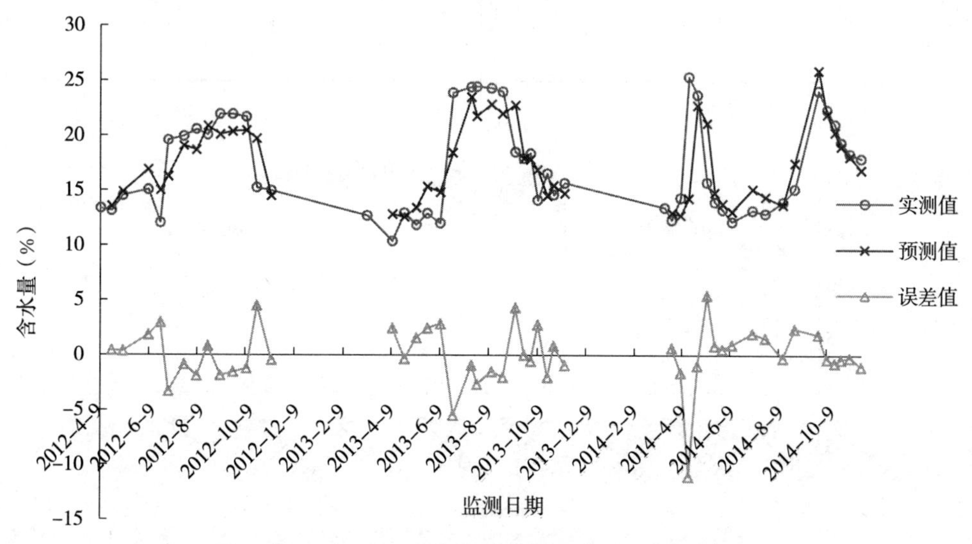

图 2-13　2012—2014 年原始数据统计法时段验证结果

表 2-8 2012—2014 年原始数据统计法逐日验证结果（%）

监测日	实测值	预测值	误差值	监测日	实测值	预测值	误差值
2012/4/9	13.34	—	—	2013/9/22	17.88	18.79	0.91
2012/4/23	13.13	13.54	0.41	2013/9/30	18.35	18.80	0.45
2012/5/7	14.50	14.85	0.35	2013/10/9	14.10	16.86	2.76
2012/6/8	15.05	16.00	0.95	2013/10/21	16.53	14.54	−1.99
2012/6/23	12.04	15.00	2.96	2013/10/29	14.58	16.24	1.66
2012/7/3	19.57	17.22	−2.35	2013/11/12	15.66	14.72	−0.94
2012/7/23	19.92	18.35	−1.57	2014/3/18	13.41	—	—
2012/8/8	20.54	17.73	−2.81	2014/3/27	12.29	12.95	0.66
2012/8/22	20.05	20.87	0.82	2014/4/7	14.31	12.72	−1.59
2012/9/7	21.95	20.11	−1.84	2014/4/17	25.33	14.39	−10.94
2012/9/23	21.92	19.19	−2.73	2014/4/28	23.70	22.76	−0.94
2012/10/10	21.68	19.20	−2.48	2014/5/10	15.70	21.40	5.70
2012/10/23	15.22	19.73	4.51	2014/5/20	13.93	14.96	1.03
2012/11/10	14.96	13.86	−1.10	2014/5/30	13.22	13.78	0.56
2013/3/10	12.68	—	—	2014/6/11	12.13	13.06	0.93
2013/4/10	10.36	12.43	2.07	2014/7/7	13.15	15.01	1.86
2013/4/25	12.91	12.57	−0.34	2014/7/23	12.85	15.22	2.37
2013/5/10	11.85	13.41	1.56	2014/8/14	13.93	13.79	−0.14
2013/5/24	12.89	15.34	2.45	2014/8/29	15.10	17.48	2.38
2013/6/9	11.99	15.55	3.56	2014/9/28	24.07	22.20	−1.87
2013/6/25	23.88	20.43	−3.45	2014/10/9	22.35	22.02	−0.33
2013/7/18	24.41	23.17	−1.24	2014/10/19	21.04	20.34	−0.70
2013/7/25	24.44	22.46	−1.98	2014/10/27	19.38	19.19	−0.19
2013/8/12	24.31	21.23	−3.08	2014/11/7	18.30	18.05	−0.25
2013/8/26	24.00	22.13	−1.87	2014/11/21	17.91	16.89	−1.02
2013/9/11	18.48	22.45	3.97	—	—	—	—

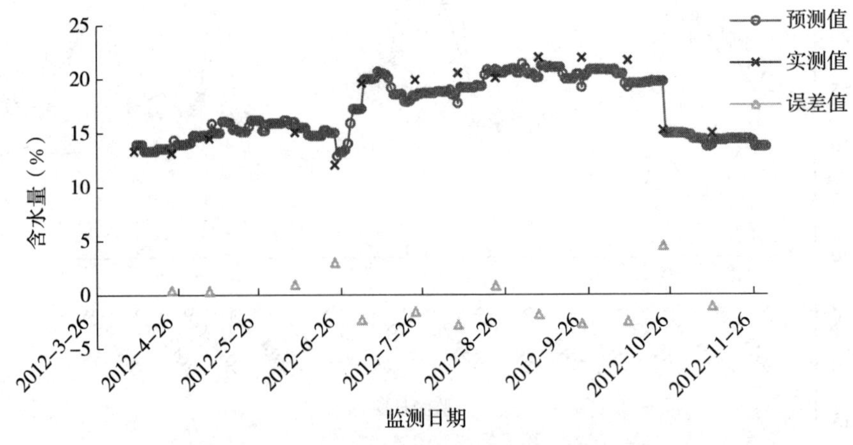

图 2-14 2012 年原始数据统计法逐日验证结果

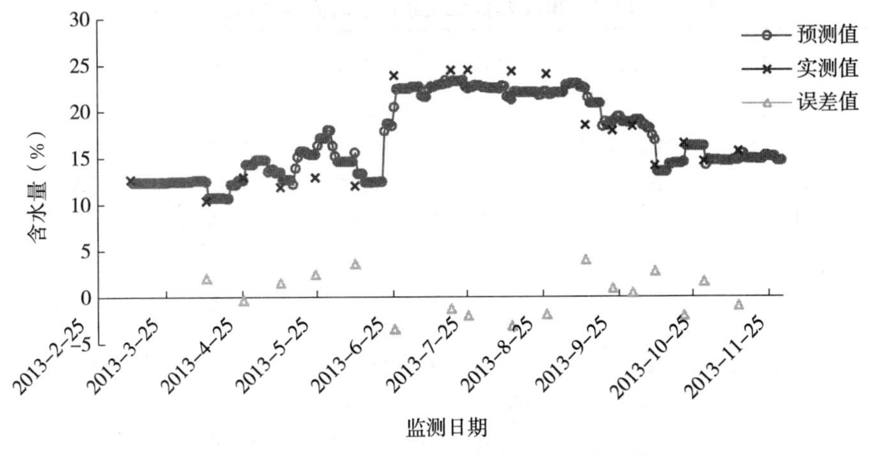

图 2-15　2013 年原始数据统计法逐日验证结果

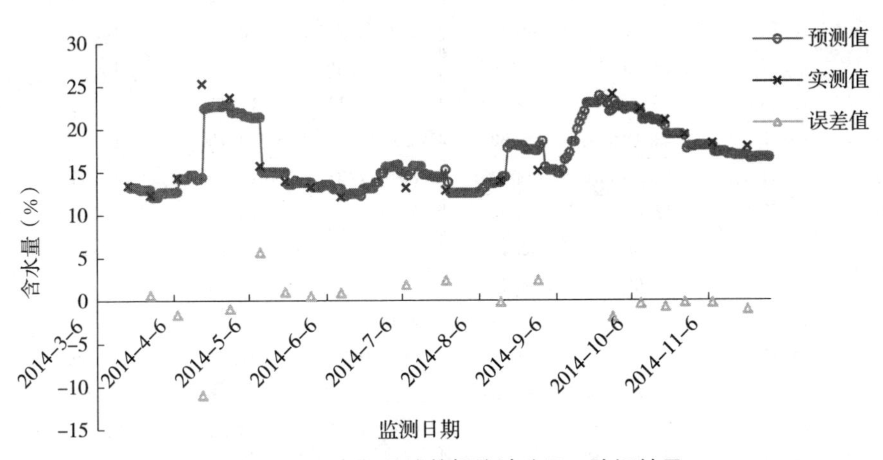

图 2-16　2014 年原始数据统计法逐日验证结果

从表 2-8 可见，从逐日模型法预测结果中筛选出所有监测日所对应的预测结果，将有监测记录的预测结果与实测结果相比，预测误差大于 3 个质量含水量的监测日有 7 个，占 14.58%，其中大于 5 个质量含水量的监测日有 2 个，占 4.17%；如果将预测误差小于 3 个质量含水量作为预测合格标准，则平衡法逐日模型的自回归合格率为 85.42%，平均误差为 1.93%，最大误差为 10.94%，最小误差为 0.14%。

（二）灌溉后运行模型结果分析

本案例考虑 2014 年 4 月 7～17 日时间段内增加灌溉量，最终在时间上取大致中间点即将 2014 年 4 月 12 日作为灌溉日而增加灌溉，考虑到普通灌溉方式确定为灌溉量为 100mm。

从表 2-9 可见，数据调整后统计法时段验证结果的预测的质量含水量与实测质量含水量相比误差大于 3 个质量含水量的监测日有 7 个，占 14.58%，其中大于 5 个质量含水量的监测日有 1 个，占 2.08%；如果将预测误差小于 3 个质量含水量作为预测合格标准，则统计法时段模型的自回归合格率为 85.42%，平均误差为 1.68%，最大误差为 5.5%，最小误差为 0.02%，可见加灌溉后的预测误差有所减小。

表 2-9 2012—2014 年灌溉后统计法时段验证结果（%）

监测日	实测值	预测值	误差值	监测日	实测值	预测值	误差值
2012/4/9	13.34	—	—	2013/9/22	17.88	17.72	−0.16
2012/4/23	13.13	13.00	−0.13	2013/9/30	18.35	17.69	−0.66
2012/5/7	14.50	14.60	0.10	2013/10/9	14.10	16.55	2.45
2012/6/8	15.05	16.92	1.87	2013/10/21	16.53	14.10	−2.43
2012/6/23	12.04	14.60	2.56	2013/10/29	14.58	14.96	0.38
2012/7/3	19.57	16.47	−3.10	2013/11/12	15.66	14.30	−1.36
2012/7/23	19.92	19.01	−0.91	2014/3/18	13.41	—	—
2012/8/8	20.54	18.51	−2.03	2014/3/27	12.29	12.27	−0.02
2012/8/22	20.05	20.99	0.94	2014/4/7	14.31	12.1	−2.21
2012/9/7	21.95	20.16	−1.79	2014/4/17	25.33	21.29	−4.04
2012/9/23	21.92	20.37	−1.55	2014/4/28	23.70	22.74	−0.96
2012/10/10	21.68	20.45	−1.23	2014/5/10	15.70	21.20	5.50
2012/10/23	15.22	19.67	4.45	2014/5/20	13.93	14.27	0.34
2012/11/10	14.96	13.99	−0.97	2014/5/30	13.22	13.20	−0.02
2013/3/10	12.68	—	—	2014/6/11	12.13	12.42	0.29
2013/4/10	10.36	12.18	1.82	2014/7/7	13.15	15.05	1.90
2013/4/25	12.91	12.13	−0.78	2014/7/23	12.85	14.05	1.20
2013/5/10	11.85	12.88	1.03	2014/8/14	13.93	13.19	−0.74
2013/5/24	12.89	15.35	2.46	2014/8/29	15.10	17.71	2.61
2013/6/9	11.99	14.60	2.61	2014/9/28	24.07	27.73	3.66
2013/6/25	23.88	19.08	−4.80	2014/10/9	22.35	22.00	−0.35
2013/7/18	24.41	23.39	−1.02	2014/10/19	21.04	20.30	−0.74
2013/7/25	24.44	21.89	−2.55	2014/10/27	19.38	18.86	−0.52
2013/8/12	24.31	22.74	−1.57	2014/11/7	18.30	17.86	−0.44
2013/8/26	24.00	22.04	−1.96	2014/11/21	17.91	16.56	−1.35
2013/9/11	18.48	22.72	4.24	—	—	—	—

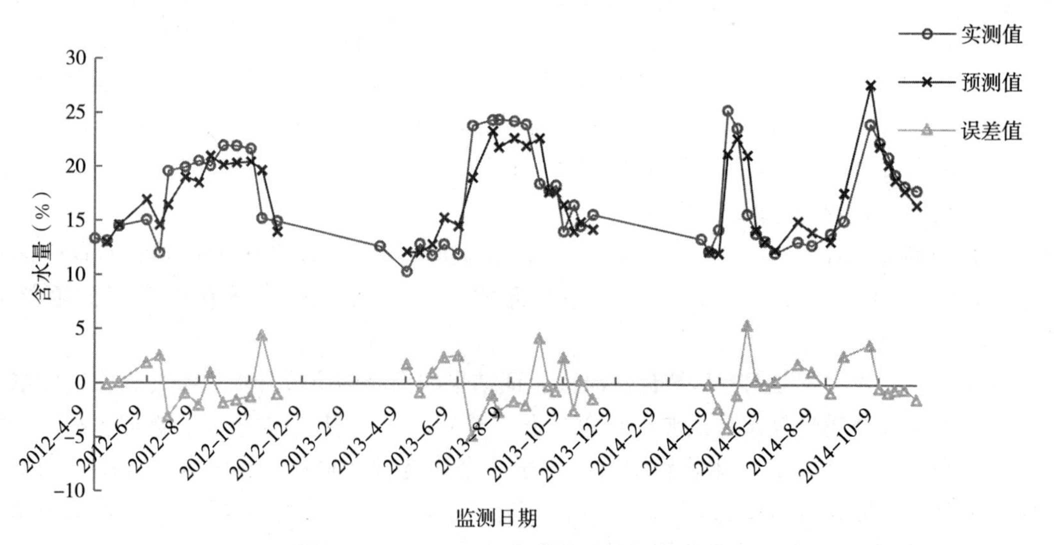

图 2-17 2012—2014 年灌溉后时段验证结果

表 2-10　2012—2014 年灌溉后统计法逐日验证结果（%）

监测日	实测值	预测值	误差值	监测日	实测值	预测值	误差值
2012/4/9	13.34	—	—	2013/9/22	17.88	18.78	0.90
2012/4/23	13.13	13.00	−0.13	2013/9/30	18.35	18.85	0.50
2012/5/7	14.50	14.60	0.10	2013/10/9	14.10	16.55	2.45
2012/6/8	15.05	15.39	0.34	2013/10/21	16.53	14.12	−2.41
2012/6/23	12.04	14.60	2.56	2013/10/29	14.58	15.94	1.36
2012/7/3	19.57	17.63	−1.94	2013/11/12	15.66	14.30	−1.36
2012/7/23	19.92	18.19	−1.73	2014/3/18	13.41	—	—
2012/8/8	20.54	17.44	−3.10	2014/3/27	12.29	12.27	−0.02
2012/8/22	20.05	20.99	0.94	2014/4/7	14.31	12.11	−2.20
2012/9/7	21.95	20.21	−1.74	2014/4/17	25.33	21.42	−3.91
2012/9/23	21.92	19.11	−2.81	2014/4/28	23.70	22.75	−0.95
2012/10/10	21.68	19.13	−2.55	2014/5/10	15.70	21.45	5.75
2012/10/23	15.22	19.68	4.46	2014/5/20	13.93	14.48	0.55
2012/11/10	14.96	12.81	−2.15	2014/5/30	13.22	13.23	0.01
2013/3/10	12.68	—	—	2014/6/11	12.13	12.42	0.29
2013/4/10	10.36	10.65	0.29	2014/7/7	13.15	14.48	1.33
2013/4/25	12.91	12.13	−0.78	2014/7/23	12.85	14.68	1.83
2013/5/10	11.85	12.88	1.03	2014/8/14	13.93	12.87	−1.06
2013/5/24	12.89	15.35	2.46	2014/8/29	15.10	17.71	2.61
2013/6/9	11.99	15.11	3.12	2014/9/28	24.07	22.77	−1.3
2013/6/25	23.88	20.91	−2.97	2014/10/9	22.35	22.05	−0.30
2013/7/18	24.41	23.27	−1.14	2014/10/19	21.04	20.33	−0.71
2013/7/25	24.44	22.44	−2.00	2014/10/27	19.38	19.1	−0.28
2013/8/12	24.31	21.23	−3.08	2014/11/7	18.30	17.86	−0.44
2013/8/26	24.00	22.16	−1.84	2014/11/21	17.91	16.58	−1.33
2013/9/11	18.48	22.52	4.04	—	—	—	—

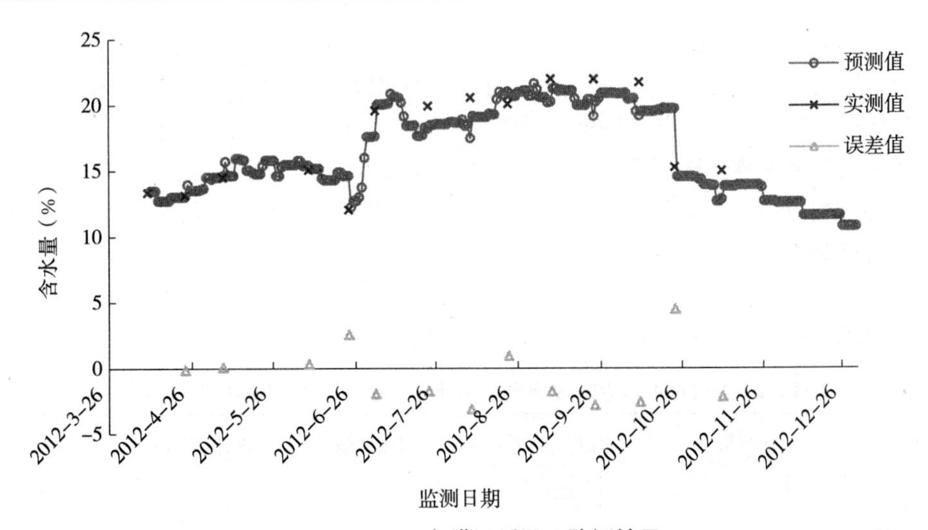

图 2-18　2012 年灌溉后逐日验证结果

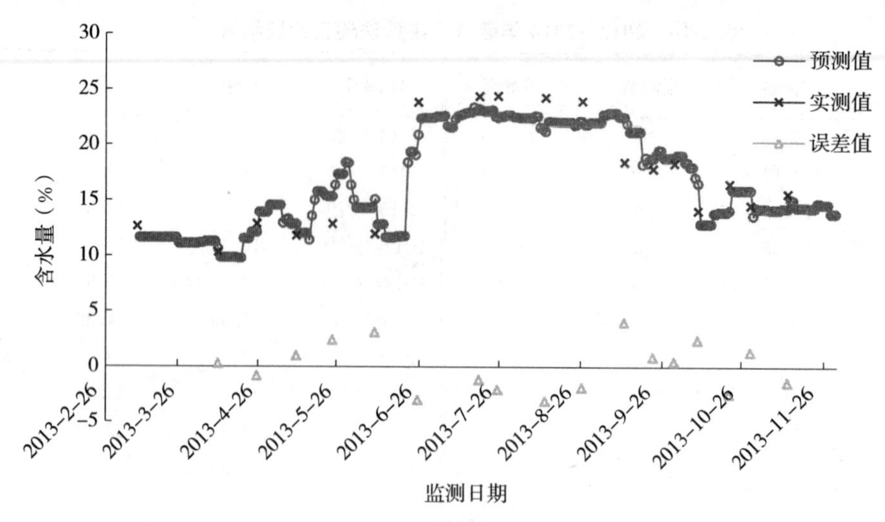

图 2-19　2013 年灌溉后逐日验证结果

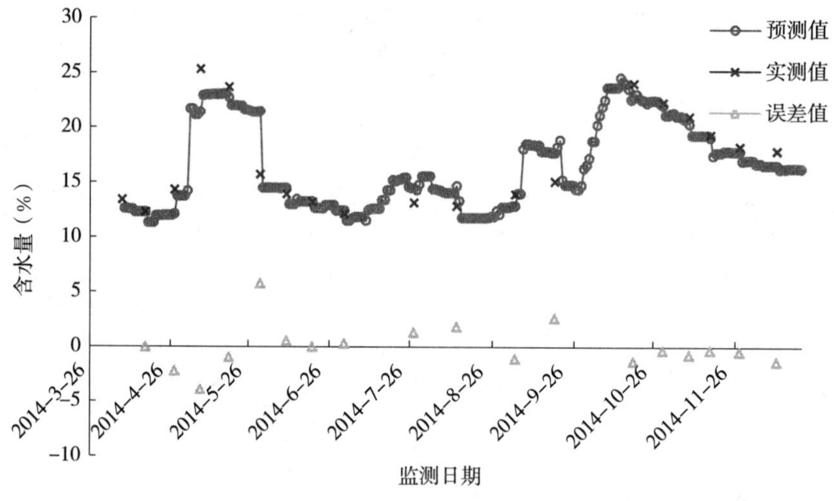

图 2-20　2014 年灌溉后逐日验证结果

从表 2-10 可见，从数据调整后的逐日模型预测结果中筛选出所有监测日所对应的预测结果，将有监测记录的预测结果与实测结果相比，预测误差大于 3 个质量含水量的监测日有 7 个，占 14.58%。其中大于 5 个质量含水量的监测日有 1 个，占 2.08%；如果将预测误差小于 3 个质量含水量作为预测合格标准，则统计法逐日模型的自回归合格率为 85.42%，平均误差为 1.69%，最大误差为 5.75%，最小误差为 0.01%，可见加灌溉后的预测误差有所减小。

（三）2015 年模型验证结果分析

表 2-11 是甘肃省平凉市辖区 620801J001 站点 2012—2014 年数据建模后再用 2015 年数据进行验证的结果，图 2-21 和 2-22 分别为对应的统计法时段模型和逐日模型的预测结果。

表 2-11　2012—2014 年原始数据建立统计法模型对 2015 年的预测结果（%）

监测日	实测值	时段预测值	时段误差值	逐日预测值	逐日误差值
2015/3/10	17.59	—	—	—	—
2015/3/18	17.89	17.28	−0.61	16.25	−1.64

（续）

监测日	实测值	时段预测值	时段误差值	逐日预测值	逐日误差值
2015/3/29	16.14	16.38	0.24	16.64	0.50
2015/4/8	16.85	22.23	5.38	17.23	0.38
2015/4/26	16.72	20.00	3.28	17.39	0.67
2015/5/6	16.71	13.04	−3.67	15.99	−0.72
2015/5/26	14.92	16.70	1.78	15.86	0.94
2015/6/12	15.91	22.24	6.33	19.17	3.26
2015/7/10	14.75	19.88	5.13	16.24	1.49
2015/7/27	12.26	9.52	−2.74	13.80	1.54
2015/8/7	12.41	10.84	−1.57	13.96	1.55
2015/8/24	15.27	16.09	0.82	14.80	−0.47
2015/9/12	18.24	21.13	2.89	18.57	0.33
2015/9/24	19.63	18.96	−0.67	18.29	−1.34
2015/10/7	20.09	14.23	−5.86	18.65	−1.44
2015/10/29	19.73	20.75	1.02	18.02	−1.71
2015/11/9	19.87	17.44	−2.43	18.22	−1.65
2015/11/22	19.89	14.07	−5.82	18.13	−1.76

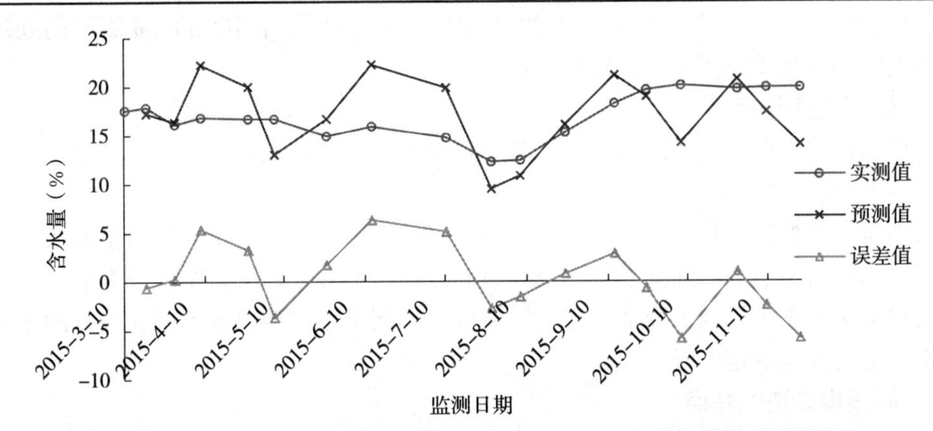

图 2-21　2012—2014 年数据建立统计法模型对 2015 年进行时段预测的结果

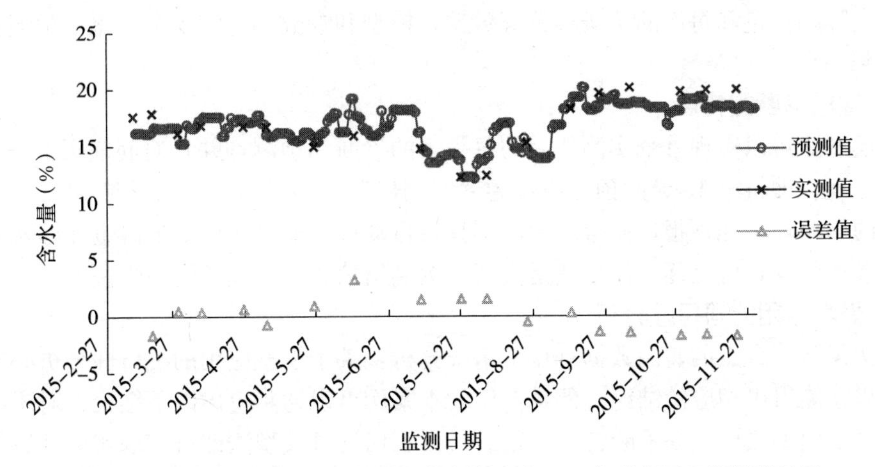

图 2-22　2012—2014 年数据建立统计法模型对 2015 年进行逐日预测的结果

从表 2-11 可见，对 2012—2014 年原始数据进行加灌溉数据处理后建模得到 2015 年统计法时段模型预测结果中，预测误差大于 3 个质量含水量的监测日有 7 个，占 41.18%，其中大于 5 个质量含水量的监测日有 5 个，占 29.41%，如果将预测误差小于 3 个质量含水量作为预测合格标准，则统计法时段模型的自回归合格率为 58.82%；统计法逐日模型预测结果中，预测误差大于 3 个质量含水量的监测日有 1 个，占 5.88%，其中大于 5 个质量含水量的监测日有 0 个，占 0%，如果将预测误差小于 3 个质量含水量作为预测合格标准，则统计法逐日模型的自回归合格率为 94.12%。

（四）数据处理后 2015 年预测结果分析

根据表 2-11 可以表明，2015 年没有出现土壤含水量突然明显增加，而时段的降水量不足以满足土壤含水量增加之幅度的情况，所以 2015 年未作灌溉处理。

六、统计法墒情诊断模型小结

（一）灌溉量的处理

对于后一次土壤含水量比前一次土壤含水量明显增加很多，但降水量很少或没有降雨时，根据含水量变化幅度与季节温度等补充上合理的灌溉量是原始数据处理的合理方法。本案例中 2014 年 4 月 7～17 日之间基本无降雨发生，但土壤含水量大幅度地增高即从 14.31%提高到 25.33%，因此对中间日 2014 年 4 月 12 日增加了 100mm 灌溉量的处理，处理后预测误差明显从 10%减小到 5%左右。

（二）预测误差分析

造成模型预测误差的主要原因如下：降水量在地点上与观测点不配套；灌溉无记录；土壤参数如容重没有每次都测定。

本书中所使用的降水量数据是从就近的国家标准气象站获得的每天降水量的数据，其降水量数据与墒情监测点的实际降水量在个别时间段内可能存在较大差距；没有灌溉等相关记录；本书对土壤容重采用统一数值，在不同地区、不同土壤类型以及不同观测日的土壤含水量计算上肯定会产生一定的误差。

（三）时段模型法的特点

时段模型法就是利用两次监测时段的降水量对土壤墒情进行诊断和预测，如果能够获取监测点的实际降水量和每次的土壤容重等数据，模型和参数都将实现个性化，预测精度会大幅度地得到提高。

（四）逐日诊断的特点

逐日模型法可以实现首个实测值后的每一天的诊断和预测，并且对间隔天数>15d 时进行了技术处理，即将第 15 天的预测值作为“实测值”参与计算。逐日诊断和预报可以实现土壤墒情的实时监控和预报，使得现阶段不具备自动墒情监测条件的地区也能够及时获得当地实时的墒情状况，可见逐日模型法是实现土壤墒情信息化管理的潜力方法。

（五）模型应用的可行性分析

本案例仅就一个点的监测数据进行了系统分析，关于模型应用的可行性分析必须等大量案例验证后才能得出相应的结论。但是，仅就本案例可以初步得出以下结论：对于特定监测点而言，时段模型法建模并不断得到修正后，再采用逐日模型法即可实现实时动态土壤墒情的预测，这就为县级和省级乃至国家级的土壤墒情监测网的建立提供了方法模型，还可以就某一气候区域或其他特殊区域的需要建立在线墒情诊断与预测网。

第三节　差减统计法墒情诊断模型

一、差减统计法墒情诊断模型的构建原理

经过对大量已监测的土壤含水量数据和相邻监测日之间累计降水量（即时段降水量）数据的研究发现，相邻两个监测日间土壤含水量变化量（ΔP）与前一个监测日的土壤含水量（P_i）和时段降水量（P_w）之间存在较高的相关性。差减统计法墒情诊断模型是根据以上规律，用前一个监测日的土壤含水量（P_i）和时段降水量（P_w）作为自变量，相邻两个监测日间土壤含水量变化量（ΔP）作为因变量而建立的墒情诊断模型。

二、差减统计法墒情诊断模型数学表达式和参数含义

差减统计法墒情诊断模型数学表达式：$\Delta P = P_{(i+1)} - P_i = a + b\,P_i + c\,P_w$　　(2-8)

式中，ΔP 为第（i＋1）次监测的土壤含水量与第 i 次监测的土壤含水量的差值，即 $P_{(i+1)} - P_i$；P_i为第 i 次实测的土壤含水量（mm 高度）；P_w为第 i 个监测日至第（i+1）个监测日之间的降水量（mm）。

三、差减统计法墒情诊断模型的分类

差减统计法墒情诊断模型分“时段模型”和“逐日模型”两类。

（一）时段模型法

时段模型法就是根据前一个监测日的土壤含水量和前后两次监测期间的降水量来诊断后一次土壤含水量的方法，其计算方法如下：

第一步：计算相邻两个监测日之间的降水量，即时段降水量（P_w）；

第二步：计算相邻两个监测日的实测含水量之差（$P_{(i+1)} - P_i$）；

第三步：以 ΔP 为因变量（y），以上次监测的含水量（P_i）、时段降水量（P_w）分别为自变量 x_1、x_2，得到甘肃省平凉市辖区 620801J001 站点的差减统计法相关性方程为 $\Delta P = -0.429\,3P_i + 0.050\,3P_w + 5.724\,4$，$r = 0.728\,4^{**}$，$n = 48$；

F 检验：$V_1 = n - df - 1 = 51 - 45 - 1 = 5$，自由度 $V_2 = df = 45$，显著性水平为 0.05 时，$F_{0.95}$（6，45）＝2.42，$F = 25.43 \gg F_{0.95}$，F 检验合理；T 临界值检验：自由度为 45、显著性水平为 0.05 的 t 临界值为 2.014，P_i 和 P_w 的 T 观察值分别为 5.14 和 5.72，均大于 2.014，F 检验和 T 检验结果说明 P_i和 P_w对 ΔP 值影响显著；

第四步：用第三步求出的 ΔP 值采用第三步中公式计算出预测含水量。即：

$$P_{(i+1)} = P_i + \Delta P \qquad (2\text{-}9)$$

（二）逐日模型法

逐日模型法就是用每年首个监测日监测的土壤含水量监测值（P_1）和次日前 15d 累计降水量（P_{w1}）诊断次日土壤含水量（P_2），用 P_1和第 3 日的前 15d 累计降水量（P_2）诊断第 3 日土壤含水量，以此类推，诊断当年第二个监测日及其之前每日的土壤含水量；第 2 个监测日之后第 1 天至第 3 个监测日之间逐日的含水量诊断采用第 2 个实际监测值和对应的每日前 15d 累计降水量为模型输入参数；如此实现每年第 1 个监测日之后全年每日的土壤含水量诊

断。其计算方法如下：

第一步：计算首个监测日后每日的前 15d 累计降水量，即 P_w；

第二步：采用时段模型计算首个监测日后每天的预测值；

第三步：当间隔天数≤15d 时(一般监测点时间间隔为15d 测定一次)，每个预测值均以上一个实测值为准进行计算；当间隔天数＞15d 时，需要计算出一个第15天的预测值即 $P_{逐日预测}$，用该值取代 P_i进行后面日期的预测，直到下一个有实测值的日期，再以该实测值为标准进行计算。

四、模型使用条件

模型使用时的条件：每年第一个监测数据参与建模，不进行自回归预测，因为需要第一个 P_i作为基础数。

五、差减统计法墒情诊断模型案例

(一) 原始数据建模和自回归预测结果分析

使用 2012—2014 年 3 年的土壤含水量监测数据建立具体的该站点的差减统计法墒情诊断模型，表 2-12 为时段模型法自回归预测结果，表 2-13 为逐日模型法自回归预测结果，图 2-23 到图 2-26 为预测结果图，其中图 2-23 为时段模型法自回归预测结果图，图 2-24 到图 2-26为逐日模型法自回归预测结果图。

表 2-12　2012—2014 年原始数据差减统计法时段验证结果（%）

监测日	实测值	预测值	误差值	监测日	实测值	预测值	误差值
2012/4/9	13.34	—	—	2013/9/22	17.88	17.63	−0.25
2012/4/23	13.13	14.15	1.02	2013/9/30	18.35	17.61	−0.74
2012/5/7	14.50	14.92	0.42	2013/10/9	14.10	16.62	2.52
2012/6/8	15.05	16.51	1.46	2013/10/21	16.53	14.86	−1.67
2012/6/23	12.04	15.27	3.23	2013/10/29	14.58	15.57	0.99
2012/7/3	19.57	15.50	−4.07	2013/11/12	15.66	15.04	−0.62
2012/7/23	19.92	18.77	−1.15	2014/3/18	13.41	—	—
2012/8/8	20.54	18.19	−2.35	2014/3/27	12.29	13.79	1.50
2012/8/22	20.05	20.98	0.93	2014/4/7	14.31	13.52	−0.79
2012/9/7	21.95	19.98	−1.97	2014/4/17	25.33	14.72	−10.61
2012/9/23	21.92	19.87	−2.05	2014/4/28	23.70	23.01	−0.69
2012/10/10	21.68	20.03	−1.65	2014/5/10	15.70	19.84	4.14
2012/10/23	15.22	18.93	3.71	2014/5/20	13.93	15.11	1.18
2012/11/10	14.96	14.92	−0.04	2014/5/30	13.22	14.34	1.12
2013/3/10	12.68	—	—	2014/6/11	12.13	13.84	1.71
2013/4/10	10.36	13.63	3.27	2014/7/7	13.15	14.87	1.72
2013/4/25	12.91	13.07	0.16	2014/7/23	12.85	14.65	1.80
2013/5/10	11.85	14.02	2.17	2014/8/14	13.93	14.16	0.23
2013/5/24	12.89	14.92	2.03	2014/8/29	15.10	16.77	1.67
2013/6/9	11.99	14.86	2.87	2014/9/28	24.07	23.10	−0.97
2013/6/25	23.88	16.69	−7.19	2014/10/9	22.35	21.85	−0.50
2013/7/18	24.41	26.64	2.23	2014/10/19	21.04	19.48	−1.56
2013/7/25	24.44	20.66	−3.78	2014/10/27	19.38	18.16	−1.22
2013/8/12	24.31	24.51	0.20	2014/11/7	18.30	17.64	−0.66
2013/8/26	24.00	21.56	−2.44	2014/11/21	17.91	16.64	−1.27
2013/9/11	18.48	24.45	5.97	—	—	—	—

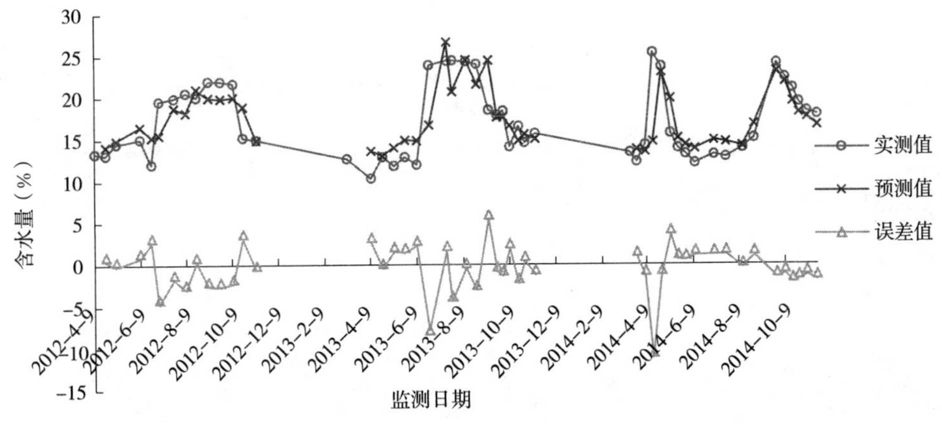

图 2-23　2012—2014 年原始数据差减统计法时段验证结果

表 2-12 表明，时段模型法预测的质量含水量与实测质量含水量相比误差大于 3 个质量含水量的监测日有 9 个，占 18.75%，其中大于 5 个质量含水量的监测日有 3 个，占 6.25%；如果将预测误差小于 3 个质量含水量作为预测合格标准，则差减统计法时段模型的自回归合格率为 81.25%，平均误差为 2.01%，最大误差为 10.61%，最小误差为 0.04%。

表 2-13　2012—2014 年原始数据差减统计法逐日验证结果（%）

监测日	实测值	预测值	误差值	监测日	实测值	预测值	误差值
2012/4/9	13.34	—	—	2013/9/22	17.88	18.55	0.67
2012/4/23	13.13	14.15	1.02	2013/9/30	18.35	18.54	0.19
2012/5/7	14.50	14.93	0.43	2013/10/9	14.10	16.63	2.53
2012/6/8	15.05	16.10	1.05	2013/10/21	16.53	14.87	−1.66
2012/6/23	12.04	15.27	3.23	2013/10/29	14.58	16.25	1.67
2012/7/3	19.57	16.04	−3.53	2013/11/12	15.66	15.04	−0.62
2012/7/23	19.92	17.89	−2.03	2014/3/18	13.41	—	—
2012/8/8	20.54	17.20	−3.34	2014/3/27	12.29	13.79	1.50
2012/8/22	20.05	20.98	0.93	2014/4/7	14.31	13.53	−0.78
2012/9/7	21.95	19.93	−2.02	2014/4/17	25.33	14.79	−10.54
2012/9/23	21.92	18.46	−3.46	2014/4/28	23.70	23.16	−0.54
2012/10/10	21.68	18.51	−3.17	2014/5/10	15.70	20.58	4.88
2012/10/23	15.22	18.94	3.72	2014/5/20	13.93	15.25	1.32
2012/11/10	14.96	14.69	−0.27	2014/5/30	13.22	14.36	1.14
2013/3/10	12.68	—	—	2014/6/11	12.13	13.84	1.71
2013/4/10	10.36	14.22	3.86	2014/7/7	13.15	15.32	2.17
2013/4/25	12.91	13.07	0.16	2014/7/23	12.85	15.51	2.66
2013/5/10	11.85	14.02	2.17	2014/8/14	13.93	14.69	0.76
2013/5/24	12.89	14.92	2.03	2014/8/29	15.10	16.77	1.67
2013/6/9	11.99	15.68	3.69	2014/9/28	24.07	21.60	−2.47
2013/6/25	23.88	19.22	−4.66	2014/10/9	22.35	22.01	−0.34
2013/7/18	24.41	26.02	1.61	2014/10/19	21.04	19.54	−1.50
2013/7/25	24.44	23.17	−1.27	2014/10/27	19.38	18.48	−0.90
2013/8/12	24.31	21.85	−2.46	2014/11/7	18.30	17.64	−0.66
2013/8/26	24.00	22.09	−1.91	2014/11/21	17.91	16.67	−1.24
2013/9/11	18.48	24.42	5.94	—	—	—	—

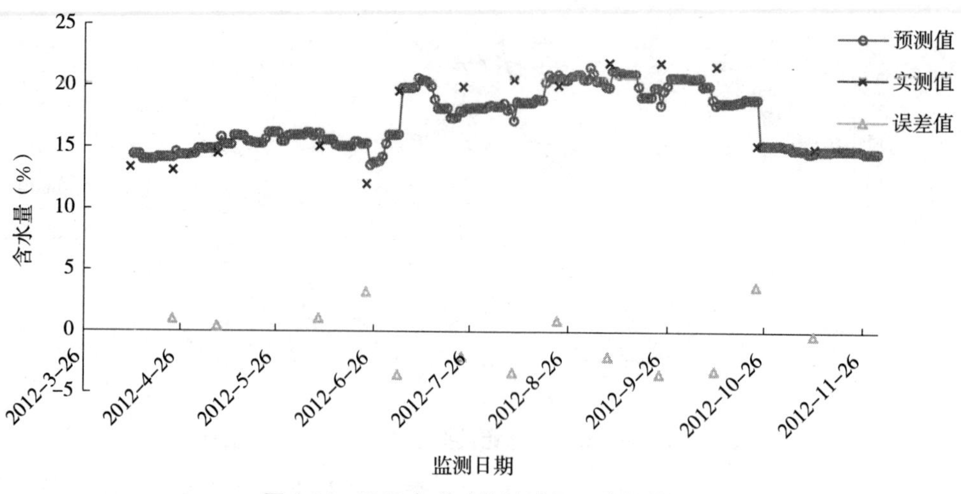

图 2-24　2012 年差减统计法逐日验证结果

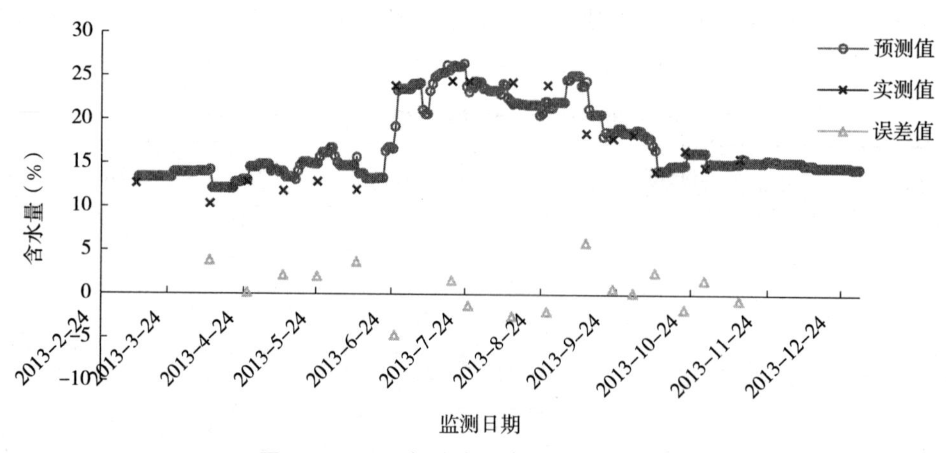

图 2-25　2013 年差减统计法逐日验证结果

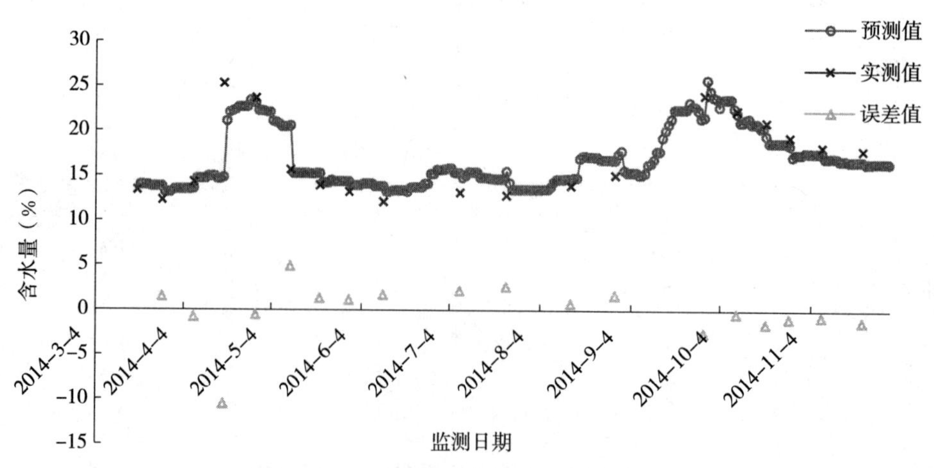

图 2-26　2014 年差减统计法逐日验证结果

从表 2-13 可见，逐日模型法预测的质量含水量与实测质量含水量相比误差大于 3 个质量含水量的监测日有 10 个，占 20.83%，其中大于 5 个质量含水量的监测日有 2 个，占 4.17%；如果将预测误差小于 3 个质量含水量作为预测合格标准，则差减统计法时段模型的自回归合格率为 79.17%，平均误差为 2.13%，最大误差为 10.54%，最小误差为 0.16%。

（二）灌溉后建模和自回归预测结果分析

本案例考虑 2014 年 4 月 7～17 日时间段内增加灌溉量，最终在时间上取大致中间点即将 2014 年 4 月 12 日作为灌溉日而增加灌溉，考虑到普通灌溉方式确定为灌溉量为 100mm。

表 2-14　2012—2014 年灌溉后差减统计法时段验证结果（%）

监测日	实测值	预测值	误差值	监测日	实测值	预测值	误差值
2012/4/9	13.34	—	—	2013/9/22	17.88	17.41	−0.47
2012/4/23	13.13	13.83	0.70	2013/9/30	18.35	17.46	−0.89
2012/5/7	14.50	14.79	0.29	2013/10/9	14.10	16.22	2.12
2012/6/8	15.05	16.54	1.49	2013/10/21	16.53	14.59	−1.94
2012/6/23	12.04	14.98	2.94	2013/10/29	14.58	15.16	0.58
2012/7/3	19.57	15.62	−3.95	2013/11/12	15.66	14.76	−0.90
2012/7/23	19.92	18.67	−1.25	2014/3/18	13.41	—	—
2012/8/8	20.54	17.92	−2.62	2014/3/27	12.29	13.38	1.09
2012/8/22	20.05	21.22	1.17	2014/4/7	14.31	13.20	−1.11
2012/9/7	21.95	20.07	−1.88	2014/4/17	25.33	19.43	−5.90
2012/9/23	21.92	19.71	−2.21	2014/4/28	23.70	23.09	−0.61
2012/10/10	21.68	19.90	−1.78	2014/5/10	15.70	19.45	3.75
2012/10/23	15.22	18.60	3.38	2014/5/20	13.93	14.71	0.78
2012/11/10	14.96	14.54	−0.42	2014/5/30	13.22	13.99	0.77
2013/3/10	12.68	—	—	2014/6/11	12.13	13.47	1.34
2013/4/10	10.36	13.28	2.92	2014/7/7	13.15	14.85	1.70
2013/4/25	12.91	12.89	−0.02	2014/7/23	12.85	14.46	1.61
2013/5/10	11.85	13.72	1.87	2014/8/14	13.93	13.90	−0.03
2013/5/24	12.89	14.94	2.05	2014/8/29	15.10	16.93	1.83
2013/6/9	11.99	14.75	2.76	2014/9/28	24.07	24.45	0.38
2013/6/25	23.88	17.07	−6.81	2014/10/9	22.35	21.84	−0.51
2013/7/18	24.41	27.67	3.26	2014/10/19	21.04	19.18	−1.86
2013/7/25	24.44	20.36	−4.08	2014/10/27	19.38	17.75	−1.63
2013/8/12	24.31	25.02	0.71	2014/11/7	18.30	17.32	−0.98
2013/8/26	24.00	21.47	−2.53	2014/11/21	17.91	16.25	−1.66
2013/9/11	18.48	25.01	6.53	—	—	—	—

表 2-14 表明，时段模型法预测的质量含水量与实测质量含水量相比误差大于 3 个质量含水量的监测日有 8 个，占 16.67%，其中大于 5 个质量含水量的监测日有 3 个，占 6.25%；如果将预测误差小于 3 个质量含水量作为预测合格标准，则差减统计法时段模型的自回归合格率为 83.33%，平均误差为 1.92%，最大误差为 6.81%，最小误差为 0.02%，可见加灌溉后的预测误差有所减小。

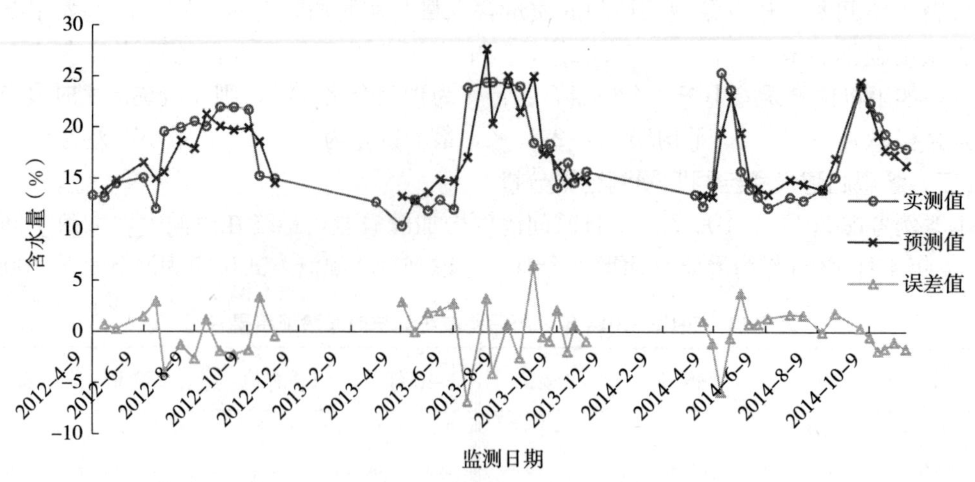

图 2-27　2012—2014 年灌溉后差减统计法时段验证结果

表 2-15　2012—2014 年数据调整后差减统计法逐日验证结果（%）

监测日	实测值	预测值	误差值	监测日	实测值	预测值	误差值
2012/4/9	13.34	—	—	2013/9/22	17.88	18.53	0.65
2012/4/23	13.13	13.83	0.70	2013/9/30	18.35	18.59	0.24
2012/5/7	14.50	14.79	0.29	2013/10/9	14.10	16.22	2.12
2012/6/8	15.05	15.70	0.65	2013/10/21	16.53	14.61	−1.92
2012/6/23	12.04	14.98	2.94	2013/10/29	14.58	15.98	1.40
2012/7/3	19.57	16.27	−3.30	2013/11/12	15.66	14.76	−0.90
2012/7/23	19.92	17.64	−2.28	2014/3/18	13.41	—	—
2012/8/8	20.54	16.77	−3.77	2014/3/27	12.29	13.39	1.10
2012/8/22	20.05	21.22	1.17	2014/4/7	14.31	13.20	−1.11
2012/9/7	21.95	20.07	−1.88	2014/4/17	25.33	19.52	−5.81
2012/9/23	21.92	18.17	−3.75	2014/4/28	23.70	23.28	−0.42
2012/10/10	21.68	18.22	−3.46	2014/5/10	15.70	20.35	4.65
2012/10/23	15.22	18.61	3.39	2014/5/20	13.93	14.87	0.94
2012/11/10	14.96	14.08	−0.88	2014/5/30	13.22	14.01	0.79
2013/3/10	12.68	—	—	2014/6/11	12.13	13.47	1.34
2013/4/10	10.36	13.5	3.14	2014/7/7	13.15	15.05	1.90
2013/4/25	12.91	12.89	−0.02	2014/7/23	12.85	15.21	2.36
2013/5/10	11.85	13.72	1.87	2014/8/14	13.93	14.24	0.31
2013/5/24	12.89	14.94	2.05	2014/8/29	15.10	16.93	1.83
2013/6/9	11.99	15.43	3.44	2014/9/28	24.07	22.45	−1.62
2013/6/25	23.88	19.77	−4.11	2014/10/9	22.35	22.04	−0.31
2013/7/18	24.41	27.17	2.76	2014/10/19	21.04	19.26	−1.78
2013/7/25	24.44	23.4	−1.04	2014/10/27	19.38	18.13	−1.25
2013/8/12	24.31	22.09	−2.22	2014/11/7	18.30	17.32	−0.98
2013/8/26	24.00	22.11	−1.89	2014/11/21	17.91	16.27	−1.64
2013/9/11	18.48	25.22	6.74	—	—	—	—

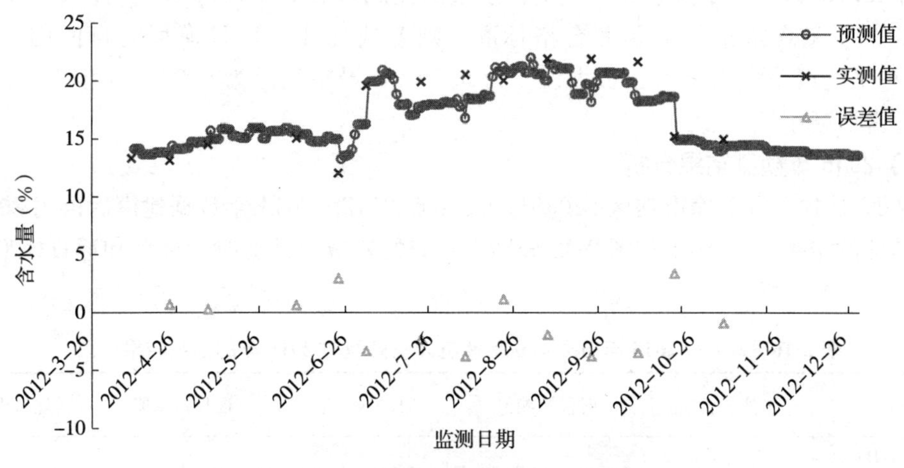

图 2-28　2012 年灌溉后差减统计法逐日验证结果

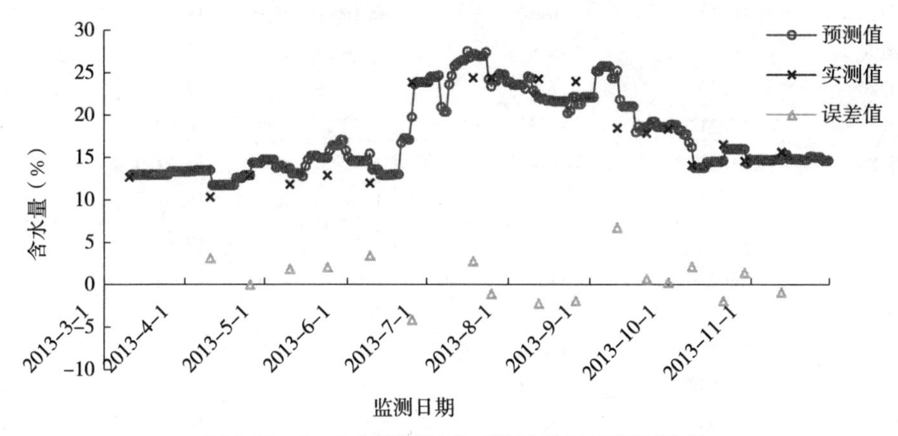

图 2-29　2013 年灌溉后差减统计法逐日验证结果

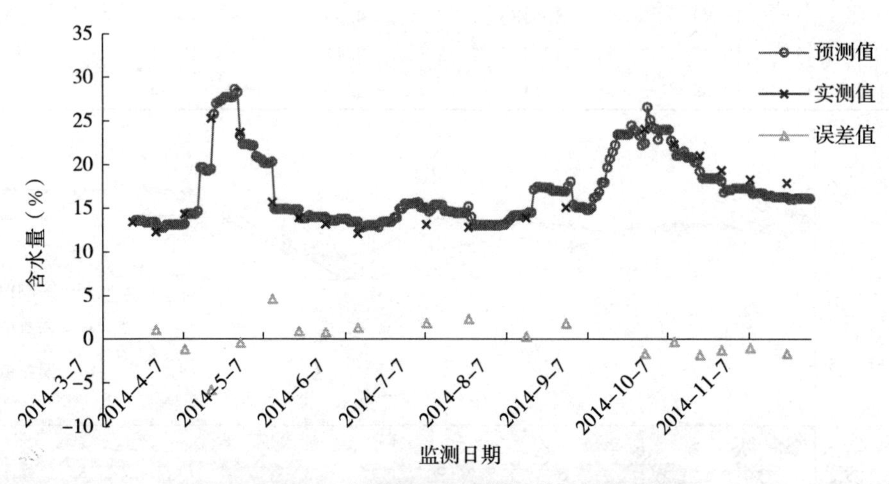

图 2-30　2014 年灌溉后差减统计法逐日验证结果

从表 2-15 可见，从数据调整后的逐日模型预测结果中筛选出所有监测日所对应的预测结果，将有监测记录的预测结果与实测结果相比，预测误差大于 3 个质量含水量的监测日有

9个，占18.75%，。其中大于5个质量含水量的监测日有2个，占4.17%；如果将预测误差小于3个质量含水量作为预测合格标准，则差减统计法逐日模型的自回归合格率为81.25%，平均误差为1.98%，最大误差为6.74%，最小误差为0.02%，可见加灌溉后的预测误差有所减小。

（三）2015年预测结果分析

表2-16是甘肃省平凉市辖区620801J001站点2012—2014年数据建模后再用2015年数据进行验证的结果，图2-31和图2-32分别为对应的差减统计法时段模型和逐日模型的预测结果。

表2-16 2012—2014年数据建立差减统计法模型对2015年的预测结果（%）

监测日	实测值	时段预测值	时段误差值	逐日预测值	逐日误差值
2015/3/10	17.59	—	—	—	—
2015/3/18	17.89	15.93	−1.96	16.12	−1.77
2015/3/29	16.14	16.30	0.16	16.44	0.30
2015/4/8	16.85	16.95	0.10	17.03	0.18
2015/4/26	16.72	17.02	0.30	17.12	0.40
2015/5/6	16.71	15.91	−0.80	16.00	−0.71
2015/5/26	14.92	16.84	1.92	15.97	1.05
2015/6/12	15.91	17.25	1.34	18.57	2.66
2015/7/10	14.75	17.46	2.71	16.14	1.39
2015/7/27	12.26	14.71	2.45	14.68	2.42
2015/8/7	12.41	14.23	1.82	14.26	1.85
2015/8/24	15.27	14.54	−0.73	15.16	−0.11
2015/9/12	18.24	17.33	−0.91	18.09	−0.15
2015/9/24	19.63	17.72	−1.91	18.03	−1.60
2015/10/7	20.09	17.62	−2.47	18.20	−1.89
2015/10/29	19.73	19.13	−0.60	17.33	−2.40
2015/11/9	19.87	17.43	−2.44	17.63	−2.24
2015/11/22	19.89	17.44	−2.45	17.44	−2.45

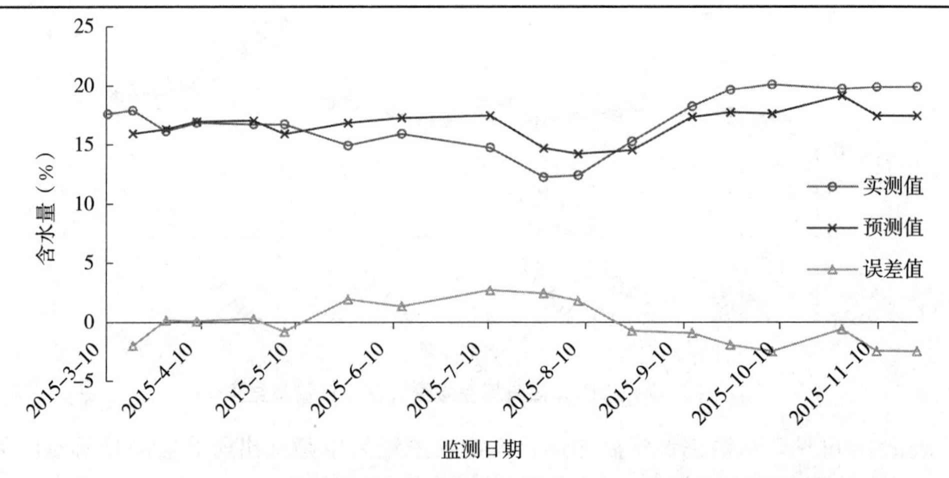

图2-31 2012—2014年数据建立差减统计法模型对2015年进行时段预测的结果

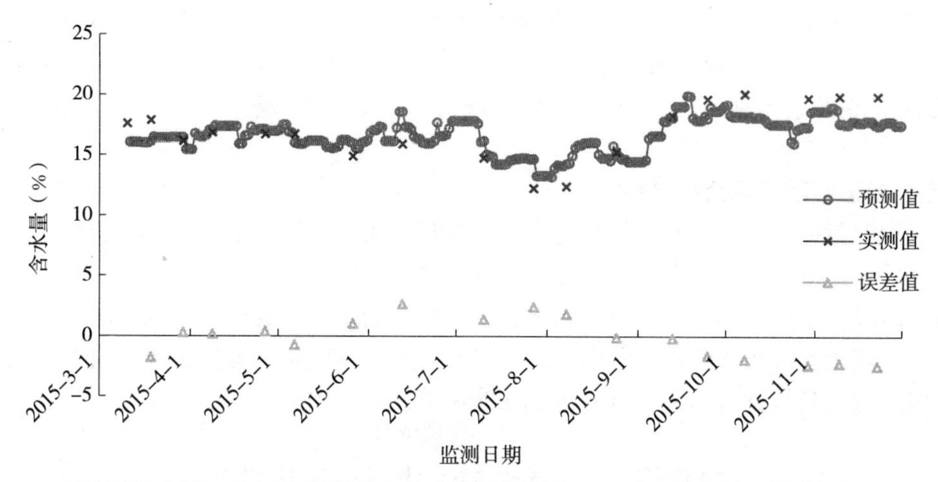

图 2-32　2012—2014 年数据建立差减统计法模型对 2015 年进行逐日预测的结果

从表 2-16 可见，对 2012—2014 年原始数据进行加灌溉数据处理后建模得到 2015 年差减统计法时段预测和逐日模型预测结果中，预测误差全部小于 3%，如果将预测误差小于 3 个质量含水量作为预测合格标准，则差减统计法时段模型的自回归合格率为 100%。

（四）数据处理后 2015 年预测结果分析

根据表 2-16 可以表明，2015 年没有出现土壤含水量突然明显增加，所以 2015 年年未作灌溉处理。

六、差减统计法墒情诊断和预测模型小结

（一）灌溉量的处理

对于后一次土壤含水量比前一次土壤含水量明显增加很多，但降水量很少或没有降雨时，根据含水量变化幅度与季节温度等补充上合理的灌溉量是原始数据处理的合理方法。本案例中 2014 年 4 月 7～17 日之间基本无降雨发生，但土壤含水量大幅度地增高即从 14.31%提高到 25.33%，因此对中间日 2014 年 4 月 12 日增加了 100mm 灌溉量的处理，处理后预测误差明显从 10%减小到 5%左右。

（二）预测误差分析

造成模型预测误差的主要原因如下：降水量在地点上与观测点不配套；灌溉无记录；土壤参数如容重没有每次都测定。

本书中所使用的降水量数据是从就近的国家标准气象站获得的每天降水量的数据，其降水量数据与墒情监测点的实际降水量在个别时间段内可能存在较大差距；没有灌溉等相关记录；本书对土壤容重采用统一数值，在不同地区、不同土壤类型以及不同观测日的土壤含水量计算上肯定会产生一定的误差。

（三）时段模型法的特点

时段模型法就是利用两次监测时段的降水量对土壤墒情进行诊断和预测，如果能够获取监测点的实际降水量和每次的土壤容重等数据，模型和参数都将实现个性化，预测精度会大幅度地得到提高。

（四）逐日诊断的特点

逐日模型法可以实现首个实测值后的每一天的诊断和预测，并且对间隔天数＞15d

时进行了技术处理，即将第 15 天的预测值作为“实测值”参与计算。逐日诊断和预报可以实现土壤墒情的实时监控和预报，使得现阶段不具备自动墒情监测条件的地区也能够及时获得当地实时的墒情状况，可见逐日模型法是实现土壤墒情信息化管理的潜力方法。

（五）模型应用的可行性分析

本案例仅就一个点的监测数据进行了系统分析，关于模型应用的可行性分析必须等大量案例验证后才能得出相应的结论。但是，仅就本案例可以初步得出以下结论：对于特定监测点而言，时段模型法建模并不断得到修正后，再采用逐日模型法即可实现实时动态土壤墒情的预测，这就为县级和省级乃至国家级的土壤墒情监测网的建立提供了方法模型，还可以就某一气候区域或其他特殊区域的需要建立在线墒情诊断与预测网。

第四节　比值统计法墒情诊断模型

一、比值统计法墒情诊断模型构建原理

经过对大量已监测的土壤含水量数据和相邻监测日之间累计降水量（即时段降水量）数据的研究发现，两个相邻监测日的实测含水量比值（$P_{(i+1)}/P_i$）与前一个监测日的土壤含水量（P_i）和时段降水量（P_w）之间存在较高的相关性。比值统计法墒情诊断模型是根据以上规律，用前一个监测日的土壤含水量（P_i）和时段降水量（P_w）作为自变量，两个相邻监测日期的比值（$P_{(i+1)}/P_i$）作为因变量而建立的墒情诊断模型。

二、比值统计法墒情诊断模型数学表达式和参数含义

比值统计法墒情诊断模型数学表达式：$P_{(i+1)}/P_i = aP_i + bP_w + c$　　(2-10)

式中，$P_{(i+1)}$为后一次实测的土壤含水量（质量含水量）；P_i为前一次实测的土壤含水量（质量含水量）；P_w为相邻两个监测日之间的降水量（mm）。

三、比值统计法墒情诊断模型的分类

比值统计法墒情诊断模型分“时段模型”和“逐日模型”两类。

（一）时段模型法

时段模型法就是根据前一次观测日的土壤含水量、后一次观测日期间的降水量和间隔时间去诊断后一次土壤含水量的方法，其计算方法如下：

第一步：计算相邻两个监测日之间的降水量（P_w）。

第二步：以相邻两个监测日的实测含水量比值（$P_{(i+1)}/P_i$）为因变量，以相邻上一次监测的含水量（P_i）和时段降水量（P_w）分别为自变量 x_1 和 x_2，得到甘肃省平凉市辖区 620801J001 站点的比值统计法相关性方程为 $K=-0.0275P_i+0.0035P_w+1.3817$，$r=0.7110^{**}$，$n=48$。

F 检验：$V_1=n-df-1=51-45-1=5$，自由度 $V_2=df=45$，显著性水平为 0.05 时，$F_{0.95}(6, 45)=2.42$，$F=23.0017 \gg F_{0.95}$，F 检验合理；T 临界值检验：自由度为45、显著性水平为 0.05 的 t 临界值为 2.014，P_i和 P_w的 T 观察值分别为 4.66 和 5.83，均大于 2.014，F 检验和 T 检验结果说明 P_i和 P_w对 K 值（$P_{(i+1)}/P_i$）影响显著。

第三步：根据所得方程求得 $P_{(i+1)}/P_i$，再求土壤含水量即 $P_{(i+1)}=KP_i$。

（二）逐日模型法

逐日模型法就是根据每年首个监测日监测的土壤含水量（P_i）、次日前 15d 的累计降水量（P_w）诊断下一日土壤含水量，直到间隔多日的后一次观测日土壤含水量测定结果出来后再进行校验为止的方法，即利用时段方法及参数对土壤墒情进行逐日诊断。

当间隔天数≤15d 时（一般监测点时间间隔为 15d 测定一次），每个预测值均以上一个实测值为准进行计算；当间隔天数>15d 时，需要计算出一个第 15 天的预测值即 $P_{逐日预测}$，用该值取代 P_i进行后面日期的预测，直到下一个有实测值的日期，再以该实测值为标准进行计算。

四、模型使用条件

模型使用条件：每年第一个监测数据参与建模，不进行自回归预测，因为需要第一个 P_i作为基础数。

五、比值统计法墒情诊断模型案例

（一）原始数据建模和自回归预测结果和分析

使用 2012—2014 年 3 年的土壤含水量监测数据建立具体的该站点的比值统计法墒情诊断模型，表 2-17 为时段模型法自回归预测结果，表 2-18 为逐日模型法自回归预测结果，图 2-33 到图 2-36 为预测结果图，其中图 2-33 为时段模型法自回归预测结果图，图 2-34 到图 2-36 为逐日模型法自回归预测结果图。

表 2-17　2012—2014 年原始数据比值统计法时段验证结果（%）

监测日	实测值	预测值	误差值	监测日	实测值	预测值	误差值
2012/4/9	13.34	—	—	2013/9/22	17.88	17.87	−0.01
2012/4/23	13.13	14.29	1.16	2013/9/30	18.35	17.98	−0.37
2012/5/7	14.50	14.95	0.45	2013/10/9	14.10	16.64	2.54
2012/6/8	15.05	16.76	1.71	2013/10/21	16.53	15.07	−1.46
2012/6/23	12.04	15.56	3.52	2013/10/29	14.58	15.80	1.22
2012/7/3	19.57	15.06	−4.51	2013/11/12	15.66	15.30	−0.36
2012/7/23	19.92	19.05	−0.87	2014/3/18	13.41	—	—
2012/8/8	20.54	18.12	−2.42	2014/3/27	12.29	13.96	1.67
2012/8/22	20.05	21.78	1.73	2014/4/7	14.31	13.50	−0.81
2012/9/7	21.95	20.53	−1.42	2014/4/17	25.33	14.96	−10.37
2012/9/23	21.92	19.54	−2.38	2014/4/28	23.70	22.29	−1.41
2012/10/10	21.68	19.79	−1.89	2014/5/10	15.70	18.27	2.57
2012/10/23	15.22	18.27	3.05	2014/5/20	13.93	15.38	1.45
2012/11/10	14.96	15.20	0.24	2014/5/30	13.22	14.55	1.33
2013/3/10	12.68	—	—	2014/6/11	12.13	13.98	1.85
2013/4/10	10.36	13.69	3.33	2014/7/7	13.15	14.57	1.42
2013/4/25	12.91	12.39	−0.52	2014/7/23	12.85	14.70	1.85
2013/5/10	11.85	14.08	2.23	2014/8/14	13.93	14.19	0.26
2013/5/24	12.89	14.5	1.61	2014/8/29	15.10	16.88	1.78
2013/6/9	11.99	14.82	2.83	2014/9/28	24.07	23.69	−0.38
2013/6/25	23.88	16.01	−7.87	2014/10/9	22.35	21.28	−1.07
2013/7/18	24.41	29.30	4.89	2014/10/19	21.04	18.69	−2.35
2013/7/25	24.44	19.03	−5.41	2014/10/27	19.38	17.53	−1.85
2013/8/12	24.31	25.48	1.17	2014/11/7	18.30	17.59	−0.71
2013/8/26	24.00	20.64	−3.36	2014/11/21	17.91	16.68	−1.23
2013/9/11	18.48	25.64	7.16	—	—	—	—

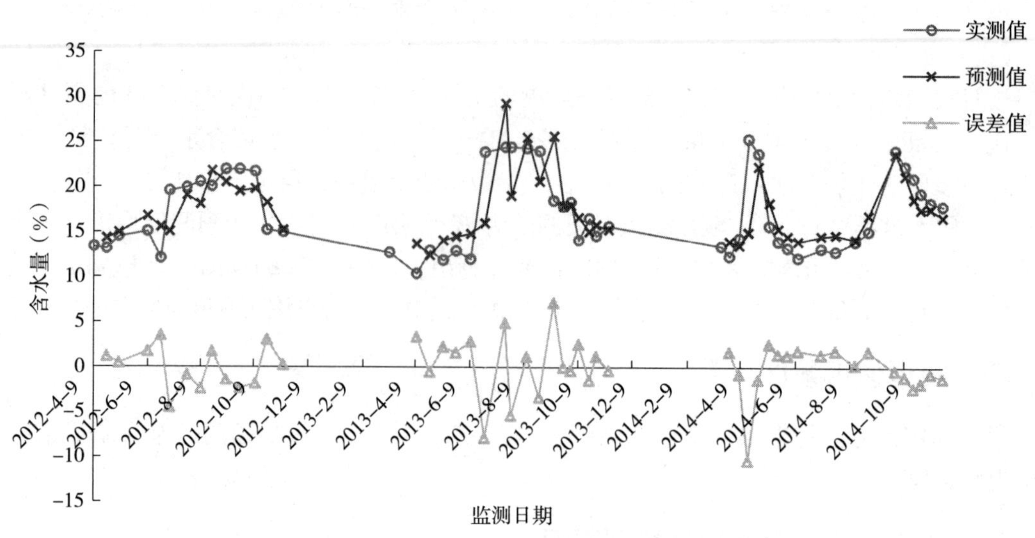

图 2-33　2012—2014 年原始数据比值统计法时段验证结果

表 2-17 表明，时段模型法预测的质量含水量与实测质量含水量相比误差大于 3 个质量含水量的监测日有 10 个，占 20.83%，其中大于 5 个质量含水量的监测日有 4 个，占 8.33%；如果将预测误差小于 3 个质量含水量作为预测合格标准，则比值统计法时段模型的自回归合格率为 79.17%，平均误差为 2.21%，最大误差为 10.37%，最小误差为 0.01%。

表 2-18　2012—2014 年原始数据比值统计法逐日验证结果（%）

监测日	实测值	预测值	误差值	监测日	实测值	预测值	误差值
2012/4/9	13.34	—	—	2013/9/22	17.88	19.03	1.15
2012/4/23	13.13	14.27	1.14	2013/9/30	18.35	19.13	0.78
2012/5/7	14.50	14.97	0.47	2013/10/9	14.10	16.70	2.60
2012/6/8	15.05	16.76	1.71	2013/10/21	16.53	15.09	−1.44
2012/6/23	12.04	15.50	3.46	2013/10/29	14.58	16.53	1.95
2012/7/3	19.57	15.53	−4.04	2013/11/12	15.66	15.31	−0.35
2012/7/23	19.92	18.20	−1.72	2014/3/18	13.41	—	—
2012/8/8	20.54	17.40	−3.14	2014/3/27	12.29	13.95	1.66
2012/8/22	20.05	21.77	1.72	2014/4/7	14.31	13.52	−0.79
2012/9/7	21.95	20.66	−1.29	2014/4/17	25.33	15.03	−10.30
2012/9/23	21.92	18.36	−3.56	2014/4/28	23.70	22.54	−1.16
2012/10/10	21.68	18.35	−3.33	2014/5/10	15.70	19.43	3.73
2012/10/23	15.22	18.21	2.99	2014/5/20	13.93	15.54	1.61
2012/11/10	14.96	15.07	0.11	2014/5/30	13.22	14.63	1.41
2013/3/10	12.68	—	—	2014/6/11	12.13	14.01	1.88
2013/4/10	10.36	14.53	4.17	2014/7/7	13.15	15.48	2.33
2013/4/25	12.91	12.43	−0.48	2014/7/23	12.85	15.76	2.91
2013/5/10	11.85	14.07	2.22	2014/8/14	13.93	14.99	1.06
2013/5/24	12.89	14.46	1.57	2014/8/29	15.10	16.86	1.76
2013/6/9	11.99	15.87	3.88	2014/9/28	24.07	23.19	−0.88
2013/6/25	23.88	19.44	−4.44	2014/10/9	22.35	21.66	−0.69
2013/7/18	24.41	28.58	4.17	2014/10/19	21.04	18.77	−2.27
2013/7/25	24.44	23.19	−1.25	2014/10/27	19.38	17.88	−1.50
2013/8/12	24.31	21.48	−2.83	2014/11/7	18.30	17.64	−0.66
2013/8/26	24.00	21.39	−2.61	2014/11/21	17.91	16.65	−1.26
2013/9/11	18.48	25.96	7.48	—	—	—	—

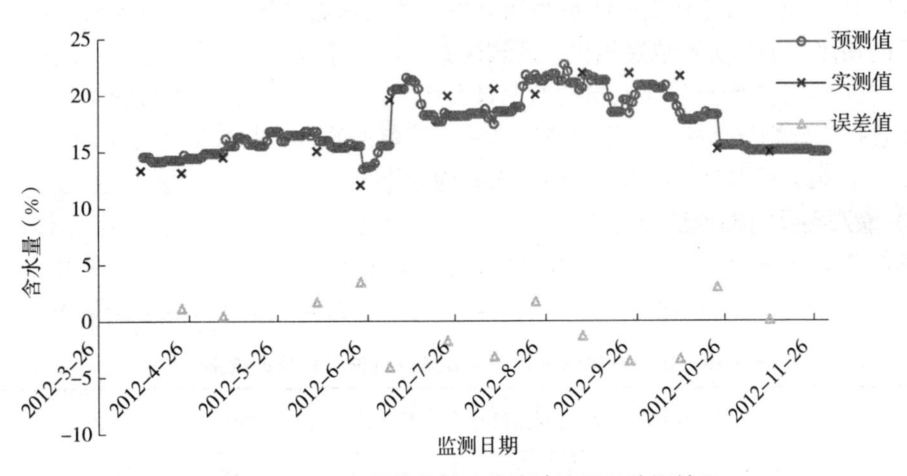

图 2-34　2012 年原始数据比值统计法逐日验证结果

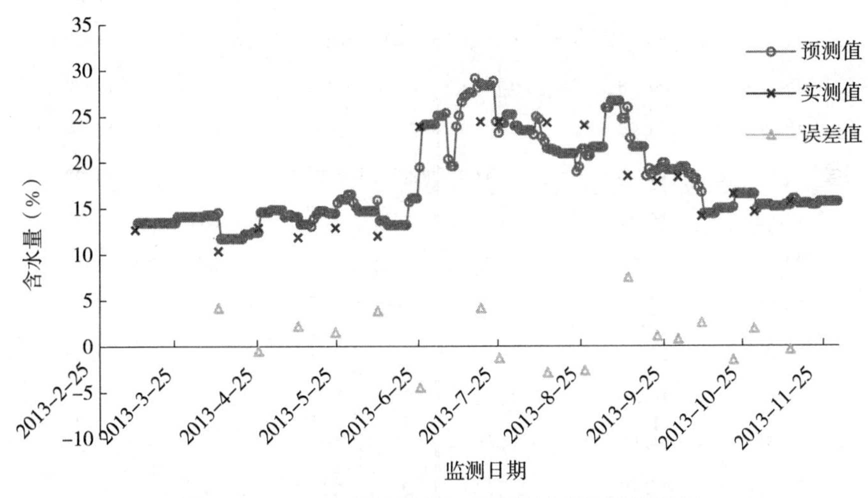

图 2-35　2013 年原始数据比值统计法逐日验证结果

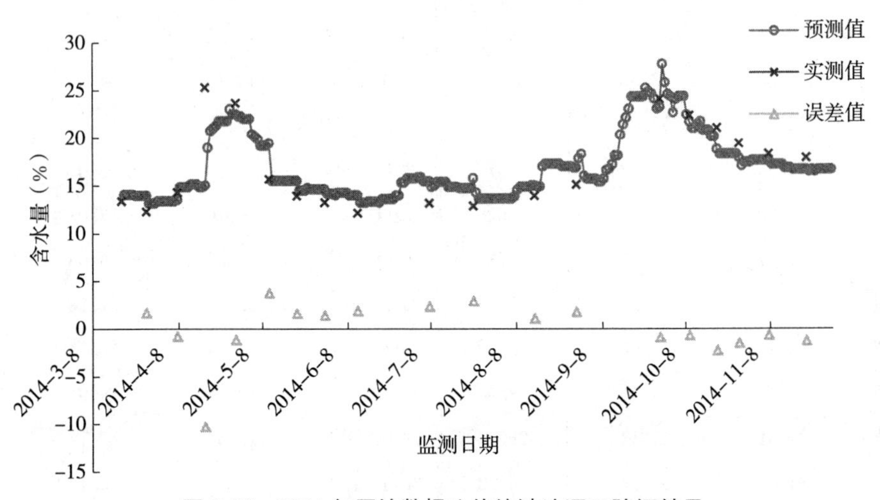

图 2-36　2014 年原始数据比值统计法逐日验证结果

从表 2-18 可见，从逐日模型法预测结果中筛选出所有监测日所对应的预测结果，将有监测记录的预测结果与实测结果相比，预测误差大于 3 个质量含水量的监测日有 12 个，占 25.00%，其中大于 5 个质量含水量的监测日有 2 个，占 4.17%；如果将预测误差小于 3 个质量含水量作为预测合格标准，则比值统计法逐日模型的自回归合格率为 75.00%，平均误差为 2.29%，最大误差为 10.30%，最小误差为 0.11%。

（二）灌溉后运行模型结果分析

本案例考虑 2014 年 4 月 7～17 日时间段内增加灌溉量，最终在时间上取大致中间点即将 2014 年 4 月 12 日作为灌溉日而增加灌溉，考虑到普通灌溉方式确定灌溉量为 100mm。

表 2-19 2012—2014 年灌溉后比值统计法时段验证结果（%）

监测日	实测值	预测值	误差值	监测日	实测值	预测值	误差值
2012/4/9	13.34	—	—	2013/9/22	17.88	17.60	−0.28
2012/4/23	13.13	14.00	0.87	2013/9/30	18.35	17.81	−0.54
2012/5/7	14.50	14.83	0.33	2013/10/9	14.10	16.13	2.03
2012/6/8	15.05	16.79	1.74	2013/10/21	16.53	14.82	−1.71
2012/6/23	12.04	15.26	3.22	2013/10/29	14.58	15.34	0.76
2012/7/3	19.57	15.16	−4.41	2013/11/12	15.66	15.02	−0.64
2012/7/23	19.92	18.91	−1.01	2014/3/18	13.41	—	—
2012/8/8	20.54	17.75	−2.79	2014/3/27	12.29	13.59	1.30
2012/8/22	20.05	22.11	2.06	2014/4/7	14.31	13.22	−1.09
2012/9/7	21.95	20.65	−1.30	2014/4/17	25.33	19.59	−5.74
2012/9/23	21.92	19.30	−2.62	2014/4/28	23.70	22.44	−1.26
2012/10/10	21.68	19.60	−2.08	2014/5/10	15.70	17.65	1.95
2012/10/23	15.22	17.79	2.57	2014/5/20	13.93	14.95	1.02
2012/11/10	14.96	14.80	−0.16	2014/5/30	13.22	14.22	1.00
2013/3/10	12.68	—	—	2014/6/11	12.13	13.65	1.52
2013/4/10	10.36	13.38	3.02	2014/7/7	13.15	14.55	1.40
2013/4/25	12.91	12.26	−0.65	2014/7/23	12.85	14.53	1.68
2013/5/10	11.85	13.82	1.97	2014/8/14	13.93	13.97	0.04
2013/5/24	12.89	14.51	1.62	2014/8/29	15.10	17.03	1.93
2013/6/9	11.99	14.72	2.73	2014/9/28	24.07	25.08	1.01
2013/6/25	23.88	16.32	−7.56	2014/10/9	22.35	21.28	−1.07
2013/7/18	24.41	30.97	6.56	2014/10/19	21.04	18.24	−2.80
2013/7/25	24.44	18.54	−5.90	2014/10/27	19.38	16.94	−2.44
2013/8/12	24.31	26.33	2.02	2014/11/7	18.30	17.17	−1.13
2013/8/26	24.00	20.48	−3.52	2014/11/21	17.91	16.18	−1.73
2013/9/11	18.48	26.54	8.06	—	—	—	—

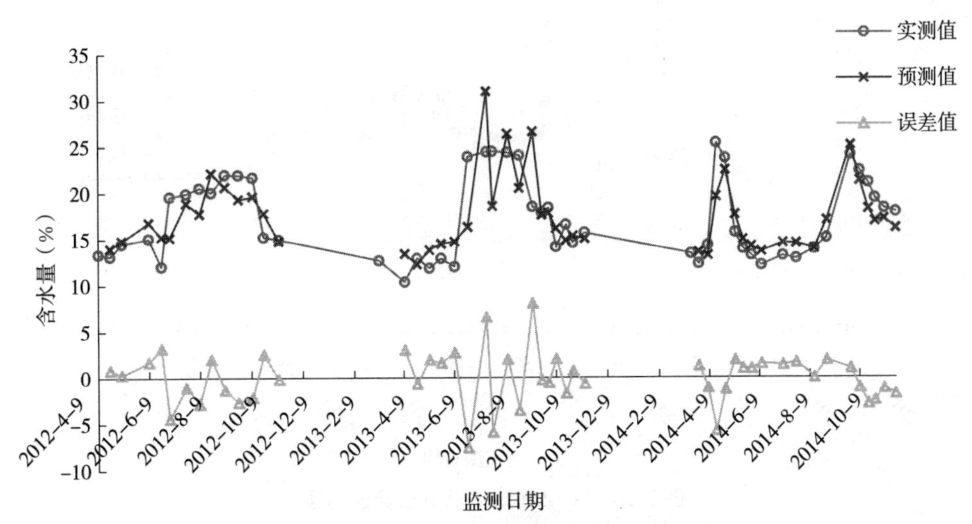

图 2-37　2012—2014 年灌溉后时段验证结果

从表 2-19 可见，数据调整后比值统计法时段验证结果的预测质量含水量与实测质量含水量相比误差大于 3 个质量含水量的监测日有 9 个，占 18.75%，其中大于 5 个质量含水量的监测日有 5 个，占 10.42%；如果将预测误差小于 3 个质量含水量作为预测合格标准，则比值统计法时段模型的自回归合格率为 81.25%，平均误差为 2.18%，最大误差为 8.06%，最小误差为 0.04%，可见加灌溉后的预测误差有所减小。

表 2-20　2012—2014 年灌溉后比值统计法逐日验证结果（%）

监测日	实测值	预测值	误差值	监测日	实测值	预测值	误差值
2012/4/9	13.34	—	—	2013/9/22	17.88	19.03	1.15
2012/4/23	13.13	14.01	0.88	2013/9/30	18.35	19.13	0.78
2012/5/7	14.50	14.84	0.34	2013/10/9	14.10	16.15	2.05
2012/6/8	15.05	16.29	1.24	2013/10/21	16.53	14.81	−1.73
2012/6/23	12.04	15.20	3.16	2013/10/29	14.58	16.20	1.62
2012/7/3	19.57	15.65	−3.92	2013/11/12	15.66	15.02	−0.64
2012/7/23	19.92	18.00	−1.92	2014/3/18	13.41	—	—
2012/8/8	20.54	16.84	−3.70	2014/3/27	12.29	13.54	1.25
2012/8/22	20.05	22.18	2.13	2014/4/7	14.31	13.27	−1.04
2012/9/7	21.95	20.86	−1.09	2014/4/17	25.33	19.75	−5.58
2012/9/23	21.92	17.96	−3.96	2014/4/28	23.70	22.80	−0.90
2012/10/10	21.68	17.95	−3.73	2014/5/10	15.70	19.20	3.50
2012/10/23	15.22	17.78	2.56	2014/5/20	13.93	15.07	1.14
2012/11/10	14.96	14.47	−0.49	2014/5/30	13.22	14.21	0.99
2013/3/10	12.68	—	—	2014/6/11	12.13	13.62	1.49
2013/4/10	10.36	13.85	3.49	2014/7/7	13.15	15.21	2.06
2013/4/25	12.91	12.22	−0.69	2014/7/23	12.85	15.48	2.63
2013/5/10	11.85	13.81	1.96	2014/8/14	13.93	14.57	0.64
2013/5/24	12.89	14.46	1.57	2014/8/29	15.1	16.99	1.89
2013/6/9	11.99	15.73	3.74	2014/9/28	24.07	24.32	0.25
2013/6/25	23.88	20.06	−3.82	2014/10/9	22.35	21.66	−0.69
2013/7/18	24.41	30.45	6.04	2014/10/19	21.04	18.33	−2.71
2013/7/25	24.44	23.68	−0.76	2014/10/27	19.38	17.46	−1.92
2013/8/12	24.31	21.65	−2.66	2014/11/7	18.3	17.25	−1.05
2013/8/26	24.00	21.64	−2.36	2014/11/21	17.91	16.29	−1.62
2013/9/11	18.48	27.22	8.74	—	—	—	—

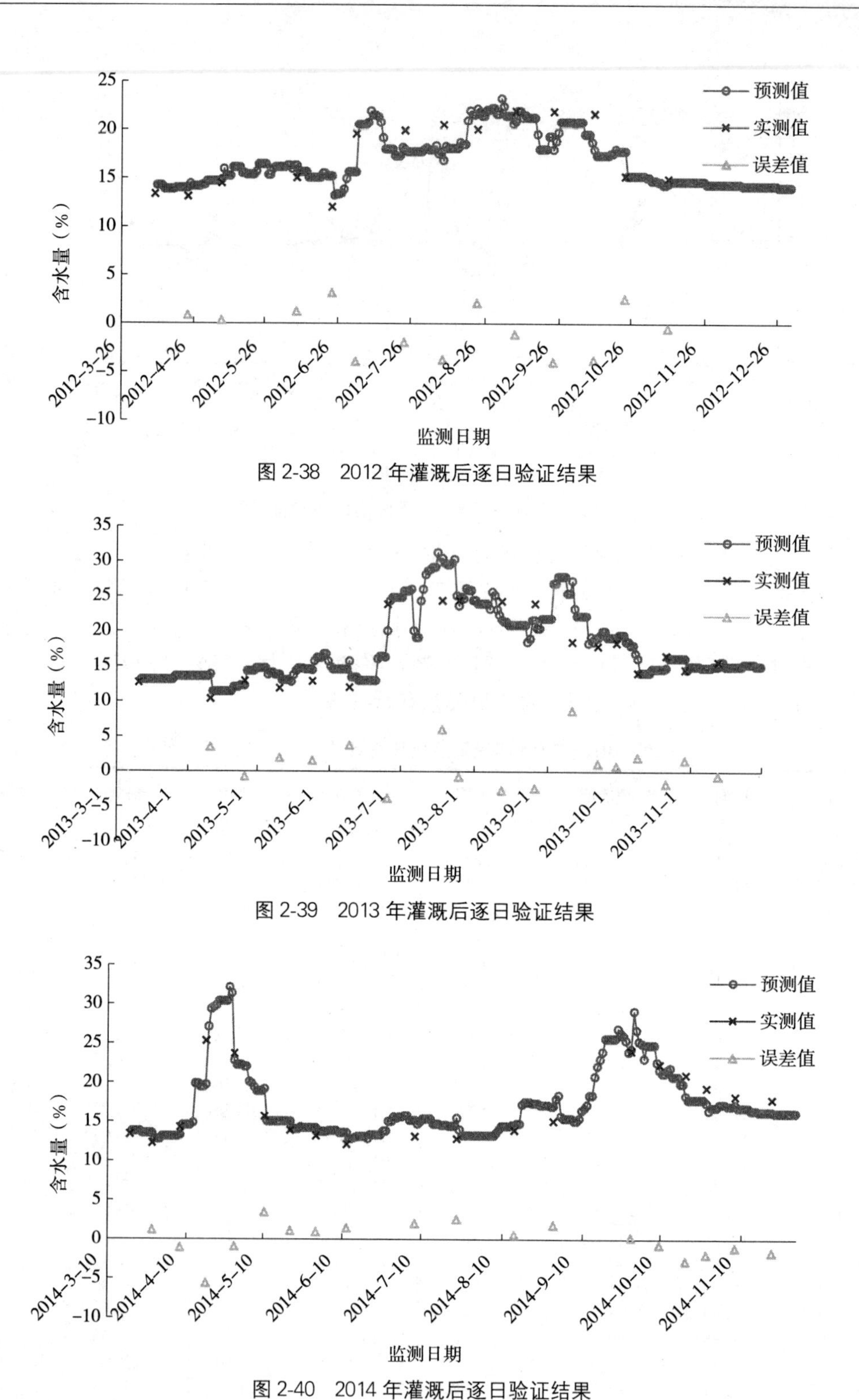

图 2-38　2012 年灌溉后逐日验证结果

图 2-39　2013 年灌溉后逐日验证结果

图 2-40　2014 年灌溉后逐日验证结果

从表 2-20 可见，从数据调整后的逐日模型预测结果中筛选出所有监测日所对应的预测结果，将有监测记录的预测结果与实测结果相比，预测误差大于 3 个质量含水量的监测日有 12

个，占 25.00%。其中大于 5 个质量含水量的监测日有 3 个，占 6.25%；如果将预测误差小于 3 个质量含水量作为预测合格标准，则比值统计法逐日模型的自回归合格率为 75.00%，平均误差为 2.18%，最大误差为 8.74%，最小误差为 0.25%，可见加灌溉后的预测误差有所减小。

（三）2015 年模型验证结果分析

表 2-21 是甘肃省平凉市辖区 620801J001 站点 2012—2014 年数据建模后再用 2015 年数据进行验证的结果，图 2-41 和图 2-42 分别为对应的比值统计法时段模型和逐日模型的预测结果。

表 2-21　2012—2014 年数据建立比值统计法模型对 2015 年的预测结果（%）

监测日	实测值	时段预测值	时段误差值	逐日预测值	逐日误差值
2015/3/10	17.59	—	—	—	—
2015/3/18	17.89	16.01	−1.88	16.18	−1.71
2015/3/29	16.14	16.38	0.24	16.46	0.32
2015/4/8	16.85	17.38	0.53	17.43	0.58
2015/4/26	16.72	17.43	0.71	17.70	0.98
2015/5/6	16.71	16.16	−0.55	16.22	−0.49
2015/5/26	14.92	17.23	2.31	16.35	1.43
2015/6/12	15.91	17.59	1.68	19.37	3.46
2015/7/10	14.75	17.93	3.18	16.68	1.93
2015/7/27	12.26	14.98	2.72	15.05	2.79
2015/8/7	12.41	14.08	1.67	14.10	1.69
2015/8/24	15.27	14.39	−0.88	15.26	−0.01
2015/9/12	18.24	17.73	−0.51	18.81	0.57
2015/9/24	19.63	18.06	−1.57	18.42	−1.21
2015/10/7	20.09	17.47	−2.62	18.26	−1.83
2015/10/29	19.73	19.35	−0.38	17.42	−2.31
2015/11/9	19.87	17.17	−2.7	17.36	−2.51
2015/11/22	19.89	17.13	−2.76	17.09	−2.80

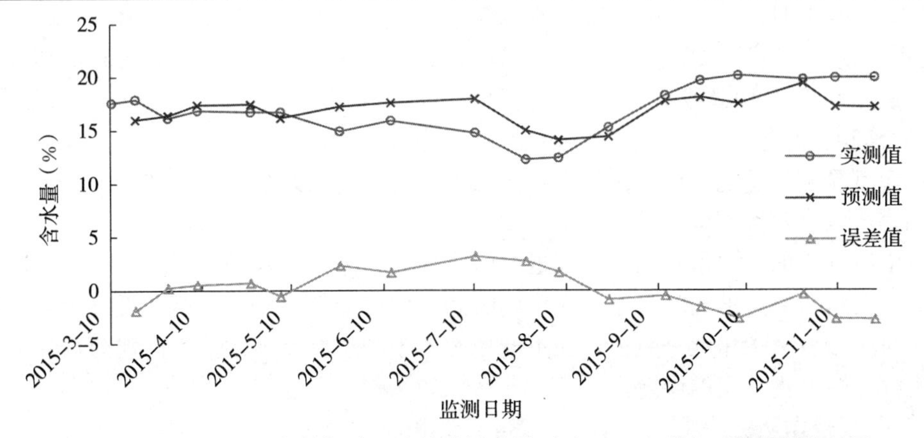

图 2-41　2012—2014 年数据建立比值统计法模型对 2015 年进行时段预测的结果

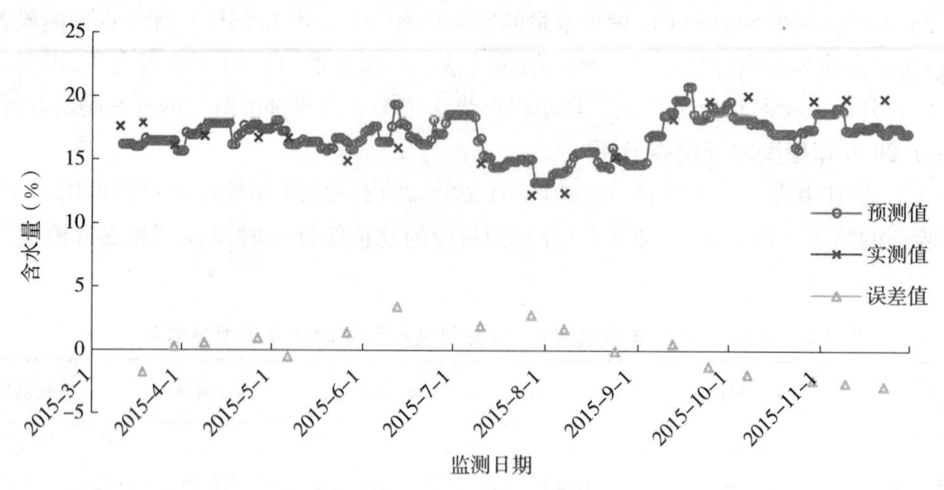

图 2-42　2012—2014 年数据建立比值统计法模型对 2015 年进行逐日预测的结果

从表 2-21 可见，对 2012—2014 年原始数据进行加灌溉数据处理后建模得到 2015 年比值统计法时段模型预测结果中，预测误差大于 3 个质量含水量的监测日有 1 个，占 5.88%，其中大于 5 个质量含水量的监测日有 0 个，占 0%，如果将预测误差小于 3 个质量含水量作为预测合格标准，则比值统计法时段模型的自回归合格率为 94.12%；比值统计法逐日模型预测结果中，预测误差大于 3 个质量含水量的监测日有 1 个，占 5.88%，其中大于 5 个质量含水量的监测日有 0 个，占 0%，如果将预测误差小于 3 个质量含水量作为预测合格标准，则比值统计法逐日模型的自回归合格率为 94.12%。

（四）数据处理后 2015 年预测结果分析

根据表 2-21 可以表明，2015 年没有出现土壤含水量突然明显增加，而时段的降水量不足以满足土壤含水量增加之幅度的情况，所以 2015 年未作灌溉处理。

六、比值统计法墒情诊断模型小结

（一）灌溉量的处理

对于后一次土壤含水量比前一次土壤含水量明显增加很多，但降水量很少或没有降雨时，根据含水量变化幅度与季节温度等补充上合理的灌溉量是原始数据处理的合理方法。本案例中 2014 年 4 月 7～17 日之间基本无降雨发生，但土壤含水量大幅度地增高即从 14.31%提高到 25.33%，因此对中间日 2014 年 4 月 12 日增加了 100mm 灌溉量的处理，处理后预测误差明显从 10%减小到 5%左右。

（二）预测误差分析

造成模型预测误差的主要原因如下：降水量在地点上与观测点不配套；灌溉无记录；土壤参数如容重没有每次都测定。

本书中所使用的降水量数据是从就近的国家标准气象站获得的每天降水量的数据，其降水量数据与墒情监测点的实际降水量在个别时间段内可能存在较大差距；没有灌溉等相关记录；本书对土壤容重采用统一数值，在不同地区、不同土壤类型以及不同观测日的土壤含水量计算上肯定会产生一定的误差。

（三）时段模型法的特点

时段模型法就是利用两次监测时段的降水量对土壤墒情进行诊断和预测，如果能够获取监测点的实际降水量和每次的土壤容重等数据，模型和参数都将实现个性化，预测精度会大幅度地得到提高。

（四）逐日诊断的特点

逐日模型法可以实现首个实测值后的每一天的诊断和预测，并且对间隔天数＞15d时进行了技术处理，即将第15天的预测值作为"实测值"参与计算。逐日诊断和预报可以实现土壤墒情的实时监控和预报，使得现阶段不具备自动墒情监测条件的地区也能够及时获得当地实时的墒情状况，可见逐日模型法是实现土壤墒情信息化管理的潜力方法。

（五）模型应用的可行性分析

本案例仅就一个点的监测数据进行了系统分析，关于模型应用的可行性分析必须等大量案例验证后才能得出相应的结论。但是，仅就本案例可以初步得出以下结论：对于特定监测点而言，时段模型法建模并不断得到修正后，再采用逐日模型法即可实现实时动态土壤墒情的预测，这就为县级和省级乃至国家级的土壤墒情监测网的建立提供了方法模型，还可以就某一气候区域或其他特殊区域的需要建立在线墒情诊断与预测网。

第五节　间隔天数统计法墒情诊断模型

一、间隔天数统计法墒情诊断模型的构建原理

经过对大量已监测的土壤含水量数据和相邻监测日之间累计降水量（即时段降水量）数据的研究发现，土壤含水量与前一个监测日的土壤含水量（P_i）、时段降水量（P_w）和相邻两次监测的间隔天数之间存在较高的相关性。间隔天数统计法墒情诊断模型是根据以上规律，用前一个监测日的土壤含水量（P_i）、时段降水量（P_w）和相邻两次监测的间隔天数（Days）作为自变量，后一个监测日的土壤含水量（P_{i+1}）作为因变量建立的墒情诊断模型。

二、间隔天数统计法墒情诊断模型数学表达式和参数含义

间隔天数统计法墒情诊断模型数学表达式：$P_{(i+1)}=a+bP_i+cP_w+dDays$　　(2-11)

式中，$P_{(i+1)}$为第（i＋1）次监测的土壤含水量（%）；P_i为第i次实测的土壤含水量（%）；P_w为第i个监测日至第（i＋1）个监测日之间的降水量（mm）；Days为第（i＋1）次监测到第i次监测的间隔时间。

三、间隔天数统计法墒情诊断模型的分类

间隔天数统计法墒情诊断模型分"时段模型"和"逐日模型"两类。

（一）时段模型法

时段模型法就是根据前一个监测日的土壤含水量、前后两次监测期间的降水量和相邻两次监测的间隔天数来诊断后一次土壤含水量的方法，其计算方法如下：

第一步：计算相邻两个监测日之间的降水量，即时段降水量（P_w）；

第二步：计算相邻两个监测日之间的间隔天数（Days）；

第三步：以$P_{(i+1)}$为因变量（y），以第i次监测的含水量（P_i）、第i个监测日至第（i＋1）次监测时段降水量（P_w）和相邻两次监测的间隔天数（Days）分别为自变量x_1、x_2、

x_3，得到甘肃省平凉市辖区 620801J001 站点的间隔天数统计法相关性方程为 $P_{(i+1)}=0.5164P_i+0.0604P_w-0.1586(P_i P_w)+8.6334$，$r=0.8439^{**}$，$n=48$。

F 检验：$V_1=n-df-1=51-44-1=6$，自由度 $V_2=df=44$，显著性水平为 0.05 时，$F_{0.95}(6, 44)=2.32$，$F=36.28\gg F_{0.95}$，F 检验合理；T 临界值检验：自由度为 44、显著性水平为 0.05 的 t 临界值为 2.02，P_i、P_w和 Days 的 T 观察值分别为 6.17、6.34 和 2.24，均大于 2.02，F 检验和 T 检验说明 P_i、P_w和 Days 对土壤含水量预测值影响显著。

第四步：向第三步所建立的相关性方程中带入第（i+1）日对应的 P_i、P_w和 Days，求得预测值。

（二）逐日模型法

逐日模型法就是用每年首个监测日监测的土壤含水量监测值（P_1）、次日前 15d 累计降水量（P_{w1}）和间隔天数（固定参数，一律取 15d）诊断次日土壤含水量（P_2），用 P_1、第 3 日的前 15d 累计降水量（P_2）和间隔天数（15d）诊断第 3 日土壤含水量，以此类推，诊断当年第二个监测日及其之前每日的土壤含水量；第 2 个监测日之后第 1 天至第 3 个监测日之间逐日的含水量诊断采用第 2 个实际监测值和对应的每日前 15d 累计降水量为模型输入参数；如此实现每年第 1 个监测日之后全年每日的土壤含水量诊断。其计算方法如下：

第一步：计算首个监测日后每日的前 15d 累计降水量，即 P_w；

第二步：采用时段模型计算首个监测日后每天的预测值；

第三步：当间隔天数≤15d 时（一般监测点时间间隔为 15d 测定 1 次），每个预测值均以上一个实测值为准进行计算；当间隔天数＞15d 时，需要计算出一个第 15 天的预测值即 $P_{逐日预测}$，用该值取代 P_i进行后面日期的预测，直到下一个有实测值的日期，再以该实测值为标准进行计算。

四、模型使用条件

模型使用时的条件：每年第一个监测数据参与建模，不进行自回归预测，因为需要第一个 P_i作为基础数。

五、间隔天数统计法墒情诊断模型案例

（一）原始数据建模和自回归预测结果分析

使用 2012—2014 年 3 年的土壤含水量监测数据建立具体的该站点的间隔天数统计法墒情诊断模型，表 2-22 为时段模型法自回归预测结果，表 2-23 为逐日模型法自回归预测结果，图 2-43 到图 2-46 为预测结果图，其中图 2-43 为时段模型法自回归预测结果图，图 2-44 到图 2-46 为逐日模型法自回归预测结果图。

表 2-22 表明，时段模型法预测的质量含水量与实测质量含水量相比误差大于 3 个质量含水量的监测日有 7 个，占 14.58%，其中大于 5 个质量含水量的监测日有 3 个，占 6.25%；如果将预测误差小于 3 个质量含水量作为预测合格标准，则间隔天数统计法时段模型的自回归合格率为 85.42%，平均误差为 1.98%，最大误差为 9.99%，最小误差为 0.11%。

表 2-22　2012—2014 年原始数据间隔天数统计法时段验证结果（%）

监测日	实测值	预测值	误差值	监测日	实测值	预测值	误差值
2012/4/9	13.34	—	—	2013/9/22	17.88	17.99	0.11
2012/4/23	13.13	14.21	1.08	2013/9/30	18.35	18.55	0.20
2012/5/7	14.50	15.24	0.74	2013/10/9	14.10	17.04	2.94
2012/6/8	15.05	14.23	−0.82	2013/10/21	16.53	15.25	−1.28
2012/6/23	12.04	15.11	3.07	2013/10/29	14.58	16.24	1.66
2012/7/3	19.57	16.82	−2.75	2013/11/12	15.66	15.08	−0.58
2012/7/23	19.92	17.85	−2.07	2014/3/18	13.41	—	—
2012/8/8	20.54	17.63	−2.91	2014/3/27	12.29	14.49	2.20
2012/8/22	20.05	21.37	1.32	2014/4/7	14.31	14.09	−0.22
2012/9/7	21.95	19.89	−2.06	2014/4/17	25.33	15.34	−9.99
2012/9/23	21.92	19.35	−2.57	2014/4/28	23.70	23.37	−0.33
2012/10/10	21.68	19.40	−2.28	2014/5/10	15.70	19.53	3.83
2012/10/23	15.22	18.65	3.43	2014/5/20	13.93	15.54	1.61
2012/11/10	14.96	14.18	−0.78	2014/5/30	13.22	14.93	1.71
2013/3/10	12.68	—	—	2014/6/11	12.13	14.14	2.01
2013/4/10	10.36	11.11	0.75	2014/7/7	13.15	13.57	0.42
2013/4/25	12.91	13.33	0.42	2014/7/23	12.85	14.59	1.74
2013/5/10	11.85	13.98	2.13	2014/8/14	13.93	13.12	−0.81
2013/5/24	12.89	15.51	2.62	2014/8/29	15.10	17.27	2.17
2013/6/9	11.99	14.91	2.92	2014/9/28	24.07	22.82	−1.25
2013/6/25	23.88	17.43	−6.45	2014/10/9	22.35	22.16	−0.19
2013/7/18	24.41	26.51	2.10	2014/10/19	21.04	19.67	−1.37
2013/7/25	24.44	21.18	−3.26	2014/10/27	19.38	18.58	−0.80
2013/8/12	24.31	24.42	0.11	2014/11/7	18.30	17.81	−0.49
2013/8/26	24.00	21.30	−2.70	2014/11/21	17.91	16.32	−1.59
2013/9/11	18.48	24.75	6.27	—	—	—	—

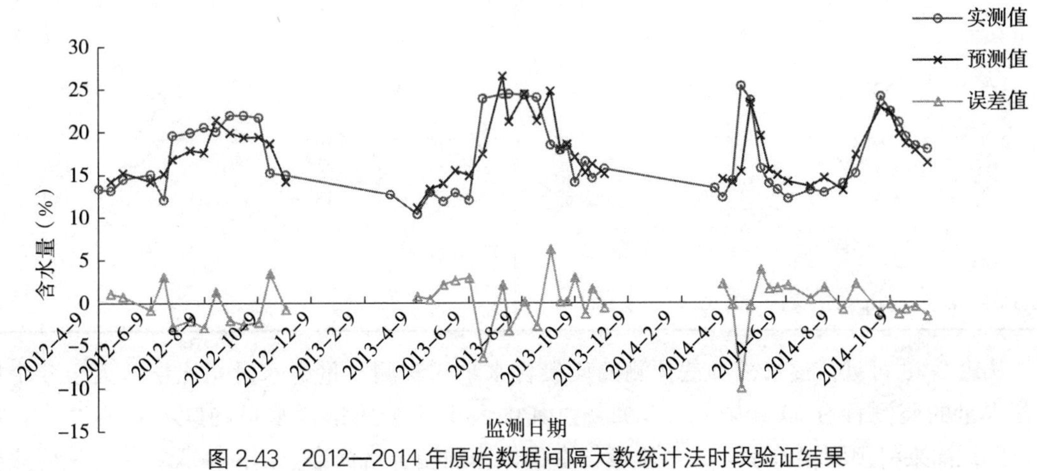

图 2-43　2012—2014 年原始数据间隔天数统计法时段验证结果

表 2-23　2012—2014 年原始数据间隔天数统计法逐日验证结果（%）

监测日	实测值	预测值	误差值	监测日	实测值	预测值	误差值
2012/4/9	13.34	—	—	2013/9/22	17.88	18.56	0.68
2012/4/23	13.13	14.06	0.93	2013/9/30	18.35	18.67	0.32
2012/5/7	14.50	15.09	0.59	2013/10/9	14.10	16.14	2.04
2012/6/8	15.05	15.95	0.90	2013/10/21	16.53	14.81	−1.72
2012/6/23	12.04	15.11	3.07	2013/10/29	14.58	16.04	1.46
2012/7/3	19.57	16.75	−2.82	2013/11/12	15.66	14.93	−0.73
2012/7/23	19.92	17.61	−2.31	2014/3/18	13.41	—	—
2012/8/8	20.54	16.69	−3.85	2014/3/27	12.29	13.58	1.29
2012/8/22	20.05	21.21	1.16	2014/4/7	14.31	13.49	−0.82
2012/9/7	21.95	20.03	−1.92	2014/4/17	25.33	14.67	−10.66
2012/9/23	21.92	17.96	−3.96	2014/4/28	23.70	22.96	−0.74
2012/10/10	21.68	18.01	−3.67	2014/5/10	15.70	20.02	4.32
2012/10/23	15.22	18.37	3.15	2014/5/20	13.93	14.95	1.02
2012/11/10	14.96	14.27	−0.69	2014/5/30	13.22	14.20	0.98
2013/3/10	12.68	—	—	2014/6/11	12.13	13.69	1.56
2013/4/10	10.36	13.89	3.53	2014/7/7	13.15	15.47	2.32
2013/4/25	12.91	13.33	0.42	2014/7/23	12.85	15.55	2.70
2013/5/10	11.85	13.98	2.13	2014/8/14	13.93	14.61	0.68
2013/5/24	12.89	15.36	2.47	2014/8/29	15.10	17.27	2.17
2013/6/9	11.99	15.79	3.80	2014/9/28	24.07	22.88	−1.19
2013/6/25	23.88	20.26	−3.62	2014/10/9	22.35	21.77	−0.58
2013/7/18	24.41	27.06	2.65	2014/10/19	21.04	18.99	−2.05
2013/7/25	24.44	23.17	−1.27	2014/10/27	19.38	17.91	−1.47
2013/8/12	24.31	21.70	−2.61	2014/11/7	18.30	17.21	−1.09
2013/8/26	24.00	21.82	−2.18	2014/11/21	17.91	16.19	−1.72
2013/9/11	18.48	25.02	6.54	—	—	—	—

从表 2-23 可见，逐日模型法预测的质量含水量与实测质量含水量相比误差大于 3 个质量含水量的监测日有 11 个，占 22.92%，其中大于 5 个质量含水量的监测日有 2 个，占 4.17%；如果将预测误差小于 3 个质量含水量作为预测合格标准，则间隔天数统计法时段模

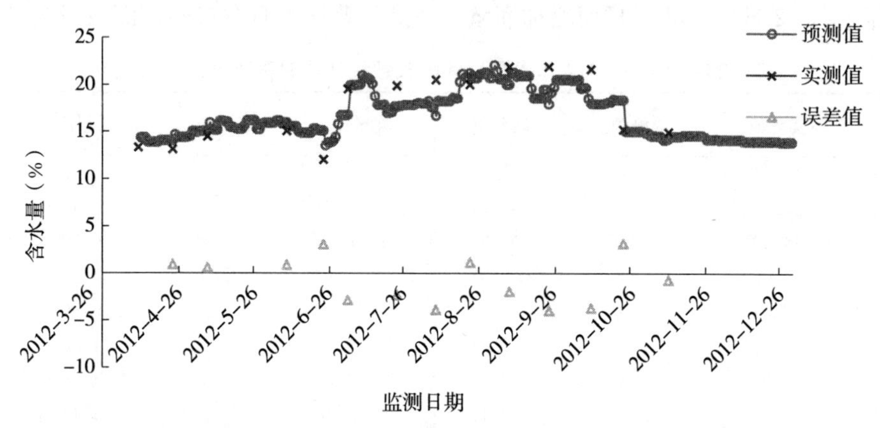

图 2-44　2012 年间隔天数统计法逐日验证结果

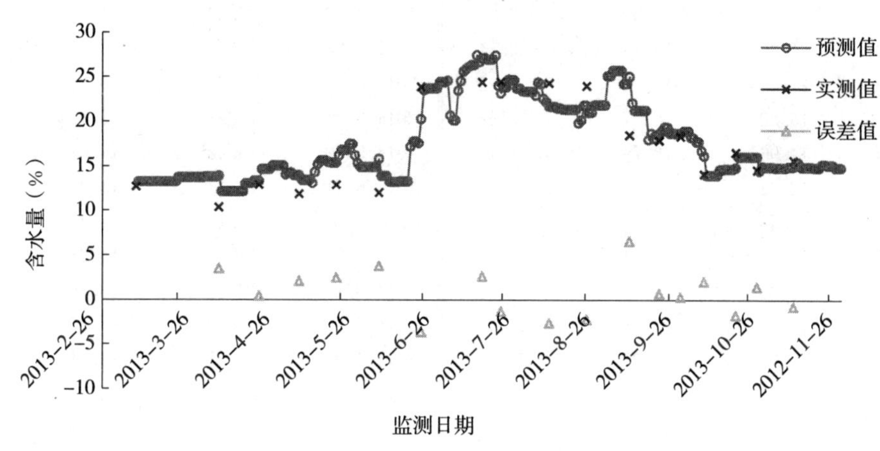

图 2-45　2013 年间隔天数统计法逐日验证结果

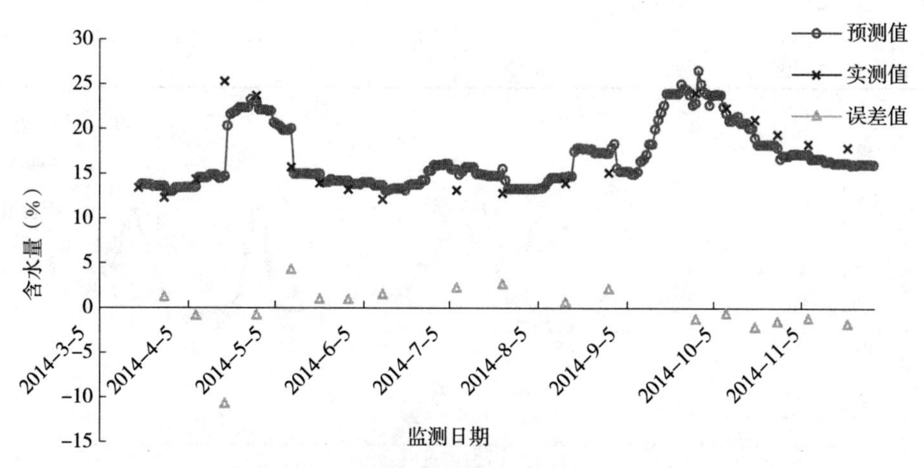

图 2-46　2014 年间隔天数统计法逐日验证结果

型的自回归合格率为 77.08%，平均误差为 2.18%，最大误差为 10.66%，最小误差为 0.32%。

（二）灌溉后建模和自回归预测结果分析

本案例考虑 2014 年 4 月 7～17 日时间段内增加灌溉量，最终在时间上取大致中间点即将 2014 年 4 月 12 日作为灌溉日而增加灌溉，考虑到普通灌溉方式确定灌溉量为 100mm。

表 2-24 2012—2014 年灌溉后间隔天数统计法时段验证结果（%）

监测日	实测值	预测值	误差值	监测日	实测值	预测值	误差值
2012/4/9	13.34	—	—	2013/9/22	17.88	17.8	−0.08
2012/4/23	13.13	13.90	0.77	2013/9/30	18.35	18.44	0.09
2012/5/7	14.50	15.09	0.59	2013/10/9	14.10	16.70	2.60
2012/6/8	15.05	14.10	−0.95	2013/10/21	16.53	15.00	−1.53
2012/6/23	12.04	14.82	2.78	2013/10/29	14.58	15.90	1.32
2012/7/3	19.57	16.90	−2.67	2013/11/12	15.66	14.80	−0.86
2012/7/23	19.92	17.70	−2.22	2014/3/18	13.41	—	—
2012/8/8	20.54	17.37	−3.17	2014/3/27	12.29	14.14	1.85
2012/8/22	20.05	21.55	1.50	2014/4/7	14.31	13.79	−0.52
2012/9/7	21.95	19.93	−2.02	2014/4/17	25.33	21.09	−4.24
2012/9/23	21.92	19.18	−2.74	2014/4/28	23.70	23.47	−0.23
2012/10/10	21.68	19.26	−2.42	2014/5/10	15.70	19.21	3.51
2012/10/23	15.22	18.37	3.15	2014/5/20	13.93	15.18	1.25
2012/11/10	14.96	13.79	−1.17	2014/5/30	13.22	14.62	1.40
2013/3/10	12.68	—	—	2014/6/11	12.13	13.79	1.66
2013/4/10	10.36	10.65	0.29	2014/7/7	13.15	13.42	0.27
2013/4/25	12.91	13.11	0.20	2014/7/23	12.85	14.36	1.51
2013/5/10	11.85	13.68	1.83	2014/8/14	13.93	12.79	−1.14
2013/5/24	12.89	15.48	2.59	2014/8/29	15.10	17.35	2.25
2013/6/9	11.99	14.75	2.76	2014/9/28	24.07	23.81	−0.26
2013/6/25	23.88	17.69	−6.19	2014/10/9	22.35	22.18	−0.17
2013/7/18	24.41	27.31	2.90	2014/10/19	21.04	19.43	−1.61
2013/7/25	24.44	20.97	−3.47	2014/10/27	19.38	18.25	−1.13
2013/8/12	24.31	24.82	0.51	2014/11/7	18.30	17.54	−0.76
2013/8/26	24.00	21.21	−2.79	2014/11/21	17.91	15.96	−1.95
2013/9/11	18.48	25.20	6.72	—	—	—	—

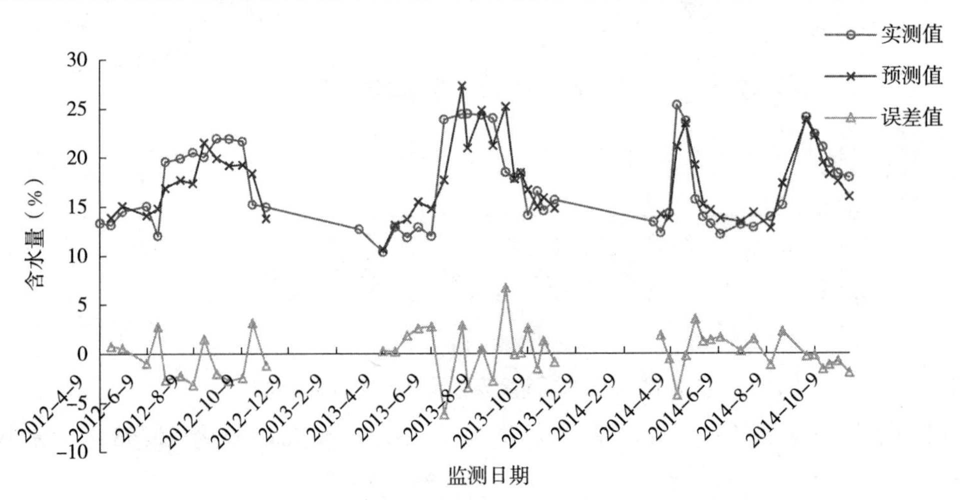

图 2-47 2012—2014 年灌溉后间隔天数统计法时段验证结果

表 2-24 表明，时段模型法预测的质量含水量与实测质量含水量相比误差大于 3 个质量含水量的监测日有 7 个，占 14.58%，其中大于 5 个质量含水量的监测日有 2 个，占 4.17%；如果将预测误差小于 3 个质量含水量作为预测合格标准，则间隔天数统计法时段模型的自回归合格率为 85.42%，平均误差为 1.85%，最大误差为 6.72%，最小误差为 0.08%，可见加灌溉后的预测误差有所减小。

表 2-25　2012—2014 年数据调整后间隔天数统计法逐日验证结果（%）

监测日	实测值	预测值	误差值	监测日	实测值	预测值	误差值
2012/4/9	13.34	—	—	2013/9/22	17.88	18.51	0.63
2012/4/23	13.13	13.74	0.61	2013/9/30	18.35	18.68	0.33
2012/5/7	14.50	14.93	0.43	2013/10/9	14.10	15.76	1.66
2012/6/8	15.05	15.55	0.50	2013/10/21	16.53	14.54	−1.99
2012/6/23	12.04	14.82	2.78	2013/10/29	14.58	15.78	1.20
2012/7/3	19.57	16.89	−2.68	2013/11/12	15.66	14.64	−1.02
2012/7/23	19.92	17.36	−2.56	2014/3/18	13.41	—	—
2012/8/8	20.54	16.29	−4.25	2014/3/27	12.29	13.19	0.90
2012/8/22	20.05	21.39	1.34	2014/4/7	14.31	13.16	−1.15
2012/9/7	21.95	20.10	−1.85	2014/4/17	25.33	20.41	−4.92
2012/9/23	21.92	17.68	−4.24	2014/4/28	23.70	23.06	−0.64
2012/10/10	21.68	17.73	−3.95	2014/5/10	15.70	19.82	4.12
2012/10/23	15.22	18.07	2.85	2014/5/20	13.93	14.59	0.66
2012/11/10	14.96	13.69	−1.27	2014/5/30	13.22	13.85	0.63
2013/3/10	12.68	—	—	2014/6/11	12.13	13.32	1.19
2013/4/10	10.36	13.23	2.87	2014/7/7	13.15	15.17	2.02
2013/4/25	12.91	13.11	0.20	2014/7/23	12.85	15.23	2.38
2013/5/10	11.85	13.68	1.83	2014/8/14	13.93	14.16	0.23
2013/5/24	12.89	15.32	2.43	2014/8/29	15.10	17.35	2.25
2013/6/9	11.99	15.51	3.52	2014/9/28	24.07	23.53	−0.54
2013/6/25	23.88	20.64	−3.24	2014/10/9	22.35	21.78	−0.57
2013/7/18	24.41	28.00	3.59	2014/10/19	21.04	18.73	−2.31
2013/7/25	24.44	23.36	−1.08	2014/10/27	19.38	17.60	−1.78
2013/8/12	24.31	21.86	−2.45	2014/11/7	18.30	16.90	−1.40
2013/8/26	24.00	21.82	−2.18	2014/11/21	17.91	15.83	−2.08
2013/9/11	18.48	25.67	7.19	—	—	—	—

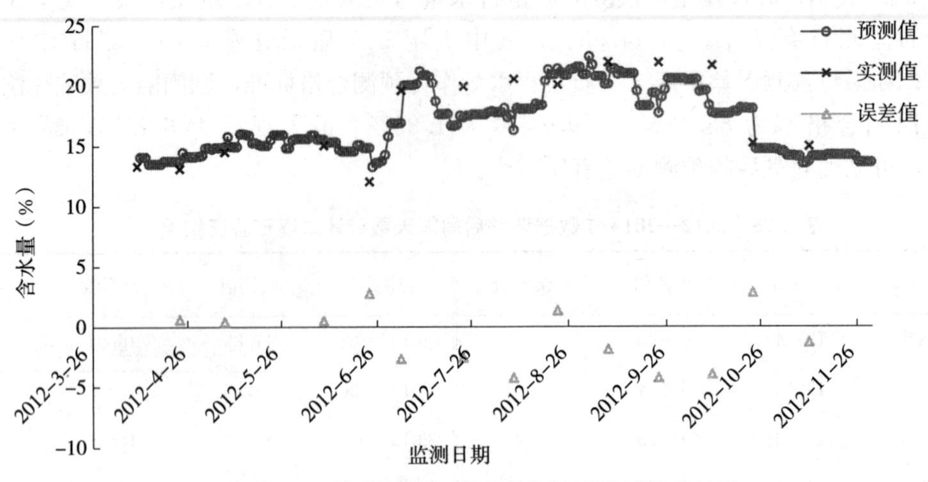

图 2-48　2012 年灌溉后间隔天数统计法逐日验证结果

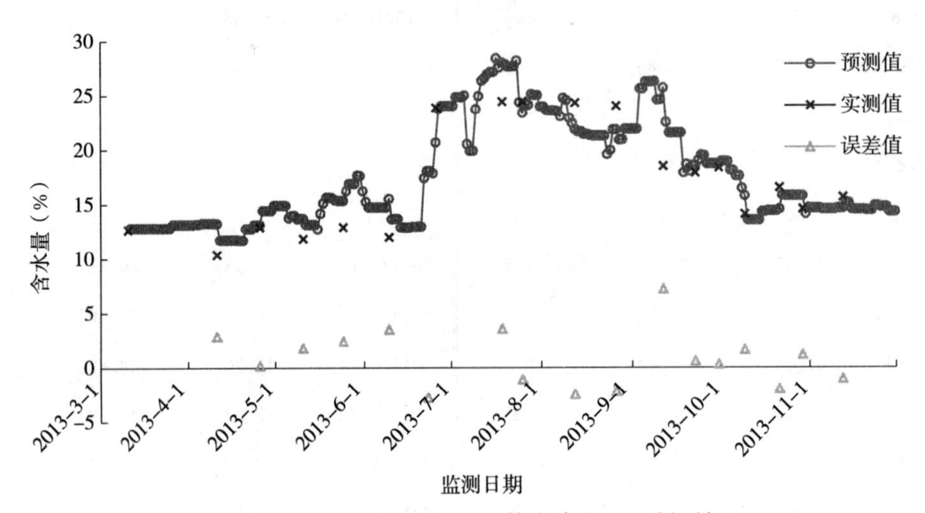

图 2-49　2013 年灌溉后间隔天数统计法逐日验证结果

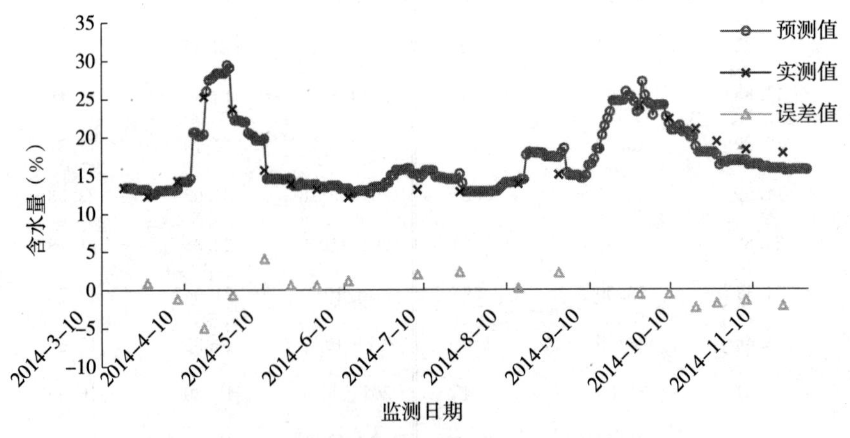

图 2-50　2014 年灌溉后间隔天数统计法逐日验证结果

从表 2-25 可见，从数据调整后的逐日模型预测结果中筛选出所有监测日所对应的预测结果，将有监测记录的预测结果与实测结果相比，预测误差大于 3 个质量含水量的监测日有 9 个，占 18.75%。其中大于 5 个质量含水量的监测日有 1 个，占 2.08%；如果将预测误差小于 3 个质量含水量作为预测合格标准，则间隔天数统计法逐日模型的自回归合格率为 81.25%，平均误差为 2.01%，最大误差为 7.19%，最小误差为 0.2%，可见加灌溉后的预测误差有所减小。

（三）2015 年预测结果分析

表 2-26 是甘肃省平凉市辖区 620801J001 站点 2012—2014 年数据建模后再用 2015 年数据进行验证的结果，图 2-51 和 2-52 分别为对应的间隔天数统计法时段模型和逐日模型的预测结果。

表 2-26　2012—2014 年数据建立间隔天数统计法模型对 2015 年的预测结果（%）

监测日	实测值	时段预测值	时段误差值	逐日预测值	逐日误差值
2015/3/10	17.59	—	—	—	—
2015/3/18	17.89	16.65	−1.24	15.76	−2.13
2015/3/29	16.14	16.57	0.43	16.09	−0.05
2015/4/8	16.85	17.80	0.95	17.10	0.25
2015/4/26	16.72	16.50	−0.22	17.04	0.32
2015/5/6	16.71	16.45	−0.26	15.77	−0.94
2015/5/26	14.92	15.98	1.06	15.75	0.83
2015/6/12	15.91	17.26	1.35	18.94	3.03
2015/7/10	14.75	15.59	0.84	15.96	1.21
2015/7/27	12.26	14.24	1.98	14.44	2.18
2015/8/7	12.41	15.03	2.62	14.43	2.02
2015/8/24	15.27	14.43	−0.84	15.23	−0.04
2015/9/12	18.24	16.98	−1.26	18.37	0.13
2015/9/24	19.63	18.06	−1.57	17.95	−1.68
2015/10/7	20.09	17.54	−2.55	17.92	−2.17
2015/10/29	19.73	17.84	−1.89	16.96	−2.77
2015/11/9	19.87	17.61	−2.26	17.21	−2.66
2015/11/22	19.89	17.29	−2.60	16.97	−2.92

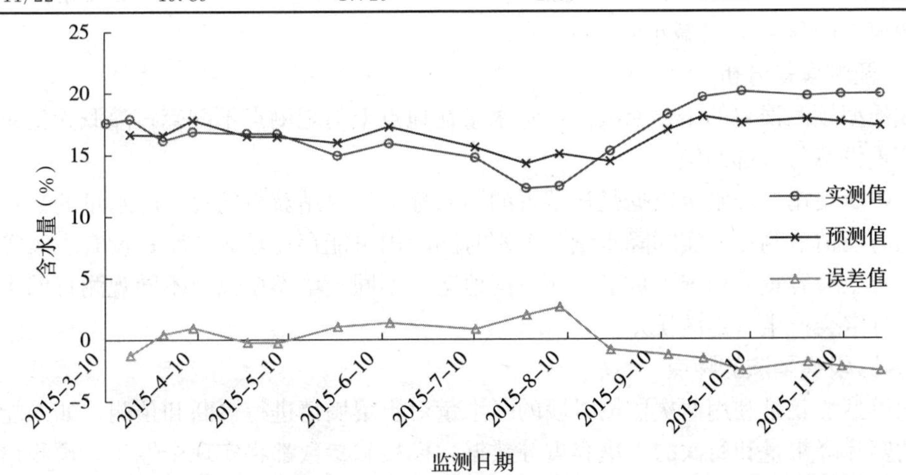

图 2-51　2012—2014 年数据建立间隔天数统计法模型对 2015 年进行时段预测的结果

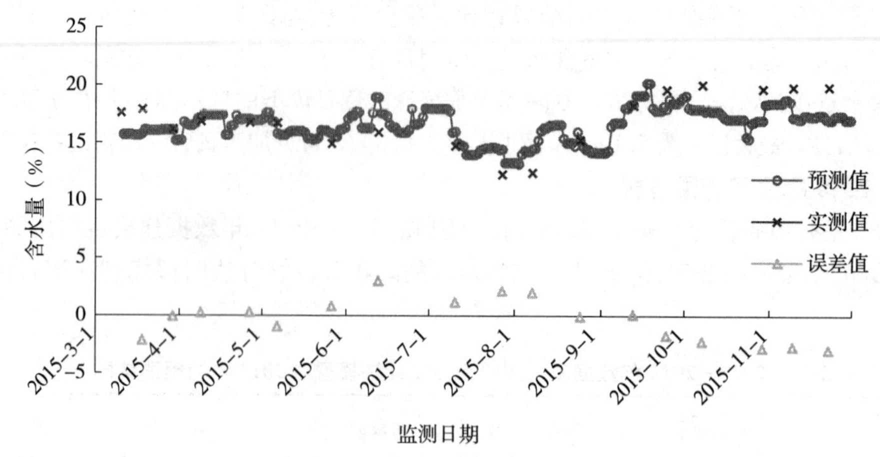

图 2-52　2012—2014 年数据建立间隔天数统计法模型对 2015 年进行逐日预测的结果

从表 2-26 可见，对 2012—2014 年原始数据进行加灌溉数据处理后建模得到 2015 年间隔天数统计法时段模型预测结果中，预测误差全部小于 3%，如果将预测误差小于 3 个质量含水量作为预测合格标准，则间隔天数统计法时段预测的合格率达到 100%；逐日模型预测结果中，预测误差大于 3 个质量含水量的监测日有 1 个，占 5.88%，预测合格率达到 94.12%。

（四）数据处理后 2015 年预测结果分析

根据表 2-26 可以表明，2015 年没有出现土壤含水量突然明显增加的现象，所以 2015 年未作灌溉处理。

六、间隔天数统计法墒情诊断和预测模型小结

（一）灌溉量的处理

对于后一次土壤含水量比前一次土壤含水量明显增加很多，但降水量很少或没有降雨时，根据含水量变化幅度与季节温度等补充上合理的灌溉量是原始数据处理的合理方法。本案例中 2014 年 4 月 7～17 日之间基本无降雨发生，但土壤含水量大幅度地增高即从 14.31%提高到 25.33%，因此对中间日 2014 年 4 月 12 日增加了 100mm 灌溉量的处理，处理后预测误差明显从 10%减小到 4%左右。

（二）预测误差分析

造成模型预测误差的主要原因是：降水量在地点上与观测点不配套；灌溉无记录；土壤参数如容重没有每次都测定。

本书中所使用的降水量数据是从就近的国家标准气象站获得的每天降水量的数据，其降水量数据与墒情监测点的实际降水量在个别时间段内可能存在较大差距；没有灌溉等相关记录；本书对土壤容重采用统一数值，在不同地区、不同土壤类型以及不同观测日的土壤含水量计算上肯定会产生一定的误差。

（三）时段模型法的特点

时段模型法就是利用两次监测时段的降水量对土壤墒情进行诊断和预测，如果能够获取监测点的实际降水量和每次的土壤容重等数据，模型和参数都将实现个性化，预测精度会大幅度地得到提高。

（四）逐日诊断的特点

逐日模型法可以实现首个实测值后的每一天的诊断和预测，并且对间隔天数>15d时进行了技术处理，即将第15天的预测值作为“实测值”参与计算。逐日诊断和预报可以实现土壤墒情的实时监控和预报，使得现阶段不具备自动墒情监测条件的地区也能够及时获得当地实时的墒情状况，可见逐日模型法是实现土壤墒情信息化管理的潜力方法。

（五）模型应用的可行性分析

本案例仅就一个点的监测数据进行了系统分析，关于模型应用的可行性分析必须等大量案例验证后才能得出相应的结论。但是，仅就本案例可以初步得出以下结论：对于特定监测点而言，时段模型法建模并不断得到修正后，再采用逐日模型法即可实现实时动态土壤墒情的预测，这就为县级和省级乃至国家级的土壤墒情监测网的建立提供了方法模型，还可以就某一气候区域或其他特殊区域的需要建立在线墒情诊断与预测网。

第六节 移动统计法墒情诊断模型

一、移动统计法墒情诊断模型的构建原理

经过对大量已监测的土壤含水量数据和相邻监测日之间累计降水量（即时段降水量）数据的研究发现，如果将测得含水量（P_i）从小到大进行排序，从最小值开始连续5～9个整数含水量范围内的监测值（$P_{(i+1)}$）与相对应的时段降水量日均值（P_w/Days）之间存在较好的相关性。移动统计法墒情诊断模型是根据以上规律，用排序后的含水量（P_i）所对应的后一监测日的时段降水量日均值（P_w/Days）作为自变量，以后一个监测日的土壤含水量（P_{i+1}）作为因变量建立的墒情诊断模型。

二、移动统计法墒情诊断模型数学表达式和参数含义

移动统计法墒情诊断模型数学表达式：$P_{(i+1)}=f(P_w/Days)$　　(2-12)

f（P_w/Days）可能为线性方程、幂函数或多项式。

式中，$P_{(i+1)}$为第（i+1）次监测的土壤含水量；P_w/Days为第i个监测日至第（i+1）个监测日之间的日均降水量（mm），其中Days为第（i+1）次监测到第i次监测的间隔时间。

三、移动统计法墒情诊断模型的分类

移动统计法墒情诊断模型分“时段模型”和“逐日模型”两类。

（一）时段模型法

时段模型法就是根据前后两次监测期间的日均降水量来诊断后一次土壤含水量的方法，其计算方法如下：

第一步：计算相邻两个监测日之间的降水量，即时段降水量（P_w）；

第二步：计算相邻两个监测日之间的间隔天数（Days）；

第三步：计算相邻两个监测日之间的日均降水量（P_w/Days）；

第四步：建立监测日、含水量、相邻后一次含水量、日均时段降水量数组，按照含水量从小到大顺序对所有数组进行排序；

第五步：以按照P_i排序后开始的5～9个整数含水量范围内对应的$P_{(i+1)}$为因变量（y），

以 $P_{(i+1)}$ 对应的 P_w/Days 为自变量建立若干个相关性方程，以甘肃省平凉市辖区 620801J001 站点为例，相关性方程为

P_i范围 10～14、中心点为 12 的方程：$y=1.4123x+11.269$（$r=0.8155^{**}$，$n=17$）

(2-13)

P_i范围 11～15、中心点为 13 的方程：$y=1.2523x+11.992$（$r=0.8627^{**}$，$n=20$）

(2-14)

P_i范围 12～16、中心点为 14 的方程：$y=1.2329x+12.3$（$r=0.8892^{**}$，$n=22$）

(2-15)

P_i范围 13～17、中心点为 15 的方程：$y=1.1729x+12.954$（$r=0.8989^{**}$，$n=16$）

(2-16)

P_i范围 14～18、中心点为 16 的方程：$y=1.1426x+14.016$（$r=0.9430^{**}$，$n=10$）

(2-17)

P_i范围 15～19、中心点为 17 的方程：$y=1.3264x+14.39$（$r=0.8605^{**}$，$n=9$）

(2-18)

P_i范围 16～20、中心点为 18 的方程：$y=18.414x^{0.0517}$（$r=0.8175^{**}$，$n=8$）

(2-19)

P_i范围 17～21、中心点为 19 的方程：$y=18.622x^{0.0589}$（$r=0.7702^{**}$，$n=9$）

(2-20)

P_i范围 18～22、中心点为 20 的方程：$y=19.159x^{0.0506}$（$r=0.5886^{*}$，$n=12$）

(2-21)

P_i范围 19～23、中心点为 21 的方程：$y=0.4931x+19.078$（$r=0.3719$，$n=10$）

(2-22)

P_i范围 20～24、中心点为 22 的方程：$y=0.4941x+18.53$（$r=0.4600$，$n=10$）

(2-23)

P_i范围 21～25、中心点为 23 的方程：$y=20.265x+0.0632$（$r=0.5504^{*}$，$n=13$）

(2-24)

第六步：根据 i+1 个监测日对应的 P_i 数值所处范围带入上述相应的相关性方程，求得第 i+1 个监测日的土壤含水量预测值。

（二）逐日模型法

逐日模型法就是用每年首个监测日次日前 15d 累计降水量的日均值来诊断次日土壤含水量。其计算方法如下：

第一步：计算首个监测日后每日的前 15d 累计降水量，即 P_w；

第二步：计算首个监测日后每日对应的日均降水量（P_w/Days）；

采用时段模型计算首个监测日后每天的预测值；

第三步：根据首个监测日的监测值所处范围带入时段模型中相应的相关性方程，求得首个监测日的后一天逐日的含水量预测值，之后的预测均以相邻前一天的值（可能为实测值，也可能为预测值）为标准，即作为 P_i 进行计算，有实测值的用实测值，没有则用预测值。以此类推，可实现首个监测日之后的每日土壤含水量预测。

四、模型使用条件

模型使用时的条件：(1) 每年第一个监测数据参与建模，不进行自回归预测，因为需要第一个 P_i 作为基础数；(2) 建模过程所选取 P_i 的整数个数以所建立相关性方程相关系数最高为依据；(3) 预测过程选取相关性方程以预测日之前对应的 P_i 所处整数范围和中心点为依据。

五、移动统计法墒情诊断模型案例

(一) 原始数据建模和自回归预测结果分析

使用 2012—2014 年 3 年的土壤含水量监测数据建立具体的该站点的移动数法墒情诊断模型，表 2-27 为时段模型法自回归预测结果，表 2-28 为逐日模型法自回归预测结果，图 2-53 到图 2-56 为预测结果图，其中图 2-53 为时段模型法自回归预测结果图，图 2-54 到图 2-56 为逐日模型法自回归预测结果图。

表 2-27　2012—2014 年原始数据移动统计法时段验证结果（%）

监测日	实测值	预测值	误差值	监测日	实测值	预测值	误差值
2012/4/9	13.34	—	—	2013/9/22	17.88	18.76	0.88
2012/4/23	13.13	13.60	0.47	2013/9/30	18.35	19.44	1.09
2012/5/7	14.50	15.38	0.88	2013/10/9	14.10	17.41	3.31
2012/6/8	15.05	15.54	0.49	2013/10/21	16.53	15.28	−1.25
2012/6/23	12.04	14.71	2.67	2013/10/29	14.58	14.40	−0.18
2012/7/3	19.57	19.76	0.19	2013/11/12	15.66	14.86	−0.80
2012/7/23	19.92	18.57	−1.35	2014/3/18	13.41	—	—
2012/8/8	20.54	18.07	−2.47	2014/3/27	12.29	12.80	0.51
2012/8/22	20.05	21.73	1.68	2014/4/7	14.31	13.76	−0.55
2012/9/7	21.95	20.86	−1.09	2014/4/17	25.33	14.87	−10.46
2012/9/23	21.92	19.98	−1.94	2014/4/28	23.70	22.62	−1.08
2012/10/10	21.68	20.04	−1.64	2014/5/10	15.70	19.54	3.84
2012/10/23	15.22	19.45	4.23	2014/5/20	13.93	13.72	−0.21
2012/11/10	14.96	13.82	−1.14	2014/5/30	13.22	13.52	0.30
2013/3/10	12.68	—	—	2014/6/11	12.13	13.17	1.04
2013/4/10	10.36	13.03	2.67	2014/7/7	13.15	14.73	1.58
2013/4/25	12.91	13.38	0.47	2014/7/23	12.85	14.56	1.71
2013/5/10	11.85	13.76	1.91	2014/8/14	13.93	13.67	−0.26
2013/5/24	12.89	16.46	3.57	2014/8/29	15.10	17.78	2.68
2013/6/9	11.99	15.19	3.20	2014/9/28	24.07	21.65	−2.42
2013/6/25	23.88	20.00	−3.88	2014/10/9	22.35	22.02	−0.33
2013/7/18	24.41	23.82	−0.59	2014/10/19	21.04	20.20	−0.84
2013/7/25	24.44	20.58	−3.86	2014/10/27	19.38	19.10	−0.28
2013/8/12	24.31	23.01	−1.30	2014/11/7	18.30	18.03	−0.27
2013/8/26	24.00	20.99	−3.01	2014/11/21	17.91	17.45	−0.46
2013/9/11	18.48	23.66	5.18	—	—	—	—

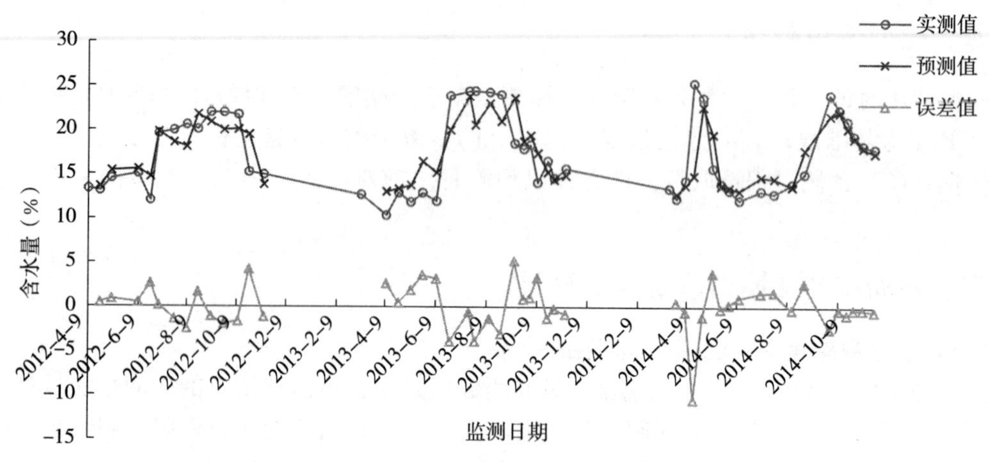

图 2-53　2012—2014 年原始数据移动统计法时段验证结果

表 2-27 表明，时段模型法预测的质量含水量与实测质量含水量相比误差大于 3 个质量含水量的监测日有 10 个，占 20.83%，其中大于 5 个质量含水量的监测日有 2 个，占 4.17%；如果将预测误差小于 3 个质量含水量作为预测合格标准，则移动统计法时段模型的自回归合格率为 79.17%，平均误差为 1.80%，最大误差为 10.46%，最小误差为 0.18%。

表 2-28　2012—2014 年原始数据移动统计法逐日验证结果（%）

监测日	实测值	预测值	误差值	监测日	实测值	预测值	误差值
2012/4/9	13.34	—	—	2013/9/22	17.88	20.56	2.68
2012/4/23	13.13	13.55	0.42	2013/9/30	18.35	20.82	2.47
2012/5/7	14.50	17.16	2.66	2013/10/9	14.10	14.43	0.33
2012/6/8	15.05	15.34	0.29	2013/10/21	16.53	14.07	−2.46
2012/6/23	12.04	14.70	2.66	2013/10/29	14.58	14.96	0.38
2012/7/3	19.57	21.49	1.92	2013/11/12	15.66	14.78	−0.88
2012/7/23	19.92	18.86	−1.06	2014/3/18	13.41	—	—
2012/8/8	20.54	14.96	−5.58	2014/3/27	12.29	12.8	0.51
2012/8/22	20.05	21.55	1.50	2014/4/7	14.31	13.50	−0.81
2012/9/7	21.95	20.98	−0.97	2014/4/17	25.33	14.61	−10.72
2012/9/23	21.92	15.55	−6.37	2014/4/28	23.70	21.11	−2.59
2012/10/10	21.68	18.40	−3.28	2014/5/10	15.70	18.36	2.66
2012/10/23	15.22	13.58	−1.64	2014/5/20	13.93	13.08	−0.85
2012/11/10	14.96	12.98	−1.98	2014/5/30	13.22	13.31	0.09
2013/3/10	12.68	—	—	2014/6/11	12.13	13.09	0.96
2013/4/10	10.36	12.95	2.59	2014/7/7	13.15	16.83	3.68
2013/4/25	12.91	15.64	2.73	2014/7/23	12.85	18.48	5.63
2013/5/10	11.85	14.66	2.81	2014/8/14	13.93	14.99	1.06
2013/5/24	12.89	19.57	6.68	2014/8/29	15.10	21.21	6.11
2013/6/9	11.99	19.98	7.99	2014/9/28	24.07	24.67	0.60
2013/6/25	23.88	22.90	−0.98	2014/10/9	22.35	21.47	−0.88
2013/7/18	24.41	25.45	1.04	2014/10/19	21.04	19.59	−1.45
2013/7/25	24.44	22.43	−2.01	2014/10/27	19.38	17.74	−1.64
2013/8/12	24.31	20.68	−3.63	2014/11/7	18.30	14.50	−3.80
2013/8/26	24.00	19.61	−4.39	2014/11/21	17.91	12.95	−4.96
2013/9/11	18.48	23.95	5.47	—	—	—	—

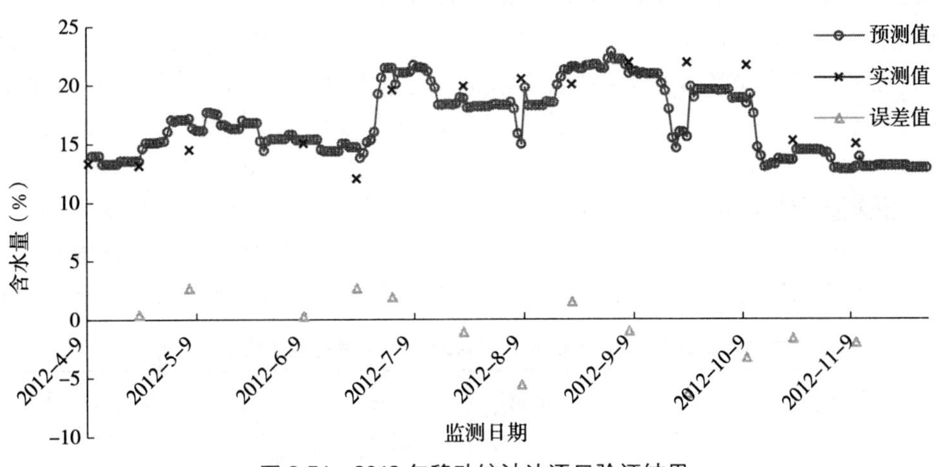

图 2-54　2012 年移动统计法逐日验证结果

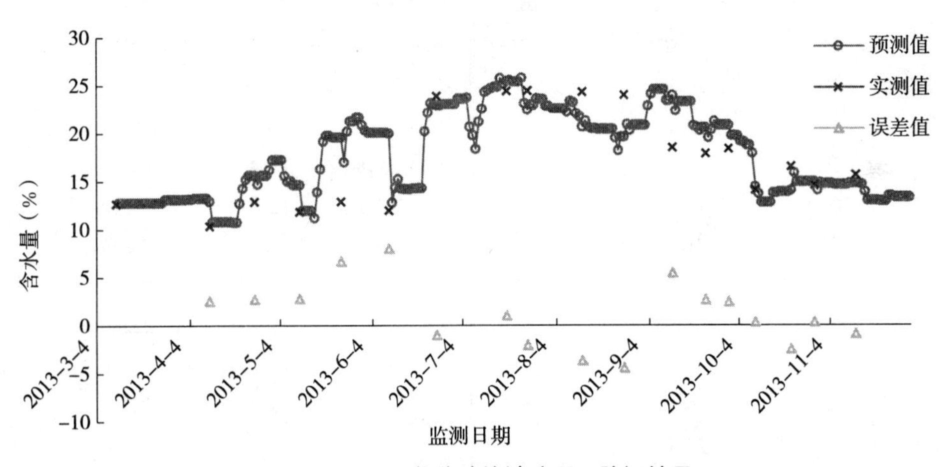

图 2-55　2013 年移动统计法逐日验证结果

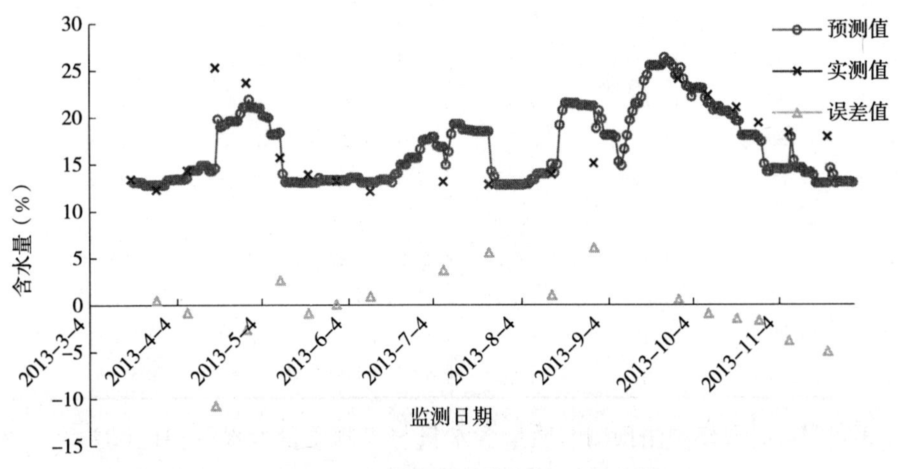

图 2-56　2014 年移动统计法逐日验证结果

从表 2-28 可见，逐日模型法预测的质量含水量与实测质量含水量相比误差大于 3 个质量含水量的监测日有 14 个，占 29.17%，其中大于 5 个质量含水量的监测日有 8 个，占 16.67%；如果将预测误差小于 3 个质量含水量作为预测合格标准，则移动统计法时段模型的自回归合格率为 70.83%，平均误差为 2.68%，最大误差为 10.72%，最小误差为 0.09%。

（二）灌溉后建模和自回归预测结果分析

本案例考虑 2014 年 4 月 7～17 日时间段内增加灌溉量，最终在时间上取大致中间点即将 2014 年 4 月 12 日作为灌溉日而增加灌溉，考虑到普通灌溉方式确定灌溉量为 100mm。

表 2-29　2012—2014 年灌溉后移动统计法时段验证结果（%）

监测日	实测值	预测值	误差值	监测日	实测值	预测值	误差值
2012/4/9	13.34	—	—	2013/9/22	17.88	18.41	0.53
2012/4/23	13.13	12.87	−0.26	2013/9/30	18.35	19.90	1.55
2012/5/7	14.50	14.80	0.30	2013/10/9	14.10	16.69	2.59
2012/6/8	15.05	14.25	−0.8	2013/10/21	16.53	13.98	−2.55
2012/6/23	12.04	13.99	1.95	2013/10/29	14.58	14.40	−0.18
2012/7/3	19.57	19.77	0.20	2013/11/12	15.66	14.14	−1.52
2012/7/23	19.92	19.19	−0.73	2014/3/18	13.41	—	—
2012/8/8	20.54	18.57	−1.97	2014/3/27	12.29	12.00	−0.29
2012/8/22	20.05	21.73	1.68	2014/4/7	14.31	12.46	−1.85
2012/9/7	21.95	20.71	−1.24	2014/4/17	25.33	25.89	0.56
2012/9/23	21.92	19.43	−2.49	2014/4/28	23.70	22.60	−1.10
2012/10/10	21.68	19.49	−2.19	2014/5/10	15.70	20.44	4.74
2012/10/23	15.22	18.90	3.68	2014/5/20	13.93	14.07	0.14
2012/11/10	14.96	13.12	−1.84	2014/5/30	13.22	13.08	−0.14
2013/3/10	12.68	—	—	2014/6/11	12.13	12.41	0.28
2013/4/10	10.36	12.25	1.89	2014/7/7	13.15	13.64	0.49
2013/4/25	12.91	13.38	0.47	2014/7/23	12.85	13.91	1.06
2013/5/10	11.85	13.04	1.19	2014/8/14	13.93	12.94	−0.99
2013/5/24	12.89	16.20	3.31	2014/8/29	15.10	17.61	2.51
2013/6/9	11.99	14.58	2.59	2014/9/28	24.07	20.81	−3.26
2013/6/25	23.88	19.16	−4.72	2014/10/9	22.35	22.18	−0.17
2013/7/18	24.41	23.45	−0.96	2014/10/19	21.04	19.22	−1.82
2013/7/25	24.44	21.17	−3.27	2014/10/27	19.38	19.10	−0.28
2013/8/12	24.31	22.88	−1.43	2014/11/7	18.30	18.03	−0.27
2013/8/26	24.00	21.46	−2.54	2014/11/21	17.91	16.75	−1.16
2013/9/11	18.48	23.34	4.86	—	—	—	—

表 2-29 表明，时段模型法预测的质量含水量与实测质量含水量相比误差大于 3 个质量含水量的监测日有 7 个，占 14.58%，没有出现误差大于 5 的；如果将预测误差小于 3 个质量含水量作为预测合格标准，则移动统计法时段模型的自回归合格率为 85.42%，平均误差

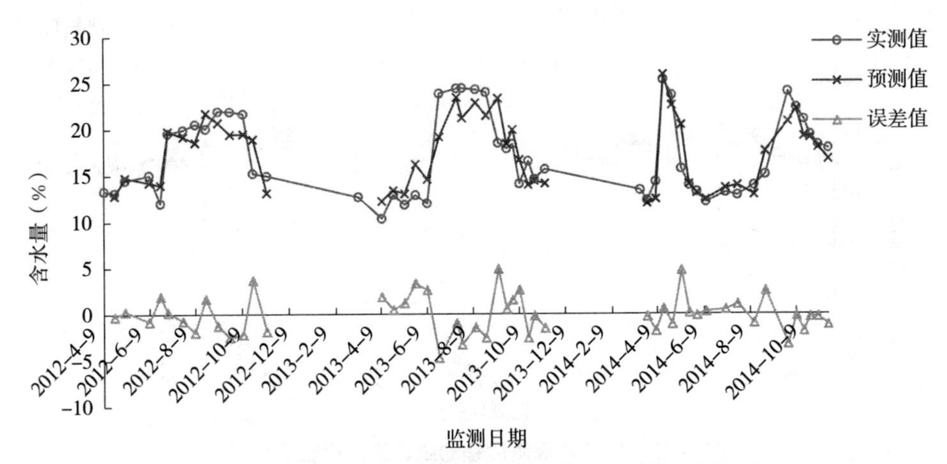

图 2-57　2012—2014 年灌溉后移动统计法时段验证结果

为 1.60%，最大误差为 4.86%，最小误差为 0.14%，可见加灌溉后的预测误差有所减小。

表 2-30　2012—2014 年数据调整后移动统计法逐日验证结果（%）

监测日	实测值	预测值	误差值	监测日	实测值	预测值	误差值
2012/4/9	13.34	—	—	2013/9/22	17.88	20.56	2.68
2012/4/23	13.13	12.81	−0.32	2013/9/30	18.35	20.82	2.47
2012/5/7	14.50	15.40	0.90	2013/10/9	14.10	14.43	0.33
2012/6/8	15.05	14.61	−0.44	2013/10/21	16.53	13.38	−3.15
2012/6/23	12.04	13.09	1.05	2013/10/29	14.58	14.23	−0.35
2012/7/3	19.57	21.49	1.92	2013/11/12	15.66	13.17	−2.49
2012/7/23	19.92	18.86	−1.06	2014/3/18	13.41	—	—
2012/8/8	20.54	14.23	−6.31	2014/3/27	12.29	12.00	−0.29
2012/8/22	20.05	21.55	1.50	2014/4/7	14.31	12.76	−1.55
2012/9/7	21.95	20.98	−0.97	2014/4/17	25.33	23.99	−1.34
2012/9/23	21.92	14.81	−7.11	2014/4/28	23.70	21.90	−1.80
2012/10/10	21.68	18.40	−3.28	2014/5/10	15.70	18.36	2.66
2012/10/23	15.22	12.85	−2.37	2014/5/20	13.93	12.30	−1.63
2012/11/10	14.96	12.20	−2.76	2014/5/30	13.22	12.56	−0.66
2013/3/10	12.68	—	—	2014/6/11	12.13	12.32	0.19
2013/4/10	10.36	12.17	1.81	2014/7/7	13.15	16.83	3.68
2013/4/25	12.91	14.90	1.99	2014/7/23	12.85	18.48	5.63
2013/5/10	11.85	13.04	1.19	2014/8/14	13.93	13.39	−0.54
2013/5/24	12.89	19.57	6.68	2014/8/29	15.10	21.21	6.11
2013/6/9	11.99	19.98	7.99	2014/9/28	24.07	24.67	0.60
2013/6/25	23.88	22.90	−0.98	2014/10/9	22.35	21.47	−0.88
2013/7/18	24.41	25.45	1.04	2014/10/19	21.04	19.59	−1.45
2013/7/25	24.44	22.43	−2.01	2014/10/27	19.38	17.74	−1.64
2013/8/12	24.31	20.68	−3.63	2014/11/7	18.30	12.88	−5.42
2013/8/26	24.00	19.61	−4.39	2014/11/21	17.91	12.16	−5.75
2013/9/11	18.48	23.95	5.47	—	—	—	—

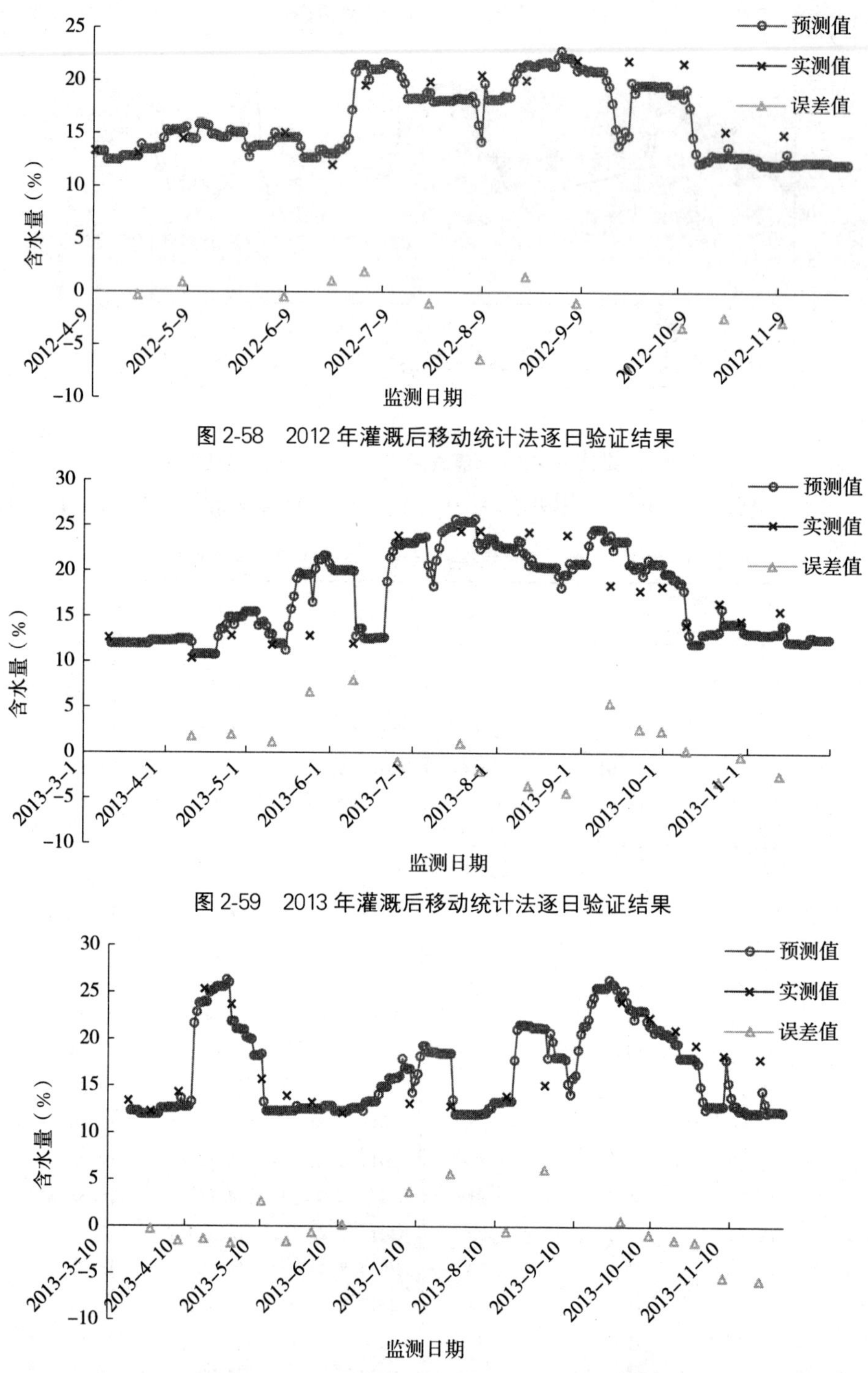

图 2-58　2012 年灌溉后移动统计法逐日验证结果

图 2-59　2013 年灌溉后移动统计法逐日验证结果

图 2-60　2014 年灌溉后移动统计法逐日验证结果

从表 2-30 可见，从数据调整后的逐日模型预测结果中筛选出所有监测日所对应的预测结果，将有监测记录的预测结果与实测结果相比，预测误差大于 3 个质量含水量的监测日有 14 个，占 29.17%。其中大于 5 个质量含水量的监测日有 9 个，占 18.75%；如果将预测误差小于 3 个质量含水量作为预测合格标准，则移动统计法逐日模型的自回归合格率为

70.83%，平均误差为 2.51%，最大误差为 7.99%，最小误差为 0.10%，可见加灌溉后预测效果无明显改善作用。

（三）2015 年预测结果分析

表 2-31 是甘肃省平凉市辖区 620801J001 站点 2012—2014 年数据建模后再用 2015 年数据进行验证的结果，图 2-61 和图 2-62 分别为对应的移动时段模型和逐日模型的预测结果。

表 2-31 2012—2014 年数据建立移动统计法模型对 2015 年的预测结果（%）

监测日	实测值	时段预测值	时段误差值	逐日预测值	逐日误差值
2015/3/10	17.59	—	—	—	—
2015/3/18	17.89	17.01	−1.24	12.58	−5.31
2015/3/29	16.14	17.22	0.43	12.82	−3.32
2015/4/8	16.85	18.60	0.95	18.06	1.21
2015/4/26	16.72	16.86	−0.22	17.35	0.63
2015/5/6	16.71	16.08	−0.26	18.04	1.33
2015/5/26	14.92	16.47	1.06	14.96	0.04
2015/6/12	15.91	17.08	1.35	21.05	5.14
2015/7/10	14.75	16.16	0.84	18.18	3.43
2015/7/27	12.26	13.74	1.98	12.94	0.68
2015/8/7	12.41	15.13	2.62	15.34	2.93
2015/8/24	15.27	14.14	−0.84	19.82	4.55
2015/9/12	18.24	16.51	−1.26	19.95	1.71
2015/9/24	19.63	18.90	−1.57	22.56	2.93
2015/10/7	20.09	18.60	−2.55	18.51	−1.58
2015/10/29	19.73	19.17	−1.89	15.42	−4.31
2015/11/9	19.87	18.39	−2.26	17.95	−1.92
2015/11/22	19.89	18.20	−2.60	12.62	−7.27

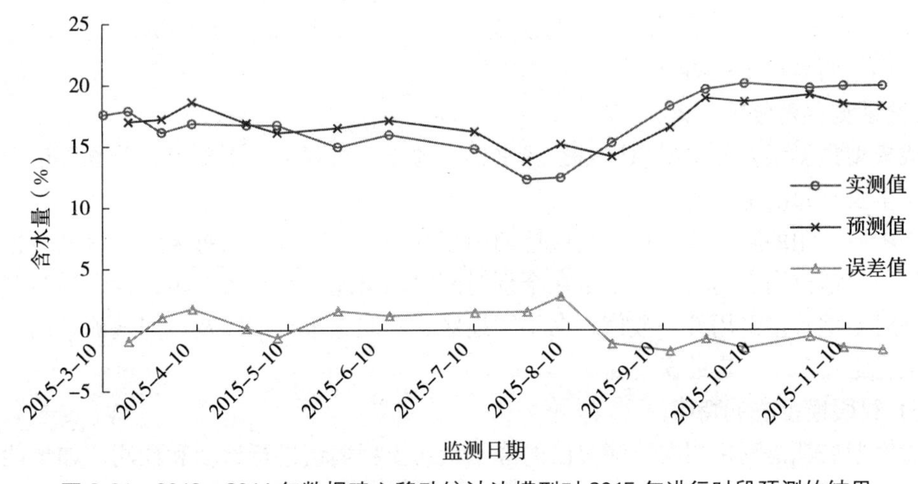

图 2-61 2012—2014 年数据建立移动统计法模型对 2015 年进行时段预测的结果

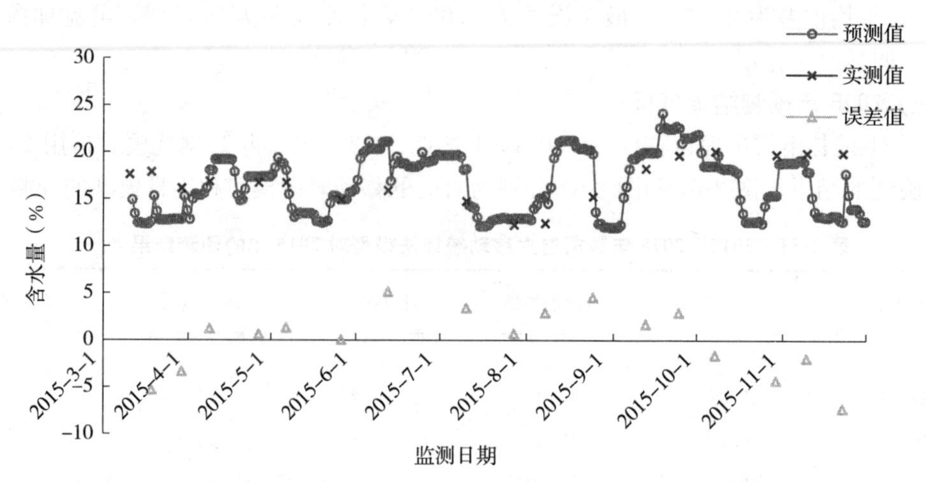

图 2-62　2012—2014 年数据建立移动统计法模型对 2015 年进行逐日预测的结果

从表 2-31 可见，对 2012—2014 年原始数据进行加灌溉数据处理后建模得到 2015 年移动统计法时段模型预测结果中，预测误差全部小于 3%，如果将预测误差小于 3 个质量含水量作为预测合格标准，则移动统计法时段预测的合格率达到 100%；逐日模型预测结果中，预测误差大于 3 个质量含水量的监测日有 7 个，占 41.18%，其中大于 5 个质量含水量的监测日有 3 个，占 17.65%，预测合格率为 58.82%。

（四）数据处理后 2015 年预测结果分析

根据表 2-31 可以表明，2015 年没有出现土壤含水量突然明显增加的现象，所以 2015 年未作灌溉处理。

六、移动统计法墒情诊断和预测模型小结

（一）灌溉量的处理

对于后一次土壤含水量比前一次土壤含水量明显增加很多，但降水量很少或没有降雨时，根据含水量变化幅度与季节温度等补充上合理的灌溉量是原始数据处理的合理方法。本案例中 2014 年 4 月 7～17 日之间基本无降雨发生，但土壤含水量大幅度地增高即从 14.31%提高到 25.33%，因此对中间日 2014 年 4 月 12 日增加了 100mm 灌溉量的处理，处理后预测误差明显从 10%减小到 5%左右。

（二）预测误差分析

造成模型预测误差的主要原因是：降水量在地点上与观测点不配套；灌溉无记录；土壤参数如容重没有每次都测定。

本书中所使用的降水量数据是从就近的国家标准气象站获得的每天降水量的数据，其降水量数据与墒情监测点的实际降水量在个别时间段内可能存在较大差距；没有灌溉等相关记录；本书对土壤容重采用统一数值，在不同地区、不同土壤类型以及不同观测日的土壤含水量计算上肯定会产生一定的误差。

（三）时段模型法的特点

时段模型法就是利用两次监测时段的降水量对土壤墒情进行诊断和预测，如果能够获取监测点的实际降水量和每次的土壤容重等数据，模型和参数都将实现个性化，预测精度会大

幅度地得到提高。

（四）逐日诊断的特点

逐日模型法可以实现首个实测值后的每一天的诊断和预测，并且对间隔天数>15d时进行了技术处理，即将第15天的预测值作为“实测值”参与计算。逐日诊断和预报可以实现土壤墒情的实时监控和预报，使得现阶段不具备自动墒情监测条件的地区也能够及时获得当地实时的墒情状况，可见逐日模型法是实现土壤墒情信息化管理的潜力方法。

（五）模型应用的可行性分析

本案例仅就一个点的监测数据进行了系统分析，关于模型应用的可行性分析必须等大量案例验证后才能得出相应的结论。但是，仅就本案例可以初步得出以下结论：对于特定监测点而言，时段模型法建模并不断得到修正后，再采用逐日模型法即可实现实时动态土壤墒情的预测，这就为县级和省级乃至国家级的土壤墒情监测网的建立提供了方法模型，还可以就某一气候区域或其他特殊区域的需要建立在线墒情诊断与预测网。

第七节　综合模型

经过对大量既有土壤含水量监测数据挖掘研究发现，因土壤类型、降水量特点、气候类型以及含水量水平不同，从诊断准确性方面看，本章所述平衡法、统计法、差减统计法、比值统计法、间隔天数统计法、移动统计法等6种土壤墒情诊断方法各有优劣。为进一步提高诊断结果的准确性，采用6种模型综合应用来进行土壤的墒情诊断，称为综合模型法。

一、综合模型方法应用流程

采用6种方法进行时段验证，得到一个“时段诊断值”，采用6种方法进行逐日验证得到一个“逐日诊断值”，以“时段诊断值”和“逐日诊断值”的平均值作为最终的诊断结果。

（一）“时段诊断值”和“逐日诊断值”的计算

对6种方法时段诊断结果进行筛选，以“误差值大于3个质量含水量的个数”为依据，将这6种方法进行排序，挑选出最好的3种方法（即“误差值大于3个质量含水量的个数”相对较少的3种方法）；再从这3种方法中选择一个诊断结果作为“时段诊断值”。

同理对6种方法逐日诊断结果进行筛选，得到“逐日诊断值”。

（二）“时段诊断值”和“逐日诊断值”的选取原则

按照对土壤含水量影响最大且参数容易获取的原则，以相邻两个监测日间的时段降水量（P_w）和诊断日上一次的土壤含水量监测值（P_i）为诊断值选取的参数指标。

（1）时段降水量的标准化

当相邻两个监测日的间隔天数在13～17d时，P_w采用相邻两个监测日之间的实际时段降水量数据，间隔天数小于13d和大于17d时，将实际时段降水量折算成间隔15d的降水量。

（2）选取原则

①$P_w \leqslant 20$时，取优选出3种方法诊断结果的最小值；

②当$20 < P_w \leqslant 50$时，考虑P_i，如果P_i处于高值区域（如平凉在20以上），即取3个方法的预测值中最大的；P_i处于中低区域时，即取P_i；

③当$50 < P_w \leqslant 80$时，取优选出3种方法诊断结果的最大值；

④当 $P_w>80$ 时，取监测记录的最大值−1。

（三）最终诊断结果

最终诊断结果计算：将同一个监测点的“时段诊断值”与“逐日诊断值”取平均值，作为最终诊断结果。

二、综合模型方法应用案例

以甘肃省平凉市辖区 620801J001 站点为例进行建模型和验证。

（一）原始数据建模条件下模型的综合应用结果分析

按照诊断误差小于 3 个数最少的原则，从平衡法、统计法、差减统计法、比值统计法、间隔天数统计法、移动统计法对 2012—2014 年 3 年的时段诊断结果中筛选出 3 种优选的诊断结果，再按照诊断值选取原则得到“时段诊断值”；同理得到“逐日诊断值”；对两个诊断值取均值得到最终诊断结果。

表 2-32 和图 2-63 为优选出的 3 种时段诊断方法及诊断结果，表 2-33 和图 2-64 为优选出的 3 种逐日诊断方法及诊断结果，表 2-39 和图 2-65 为最终诊断结果。

表 2-32　2012—2014 年原始数据优选时段验证方法及诊断结果（%）

监测日	实测值	间隔天数统计法	差减统计法	统计法	时段诊断值	误差值
2012/4/9	13.34	—	—	—	—	—
2012/4/23	13.13	14.21	14.15	13.54	13.54	0.41
2012/5/7	14.50	15.24	14.92	14.85	13.13	−1.37
2012/6/8	15.05	14.23	16.51	16.88	14.50	−0.55
2012/6/23	12.04	15.11	15.27	15.00	15.00	2.96
2012/7/3	19.57	16.82	15.50	16.27	24.33	4.76
2012/7/23	19.92	17.85	18.77	19.06	19.57	−0.35
2012/8/8	20.54	17.63	18.19	18.64	17.63	−2.91
2012/8/22	20.05	21.37	20.98	20.87	24.33	4.28
2012/9/7	21.95	19.89	19.98	20.09	20.09	−1.86
2012/9/23	21.92	19.35	19.87	20.37	20.37	−1.55
2012/10/10	21.68	19.40	20.03	20.45	20.45	−1.23
2012/10/23	15.22	18.65	18.93	19.72	18.65	3.43
2012/11/10	14.96	14.18	14.92	14.51	14.18	−0.78
2013/3/10	12.68	—	—	—	—	—
2013/4/10	10.36	11.11	13.63	12.81	11.11	0.75
2013/4/25	12.91	13.33	13.07	12.57	10.36	−2.55
2013/5/10	11.85	13.98	14.02	13.41	13.41	1.56
2013/5/24	12.89	15.51	14.92	15.34	15.51	2.62
2013/6/9	11.99	14.91	14.86	14.82	12.89	0.90
2013/6/25	23.88	17.43	16.69	18.40	24.33	0.45
2013/7/18	24.41	26.51	26.64	23.49	24.33	−0.08
2013/7/25	24.44	21.18	20.66	21.79	21.79	−2.65
2013/8/12	24.31	24.42	24.51	22.82	24.33	0.02
2013/8/26	24.00	21.30	21.56	21.99	21.99	−2.01

（续）

监测日	实测值	间隔天数统计法	差减统计法	统计法	时段诊断值	误差值
2013/9/11	18.48	24.75	24.45	22.77	24.33	5.85
2013/9/22	17.88	17.99	17.63	17.88	18.48	0.60
2013/9/30	18.35	18.55	17.61	17.81	18.55	0.20
2013/10/9	14.10	17.04	16.62	16.86	16.62	2.52
2013/10/21	16.53	15.25	14.86	14.51	14.10	−2.43
2013/10/29	14.58	16.24	15.57	15.41	15.41	0.83
2013/11/12	15.66	15.08	15.04	14.72	14.72	−0.94
2014/3/18	13.41	—	—	—	—	—
2014/3/27	12.29	14.49	13.79	12.95	12.95	0.66
2014/4/7	14.31	14.09	13.52	12.72	12.72	−1.59
2014/4/17	25.33	15.34	14.72	14.28	14.28	−11.05
2014/4/28	23.70	23.37	23.01	22.74	23.37	−0.33
2014/5/10	15.70	19.53	19.84	21.13	19.53	3.83
2014/5/20	13.93	15.54	15.11	14.78	14.78	0.85
2014/5/30	13.22	14.93	14.34	13.75	13.75	0.53
2014/6/11	12.13	14.14	13.84	13.06	13.06	0.93
2014/7/7	13.15	13.57	14.87	15.12	12.13	−1.02
2014/7/23	12.85	14.59	14.65	14.39	13.15	0.30
2014/8/14	13.93	13.12	14.16	13.66	13.12	−0.81
2014/8/29	15.10	17.27	16.77	17.48	17.48	2.38
2014/9/28	24.07	22.82	23.10	25.92	24.33	0.26
2014/10/9	22.35	22.16	21.85	21.97	22.16	−0.19
2014/10/19	21.04	19.67	19.48	20.31	20.31	−0.73
2014/10/27	19.38	18.58	18.16	18.98	18.16	−1.22
2014/11/7	18.30	17.81	17.64	18.05	17.64	−0.66
2014/11/21	17.91	16.32	16.64	16.87	16.32	−1.59

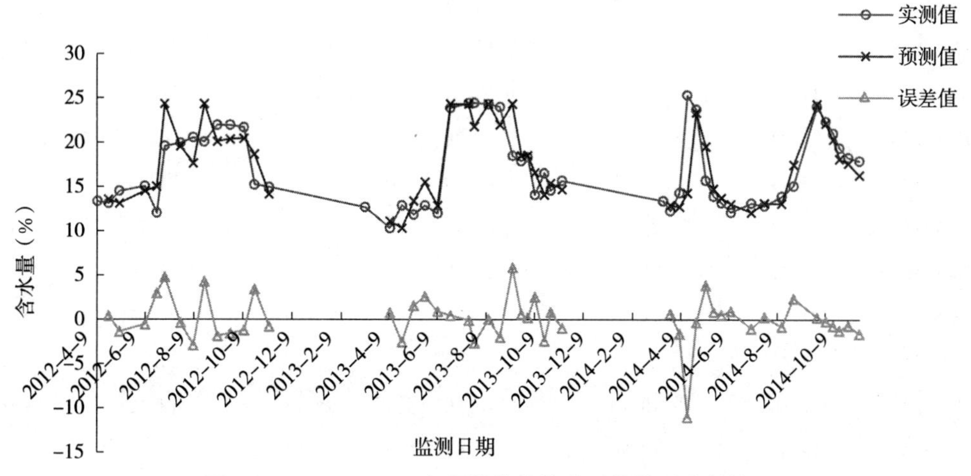

图 2-63　2012—2014 年原始数据优选时段模型诊断结果

由表 2-32 可见，从 6 种方法时段诊断结果中筛选出的 3 种优选模型分别是间隔天数统计法、差减统计法和统计法；按照时段诊断值选取原则得到的时段诊断结果中，误差大于 3%的个数为 6 个，占 12.5%，其中大于 5 个质量含水量的监测日有 2 个，占 4.17%；如果将预测误差小于 3 个质量含水量作为预测合格标准，则优选的 3 种时段模型预测合格率为 87.5%，平均误差为 1.72%，最大误差为 11.05%，最小误差为 0.02%。

表 2-33　2012—2014 年原始数据优选逐日验证方法及诊断结果（%）

监测日	实测值	间隔天数统计法	差减统计法	统计法	逐日诊断值	误差值
2012/4/9	13.34	—	—	—	—	—
2012/4/23	13.13	13.54	14.06	13.41	13.41	0.28
2012/5/7	14.50	14.85	15.09	13.62	13.13	−1.37
2012/6/8	15.05	16.00	15.95	19.07	14.5	−0.55
2012/6/23	12.04	15.00	15.11	15.85	15.00	2.96
2012/7/3	19.57	17.22	16.75	12.29	24.33	4.76
2012/7/23	19.92	18.35	17.61	19.34	19.57	−0.35
2012/8/8	20.54	17.73	16.69	19.11	16.69	−3.85
2012/8/22	20.05	20.87	21.21	24.57	24.33	4.28
2012/9/7	21.95	20.11	20.03	21.45	21.45	−0.50
2012/9/23	21.92	19.19	17.96	19.95	19.95	−1.97
2012/10/10	21.68	19.20	18.01	17.09	19.20	−2.48
2012/10/23	15.22	19.73	18.37	19.21	18.37	3.15
2012/11/10	14.96	13.86	14.27	13.94	13.86	−1.10
2013/3/10	12.68	—	—	—	—	—
2013/4/10	10.36	12.43	13.89	12.69	12.43	2.07
2013/4/25	12.91	12.57	13.33	10.45	10.36	−2.55
2013/5/10	11.85	13.41	13.98	13.74	13.41	1.56
2013/5/24	12.89	15.34	15.36	15.08	15.36	2.47
2013/6/9	11.99	15.55	15.79	14.09	12.89	0.90
2013/6/25	23.88	20.43	20.26	12.01	24.33	0.45
2013/7/18	24.41	23.17	27.06	25.37	24.33	−0.08
2013/7/25	24.44	22.46	23.17	22.68	23.17	−1.27
2013/8/12	24.31	21.23	21.70	25.37	24.33	0.02
2013/8/26	24.00	22.13	21.82	23.05	23.05	−0.95
2013/9/11	18.48	22.45	25.02	25.37	24.33	5.85
2013/9/22	17.88	18.79	18.56	18.16	18.48	0.60
2013/9/30	18.35	18.80	18.67	19.60	19.60	1.25
2013/10/9	14.10	16.86	16.14	15.86	15.86	1.76

（续）

监测日	实测值	间隔天数统计法	差减统计法	统计法	逐日诊断值	误差值
2013/10/21	16.53	14.54	14.81	14.95	14.10	−2.43
2013/10/29	14.58	16.24	16.04	15.02	15.02	0.44
2013/11/12	15.66	14.72	14.93	14.27	14.27	−1.39
2014/3/18	13.41	—	—	—	—	—
2014/3/27	12.29	12.95	13.58	12.88	12.88	0.59
2014/4/7	14.31	12.72	13.49	13.31	12.72	−1.59
2014/4/17	25.33	14.39	14.67	15.27	14.39	−10.94
2014/4/28	23.70	22.76	22.96	23.14	23.14	−0.56
2014/5/10	15.70	21.40	20.02	19.83	19.83	4.13
2014/5/20	13.93	14.96	14.95	14.48	14.48	0.55
2014/5/30	13.22	13.78	14.20	13.91	13.78	0.56
2014/6/11	12.13	13.06	13.69	13.13	13.06	0.93
2014/7/7	13.15	15.01	15.47	12.17	12.13	−1.02
2014/7/23	12.85	15.22	15.55	13.05	13.15	0.30
2014/8/14	13.93	13.79	14.61	15.68	13.79	−0.14
2014/8/29	15.10	17.48	17.27	15.76	17.48	2.38
2014/9/28	24.07	22.20	22.88	16.46	24.33	0.26
2014/10/9	22.35	22.02	21.77	22.56	22.56	0.21
2014/10/19	21.04	20.34	18.99	19.10	20.34	−0.70
2014/10/27	19.38	19.19	17.91	17.46	17.46	−1.92
2014/11/7	18.30	18.05	17.21	17.34	17.21	−1.09
2014/11/21	17.91	16.89	16.19	15.86	15.86	−2.05

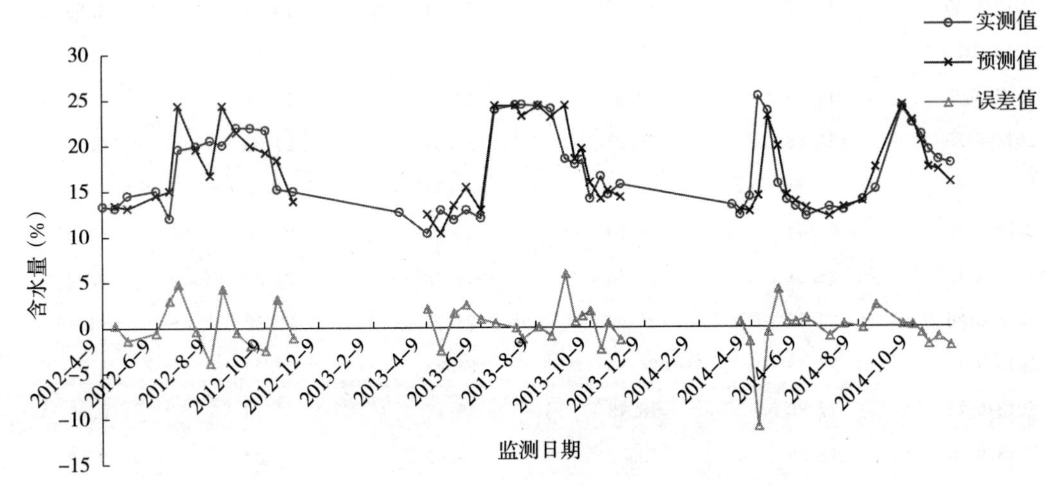

图 2-64　2012—2014 年原始数据优选逐日模型诊断结果

由表 2-33 可见，从 6 种方法逐日诊断结果中筛选出的 3 种优选模型分别是间隔天数统计法、差减统计法和统计法；按照时段诊断值选取原则得到的逐日诊断结果中，误差大于 3%的个数为 7 个，占 14.58%，其中大于 5 个质量含水量的监测日有 2 个，占 4.17%；如果将预测误差小于 3 个质量含水量作为预测合格标准，则优选的 3 种时段模型预测合格率为 85.42%，平均误差为 1.74%，最大误差为 10.94%，最小误差为 0.02%。

表 2-34　2012—2014 年原始数据模型综合应用最终诊断结果（%）

监测日	实测值	时段诊断值	逐日诊断值	最终预测值	误差值
2012/4/9	13.34	—	—	—	—
2012/4/23	13.13	13.54	13.41	13.48	0.35
2012/5/7	14.50	13.13	13.13	13.13	−1.37
2012/6/8	15.05	14.50	14.50	14.50	−0.55
2012/6/23	12.04	15.00	15.00	15.00	2.96
2012/7/3	19.57	24.33	24.33	24.33	4.76
2012/7/23	19.92	19.57	19.57	19.57	−0.35
2012/8/8	20.54	17.63	16.69	17.16	−3.38
2012/8/22	20.05	24.33	24.33	24.33	4.28
2012/9/7	21.95	20.09	21.45	20.77	−1.18
2012/9/23	21.92	20.37	19.95	20.16	−1.76
2012/10/10	21.68	20.45	19.2	19.83	−1.85
2012/10/23	15.22	18.65	18.37	18.51	3.29
2012/11/10	14.96	14.18	13.86	14.02	−0.94
2013/3/10	12.68	—	—	—	—
2013/4/10	10.36	11.11	12.43	11.77	1.41
2013/4/25	12.91	10.36	10.36	10.36	−2.55
2013/5/10	11.85	13.41	13.41	13.41	1.56
2013/5/24	12.89	15.51	15.36	15.44	2.55
2013/6/9	11.99	12.89	12.89	12.89	0.90
2013/6/25	23.88	24.33	24.33	24.33	0.45
2013/7/18	24.41	24.33	24.33	24.33	−0.08
2013/7/25	24.44	21.79	23.17	22.48	−1.96
2013/8/12	24.31	24.33	24.33	24.33	0.02
2013/8/26	24.00	21.99	23.05	22.52	−1.48
2013/9/11	18.48	24.33	24.33	24.33	5.85
2013/9/22	17.88	18.48	18.48	18.48	0.60
2013/9/30	18.35	18.55	19.60	19.07	0.72
2013/10/9	14.10	16.62	15.86	16.24	2.14

（续）

监测日	实测值	时段诊断值	逐日诊断值	最终预测值	误差值
2013/10/21	16.53	14.10	14.10	14.10	−2.43
2013/10/29	14.58	15.41	15.02	15.22	0.64
2013/11/12	15.66	14.72	14.27	14.50	−1.16
2014/3/18	13.41	—	—	—	—
2014/3/27	12.29	12.95	12.88	12.91	0.62
2014/4/7	14.31	12.72	12.72	12.72	−1.59
2014/4/17	25.33	14.28	14.39	14.34	−10.99
2014/4/28	23.70	23.37	23.14	23.25	−0.45
2014/5/10	15.70	19.53	19.83	19.68	3.98
2014/5/20	13.93	14.78	14.48	14.63	0.70
2014/5/30	13.22	13.75	13.78	13.77	0.55
2014/6/11	12.13	13.06	13.06	13.06	0.93
2014/7/7	13.15	12.13	12.13	12.13	−1.02
2014/7/23	12.85	13.15	13.15	13.15	0.30
2014/8/14	13.93	13.12	13.79	13.46	−0.48
2014/8/29	15.10	17.48	17.48	17.48	2.38
2014/9/28	24.07	24.33	24.33	24.33	0.26
2014/10/9	22.35	22.16	22.56	22.36	0.01
2014/10/19	21.04	20.31	20.34	20.32	−0.72
2014/10/27	19.38	18.16	17.46	17.81	−1.57
2014/11/7	18.30	17.64	17.21	17.42	−0.88
2014/11/21	17.91	16.32	15.86	16.09	−1.82

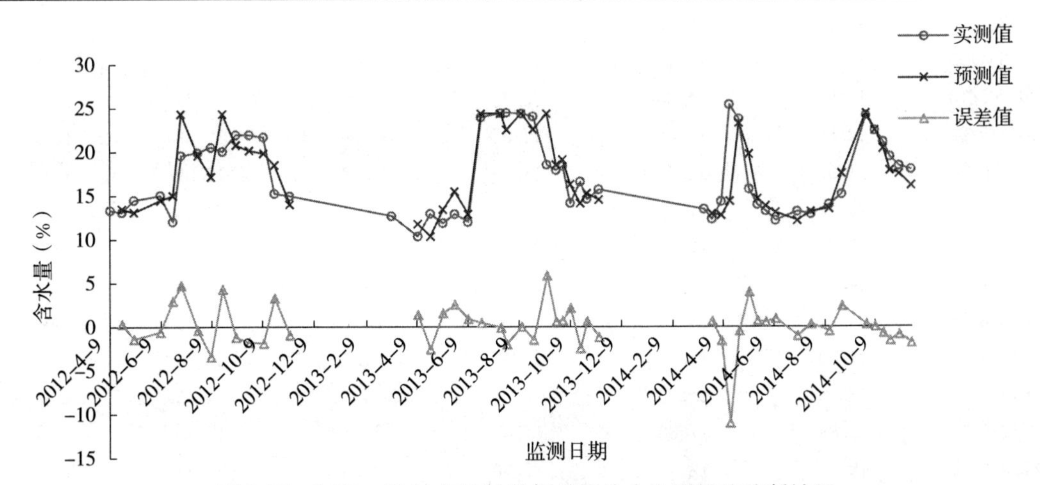

图 2-65　2012—2014 年原始数据模型综合应用最终诊断结果

由表 2-34 可见，模型综合应用得到的最终诊断结果中，误差大于 3%的个数为 7 个，占 14.58%，其中大于 5 个质量含水量的监测日有 2 个，占 4.17%；如果将预测误差小于 3 个质量含水量作为预测合格标准，则优选的 3 种时段模型预测合格率为 85.42%，平均误差为 1.72%，最大误差为 10.99%，最小误差为 0.01%。

（二）灌溉后建模条件下的模型综合应用结果分析

考虑气象台站与监测点之间降水量的匹配问题，在采用平衡法等 6 种方法对平凉市辖区 620801J001 监测点进行诊断分析过程中在 2014 年 4 月 12 日增加了 100mm 的灌溉量。增加灌溉后采用综合模型对 2012—2014 年的数据进行了进一步的分析研究。

表 2-35 和图 2-66 为优选出的 3 种时段诊断方法及诊断结果，表 2-36 和图 2-67 为优选出的 3 种逐日诊断方法及诊断结果，表 2-37 和图 2-68 为最终诊断结果。

表 2-35　2012—2014 年调整后数据优选时段验证方法及诊断结果（%）

监测日	实测值	间隔天数统计法	差减统计法	统计法	时段诊断值	误差值
2012/4/9	13.34	—	—	—	—	—
2012/4/23	13.13	13.90	13.83	12.87	12.87	−0.26
2012/5/7	14.50	15.09	14.79	14.80	13.13	−1.37
2012/6/8	15.05	14.10	16.54	14.25	14.50	−0.55
2012/6/23	12.04	14.82	14.98	13.99	13.99	1.95
2012/7/3	19.57	16.90	15.62	19.77	24.33	4.76
2012/7/23	19.92	17.70	18.67	19.19	19.57	−0.35
2012/8/8	20.54	17.37	17.92	18.57	17.37	−3.17
2012/8/22	20.05	21.55	21.22	21.73	24.33	4.28
2012/9/7	21.95	19.93	20.07	20.71	20.71	−1.24
2012/9/23	21.92	19.18	19.71	20.75	20.75	−1.17
2012/10/10	21.68	19.26	19.90	20.96	20.96	−0.72
2012/10/23	15.22	18.37	18.60	18.90	18.37	3.15
2012/11/10	14.96	13.79	14.54	13.12	13.12	−1.84
2013/3/10	12.68	—	—	—	—	—
2013/4/10	10.36	10.65	13.28	12.41	10.65	0.29
2013/4/25	12.91	13.11	12.89	14.46	10.36	−2.55
2013/5/10	11.85	13.68	13.72	13.70	13.68	1.83
2013/5/24	12.89	15.48	14.94	17.83	17.83	4.94
2013/6/9	11.99	14.75	14.75	15.81	12.89	0.90
2013/6/25	23.88	17.69	17.07	21.10	24.33	0.45
2013/7/18	24.41	27.31	27.67	25.17	24.33	−0.08
2013/7/25	24.44	20.97	20.36	21.05	21.05	−3.39
2013/8/12	24.31	24.82	25.02	25.03	24.33	0.02
2013/8/26	24.00	21.21	21.47	21.73	21.73	−2.27
2013/9/11	18.48	25.20	25.01	24.83	24.33	5.85
2013/9/22	17.88	17.80	17.41	21.12	18.48	0.60
2013/9/30	18.35	18.44	17.46	21.83	21.83	3.48
2013/10/9	14.10	16.70	16.22	19.35	16.22	2.12

（续）

监测日	实测值	间隔天数统计法	差减统计法	统计法	时段诊断值	误差值
2013/10/21	16.53	15.00	14.59	15.28	14.10	−2.43
2013/10/29	14.58	15.90	15.16	15.04	15.04	0.46
2013/11/12	15.66	14.80	14.76	14.16	14.16	−1.50
2014/3/18	13.41	—	—	—	—	—
2014/3/27	12.29	14.14	13.38	12.00	12.00	−0.29
2014/4/7	14.31	13.79	13.20	12.46	12.46	−1.85
2014/4/17	25.33	21.09	19.43	25.89	24.33	−1.00
2014/4/28	23.70	23.47	23.09	22.60	23.47	−0.23
2014/5/10	15.70	19.21	19.45	20.44	19.21	3.51
2014/5/20	13.93	15.18	14.71	14.07	14.07	0.14
2014/5/30	13.22	14.62	13.99	13.48	13.48	0.26
2014/6/11	12.13	13.79	13.47	12.91	12.91	0.78
2014/7/7	13.15	13.42	14.85	15.20	12.13	−1.02
2014/7/23	12.85	14.36	14.46	14.78	13.15	0.30
2014/8/14	13.93	12.79	13.90	13.58	12.79	−1.14
2014/8/29	15.10	17.35	16.93	19.79	19.79	4.69
2014/9/28	24.07	23.81	24.45	20.81	24.33	0.26
2014/10/9	22.35	22.18	21.84	22.18	22.18	−0.17
2014/10/19	21.04	19.43	19.18	19.22	19.43	−1.61
2014/10/27	19.38	18.25	17.75	19.10	17.75	−1.63
2014/11/7	18.30	17.54	17.32	18.03	17.32	−0.98
2014/11/21	17.91	15.96	16.25	19.21	15.96	−1.95

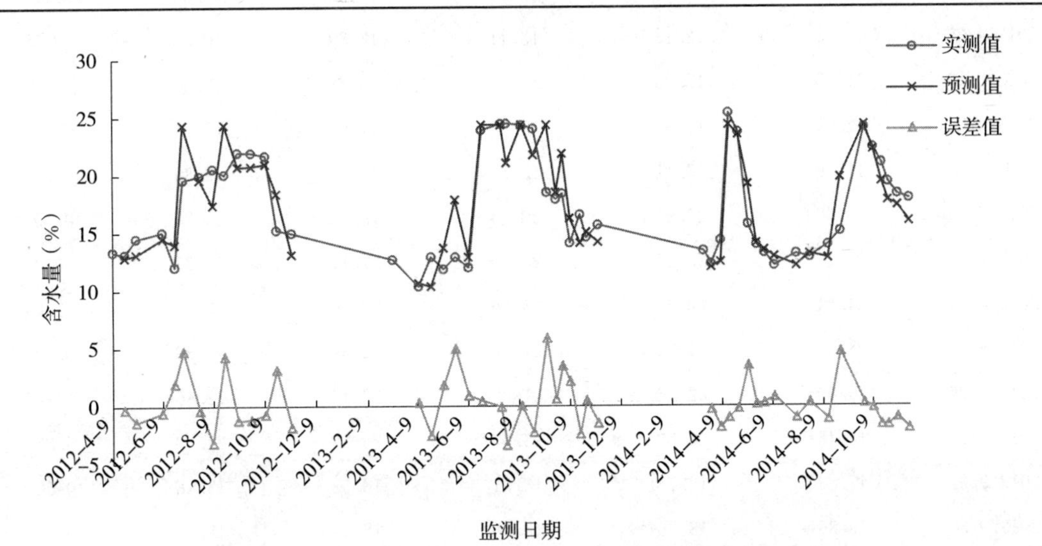

图 2-66　2012—2014 年调整后数据优选时段模型诊断结果

由表 2-35 可见，从 6 种方法时段诊断结果中筛选出的 3 种优选模型分别是间隔天数统计法、差减统计法和统计法；按照时段诊断值选取原则得到的时段诊断结果中，误差大于 3%的个数为 10 个，占 20.83%，其中大于 5 个质量含水量的监测日有 1 个，占 2.08%；如果将预测误差小于 3 个质量含水量作为预测合格标准，则优选的 3 种时段模型预测合格率为 79.17%，平均误差为 1.66%，最大误差为 5.85%，最小误差为 0.02%。

表 2-36　2012—2014 年调整后数据优选逐日验证方法及诊断结果（%）

监测日	实测值	间隔天数统计法	差减统计法	统计法	逐日诊断值	误差值
2012/4/9	13.34	—	—	—	—	—
2012/4/23	13.13	13.00	13.74	13.83	13.00	−0.13
2012/5/7	14.50	14.60	14.93	14.79	13.13	−1.37
2012/6/8	15.05	15.39	15.55	15.70	14.50	−0.55
2012/6/23	12.04	14.60	14.82	14.98	14.60	2.56
2012/7/3	19.57	17.63	16.89	16.27	24.33	4.76
2012/7/23	19.92	18.19	17.36	17.64	19.57	−0.35
2012/8/8	20.54	17.44	16.29	16.77	16.29	−4.25
2012/8/22	20.05	20.99	21.39	21.22	24.33	4.28
2012/9/7	21.95	20.21	20.10	20.07	20.21	−1.74
2012/9/23	21.92	19.11	17.68	18.17	19.11	−2.81
2012/10/10	21.68	19.13	17.73	18.22	19.13	−2.55
2012/10/23	15.22	19.68	18.07	18.61	18.07	2.85
2012/11/10	14.96	12.81	13.69	14.08	12.81	−2.15
2013/3/10	12.68	—	—	—	—	—
2013/4/10	10.36	10.65	13.23	13.50	10.65	0.29
2013/4/25	12.91	12.13	13.11	12.89	10.36	−2.55
2013/5/10	11.85	12.88	13.68	13.72	12.88	1.03
2013/5/24	12.89	15.35	15.32	14.94	15.35	2.46
2013/6/9	11.99	15.11	15.51	15.43	12.89	0.90
2013/6/25	23.88	20.91	20.64	19.77	24.33	0.45
2013/7/18	24.41	23.27	28.00	27.17	24.33	−0.08
2013/7/25	24.44	22.44	23.36	23.40	23.40	−1.04
2013/8/12	24.31	21.23	21.86	22.09	24.33	0.02
2013/8/26	24.00	22.16	21.82	22.11	22.16	−1.84
2013/9/11	18.48	22.52	25.67	25.22	24.33	5.85
2013/9/22	17.88	18.78	18.51	18.53	18.48	0.60
2013/9/30	18.35	18.85	18.68	18.59	18.85	0.50
2013/10/9	14.10	16.55	15.76	16.22	15.76	1.66

（续）

监测日	实测值	间隔天数统计法	差减统计法	统计法	逐日诊断值	误差值
2013/10/21	16.53	14.12	14.54	14.61	14.10	−2.43
2013/10/29	14.58	15.94	15.78	15.98	15.78	1.20
2013/11/12	15.66	14.30	14.64	14.76	14.30	−1.36
2014/3/18	13.41	—	—	—	—	—
2014/3/27	12.29	12.27	13.19	13.39	12.27	−0.02
2014/4/7	14.31	12.11	13.16	13.20	12.11	−2.20
2014/4/17	25.33	21.42	20.41	19.52	24.33	−1.00
2014/4/28	23.70	22.75	23.06	23.28	23.28	−0.42
2014/5/10	15.70	21.45	19.82	20.35	19.82	4.12
2014/5/20	13.93	14.48	14.59	14.87	14.48	0.55
2014/5/30	13.22	13.23	13.85	14.01	13.23	0.01
2014/6/11	12.13	12.42	13.32	13.47	12.42	0.29
2014/7/7	13.15	14.48	15.17	15.05	12.13	−1.02
2014/7/23	12.85	14.68	15.23	15.21	13.15	0.30
2014/8/14	13.93	12.87	14.16	14.24	12.87	−1.06
2014/8/29	15.10	17.71	17.35	16.93	17.71	2.61
2014/9/28	24.07	22.77	23.53	22.45	24.33	0.26
2014/10/9	22.35	22.05	21.78	22.04	22.05	−0.30
2014/10/19	21.04	20.33	18.73	19.26	20.33	−0.71
2014/10/27	19.38	19.10	17.60	18.13	17.60	−1.78
2014/11/7	18.30	17.86	16.90	17.32	16.90	−1.40
2014/11/21	17.91	16.58	15.83	16.27	15.83	−2.08

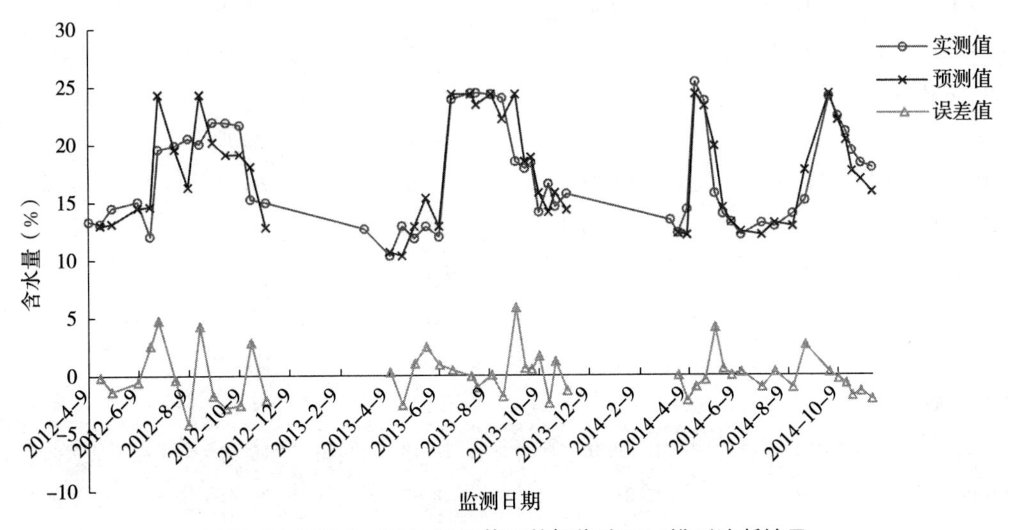

图 2-67　2012—2014 年调整后数据优选逐日模型诊断结果

由表2-36可见，从6种方法逐日诊断结果中筛选出的3种优选模型分别是间隔天数统计法、差减统计法和统计法；按照时段诊断值选取原则得到的逐日诊断结果中，误差大于3%的个数为5个，占10.42%，其中大于5个质量含水量的监测日有1个，占2.08%；如果将预测误差小于3个质量含水量作为预测合格标准，则优选的3种逐日模型预测合格率为89.58%，平均误差为1.56%，最大误差为5.85%，最小误差为0.01%。

表2-37 2012—2014年调整后数据模型综合应用最终诊断结果（%）

监测日	实测值	时段诊断值	逐日诊断值	最终预测值	误差值
2012/4/9	13.34	—	—	—	—
2012/4/23	13.13	12.87	13.00	12.93	−0.20
2012/5/7	14.50	13.13	13.13	13.13	−1.37
2012/6/8	15.05	14.50	14.50	14.50	−0.55
2012/6/23	12.04	13.99	14.60	14.29	2.25
2012/7/3	19.57	24.33	24.33	24.33	4.76
2012/7/23	19.92	19.57	19.57	19.57	−0.35
2012/8/8	20.54	17.37	16.29	16.83	−3.71
2012/8/22	20.05	24.33	24.33	24.33	4.28
2012/9/7	21.95	20.71	20.21	20.46	−1.49
2012/9/23	21.92	20.75	19.11	19.93	−1.99
2012/10/10	21.68	20.96	19.13	20.04	−1.64
2012/10/23	15.22	18.37	18.07	18.22	3.00
2012/11/10	14.96	13.12	12.81	12.96	−2.00
2013/3/10	12.68	—	—	—	—
2013/4/10	10.36	10.65	10.65	10.65	0.29
2013/4/25	12.91	10.36	10.36	10.36	−2.55
2013/5/10	11.85	13.68	12.88	13.28	1.43
2013/5/24	12.89	17.83	15.35	16.59	3.70
2013/6/9	11.99	12.89	12.89	12.89	0.90
2013/6/25	23.88	24.33	24.33	24.33	0.45
2013/7/18	24.41	24.33	24.33	24.33	−0.08
2013/7/25	24.44	21.05	23.40	22.23	−2.21
2013/8/12	24.31	24.33	24.33	24.33	0.02
2013/8/26	24.00	21.73	22.16	21.94	−2.06
2013/9/11	18.48	24.33	24.33	24.33	5.85
2013/9/22	17.88	18.48	18.48	18.48	0.60
2013/9/30	18.35	21.83	18.85	20.34	1.99
2013/10/9	14.10	16.22	15.76	15.99	1.89

（续）

监测日	实测值	时段诊断值	逐日诊断值	最终预测值	误差值
2013/10/21	16.53	14.10	14.10	14.10	−2.43
2013/10/29	14.58	15.04	15.78	15.41	0.83
2013/11/12	15.66	14.16	14.30	14.23	−1.43
2014/3/18	13.41	—	—	—	—
2014/3/27	12.29	12.00	12.27	12.14	−0.15
2014/4/7	14.31	12.46	12.11	12.28	−2.03
2014/4/17	25.33	24.33	24.33	24.33	−1.00
2014/4/28	23.70	23.47	23.28	23.38	−0.32
2014/5/10	15.70	19.21	19.82	19.52	3.82
2014/5/20	13.93	14.07	14.48	14.28	0.35
2014/5/30	13.22	13.48	13.23	13.36	0.14
2014/6/11	12.13	12.91	12.42	12.66	0.53
2014/7/7	13.15	12.13	12.13	12.13	−1.02
2014/7/23	12.85	13.15	13.15	13.15	0.30
2014/8/14	13.93	12.79	12.87	12.83	−1.10
2014/8/29	15.10	19.79	17.71	18.75	3.65
2014/9/28	24.07	24.33	24.33	24.33	0.26
2014/10/9	22.35	22.18	22.05	22.12	−0.23
2014/10/19	21.04	19.43	20.33	19.88	−1.16
2014/10/27	19.38	17.75	17.60	17.68	−1.70
2014/11/7	18.30	17.32	16.90	17.11	−1.19
2014/11/21	17.91	15.96	15.83	15.90	−2.02

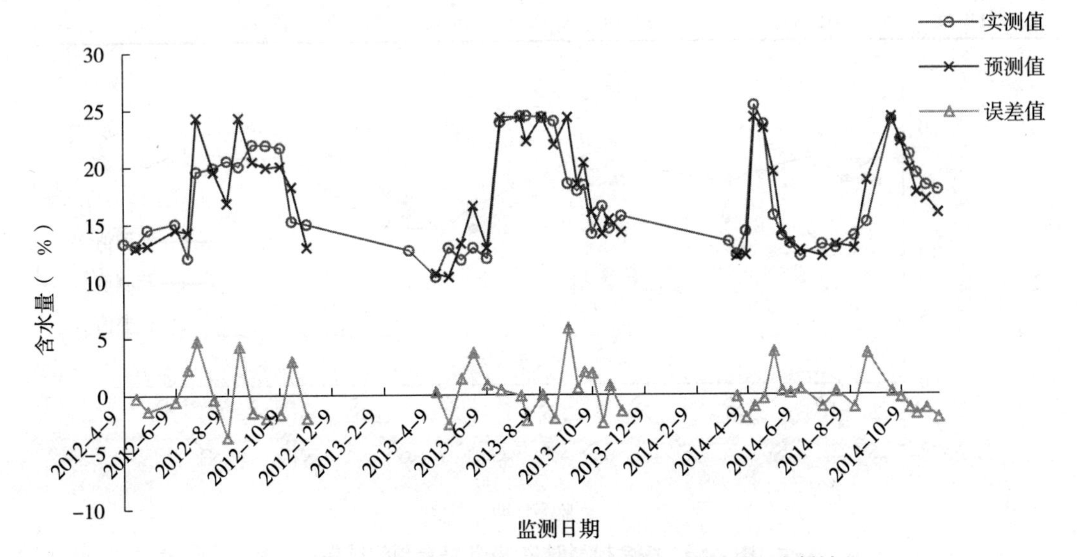

图 2-68　2012—2014 年调整后数据模型综合应用最终诊断结果

由表 2-37 可见，模型综合应用得到的最终诊断结果中，误差大于 3%的个数为 7 个，占 14.58%，其中大于 5 个质量含水量的监测日有 1 个，占 2.08%；如果将预测误差小于 3 个质量含水量作为预测合格标准，则综合模型预测合格率为 85.42%，平均误差为 1.61%，最大误差为 5.85%，最小误差为 0.02%。

（三）综合模型对 2015 年墒情数据进行预测的结果和分析

采用综合模型对甘肃省平凉市辖区 620801J001 站点 2015 年的数据进行了预测，时段和逐日验证的优选方法均为间隔天数统计法、差减统计法和统计法，最终预测结果见表 2-38 和图 2-69。

表 2-38　综合模型对 2015 年的预测结果（%）

监测日	实测值	时段预测值	逐日预测值	最终预测值	误差值
2015/3/10	17.59	—	—	—	—
2015/3/18	17.89	15.93	15.76	15.84	−2.05
2015/3/29	16.14	16.30	16.09	16.20	0.06
2015/4/8	16.85	18.60	17.23	17.91	1.06
2015/4/26	16.72	16.85	16.85	16.85	0.13
2015/5/6	16.71	15.91	15.77	15.84	−0.87
2015/5/26	14.92	16.71	16.71	16.71	1.79
2015/6/12	15.91	18.95	19.17	19.06	3.15
2015/7/10	14.75	15.91	15.91	15.91	1.16
2015/7/27	12.26	14.24	13.80	14.02	1.76
2015/8/7	12.41	12.26	12.26	12.26	−0.15
2015/8/24	15.27	12.41	12.41	12.41	−2.86
2015/9/12	18.24	15.27	15.27	15.27	−2.97
2015/9/24	19.63	18.24	18.24	18.24	−1.39
2015/10/7	20.09	17.54	17.92	17.73	−2.36
2015/10/29	19.73	19.17	18.02	18.6	−1.13
2015/11/9	19.87	17.43	17.21	17.32	−2.55
2015/11/22	19.89	17.29	16.97	17.13	−2.76

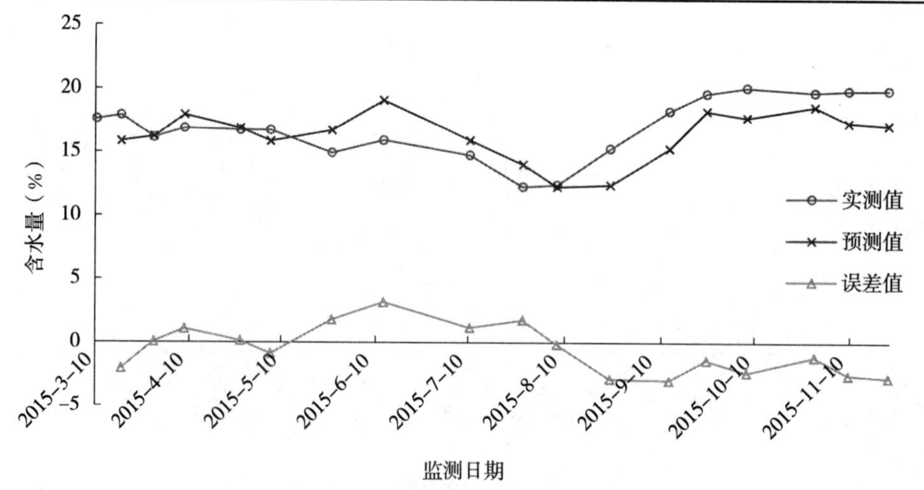

图 2-69　综合模型对 2015 年综合预测结果

由表 2-38 可见，模型综合应用得到的最终诊断结果中，误差大于 3%的个数为 1 个，占 5.88%，未出现误差大于 5 的预测结果；如果将预测误差小于 3 个质量含水量作为预测合格标准，则综合模型预测合格率为 94.82%，平均误差为 1.66%，最大误差为 3.15%，最小误差为 0.06%。

三、综合模型墒情诊断和预测小结

（一）灌溉量的处理

对于后一次土壤含水量比前一次土壤含水量明显增加很多，但降水量很少或没有降雨时，根据含水量变化幅度与季节温度等补充上合理的灌溉量是原始数据处理的合理方法。本案例中 2014 年 4 月 7～17 日之间基本无降雨发生，但土壤含水量大幅度地增高即从 14.31%提高到 25.33%，因此对中间日 2014 年 4 月 12 日增加了 100mm 灌溉量的处理，处理后预测误差明显从 10%减小到 5%左右。

（二）预测误差分析

造成模型预测误差的主要原因是：降水量在地点上与观测点不配套；灌溉无记录；土壤参数如容重没有每次都测定。

本书中所使用的降水量数据是从就近的国家标准气象站获得的每天降水量的数据，其降水量数据与墒情监测点的实际降水量在个别时间段内可能存在较大差距；没有灌溉等相关记录；本书对土壤容重采用统一数值，在不同地区、不同土壤类型以及不同观测日的土壤含水量计算上肯定会产生一定的误差。

（三）综合模型法的特点

在其他六个模型的基础上，对土壤含水量的预测结果进行优化选择，时段和逐日筛选过程相对独立，筛选出的方法可能不同，在一定程度上避免了使用单个模型产生的结果偶然性，使结果更为准确。

（四）模型应用的可行性分析

本案例仅就一个点的监测数据进行了系统分析，关于模型应用的可行性分析必须等大量案例验证后才能得出相应的结论。但是，仅就本案例可以初步得出以下结论：对于特定监测点而言，时段模型法建模并不断得到修正后，再采用逐日模型法即可实现实时动态土壤墒情的预测，这就为县级和省级乃至国家级的土壤墒情监测网的建立提供了方法模型，还可以就某一气候区域或其他特殊区域的需要建立在线墒情诊断与预测网。

第三章　土壤墒情诊断模型的验证

本章使用2014年及之前多年历史墒情监测数据，根据第二章所述模型的建立方法分别建立各墒情监测点的平衡法、统计法、比值统计法、差减统计法、间隔天数统计法、移动统计法6个墒情诊断模型，然后对所建立的模型进行自回归验证，并根据验证结果以及实测含水量数据和气象台站降水量数据的对比分析结果，确定各监测点的灌溉次数、时间和灌溉量，并将其统一纳入到降水量之中考虑水分来源项，最后再使用调整后的水分来源项（包括降水量和灌溉量）重新建立各监测点的6个墒情诊断模型和确定模型参数，为方便描述，本文将降水量和灌溉量统称为“降水量”即水分来源项。

利用调整后的降水量分别应用6个模型对各监测点进行诊断，依据诊断结果按照综合模型应用流程获得最终的优化诊断结果。以下各节所述内容均为应用调整降水量后的6个模型和综合模型的验证结果，主要包括采用2014年之前历史监测数据的自回归验证和采用2015年监测数据的历史验证。

土壤墒情诊断模型建立及其验证的流程见图3-1。

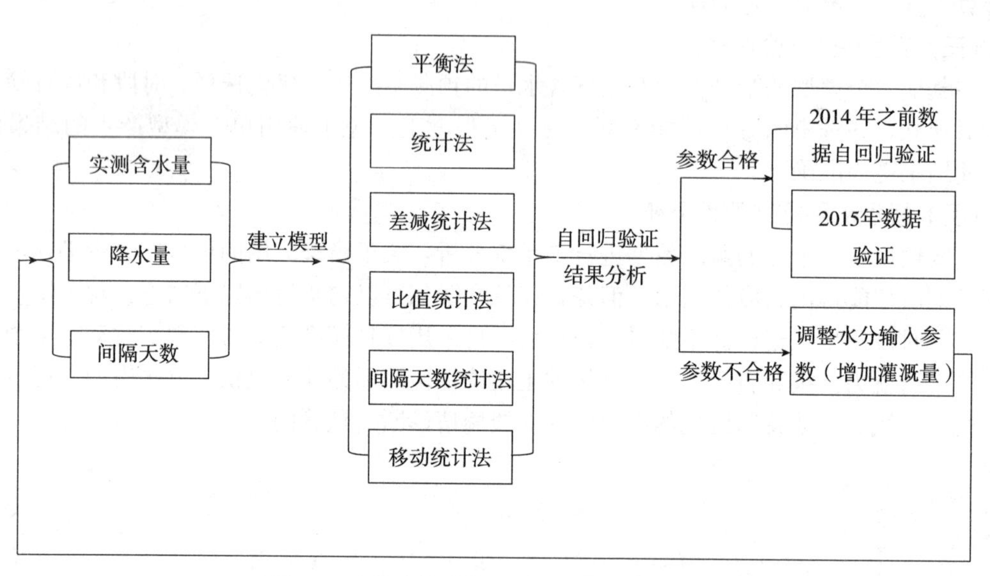

图3-1　土壤墒情诊断模型建立及验证流程图

用于模型验证的监测点为87个，分布为：东北地区的吉林省3个县、市、区6个监测点；西北地区的甘肃省2个县、市、区13监测点；华北地区的内蒙古自治区5个旗、县、市、区19个监测点、山西省2个县、市、区的16个测点、河北省3个县、市、区的14个监测点；华中地区的河南省3个县、市、区的7个监测点、湖南省4个县、市、区的12个监测点（湖南省为南方唯一验证的省份），见图3-2。

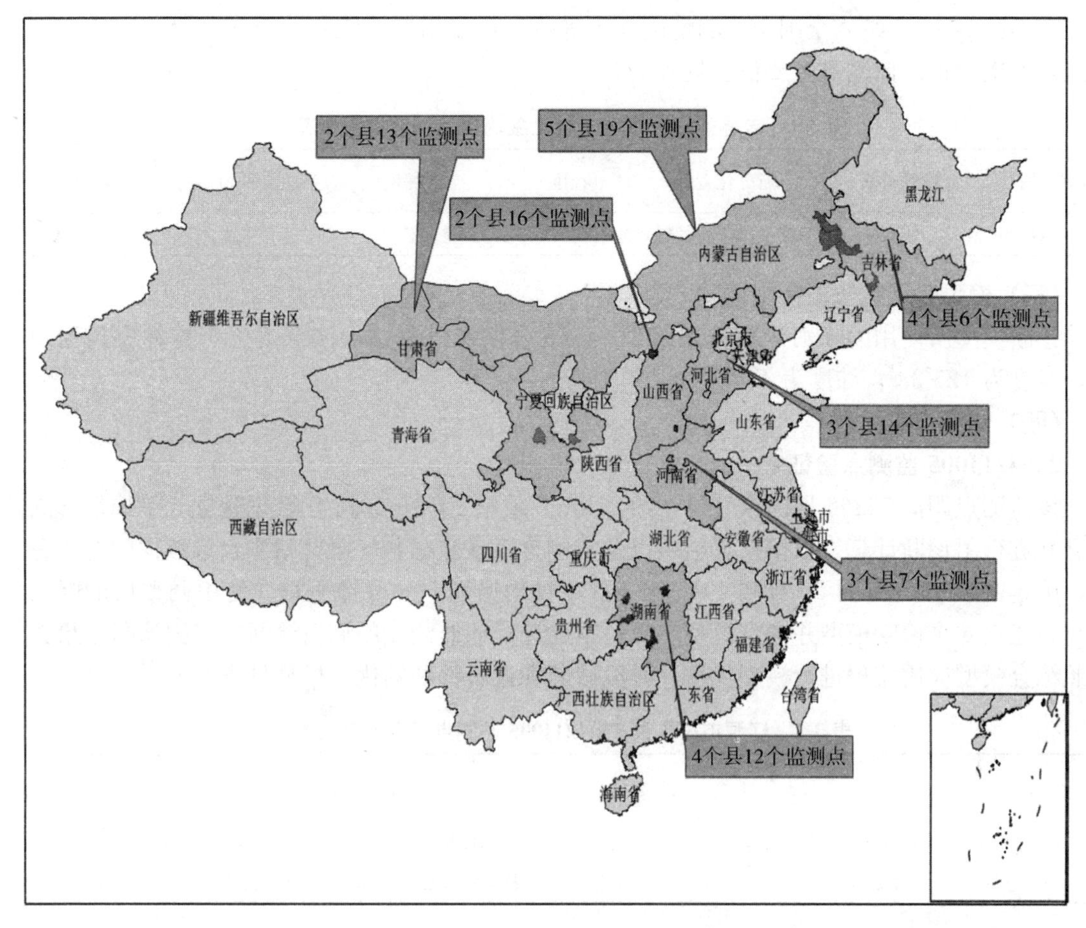

图 3-2　模型验证监测点分布情况

第一节　吉 林 省

吉林省用于模型验证的监测点包括白城市的洮南市和通榆县、松原市长岭县、辽源市东丰县等 4 个市（县）的 6 个监测点。

一、辽源市东丰县验证

（一）基本情况

东丰县是吉林省辽源市下辖县，位于吉林省中南部，地处东经 125°3′～125°50′，北纬 42°18′～43°14′之间，是一个五山一水四分田的半山区，全县幅员面积 2 522.24km²。东丰县县城距省会长春市 135km。东、南与梅河口毗邻，西、南与辽宁省清原县相接，西与东辽县、辽宁省西丰县以山为界，北与伊通县、磐石县隔河相望。东丰县属季风区中温带湿润气候，四季分明。境内受季风气候影响，春季多西南风，夏季多南风，冬季盛行西风和西北风。在大陆性季风气候和东北平原至长白山脉过渡带地形的共同影响下，年降水量差异显著，冬季不均。夏季降水集中，冬季降水量稀少。

（二）土壤墒情监测状况

东丰县 2012 年纳入全国土壤墒情网开始进行土壤墒情监测工作，全县共设 5 个农田监测点，本次验证的监测点主要信息见表 3-1。

表 3-1 吉林省辽源市东丰县土壤墒情监测点设置情况

监测点编号	设置时间	所处位置	经度	纬度	主要种植作物	土壤类型
220421J005	2012	东丰县大阳安胜村	125°28′	42°40′	玉米	黏土

（三）模型使用的气象台站情况

诊断模型所使用的降水量数据来源于 54266 号国家气象站，该台站位于吉林省梅河口市，经度为 125°38′，纬度为 42°32′。

（四）监测点的验证

220421J005 监测点验证

该监测点距离 54266 号国家气象站约 21km。采用 2012—2014 年数据建立 6 个墒情诊断模型并进行了诊断计算，根据计算结果以及实测含水量数据和气象台站降水量数据的对比分析，确定在 2013 年 4 月 20 日和 2014 年 7 月 4 日均增加 50mm 灌溉量。使用调整后的降水量重新建立 6 个诊断模型并确定模型参数，据此进行该监测点的墒情诊断，依据诊断结果并按照综合模型应用流程进行模型优选，时段诊断和逐日诊断的优选模型见表 3-2。

表 3-2 辽源市东丰县 220421J005 监测点优选诊断模型

项目	优选模型名称
时段诊断	移动统计法、间隔天数统计法、比值统计法
逐日诊断	移动统计法、间隔天数统计法、统计法

按照综合模型应用流程对该监测点进行了建模数据的自回归验证和 2015 年数据的验证。综合模型建模数据自回归验证结果见表 3-3 和图 3-3，2015 年数据验证结果见表 3-4 和图 3-4，根据计算结果以及实测含水量数据和气象台站降水量数据的对比分析，确定在 2015 年 7 月 21 日增加 50mm 灌溉量。

表 3-3 综合模型对 2012—2014 年建模数据自回归验证结果（220421J005）（%）

监测日	实测值	时段预测值	逐日预测值	最终预测值	误差值
2012/4/30	20.40	—	—	—	—
2012/5/6	21.10	21.71	23.48	22.60	1.50
2012/5/12	21.50	22.21	22.38	22.29	0.79
2012/5/15	21.50	23.63	22.67	23.15	1.65
2012/5/22	19.90	22.55	22.09	22.32	2.42
2012/5/26	22.80	21.50	22.19	21.85	−0.95
2012/6/6	24.80	24.59	23.96	24.28	−0.52
2012/6/11	23.60	23.34	23.83	23.59	−0.01
2012/6/26	25.70	27.70	27.70	27.70	2.00

（续）

监测日	实测值	时段预测值	逐日预测值	最终预测值	误差值
2012/7/16	28.20	27.70	27.70	27.70	−0.50
2012/7/26	26.40	22.78	29.28	26.03	−0.37
2012/8/26	22.40	24.89	23.13	24.01	1.61
2012/9/11	26.60	26.61	26.34	26.48	−0.12
2012/9/26	20.10	21.84	21.84	21.84	1.74
2012/10/11	24.50	24.09	24.18	24.13	−0.37
2013/4/16	28.70	—	—	—	—
2013/4/22	20.70	27.70	27.70	27.70	7.00
2013/4/26	26.30	22.28	24.12	23.20	−3.10
2013/5/6	23.60	22.50	21.94	22.22	−1.38
2013/5/26	25.40	23.75	23.05	23.40	−2.00
2013/6/7	24.80	22.19	21.85	22.02	−2.78
2013/6/11	20.80	21.64	21.89	21.76	0.96
2013/6/26	28.20	25.82	25.42	25.62	−2.58
2013/8/11	25.30	27.18	23.34	25.26	−0.04
2013/9/26	26.10	28.07	23.65	25.86	−0.24
2014/4/5	15.60	—	—	—	—
2014/4/11	23.20	21.54	22.33	21.93	−1.27
2014/4/20	23.10	22.23	21.64	21.93	−1.17
2014/4/25	22.70	22.23	21.64	21.93	−0.77
2014/5/25	22.20	24.42	23.41	23.91	1.71
2014/6/10	25.00	24.14	23.82	23.98	−1.02
2014/6/21	27.00	26.07	25.76	25.91	−1.09
2014/6/26	22.50	21.80	23.67	22.74	0.24
2014/7/10	28.20	26.99	26.13	26.56	−1.64
2014/7/25	26.40	23.97	23.69	23.83	−2.57
2014/8/9	17.20	21.77	21.77	21.77	4.57
2014/8/29	22.30	25.13	24.96	25.04	2.74
2014/9/10	20.30	23.87	24.05	23.96	3.66

注：含水量均为质量含水量，下同。

由表3-3和图3-3可见，模型综合应用得到的最终诊断结果中，误差大于3个质量含水量的个数为4个，占11.43%，其中误差大于5个质量含水量的个数为1个，占2.86%；如果将预测误差小于3个质量含水量的结果作为合格预测结果，则综合模型预测合格率为88.57%，自回归预测的平均误差为1.63%，最大误差为7.00%，最小误差为0.01%。

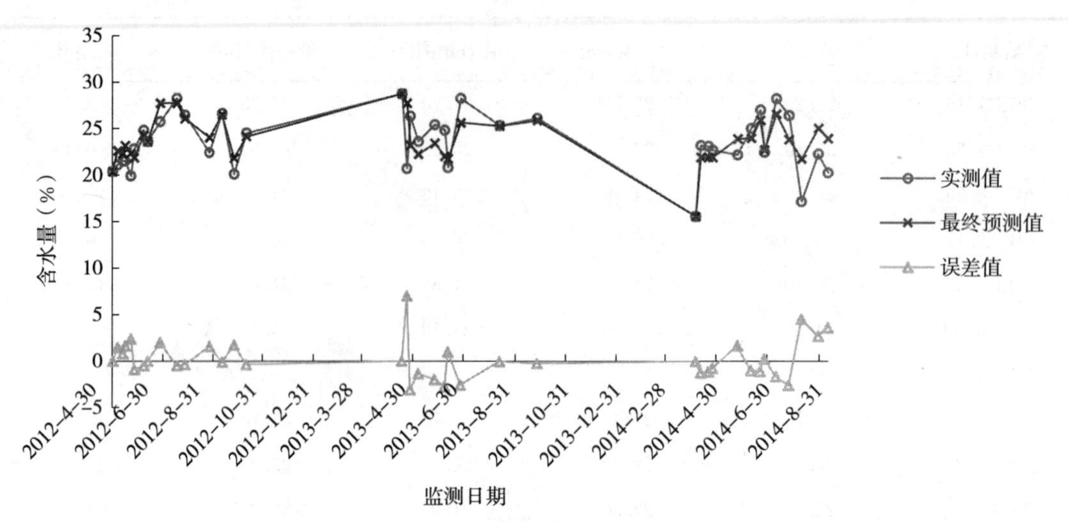

图 3-3 综合模型对 2012—2014 年建模数据自回归验证图（220421J005）

表 3-4 综合模型对 2015 年历史监测数据的验证结果（220421J005）（%）

监测日	实测值	时段预测值	逐日预测值	最终预测值	误差值
2015/4/7	25.88	—	—	—	—
2015/4/10	24.90	22.45	23.37	22.91	−1.99
2015/4/15	24.00	22.17	23.57	22.87	−1.13
2015/4/20	24.80	26.31	22.94	24.63	−0.17
2015/4/25	23.20	21.77	22.08	21.93	−1.27
2015/4/30	18.90	22.23	22.04	22.13	3.23
2015/5/5	18.20	18.90	18.90	18.90	0.70
2015/5/11	23.60	21.01	22.60	21.80	−1.80
2015/6/19	23.20	24.02	24.68	24.35	1.15
2015/6/25	20.60	22.28	23.50	22.89	2.29
2015/7/10	20.70	24.24	24.08	24.16	3.46
2015/7/27	26.40	24.02	24.46	24.24	−2.16
2015/8/25	14.90	25.65	23.33	24.49	9.59

由表 3-4 和图 3-4 可见，模型综合应用得到的最终诊断结果中，误差大于 3 个质量含水量的个数为 3 个，占 25.00%，其中误差大于 5 个质量含水量的个数为 1 个，占 8.33%；如果将预测误差小于 3 个质量含水量的预测结果作为合格预测结果，则综合模型预测合格率为 75.00%，2015 年历史数据验证结果的平均误差为 2.72%，最大误差为 9.59%，最小误差为 0.70%。

综合模型自回归验证和 2015 年历史监测数据验证结果的合格率分别为 88.57% 和 75.00%。

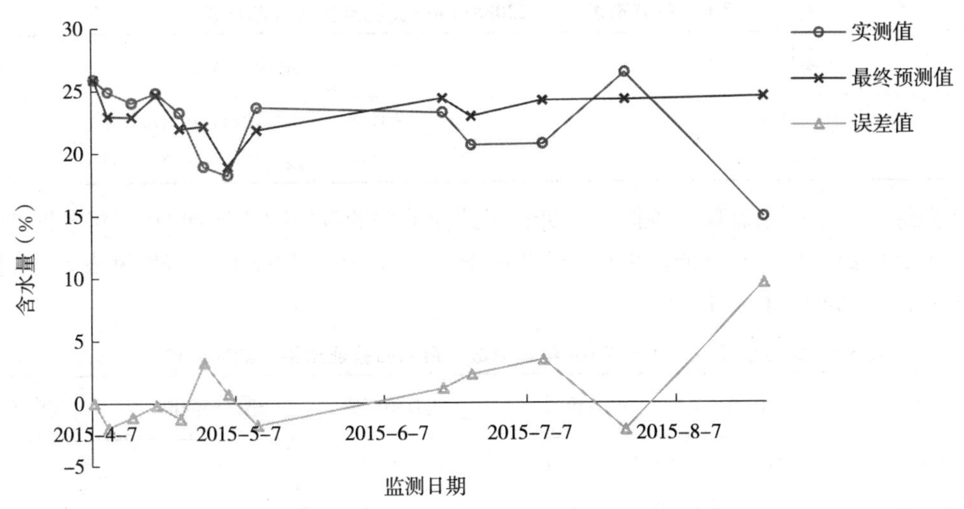

图 3-4　综合模型对 2015 年历史监测数据的验证图（220421J005）

二、白城市洮南市验证

（一）基本情况

洮南市隶属于吉林省白城市，位于吉林省西北端，白城市西南部，地理坐标为：东经 121°38′～123°20′、北纬 45°02′～46°01′。东邻大安市，南接通榆县，西与内蒙古自治区突泉县为邻，北与内蒙古自治区科尔沁右翼前旗相连，东北和白城市洮北区接壤。洮南属北温带大陆性季风气候，气候特点是温差大，季节性强，雨热同季。春季干旱多风少雨，夏季炎热降雨集中，秋季冷暖适中，冬季严寒少雪。

（二）土壤墒情监测状况

洮南市 2013 年纳入全国土壤墒情网开始进行土壤墒情监测工作，全县共设 6 个农田监测点，本次验证的监测点主要信息见表 3-5。

表 3-5　吉林省白城市洮南市土壤墒情监测点设置情况（%）

监测点编号	设置时间	所处位置	经度	纬度	主要种植作物	土壤类型
220881J005	2013	永茂乡二段村	121°49′	45°46′	玉米	砂土

（三）模型使用的气象台站情况

诊断模型所使用的降水量数据来源于 50936 号国家气象站，该台站位于洮南市，经度为 122°50′，纬度为 45°38′。

（四）监测点的验证

220881J005 监测点验证

该监测点距离 50936 号国家气象站约 80km。采用 2013—2014 年数据建立 6 个墒情诊断模型并进行了诊断计算，根据计算结果以及实测含水量数据和气象台站降水量数据的对比分析，确定在 2013 年 5 月 30 日增加 60mm 灌溉量。使用调整后的降水量重新建立 6 个诊断模型并确定模型参数，据此进行该监测点的墒情诊断，依据诊断结果并按照综合模型应用流程进行模型优选，时段诊断和逐日诊断的优选模型见表 3-6。

表 3-6　白城市洮南市 220881J005 监测点优选诊断模型

项目	优选模型名称
时段诊断	统计法、差减统计法、比值统计法
逐日诊断	统计法、差减统计法、比值统计法

按照综合模型应用流程对该监测点进行了建模数据的自回归验证和 2015 年数据的验证。综合模型建模数据自回归验证结果见表 3-7 和图 3-5，2015 年数据验证结果见表 3-8 和图 3-6（2015 年未进行降水量的调整）。

表 3-7　综合模型对 2013—2014 年建模数据自回归验证结果（220881J005）（%）

监测日	实测值	时段预测值	逐日预测值	最终预测值	误差值
2013/4/20	28.30	—	—	—	—
2013/4/25	28.00	26.63	26.63	26.63	−1.37
2013/5/5	27.68	27.18	27.16	27.17	−0.51
2013/5/25	26.10	27.54	27.40	27.47	1.37
2013/6/5	32.50	27.68	27.68	27.68	−4.82
2013/6/25	26.90	27.84	27.30	27.57	0.67
2013/7/10	29.40	31.50	31.50	31.50	2.10
2013/7/25	30.70	28.01	27.93	27.97	−2.73
2013/8/10	27.70	27.54	27.06	27.30	−0.40
2014/4/5	24.50	—	—	—	—
2014/4/10	24.80	25.90	25.97	25.94	1.14
2014/4/20	26.20	26.00	26.04	26.02	−0.18
2014/4/25	26.38	26.31	26.31	26.31	−0.07
2014/6/5	25.98	28.54	26.86	27.70	1.72
2014/6/20	26.40	27.80	27.80	27.80	1.40
2014/6/25	24.48	26.34	26.61	26.48	2.00
2014/7/10	28.64	27.38	27.38	27.38	−1.26
2014/7/25	28.96	27.75	27.78	27.77	−1.19
2014/8/9	24.38	27.27	27.22	27.25	2.87

由表 3-7 和图 3-5 可见，模型综合应用得到的最终诊断结果中，误差大于 3 个质量含水量的个数为 1 个，占 5.88%，未出现误差大于 5 个质量含水量的预测结果；如果将预测误差小于 3 个质量含水量的预测结果作为合格预测结果，则综合模型预测合格率为 94.12%，自回归预测的平均误差为 1.52%，最大误差为 4.82%，最小误差为 0.07%。

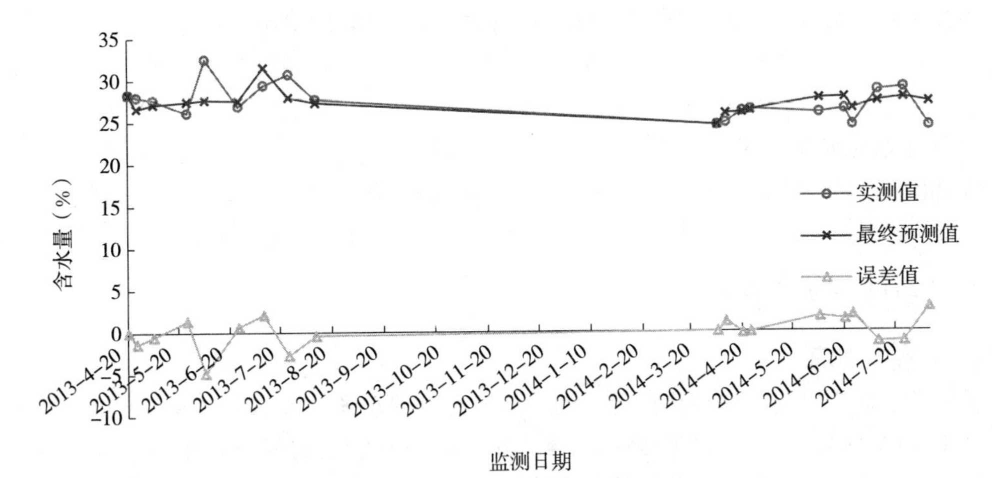

图 3-5　综合模型对 2013—2014 年建模数据自回归验证图（220881J005）

表 3-8　综合模型对 2015 年历史监测数据的验证结果（220881J005）（%）

监测日	实测值	时段预测值	逐日预测值	最终预测值	误差值
2015/4/5	27.40	—	—	—	—
2015/4/10	28.20	26.54	26.73	26.63	−1.57
2015/4/20	26.20	26.62	26.67	26.64	0.44
2015/4/25	24.50	26.31	26.32	26.32	1.82
2015/5/5	24.20	25.91	25.97	25.94	1.74
2015/5/15	29.70	27.49	26.78	27.14	−2.56
2015/5/20	29.10	27.02	27.92	27.47	−1.63
2015/6/10	29.00	28.03	27.35	27.69	−1.31
2015/6/20	29.40	31.50	31.50	31.50	2.10
2015/6/25	27.40	25.11	28.20	26.66	−0.74
2015/7/10	24.40	26.78	26.78	26.78	2.38
2015/7/20	21.90	25.81	25.86	25.84	3.94
2015/8/10	29.50	26.64	26.63	26.64	−2.86
2015/8/25	30.80	27.30	27.44	27.37	−3.43

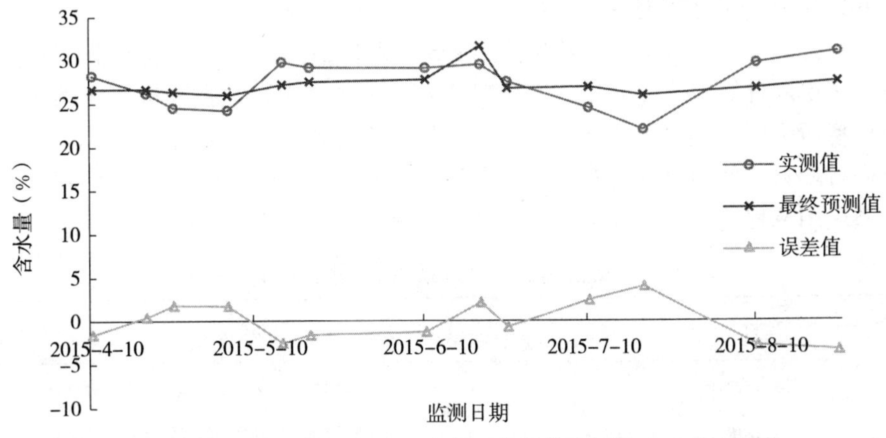

图 3-6　综合模型对 2015 年历史监测数据的验证图（220881J005）

由表3-8和图3-6可见，模型综合应用得到的最终诊断结果中，误差大于3个质量含水量的个数为2个，占15.38%，未出现误差大于5个质量含水量的预测结果；如果将预测误差小于3个质量含水量的预测结果作为合格预测结果，则综合模型预测合格率为84.62%，2015年历史数据验证结果的平均误差为2.04%，最大误差为3.94%，最小误差为0.44%。

综合模型自回归验证和2015年历史监测数据验证结果的合格率分别为94.12%和84.62%。

三、白城市通榆县验证

（一）基本情况

通榆县隶属吉林省，白城市南部，地处科尔沁草原东陲，隶属吉林省白城市，地理坐标为东经122°02′～123°30′，北纬44°13′～45°16′。通榆县境东与乾安县相接，西与内蒙古自治区科尔沁右翼中旗为界，南与长岭县相连，西南与内蒙古自治区科尔沁左翼中旗相交，北与洮南市为邻。东北与大安市接壤。通榆县属北温带大陆性季节天气，年均匀气温6.6℃，极端最低气温－25.9℃，极端最高气温40.5℃，无霜期162d，年降雨量332.4mm，最大冻土深度125cm，年主导风向春夏秋三季以西南风为主，冬季则多刮西北风。

（二）土壤墒情监测状况

通榆县2012年纳入全国土壤墒情网开始进行土壤墒情监测工作，全县共设5个农田监测点，本次验证的监测点主要信息见表3-9。

表3-9　吉林省白城市通榆县土壤墒情监测点设置情况

监测点编号	设置时间	所处位置	经度	纬度	主要种植作物	土壤类型
220822J003	2012	通榆县新华镇	122°52′	44°35′	玉米	砂土
220822J004	2012	通榆县向海乡	122°49′	44°54′	玉米	砂壤土

（三）模型使用的气象台站情况

诊断模型所使用的降水量数据来源于54041号国家气象站，该台站位于通榆县，经度为123°4′，纬度为44°47′。

（四）监测点的验证

1. 220822J003监测点验证

该监测点距离54041号国家气象站约27km。采用2012—2014年数据建立6个墒情诊断模型并进行了诊断计算，通过对比分析计算结果、实测含水量数据和气象台站降水量数据，发现诊断模型所采用的气象台站降水量与该监测点的实际降水情况比较吻合，因此未对模型输入参数进行调整。使用建立的6个诊断模型进行该监测点的墒情诊断，依据诊断结果并按照综合模型应用流程进行模型优选，时段诊断和逐日诊断的优选模型见表3-10。

表3-10　白城市通榆县220822J003监测点优选诊断模型

项目	优选模型名称
时段诊断	差减统计法、间隔天数统计法、统计法
逐日诊断	差减统计法、间隔天数统计法、统计法

按照综合模型应用流程对该监测点进行了建模数据的自回归验证和2015年数据的验证。综合模型建模数据自回归验证结果见表3-11和图3-7，2015年数据验证结果见表3-12和图3-8（2015年未进行降水量的调整）。

表3-11　综合模型对2012—2014年建模数据自回归验证结果（220822J003）（%）

监测日	实测值	时段预测值	逐日预测值	最终预测值	误差值
2012/4/10	4.46	—	—	—	—
2012/4/20	4.17	5.34	5.34	5.34	1.17
2012/5/5	4.65	5.31	5.31	5.31	0.66
2012/5/25	3.63	5.74	6.37	6.06	2.43
2012/6/10	7.56	3.63	3.63	3.63	−3.93
2012/6/25	5.30	7.56	7.56	7.56	2.26
2012/7/10	5.33	6.88	6.88	6.88	1.55
2012/8/10	6.52	7.75	7.13	7.44	0.92
2013/4/23	7.54	—	—	—	—
2013/5/6	7.18	7.54	7.54	7.54	0.36
2013/5/27	6.87	7.18	7.18	7.18	0.31
2013/6/8	4.66	6.76	6.65	6.71	2.05
2013/7/1	8.73	4.66	4.66	4.66	−4.07
2013/7/10	10.53	7.55	7.68	7.61	−2.92
2013/7/25	9.30	10.53	10.53	10.53	1.23
2013/9/26	8.08	9.30	9.30	9.30	1.22
2014/4/21	5.24	—	—	—	—
2014/5/6	8.48	5.24	5.24	5.24	−3.24
2014/5/26	9.42	8.48	8.48	8.48	−0.94
2014/6/23	7.05	9.42	9.42	9.42	2.37
2014/7/11	6.52	9.53	9.53	9.53	3.01
2014/7/21	9.50	7.22	7.24	7.23	−2.27
2014/8/21	6.98	9.50	9.50	9.50	2.52
2014/9/11	8.71	7.36	7.59	7.48	−1.24
2014/9/28	5.76	7.43	6.97	7.20	1.44

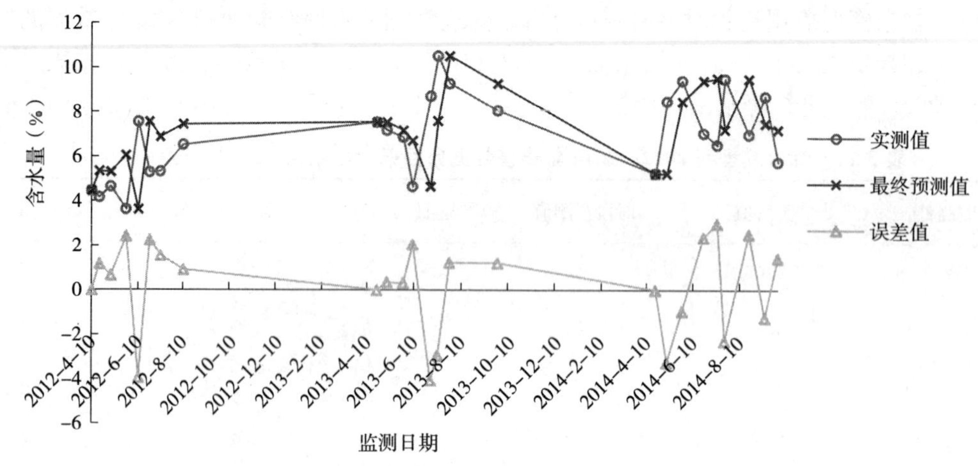

图 3-7 综合模型对 2012—2014 年建模数据自回归验证图（220822J003）

由表 3-11 和图 3-7 可见，模型综合应用得到的最终诊断结果中，误差大于 3 个质量含水量的个数为 4 个，占 18.18%，未出现误差大于 5 个质量含水量的预测结果；如果将预测误差小于 3 个质量含水量的预测结果作为合格预测结果，则综合模型预测合格率为 81.82%，自回归预测的平均误差为 1.91%，最大误差为 4.07%，最小误差为 0.31%。

表 3-12 综合模型对 2015 年历史监测数据的验证结果（220822J003）（%）

监测日	实测值	时段预测值	逐日预测值	最终预测值	误差值
2015/4/13	9.38	0.00	0.00	0.00	—
2015/4/21	6.64	7.74	7.65	7.69	1.05
2015/5/11	7.48	6.35	6.50	6.43	−1.06
2015/5/21	9.09	9.53	9.53	9.53	0.44
2015/6/8	9.11	9.09	9.09	9.09	−0.02
2015/6/26	9.77	8.30	8.09	8.20	−1.58
2015/7/13	8.83	9.53	9.53	9.53	0.70
2015/7/27	10.50	8.83	8.83	8.83	−1.67
2015/8/10	9.62	8.19	8.19	8.19	−1.43
2015/8/27	9.62	8.78	8.52	8.65	−0.97
2015/9/11	9.18	7.81	7.81	7.81	−1.37

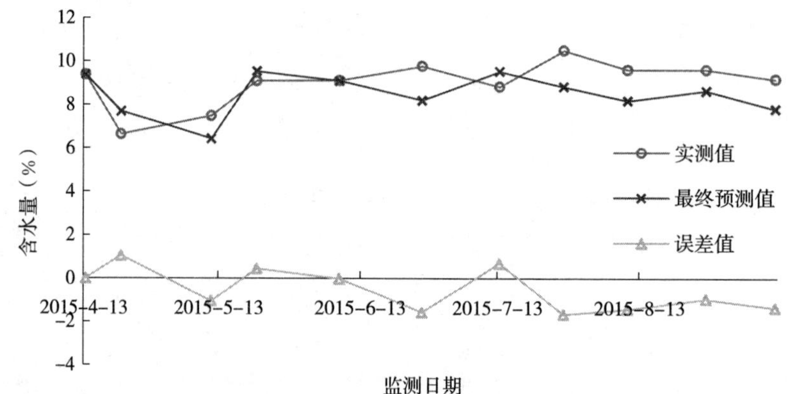

图 3-8 综合模型对 2015 年历史监测数据的验证图（220822J003）

由表 3-12 和图 3-8 可见，模型综合应用得到的最终诊断结果中，未出现误差大于 3 个质量含水量的预测结果；如果将预测误差小于 3 个质量含水量的预测结果作为合格预测结果，则综合模型预测合格率为 100%，2015 年历史数据验证结果的平均误差为 0.94%，最大误差为 1.67%，最小误差为 0.02%。

综合模型自回归验证和 2015 年历史监测数据验证结果的合格率分别为 81.82% 和 100%。

2. 220822J004 监测点验证

该监测点距离 54041 号国家气象站约 24km。采用 2012—2014 年数据建立 6 个墒情诊断模型并进行了诊断计算，通过对比分析计算结果、实测含水量数据和气象台站降水量数据，发现诊断模型所采用的气象台站降水量与该监测点的实际降水情况比较吻合，因此未对模型输入参数进行调整。使用建立的 6 个诊断模型进行该监测点的墒情诊断，依据诊断结果并按照综合模型应用流程进行模型优选，时段诊断和逐日诊断的优选模型见表 3-13。

表 3-13　白城市通榆县 220822J004 监测点优选诊断模型

项目	优选模型名称
时段诊断	比值统计法、平衡法、移动统计法
逐日诊断	比值统计法、统计法、间隔天数统计法

按照综合模型应用流程对该监测点进行了建模数据的自回归验证和 2015 年数据的验证。综合模型建模数据自回归验证结果见表 3-14 和图 3-9，2015 年数据验证结果见表 3-15 和图 3-10，根据计算结果以及实测含水量数据和气象台站降水量数据的对比分析，确定在 2015 年 5 月 5 日和 2015 年 9 月 5 日分别增加 40mm 灌溉量。

表 3-14　综合模型对 2012—2014 年建模数据自回归验证结果（220822J004）（%）

监测日	实测值	时段预测值	逐日预测值	最终预测值	误差值
2012/4/10	6.61	—	—	—	—
2012/4/20	4.30	5.92	6.54	6.23	1.93
2012/5/5	3.70	5.37	4.93	5.15	1.45
2012/5/25	7.95	5.37	6.50	5.93	−2.02
2012/6/10	4.55	7.95	7.95	7.95	3.40
2012/6/25	9.61	11.09	8.69	9.89	0.28
2012/8/10	6.36	11.09	9.03	10.06	3.70
2013/5/6	9.00	—	—	—	—
2013/5/27	10.42	9.00	9.00	9.00	−1.42
2013/6/8	9.37	8.02	8.75	8.39	−0.98
2013/7/1	9.18	9.37	9.37	9.37	0.19
2013/7/10	10.64	8.74	8.97	8.85	−1.79
2013/9/26	8.57	10.64	10.64	10.64	2.07
2014/4/21	8.95	—	—	—	—

（续）

监测日	实测值	时段预测值	逐日预测值	最终预测值	误差值
2014/5/6	12.04	8.95	8.95	8.95	−3.09
2014/6/6	10.02	12.04	12.04	12.04	2.02
2014/6/23	8.95	11.09	9.33	10.21	1.26
2014/7/11	9.49	14.27	14.27	14.27	4.78
2014/7/21	10.50	11.09	9.24	10.16	−0.34
2014/8/11	10.15	10.50	10.50	10.50	0.35
2014/8/21	8.36	10.15	10.15	10.15	1.79
2014/9/11	8.69	11.09	9.11	10.10	1.41
2014/9/28	7.30	6.58	8.43	7.51	0.21

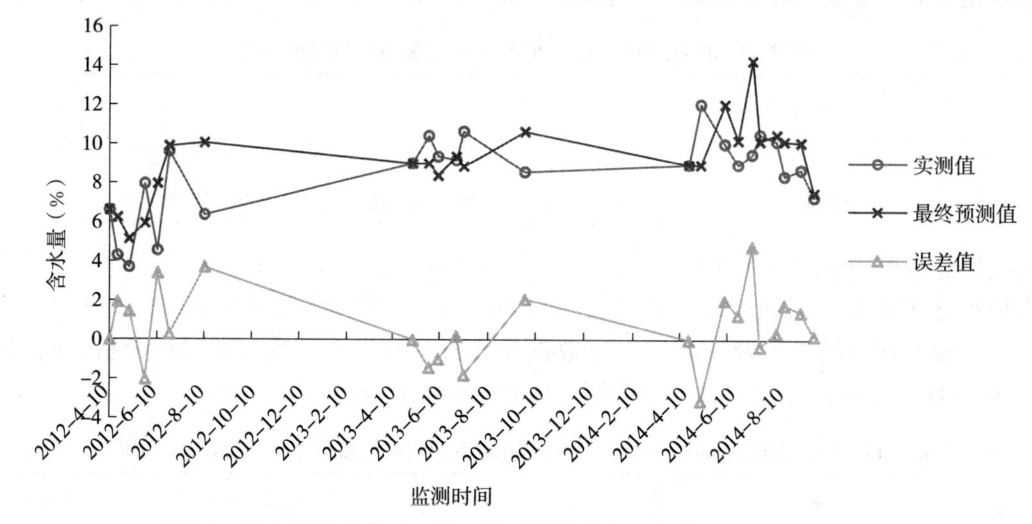

图 3-9　综合模型对 2012—2014 年建模数据自回归验证图（220822J004）

由表 3-14 和图 3-9 可见，模型综合应用得到的最终诊断结果中，误差大于 3 个质量含水量的个数为 4 个，占 20.00%，未出现误差大于 5 个质量含水量的预测结果；如果将预测误差小于 3 个质量含水量的预测结果作为合格预测结果，则综合模型预测合格率为 80.00%，自回归预测的平均误差为 1.58%，最大误差为 4.78%，最小误差为 0.19%。

表 3-15　综合模型对 2015 年历史监测数据的验证结果（220822J004）（%）

监测日	实测值	时段预测值	逐日预测值	最终预测值	误差值
2015/4/13	15.27	0.00	0.00	0.00	—
2015/4/21	6.40	4.74	4.73	4.74	−1.66
2015/5/11	8.62	6.40	6.40	6.40	−2.22
2015/5/21	13.96	14.27	14.27	14.27	0.31
2015/6/8	13.34	13.96	13.96	13.96	0.62
2015/6/26	7.64	11.09	9.25	10.17	2.53

（续）

监测日	实测值	时段预测值	逐日预测值	最终预测值	误差值
2015/7/13	6.97	14.27	14.27	14.27	7.30
2015/7/27	8.82	6.97	6.97	6.97	－1.85
2015/8/10	6.48	7.46	8.66	8.06	1.58
2015/8/27	11.24	11.27	9.03	10.15	－1.09
2015/9/11	12.02	11.24	11.24	11.24	－0.78

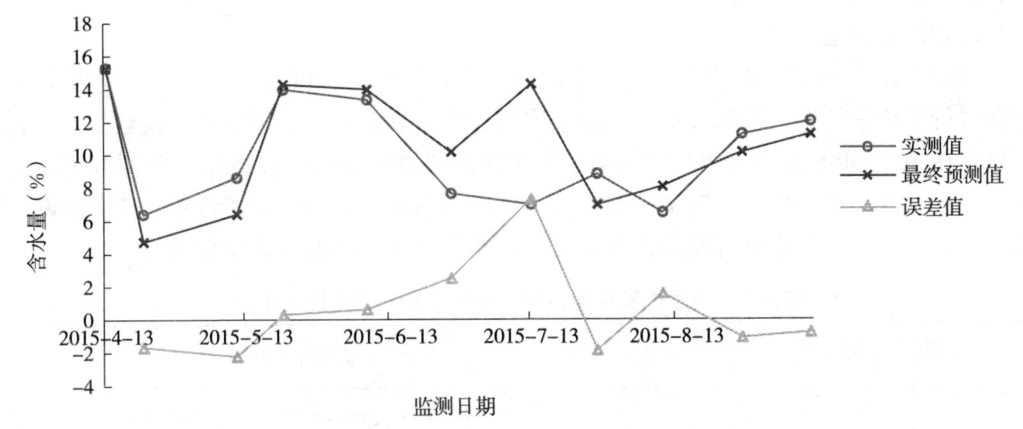

图 3-10　综合模型对 2015 年历史监测数据的验证图（220822J004）

由表 3-15 和图 3-10 可见，模型综合应用得到的最终诊断结果中，误差大于 3 个质量含水量的个数为 1 个，占 10.00%，误差大于 5 个质量含水量的个数为 1 个，占 10.00%；如果将预测误差小于 3 个质量含水量的预测结果作为合格预测结果，则综合模型预测合格率为 90.00%，2015 年历史数据验证结果的平均误差为 1.99%，最大误差为 7.30%，最小误差为 0.31%。

综合模型自回归验证和 2015 年历史监测数据验证结果的合格率分别为 80.00% 和 90.00%。

四、松原市长岭县验证

（一）基本情况

长岭县是吉林省松原市代管县，位于吉林省西部，松原市西南部，地处东经 123°6′～124°45′、北纬 43°59′～44°42′之间。东与农安县接壤，南与公主岭市、双辽市交界，西与内蒙古科尔沁左翼中旗毗邻，北与通榆、乾安、前郭尔罗斯蒙古族自治县为邻。长岭县属中温带大陆性季风气候，年平均气温 4.9℃，10℃以上有效积温 2919℃，年降雨量 470mm，无霜期 140 天左右。

（二）土壤墒情监测状况

通榆县 2011 年纳入全国土壤墒情网开始进行土壤墒情监测工作，全县共设 5 个农田监测点，本次验证的监测点主要信息见表 3-16。

表 3-16 吉林省松原市长岭县土壤墒情监测点设置情况

监测点编号	设置时间	所处位置	经度	纬度	主要种植作物	土壤类型
220722J001	2011	长岭镇东门外村	123°59′	44°17′	玉米	壤土
220722J005	2012	新安镇新二村	123°52′	44°2′	玉米	壤土

（三）模型使用的气象台站情况

诊断模型所使用的降水量数据来源于 54049 号国家气象站，该台站位于长岭县，经度为 123°58′，纬度为 44°15′。

（四）监测点的验证

1. 220722J001 监测点验证

该监测点距离 54049 号国家气象站约 4km。采用 2011—2014 年数据建立 6 个墒情诊断模型并进行了诊断计算，根据计算结果以及实测含水量数据和气象台站降水量数据的对比分析，确定在 2012 年 6 月 14 日和 2014 年 9 月 5 日分别增加 50mm 灌溉量。使用调整后的降水量重新建立 6 个诊断模型并确定模型参数，据此进行该监测点的墒情诊断，依据诊断结果并按照综合模型应用流程进行模型优选，时段诊断和逐日诊断的优选模型见表 3-17。

表 3-17 松原市长岭县 220722J001 监测点优选诊断模型

项目	优选模型名称
时段诊断	差减统计法、间隔天数统计法、移动统计法
逐日诊断	差减统计法、间隔天数统计法、统计法

按照综合模型应用流程对该监测点进行了建模数据的自回归验证和 2015 年数据的验证。综合模型建模数据自回归验证结果见表 3-18 和图 3-11，2015 年数据验证结果见表 3-19 和图 3-12（2015 年未进行降水量的调整）。

表 3-18 综合模型对 2011—2014 年建模数据自回归验证结果（220822J004）（%）

监测日	实测值	时段预测值	逐日预测值	最终预测值	误差值
2011/4/25	13.95	—	—	—	—
2011/5/5	13.95	14.05	13.58	13.81	−0.14
2011/5/10	14.33	16.63	14.55	15.59	1.26
2011/5/20	14.05	14.12	14.60	14.36	0.31
2011/6/5	20.02	14.05	14.05	14.05	−5.97
2011/6/20	14.04	17.21	17.21	17.21	3.17
2011/7/10	13.82	14.04	14.04	14.04	0.22
2011/7/25	14.30	13.68	13.68	13.68	−0.62
2011/8/25	10.88	17.75	16.62	17.19	6.31
2011/9/10	9.91	11.59	12.21	11.90	1.99
2012/4/5	15.26	—	—	—	—
2012/4/10	11.63	14.10	14.14	14.12	2.49

（续）

监测日	实测值	时段预测值	逐日预测值	最终预测值	误差值
2012/4/20	13.82	12.34	11.89	12.11	−1.71
2012/5/5	17.36	13.82	13.82	13.82	−3.54
2012/5/10	16.87	15.45	16.71	16.08	−0.79
2012/5/20	14.75	15.76	15.31	15.54	0.79
2012/5/25	14.82	14.43	14.19	14.31	−0.51
2012/6/20	21.98	20.98	20.98	20.98	−1.00
2012/6/25	20.59	19.80	24.49	22.15	1.56
2012/7/10	18.33	20.36	20.36	20.36	2.03
2012/7/20	16.88	18.33	18.33	18.33	1.45
2012/8/10	16.42	17.85	17.67	17.76	1.34
2012/8/20	18.32	16.96	16.90	16.93	−1.39
2012/9/10	19.32	18.32	18.32	18.32	−1.00
2012/9/20	19.94	19.32	19.32	19.32	−0.62
2013/4/20	21.29	—	—	—	—
2013/4/25	18.89	17.81	17.68	17.75	−1.14
2013/5/5	20.01	17.04	16.44	16.74	−3.27
2013/5/25	20.88	19.19	18.10	18.65	−2.23
2013/6/5	18.63	17.85	17.48	17.66	−0.97
2013/6/10	15.93	16.83	16.15	16.49	0.56
2013/6/25	14.23	15.25	15.25	15.25	1.02
2013/7/20	17.94	20.98	20.98	20.98	3.04
2013/8/10	15.52	16.02	15.72	15.87	0.35
2013/8/25	14.20	15.52	15.52	15.52	1.32
2013/9/10	19.10	16.84	17.13	16.98	−2.12
2013/9/25	17.35	16.47	16.47	16.47	−0.88
2014/4/5	18.21	—	—	—	—
2014/4/10	17.87	16.34	16.29	16.32	−1.55
2014/4/20	16.15	16.21	15.60	15.91	−0.24
2014/4/25	15.97	14.46	14.55	14.51	−1.46
2014/5/5	14.85	15.02	14.82	14.92	0.07
2014/5/10	14.02	13.81	14.13	13.97	−0.05
2014/6/5	17.18	14.02	14.02	14.02	−3.16
2014/6/20	16.60	18.05	18.05	18.05	1.45
2014/6/25	16.07	15.57	15.34	15.45	−0.62
2014/7/10	14.95	16.07	16.07	16.07	1.12
2014/7/25	16.15	14.95	14.95	14.95	−1.20
2014/8/10	13.27	14.43	13.58	14.01	0.73
2014/9/11	17.92	16.75	18.13	17.44	−0.48
2014/9/26	16.03	15.69	15.69	15.69	−0.34

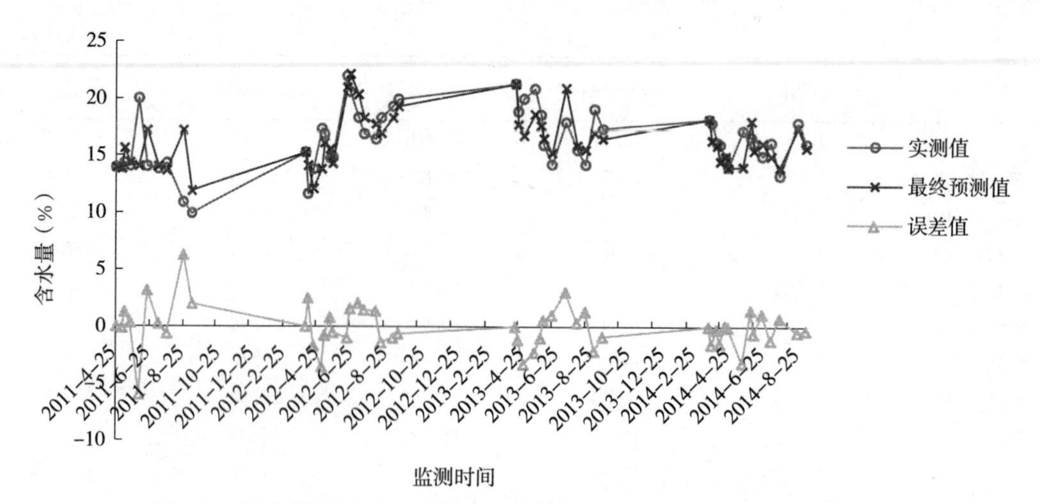

图 3-11 综合模型对 2011—2014 年建模数据自回归验证图（220722J001）

由表 3-18 和图 3-11 可见，模型综合应用得到的最终诊断结果中，误差大于 3 个质量含水量的个数为 7 个，占 14.89%，误差大于 5 个质量含水量的个数为 2 个，占 4.25%；如果将预测误差小于 3 个质量含水量的预测结果作为合格预测结果，则综合模型预测合格率为 85.11%，自回归预测的平均误差为 1.48%，最大误差为 6.31%，最小误差为 0.05%。

表 3-19 综合模型对 2015 年历史监测数据的验证结果（220822J004）（%）

监测日	实测值	时段预测值	逐日预测值	最终预测值	误差值
2015/4/6	18.35	—	—	—	—
2015/4/11	16.74	16.35	16.96	16.65	−0.09
2015/4/20	16.92	15.49	14.99	15.24	−1.68
2015/5/5	14.26	15.08	15.08	15.08	0.82
2015/5/25	20.74	17.52	19.25	18.39	−2.35
2015/7/10	13.98	21.16	17.56	19.36	5.38
2015/8/10	12.77	13.98	13.98	13.98	1.21
2015/9/10	13.90	12.77	12.77	12.77	−1.13
2015/9/25	12.98	13.38	13.38	13.38	0.40

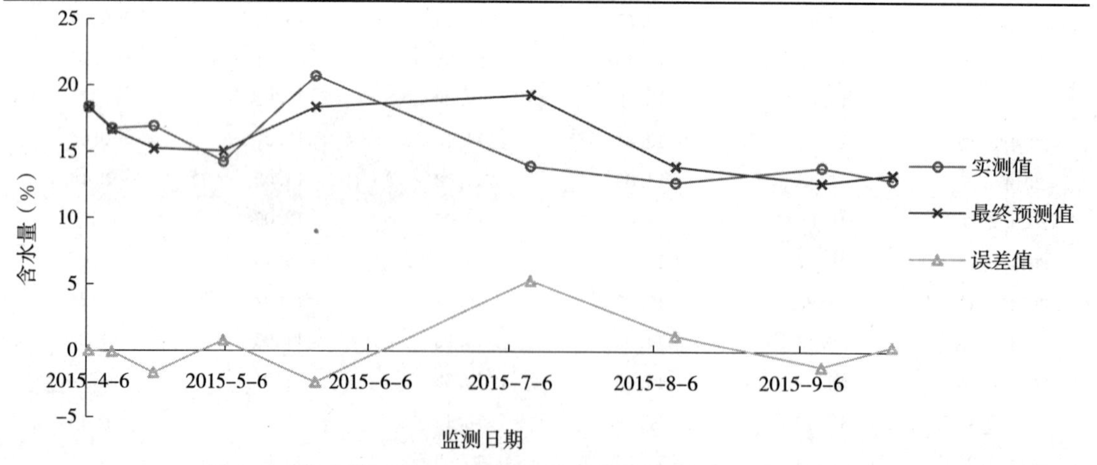

图 3-12 综合模型对 2015 年历史监测数据的验证图（220722J001）

由表 3-19 和图 3-12 可见，模型综合应用得到的最终诊断结果中，误差大于 3 个质量含水量的个数为 1 个（该监测值同时误差大于 5 个质量含水量），占 12.50%；如果将预测误差小于 3 个质量含水量的预测结果作为合格预测结果，则综合模型预测合格率为 87.50%，2015 年历史数据验证结果的平均误差为 1.63%，最大误差为 5.38%，最小误差为 0.09%。

综合模型自回归验证和 2015 年历史监测数据验证结果的合格率分别为 84.10% 和 87.50%。

2. 220722J005 监测点验证

该监测点距离 54049 号国家气象站约 25km。采用 2012—2014 年数据建立 6 个墒情诊断模型并进行了诊断计算，根据计算结果以及实测含水量数据和气象台站降水量数据的对比分析，确定在 2014 年 9 月 5 日增加 50mm 灌溉量。使用调整后的降水量重新建立 6 个诊断模型并确定模型参数，据此进行该监测点的墒情诊断，依据诊断结果并按照综合模型应用流程进行模型优选，时段诊断和逐日诊断的优选模型见表 3-20。

表 3-20　松原市长岭县 220722J005 监测点优选诊断模型

项目	优选模型名称
时段诊断	差减统计法、比值统计法、移动统计法
逐日诊断	差减统计法、比值统计法、间隔天数统计法

按照综合模型应用流程对该监测点进行了建模数据的自回归验证和 2015 年数据的验证。综合模型建模数据自回归验证结果见表 3-21 和图 3-13，2015 年数据验证结果见表 3-22 和图 3-14（2015 年未进行降水量的调整）。

表 3-21　综合模型对 2012—2014 年建模数据自回归验证结果（220722J005）（%）

监测日	实测值	时段预测值	逐日预测值	最终预测值	误差值
2012/5/5	14.52	—	—	—	—
2012/5/10	13.96	14.47	15.39	14.93	0.97
2012/5/20	12.53	14.42	14.38	14.40	1.87
2012/5/25	14.84	13.26	13.41	13.33	−1.51
2012/6/20	19.63	18.06	17.95	18.01	−1.62
2012/6/25	22.32	19.63	19.63	19.63	−2.69
2012/7/10	17.52	21.15	21.20	21.18	3.66
2012/7/20	17.04	17.52	17.52	17.52	0.48
2012/8/10	20.11	18.20	18.07	18.14	−1.97
2012/8/20	16.75	19.02	19.31	19.16	2.41
2012/9/10	17.32	16.75	16.75	16.75	−0.57
2012/9/20	16.75	17.32	17.32	17.32	0.57
2013/4/20	24.76	—	—	—	—
2013/4/25	21.50	19.62	19.56	19.59	−1.91

（续）

监测日	实测值	时段预测值	逐日预测值	最终预测值	误差值
2013/5/5	22.03	18.69	18.71	18.70	−3.33
2013/5/25	20.27	20.45	19.01	19.73	−0.54
2013/6/5	18.12	18.03	18.04	18.04	−0.08
2013/6/10	16.52	16.91	16.93	16.92	0.40
2013/6/25	16.03	15.86	16.32	16.09	0.06
2013/7/20	15.14	23.76	23.76	23.76	8.62
2013/8/10	15.10	15.30	15.75	15.53	0.43
2013/8/25	14.38	15.10	15.10	15.10	0.72
2013/9/10	16.52	18.17	16.93	17.55	1.03
2013/9/25	15.02	15.37	15.98	15.67	0.65
2014/4/5	15.41	—	—	—	—
2014/4/10	15.26	14.47	15.48	14.98	−0.28
2014/4/20	14.02	14.47	15.11	14.79	0.77
2014/4/25	13.67	14.03	14.30	14.16	0.49
2014/5/5	15.85	14.23	14.22	14.22	−1.63
2014/5/10	15.23	14.68	15.69	15.19	−0.04
2014/6/5	17.07	15.23	15.23	15.23	−1.84
2014/6/25	18.43	18.00	17.03	17.52	−0.91
2014/7/10	17.13	18.43	18.43	18.43	1.30
2014/7/25	15.14	17.13	17.13	17.13	1.99
2014/8/11	14.08	14.68	15.14	14.91	0.83
2014/9/11	20.47	17.92	17.74	17.83	−2.64
2014/9/26	19.32	18.13	18.22	18.18	−1.14

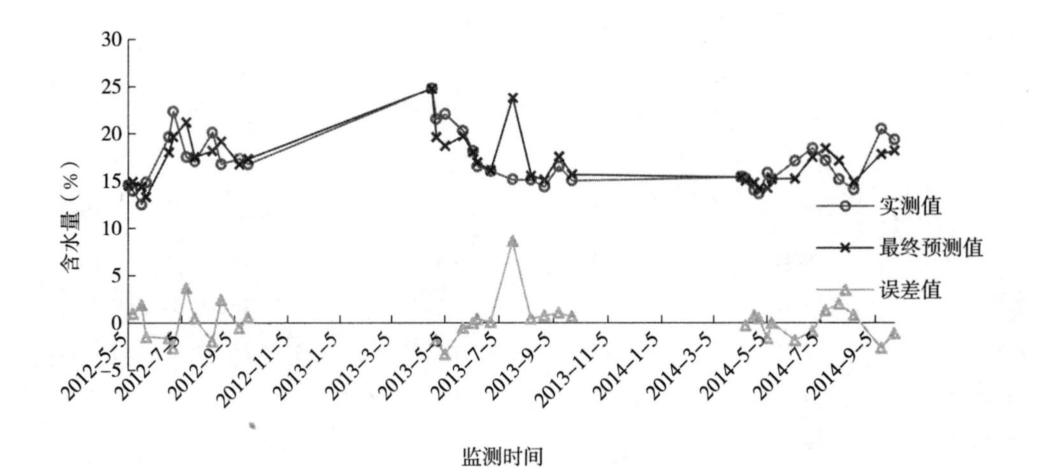

图 3-13　综合模型对 2011—2014 年建模数据自回归验证图（220722J005）

由表 3-21 和图 3-13 可见，模型综合应用得到的最终诊断结果中，误差大于 3 个质量含水量的个数为 3 个，占 8.82%，误差大于 5 个质量含水量的个数为 1 个，占 2.94%；如果将预测误差小于 3 个质量含水量的预测结果作为合格预测结果，则综合模型预测合格率为 91.18%，自回归预测的平均误差为 1.47%，最大误差为 8.62%，最小误差为 0.04%。

表 3-22　综合模型对 2015 年历史监测数据的验证结果（220722J005）（%）

监测日	实测值	时段预测值	逐日预测值	最终预测值	误差值
2015/4/7	21.50	—	—	—	—
2015/4/11	16.34	18.53	19.35	18.94	2.60
2015/4/20	16.93	14.75	15.85	15.30	−1.63
2015/5/5	15.98	15.32	16.20	15.76	−0.22
2015/5/25	18.41	18.07	18.98	18.52	0.11
2015/7/10	16.79	18.41	18.41	18.41	1.62
2015/7/25	14.86	16.79	16.79	16.79	1.93
2015/8/10	14.51	14.86	14.86	14.86	0.35
2015/9/10	16.73	14.51	14.51	14.51	−2.22
2015/9/25	15.07	15.42	16.15	15.78	0.71

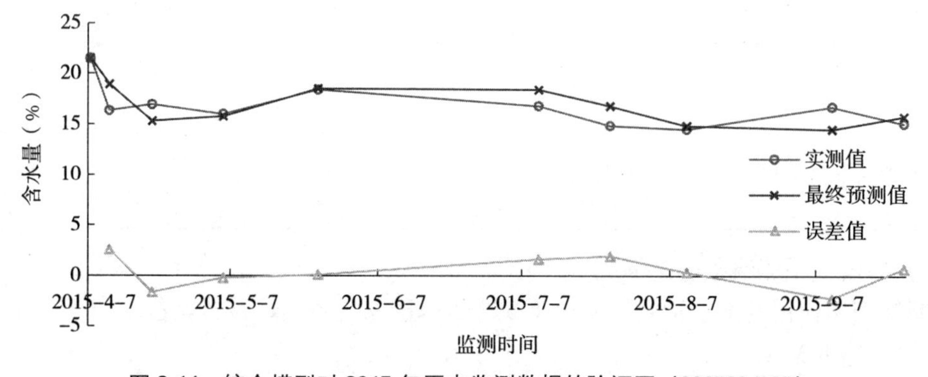

图 3-14　综合模型对 2015 年历史监测数据的验证图（220722J005）

由表 3-22 和图 3-14 可见，模型综合应用得到的最终诊断结果中，未出现误差大于 3 个质量含水量的预测结果；如果将预测误差小于 3 个质量含水量作为合格预测结果，则综合模型预测合格率为 100%，2015 年历史数据验证结果的平均误差为 1.27%，最大误差为 2.60%，最小误差为 0.11%。

综合模型自回归验证和 2015 年历史监测数据验证结果的合格率分别为 91.18% 和 100%。

第二节　内蒙古自治区

内蒙古自治区用于模型验证的监测点包括通辽市科尔沁区、锡林郭勒盟太仆寺旗、乌兰察布市丰镇市、呼和浩特市武川县、包头市达尔罕茂明安联合旗等 5 个旗县的 19 个监测点。

一、包头市达尔罕茂明安联合旗验证

（一）基本情况

包头市达尔罕茂明安联合旗简称“达茂旗”，是内蒙古自治区包头市下辖的一个旗，地处中国北疆，北与蒙古国东戈壁省接壤，全旗总面积 18 177km^2，辖 7 镇 1 苏木 1 个工业园区。达茂旗地处大青山西北内蒙古高原地带，地势南高北低，缓缓向北倾斜。南部属丘陵区，中、西有低山陡坡，北部属高平原台地，间有开阔原野，平均海拔1 367m。达茂联合旗地处中温带，又深居内陆腹地，大陆性气候特征十分显著，属中温带半干旱大陆性气候。冬季漫长寒冷，春季干旱风沙多，夏季短促凉爽。寒暑变化强烈，昼夜温差大，降雨量少，而且年际变化悬殊，无霜期短，蒸发量大，大风较多，日照充足，有效积温多。30 年平均气温 4.2℃。极端最低气温－39.4℃，极端最高气温 38.0℃。最长无霜期 217d，最短无霜期 95d。年平均降水量 256.2mm，且多集中于 7、8 两月，年最多降水量 425.2mm，年最少降水量 142.6mm，一日最大降水量 90.8mm。年平均蒸发量为 2 526.4mm。

（二）土壤墒情监测状况

包头市达尔罕茂明安联合旗 2012 年纳入全国土壤墒情网开始进行土壤墒情监测工作，全区共设 5 个农田监测点，本次验证的监测点主要信息见表 3-23。

表 3-23　包头市达尔罕茂明安联合旗土壤墒情监测点设置情况

监测点编号	设置时间	所处位置	经度	纬度	主要种植作物	土壤类型
150223J001	2012	达茂旗南拐子村	111°15′	41°34′	马铃薯	壤土
150223J002	2012	达茂旗大苏吉村	111°4′	41°29′	马铃薯	壤土
150223J003	2012	达茂旗下滩村	110°33′	41°25′	马铃薯	砂壤土
150223J004	2012	达茂旗明安滩村	110°21′	41°23′	马铃薯	砂壤土
150223J005	2012	达茂旗堂圪旦村	110°4′	41°31′	马铃薯	壤土

（三）模型使用的气象台站情况

诊断模型所使用的降水量数据来源于 53362 号国家气象站，该台站位于四子王旗，经度为 111°41′，纬度为 41°32′。

（四）监测点的验证

1. 150223J001 监测点验证

该监测点距离 53362 号国家气象站约 36km。采用 2012—2014 年数据建立 6 个墒情诊断模型并进行了诊断计算，根据计算结果以及实测含水量数据和气象台站降水量数据的对比分析结果，确定在 2012 年 5 月 8 日增加 60mm 灌溉量，2012 年 6 月 5 日增加 60mm 灌溉量。使用调整后的降水量重新建立 6 个诊断模型并确定模型参数，据此进行该监测点的墒情诊断，依据诊断结果并按照综合模型应用流程进行模型优选，时段诊断和逐日诊断的优选模型见表 3-24。

表 3-24　达尔罕茂明安联合旗 150223J001 监测点优选诊断模型

项目	优选模型名称
时段诊断	统计法、差减统计法、移动统计法
逐日诊断	统计法、差减统计法、间隔天数统计法

按照综合模型应用流程对该监测点进行了建模数据的自回归验证和 2015 年数据的验证（2015 年 6 月 22 日增加 50mm 灌溉量，2015 年 9 月 20 日增加 70mm 灌溉量）。综合模型建模数据自回归验证结果见表 3-25 和图 3-15，2015 年数据验证结果见表 3-26 和图 3-16。

表 3-25　综合模型对 2012—2014 年建模数据自回归验证结果（150223J001）（%）

监测日	实测值	时段诊断值	逐日诊断值	最终预测值	误差值
2012/4/9	8.33	—	—	—	—
2012/4/14	7.42	6.75	8.01	7.38	−0.04
2012/4/19	7.19	6.96	7.30	7.13	−0.06
2012/4/29	7.04	7.13	7.27	7.20	0.16
2012/5/4	6.90	7.10	7.19	7.14	0.24
2012/5/9	6.50	15.32	15.32	15.32	8.82
2012/5/14	12.34	6.50	6.50	6.50	−5.84
2012/5/19	11.61	11.15	12.16	11.65	0.04
2012/5/26	10.23	10.51	11.01	10.76	0.53
2012/6/1	10.16	10.23	10.23	10.23	0.07
2012/6/6	7.93	15.32	15.32	15.32	7.39
2012/6/11	15.77	7.93	7.93	7.93	−7.84
2012/6/19	13.56	13.99	14.42	14.20	0.64
2012/6/26	15.62	13.56	13.56	13.56	−2.06
2012/7/4	16.17	15.32	15.32	15.32	−0.85
2012/7/12	16.32	16.17	16.17	16.17	−0.15
2012/7/18	13.60	13.99	14.87	14.43	0.83
2012/7/26	13.96	15.32	15.32	15.32	1.36
2012/8/11	14.97	13.96	13.96	13.96	−1.01
2012/8/18	15.07	14.83	14.18	14.51	−0.56
2012/8/26	14.32	13.58	13.91	13.74	−0.58
2012/9/11	14.46	13.10	11.86	12.48	−1.98
2012/9/26	13.91	13.37	13.24	13.30	−0.61
2012/10/11	11.77	12.96	12.84	12.90	1.13
2013/4/5	11.32	—	—	—	—
2013/4/11	10.92	8.25	10.44	9.35	−1.57
2013/4/15	9.60	8.32	10.12	9.22	−0.38
2013/4/19	7.87	7.43	9.06	8.24	0.37
2013/4/25	7.68	6.75	7.65	7.20	−0.48
2013/4/30	7.37	6.90	7.50	7.20	−0.17
2013/5/5	7.35	6.64	7.25	6.95	−0.40
2013/5/10	7.31	7.09	7.29	7.19	−0.12
2013/5/15	7.25	6.64	7.25	6.95	−0.30
2013/5/21	7.22	6.93	7.22	7.08	−0.14
2013/5/26	7.18	6.64	7.14	6.89	−0.29
2013/5/31	7.21	7.18	7.18	7.18	−0.03
2013/6/26	7.24	7.21	7.21	7.21	−0.03

（续）

监测日	实测值	时段诊断值	逐日诊断值	最终预测值	误差值
2013/7/11	5.70	8.67	8.67	8.67	2.97
2013/7/27	11.35	7.64	8.68	8.16	−3.19
2013/8/10	4.28	11.35	11.35	11.35	7.07
2013/8/26	5.28	4.28	4.28	4.28	−1.00
2013/9/26	7.45	6.39	7.02	6.71	−0.74
2014/3/27	6.08	—	—	—	—
2014/4/5	5.51	6.25	6.22	6.23	0.72
2014/4/15	5.95	5.77	5.77	5.77	−0.18
2014/4/20	3.22	6.25	6.21	6.23	3.01
2014/4/25	3.78	3.83	3.97	3.90	0.12
2014/4/30	6.86	3.78	3.78	3.78	−3.08
2014/5/6	5.20	6.95	7.08	7.01	1.81
2014/5/16	7.29	5.79	5.77	5.78	−1.51
2014/5/21	9.07	7.08	7.45	7.27	−1.80
2014/5/26	9.02	7.96	8.80	8.38	−0.64
2014/5/30	4.84	7.18	8.73	7.96	3.12
2014/6/12	6.65	4.84	4.84	4.84	−1.81
2014/6/27	6.36	7.04	6.94	6.99	0.63
2014/7/11	5.34	6.88	6.78	6.83	1.49
2014/7/26	5.16	6.05	5.96	6.01	0.85
2014/8/8	8.37	7.11	6.78	6.94	−1.43
2014/8/26	6.45	8.37	8.37	8.37	1.92
2014/9/9	5.74	6.69	6.63	6.66	0.92

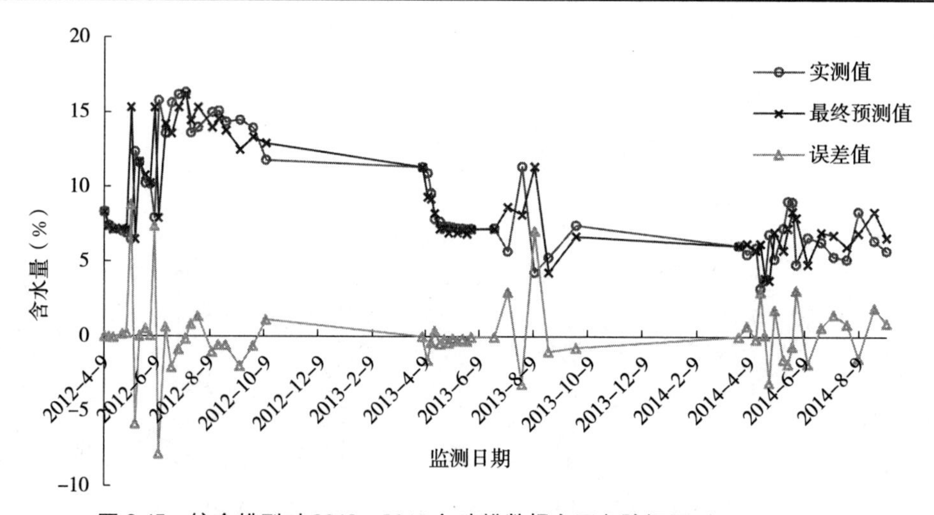

图 3-15　综合模型对 2012—2014 年建模数据自回归验证图（150223J001）

由表 3-25 和图 3-15 可见，模型综合应用得到的最终诊断结果中，误差大于 3 个质量含水量的个数为 9 个，占 15.79%，其中误差大于 5 个质量含水量的有 5 个，占 8.77%；如果将预测误差小于 3 个质量含水量作为合格预测结果，则综合模型预测合格率为 84.21%，自回归预测的平均误差为 1.53%，最大误差为 8.82%，最小误差为 0.03%。

表 3-26　综合模型对 2015 年历史监测数据的验证结果（150223J001）（%）

监测日	实测值	时段诊断值	逐日诊断值	最终预测值	误差值
2015/4/11	7.83	—	—	—	—
2015/4/15	8.18	7.18	7.81	7.50	−0.68
2015/4/25	6.78	7.12	7.94	7.53	0.75
2015/4/30	8.12	6.64	6.81	6.73	−1.39
2015/5/5	9.95	7.33	7.91	7.62	−2.33
2015/5/10	9.45	7.43	9.37	8.40	−1.05
2015/5/15	10.30	9.45	9.45	9.45	−0.85
2015/5/20	9.95	7.64	9.72	8.68	−1.27
2015/5/25	6.65	7.43	9.44	8.43	1.78
2015/5/30	6.56	6.64	6.68	6.66	0.10
2015/6/27	11.11	10.39	9.45	9.92	−1.19
2015/7/12	7.63	8.28	10.26	9.27	1.64
2015/7/24	3.15	7.32	7.60	7.46	4.31
2015/8/12	4.23	4.29	5.32	4.81	0.57
2015/8/25	3.98	4.79	4.79	4.79	0.81
2015/9/11	6.48	3.98	3.98	3.98	−2.50
2015/9/25	13.35	15.32	15.32	15.32	1.97

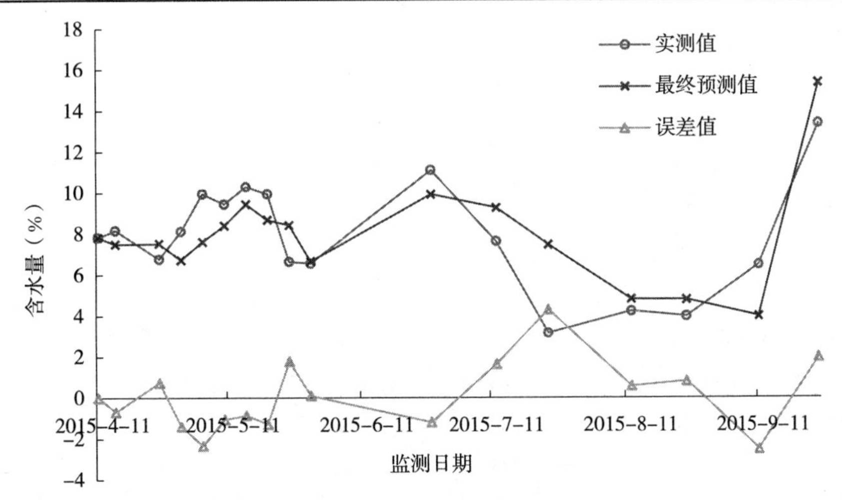

图 3-16　综合模型对 2015 年历史监测数据的验证图（150223J001）

由表 3-26 和图 3-16 可见，模型综合应用得到的最终诊断结果中，误差大于 3 个质量含水量的个数为 1 个，占 6.25%，未出现误差大于 5 个质量含水量的预测结果；如果将预测误差小于 3 个质量含水量作为合格预测结果，则综合模型预测合格率为 93.75%，2015 年历史数据验证结果的平均误差为 1.45%，最大误差为 4.31%，最小误差为 0.10%。

综合模型自回归验证和 2015 年历史监测数据验证结果的合格率分别为 84.21%

和 93.75%。

2. 150223J002 监测点验证

该监测点距离 53362 号国家气象站约 51km。采用 2012—2014 年数据建立 6 个墒情诊断模型并进行了诊断计算，根据计算结果以及实测含水量数据和气象台站降水量数据的对比分析结果，确定在 2012 年 5 月 8 日增加 60mm 灌溉量，2012 年 6 月 5 日增加 60mm 灌溉量，2013 年 6 月 20 日增加 60mm 灌溉量。使用调整后的降水量重新建立 6 个诊断模型并确定模型参数，据此进行该监测点的墒情诊断，依据诊断结果并按照综合模型应用流程进行模型优选，时段诊断和逐日诊断的优选模型见表 3-27。

表 3-27　达尔罕茂明安联合旗 150223J002 监测点优选诊断模型（%）

项目	优选模型名称
时段诊断	差减统计法、间隔天数统计法、移动统计法
逐日诊断	差减统计法、间隔天数统计法、统计法

按照综合模型应用流程对该监测点进行了建模数据的自回归验证和 2015 年数据的验证（2015 年 5 月 10 日增加 40mm 灌溉量，2015 年 9 月 6 日增加 40mm 灌溉量，2015 年 9 月 20 日增加 40mm 灌溉量）。综合模型建模数据自回归验证结果见表 3-28 和图 3-17，2015 年数据验证结果见表 3-29 和图 3-18。

表 3-28　综合模型对 2012—2014 年建模数据自回归验证结果（150223J002）（%）

监测日	实测值	时段诊断值	逐日诊断值	最终预测值	误差值
2012/4/9	8.33	—	—	—	—
2012/3/29	12.00	—	—	—	—
2012/4/9	9.01	9.88	10.93	10.40	1.39
2012/4/14	7.88	8.28	8.55	8.42	0.54
2012/4/19	8.02	7.59	7.57	7.58	−0.44
2012/4/29	7.79	7.62	7.97	7.79	0.00
2012/5/4	7.59	7.61	7.85	7.73	0.14
2012/5/9	6.58	15.29	15.29	15.29	8.71
2012/5/14	12.64	6.58	6.58	6.58	−6.06
2012/5/19	11.60	11.36	12.65	12.01	0.40
2012/5/26	10.16	10.62	11.18	10.9	0.74
2012/6/1	7.78	10.16	10.16	10.16	2.38
2012/6/6	7.31	15.29	15.29	15.29	7.98
2012/6/11	14.30	7.31	7.31	7.31	−6.99
2012/6/19	13.75	12.96	13.44	13.20	−0.55
2012/6/26	14.82	13.75	13.75	13.75	−1.07
2012/7/4	16.29	15.29	15.29	15.29	−1.00
2012/7/12	16.19	16.29	16.29	16.29	0.10

（续）

监测日	实测值	时段诊断值	逐日诊断值	最终预测值	误差值
2012/7/18	13.67	13.87	14.73	14.30	0.63
2012/7/26	13.97	15.29	15.29	15.29	1.32
2012/8/11	14.25	13.97	13.97	13.97	−0.28
2012/8/18	15.64	14.34	13.91	14.12	−1.52
2012/8/26	14.58	13.27	14.28	13.77	−0.81
2012/9/11	14.56	13.13	12.02	12.58	−1.98
2012/9/26	13.58	13.40	13.40	13.40	−0.18
2012/10/11	12.33	12.71	12.71	12.71	0.38
2013/4/5	11.04	—	—	—	—
2013/4/11	10.96	9.05	10.21	9.63	−1.33
2013/4/15	10.76	9.31	10.15	9.73	−1.03
2013/4/19	10.40	9.49	9.98	9.73	−0.67
2013/4/25	10.10	8.82	9.64	9.23	−0.87
2013/4/30	9.84	8.75	9.41	9.08	−0.76
2013/5/5	9.51	8.82	9.21	9.01	−0.50
2013/5/10	9.47	8.58	9.04	8.81	−0.66
2013/5/15	7.57	8.28	9.01	8.65	1.08
2013/5/21	7.54	7.48	7.40	7.44	−0.10
2013/5/26	7.50	7.43	7.27	7.35	−0.15
2013/5/31	5.22	7.50	7.50	7.50	2.28
2013/6/26	12.40	8.80	10.10	9.45	−2.95
2013/7/11	10.39	13.37	13.37	13.37	2.98
2013/7/27	9.70	11.75	12.51	12.13	2.43
2013/8/10	6.50	9.70	9.70	9.70	3.20
2013/8/26	5.64	6.50	6.50	6.50	0.86
2013/9/26	9.10	7.27	7.89	7.58	−1.52
2014/3/27	7.85	—	—	—	—
2014/4/5	7.94	7.54	7.52	7.53	−0.41
2014/4/15	6.57	7.54	7.60	7.57	1.00
2014/4/20	5.66	6.82	6.58	6.70	1.04
2014/4/25	5.93	5.98	5.79	5.89	−0.04
2014/4/30	7.77	5.93	5.93	5.93	−1.84
2014/5/6	7.15	7.60	7.90	7.75	0.60
2014/5/16	8.76	7.48	7.41	7.44	−1.32

（续）

监测日	实测值	时段诊断值	逐日诊断值	最终预测值	误差值
2014/5/21	8.09	7.98	8.76	8.37	0.28
2014/5/26	8.70	7.63	8.09	7.86	−0.84
2014/5/30	6.03	8.28	8.55	8.42	2.39
2014/6/12	7.58	6.03	6.03	6.03	−1.55
2014/6/27	6.42	7.62	7.80	7.71	1.29
2014/7/11	5.00	7.12	7.02	7.07	2.07
2014/7/26	5.48	6.00	5.86	5.93	0.45
2014/8/8	9.96	7.89	7.94	7.92	−2.04
2014/8/26	10.27	9.96	9.96	9.96	−0.31
2014/9/9	5.62	8.60	9.72	9.16	3.54

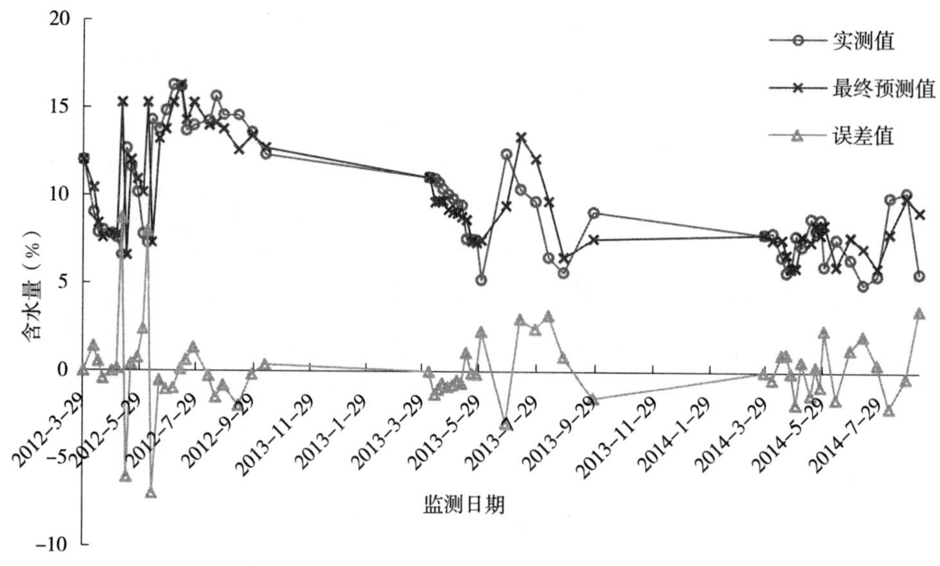

图 3-17　综合模型对 2012—2014 年建模数据自回归验证图（150223J002）

由表 3-28 和图 3-17 可见，模型综合应用得到的最终诊断结果中，误差大于 3 个质量含水量的个数为 6 个，占 10.34%，其中误差大于 5 个质量含水量的有 4 个，占 6.9%；如果将预测误差小于 3 个质量含水量作为合格预测结果，则综合模型预测合格率为 89.66%，自回归预测的平均误差为 1.55%，最大误差为 8.71%，最小误差为 0.00%。

表 3-29　综合模型对 2015 年历史监测数据的验证结果（150223J002）（%）

监测日	实测值	时段诊断值	逐日诊断值	最终预测值	误差值
2015/4/11	11.87	—	—	—	—
2015/4/15	6.84	10.79	11.08	10.94	4.10
2015/4/25	6.79	6.68	6.72	6.70	−0.09
2015/4/30	5.36	6.57	6.64	6.60	1.24

（续）

监测日	实测值	时段诊断值	逐日诊断值	最终预测值	误差值
2015/5/5	6.75	5.47	5.47	5.47	−1.28
2015/5/10	6.46	6.53	6.68	6.61	0.15
2015/5/15	10.22	15.29	15.29	15.29	5.07
2015/5/20	9.02	9.51	10.79	10.15	1.13
2015/5/25	7.58	8.55	10.03	9.29	1.71
2015/5/30	7.54	7.27	7.29	7.28	−0.26
2015/6/27	8.94	7.54	7.54	7.54	−1.40
2015/7/12	6.19	8.55	8.55	8.55	2.36
2015/7/24	4.59	6.39	6.39	6.39	1.80
2015/8/12	3.63	5.93	6.93	6.43	2.80
2015/8/25	3.68	3.99	3.99	3.99	0.31
2015/9/11	8.44	9.03	10.40	9.71	1.27
2015/9/25	12.36	12.35	10.50	11.43	−0.93

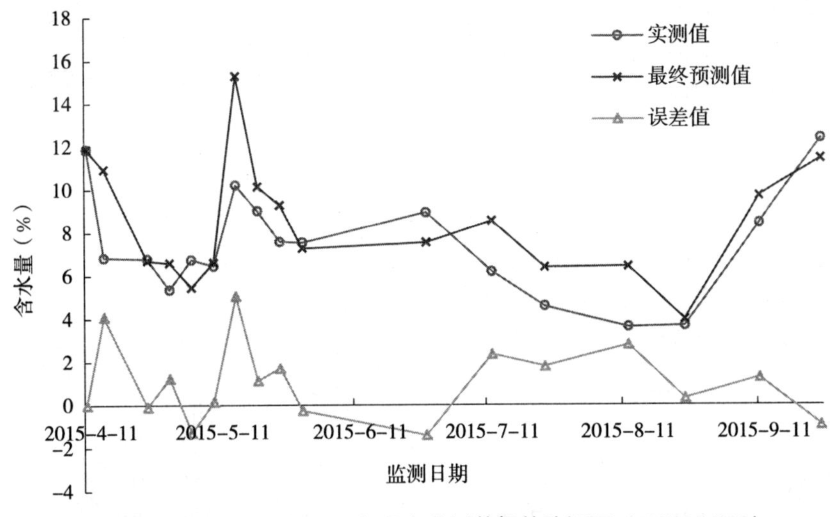

图 3-18　综合模型对 2015 年历史监测数据的验证图（150223J002）

由表 3-29 和图 3-18 可见，模型综合应用得到的最终诊断结果中，误差大于 3 个质量含水量的个数为 2 个，占 12.50%，其中误差大于 5 个质量含水量的有 1 个，占 6.25%；如果将预测误差小于 3 个质量含水量作为合格预测结果，则综合模型预测合格率为 87.50%，2015 年历史数据验证结果的平均误差为 1.62%，最大误差为 5.07%，最小误差为 0.09%。

综合模型自回归验证和 2015 年历史监测数据验证结果的合格率分别为 89.66%和 87.50%。

3. 150223J003 监测点验证

该监测点距离 53362 号国家气象站约 95km。采用 2012—2014 年数据建立 6 个墒情诊断模型并进行了诊断计算，根据计算结果以及实测含水量数据和气象台站降水量数据的对比分析结果，确定在 2012 年 5 月 8 日增加 60mm 灌溉量。使用调整后的降水量重新建立 6 个诊断模型并确定模型参数，据此进行该监测点的墒情诊断，依据诊断结果并按照综合模型应用流程进行模型优选，时段诊断和逐日诊断的优选模型见表 3-30。

表 3-30　达尔罕茂明安联合旗 150223J003 监测点优选诊断模型

项目	优选模型名称
时段诊断	统计法、差减统计法、间隔天数统计法
逐日诊断	统计法、差减统计法、间隔天数统计法

按照综合模型应用流程对该监测点进行了建模数据的自回归验证和 2015 年的数据验证。综合模型建模数据自回归验证结果见表 3-31 和图 3-19，2015 年数据验证结果见表 3-32 和图 3-20（2015 年未进行降水量的调整）。

表 3-31　综合模型对 2012—2014 年建模数据自回归验证结果（150223J003）（%）

监测日	实测值	时段诊断值	逐日诊断值	最终预测值	误差值
2012/4/9	8.91	—	—	—	—
2012/4/14	8.05	8.19	8.23	8.21	0.16
2012/4/19	8.04	7.54	7.58	7.56	−0.48
2012/4/29	7.82	7.74	7.76	7.75	−0.07
2012/5/4	7.26	7.40	7.64	7.52	0.26
2012/5/9	6.46	14.08	14.08	14.08	7.62
2012/5/14	13.76	6.46	6.46	6.46	−7.30
2012/5/19	12.33	11.99	13.87	12.93	0.60
2012/5/26	7.98	11.00	11.39	11.20	3.22
2012/6/1	7.64	7.98	7.98	7.98	0.34
2012/6/6	7.31	7.25	7.78	7.52	0.21
2012/6/11	10.15	7.31	7.31	7.31	−2.84
2012/6/19	9.17	9.44	9.68	9.56	0.39
2012/6/26	8.04	9.17	9.17	9.17	1.13
2012/7/4	11.60	14.08	14.08	14.08	2.48
2012/7/18	13.67	11.60	11.60	11.60	−2.07
2012/7/26	15.08	14.08	14.08	14.08	−1.00
2012/8/11	14.68	15.08	15.08	15.08	0.40
2012/8/18	14.07	13.57	13.81	13.69	−0.38
2012/8/26	13.83	12.28	13.12	12.70	−1.13
2012/9/11	13.32	12.28	11.07	11.67	−1.65
2012/9/26	8.07	12.11	12.11	12.11	4.04
2012/10/11	7.77	8.06	8.06	8.06	0.29
2013/4/5	11.24	—	—	—	—

（续）

监测日	实测值	时段诊断值	逐日诊断值	最终预测值	误差值
2013/4/11	10.97	10.07	10.10	10.09	−0.89
2013/4/15	10.86	9.79	9.89	9.84	−1.02
2013/4/19	8.87	9.70	9.79	9.75	0.88
2013/4/25	8.57	8.18	8.20	8.19	−0.38
2013/4/30	8.28	7.93	7.97	7.95	−0.33
2013/5/5	8.21	7.70	7.74	7.72	−0.49
2013/5/10	6.55	7.70	7.75	7.73	1.18
2013/5/15	3.89	6.35	6.45	6.40	2.51
2013/5/21	3.87	4.30	4.39	4.35	0.48
2013/5/26	3.83	4.25	4.31	4.28	0.45
2013/5/31	4.82	3.83	3.83	3.83	−0.99
2013/6/26	7.60	4.82	4.82	4.82	−2.78
2013/7/11	3.42	8.95	8.95	8.95	5.53
2013/7/27	6.91	5.67	7.17	6.42	−0.49
2013/8/10	4.93	6.91	6.91	6.91	1.98
2013/8/26	4.85	4.93	4.93	4.93	0.08
2013/9/26	8.71	6.10	6.63	6.37	−2.34
2014/3/27	6.21	—	—	—	—
2014/4/5	5.46	6.12	6.12	6.12	0.66
2014/4/15	5.34	5.53	5.53	5.53	0.19
2014/4/20	5.44	5.50	5.56	5.53	0.09
2014/4/25	4.00	5.48	5.63	5.56	1.56
2014/4/30	6.34	4.00	4.00	4.00	−2.34
2014/5/6	5.27	6.24	6.52	6.38	1.11
2014/5/16	7.88	5.66	5.71	5.69	−2.19
2014/5/21	6.63	7.44	7.76	7.60	0.97
2014/5/26	5.04	6.54	6.70	6.62	1.58
2014/5/30	4.48	5.15	5.42	5.29	0.81
2014/6/12	6.06	4.48	4.48	4.48	−1.58
2014/6/27	5.69	6.35	6.35	6.35	0.66
2014/7/11	4.32	6.15	6.15	6.15	1.83
2014/7/26	5.39	5.07	5.07	5.07	−0.32
2014/8/8	6.37	6.76	6.76	6.76	0.39
2014/8/26	6.52	6.37	6.37	6.37	−0.15
2014/9/9	6.20	6.50	6.50	6.50	0.30

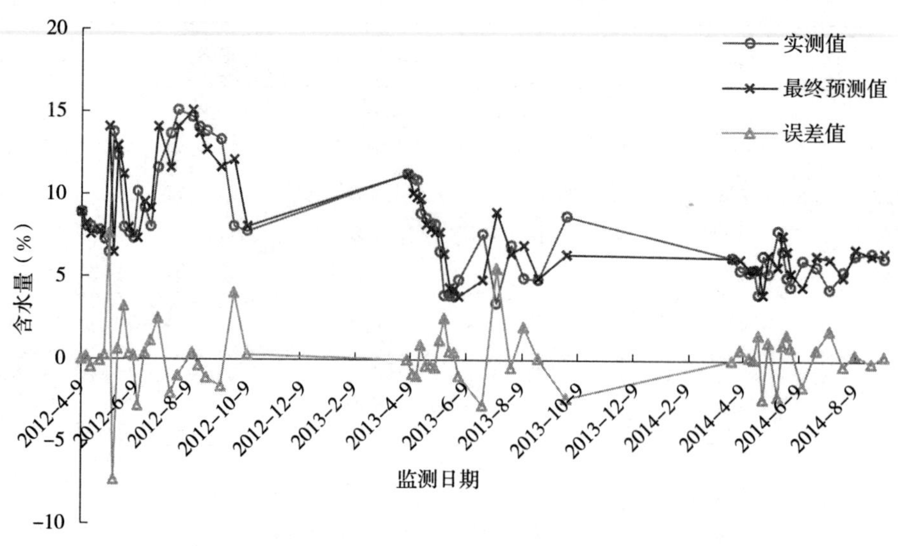

图 3-19　综合模型对 2012—2014 年建模数据自回归验证图（150223J003）

由表 3-31 和图 3-19 可见，模型综合应用得到的最终诊断结果中，误差大于 3 个质量含水量的个数为 5 个，占 8.93%，其中误差大于 5 个质量含水量的有 3 个，占 5.36%；如果将预测误差小于 3 个质量含水量作为合格预测结果，则综合模型预测合格率为 91.07%，自回归预测的平均误差为 1.39%，最大误差为 7.62%，最小误差为 0.07%。

表 3-32　综合模型对 2015 年历史监测数据的验证结果（150223J003）（%）

监测日	实测值	时段诊断值	逐日诊断值	最终预测值	误差值
2015/4/11	7.48	—	—	—	—
2015/4/15	8.78	7.08	7.36	7.22	−1.56
2015/4/20	8.78	8.12	8.19	8.16	−0.63
2015/4/25	6.86	8.09	8.19	8.14	1.28
2015/4/30	7.21	6.59	6.67	6.63	−0.58
2015/5/5	6.92	6.94	6.99	6.97	0.04
2015/5/10	7.22	6.63	6.76	6.70	−0.52
2015/5/15	7.86	7.22	7.22	7.22	−0.64
2015/5/20	7.88	7.38	7.59	7.49	−0.40
2015/5/25	7.06	7.39	7.60	7.50	0.44
2015/5/30	7.12	6.74	6.79	6.77	−0.36
2015/6/27	6.72	7.12	7.12	7.12	0.40
2015/7/12	5.93	6.57	6.57	6.57	0.64
2015/7/24	3.77	6.09	6.09	6.09	2.32
2015/8/12	4.51	4.84	5.64	5.24	0.73
2015/8/25	4.23	4.89	4.89	4.89	0.66
2015/9/11	6.91	4.23	4.23	4.23	−2.68
2015/9/25	7.60	6.91	6.91	6.91	−0.69

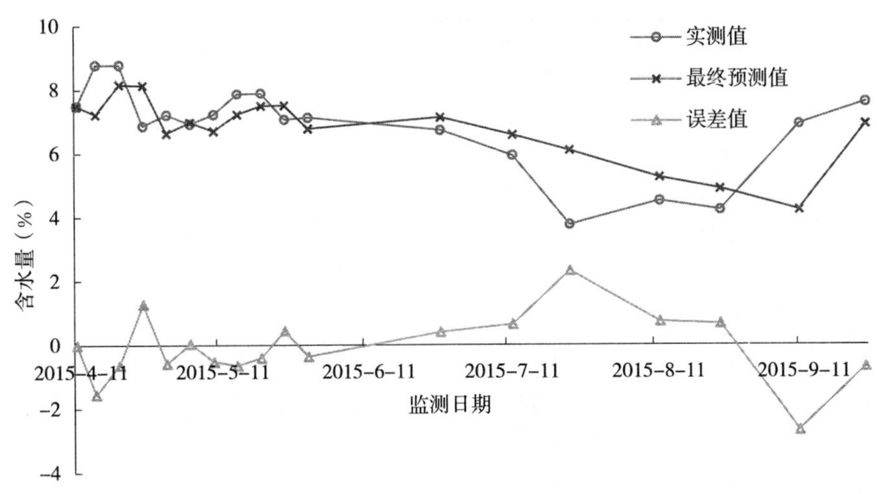

图 3-20　综合模型对 2015 年历史监测数据的验证图（150223J003）

由表 3-32 和图 3-20 可见，模型综合应用得到的最终诊断结果中，未出现误差大于 3 个质量含水量的预测结果；如果将预测误差小于 3 个质量含水量作为合格预测结果，则综合模型预测合格率为 100%，2015 年历史数据验证结果的平均误差为 0.86%，最大误差为 2.68%，最小误差为 0.04%。

综合模型自回归验证和 2015 年历史监测数据验证结果的合格率分别为 91.07% 和 100.00%。

4. 150223J004 监测点验证

该监测点距离 53362 号国家气象站约 112km。采用 2012—2014 年数据建立 6 个墒情诊断模型并进行了诊断计算，根据计算结果以及实测含水量数据和气象台站降水量数据的对比分析结果，确定在 2012 年 5 月 8 日增加 60mm 灌溉量。使用调整后的降水量重新建立 6 个诊断模型并确定模型参数，据此进行该监测点的墒情诊断，依据诊断结果并按照综合模型应用流程进行模型优选，时段诊断和逐日诊断的优选模型见表 3-33。

表 3-33　达尔罕茂明安联合旗 150223J004 监测点优选诊断模型

项目	优选模型名称
时段诊断	间隔天数统计法、差减统计法、移动统计法
逐日诊断	间隔天数统计法、差减统计法、统计法

按照综合模型应用流程对该监测点进行了建模数据的自回归验证和 2015 年数据的验证（2015 年 9 月 6 日增加 50mm 灌溉量）。综合模型建模数据自回归验证结果见表 3-34 和图 3-21，2015 年数据验证结果见表 3-35 和图 3-22。

表 3-34　综合模型对 2012—2014 年建模数据自回归验证结果（150223J004）（%）

监测日	实测值	时段诊断值	逐日诊断值	最终预测值	误差值
2012/4/9	8.63	—	—	—	—
2012/4/14	7.44	7.14	7.37	7.26	−0.18

（续）

监测日	实测值	时段诊断值	逐日诊断值	最终预测值	误差值
2012/4/19	7.83	6.44	6.38	6.41	−1.42
2012/4/29	7.48	7.03	7.04	7.04	−0.44
2012/5/4	7.04	6.63	6.82	6.72	−0.32
2012/5/9	6.25	14.12	14.12	14.12	7.87
2012/5/14	10.94	6.25	6.25	6.25	−4.69
2012/5/19	10.12	9.35	12.39	10.87	0.75
2012/5/26	7.97	8.52	9.49	9.00	1.03
2012/6/1	7.59	7.97	7.97	7.97	0.38
2012/6/6	7.02	6.94	7.39	7.16	0.14
2012/6/11	10.80	7.02	7.02	7.02	−3.78
2012/6/19	10.06	10.20	10.06	10.13	0.07
2012/6/26	8.22	10.06	10.06	10.06	1.84
2012/7/4	12.25	14.12	14.12	14.12	1.87
2012/7/12	12.70	12.25	12.25	12.25	−0.45
2012/7/18	12.31	11.79	12.02	11.91	−0.4
2012/7/26	15.08	14.12	14.12	14.12	−0.96
2012/8/11	15.09	15.08	15.08	15.08	−0.01
2012/8/18	15.12	15.00	15.02	15.01	−0.11
2012/8/26	14.80	13.21	14.46	13.84	−0.96
2012/9/11	14.66	12.97	11.54	12.26	−2.41
2012/9/26	13.07	13.32	13.32	13.32	0.25
2012/10/11	10.56	12.03	12.03	12.03	1.47
2013/4/5	8.24	—	—	—	—
2013/4/11	8.24	6.86	7.13	6.99	−1.25
2013/4/15	8.24	6.51	7.14	6.83	−1.41
2013/4/19	7.07	6.28	7.11	6.69	−0.38
2013/4/25	6.87	6.01	6.03	6.02	−0.85
2013/4/30	6.63	6.17	5.86	6.02	−0.61
2013/5/5	6.59	6.01	5.65	5.83	−0.76
2013/5/10	6.55	6.30	5.73	6.02	−0.53
2013/5/15	4.53	6.01	5.69	5.85	1.32
2013/5/21	4.50	4.44	3.99	4.22	−0.28
2013/5/31	5.48	4.64	4.29	4.47	−1.02
2013/6/26	4.06	5.48	5.48	5.48	1.42
2013/7/11	2.93	6.40	6.40	6.40	3.47
2013/7/27	7.75	5.25	7.01	6.13	−1.62

（续）

监测日	实测值	时段诊断值	逐日诊断值	最终预测值	误差值
2013/8/10	3.85	7.75	7.75	7.75	3.90
2013/8/26	3.50	3.85	3.85	3.85	0.35
2013/9/26	6.81	3.46	4.41	3.94	−2.88
2014/3/27	5.61	—	—	—	—
2014/4/5	4.85	5.24	4.77	5.01	0.16
2014/4/15	4.52	4.51	4.12	4.32	−0.21
2014/4/20	4.27	4.55	4.03	4.29	0.02
2014/4/25	6.05	4.19	3.81	4.00	−2.05
2014/4/30	7.20	6.05	6.05	6.05	−1.15
2014/5/6	6.76	6.52	6.65	6.59	−0.17
2014/5/16	7.40	6.62	6.30	6.46	−0.94
2014/5/21	6.94	6.61	6.88	6.74	−0.20
2014/5/26	7.04	6.71	6.34	6.52	−0.52
2014/5/30	4.79	6.01	6.36	6.19	1.40
2014/6/12	7.04	4.79	4.79	4.79	−2.25
2014/6/27	3.69	6.58	6.58	6.58	2.89
2014/7/11	3.28	3.93	3.85	3.89	0.61
2014/7/26	3.57	3.48	3.48	3.48	−0.09
2014/8/8	7.30	5.32	5.17	5.25	−2.06
2014/8/26	5.19	7.30	7.30	7.30	2.11
2014/9/9	3.45	4.73	4.65	4.69	1.24

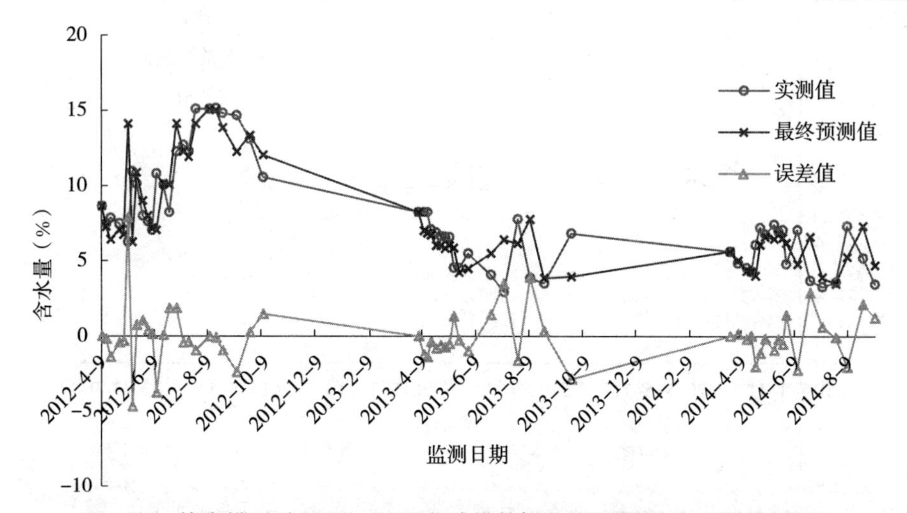

图 3-21 综合模型对 2012—2014 年建模数据自回归验证图（150223J004）

由表 3-34 和图 3-21 可见，模型综合应用得到的最终诊断结果中，误差大于 3 个质量含水量的个数为 5 个，占 8.93%，其中误差大于 5 个质量含水量的有 1 个，占 1.79%；如果将预测误差小于 3 个质量含水量作为合格预测结果，则综合模型预测合格率为 91.07%，自回归预测的平均误差为 1.28%，最大误差为 7.87%，最小误差为 0.01%。

表 3-35　综合模型对 2015 年历史监测数据的验证结果（150223J004）（%）

监测日	实测值	时段诊断值	逐日诊断值	最终预测值	误差值
2015/4/11	7.69	—	—	—	—
2015/4/15	8.35	6.83	6.98	6.90	−1.45
2015/4/20	8.35	6.87	7.23	7.05	−1.30
2015/4/25	6.53	6.28	7.23	6.75	0.22
2015/4/30	6.75	6.01	5.63	5.82	−0.93
2015/5/5	6.65	6.47	5.90	6.18	−0.47
2015/5/10	6.75	6.01	5.81	5.91	−0.84
2015/5/15	7.66	6.75	6.75	6.75	−0.91
2015/5/20	7.40	6.65	6.84	6.75	−0.65
2015/5/25	6.04	6.01	6.62	6.32	0.28
2015/5/30	5.96	5.54	5.16	5.35	−0.61
2015/6/27	6.72	5.96	5.96	5.96	−0.76
2015/7/12	5.09	5.81	5.81	5.81	0.72
2015/7/24	5.15	4.88	4.65	4.77	−0.39
2015/8/12	2.68	5.10	5.60	5.35	2.67
2015/8/25	3.26	2.57	2.41	2.49	−0.77
2015/9/11	8.94	6.16	8.89	7.53	−1.42
2015/9/25	8.27	10.79	10.71	10.75	2.48

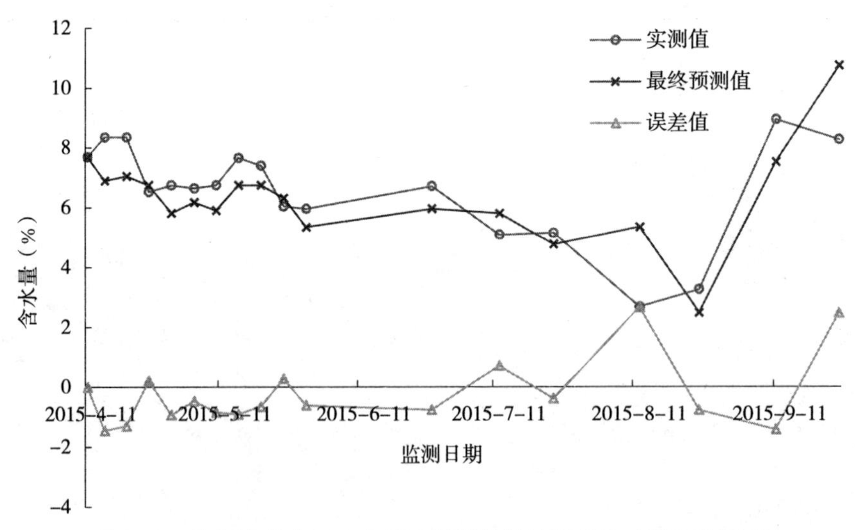

图 3-22　综合模型对 2015 年历史监测数据的验证图（150223J004）

由表 3-35 和图 3-22 可见，模型综合应用得到的最终诊断结果中，未出现误差大于 3 个质量含水量的预测结果；如果将预测误差小于 3 个质量含水量作为合格预测结果，则综合模型预测合格率为 100%，2015 年历史数据验证结果的平均误差为 0.99%，最大误差为 2.67%，最小误差为 0.22%。

综合模型自回归验证和 2015 年历史监测数据验证结果的合格率分别为 91.07% 和 100.00%。

5. 150223J005 监测点验证

该监测点距离 53362 号国家气象站约 134km。采用 2012—2014 年数据建立 6 个墒情诊断模型并进行了诊断计算，根据计算结果以及实测含水量数据和气象台站降水量数据的对比分析结果，确定在 2012 年 5 月 8 日增加 60mm 灌溉量。使用调整后的降水量重新建立 6 个诊断模型并确定模型参数，据此进行该监测点的墒情诊断，依据诊断结果并按照综合模型应用流程进行模型优选，时段诊断和逐日诊断的优选模型见表 3-36。

表 3-36　达尔罕茂明安联合旗 150223J005 监测点优选诊断模型

项目	优选模型名称
时段诊断	间隔天数统计法、差减统计法、比值统计法
逐日诊断	间隔天数统计法、差减统计法、统计法

按照综合模型应用流程对该监测点进行了建模数据的自回归验证和 2015 年数据的验证（2015 年 9 月 6 日增加 70mm 灌溉量）。综合模型建模数据自回归验证结果见表 3-37 和图 3-23，2015 年数据验证结果见表 3-38 和图 3-24。

表 3-37　综合模型对 2012—2014 年建模数据自回归验证结果（150223J005）（%）

监测日	实测值	时段诊断值	逐日诊断值	最终预测值	误差值
2012/4/9	8.61	—	—	—	—
2012/4/14	7.46	8.36	7.77	8.07	0.61
2012/4/19	7.55	7.50	6.92	7.21	−0.34
2012/4/29	7.25	7.60	7.26	7.43	0.18
2012/5/4	6.94	7.39	7.10	7.25	0.31
2012/5/9	6.25	14.09	14.09	14.09	7.84
2012/5/14	9.99	6.25	6.25	6.25	−3.74
2012/5/19	10.54	9.41	11.35	10.38	−0.16
2012/5/26	8.04	9.95	9.96	9.96	1.92
2012/6/1	7.53	8.04	8.04	8.04	0.51
2012/6/6	6.89	7.59	7.72	7.66	0.77
2012/6/11	9.55	6.89	6.89	6.89	−2.66
2012/6/19	9.15	9.33	9.19	9.26	0.11
2012/6/26	8.17	9.15	9.15	9.15	0.98
2012/7/4	11.76	14.09	14.09	14.09	2.33
2012/7/12	12.23	11.76	11.76	11.76	−0.47
2012/7/18	11.79	11.32	11.52	11.42	−0.37

（续）

监测日	实测值	时段诊断值	逐日诊断值	最终预测值	误差值
2012/7/26	14.52	14.09	14.09	14.09	−0.43
2012/8/11	14.64	14.52	14.52	14.52	−0.12
2012/8/18	15.09	14.21	15.51	14.86	−0.23
2012/8/26	14.81	12.58	14.02	13.3	−1.51
2012/9/11	14.47	12.66	11.32	11.99	−2.48
2012/9/26	13.39	12.76	12.90	12.83	−0.56
2012/10/11	11.45	12.15	12.15	12.15	0.70
2013/4/5	14.50	—	—	—	—
2013/4/11	14.16	12.34	12.37	12.35	−1.81
2013/4/15	13.68	12.15	12.11	12.13	−1.55
2013/4/19	12.90	11.92	11.72	11.82	−1.08
2013/4/25	12.44	11.53	11.06	11.30	−1.14
2013/4/30	12.15	11.29	10.71	11.00	−1.15
2013/5/5	12.04	11.07	10.49	10.78	−1.26
2013/5/10	12.00	11.05	10.50	10.77	−1.23
2013/5/15	9.71	10.95	10.46	10.71	1.00
2013/5/21	9.68	9.22	8.74	8.98	−0.70
2013/5/26	9.64	9.18	8.62	8.90	−0.74
2013/5/31	9.32	9.64	9.64	9.64	0.32
2013/6/26	8.62	9.32	9.32	9.32	0.70
2013/7/11	9.09	10.31	10.31	10.31	1.22
2013/7/27	11.81	10.52	11.59	11.06	−0.76
2013/8/10	11.34	11.81	11.81	11.81	0.47
2013/8/26	9.34	11.34	11.34	11.34	2.00
2013/9/26	9.42	8.64	8.77	8.71	−0.72
2014/3/27	12.90	—	—	—	—
2014/4/5	11.90	11.50	11.06	11.28	−0.62
2014/4/15	4.80	10.66	10.29	10.48	5.68
2014/4/20	6.44	5.46	5.02	5.24	−1.20
2014/4/30	7.01	6.85	6.65	6.75	−0.26
2014/5/6	7.67	7.18	6.98	7.08	−0.59
2014/5/16	10.36	7.81	7.51	7.66	−2.70
2014/5/21	7.14	9.76	9.60	9.68	2.54
2014/5/26	12.77	7.39	7.00	7.19	−5.58
2014/5/30	6.71	11.47	11.27	11.37	4.66
2014/6/12	6.93	6.71	6.71	6.71	−0.22

（续）

监测日	实测值	时段诊断值	逐日诊断值	最终预测值	误差值
2014/6/27	8.75	6.98	6.98	6.98	−1.77
2014/7/11	5.26	8.58	8.50	8.54	3.28
2014/7/26	5.65	5.81	5.81	5.81	0.16
2014/8/8	5.79	7.49	7.38	7.44	1.65
2014/8/26	5.78	5.79	5.79	5.79	0.01
2014/9/9	6.13	5.88	5.80	5.84	−0.29

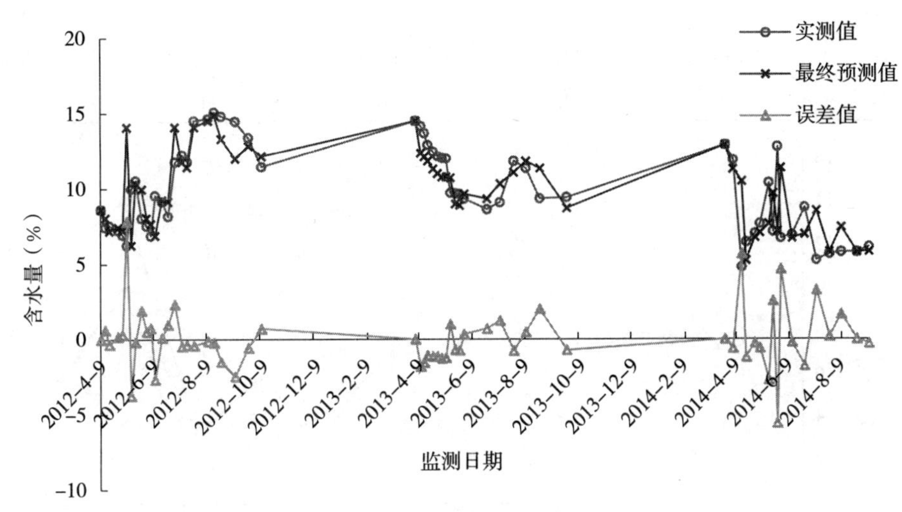

图 3-23　综合模型对 2012—2014 年建模数据自回归验证图（150223J005）

由表 3-37 和图 3-23 可见，模型综合应用得到的最终诊断结果中，误差大于 3 个质量含水量的个数为 6 个，占 10.71%，其中误差大于 5 个质量含水量的有 3 个，占 5.36%；如果将预测误差小于 3 个质量含水量作为合格预测结果，则综合模型预测合格率为 89.29%，自回归预测的平均误差为 1.40%，最大误差为 7.84%，最小误差为 0.01%。

表 3-38　综合模型对 2015 年历史监测数据的验证结果（150223J005）（%）

监测日	实测值	时段诊断值	逐日诊断值	最终预测值	误差值
2015/4/11	8.98	—	—	—	—
2015/4/15	8.69	8.81	8.41	8.61	−0.08
2015/4/20	8.69	8.63	7.92	8.28	−0.41
2015/4/25	7.45	8.57	7.92	8.25	0.80
2015/4/30	8.98	7.62	6.93	7.28	−1.71
2015/5/5	7.58	8.86	8.18	8.52	0.94
2015/5/10	7.87	7.72	7.10	7.41	−0.46
2015/5/15	8.14	7.87	7.87	7.87	−0.27
2015/5/20	7.31	8.16	7.67	7.92	0.61

（续）

监测日	实测值	时段诊断值	逐日诊断值	最终预测值	误差值
2015/5/25	6.93	7.51	7.03	7.27	0.34
2015/5/30	7.14	0.00	6.49	3.25	−3.90
2015/6/27	7.42	7.14	7.14	7.14	−0.28
2015/7/12	7.32	6.93	6.93	6.93	−0.39
2015/7/24	4.50	7.28	7.05	7.17	2.67
2015/8/12	2.68	5.21	6.16	5.69	3.01
2015/8/25	3.21	3.21	3.36	3.29	0.08
2015/9/11	10.14	14.09	14.09	14.09	3.95
2015/9/25	5.71	11.64	11.83	11.74	6.03

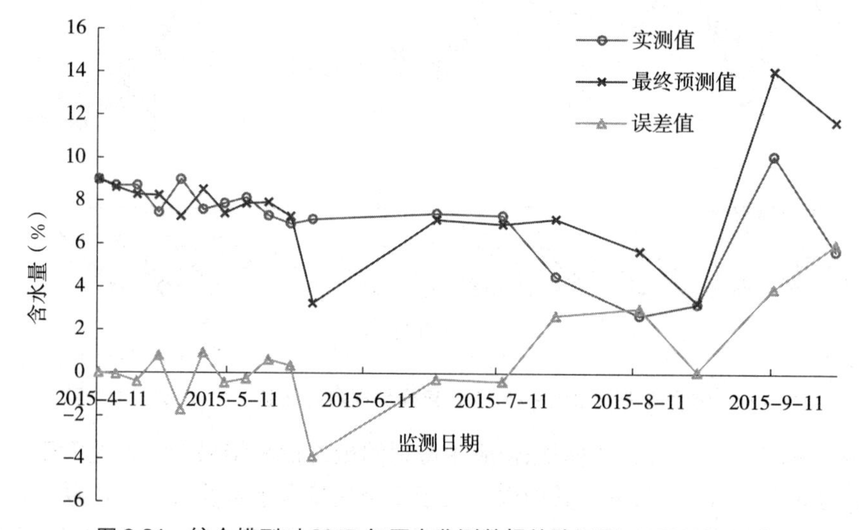

图 3-24　综合模型对 2015 年历史监测数据的验证图（150223J005）

由表 3-38 和图 3-24 可见，模型综合应用得到的最终诊断结果中，误差大于 3 个质量含水量的个数为 4 个，占 23.53%，其中误差大于 5 个质量含水量的有 1 个，占 5.88%；如果将预测误差小于 3 个质量含水量作为合格预测结果，则综合模型预测合格率为 76.47%，2015 年历史数据验证结果的平均误差为 1.53%，最大误差为 6.03%，最小误差为 0.08%。

综合模型自回归验证和 2015 年历史监测数据验证结果的合格率分别为 89.29% 和 76.47%。

二、乌兰察布市丰镇市验证

（一）基本情况

丰镇市位于内蒙古自治区中南部，河北省、山西省、内蒙古自治区三省（自治区）交界处，地理坐标为东经 112°48′～113°47′，北纬 40°18′～40°48′，丰镇市总面积2 722km²，辖 3 乡 5 镇、5 个街道。地貌特征以山地、丘陵及冲积、洪积平原为主。地形由西、北、东向中南部呈阶梯状递降。平均海拔 1 400m。丰镇地处温带大陆季风气候区，属半干旱和半湿润交错地带。年平均气温 5.09℃，最热月为 7 月，平均气温为 20.4℃，最高温 36.5℃，最冷月为 1 月份，平均气温为－13.5℃，最低温－37.5℃，最高与最低极端气温差 74℃。≥0℃积温为 2 400～3 000℃，≥5℃的有效积温为 2 100～2 900℃，平均无霜期 124d，最长 155d，最短 95d。丰镇市平均降雨 400mm，降水季节分配不均，6～8 月降水 270mm 左右，占年降水量的 65%以上。全年降水相对变率为 23.7%。年平均湿度为 40%～60%，最大为 64%，最小为 45%。丰镇晴天日数多，大气透明度好。

（二）土壤墒情监测状况

乌兰察布市丰镇市 2011 年纳入全国土壤墒情网开始进行土壤墒情监测工作，全区共设 5 个农田监测点，本次验证的监测点主要信息见表 3-39。

表 3-39　乌兰察布市丰镇市土壤墒情监测点设置情况

监测点编号	设置时间	所处位置	经度	纬度	主要种植作物	土壤类型
150981J001	2011	丰镇市王家营村	113°22′	40°24′	马铃薯	壤土
150981J002	2011	丰镇市头台村	113°24′	40°31′	玉米	壤土
150981J003	2011	丰镇市胡家营村	113°26′	40°33′	马铃薯	壤土
150981J004	2011	丰镇市于家营村	113°27′	40°21′	玉米	壤土
150981J005	2011	丰镇市十三号村	113°6′	40°28′	玉米	壤土

（三）模型使用的气象台站情况

诊断模型所使用的降水量数据来源于 53487 号国家气象站，该台站位于山西省大同市，经度为 113°20′，纬度为 40°6′。

（四）监测点的验证

1. 150981J001 监测点验证

该监测点距离 53487 号国家气象站约 34km。采用 2011—2014 年数据建立 6 个墒情诊断模型并进行了诊断计算，根据计算结果以及实测含水量数据和气象台站降水量数据的对比分析结果，确定在 2012 年 5 月 7 日增加 50mm 灌溉量，2013 年 6 月 19 日增加 60mm 灌溉量。使用调整后的降水量重新建立 6 个诊断模型并确定模型参数，据此进行该监测点的墒情诊断，依据诊断结果并按照综合模型应用流程进行模型优选，时段诊断和逐日诊断的优选模型见表 3-40。

表 3-40　乌兰察布市丰镇市 150981J001 监测点优选诊断模型

项目	优选模型名称
时段诊断	统计法、差减统计法、间隔天数统计法
逐日诊断	统计法、差减统计法、比值统计法

按照综合模型应用流程对该监测点进行了建模数据的自回归验证和 2015 年数据的验证（2015 年 4 月 30 日增加 60mm 灌溉量，2015 年 7 月 19 日增加 40mm 灌溉量）。综合模型建模数据自回归验证结果见表 3-41 和图 3-25，2015 年数据验证结果见表 3-42 和图 3-26。

表 3-41　综合模型对 2011—2014 年建模数据自回归验证结果（150981J001）（%）

监测日	实测值	时段诊断值	逐日诊断值	最终预测值	误差值
2011/5/18	8.15	—	—	—	—
2011/5/23	7.93	8.75	9.70	9.22	1.29
2012/4/5	9.91	0.00	0.00	0.00	−9.91
2012/4/8	9.64	10.09	10.10	10.10	0.46
2012/4/15	9.52	9.88	9.88	9.88	0.36
2012/4/18	9.25	9.78	9.78	9.78	0.53
2012/4/23	9.20	9.56	9.57	9.57	0.37
2012/4/28	9.28	9.20	9.20	9.20	−0.08
2012/5/3	9.75	9.59	10.05	9.82	0.07
2012/5/8	9.67	18.12	18.12	18.12	8.45
2012/5/13	15.15	10.83	12.55	11.69	−3.46
2012/5/18	14.93	13.48	14.78	14.13	−0.80
2012/5/25	15.32	13.55	14.03	13.79	−1.53
2012/6/10	14.41	15.32	15.32	15.32	0.91
2012/6/25	15.12	14.41	14.41	14.41	−0.71
2012/7/10	15.29	15.08	15.27	15.18	−0.11
2012/8/10	16.50	18.12	18.12	18.12	1.62
2012/8/25	14.36	16.50	16.50	16.50	2.14
2012/9/10	15.06	14.36	14.36	14.36	−0.70
2012/10/10	14.96	14.24	13.15	13.69	−1.27
2012/10/27	15.34	14.15	13.50	13.82	−1.52
2013/5/3	12.91	—	—	—	—
2013/5/13	8.37	12.52	12.52	12.52	4.15
2013/6/25	15.18	15.10	13.59	14.34	−0.84
2013/7/25	14.70	18.12	18.12	18.12	3.42
2013/8/10	15.05	14.97	15.59	15.28	0.23
2013/8/25	13.43	15.05	15.05	15.05	1.62
2013/9/25	13.87	13.43	13.43	13.43	−0.44
2013/10/11	13.70	13.28	12.91	13.10	−0.60
2013/10/25	13.60	13.00	12.88	12.94	−0.66
2014/4/9	11.28	—	—	—	—
2014/4/15	8.83	11.21	11.21	11.21	2.38
2014/4/20	9.77	8.83	8.83	8.83	−0.94
2014/4/25	13.41	9.98	10.55	10.27	−3.14
2014/4/29	13.45	12.41	13.15	12.78	−0.67
2014/5/12	13.28	13.80	13.99	13.89	0.61

（续）

监测日	实测值	时段诊断值	逐日诊断值	最终预测值	误差值
2014/5/26	15.37	12.78	13.11	12.95	−2.42
2014/5/30	15.07	13.53	13.53	13.53	−1.54
2014/6/12	14.84	15.07	15.07	15.07	0.23
2014/6/26	13.14	14.84	14.84	14.84	1.70
2014/7/11	14.17	12.85	12.85	12.85	−1.32
2014/7/25	14.89	14.17	14.17	14.17	−0.72
2014/8/9	10.45	14.89	14.89	14.89	4.44
2014/8/27	11.17	10.45	10.45	10.45	−0.72
2014/9/9	11.01	12.49	12.49	12.49	1.48
2014/10/11	14.80	11.01	11.01	11.01	−3.79
2014/10/27	14.15	13.73	12.65	13.19	−0.96

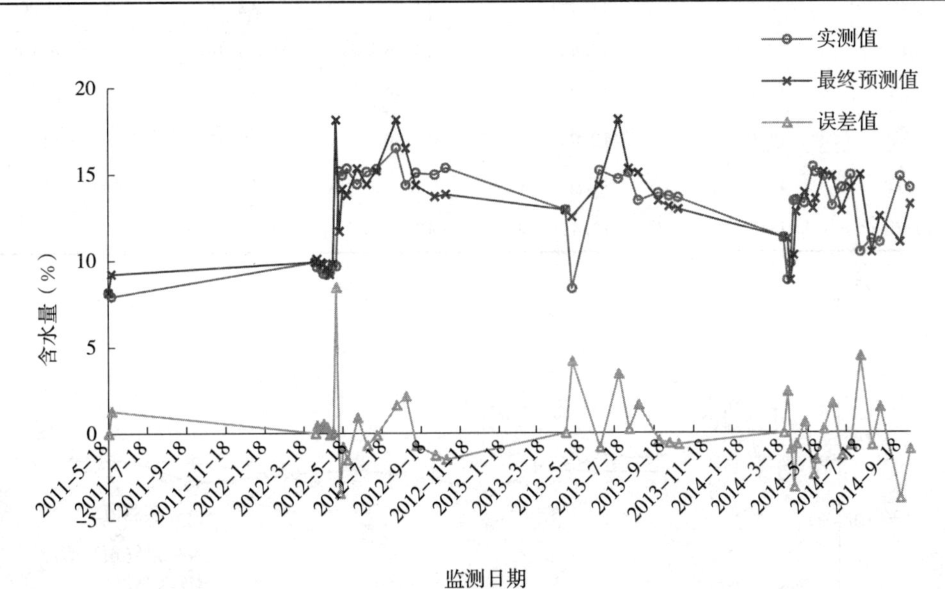

图 3-25　综合模型对 2011—2014 年建模数据自回归验证图（150981J001）

由表 3-41 和图 3-25 可见，模型综合应用得到的最终诊断结果中，误差大于 3 个质量含水量的个数为 7 个，占 15.91%，其中误差大于 5 个质量含水量的有 1 个，占 2.27%；如果将预测误差小于 3 个质量含水量作为合格预测结果，则综合模型预测合格率为 84.09%，自回归预测的平均误差为 1.49%，最大误差为 8.45%，最小误差为 0.00%。

表 3-42　综合模型对 2015 年历史监测数据的验证结果（150981J001）（%）

监测日	实测值	时段诊断值	逐日诊断值	最终预测值	误差值
2015/4/9	14.08	—	—	—	—
2015/4/15	14.00	12.95	13.52	13.23	−0.77
2015/4/20	13.81	12.82	13.02	12.92	−0.89

（续）

监测日	实测值	时段诊断值	逐日诊断值	最终预测值	误差值
2015/4/24	13.71	12.63	12.98	12.81	−0.90
2015/4/29	13.38	12.65	12.89	12.77	−0.61
2015/5/5	19.12	18.12	18.12	18.12	−1.00
2015/5/8	16.96	15.60	16.37	15.99	−0.98
2015/5/14	15.33	16.96	16.96	16.96	1.63
2015/5/20	14.79	13.67	13.95	13.81	−0.98
2015/5/26	14.19	13.36	13.31	13.34	−0.85
2015/6/12	14.41	13.56	13.08	13.32	−1.09
2015/6/27	12.02	13.58	13.40	13.49	1.47
2015/7/10	9.87	12.02	12.02	12.02	2.15
2015/7/24	13.46	13.96	11.77	12.86	−0.60
2015/8/12	13.36	13.46	13.46	13.46	0.10
2015/8/25	12.69	13.36	13.36	13.36	0.67
2015/9/25	14.03	12.69	12.69	12.69	−1.34
2015/10/12	14.07	14.03	14.03	14.03	−0.04
2015/10/27	14.12	13.40	13.23	13.32	−0.80

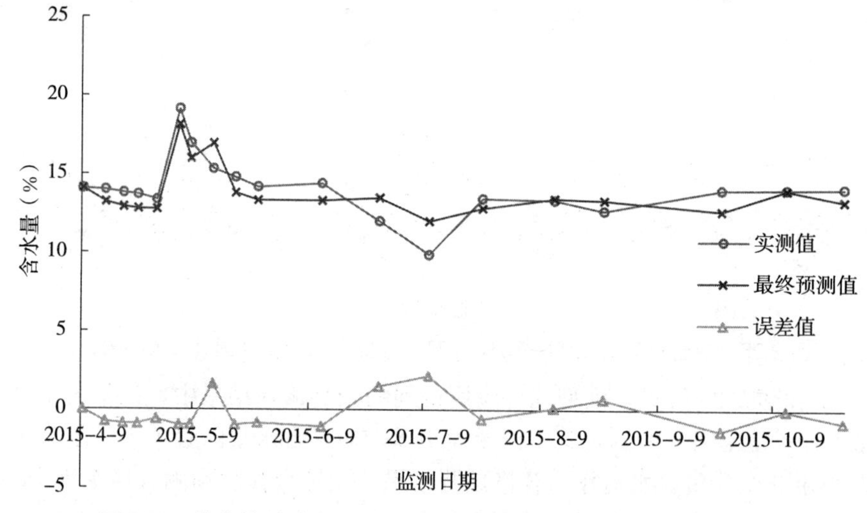

图 3-26　综合模型对 2015 年历史监测数据的验证图（150981J001）

由表 3-42 和图 3-26 可见，模型综合应用得到的最终诊断结果中，未出现误差大于 3 个质量含水量的预测结果；如果将预测误差小于 3 个质量含水量作为合格预测结果，则综合模型预测合格率为 100%，2015 年历史数据验证结果的平均误差为 0.94%，最大误差为 2.15%，最小误差为 0.04%。

综合模型自回归验证和 2015 年历史监测数据验证结果的合格率分别为 84.09% 和 100.00%。

2. 150981J002 监测点验证

该监测点距离 53487 号国家气象站约 46km。采用 2011—2014 年数据建立 6 个墒情诊断模型并进行了诊断计算，根据计算结果以及实测含水量数据和气象台站降水量数据的对比分析结果，确定在 2013 年 6 月 19 日增加 60mm 灌溉量。使用调整后的降水量重新建立 6 个诊断模型并确定模型参数，据此进行该监测点的墒情诊断，依据诊断结果并按照综合模型应用流程进行模型优选，时段诊断和逐日诊断的优选模型见表 3-43。

表 3-43　乌兰察布市丰镇市 150981J002 监测点优选诊断模型

项目	优选模型名称
时段诊断	差减统计法、间隔天数统计法、统计法
逐日诊断	差减统计法、间隔天数统计法、比值统计法

按照综合模型应用流程对该监测点进行了建模数据的自回归验证和 2015 年数据的验证（2015 年 4 月 30 日增加 60mm 灌溉量，2015 年 7 月 19 日增加 40mm 灌溉量）。综合模型建模数据自回归验证结果见表 3-44 和图 3-27，2015 年数据验证结果见表 3-45 和图 3-28。

表 3-44　综合模型对 2011—2014 年建模数据自回归验证结果（150981J002）（%）

监测日	实测值	时段诊断值	逐日诊断值	最终预测值	误差值
2011/5/18	8.05	—	—	—	—
2011/5/23	7.83	8.31	9.58	8.95	1.12
2012/4/5	10.79	0.00	0.00	0.00	−10.79
2012/4/8	10.49	10.44	10.88	10.66	0.17
2012/4/15	10.16	10.28	10.72	10.50	0.34
2012/4/18	9.95	10.00	10.54	10.27	0.32
2012/4/23	9.32	9.82	10.43	10.13	0.81
2012/4/28	9.39	9.32	9.32	9.32	−0.07
2012/5/3	9.60	9.36	10.33	9.84	0.24
2012/5/8	9.40	9.53	10.45	9.99	0.59
2012/5/13	11.87	10.54	10.83	10.68	−1.19
2012/5/18	11.56	11.17	11.89	11.53	−0.03
2012/5/25	11.91	11.20	11.84	11.52	−0.39
2012/6/10	11.64	11.91	11.91	11.91	0.27
2012/6/25	13.67	11.64	11.64	11.64	−2.03
2012/7/10	13.69	13.82	14.08	13.95	0.26
2012/8/10	15.14	18.16	18.16	18.16	3.02
2012/9/10	13.51	15.14	15.14	15.14	1.63
2012/10/10	13.44	12.81	12.05	12.43	−1.01
2012/10/27	13.9	12.74	12.36	12.55	−1.35
2013/5/3	13.00	—	—	—	—

（续）

监测日	实测值	时段诊断值	逐日诊断值	最终预测值	误差值
2013/5/8	8.99	11.75	11.96	11.86	2.87
2013/5/13	8.11	9.05	9.89	9.47	1.36
2013/6/25	15.04	15.54	12.88	14.21	−0.83
2013/7/25	14.41	18.16	18.16	18.16	3.75
2013/8/10	15.15	14.39	14.70	14.55	−0.60
2013/8/25	12.40	15.15	15.15	15.15	2.75
2013/10/11	13.34	12.40	12.40	12.40	−0.94
2013/10/25	13.25	12.28	12.01	12.14	−1.11
2014/4/9	10.87	—	—	—	—
2014/4/15	10.10	10.60	10.93	10.76	0.66
2014/5/4	12.81	10.81	11.25	11.03	−1.78
2014/5/12	12.74	18.16	18.16	18.16	5.42
2014/5/26	14.98	12.00	12.36	12.18	−2.80
2014/5/30	14.73	12.69	12.43	12.56	−2.17
2014/6/12	14.55	14.73	14.73	14.73	0.18
2014/6/26	13.24	14.55	14.55	14.55	1.31
2014/7/11	14.21	12.45	12.31	12.38	−1.83
2014/7/25	14.51	14.21	14.21	14.21	−0.30
2014/8/9	10.36	14.51	14.51	14.51	4.15
2014/8/27	9.92	10.36	10.36	10.36	0.44
2014/9/9	9.92	11.64	11.41	11.52	1.60
2014/10/11	14.79	9.92	9.92	9.92	−4.87
2014/10/27	14.58	13.12	11.68	12.40	−2.18

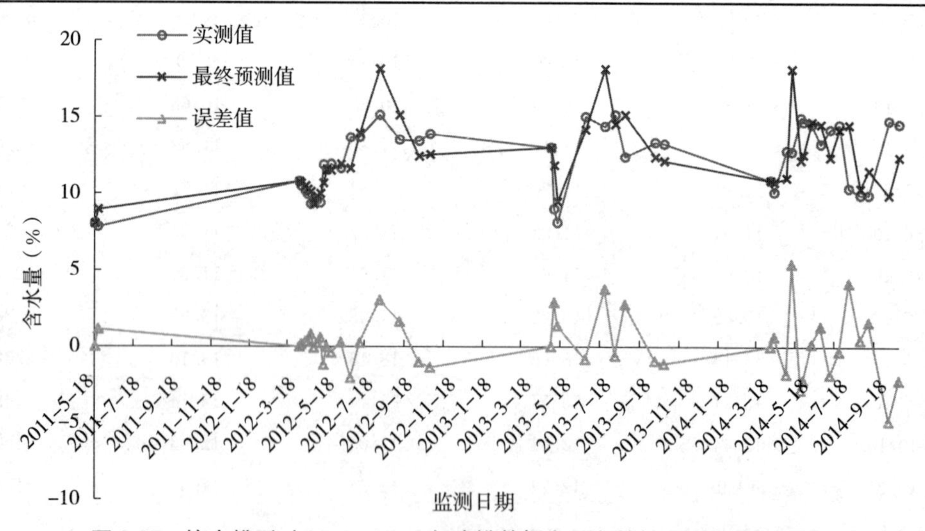

图 3-27　综合模型对 2011—2014 年建模数据自回归验证图（150981J002）

由表 3-44 和图 3-27 可见，模型综合应用得到的最终诊断结果中，误差大于 3 个质量含水量的个数为 5 个，占 12.50%，其中误差大于 5 个质量含水量的有 1 个，占 2.50%；如果将预测误差小于 3 个质量含水量作为合格预测结果，则综合模型预测合格率为 87.50%，自回归预测的平均误差为 1.47%，最大误差为 5.42%，最小误差为 0.03%。

表 3-45　综合模型对 2015 年历史监测数据的验证结果（150981J002）（%）

监测日	实测值	时段诊断值	逐日诊断值	最终预测值	误差值
2015/4/9	13.45	—	—	—	—
2015/4/15	13.42	12.07	12.51	12.29	−1.13
2015/4/20	13.30	11.97	12.08	12.02	−1.28
2015/4/24	13.10	11.82	11.97	11.90	−1.21
2015/4/29	13.03	11.80	11.92	11.86	−1.17
2015/5/5	19.16	18.16	18.16	18.16	−1.00
2015/5/8	17.21	14.76	15.14	14.95	−2.26
2015/5/14	15.27	17.21	17.21	17.21	1.94
2015/5/20	14.78	13.01	12.98	12.99	−1.79
2015/5/26	14.50	12.75	12.42	12.58	−1.92
2015/6/12	14.58	13.20	12.25	12.72	−1.86
2015/6/27	11.50	13.11	12.54	12.83	1.33
2015/7/10	9.80	11.50	11.50	11.50	1.70
2015/7/24	13.16	14.39	11.56	12.98	−0.18
2015/8/12	13.48	13.16	13.16	13.16	−0.32
2015/8/25	12.34	13.48	13.48	13.48	1.14
2015/9/25	13.69	12.34	12.34	12.34	−1.35
2015/10/12	13.69	13.69	13.69	13.69	0.00
2015/10/27	13.78	12.66	12.46	12.56	−1.22

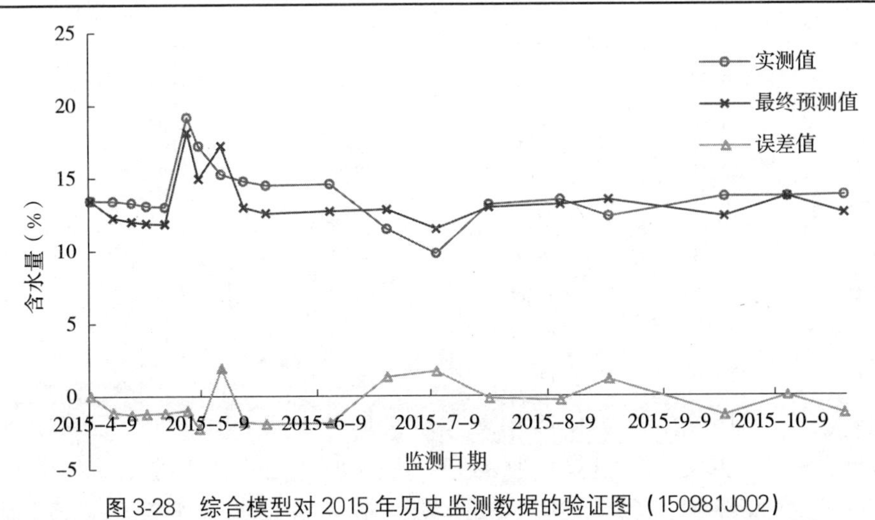

图 3-28　综合模型对 2015 年历史监测数据的验证图（150981J002）

由表3-45和图3-28可见，模型综合应用得到的最终诊断结果中，未出现误差大于3个质量含水量的预测结果；如果将预测误差小于3个质量含水量作为合格预测结果，则综合模型预测合格率为100%，2015年历史数据验证结果的平均误差为1.27%，最大误差为2.26%，最小误差为0.00%。

综合模型自回归验证和2015年历史监测数据验证结果的合格率分别为87.50%和100.00%。

3. 150981J003监测点验证

该监测点距离53487号国家气象站约51km。采用2011—2014年数据建立6个墒情诊断模型并进行了诊断计算，根据计算结果以及实测含水量数据和气象台站降水量数据的对比分析结果，确定在2014年5月14日增加50mm灌溉量。使用调整后的降水量重新建立6个诊断模型并确定模型参数，据此进行该监测点的墒情诊断，依据诊断结果并按照综合模型应用流程进行模型优选，时段诊断和逐日诊断的优选模型见表3-46。

表3-46 乌兰察布市丰镇市150981J003监测点优选诊断模型

项目	优选模型名称
时段诊断	统计法、差减统计法、比值统计法
逐日诊断	统计法、差减统计法、比值统计法

按照综合模型应用流程对该监测点进行了建模数据的自回归验证和2015年数据的验证（2015年4月30日增加60mm灌溉量）。综合模型建模数据自回归验证结果见表3-47和图3-29，2015年数据验证结果见表3-48和图3-30。

表3-47 综合模型对2011—2014年建模数据自回归验证结果（150981J003）（%）

监测日	实测值	时段诊断值	逐日诊断值	最终预测值	误差值
2011/5/18	13.18	—	—	—	—
2011/5/23	12.25	12.93	13.24	13.09	0.84
2012/4/5	7.18	—	—	—	—
2012/4/8	6.97	7.32	7.34	7.33	0.36
2012/4/15	6.68	7.13	7.14	7.14	0.46
2012/4/18	6.38	6.86	6.87	6.86	0.48
2012/4/23	6.21	6.60	6.61	6.60	0.39
2012/4/28	6.50	6.21	6.21	6.21	−0.29
2012/5/3	6.71	6.72	7.28	7.00	0.29
2012/5/8	6.67	6.89	7.52	7.20	0.53
2012/5/13	11.84	9.39	9.42	9.40	−2.44
2012/5/18	11.76	11.65	12.08	11.86	0.10
2012/5/25	11.99	11.85	12.08	11.97	−0.02
2012/6/10	11.55	11.99	11.99	11.99	0.44
2012/6/25	13.38	11.55	11.55	11.55	−1.83

（续）

监测日	实测值	时段诊断值	逐日诊断值	最终预测值	误差值
2012/7/10	13.61	14.61	14.61	14.61	1.00
2012/8/10	15.12	18.43	18.43	18.43	3.31
2012/8/25	14.14	15.12	15.12	15.12	0.98
2012/9/10	14.16	14.14	14.14	14.14	−0.02
2012/10/10	14.03	14.02	13.69	13.85	−0.18
2012/10/27	14.54	13.89	13.78	13.84	−0.70
2013/5/3	13.08	—	—	—	—
2013/5/8	10.77	12.80	12.80	12.80	2.03
2013/5/13	13.29	10.70	10.70	10.70	−2.59
2013/6/25	15.48	13.29	13.29	13.29	−2.19
2013/7/25	14.99	18.43	18.43	18.43	3.44
2013/8/10	14.93	15.39	15.75	15.57	0.64
2013/8/25	13.40	14.93	14.93	14.93	1.53
2013/10/11	13.65	13.40	13.40	13.40	−0.25
2013/10/25	13.64	13.33	13.33	13.33	−0.31
2014/4/9	12.81	—	—	—	—
2014/4/15	10.37	12.55	12.55	12.55	2.18
2014/4/29	13.50	10.37	10.37	10.37	−3.13
2014/5/4	13.43	13.24	13.40	13.32	−0.11
2014/5/12	13.39	18.43	18.43	18.43	5.04
2014/5/20	17.72	18.43	18.43	18.43	0.71
2014/5/26	17.71	16.19	14.29	15.24	−2.47
2014/5/30	17.59	16.16	16.12	16.14	−1.45
2014/6/12	16.72	17.59	17.59	17.59	0.87
2014/6/26	14.07	16.72	16.72	16.72	2.65
2014/7/11	14.27	13.83	13.83	13.83	−0.44
2014/7/25	14.42	14.27	14.27	14.27	−0.15
2014/8/9	13.32	14.42	14.42	14.42	1.10
2014/8/27	13.72	13.32	13.32	13.32	−0.40
2014/9/9	13.84	14.17	14.17	14.17	0.33
2014/10/11	15.36	13.84	13.84	13.84	−1.52
2014/10/27	15.23	14.69	14.16	14.42	−0.81

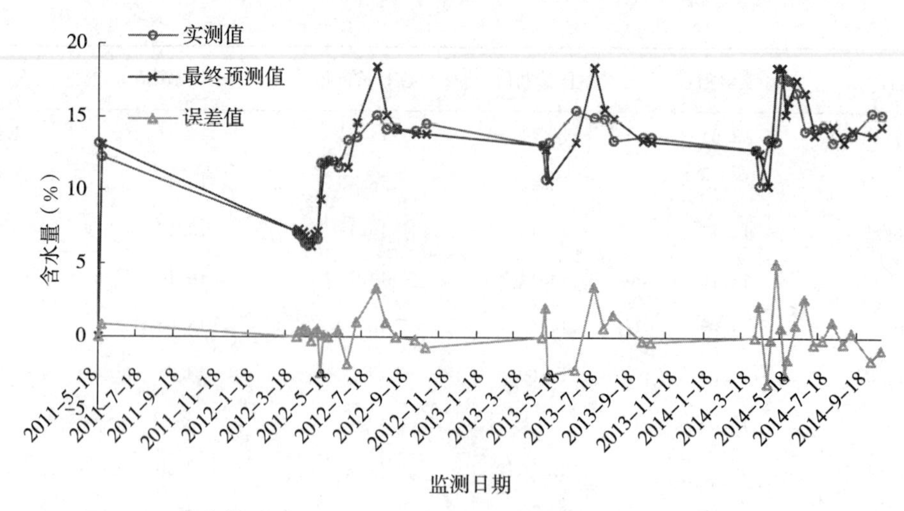

图 3-29　综合模型对 2011—2014 年建模数据自回归验证图（150981J003）

由表 3-47 和图 3-29 可见，模型综合应用得到的最终诊断结果中，误差大于 3 个质量含水量的个数为 4 个，占 9.30%，其中误差大于 5 个质量含水量的有 1 个，占 2.33%；如果将预测误差小于 3 个质量含水量作为合格预测结果，则综合模型预测合格率为 90.70%，自回归预测的平均误差为 1.19%，最大误差为 5.04%，最小误差为 0.02%。

表 3-48　综合模型对 2015 年历史监测数据的验证结果（150981J003）（%）

监测日	实测值	时段诊断值	逐日诊断值	最终预测值	误差值
2015/4/9	14.76	—	—	—	—
2015/4/15	14.76	14.22	14.45	14.34	−0.42
2015/4/20	14.59	14.21	14.17	14.19	−0.40
2015/4/24	13.29	14.06	14.14	14.10	0.81
2015/4/29	13.25	12.99	13.06	13.03	−0.22
2015/5/5	19.43	18.43	18.43	18.43	−1.00
2015/5/8	17.64	17.14	18.26	17.70	0.06
2015/5/14	17.69	17.64	17.64	17.64	−0.05
2015/5/20	17.12	16.15	16.45	16.30	−0.82
2015/5/26	16.84	15.80	15.75	15.77	−1.07
2015/6/12	16.85	15.83	15.20	15.52	−1.33
2015/6/27	13.63	15.75	15.67	15.71	2.08
2015/7/10	13.79	13.63	13.63	13.63	−0.16
2015/7/24	13.88	13.59	13.56	13.57	−0.31
2015/8/12	14.24	13.88	13.88	13.88	−0.36
2015/8/25	14.29	14.24	14.24	14.24	−0.05
2015/9/25	14.27	14.29	14.29	14.29	0.02
2015/10/12	14.30	14.27	14.27	14.27	−0.03
2015/10/27	14.26	14.02	14.00	14.01	−0.25

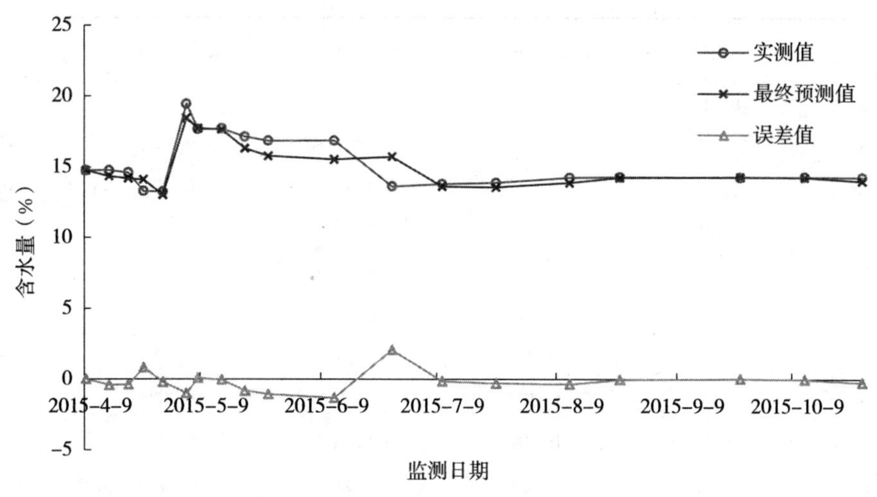

图 3-30　综合模型对 2015 年历史监测数据的验证图（150981J003）

由表 3-48 和图 3-30 可见，模型综合应用得到的最终诊断结果中，未出现误差大于 3 个质量含水量的预测结果；如果将预测误差小于 3 个质量含水量作为合格预测结果，则综合模型预测合格率为 100%，2015 年历史数据验证结果的平均误差为 0.52%，最大误差为 2.08%，最小误差为 0.02%。

综合模型自回归验证和 2015 年历史监测数据验证结果的合格率分别为 90.70% 和 100.00%。

4. 150981J004 监测点验证

该监测点距离 53487 号国家气象站约 29km。采用 2011—2014 年数据建立 6 个墒情诊断模型并进行了诊断计算，根据计算结果以及实测含水量数据和气象台站降水量数据的对比分析结果，确定在 2013 年 6 月 19 日增加 60mm 灌溉量。使用调整后的降水量重新建立 6 个诊断模型并确定模型参数，据此进行该监测点的墒情诊断，依据诊断结果并按照综合模型应用流程进行模型优选，时段诊断和逐日诊断的优选模型见表 3-49。

表 3-49　乌兰察布市丰镇市 150981J004 监测点优选诊断模型

项目	优选模型名称
时段诊断	统计法、差减统计法、间隔天数统计法
逐日诊断	统计法、差减统计法、间隔天数统计法

按照综合模型应用流程对该监测点进行了建模数据的自回归验证和 2015 年数据的验证（2015 年 4 月 30 日增加 60mm 灌溉量）。综合模型建模数据自回归验证结果见表 3-50 和图 3-31，2015 年数据验证结果见表 3-51 和图 3-32。

表 3-50　综合模型对 2011—2014 年建模数据自回归验证结果（150981J004）（%）

监测日	实测值	时段诊断值	逐日诊断值	最终预测值	误差值
2011/5/18	7.66	—	—	—	—
2011/5/23	7.54	7.84	9.13	8.48	0.94

（续）

监测日	实测值	时段诊断值	逐日诊断值	最终预测值	误差值
2012/4/5	9.39	—	—	—	—
2012/4/8	9.07	9.34	9.34	9.34	0.27
2012/4/15	9.05	9.04	9.05	9.05	0.00
2012/4/18	8.69	9.02	9.03	9.03	0.34
2012/4/23	8.42	8.70	8.70	8.70	0.28
2012/4/28	8.74	8.42	8.42	8.42	−0.32
2012/5/3	9.17	8.75	9.25	9.00	−0.17
2012/5/8	9.12	9.13	9.60	9.37	0.25
2012/5/13	12.43	10.10	10.44	10.27	−2.16
2012/5/18	12.21	11.59	12.26	11.93	−0.29
2012/5/25	12.63	11.63	12.21	11.92	−0.71
2012/6/10	13.38	12.63	12.63	12.63	−0.75
2012/6/25	13.91	13.38	13.38	13.38	−0.53
2012/7/10	13.95	13.96	13.96	13.96	0.01
2012/8/10	15.00	18.40	18.40	18.40	3.40
2012/8/25	14.28	15.00	15.00	15.00	0.72
2012/9/10	14.31	14.28	14.28	14.28	−0.03
2012/10/10	14.29	13.50	12.71	13.11	−1.18
2012/10/27	14.40	13.46	12.92	13.19	−1.21
2013/5/3	12.63	—	—	—	—
2013/5/8	8.80	11.72	12.07	11.90	3.10
2013/5/13	8.10	8.83	8.83	8.83	0.73
2013/6/25	14.40	14.94	12.86	13.90	−0.50
2013/7/25	13.32	18.40	18.40	18.40	5.08
2013/8/25	12.45	14.39	13.12	13.76	1.31
2013/9/25	13.00	12.45	12.45	12.45	−0.55
2013/10/11	12.34	12.46	12.11	12.29	−0.05
2013/10/25	12.25	11.88	11.88	11.88	−0.37
2014/4/9	10.93	—	—	—	—
2014/4/25	11.81	11.16	11.34	11.25	−0.56
2014/4/29	13.25	11.09	11.83	11.46	−1.79
2014/5/4	13.13	12.10	12.72	12.41	−0.72
2014/5/12	13.09	18.40	18.40	18.40	5.31
2014/5/26	13.38	12.41	12.70	12.55	−0.83
2014/5/30	13.32	12.09	12.60	12.35	−0.98
2014/6/12	14.57	13.32	13.32	13.32	−1.25

（续）

监测日	实测值	时段诊断值	逐日诊断值	最终预测值	误差值
2014/6/26	13.44	14.57	14.57	14.57	1.13
2014/7/11	13.93	12.77	12.77	12.77	−1.16
2014/7/25	14.27	13.93	13.93	13.93	−0.34
2014/8/9	9.83	14.27	14.27	14.27	4.44
2014/8/27	9.73	9.83	9.83	9.83	0.10
2014/9/9	9.71	11.35	11.35	11.35	1.64
2014/10/27	14.81	9.71	9.71	9.71	−5.10

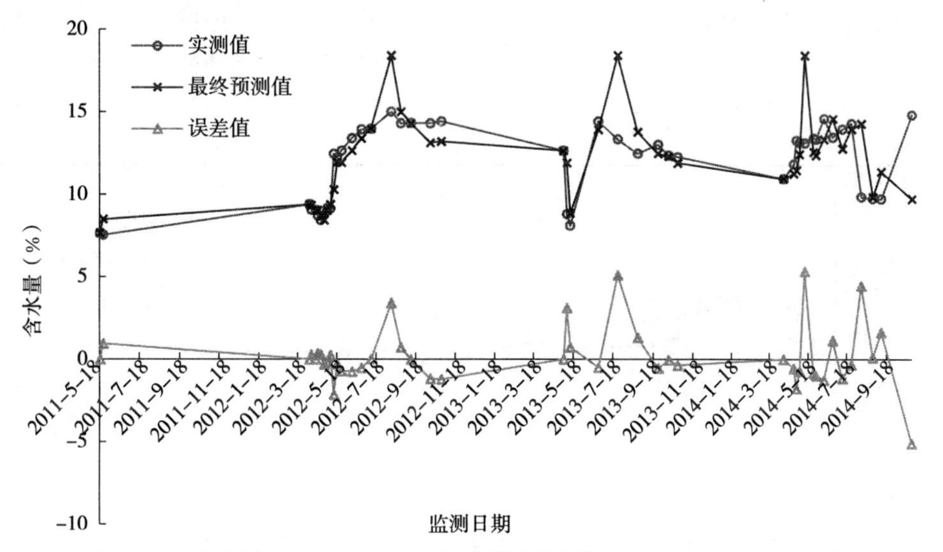

图 3-31　综合模型对 2011—2014 年建模数据自回归验证图（150981J004）

由表 3-50 和图 3-31 可见，模型综合应用得到的最终诊断结果中，误差大于 3 个质量含水量的个数为 6 个，占 14.63%，其中误差大于 5 个质量含水量的有 3 个，占 7.32%；如果将预测误差小于 3 个质量含水量作为合格预测结果，则综合模型预测合格率为 85.37%，自回归预测的平均误差为 1.23%，最大误差为 5.31%，最小误差为 0.00%。

表 3-51　综合模型对 2015 年历史监测数据的验证结果（150981J004）（%）

监测日	实测值	时段诊断值	逐日诊断值	最终预测值	误差值
2015/4/9	15.00	—	—	—	—
2015/4/15	14.75	13.31	13.86	13.59	−1.17
2015/4/20	14.64	13.05	13.45	13.25	−1.39
2015/4/24	14.29	12.88	13.38	13.13	−1.16
2015/4/29	13.76	12.76	13.15	12.96	−0.81
2015/5/5	19.40	18.40	18.40	18.40	−1.00
2015/5/8	17.73	15.77	15.58	15.68	−2.06
2015/5/14	16.95	17.73	17.73	17.73	0.78

（续）

监测日	实测值	时段诊断值	逐日诊断值	最终预测值	误差值
2015/5/20	16.49	14.53	15.13	14.83	−1.66
2015/5/26	16.20	14.24	14.59	14.42	−1.79
2015/6/12	16.35	14.62	13.58	14.10	−2.25
2015/6/27	13.73	14.61	14.61	14.61	0.88
2015/7/10	13.80	13.73	13.73	13.73	−0.07
2015/7/24	14.00	12.95	12.95	12.95	−1.05
2015/8/12	13.93	14.00	14.00	14.00	0.07
2015/8/25	13.89	13.93	13.93	13.93	0.04
2015/9/25	14.18	13.89	13.89	13.89	−0.29
2015/10/12	14.45	14.18	14.18	14.18	−0.27
2015/10/27	14.44	0.00	13.41	6.71	−7.74

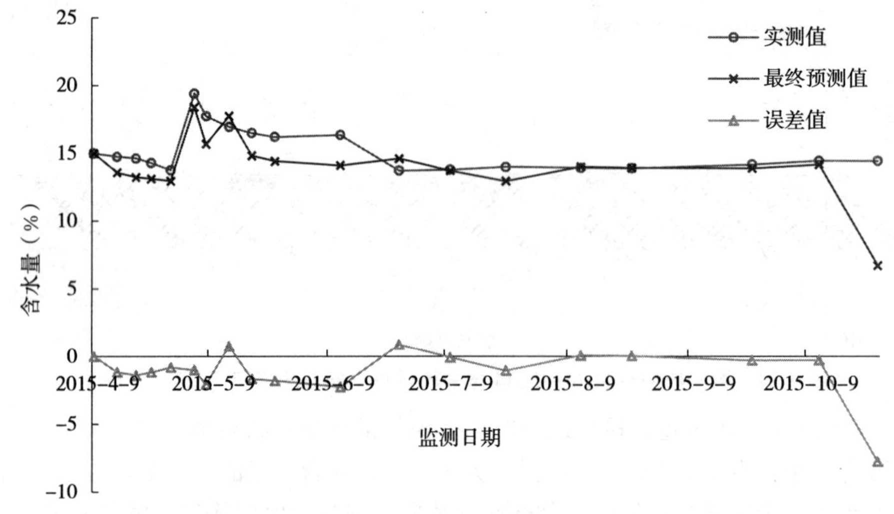

图 3-32　综合模型对 2015 年历史监测数据的验证图（150981J004）

由表表 3-51 和图 3-32 可见，模型综合应用得到的最终诊断结果中，误差大于 3 个质量含水量的个数为 1 个，占 5.56%，其中误差大于 5 个质量含水量的有 1 个，占 5.56%；如果将预测误差小于 3 个质量含水量作为合格预测结果，则综合模型预测合格率为 94.44%，2015 年历史数据验证结果的平均误差为 1.36%，最大误差为 7.74%，最小误差为 0.04%。

综合模型自回归验证和 2015 年历史监测数据验证结果的合格率分别为 85.37% 和 94.44%。

5. 150981J005 监测点验证

该监测点距离 53487 号国家气象站约 45km。采用 2011—2014 年数据建立 6 个墒情诊断模型并进行了诊断计算，根据计算结果以及实测含水量数据和气象台站降水量数据的对比分析结果，确定在 2013 年 6 月 19 日增加 60mm 灌溉量，2014 年 4 月 23 日增加 50mm 灌溉量。使用调整后的降水量重新建立 6 个诊断模型并确定模型参数，据此进行该监测点的墒情诊断，依据诊断结果并按照综合模型应用流程进行模型优选，时段诊断和逐日诊断的优选模型见表 3-52。

表 3-52 乌兰察布市丰镇市 150981J005 监测点优选诊断模型

项目	优选模型名称
时段诊断	统计法、差减统计法、间隔天数统计法
逐日诊断	统计法、差减统计法、比值统计法

按照综合模型应用流程对该监测点进行了建模数据的自回归验证和 2015 年数据的验证（2015 年 4 月 30 日增加 60mm 灌溉量）。综合模型建模数据自回归验证结果见表 3-53 和图 3-33，2015 年数据验证结果见表 3-54 和图 3-34。

表 3-53 综合模型对 2011—2014 年建模数据自回归验证结果（150981J005）（%）

监测日	实测值	时段诊断值	逐日诊断值	最终预测值	误差值
2011/5/18	8.16	—	—	—	—
2011/5/23	7.93	8.05	9.50	8.77	0.84
2012/4/5	10.54	—	—	—	—
2012/4/8	10.21	10.05	10.12	10.09	−0.13
2012/4/15	9.61	9.81	9.82	9.82	0.21
2012/4/18	9.25	9.27	9.27	9.27	0.02
2012/4/23	8.94	8.94	8.95	8.95	0.01
2012/4/28	9.23	8.94	8.94	8.94	−0.29
2012/5/3	9.48	8.93	9.51	9.22	−0.26
2012/5/8	9.44	9.15	9.71	9.43	−0.01
2012/5/13	13.29	10.49	10.57	10.53	−2.76
2012/5/18	13.12	11.70	12.63	12.16	−0.96
2012/5/25	13.74	11.87	12.72	12.30	−1.45
2012/6/10	13.54	13.74	13.74	13.74	0.20
2012/6/25	14.21	13.54	13.54	13.54	−0.67
2012/7/10	14.30	14.23	14.49	14.36	0.06
2012/8/10	15.56	17.09	17.09	17.09	1.53
2012/8/25	15.08	15.56	15.56	15.56	0.48
2012/9/10	15.12	15.08	15.08	15.08	−0.04
2012/10/10	15.18	13.76	12.19	12.98	−2.20
2012/10/27	15.58	13.76	12.53	13.14	−2.44
2013/5/3	12.98	—	—	—	—
2013/5/8	8.78	11.54	11.81	11.68	2.90
2013/5/13	8.62	0.00	8.56	4.28	−4.34
2013/6/25	15.82	8.62	8.62	8.62	−7.20
2013/7/25	13.77	17.09	17.09	17.09	3.32

（续）

监测日	实测值	时段诊断值	逐日诊断值	最终预测值	误差值
2013/8/10	15.08	14.16	14.89	14.53	−0.55
2013/8/25	11.88	15.08	15.08	15.08	3.20
2013/9/25	13.75	11.88	11.88	11.88	−1.87
2013/10/11	13.18	12.72	11.88	12.30	−0.88
2013/10/25	13.15	12.18	11.99	12.09	−1.06
2014/4/9	9.86	—	—	—	—
2014/4/15	8.29	9.49	9.50	9.50	1.21
2014/4/29	12.18	12.04	12.04	12.04	−0.14
2014/5/4	12.05	11.14	12.92	12.03	−0.02
2014/5/12	11.96	17.09	17.09	17.09	5.13
2014/5/26	12.49	11.49	11.94	11.72	−0.77
2014/5/30	12.30	11.17	11.74	11.46	−0.84
2014/6/12	13.08	12.30	12.30	12.30	−0.78
2014/6/26	11.56	13.08	13.08	13.08	1.52
2014/7/11	12.85	11.43	11.43	11.43	−1.42
2014/7/25	13.17	12.85	12.85	12.85	−0.32
2014/8/9	8.56	13.17	13.17	13.17	4.61
2014/8/27	9.16	8.56	8.56	8.56	−0.60
2014/9/9	9.11	11.27	11.27	11.27	2.16
2014/10/11	14.08	9.11	9.11	9.11	−4.97
2014/10/27	13.69	12.74	11.64	12.19	−1.50

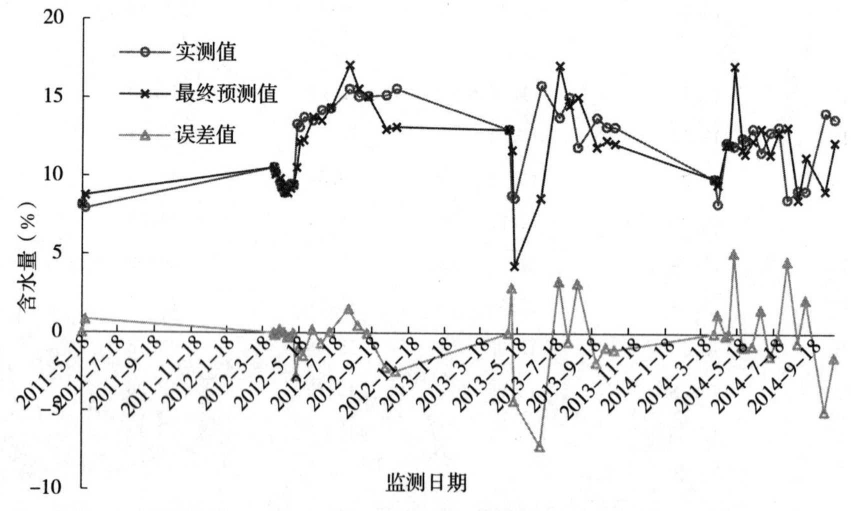

图 3-33　综合模型对 2011—2014 年建模数据自回归验证图（150981J005）

由表 3-53 和图 3-33 可见，模型综合应用得到的最终诊断结果中，误差大于 3 个质量含水量的个数为 7 个，占 16.28%，其中误差大于 5 个质量含水量的有 2 个，占 4.65%；如果将预测误差小于 3 个质量含水量作为合格预测结果，则综合模型预测合格率为 83.72%，自回归预测的平均误差为1.53%，最大误差为7.20%，最小误差为0.01%。

表3-54 综合模型对2015年历史监测数据的验证结果（150981J005）（%）

监测日	实测值	时段诊断值	逐日诊断值	最终预测值	误差值
2015/4/9	13.84	—	—	—	—
2015/4/15	13.61	12.11	12.59	12.35	−1.26
2015/4/20	13.44	11.86	12.11	11.99	−1.45
2015/4/24	12.77	11.65	11.96	11.81	−0.96
2015/4/29	12.54	11.44	11.75	11.59	−0.95
2015/5/5	18.09	17.09	17.09	17.09	−1.00
2015/5/8	16.38	13.88	15.36	14.62	−1.76
2015/5/14	14.30	16.38	16.38	16.38	2.08
2015/5/20	13.51	12.34	12.73	12.53	−0.98
2015/5/26	13.18	11.94	12.02	11.98	−1.20
2015/6/12	13.49	12.49	12.02	12.25	−1.24
2015/6/27	10.02	12.53	12.28	12.40	2.38
2015/7/10	9.18	10.02	10.02	10.02	0.84
2015/7/24	12.17	9.30	9.30	9.30	−2.87
2015/8/12	12.54	12.17	12.17	12.17	−0.37
2015/8/25	11.62	12.54	12.54	12.54	0.92
2015/9/25	12.67	11.62	11.62	11.62	−1.05
2015/10/12	12.49	12.67	12.67	12.67	0.18
2015/10/27	12.68	12.00	11.99	11.99	−0.69

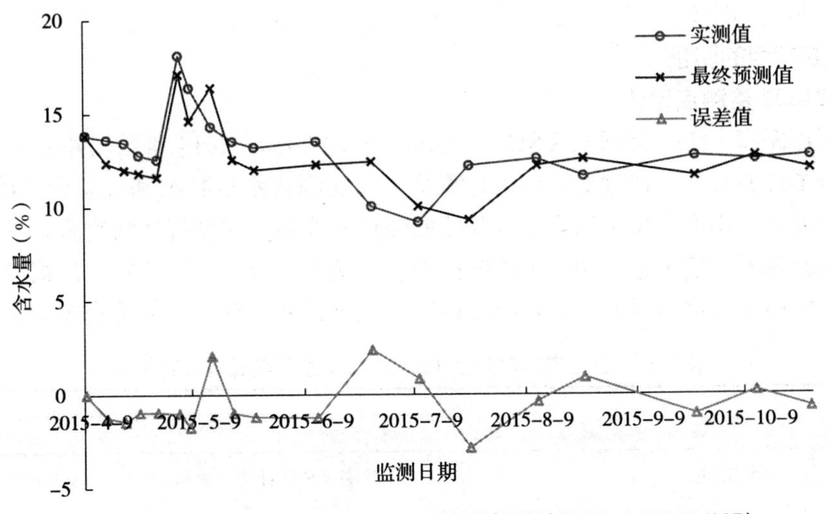

图3-34 综合模型对2015年历史监测数据的验证图（150981J005）

由表3-54和图3-34可见，模型综合应用得到的最终诊断结果中，未出现误差大于3个质量含水量的预测结果；如果将预测误差小于3个质量含水量作为合格预测结果，则综合模型预测合格率为100%，2015年历史数据验证结果的平均误差为1.23%，最大误差为2.87%，最小误差为0.18%。

综合模型自回归验证和2015年历史监测数据验证结果的合格率分别为83.72%和100.00%。

三、通辽市科尔沁区验证

（一）基本情况

通辽市科尔沁区地处内蒙古自治区东部，地理坐标为东经121°42′～123°02′，北纬43°22′～43°58′之间，南同科尔沁左翼后旗接壤，西与开鲁县为邻，北及东和科尔沁左翼中旗毗连。行政区域面积为2 821km²，辖10个镇（苏木）、5个国有农牧场、11个街道。科尔沁区四季分明，光照充足，雨热同期，气温适中。年平均气温6.1℃，日照数3 113h，年平均降水量385.1mm，春秋降水量占年降水量的13%～16%。年平均无霜期150d，年平均风速3.6m/s。

（二）土壤墒情监测状况

通辽市科尔沁区2010年纳入全国土壤墒情网开始进行土壤墒情监测工作，全区共设5个农田监测点，本次验证的监测点主要信息见表3-55。

表3-55 通辽市科尔沁区土壤墒情监测点设置情况

监测点编号	设置时间	所处位置	经度	纬度	主要种植作物	土壤类型
150502J002	2010	科尔沁区 海舍力嘎查村	122°19′	43°32′	玉米	黏土

（三）模型使用的气象台站情况

诊断模型所使用的降水量数据来源于54135号国家气象站，该台站位于通辽市，经度为122°16′，纬度为43°36′。

（四）监测点的验证

150502J002监测点验证

该监测点距离54135号国家气象站约8km。采用2010—2014年数据建立6个墒情诊断模型并进行了诊断计算，通过对比分析计算结果、实测含水量数据和气象台站降水量数据，发现诊断模型所采用的气象台站降水量与该监测点的实际降水情况比较吻合，因此未对模型输入参数进行调整。使用建立的6个诊断模型进行该监测点的墒情诊断，依据诊断结果并按照综合模型应用流程进行模型优选，时段诊断和逐日诊断的优选模型见表3-56。

表3-56 通辽市科尔沁区150502J002监测点优选诊断模型

项目	优选模型名称
时段诊断	间隔天数统计法、比值统计法、移动统计法
逐日诊断	间隔天数统计法、比值统计法、统计法

按照综合模型应用流程对该监测点进行了建模数据的自回归验证和2015年数据的验证（2015年4月29日增加40mm灌溉量，2015年10月19日增加40mm灌溉量）。综合模型建模数据自回归验证结果见表3-57和图3-35，2015年数据验证结果见表3-58和图3-36。

表3-57　综合模型对2010—2014年建模数据自回归验证结果（150502J002）（%）

监测日	实测值	时段诊断值	逐日诊断值	最终预测值	误差值
2010/6/10	24.98	—	—	—	—
2010/6/25	18.38	20.04	21.00	20.52	2.14
2010/9/10	22.70	18.38	18.38	18.38	−4.32
2010/9/25	18.38	20.32	20.32	20.32	1.94
2010/10/10	25.69	22.14	20.76	21.45	−4.24
2011/5/10	28.85	—	—	—	—
2011/5/25	19.85	20.18	21.64	20.91	1.06
2011/7/25	17.40	19.85	19.85	19.85	2.45
2011/8/25	17.81	17.40	17.40	17.40	−0.41
2011/9/10	16.37	17.40	18.29	17.85	1.48
2011/9/25	20.42	16.94	17.63	17.28	−3.14
2011/10/10	21.65	19.29	19.29	19.29	−2.36
2011/10/25	20.91	20.20	20.20	20.20	−0.71
2012/4/5	26.48	—	—	—	—
2012/4/10	22.67	19.18	21.18	20.18	−2.49
2012/4/23	17.60	20.35	20.15	20.25	2.65
2012/4/30	22.55	23.99	19.60	21.80	−0.75
2012/5/3	22.43	20.63	20.97	20.80	−1.63
2012/5/25	19.93	19.84	19.76	19.80	−0.13
2012/6/9	20.44	19.93	19.93	19.93	−0.51
2012/6/25	17.50	21.57	20.64	21.11	3.61
2012/7/10	12.70	17.50	17.50	17.50	4.80
2012/9/25	10.45	12.70	12.70	12.70	2.25
2013/4/20	17.50	—	—	—	—
2013/4/25	15.30	16.99	18.02	17.51	2.21
2013/4/28	17.40	17.33	17.22	17.28	−0.12
2013/5/4	22.54	17.40	17.40	17.40	−5.14
2013/5/9	19.93	20.63	20.61	20.62	0.69
2013/5/24	18.38	19.93	19.93	19.93	1.55
2013/6/9	17.65	17.63	18.57	18.10	0.45
2013/7/13	14.37	17.65	17.65	17.65	3.28
2013/7/26	23.60	22.64	20.86	21.75	−1.85

（续）

监测日	实测值	时段诊断值	逐日诊断值	最终预测值	误差值
2013/8/25	22.65	21.55	21.04	21.30	－1.35
2013/9/10	20.04	23.02	21.75	22.39	2.35
2013/9/25	17.27	19.00	19.10	19.05	1.78
2013/10/10	17.65	17.20	18.02	17.61	－0.04
2013/10/25	20.93	18.12	18.45	18.28	－2.65
2014/4/5	22.30	—	—	—	—
2014/4/10	22.60	20.48	20.44	20.46	－2.14
2014/4/15	22.76	20.63	20.12	20.38	－2.38
2014/4/20	19.52	20.63	20.18	20.41	0.89
2014/5/10	23.00	19.07	19.60	19.34	－3.67
2014/5/26	24.16	22.38	21.34	21.86	－2.30
2014/7/25	23.60	22.98	20.73	21.86	－1.75
2014/9/9	21.09	18.96	19.48	19.22	－1.87
2014/9/28	26.36	19.74	19.73	19.74	－6.63
2014/10/11	22.03	20.36	21.52	20.94	－1.09

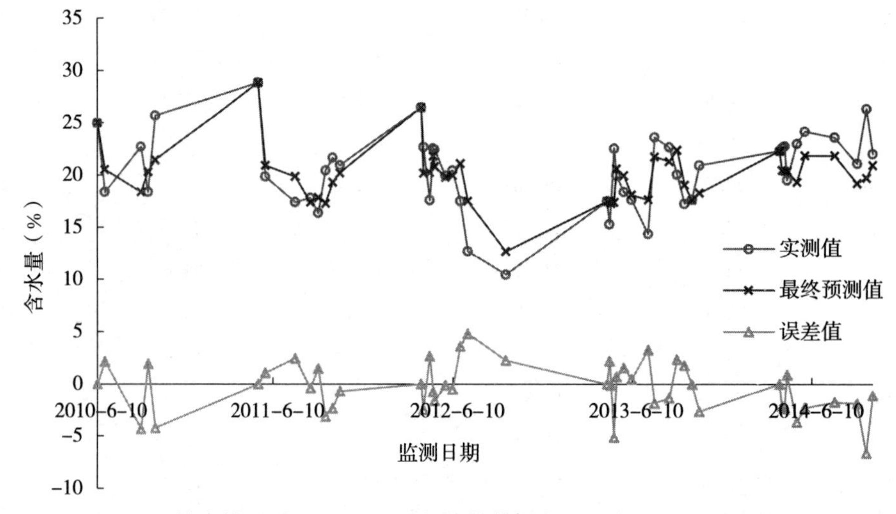

图 3-35　综合模型对 2010—2014 年建模数据自回归验证图（150502J002）

由表 3-57 和图 3-35 可见，模型综合应用得到的最终诊断结果中，误差大于 3 个质量含水量的个数为 9 个，占 21.43%，其中误差大于 5 个质量含水量的有 2 个，占 4.76%；如果将预测误差小于 3 个质量含水量作为合格预测结果，则综合模型预测合格率为 78.57%，自回归预测的平均误差为 2.13%，最大误差为 6.63%，最小误差为 0.04%。

表 3-58　综合模型对 2015 年历史监测数据的验证结果（150502J002）（%）

监测日	实测值	时段诊断值	逐日诊断值	最终预测值	误差值
2015/3/26	15.61	—	—	—	—
2015/4/10	18.14	17.50	17.64	17.57	－0.57
2015/4/24	16.16	17.53	18.35	17.94	1.78

（续）

监测日	实测值	时段诊断值	逐日诊断值	最终预测值	误差值
2015/5/5	20.32	19.39	18.98	19.19	−1.14
2015/5/10	19.91	17.93	20.14	19.03	−0.88
2015/7/10	20.91	23.20	22.96	23.08	2.17
2015/8/11	23.57	20.63	20.08	20.36	−3.21
2015/9/11	22.81	22.52	21.23	21.88	−0.93
2015/10/12	22.03	19.47	19.58	19.53	−2.51
2015/10/25	24.52	21.56	21.53	21.55	−2.98

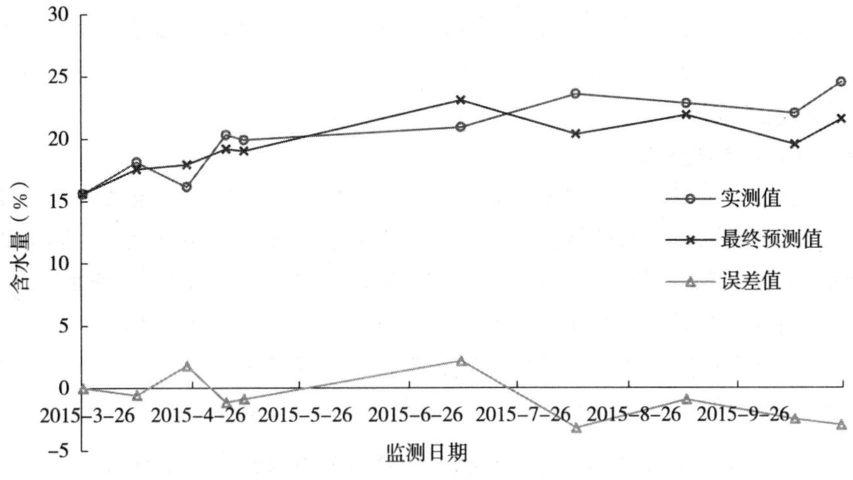

图 3-36　综合模型对 2015 年历史监测数据的验证图（150502J002）

由表 3-58 和图 3-36 可见，模型综合应用得到的最终诊断结果中，误差大于 3 个质量含水量的个数为 1 个，占 6.25%，未出现误差大于 5 个质量含水量的预测结果；如果将预测误差小于 3 个质量含水量作为合格预测结果，则综合模型预测合格率为 93.75%，2015 年历史数据验证结果的平均误差为 1.01%，最大误差为 3.21%，最小误差为 0.00%。

综合模型自回归验证和 2015 年历史监测数据验证结果的合格率分别为 78.57% 和 93.75%。

四、锡林郭勒盟太仆寺旗验证

（一）基本情况

太仆寺旗位于锡林郭勒盟南端，地理坐标在东经 114°51′～115°49′、北纬 41°35′～42°10′之间。东接河北沽源县、多伦县，南靠河北张北县，西界河北康保县、正蓝旗，北临正镶白旗。太仆寺旗地势自东北向西南倾斜，起伏不平，形成滩川、丘陵、山地的地形地貌，平均海拔1 400m。太仆寺旗属中温亚干旱大陆性气候区。年平均气温 1.4℃，年降水量 350mm，无霜期 100d 左右。

（二）土壤墒情监测状况

锡林郭勒盟太仆寺旗 2011 年纳入全国土壤墒情网开始进行土壤墒情监测工作，全区共设 5 个农田监测点，本次验证的监测点主要信息见表 3-59。

表 3-59　锡林郭勒盟太仆寺旗土壤墒情监测点设置情况

监测点编号	设置时间	所处位置	经度	纬度	主要种植作物	土壤类型
152527J001	2011	太仆寺旗朝阳村	114°58′	42°3′	小麦	砂壤土
152527J002	2011	宝昌镇复兴村	115°10′	42°3′	小麦	砂壤土
152527J003	2011	千斤沟镇楚仑乌苏村	115°25′	41°46′	马铃薯	黏壤土
152527J004	2011	骆驼山镇楚仑乌苏村	115°31′	41°53′	小麦、胡麻	黏壤土
152527J005	2012	宝昌镇头支箭村	115°20′	41°58′	小麦、莜麦	黏壤土

（三）模型使用的气象台站情况

诊断模型所使用的降水量数据来源于 53391 号国家气象站，该台站位于乌兰察布市化德县，经度为 114°0′，纬度为 41°54′。

（四）监测点的验证

1. 152527J001 监测点验证

该监测点距离 53391 号国家气象站约 82km。采用 2011—2014 年数据建立 6 个墒情诊断模型并进行了诊断计算，根据计算结果以及实测含水量数据和气象台站降水量数据的对比分析结果，确定在 2012 年 7 月 4 日增加 50mm 灌溉量，2013 年 4 月 27 日增加 50mm 灌溉量，2014 年 4 月 15 日增加 50mm 灌溉量，2014 年 5 月 8 日增加 50mm 灌溉量。使用调整后的降水量重新建立 6 个诊断模型并确定模型参数，据此进行该监测点的墒情诊断，依据诊断结果并按照综合模型应用流程进行模型优选，时段诊断和逐日诊断的优选模型见表 3-60。

表 3-60　锡林郭勒盟太仆寺旗 152527J001 监测点优选诊断模型

项目	优选模型名称
时段诊断	差减统计法、间隔天数统计法、移动统计法
逐日诊断	差减统计法、间隔天数统计法、统计法

按照综合模型应用流程对该监测点进行了建模数据的自回归验证和 2015 年数据的验证（2015 年 6 月 5 日增加 40mm 灌溉量）。综合模型建模数据自回归验证结果见表 3-61 和图 3-37，2015 年数据验证结果见表 3-62 和图 3-38。

表 3-61　综合模型对 2011—2014 年建模数据自回归验证结果（152527J001）（%）

监测日	实测值	时段诊断值	逐日诊断值	最终预测值	误差值
2011/4/25	12.79	—	—	—	—
2011/5/10	10.38	12.79	12.79	12.79	2.41
2011/5/25	9.64	9.74	9.74	9.74	0.10
2011/6/10	9.05	9.26	9.22	9.24	0.19
2011/6/25	9.77	8.93	8.93	8.93	−0.84
2011/7/10	11.12	10.97	11.05	11.01	−0.11
2011/7/25	9.94	10.60	10.60	10.60	0.66

（续）

监测日	实测值	时段诊断值	逐日诊断值	最终预测值	误差值
2011/8/10	7.79	9.94	9.94	9.94	2.15
2011/8/25	8.83	8.12	8.12	8.12	−0.71
2011/9/10	5.38	8.73	8.59	8.66	3.28
2011/9/25	6.85	6.26	6.26	6.26	−0.59
2011/10/10	6.79	7.17	7.17	7.17	0.38
2012/4/18	7.40	—	—	—	—
2012/4/23	8.71	8.12	7.47	7.79	−0.92
2012/5/1	10.70	9.15	8.57	8.86	−1.84
2012/5/3	8.82	10.38	9.94	10.16	1.34
2012/5/12	9.01	9.30	8.79	9.05	0.04
2012/5/21	9.18	9.24	8.94	9.09	−0.09
2012/5/25	11.48	9.40	9.15	9.27	−2.21
2012/6/11	11.48	11.48	11.48	11.48	0.00
2012/6/25	9.49	17.60	17.60	17.60	8.11
2012/7/10	14.31	17.60	17.60	17.60	3.29
2012/7/28	12.72	14.31	14.31	14.31	1.59
2012/8/12	10.59	13.10	13.10	13.10	2.51
2012/8/27	11.21	10.59	10.59	10.59	−0.62
2012/9/12	12.32	11.21	11.21	11.21	−1.11
2012/9/28	9.02	12.32	12.32	12.32	3.30
2013/4/24	8.35	—	—	—	—
2013/4/29	9.01	17.60	17.60	17.60	8.59
2013/5/3	14.22	9.22	10.27	9.74	−4.48
2013/5/8	14.22	11.35	13.77	12.56	−1.66
2013/5/14	14.37	11.88	12.33	12.10	−2.27
2013/5/20	13.84	11.36	12.44	11.90	−1.94
2013/5/29	8.87	11.60	12.02	11.81	2.94
2013/5/30	10.20	9.12	8.62	8.87	−1.33
2013/6/10	15.20	17.60	17.60	17.60	2.40
2013/6/26	15.60	15.20	15.20	15.20	−0.40
2013/7/11	16.10	16.68	15.57	16.12	0.02
2013/7/26	17.20	16.01	15.16	15.58	−1.62
2013/8/11	17.80	16.20	15.63	15.92	−1.88
2013/8/27	16.20	16.56	15.08	15.82	−0.38
2014/4/14	7.00	—	—	—	—
2014/4/21	12.60	17.60	17.60	17.60	5.00

（续）

监测日	实测值	时段诊断值	逐日诊断值	最终预测值	误差值
2014/4/24	11.00	11.67	12.95	12.31	1.31
2014/4/29	10.60	10.60	11.80	11.20	0.60
2014/5/4	11.20	10.41	9.95	10.18	−1.02
2014/5/13	10.90	17.6	17.60	17.60	6.70
2014/5/14	16.20	10.51	12.33	11.42	−4.78
2014/5/19	16.30	14.13	15.40	14.76	−1.54
2014/5/26	16.30	14.24	13.74	13.99	−2.31
2014/6/26	13.20	12.61	11.46	12.04	−1.17
2014/7/10	9.20	10.91	12.34	11.63	2.43
2014/8/28	6.90	5.14	8.69	6.92	0.01

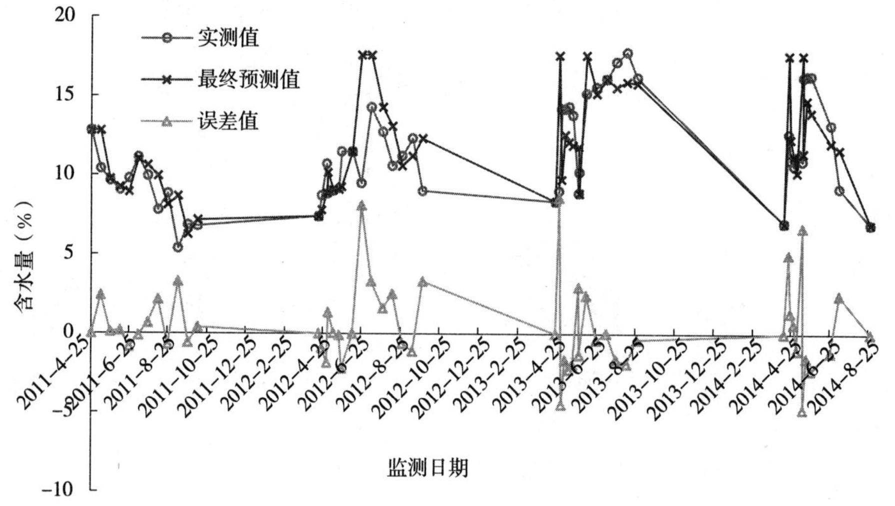

图 3-37　综合模型对 2011—2014 年建模数据自回归验证图（152527J001）

由表 3-61 和图 3-37 可见，模型综合应用得到的最终诊断结果中，误差大于 3 个质量含水量的个数为 9 个，占 18.37%，其中误差大于 5 个质量含水量的有 4 个，占 8.16%；如果将预测误差小于 3 个质量含水量作为合格预测结果，则综合模型预测合格率为 81.63%，自回归预测的平均误差为 1.94%，最大误差为 8.59%，最小误差为 0.00%。

表 3-62　综合模型对 2015 年历史监测数据的验证结果（152527J001）（%）

监测日	实测值	时段诊断值	逐日诊断值	最终预测值	误差值
2015/4/22	16.60	—	—	—	—
2015/6/11	16.30	16.60	16.60	16.60	0.30
2015/6/25	16.80	14.03	14.12	14.08	−2.73
2015/7/10	14.50	16.80	16.80	16.80	2.30
2015/7/27	17.20	14.50	14.50	14.50	−2.70

（续）

监测日	实测值	时段诊断值	逐日诊断值	最终预测值	误差值
2015/8/12	18.60	17.20	17.20	17.20	−1.40
2015/8/25	11.40	14.45	15.13	14.79	3.39
2015/9/10	12.30	11.40	11.40	11.40	−0.90

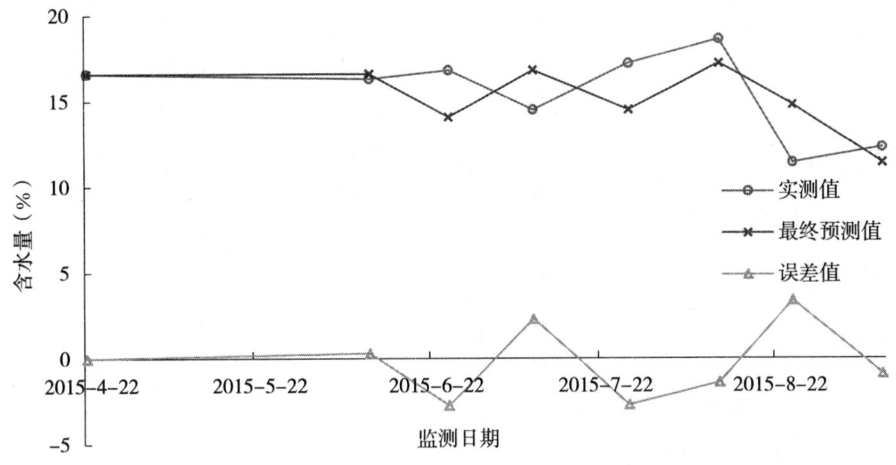

图 3-38　综合模型对 2015 年历史监测数据的验证图（152527J001）

由表 3-62 和图 3-38 可见，模型综合应用得到的最终诊断结果中，误差大于 3 个质量含水量的个数为 1 个，占 14.29%，未出现误差大于 5 个质量含水量的预测结果；如果将预测误差小于 3 个质量含水量作为合格预测结果，则综合模型预测合格率为 85.71%，2015 年历史数据验证结果的平均误差为 1.96%，最大误差为 3.39%，最小误差为 0.30%。

综合模型自回归验证和 2015 年历史监测数据验证结果的合格率分别为 81.63% 和 85.71%。

2. 152527J002 监测点验证

该监测点距离 53391 号国家气象站约 97km。采用 2011—2014 年数据建立 6 个墒情诊断模型并进行了诊断计算，根据计算结果以及实测含水量数据和气象台站降水量数据的对比分析结果，确定在 2012 年 9 月 6 日增加 50mm 灌溉量，2014 年 5 月 8 日增加 50mm 灌溉量。使用调整后的降水量重新建立 6 个诊断模型并确定模型参数，据此进行该监测点的墒情诊断，依据诊断结果并按照综合模型应用流程进行模型优选，时段诊断和逐日诊断的优选模型见表 3-63。

表 3-63　锡林郭勒盟太仆寺旗 152527J002 监测点优选诊断模型

项目	优选模型名称
时段诊断	比值统计法、统计法、差减统计法
逐日诊断	比值统计法、统计法、间隔天数统计法

按照综合模型应用流程对该监测点进行了建模数据的自回归验证和 2015 年数据的验证（2015 年未进行降水量的调整）。综合模型建模数据自回归验证结果见表 3-64 和图 3-39，

2015 年数据验证结果见表 3-65 和图 3-40。

表 3-64 综合模型对 2011—2014 年建模数据自回归验证结果（152527J002）（%）

监测日	实测值	时段诊断值	逐日诊断值	最终预测值	误差值
2011/4/25	14.52	—	—	—	—
2011/5/10	14.68	14.52	14.52	14.52	−0.16
2011/5/25	13.08	13.98	13.5	13.74	0.66
2011/6/10	13.00	12.70	11.71	12.21	−0.79
2011/6/25	11.33	12.62	12.22	12.42	1.09
2011/7/10	9.22	11.93	11.93	11.93	2.71
2011/7/25	6.19	9.48	9.36	9.42	3.23
2011/8/10	6.25	6.19	6.19	6.19	−0.06
2011/8/25	5.49	6.64	6.63	6.63	1.14
2011/9/10	5.48	5.89	6.23	6.06	0.58
2011/9/25	5.82	5.80	5.80	5.80	−0.02
2011/10/10	6.30	5.97	5.97	5.97	−0.33
2012/4/18	9.03	—	—	—	—
2012/4/23	8.19	8.89	8.89	8.89	0.70
2012/5/1	10.92	8.31	8.31	8.31	−2.61
2012/5/3	10.43	10.67	10.51	10.59	0.16
2012/5/12	11.74	10.42	10.19	10.31	−1.43
2012/5/21	12.84	11.45	11.24	11.35	−1.49
2012/5/25	13.52	12.44	12.16	12.30	−1.22
2012/6/11	11.33	13.52	13.52	13.52	2.19
2012/6/25	12.84	15.50	15.50	15.50	2.66
2012/7/10	14.31	12.84	12.84	12.84	−1.47
2012/7/28	16.50	14.31	14.31	14.31	−2.19
2012/8/12	13.23	15.90	15.88	15.89	2.66
2012/8/27	11.86	13.23	13.23	13.23	1.37
2012/9/12	15.37	12.44	12.83	12.63	−2.74
2012/9/28	13.90	15.37	15.37	15.37	1.47
2013/4/24	13.85	—	—	—	—
2013/4/29	14.26	13.27	12.75	13.01	−1.25
2013/5/3	13.17	13.59	13.08	13.34	0.17
2013/5/8	13.14	12.70	12.19	12.44	−0.70
2013/5/14	13.08	12.71	12.26	12.49	−0.59
2013/5/24	11.83	12.62	12.20	12.41	0.58
2013/5/29	12.41	11.58	11.20	11.39	−1.02

（续）

监测日	实测值	时段诊断值	逐日诊断值	最终预测值	误差值
2013/5/30	9.20	12.06	11.66	11.86	2.66
2013/6/10	13.00	15.50	15.50	15.50	2.50
2013/6/26	14.80	13.00	13.00	13.00	−1.80
2013/7/11	14.60	14.73	14.80	14.76	0.16
2013/7/26	14.80	14.35	14.31	14.33	−0.47
2013/8/11	14.60	14.61	14.51	14.56	−0.04
2013/8/27	14.50	14.46	14.02	14.24	−0.26
2014/4/14	11.40	—	—	—	—
2014/4/21	14.10	11.25	11.02	11.14	−2.96
2014/4/24	13.90	13.47	13.16	13.31	−0.59
2014/4/29	14.10	13.31	12.93	13.12	−0.98
2014/5/4	13.40	13.51	13.07	13.29	−0.11
2014/5/13	11.40	15.50	15.50	15.50	4.10
2014/5/14	15.10	11.12	11.97	11.55	−3.55
2014/5/19	14.80	14.23	14.07	14.15	−0.65
2014/5/26	14.20	14.03	13.58	13.80	−0.40
2014/6/26	15.20	13.71	11.92	12.82	−2.38
2014/7/10	9.30	14.47	14.27	14.37	5.07
2014/8/28	6.50	9.66	9.21	9.43	2.93

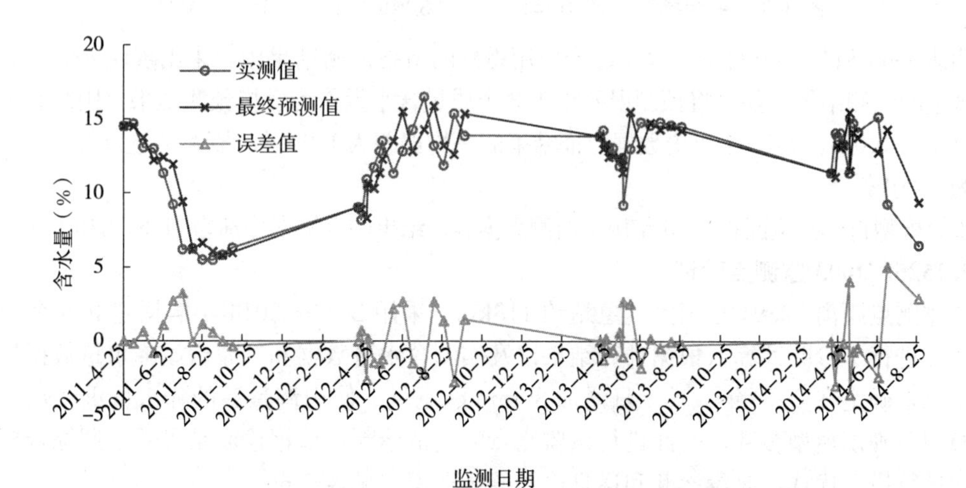

图 3-39　综合模型对 2011—2014 年建模数据自回归验证图（152527J002）

由表 3-64 和图 3-39 可见，模型综合应用得到的最终诊断结果中，误差大于 3 个质量含水量的个数为 4 个，占 8.16%，其中误差大于 5 个质量含水量的有 1 个，占 2.04%；如果将预测误差小于 3 个质量含水量作为合格预测结果，则综合模型预测合格率为 91.84%，自回归预测的平均误差为 1.45%，最大误差为 5.07%，最小误差为 0.02%。

表 3-65 综合模型对 2015 年历史监测数据的验证结果（152527J002）（%）

监测日	实测值	时段诊断值	逐日诊断值	最终预测值	误差值
2015/4/22	14.10	—	—	—	—
2015/6/11	14.80	13.64	11.32	12.48	−2.32
2015/6/25	14.60	14.11	13.78	13.94	−0.66
2015/7/10	13.80	14.60	14.60	14.60	0.80
2015/7/27	14.80	13.80	13.80	13.80	−1.00
2015/8/12	15.10	14.80	14.80	14.80	−0.30
2015/8/25	13.20	14.24	13.72	13.98	0.78
2015/9/10	14.60	13.20	13.20	13.20	−1.40

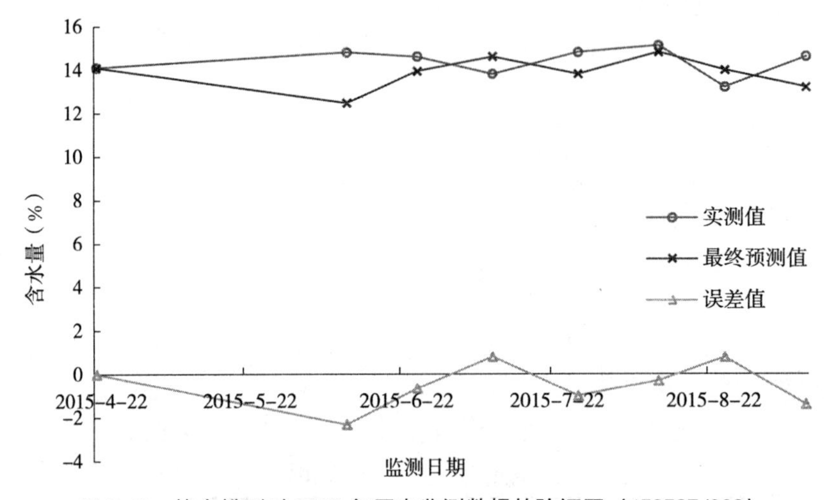

图 3-40 综合模型对 2015 年历史监测数据的验证图（152527J002）

由表 3-65 和图 3-40 可见，模型综合应用得到的最终诊断结果中，未出现误差大于 3 个质量含水量的预测结果；如果将预测误差小于 3 个质量含水量作为合格预测结果，则综合模型预测合格率为 100%，2015 年历史数据验证结果的平均误差为 1.04%，最大误差为 2.32%，最小误差为 0.30%。

综合模型自回归验证和 2015 年历史监测数据验证结果的合格率分别为 91.84%和 100.00%。

3. 152527J003 监测点验证

该监测点距离 53391 号国家气象站约 118km。采用 2011—2014 年数据建立 6 个墒情诊断模型并进行了诊断计算，根据计算结果以及实测含水量数据和气象台站降水量数据的对比分析结果，确定在 2012 年 7 月 4 日增加 80mm 灌溉量。使用调整后的降水量重新建立 6 个诊断模型并确定模型参数，据此进行该监测点的墒情诊断，依据诊断结果并按照综合模型应用流程进行模型优选，时段诊断和逐日诊断的优选模型见表 3-66。

表 3-66 锡林郭勒盟太仆寺旗 152527J003 监测点优选诊断模型

项目	优选模型名称
时段诊断	差减统计法、移动统计法、间隔天数统计法
逐日诊断	差减统计法、比值统计法、统计法

按照综合模型应用流程对该监测点进行了建模数据的自回归验证和 2015 年数据的验证（2015 年未进行降水量的调整）。综合模型建模数据自回归验证结果见表 3-67 和图 3-41，2015 年数据验证结果见表 3-68 和图 3-42。

表 3-67　综合模型对 2011—2014 年建模数据自回归验证结果（152527J003）（%）

监测日	实测值	时段诊断值	逐日诊断值	最终预测值	误差值
2011/4/25	16.90	—	—	—	—
2011/5/10	16.57	16.90	16.90	16.90	0.33
2011/5/25	15.18	14.69	15.24	14.97	−0.21
2011/6/10	14.50	13.70	13.56	13.63	−0.87
2011/6/25	10.38	13.23	13.78	13.50	3.12
2011/7/10	10.54	12.62	12.66	12.64	2.10
2011/7/25	7.09	10.50	10.43	10.47	3.38
2011/8/10	6.75	7.09	7.09	7.09	0.34
2011/8/25	5.85	6.23	6.89	6.56	0.71
2011/9/10	5.96	6.24	6.09	6.16	0.20
2011/9/25	6.58	6.06	5.99	6.02	−0.56
2011/10/10	5.88	5.98	6.31	6.15	0.27
2012/4/18	10.72	—	—	—	—
2012/4/23	10.79	10.75	10.15	10.45	−0.34
2012/5/1	10.30	10.90	10.47	10.68	0.38
2012/5/3	10.24	10.43	10.08	10.25	0.01
2012/5/12	10.84	10.54	10.14	10.34	−0.50
2012/5/21	14.23	10.75	10.62	10.69	−3.54
2012/5/25	12.91	13.51	13.52	13.51	0.60
2012/6/11	13.26	12.91	12.91	12.91	−0.35
2012/6/25	13.13	19.19	19.19	19.19	6.06
2012/7/10	20.19	14.98	14.17	14.58	−5.61
2012/7/28	18.42	18.64	17.27	17.95	−0.47
2012/8/12	12.48	17.79	18.05	17.92	5.44
2012/8/27	10.76	12.48	12.48	12.48	1.72
2012/9/12	14.39	10.76	10.76	10.76	−3.63
2012/9/28	15.25	14.39	14.39	14.39	−0.86
2013/4/25	16.12	—	—	—	—
2013/4/29	15.54	14.62	14.83	14.72	−0.82
2013/5/3	16.17	14.48	14.45	14.46	−1.71
2013/5/8	12.68	14.62	14.88	14.75	2.07
2013/5/14	13.45	12.36	12.17	12.27	−1.18

（续）

监测日	实测值	时段诊断值	逐日诊断值	最终预测值	误差值
2013/5/20	13.17	12.68	12.78	12.73	−0.44
2013/5/24	12.21	12.65	12.51	12.58	0.37
2013/5/29	13.85	11.96	11.72	11.84	−2.01
2013/5/30	11.20	13.17	13.16	13.16	1.96
2013/6/10	15.50	19.19	19.19	19.19	3.69
2013/6/26	16.90	15.50	15.50	15.50	−1.40
2013/7/11	15.80	17.13	17.07	17.10	1.30
2013/7/26	15.40	15.58	15.64	15.61	0.21
2013/8/11	14.70	15.52	15.71	15.61	0.91
2013/8/27	14.20	15.39	14.54	14.97	0.77
2014/4/14	13.80	—	—	—	—
2014/4/21	15.60	13.27	13.25	13.26	−2.34
2014/4/24	15.20	14.52	14.66	14.59	−0.61
2014/4/29	14.90	14.15	14.29	14.22	−0.68
2014/5/4	14.60	14.06	14.01	14.03	−0.57
2014/5/13	13.40	15.29	14.35	14.82	1.42
2014/5/14	15.40	12.67	13.27	12.97	−2.43
2014/5/19	15.10	14.09	14.78	14.43	−0.67
2014/5/26	14.70	14.17	14.19	14.18	−0.52
2014/6/26	15.40	12.73	13.00	12.87	−2.53
2014/7/10	12.40	14.20	14.77	14.49	2.09
2014/8/28	8.70	9.11	10.98	10.04	1.34

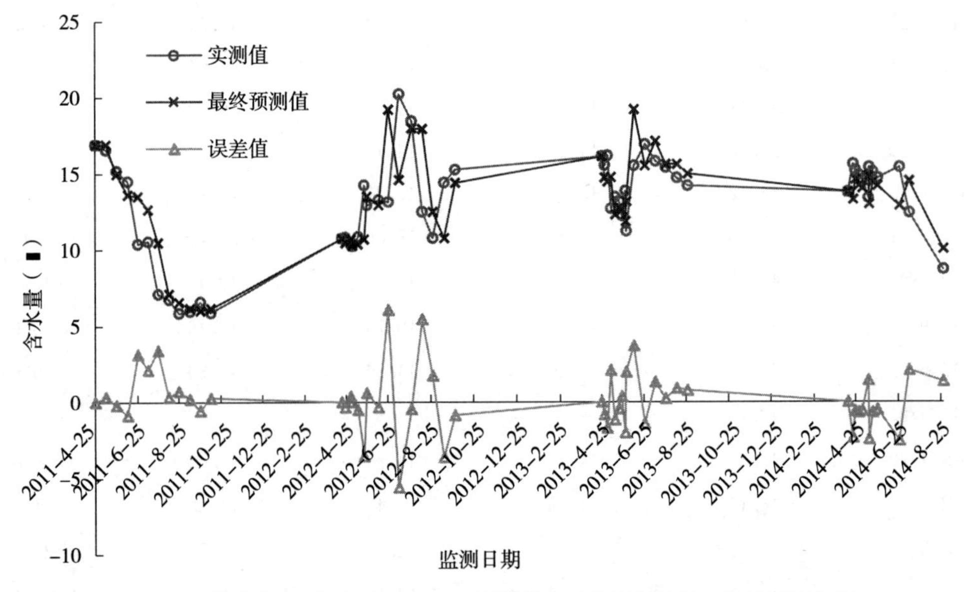

图 3-41　综合模型对 2011—2014 年建模数据自回归验证图（152527J003）

由表 3-67 和图 3-41 可见，模型综合应用得到的最终诊断结果中，误差大于 3 个质量含水量的个数为 8 个，占 16.00%，其中误差大于 5 个质量含水量的有 3 个，占 6.00%；如果将预测误差小于 3 个质量含水量作为合格预测结果，则综合模型预测合格率为 84.00%，自回归预测的平均误差为 1.51%，最大误差为 6.06%，最小误差为 0.01%。

表 3-68　综合模型对 2015 年历史监测数据的验证结果（152527J003）（%）

监测日	实测值	时段诊断值	逐日诊断值	最终预测值	误差值
2015/4/22	15.60	—	—	—	—
2015/6/11	15.10	11.70	12.70	12.20	−2.90
2015/7/10	14.20	13.06	13.77	13.41	−0.79
2015/7/27	15.40	14.20	14.20	14.20	−1.20
2015/8/12	15.60	15.40	15.40	15.40	−0.20
2015/8/25	14.60	13.94	14.35	14.15	−0.45
2015/9/10	15.20	14.60	14.60	14.60	−0.60

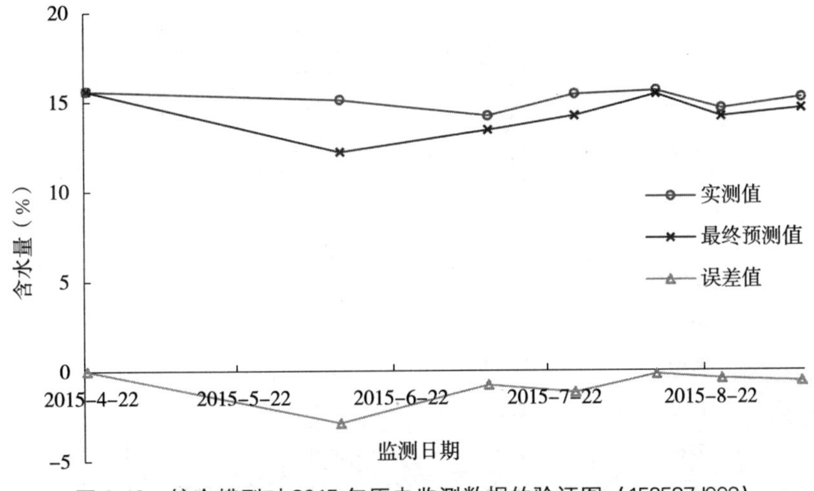

图 3-42　综合模型对 2015 年历史监测数据的验证图（152527J003）

由表 3-68 和图 3-42 可见，模型综合应用得到的最终诊断结果中，未出现误差大于 3 个质量含水量的预测结果；如果将预测误差小于 3 个质量含水量作为合格预测结果，则综合模型预测合格率为 100%，2015 年历史数据验证结果的平均误差为 0.88%，最大误差为 2.90%，最小误差为 0.00%。

综合模型自回归验证和 2015 年历史监测数据验证结果的合格率分别为 84.00% 和 100.00%。

4. 152527J004 监测点验证

该监测点距离 53391 号国家气象站约 126km。采用 2011—2014 年数据建立 6 个墒情诊断模型并进行了诊断计算，通过对比分析计算结果、实测含水量数据和气象台站降水量数据，发现诊断模型所采用的气象台站降水量与该监测点的实际降水情况比较吻合，因此未对模型输入参数进行调整。使用建立的 6 个诊断模型进行该监测点的墒情诊断，依据诊断结果并按照综合模型应用流程进行模型优选，时段诊断和逐日诊断的优选模型见表 3-69。

表 3-69 锡林郭勒盟太仆寺旗 152527J004 监测点优选诊断模型

项目	优选模型名称
时段诊断	差减统计法、移动统计法、间隔天数统计法
逐日诊断	差减统计法、比值统计法、统计法

按照综合模型应用流程对该监测点进行了建模数据的自回归验证和 2015 年数据的验证（2015 年 6 月 5 日增加 40mm 灌溉量）。综合模型建模数据自回归验证结果见表 3-70 和图 3-43，2015 年数据验证结果见表 3-71 和图 3-44。

表 3-70 综合模型对 2011—2014 年建模数据自回归验证结果（152527J004）（%）

监测日	实测值	时段诊断值	逐日诊断值	最终预测值	误差值
2011/4/25	16.77	—	—	—	—
2011/5/10	16.74	16.77	16.77	16.77	0.03
2011/5/25	16.79	14.84	14.90	14.87	−1.92
2011/6/10	14.90	14.83	14.36	14.59	−0.31
2011/6/25	12.25	13.75	14.13	13.94	1.69
2011/7/10	14.12	13.57	13.49	13.53	−0.59
2011/7/25	15.75	13.49	13.74	13.62	−2.14
2011/8/25	9.60	13.52	13.73	13.63	4.03
2011/9/10	9.87	9.78	10.99	10.39	0.52
2011/9/25	8.38	9.39	10.51	9.95	1.57
2011/10/10	9.10	9.05	9.28	9.17	0.06
2012/4/18	10.97	—	—	—	—
2012/5/1	8.61	10.35	11.35	10.85	2.24
2012/5/3	8.49	9.82	9.65	9.74	1.25
2012/5/12	7.60	7.93	9.75	8.84	1.24
2012/5/21	13.15	9.10	8.97	9.03	−4.12
2012/5/25	11.28	12.86	13.04	12.95	1.67
2012/6/11	10.52	11.28	11.28	11.28	0.76
2012/6/25	14.44	16.80	16.80	16.80	2.36
2012/7/28	16.82	14.44	14.44	14.44	−2.38
2012/8/12	15.78	16.79	16.19	16.49	0.71
2012/8/27	13.45	15.78	15.78	15.78	2.33
2012/9/28	12.58	13.45	13.45	13.45	0.87
2013/4/25	15.08	—	—	—	—
2013/5/8	13.64	13.73	14.02	13.88	0.24
2013/5/14	14.28	13.24	13.24	13.24	−1.04
2013/5/20	14.06	13.09	13.66	13.37	−0.69
2013/5/24	13.27	13.15	13.50	13.32	0.05

（续）

监测日	实测值	时段诊断值	逐日诊断值	最终预测值	误差值
2013/5/30	10.90	12.95	12.97	12.96	2.06
2013/6/10	14.20	16.80	16.80	16.80	2.60
2013/6/26	14.60	14.20	14.20	14.20	−0.40
2013/7/11	15.20	15.82	15.18	15.50	0.30
2013/7/26	16.60	15.44	15.05	15.24	−1.36
2013/8/11	15.80	16.65	15.78	16.21	0.41
2013/8/27	15.90	16.13	15.02	15.57	−0.33
2014/4/14	10.80	—	—	—	—
2014/4/21	16.60	10.94	11.48	11.21	−5.39
2014/4/24	14.20	14.96	14.94	14.95	0.75
2014/4/29	14.40	13.17	13.66	13.41	−0.99
2014/5/4	14.60	13.57	13.78	13.67	−0.93
2014/5/13	14.40	15.19	14.60	14.89	0.49
2014/5/14	17.40	13.08	14.20	13.64	−3.76
2014/5/19	17.80	14.92	15.66	15.29	−2.51
2014/5/26	17.60	14.85	15.31	15.08	−2.52
2014/6/26	14.50	14.81	14.12	14.46	−0.04
2014/7/10	12.80	13.63	14.14	13.88	1.08
2014/8/28	10.30	9.56	12.61	11.09	0.79

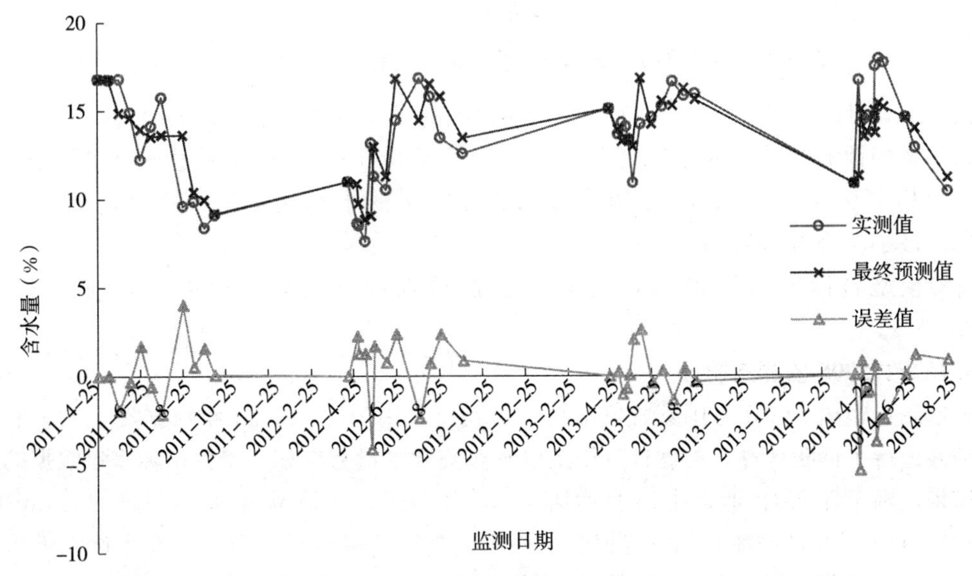

图 3-43　综合模型对 2011—2014 年建模数据自回归验证图（152527J004）

由表 3-70 和图 3-43 可见，模型综合应用得到的最终诊断结果中，误差大于 3 个质量含水量的个数为 4 个，占 9.30%，其中误差大于 5 个质量含水量的有 1 个，占 2.33%；如果将预测误差小于 3 个质量含水量作为合格预测结果，则综合模型预测合格率为 90.70%，自回归预测的平均误差为 1.43%，最大误差为 5.39%，最小误差为 0.03%。

表 3-71　综合模型对 2015 年历史监测数据的验证结果（152527J004）（%）

监测日	实测值	时段诊断值	逐日诊断值	最终预测值	误差值
2015/4/22	16.60	—	—	—	—
2015/6/11	17.80	16.60	16.60	16.60	−1.20
2015/7/10	15.20	14.19	14.54	14.37	−0.83
2015/7/27	16.60	15.20	15.20	15.20	−1.40
2015/8/12	17.60	16.60	16.60	16.60	−1.00
2015/8/25	14.10	14.90	15.14	15.02	0.92
2015/9/10	14.80	14.10	14.10	14.10	−0.70

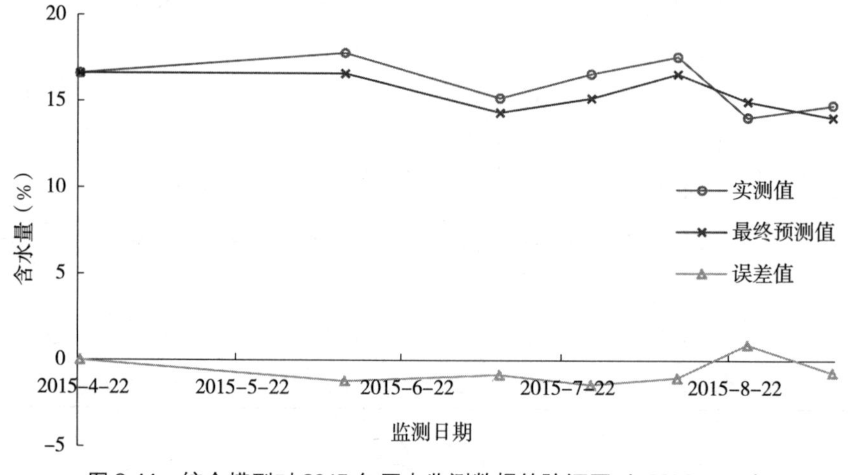

图 3-44　综合模型对 2015 年历史监测数据的验证图（152527J004）

由表 3-71 和图 3-44 可见，模型综合应用得到的最终诊断结果中，未出现误差大于 3 个质量含水量的预测结果；如果将预测误差小于 3 个质量含水量作为合格预测结果，则综合模型预测合格率为 100%，2015 年历史数据验证结果的平均误差为 1.01%，最大误差为 1.40%，最小误差为 0.70%。

综合模型自回归验证和 2015 年历史监测数据验证结果的合格率分别为 90.70% 和 100.00%。

5. 152527J005 监测点验证

该监测点距离 53391 号国家气象站约 110km。采用 2011—2014 年数据建立 6 个墒情诊断模型并进行了诊断计算，根据计算结果以及实测含水量数据和气象台站降水量数据的对比分析结果，确定在 2012 年 5 月 15 日增加 50mm 灌溉量，2014 年 4 月 15 日增加 50mm 灌溉量，2014 年 5 月 8 日增加 50mm 灌溉量。使用调整后的降水量重新建立 6 个诊断模型并确定模型参数，据此进行该监测点的墒情诊断，依据诊断结果并按照综合模型应用流程进行模型优选，时段、诊断和逐日诊断的优选模型见表 3-72。

表 3-72　锡林郭勒盟太仆寺旗 152527J005 监测点优选诊断模型

项目	优选模型名称
时段诊断	差减统计法、间隔天数统计法、移动统计法
逐日诊断	差减统计法、间隔天数统计法、统计法

按照综合模型应用流程对该监测点进行了建模数据的自回归验证和 2015 年数据的验证（2015 年 7 月 21 日增加 40mm 灌溉量，2015 年 9 月 4 日增加 40mm 灌溉量）。综合模型建模数据自回归验证结果见表 3-73 和图 3-45，2015 年数据验证结果见表 3-74 和图 3-46。

表 3-73　综合模型对 2012—2014 年建模数据自回归验证结果（152527J005）（%）

监测日	实测值	时段诊断值	逐日诊断值	最终预测值	误差值
2012/4/18	10.04	—	—	—	—
2012/4/23	7.29	8.85	9.22	9.04	1.75
2012/5/1	8.12	8.32	7.88	8.10	−0.02
2012/5/3	7.81	8.31	8.45	8.38	0.57
2012/5/12	7.58	8.73	8.46	8.60	1.02
2012/5/21	11.92	15.50	15.50	15.50	3.58
2012/5/25	11.18	10.66	12.80	11.73	0.55
2012/6/11	10.52	11.18	11.18	11.18	0.66
2012/6/25	13.70	15.50	15.50	15.50	1.80
2012/7/28	16.50	13.70	13.70	13.70	−2.80
2012/8/12	15.82	15.35	15.35	15.35	−0.47
2012/8/27	13.89	15.82	15.82	15.82	1.93
2012/9/12	15.03	13.89	13.89	13.89	−1.14
2012/9/28	12.54	15.03	15.03	15.03	2.49
2013/4/25	14.83	—	—	—	—
2013/5/8	11.83	11.92	11.87	11.90	0.06
2013/5/14	9.64	10.74	10.47	10.61	0.97
2013/5/20	8.83	8.97	9.27	9.12	0.29
2013/5/24	8.26	8.66	8.79	8.73	0.47
2013/5/30	7.10	8.64	8.44	8.54	1.44
2013/6/10	13.80	15.50	15.50	15.50	1.70
2013/6/26	14.20	13.80	13.80	13.80	−0.40
2013/7/11	13.20	14.76	14.76	14.76	1.56
2013/7/26	13.10	13.24	13.24	13.24	0.14
2013/8/11	13.20	13.59	13.94	13.77	0.57
2013/8/27	12.90	13.67	12.71	13.19	0.29

（续）

监测日	实测值	时段诊断值	逐日诊断值	最终预测值	误差值
2014/4/14	7.10	—	—	—	—
2014/4/21	12.80	15.50	15.50	15.50	2.70
2014/4/24	11.40	11.01	13.12	12.07	0.67
2014/4/29	10.20	10.00	12.45	11.22	1.02
2014/5/4	10.80	9.38	9.70	9.54	−1.26
2014/5/13	8.20	15.50	15.50	15.50	7.30
2014/5/14	13.20	8.22	11.83	10.02	−3.18
2014/5/19	12.80	11.23	13.75	12.49	−0.31
2014/5/26	12.40	11.10	10.98	11.04	−1.36
2014/6/26	12.10	11.42	10.13	10.78	−1.33
2014/7/10	8.10	11.09	11.54	11.32	3.22
2014/8/28	6.20	8.03	8.94	8.49	2.29

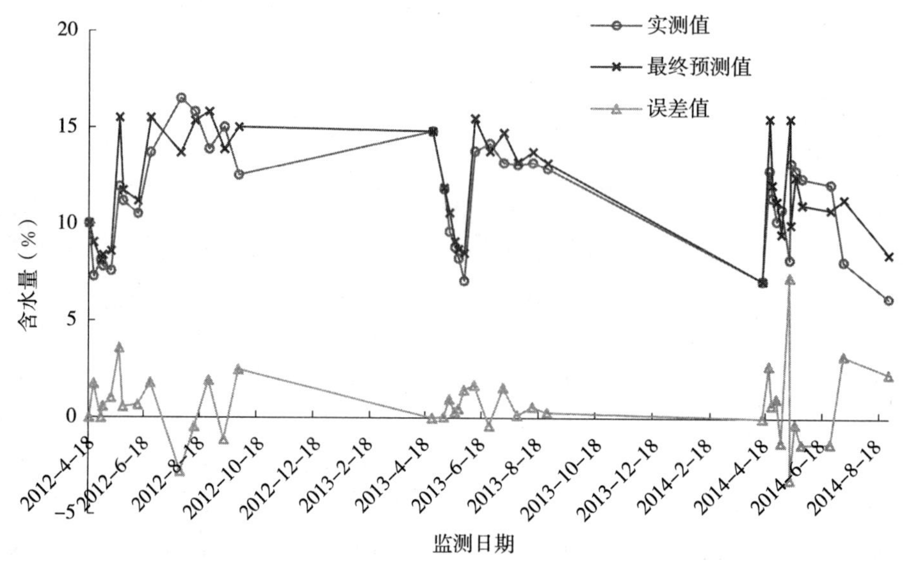

图 3-45 综合模型对 2011—2014 年建模数据自回归验证图（152527J005）

由表 3-73 和图 3-45 可见，模型综合应用得到的最终诊断结果中，误差大于 3 个质量含水量的个数为 4 个，占 11.43%，其中误差大于 5 个质量含水量的有 1 个，占 2.86%；如果将预测误差小于 3 个质量含水量作为合格预测结果，则综合模型预测合格率为 88.57%，自回归预测的平均误差为 1.47%，最大误差为 7.30%，最小误差为 0.02%。

表 3-74 综合模型对 2015 年历史监测数据的验证结果（152527J005）（%）

监测日	实测值	时段诊断值	逐日诊断值	最终预测值	误差值
2015/4/22	12.80	—	—	—	—
2015/6/11	12.80	10.93	9.93	10.43	−2.37

（续）

监测日	实测值	时段诊断值	逐日诊断值	最终预测值	误差值
2015/7/10	9.70	11.51	10.84	11.18	1.48
2015/7/27	13.10	12.13	12.91	12.52	−0.58
2015/8/12	13.20	13.10	13.10	13.10	−0.10
2015/8/25	6.20	11.06	10.97	11.02	4.82
2015/9/10	11.80	10.24	12.88	11.56	−0.24

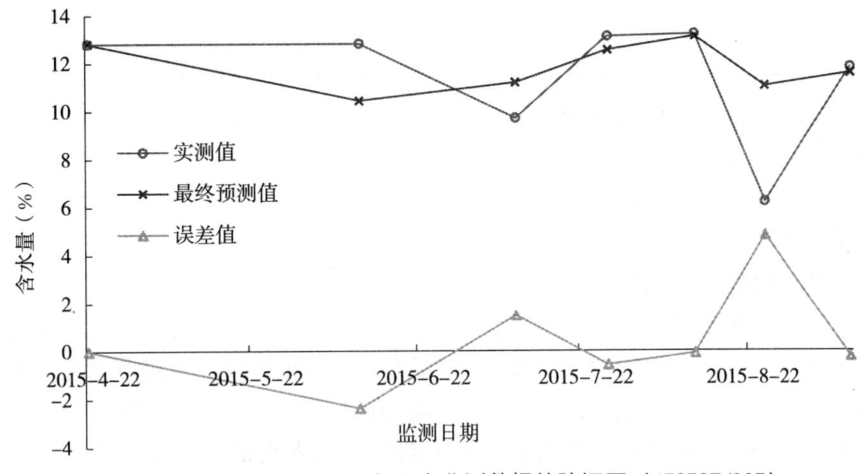

图 3-46　综合模型对 2015 年历史监测数据的验证图（152527J005）

由表 3-74 和图 3-46 可见，模型综合应用得到的最终诊断结果中，误差大于 3 个质量含水量的个数为 1 个，占 16.67%，未出现误差大于 5 个质量含水量的预测结果；如果将预测误差小于 3 个质量含水量作为合格预测结果，则综合模型预测合格率为 83.33%，2015 年历史数据验证结果的平均误差为 1.60%，最大误差为 4.82%，最小误差为 0.10%。

综合模型自回归验证和 2015 年历史监测数据验证结果的合格率分别为 88.57%和 83.33%。

五、呼和浩特市武川县验证

（一）基本情况

武川县位于内蒙古自治区中部，阴山北麓，首府呼和浩特市北，总面积 4885km^2。全境在东经 110°31′～111°53′、北纬 40°47′～41°23′之间。境内地形由南至北逐渐低缓，东、南、西三面环山，构成了武川盆地。由于复杂的地质构造条件，受大青山急剧上升和武川盆地的强烈剥蚀及地层、地质构造、地质内外营力作用，武川境内的地层从太古界到新生界都有出露。构造部位处于华北地台北缘，Ⅰ级构造单元为华北地台，Ⅱ级构造单元为内蒙古台隆（内蒙古地轴），Ⅲ级构造单元为阴山断隆。武川气候类型属中温带大陆性季风气候。年平均气温 3.0℃，年极端最低气温－37.0℃，出现于 1971 年 1 月 22 日，年极端最高气温 36.2℃出现于 2005 年 6 月 22 日。最冷月为 1 月，平均气温－14.8℃，最热月为 7 月，平均气温 18.8℃。无霜期 124d 左右，月平均气温大于或等于 0℃的年积温，历年平均为 2578.5℃。历年平均降水为 354.1mm 左右。武川县境内有 8 条季节性河流。分属内流塔布河和外流黄河支流大黑河两个水系。全县年地表径流量 1.3 亿 m^3。天然湖泊 6 个，面积均较小。

（二）土壤墒情监测状况

呼和浩特市武川县 2011 年纳入全国土壤墒情网开始进行土壤墒情监测工作，全区共设 3 个农田监测点，本次验证的监测点主要信息见表 3-75。

表 3-75　呼和浩特市武川县土壤墒情监测点设置情况

监测点编号	设置时间	所处位置	经度	纬度	主要种植作物	土壤类型
150125J003	2011	武川县大豆铺村	111°52′	41°12′	马铃薯，油菜	砂壤土
150125J004	2011	武川县小西滩村	111°35′	41°23′	马铃薯，油菜	砂壤土
150125J005	2012	武川县小安字号村	111°28′	41°20′	马铃薯，油菜	—

（三）模型使用的气象台站情况

诊断模型所使用的降水量数据来源于 53362 号国家气象站，该台站位于四子王旗，经度为 111°41′，纬度为 41°32′。

（四）监测点的验证

1. 150125J003 监测点验证

该监测点距离 53362 号国家气象站约 40km。采用 2011—2014 年数据建立 6 个墒情诊断模型并进行了诊断计算，根据计算结果以及实测含水量数据和气象台站降水量数据的对比分析结果，确定在 2011 年 6 月 19 日增加 100mm 灌溉量，2011 年 10 月 19 日增加 50mm 灌溉量，2012 年 5 月 1 日增加 50mm 灌溉量。使用调整后的降水量重新建立 6 个诊断模型并确定模型参数，据此进行该监测点的墒情诊断，依据诊断结果并按照综合模型应用流程进行模型优选，时段诊断和逐日诊断的优选模型见表 3-76。

表 3-76　呼和浩特市武川县 150125J003 监测点优选诊断模型

项目	优选模型名称
时段诊断	差减统计法、移动统计法、统计法
逐日诊断	差减统计法、移动统计法、统计法

按照综合模型应用流程对该监测点进行了建模数据的自回归验证和 2015 年数据的验证（2015 年 9 月 19 日增加 50mm 灌溉量）。综合模型建模数据自回归验证结果见表 3-77 和图 3-47，2015 年数据验证结果见表 3-78 和图 3-48。

表 3-77　综合模型对 2011—2014 年建模数据自回归验证结果（150125J003）（%）

监测日	实测值	时段诊断值	逐日诊断值	最终预测值	误差值
2011/4/25	13.40	—	—	—	—
2011/5/10	9.93	7.46	7.46	7.46	−2.47
2011/5/25	12.40	7.78	7.78	7.78	−4.62
2011/6/25	23.70	19.05	14.85	16.95	−6.75
2011/7/10	25.90	24.37	24.37	24.37	−1.53
2011/7/25	10.40	16.62	16.62	16.62	6.22

（续）

监测日	实测值	时段诊断值	逐日诊断值	最终预测值	误差值
2011/8/25	9.70	10.40	10.40	10.40	0.70
2011/9/10	6.00	8.13	8.01	8.07	2.07
2011/9/25	8.40	7.35	7.35	7.35	−1.05
2011/10/10	7.50	7.90	7.90	7.90	0.40
2011/10/25	12.30	10.26	10.26	10.26	−2.04
2012/4/12	9.10	—	—	—	—
2012/4/27	8.50	8.25	8.25	8.25	−0.25
2012/5/7	12.60	10.12	10.47	10.30	−2.30
2012/5/10	7.80	5.75	11.98	8.87	1.07
2012/5/25	9.70	8.24	8.24	8.24	−1.46
2012/5/29	7.70	7.62	7.98	7.80	0.10
2012/6/12	9.50	7.70	7.70	7.70	−1.80
2012/7/15	11.00	9.50	9.50	9.50	−1.50
2012/8/14	9.50	11.00	11.00	11.00	1.50
2012/8/29	9.90	9.50	9.50	9.50	−0.40
2012/10/17	10.50	8.42	8.42	8.42	−2.08
2013/5/7	8.70	—	—	—	—
2013/5/22	8.50	7.89	7.89	7.89	−0.61
2013/5/24	8.50	7.63	7.68	7.66	−0.84
2013/5/28	7.60	8.50	8.50	8.50	0.90
2013/6/13	9.60	7.82	7.91	7.86	−1.74
2013/7/15	6.70	9.60	9.60	9.60	2.90
2013/7/26	8.70	9.53	9.97	9.75	1.05
2013/8/14	10.50	8.70	8.70	8.70	−1.80
2013/8/26	8.80	8.35	8.62	8.49	−0.31
2013/9/27	8.60	8.58	8.54	8.56	−0.04
2013/10/14	4.50	8.34	8.15	8.25	3.75
2013/10/29	8.00	5.85	5.85	5.85	−2.15
2014/4/25	5.70	—	—	—	—
2014/5/5	9.50	6.94	6.95	6.95	−2.55
2014/5/15	6.00	8.27	8.33	8.30	2.30
2014/5/20	6.30	6.63	7.15	6.89	0.59
2014/5/27	8.00	6.93	7.05	6.99	−1.01
2014/6/11	10.40	8.00	8.00	8.00	−2.40
2014/6/25	6.40	8.26	8.26	8.26	1.86
2014/7/11	7.30	7.55	8.02	7.79	0.49

（续）

监测日	实测值	时段诊断值	逐日诊断值	最终预测值	误差值
2014/8/8	6.50	7.30	7.30	7.30	0.80
2014/8/25	10.60	6.50	6.50	6.50	−4.10
2014/9/9	7.00	7.8	7.80	7.80	0.80
2014/9/28	7.80	7.00	7.00	7.00	−0.80
2014/10/9	6.70	7.94	8.15	8.04	1.34
2014/10/23	8.50	6.70	6.70	6.70	−1.80
2014/11/11	8.60	7.94	7.69	7.81	−0.79

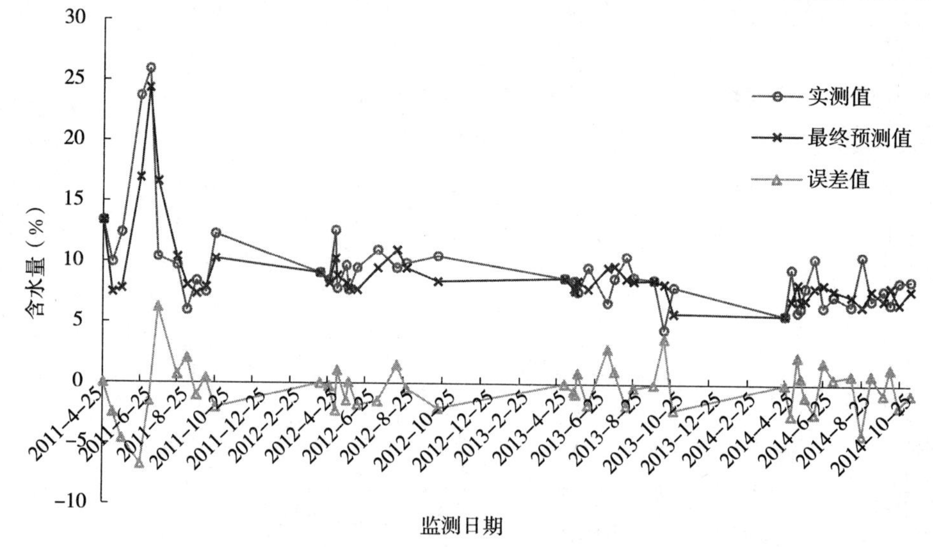

图 3-47　综合模型对 2011—2014 年建模数据自回归验证图（150125J003）

由表 3-77 和图 3-47 可见，模型综合应用得到的最终诊断结果中，误差大于 3 个质量含水量的个数为 5 个，占 11.11%，其中误差大于 5 个质量含水量的有 2 个，占 4.44%；如果将预测误差小于 3 个质量含水量作为合格预测结果，则综合模型预测合格率为 88.89%，自回归预测的平均误差为 1.73%，最大误差为 6.75%，最小误差为 0.04%。

表 3-78　综合模型对 2015 年历史监测数据的验证结果（150125J003）（%）

监测日	实测值	时段诊断值	逐日诊断值	最终预测值	误差值
2015/4/13	9.10	—	—	—	—
2015/4/27	7.00	7.98	7.98	7.98	0.98
2015/5/5	5.30	7.12	7.13	7.13	1.83
2015/5/11	7.60	6.49	6.65	6.57	−1.03
2015/5/14	5.90	7.24	7.69	7.46	1.56
2015/5/19	8.00	6.51	6.81	6.66	−1.34
2015/5/25	7.90	7.41	7.75	7.58	−0.32
2015/6/10	8.90	7.90	7.90	7.90	−1.00

（续）

监测日	实测值	时段诊断值	逐日诊断值	最终预测值	误差值
2015/7/6	8.40	8.90	8.90	8.90	0.50
2015/7/13	10.50	7.59	7.68	7.64	−2.86
2015/7/24	8.40	7.94	7.94	7.94	−0.46
2015/8/12	6.20	8.55	8.57	8.56	2.36
2015/8/25	7.10	6.79	6.79	6.79	−0.31
2015/9/24	12.90	12.40	11.51	11.95	−0.95
2015/10/26	8.40	10.02	8.07	9.05	0.65

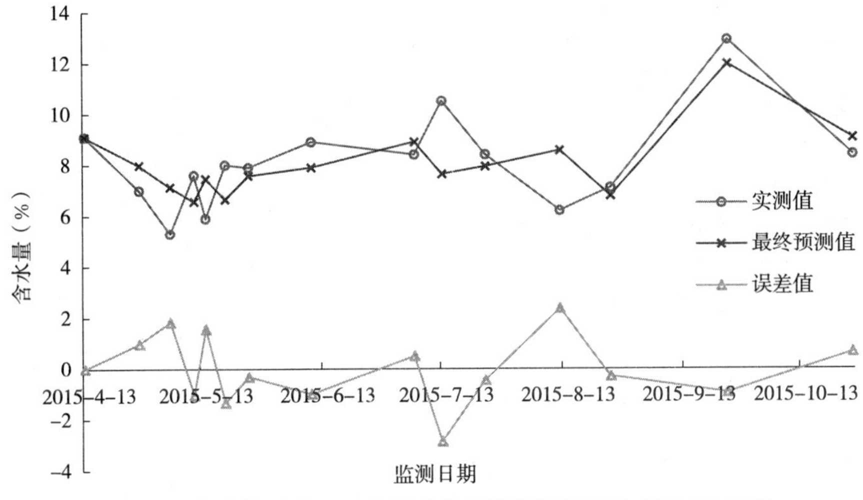

图 3-48　综合模型对 2015 年历史监测数据的验证图（150125J003）

由表 3-78 和图 3-48 可见，模型综合应用得到的最终诊断结果中，未出现误差大于 3 个质量含水量的预测结果；如果将预测误差小于 3 个质量含水量作为合格预测结果，则综合模型预测合格率为 100%，2015 年历史数据验证结果的平均误差为 1.15%，最大误差为 2.86%，最小误差为 0.31%。

综合模型自回归验证和 2015 年历史监测数据验证结果的合格率分别为 88.89%和 100.00%。

2. 150125J004 监测点验证

该监测点距离 53362 号国家气象站约 19km。采用 2011—2014 年数据建立 6 个墒情诊断模型并进行了诊断计算，根据计算结果以及实测含水量数据和气象台站降水量数据的对比分析结果，确定在 2011 年 6 月 19 日增加 100mm 灌溉量，2014 年 8 月 19 日增加 60mm 灌溉量。使用调整后的降水量重新建立 6 个诊断模型并确定模型参数，据此进行该监测点的墒情诊断，依据诊断结果并按照综合模型应用流程进行模型优选，时段诊断和逐日诊断的优选模型见表 3-79。

表 3-79　呼和浩特市武川县 150125J004 监测点优选诊断模型

项目	优选模型名称
时段诊断	差减统计法、间隔天数统计法、移动统计法
逐日诊断	差减统计法、间隔天数统计法、统计法

按照综合模型应用流程对该监测点进行了建模数据的自回归验证和2015年数据的验证（2015年9月19日增加80mm灌溉量）。综合模型建模数据自回归验证结果见表3-80和图3-49，2015年数据验证结果见表3-81和图3-50。

表3-80　综合模型对2011—2014年建模数据自回归验证结果（150125J004）（%）

监测日	实测值	时段诊断值	逐日诊断值	最终预测值	误差值
2011/4/25	11.40	—	—	—	—
2011/5/10	7.33	6.58	7.35	6.96	−0.37
2011/5/25	9.50	6.34	6.29	6.32	−3.19
2011/6/25	15.80	10.42	11.45	10.94	−4.87
2011/7/10	12.70	11.84	12.51	12.18	−0.52
2011/7/25	9.90	12.70	12.70	12.70	2.80
2011/9/10	4.50	9.90	9.90	9.90	5.40
2011/9/25	6.40	5.99	5.95	5.97	−0.43
2011/10/10	7.90	6.21	6.21	6.21	−1.69
2011/10/25	8.10	6.93	6.82	6.88	−1.22
2012/4/12	8.30	—	—	—	—
2012/4/27	6.90	6.72	6.68	6.70	−0.20
2012/5/7	6.60	6.44	6.43	6.44	−0.16
2012/5/10	6.70	6.28	6.15	6.22	−0.48
2012/5/29	7.20	6.57	6.23	6.40	−0.80
2012/6/12	6.70	7.20	7.20	7.20	0.50
2012/7/15	5.50	6.70	6.70	6.70	1.20
2012/8/14	7.00	5.50	5.50	5.50	−1.50
2012/8/29	6.00	7.00	7.00	7.00	1.00
2012/10/17	7.80	6.04	6.49	6.27	−1.54
2013/5/7	6.30	—	—	—	—
2013/5/22	6.00	6.05	6.05	6.05	0.05
2013/5/24	5.00	5.99	5.85	5.92	0.92
2013/5/28	4.10	5.00	5.00	5.00	0.90
2013/6/13	8.00	5.59	6.17	5.88	−2.12
2013/7/15	5.00	8.00	8.00	8.00	3.00
2013/7/26	8.00	7.91	8.04	7.98	−0.03
2013/8/14	7.70	8.00	8.00	8.00	0.30
2013/8/26	5.90	6.99	6.99	6.99	1.09
2013/9/27	8.10	6.36	6.61	6.49	−1.62
2013/10/14	5.60	6.86	6.48	6.67	1.07
2013/10/29	6.50	5.69	5.69	5.69	−0.81

（续）

监测日	实测值	时段诊断值	逐日诊断值	最终预测值	误差值
2014/4/25	5.90	—	—	—	—
2014/5/5	8.10	6.34	6.24	6.29	−1.81
2014/5/15	4.40	6.96	6.78	6.87	2.47
2014/5/20	5.20	5.59	5.79	5.69	0.49
2014/5/27	5.80	5.95	5.87	5.91	0.11
2014/6/11	7.30	5.80	5.80	5.80	−1.50
2014/6/25	4.80	6.80	6.59	6.70	1.90
2014/7/11	6.30	6.05	6.37	6.21	−0.09
2014/8/8	7.40	6.30	6.30	6.30	−1.10
2014/8/25	12.80	9.50	10.30	9.90	−2.9
2014/9/9	7.50	5.81	7.47	6.64	−0.86
2014/9/28	9.40	7.50	7.50	7.50	−1.90
2014/10/9	7.00	7.05	7.31	7.18	0.18
2014/10/23	7.60	7.00	7.00	7.00	−0.60
2014/11/11	6.80	6.37	6.25	6.31	−0.49

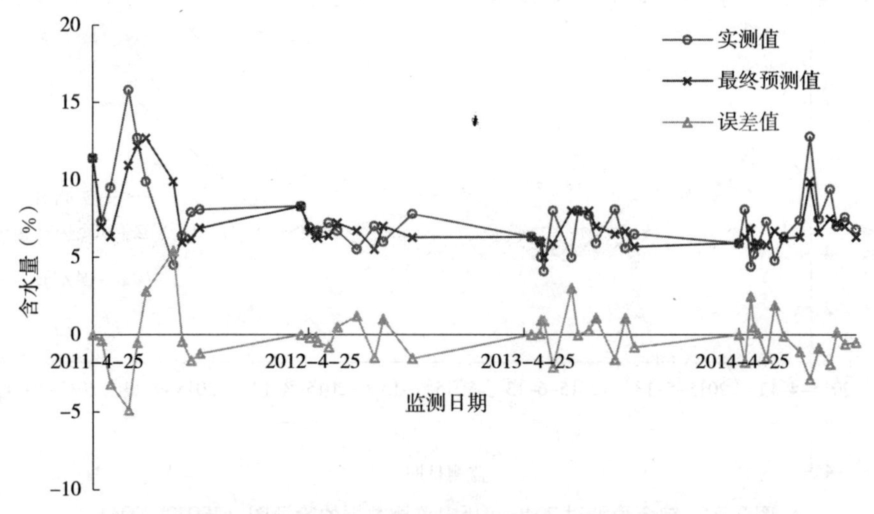

图 3-49　综合模型对 2011—2014 年建模数据自回归验证图（150125J004）

由表 3-80 和图 3-49 可见，模型综合应用得到的最终诊断结果中，误差大于 3 个质量含水量的个数为 4 个，占 9.30%，其中误差大于 5 个质量含水量的有 1 个，占 2.33%；如果将预测误差小于 3 个质量含水量作为合格预测结果，则综合模型预测合格率为 90.70%，自回归预测的平均误差为 1.31%，最大误差为 5.40%，最小误差为 0.03%。

表 3-81　综合模型对 2015 年历史监测数据的验证结果（150125J004）（%）

监测日	实测值	时段诊断值	逐日诊断值	最终预测值	误差值
2015/4/13	7.00	—	—	—	—
2015/4/27	8.00	6.28	6.22	6.25	−1.75

（续）

监测日	实测值	时段诊断值	逐日诊断值	最终预测值	误差值
2015/5/5	6.00	6.63	6.46	6.54	0.54
2015/5/11	5.80	6.22	6.19	6.21	0.41
2015/5/14	6.50	6.00	6.12	6.06	−0.44
2015/5/19	6.30	6.26	6.26	6.26	−0.04
2015/5/25	3.60	5.99	6.20	6.10	2.50
2015/6/10	6.40	3.60	3.60	3.60	−2.80
2015/7/6	7.10	6.40	6.40	6.40	−0.70
2015/7/13	6.80	5.91	6.26	6.09	−0.71
2015/7/24	8.20	6.53	6.34	6.43	−1.77
2015/8/12	5.20	7.02	6.85	6.93	1.73
2015/8/25	3.70	5.81	5.70	5.76	2.06
2015/9/24	12.00	9.69	10.20	9.95	−2.06
2015/10/26	8.30	7.82	6.25	7.04	−1.26

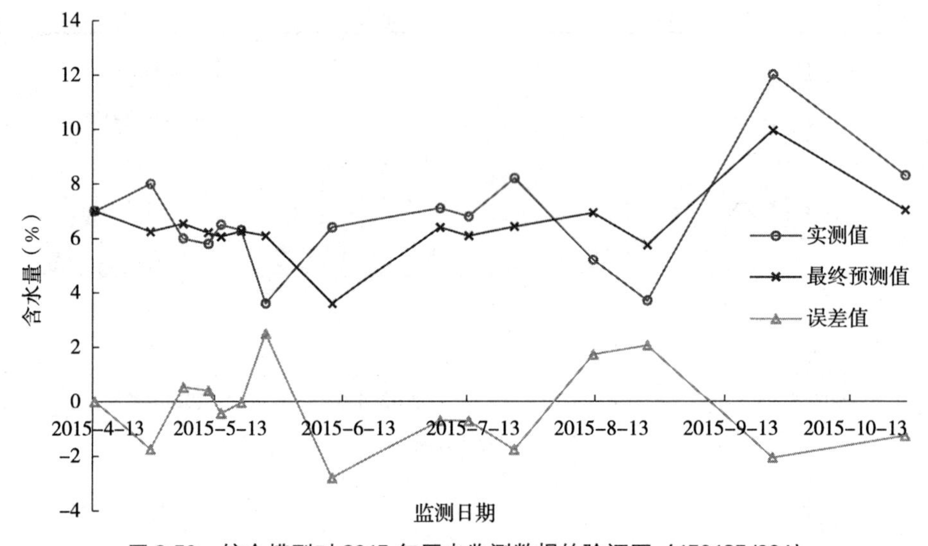

图 3-50 综合模型对 2015 年历史监测数据的验证图（150125J004）

由表 3-81 和图 3-50 可见，模型综合应用得到的最终诊断结果中，未出现误差大于 3 个质量含水量的预测结果；如果将预测误差小于 3 个质量含水量作为合格预测结果，则综合模型预测合格率为 100%，2015 年历史数据验证结果的平均误差为 1.34%，最大误差为 2.80%，最小误差为 0.04%。

综合模型自回归验证和 2015 年历史监测数据验证结果的合格率分别为 90.70% 和 100.00%。

3. 150125J005 监测点验证

该监测点距离 53362 号国家气象站约 27km。采用 2011—2014 年数据建立 6 个墒情诊断模型并进行了诊断计算，通过对比分析计算结果、实测含水量数据和气象台站降水量数据，发现诊断模型所采用的气象台站降水量与该监测点的实际降水情况比较吻合，因此未对模型输入参数进行调整。使用建立的6个诊断模型进行该监测点的墒情诊断，依据诊断结果并按照综合模型应用流程进行模型优选，时段诊断和逐日诊断的优选模型见表3-82。

表3-82　呼和浩特市武川县150125J005监测点优选诊断模型

项目	优选模型名称
时段诊断	差减统计法、比值统计法、间隔天数统计法
逐日诊断	差减统计法、比值统计法、统计法

按照综合模型应用流程对该监测点进行了建模数据的自回归验证和2015年数据的验证（2015年9月19日增加40mm灌溉量，2015年10月21日增加40mm灌溉量）。综合模型建模数据自回归验证结果见表3-83和图3-51，2015年数据验证结果见表3-84和图3-52。

表3-83　综合模型对2011—2014年建模数据自回归验证结果（150125J005）（%）

监测日	实测值	时段诊断值	逐日诊断值	最终预测值	误差值
2012/4/12	6.70	—	—	—	—
2012/4/27	5.30	6.97	6.94	6.95	1.65
2012/5/7	5.70	6.58	6.63	6.60	0.90
2012/5/10	7.20	6.61	6.66	6.64	−0.57
2012/5/25	8.80	7.14	7.14	7.14	−1.66
2012/5/29	9.50	6.90	7.04	6.97	−2.53
2012/6/12	7.00	9.50	9.50	9.50	2.50
2012/7/15	6.20	7.00	7.00	7.00	0.80
2012/8/14	9.10	6.20	6.20	6.20	−2.90
2012/8/29	6.00	9.10	9.10	9.10	3.10
2012/10/17	8.90	7.46	7.13	7.30	−1.60
2013/5/7	5.70	—	—	—	—
2013/5/24	4.90	6.79	6.82	6.81	1.91
2013/5/28	6.10	4.90	4.90	4.90	−1.20
2013/6/13	8.40	6.98	7.03	7.00	−1.40
2013/7/15	7.30	8.40	8.40	8.40	1.10
2013/7/26	8.90	7.87	7.96	7.91	−0.99
2013/8/14	10.20	8.90	8.90	8.90	−1.30
2013/8/26	6.40	6.50	6.63	6.56	0.16
2013/9/27	9.80	7.35	7.16	7.26	−2.54
2013/10/14	6.00	6.74	7.07	6.90	0.90
2013/10/29	7.90	6.82	6.65	6.73	−1.17
2014/4/25	8.70	—	—	—	—
2014/5/5	7.60	7.11	7.13	7.12	−0.48

（续）

监测日	实测值	时段诊断值	逐日诊断值	最终预测值	误差值
2014/5/15	6.40	7.01	7.08	7.05	0.65
2014/5/20	7.40	6.73	6.98	6.86	−0.55
2014/5/27	6.20	6.89	7.02	6.96	0.76
2014/6/11	6.90	6.20	6.20	6.20	−0.70
2014/6/25	4.40	7.03	7.03	7.03	2.63
2014/7/11	6.30	6.08	7.09	6.58	0.28
2014/8/8	6.00	6.30	6.30	6.30	0.30
2014/8/25	7.90	6.00	6.00	6.00	−1.90
2014/9/9	6.50	7.01	7.01	7.01	0.51
2014/9/28	8.00	6.50	6.50	6.50	−1.50
2014/10/9	6.60	7.08	7.17	7.13	0.53
2014/10/23	7.50	6.60	6.60	6.60	−0.90
2014/11/11	8.30	7.00	6.96	6.98	−1.32

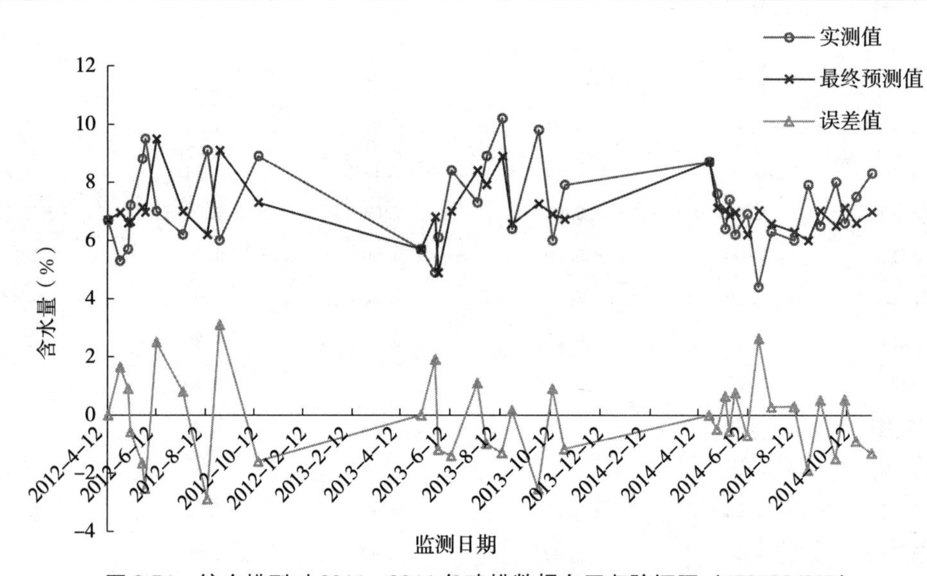

图 3-51　综合模型对 2011—2014 年建模数据自回归验证图（150125J005）

由表 3-83 和图 3-51 可见，模型综合应用得到的最终诊断结果中，误差大于 3 个质量含水量的个数为 1 个，占 2.94%，未出现误差大于 5 个质量含水量的预测结果；如果将预测误差小于 3 个质量含水量作为合格预测结果，则综合模型预测合格率为 97.06%，自回归预测的平均误差为 1.29%，最大误差为 3.10%，最小误差为 0.16%。

表 3-84　综合模型对 2015 年历史监测数据的验证结果（150125J005）（%）

监测日	实测值	时段诊断值	逐日诊断值	最终预测值	误差值
2015/4/13	7.90	—	—	—	—
2015/4/27	5.90	6.96	6.96	6.96	1.06

（续）

监测日	实测值	时段诊断值	逐日诊断值	最终预测值	误差值
2015/5/5	7.00	6.77	6.70	6.74	−0.27
2015/5/11	7.00	6.83	7.00	6.92	−0.09
2015/5/14	6.70	6.72	7.00	6.86	0.16
2015/5/19	5.90	6.75	6.92	6.84	0.94
2015/5/25	5.00	6.70	6.78	6.74	1.74
2015/6/10	6.10	5.00	5.00	5.00	−1.10
2015/7/6	6.50	6.10	6.10	6.10	−0.40
2015/7/13	5.50	6.77	6.80	6.79	1.29
2015/7/24	6.90	6.73	6.71	6.72	−0.18
2015/8/12	4.80	7.18	7.18	7.18	2.38
2015/8/25	3.90	6.27	6.29	6.28	2.38
2015/9/24	7.90	7.97	7.78	7.88	−0.02
2015/10/26	11.90	7.90	7.90	7.90	−4.00

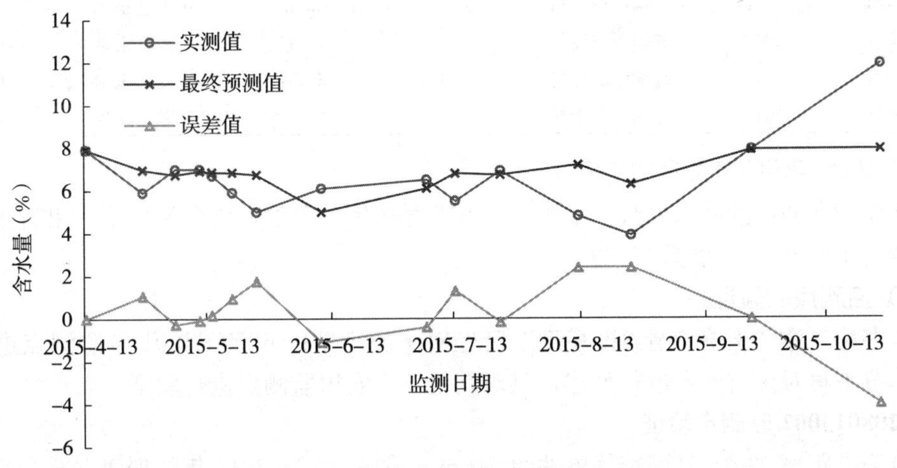

图 3-52　综合模型对 2015 年历史监测数据的验证图（150125J005）

由表 3-84 和图 3-52 可见，模型综合应用得到的最终诊断结果中，误差大于 3 个质量含水量的个数为 1 个，占 7.14%，未出现误差大于 5 个质量含水量的预测结果；如果将预测误差小于 3 个质量含水量作为合格预测结果，则综合模型预测合格率为 92.86%，2015 年历史数据验证结果的平均误差为 1.14%，最大误差为 4.00%，最小误差为 0.02%。

综合模型自回归验证和 2015 年历史监测数据验证结果的合格率分别为 97.06% 和 92.86%。

第三节　甘 肃 省

甘肃省用于模型验证的监测点包括平凉市市辖区和定西市安定区等 2 个区的 13 个监测点。

一、甘肃省平凉市辖区验证

（一）基本情况

平凉市位于甘肃省东部，陕、甘、宁三省（区）交汇处，地处东经107°45′～108°30′，北纬34°54′～35°43′之间，全市辖泾川、灵台、崇信、华亭、庄浪、静宁六县和崆峒一区，总土地面积1.1万km^2，海拔在890～2857m之间。年均气温8.5℃，年平均降水量511.2mm。平凉市的气候，属半干旱、半湿润的大陆性气候，气候特点是南湿、北干、东暖、西凉，由于地形和海拔高度的影响，气候的垂直差异明显。在全省气候区划中，属于泾渭河冷温带亚湿润区。在农业气候区划中，属于陇东温和半湿润农业气候区。

（二）土壤墒情监测状况

平凉市辖区2012年纳入全国土壤墒情网开始进行土壤墒情监测工作，全区共设6个农田监测点，本次验证的监测点主要信息见表3-85。

表3-85　甘肃省平凉市辖区土壤墒情监测点设置情况

监测点编号	设置时间	所处位置	经度	纬度	主要种植作物	土壤类型
620801J001	2012	崆峒区白土村	106°50′	35°23′	小麦、夏玉米	壤土
620801J002	2012	崆峒区白土村	106°50′	35°23′	小麦、玉米	壤土
620801J004	2012	崆峒区贾洼村	106°41′	35°34′	小麦、玉米	壤土
620801J005	2012	崆峒区贾洼村	106°41′	35°34′	小麦、玉米	壤土
620801J006	2012	崆峒区上李村	106°33′	35°38′	小麦、玉米	壤土

（三）模型使用的气象台站情况

诊断模型所使用的降水量数据来源于53915号国家气象站，该台站位于甘肃省平凉市辖区，经度为106°40′，纬度为35°33′。

（四）监测点的验证

在本书第二章“土壤墒情诊断模型”已经对平凉市辖区620801J001号监测点进行了验证，故本节不再对该监测点进行赘述，只对其他5个农田监测点进行验证。

1. 620801J002监测点验证

该监测点距离53915号国家气象站约24km。采用2012—2014年数据建立6个墒情诊断模型并进行了诊断计算，根据计算结果以及实测含水量数据和气象台站降水量数据的对比分析，确定在2012年5月18日增加60mm灌溉量。使用调整后的降水量重新建立6个诊断模型并确定模型参数，据此进行该监测点的墒情诊断，依据诊断结果并按照综合模型应用流程进行模型优选，时段诊断和逐日诊断的优选模型见表3-86。

表3-86　平凉市辖区620801J002监测点优选诊断模型

项目	优选模型名称
时段诊断	间隔天数统计法、移动统计法、差减统计法
逐日诊断	间隔天数统计法、经验统计法、平衡法

按照综合模型应用流程对该监测点进行了建模数据的自回归验证和2015年数据的验证。综合模型建模数据自回归验证结果见表3-87和图3-53，2015年历史数据验证结果见表3-88

和图 3-54（2015 年未进行降水量的调整）。

表 3-87　综合模型对 2012—2014 年建模数据自回归验证结果（620801J002）（%）

监测日	实测值	时段诊断值	逐日诊断值	最终预测值	误差值
2012/4/9	13.36	—	—	—	—
2012/4/23	13.19	12.93	13.39	13.16	−0.03
2012/5/7	13.50	13.19	13.19	13.19	−0.31
2012/5/24	22.32	18.46	21.88	20.17	−2.15
2012/6/8	14.99	20.02	19.30	19.66	4.67
2012/6/23	11.95	14.04	14.42	14.23	2.28
2012/7/3	18.27	23.61	23.61	23.61	5.34
2012/7/23	20.05	18.27	18.27	18.27	−1.78
2012/8/8	20.40	16.99	15.70	16.35	−4.06
2012/8/22	19.20	23.61	23.61	23.61	4.41
2012/9/7	23.29	19.62	21.24	20.43	−2.86
2012/9/23	23.27	19.94	19.66	19.80	−3.47
2012/10/10	22.99	20.17	17.79	18.98	−4.01
2012/10/23	15.54	17.99	17.47	17.73	2.19
2012/11/10	14.54	13.52	13.12	13.32	−1.22
2013/3/10	16.22	—	—	—	—
2013/3/25	14.57	14.09	14.16	14.13	−0.44
2013/4/10	14.25	13.55	13.07	13.31	−0.94
2013/4/25	12.83	14.25	14.25	14.25	1.42
2013/5/10	11.82	13.09	13.30	13.19	1.37
2013/5/24	12.62	15.92	15.23	15.58	2.96
2013/6/9	11.83	12.62	12.62	12.62	0.79
2013/6/25	23.62	23.61	23.61	23.61	−0.01
2013/7/18	23.77	23.61	23.61	23.61	−0.16
2013/7/25	24.23	20.05	23.53	21.79	−2.44
2013/8/12	24.11	23.61	23.61	23.61	−0.50
2013/8/26	14.01	20.84	23.03	21.93	7.92
2013/9/11	17.66	23.61	23.61	23.61	5.95
2013/9/22	17.24	17.66	17.66	17.66	0.42
2013/9/30	17.88	19.30	18.93	19.12	1.24
2013/10/9	13.74	15.44	15.00	15.22	1.48
2013/10/21	16.15	13.74	13.74	13.74	−2.41
2013/10/29	14.03	14.09	14.82	14.46	0.43
2013/11/12	15.61	13.61	14.01	13.81	−1.80

（续）

监测日	实测值	时段诊断值	逐日诊断值	最终预测值	误差值
2014/3/21	13.85	—	—	—	—
2014/3/27	13.10	12.56	12.98	12.77	−0.33
2014/4/7	13.70	13.09	13.22	13.15	−0.55
2014/4/17	22.62	23.61	23.61	23.61	0.99
2014/4/28	24.42	23.14	22.6	22.87	−1.55
2014/5/10	15.61	17.51	18.80	18.16	2.55
2014/5/20	13.69	14.13	14.10	14.12	0.43
2014/5/30	13.05	13.21	13.34	13.28	0.23
2014/6/11	11.79	12.50	12.84	12.67	0.88
2014/7/7	12.88	11.79	11.79	11.79	−1.09
2014/7/23	12.63	12.88	12.88	12.88	0.25
2014/8/14	13.40	12.42	13.61	13.02	−0.39
2014/8/29	14.15	17.11	17.07	17.09	2.94
2014/9/28	24.61	23.61	23.61	23.61	−1.00
2014/10/9	22.28	22.08	22.64	22.36	0.08
2014/10/19	20.25	20.02	18.75	19.38	−0.87
2014/10/27	19.57	16.71	16.68	16.69	−2.88
2014/11/7	17.95	16.95	16.52	16.73	−1.22
2014/11/21	17.92	15.26	15.14	15.20	−2.72

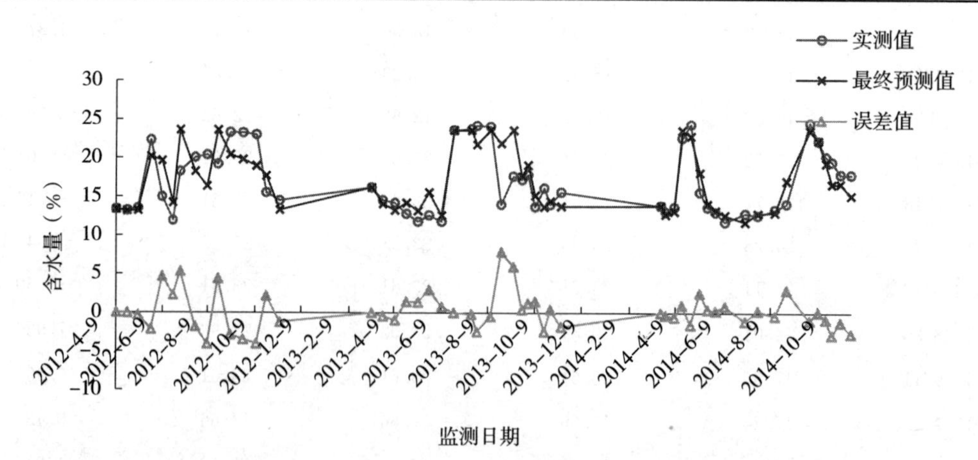

图 3-53　综合模型对 2012—2014 年建模数据自回归验证图（620801J002）

由表 3-87 和图 3-53 可见，模型综合应用得到的最终诊断结果中，误差大于 3 个质量含水量的个数为 8 个，占 16.0%，其中误差大于 5 个质量含水量的有 3 个，占 6.0%；如果将预测误差小于 3 个质量含水量作为合格预测结果，则综合模型预测合格率为 84.00%，自回归预测的平均误差为 1.85%，最大误差为 7.92%，最小误差为 0.01%。

表 3-88　综合模型对 2015 年历史监测数据的验证结果（620801J002）（%）

监测日	实测值	时段诊断值	逐日诊断值	最终预测值	误差值
2015/3/10	17.01	—	—	—	—
2015/3/18	17.26	15.20	15.01	15.1	−2.16
2015/3/29	15.83	15.56	15.33	15.44	−0.39
2015/4/8	16.70	18.02	17.83	17.92	1.22
2015/4/26	16.11	16.70	16.70	16.70	0.59
2015/5/6	16.23	15.27	15.07	15.17	−1.06
2015/5/26	15.83	16.23	16.23	16.23	0.40
2015/6/12	15.87	17.85	22.36	20.10	4.23
2015/7/10	14.40	15.87	15.87	15.87	1.47
2015/7/27	12.55	13.26	13.79	13.52	0.97
2015/8/7	12.72	12.55	12.55	12.55	−0.17
2015/8/24	14.94	12.72	12.72	12.72	−2.22
2015/9/12	18.50	14.94	14.94	14.94	−3.56
2015/9/24	19.48	18.50	18.50	18.50	−0.98
2015/10/7	19.66	16.99	17.34	17.16	−2.50
2015/10/29	19.76	19.66	19.66	19.66	−0.10
2015/11/9	19.61	16.94	16.76	16.85	−2.76
2015/11/22	19.49	16.64	16.34	16.49	−3.00

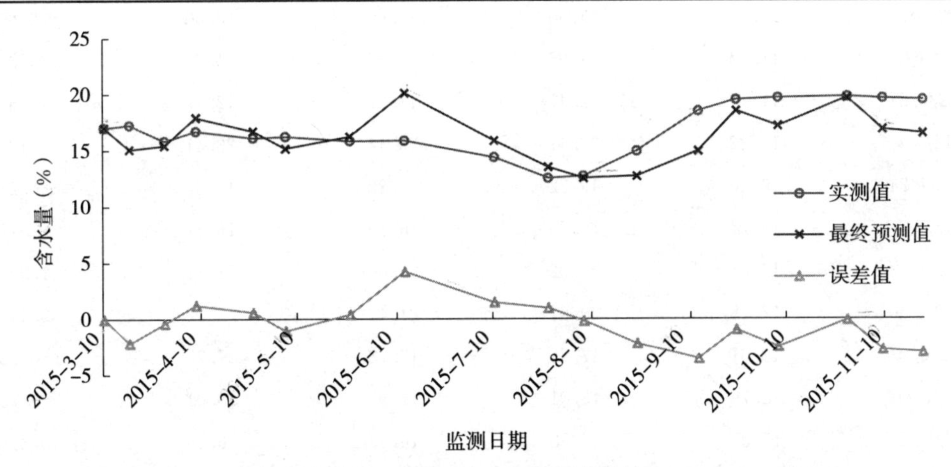

图 3-54　综合模型对 2015 年历史监测数据的验证图（620801J002）

由表 3-88 和图 3-54 可见，模型综合应用得到的最终诊断结果中，误差大于 3 个质量含水量的个数为 3 个，占 17.65%，未出现误差大于 5 个质量含水量的预测结果；如果将预测误差小于 3 个质量含水量作为合格预测结果，则综合模型预测合格率为 82.35%，2015 年历史数据验证结果的平均误差为 1.63%，最大误差为 4.23%，最小误差为 0.10%。

综合模型自回归验证和 2015 年历史监测数据验证结果的合格率分别为 84.00% 和 82.35%。

2. 620801J004 监测点验证

该监测点距离 53915 号国家气象站约 3km。采用 2012—2014 年数据建立 6 个墒情诊断模型并进行了诊断计算，通过对比分析计算结果、实测含水量数据和气象台站降水量数据，发现诊断模型所采用的气象台站降水量与该监测点的实际降水情况比较吻合，因此未对模型输入参数进行调整。使用建立的 6 个诊断模型进行该监测点的墒情诊断，依据诊断结果并按照综合模型应用流程进行模型优选，时段诊断和逐日诊断的优选模型见表 3-89。

表 3-89　平凉市辖区 620801J004 监测点优选诊断模型

项目	优选模型名称
时段诊断	间隔天数统计法、移动统计法、比值统计法
逐日诊断	差减统计法、统计法、平衡法

按照综合模型应用流程对该监测点进行了建模数据的自回归验证和 2015 年数据的验证。综合模型建模数据自回归验证结果见表 3-90 和图 3-55，2015 年历史数据验证结果见表 3-91 和图 3-56（2015 年未进行降水量的调整）。

表 3-90　综合模型对 2012—2014 年建模数据自回归验证结果（620801J004）（%）

监测日	实测值	时段诊断值	逐日诊断值	最终预测值	误差值
2012/4/9	13.98	—	—	—	—
2012/4/22	13.93	13.71	13.72	13.72	−0.21
2012/5/8	13.50	13.93	13.93	13.93	0.43
2012/5/23	16.30	13.50	13.50	13.50	−2.80
2012/6/9	11.73	14.96	15.55	15.26	3.53
2012/6/24	11.11	12.47	12.47	12.47	1.36
2012/7/4	19.22	23.41	23.41	23.41	4.19
2012/7/24	19.50	19.22	19.22	19.22	−0.28
2012/8/9	19.74	16.75	16.39	16.57	−3.17
2012/8/23	19.91	21.02	22.60	21.81	1.90
2012/9/9	17.78	20.61	21.42	21.02	3.24
2012/9/23	18.01	17.78	17.78	17.78	−0.23
2012/10/10	18.79	18.01	18.01	18.01	−0.78
2012/10/25	15.37	15.88	16.63	16.26	0.89
2012/11/7	14.34	14.02	14.07	14.05	−0.30
2012/11/17	14.34	13.59	13.59	13.59	−0.75
2013/3/10	12.56	—	—	—	—
2013/3/25	12.02	12.15	12.15	12.15	0.13
2013/4/10	11.65	12.08	12.04	12.06	0.41
2013/4/25	12.48	11.65	11.65	11.65	−0.83
2013/5/10	11.38	12.92	12.92	12.92	1.54

（续）

监测日	实测值	时段诊断值	逐日诊断值	最终预测值	误差值
2013/5/24	13.16	15.16	14.76	14.96	1.80
2013/6/9	12.36	13.16	13.16	13.16	0.80
2013/6/25	21.96	23.41	23.41	23.41	1.45
2013/7/18	24.34	23.41	23.41	23.41	−0.93
2013/7/25	24.30	20.79	23.08	21.94	−2.37
2013/8/12	24.41	23.41	23.41	23.41	−1.00
2013/8/26	17.78	21.24	23.05	22.14	4.36
2013/9/11	22.38	23.41	23.41	23.41	1.03
2013/9/22	17.87	19.61	21.67	20.64	2.77
2013/9/30	20.05	18.51	19.52	19.01	−1.04
2013/10/9	14.30	16.46	16.82	16.64	2.34
2013/10/21	16.72	14.30	14.3	14.30	−2.42
2013/10/29	14.96	14.99	15.18	15.08	0.12
2013/11/12	15.61	14.54	14.58	14.56	−1.05
2014/3/19	13.26	—	—	—	—
2014/3/29	11.82	12.62	12.63	12.63	0.81
2014/4/9	14.12	12.27	12.27	12.27	−1.85
2014/4/29	23.51	23.41	23.41	23.41	−0.10
2014/5/8	14.63	17.15	18.77	17.96	3.33
2014/5/18	14.22	13.75	13.75	13.75	−0.47
2014/5/30	12.87	13.68	13.68	13.68	0.81
2014/6/11	12.33	12.61	12.61	12.61	0.28
2014/7/7	14.44	12.33	12.33	12.33	−2.11
2014/7/23	12.57	14.44	14.44	14.44	1.87
2014/8/14	12.57	11.63	13.31	12.47	−0.10
2014/8/29	15.45	16.58	16.43	16.51	1.06
2014/9/29	23.85	23.41	23.41	23.41	−0.44
2014/10/8	22.45	21.39	22.69	22.04	−0.41
2014/10/18	20.39	19.36	20.11	19.74	−0.65
2014/10/26	19.36	16.55	17.06	16.80	−2.56
2014/11/9	19.00	16.48	16.98	16.73	−2.27
2014/11/21	18.74	16.09	16.27	16.18	−2.56

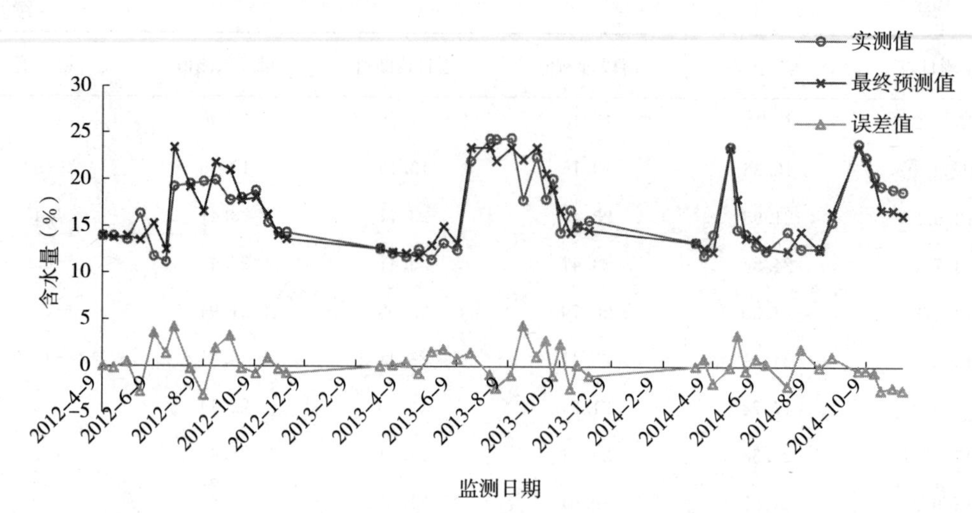

图 3-55 综合模型对 2012—2014 年建模数据自回归验证图（620801J004）

由表 3-90 和图 3-55 可见，模型综合应用得到的最终诊断结果中，误差大于 3 个质量含水量的个数为 6 个，占 12.0%，未出现误差大于 5 个质量含水量的预测结果；如果将预测误差小于 3 个质量含水量作为合格预测结果，则综合模型预测合格率为 88.00%，自回归预测的平均误差为 1.40%，最大误差为 4.36%，最小误差为 0.10%。

表 3-91 综合模型对 2015 年历史监测数据的验证结果（620801J004）（%）

监测日	实测值	时段诊断值	逐日诊断值	最终预测值	误差值
2015/3/10	17.50	—	—	—	—
2015/3/16	16.17	15.55	15.55	15.55	−0.62
2015/3/31	15.86	14.60	14.95	14.78	−1.08
2015/4/9	16.67	17.95	17.36	17.65	0.98
2015/4/24	16.44	16.67	16.67	16.67	0.23
2015/5/6	16.38	15.47	15.56	15.51	−0.87
2015/5/26	14.35	16.38	16.38	16.38	2.03
2015/6/12	13.59	16.98	21.89	19.43	5.84
2015/7/10	14.07	13.59	13.59	13.59	−0.48
2015/7/27	12.83	13.19	13.72	13.46	0.63
2015/8/8	14.03	12.83	12.83	12.83	−1.20
2015/8/22	15.02	14.03	14.03	14.03	−0.99
2015/9/13	18.60	15.02	15.02	15.02	−3.58
2015/9/23	19.62	18.60	18.60	18.60	−1.02
2015/10/10	19.71	19.62	19.62	19.62	−0.09
2015/10/28	19.34	19.71	19.71	19.71	0.37
2015/11/8	19.15	16.79	17.87	17.33	−1.82
2015/11/24	19.53	15.97	15.58	15.78	−3.76

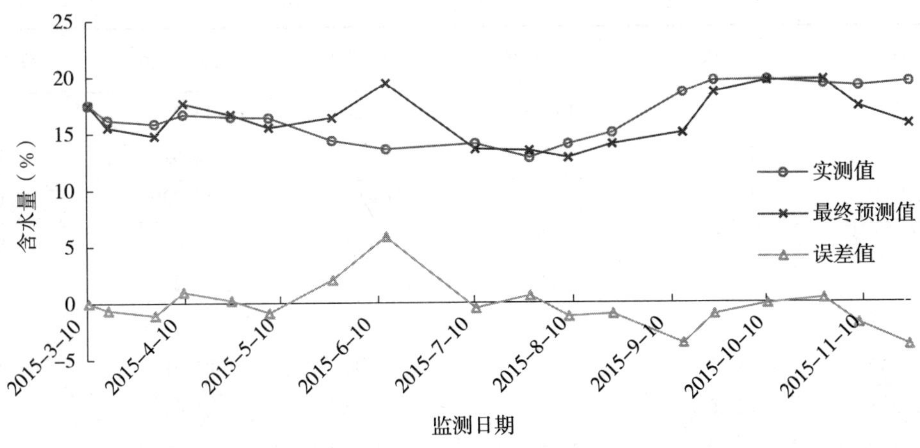

图 3-56　综合模型对 2015 年历史监测数据的验证图（620801J004）

由表 3-91 和图 3-56 可见，模型综合应用得到的最终诊断结果中，误差大于 3 个质量含水量的个数为 3 个，占 17.64%，其中误差大于 5 个质量含水量的有 1 个，占 5.88%；如果将预测误差小于 3 个质量含水量作为合格预测结果，则综合模型预测合格率为 82.36%，2015 年历史数据验证结果的平均误差为 1.51%，最大误差为 5.84%，最小误差为 0.09%。

综合模型自回归验证和 2015 年历史监测数据验证结果的合格率分别为 88.00% 和 82.36%。

3. 620801J005 监测点验证

该监测点距离 53915 号国家气象站约 3km。采用 2012—2014 年数据建立 6 个墒情诊断模型并进行了诊断计算，通过对比分析计算结果、实测含水量数据和气象台站降水量数据，发现诊断模型所采用的气象台站降水量与该监测点的实际降水情况比较吻合，因此未对模型输入参数进行调整。使用建立的 6 个诊断模型进行该监测点的墒情诊断，依据诊断结果并按照综合模型应用流程进行模型优选，时段诊断和逐日诊断的优选模型见表 3-92。

表 3-92　平凉市辖区 620801J005 监测点优选诊断模型

项目	优选模型名称
时段诊断	差减统计法、统计法、移动统计法
逐日诊断	差减统计法、统计法、比值统计法

按照综合模型应用流程对该监测点进行了建模数据的自回归验证和 2015 年数据的验证。综合模型建模数据自回归验证结果见表 3-93 和图 3-57，2015 年历史数据验证结果见表 3-94 和图 3-58（2015 年未进行降水量的调整）。

表 3-93　综合模型对 2012—2014 年建模数据自回归验证结果（620801J005）（%）

监测日	实测值	时段诊断值	逐日诊断值	最终预测值	误差值
2012/4/9	13.60	—	—	—	—
2012/4/22	13.53	13.53	13.53	13.53	0.00
2012/5/8	13.20	13.53	13.53	13.53	0.33

（续）

监测日	实测值	时段诊断值	逐日诊断值	最终预测值	误差值
2012/5/23	16.72	13.20	13.20	13.20	−3.52
2012/6/9	11.80	15.58	15.45	15.51	3.71
2012/6/24	11.02	12.65	12.65	12.65	1.63
2012/7/4	17.27	23.29	23.29	23.29	6.02
2012/7/24	18.59	17.27	17.27	17.27	−1.32
2012/8/9	18.70	16.79	15.77	16.28	−2.42
2012/8/23	18.47	23.43	20.38	21.91	3.44
2012/9/9	17.35	22.37	19.79	21.08	3.73
2012/9/23	17.38	17.35	17.35	17.35	−0.03
2012/10/10	18.68	17.38	17.38	17.38	−1.30
2012/10/25	15.89	16.29	16.06	16.18	0.29
2012/11/7	13.72	14.40	14.40	14.40	0.68
2012/11/17	13.72	12.90	13.27	13.09	−0.63
2013/3/10	11.55	—	—	—	—
2013/3/25	11.42	11.69	11.69	11.69	0.27
2013/4/10	11.38	11.99	12.09	12.04	0.66
2013/4/25	14.74	11.38	11.38	11.38	−3.36
2013/5/10	11.15	13.70	14.36	14.03	2.88
2013/5/24	13.71	17.83	14.59	16.21	2.50
2013/6/9	11.42	13.71	13.71	13.71	2.29
2013/6/25	22.15	23.29	23.29	23.29	1.14
2013/7/18	24.29	23.29	23.29	23.29	−1.00
2013/7/25	24.29	21.05	22.32	21.69	−2.60
2013/8/12	24.18	23.29	23.29	23.29	−0.89
2013/8/26	16.51	21.73	21.04	21.38	4.87
2013/9/11	16.26	23.29	23.29	23.29	7.03
2013/9/22	16.97	16.26	16.26	16.26	−0.71
2013/9/30	16.43	21.83	18.16	19.99	3.56
2013/10/9	14.24	14.69	14.69	14.69	0.45
2013/10/21	16.39	14.24	14.24	14.24	−2.15
2013/10/29	14.08	14.65	15.46	15.06	0.98
2013/11/12	15.51	14.06	14.06	14.06	−1.45
2014/3/19	13.05	—	—	—	—
2014/3/21	13.05	12.62	12.84	12.73	−0.32
2014/3/29	12.25	12.09	12.63	12.36	0.11
2014/4/9	13.45	12.68	12.68	12.68	−0.77

（续）

监测日	实测值	时段诊断值	逐日诊断值	最终预测值	误差值
2014/4/29	23.60	23.29	23.29	23.29	−0.31
2014/5/8	14.18	17.07	17.46	17.27	3.09
2014/5/18	13.96	12.83	13.52	13.17	−0.79
2014/5/30	13.16	13.48	13.57	13.53	0.37
2014/6/11	11.52	12.91	12.92	12.91	1.39
2014/7/7	16.42	11.52	11.52	11.52	−4.90
2014/7/23	13.68	16.42	16.42	16.42	2.74
2014/8/14	13.60	13.58	13.84	13.71	0.11
2014/8/29	13.66	19.79	16.67	18.23	4.57
2014/9/29	23.86	23.29	23.29	23.29	−0.57
2014/10/8	22.07	21.26	21.63	21.44	−0.63
2014/10/18	19.86	18.74	19.44	19.09	−0.77
2014/10/26	19.26	16.41	16.68	16.54	−2.72
2014/11/9	18.49	16.64	16.37	16.51	−1.98
2014/11/21	18.39	15.75	15.53	15.64	−2.75

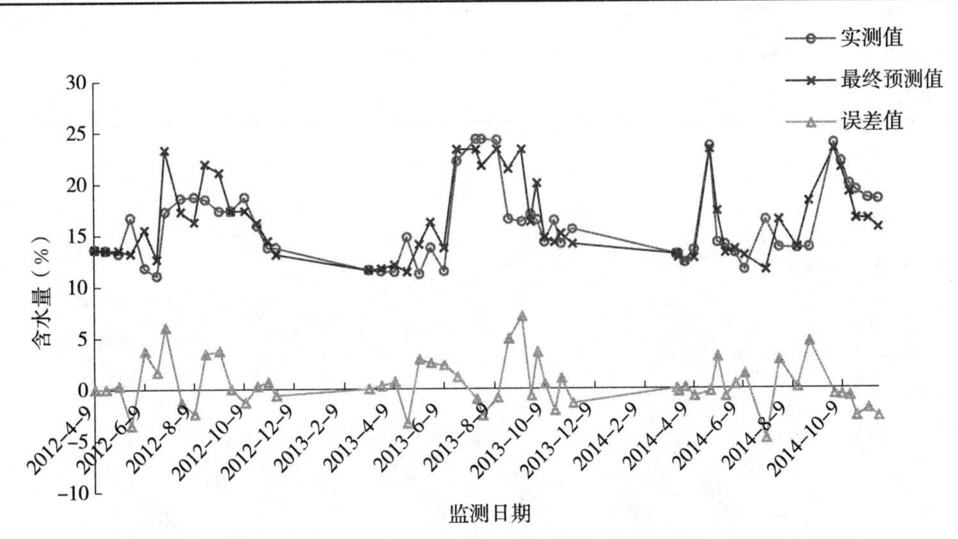

图 3-57　综合模型对 2012—2014 年建模数据自回归验证图（620801J005）

由表 3-93 和图 3-57 可见，模型综合应用得到的最终诊断结果中，误差大于 3 个质量含水量的个数为 12 个，占 23.53%，其中误差大于 5 个质量含水量的有 2 个，占 3.92%；如果将预测误差小于 3 个质量含水量作为合格预测结果，则综合模型预测合格率为 76.47%，自回归预测的平均误差为 1.86%，最大误差为 7.03%，最小误差为 0.00%。

表 3-94　综合模型对 2015 年历史监测数据的验证结果（620801J005）（%）

监测日	实测值	时段诊断值	逐日诊断值	最终预测值	误差值
2015/3/10	16.87	—	—	—	—

（续）

监测日	实测值	时段诊断值	逐日诊断值	最终预测值	误差值
2015/3/16	16.41	14.92	15.11	15.02	−1.39
2015/3/31	15.70	14.76	15.15	14.95	−0.75
2015/4/9	16.40	16.68	16.80	16.74	0.34
2015/4/24	16.13	16.40	16.40	16.40	0.27
2015/5/6	16.44	15.15	15.25	15.20	−1.24
2015/5/26	14.03	16.44	16.44	16.44	2.41
2015/6/12	13.72	18.95	18.37	18.66	4.94
2015/7/10	14.32	13.72	13.72	13.72	−0.60
2015/7/27	12.78	14.05	13.87	13.96	1.18
2015/8/8	13.58	12.78	12.78	12.78	−0.80
2015/8/22	14.83	13.58	13.58	13.58	−1.25
2015/9/13	18.12	14.83	14.83	14.83	−3.29
2015/9/23	19.47	18.12	18.12	18.12	−1.35
2015/10/10	19.06	19.47	19.47	19.47	0.41
2015/10/28	19.28	19.06	19.06	19.06	−0.22
2015/11/8	19.70	16.54	17.86	17.20	−2.50
2015/11/24	19.51	16.91	15.35	16.13	−3.38

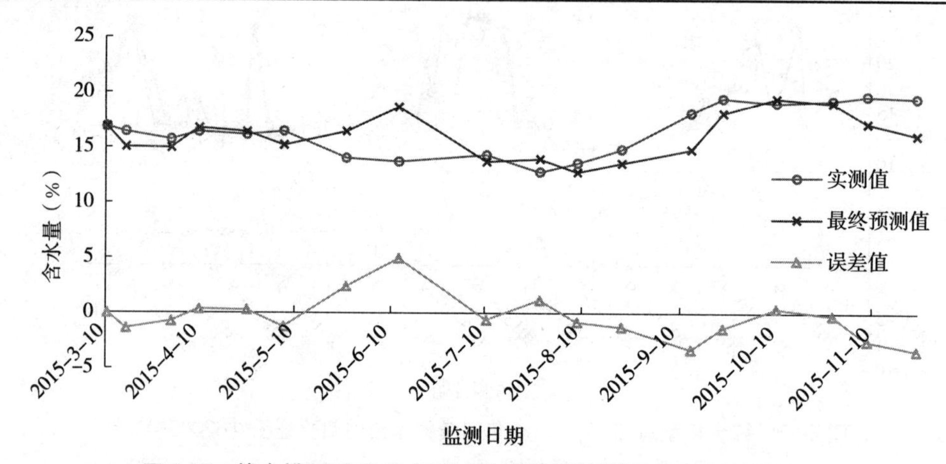

图 3-58　综合模型对 2015 年历史监测数据的验证图（620801J005）

由表 3-94 和图 3-58 可见，模型综合应用得到的最终诊断结果中，误差大于 3 个质量含水量的个数为 3 个，占 17.64%，未出现误差大于 5 个质量含水量的预测结果；如果将预测误差小于 3 个质量含水量作为合格预测结果，则综合模型预测合格率为 82.36%，2015 年历史数据验证结果的平均误差为 1.55%，最大误差为 4.94%，最小误差为 0.22%。

综合模型自回归验证和 2015 年历史监测数据验证结果的合格率分别为 76.47% 和 82.36%。

4. 620801J006 监测点验证

该监测点距离 53915 号国家气象站约 15km。采用 2012—2014 年数据建立 6 个墒情诊断模型并进行了诊断计算，通过对比分析计算结果、实测含水量数据和气象台站降水量数据，发现诊断模型所采用的气象台站降水量与该监测点的实际降水情况比较吻合，因此未对模型输入参数进行调整。使用建立的 6 个诊断模型进行该监测点的墒情诊断，依据诊断结果并按照综合模型应用流程进行模型优选，时段诊断和逐日诊断的优选模型见表 3-95。

表 3-95　平凉市辖区 620801J006 监测点优选诊断模型

项目	优选模型名称
时段诊断	统计法、间隔天数统计法、移动统计法
逐日诊断	统计法、差减统计法、平衡法

按照综合模型应用流程对该监测点进行了建模数据的自回归验证和 2015 年数据的验证。综合模型建模数据自回归验证结果见表 3-96 和图 3-59，2015 年历史数据验证结果见表 3-97 和图 3-60（2015 年 9 月 16 日增加了 40mm 灌溉量）。

表 3-96　综合模型对 2012—2014 年建模数据自回归验证结果（620801J006）（%）

监测日	实测值	时段诊断值	逐日诊断值	最终预测值	误差值
2012/4/9	14.48	—	—	—	—
2012/4/22	14.40	13.78	14.34	14.06	−0.34
2012/5/8	15.80	14.40	14.40	14.40	−1.40
2012/5/24	16.08	15.80	15.80	15.80	−0.28
2012/6/9	16.58	15.58	16.32	15.95	−0.63
2012/6/24	12.50	15.53	16.06	15.79	3.29
2012/7/4	23.03	24.50	24.50	24.50	1.47
2012/7/24	22.23	21.04	20.14	20.59	−1.64
2012/8/9	21.87	19.08	18.23	18.66	−3.22
2012/8/23	21.59	23.43	23.11	23.27	1.68
2012/9/9	22.40	22.37	22.03	22.20	−0.20
2012/9/23	22.18	20.75	20.42	20.59	−1.59
2012/10/10	21.54	20.96	18.97	19.96	−1.58
2012/10/25	16.75	18.12	18.78	18.45	1.70
2012/11/7	18.14	14.42	14.97	14.69	−3.45
2013/3/10	12.53	—	—	—	—
2013/3/25	12.47	12.41	12.29	12.35	−0.12
2013/4/10	10.30	12.41	12.60	12.50	2.20
2013/4/25	13.19	10.30	10.30	10.30	−2.89
2013/5/10	12.73	13.70	13.87	13.79	1.06
2013/5/24	13.64	17.83	16.10	16.97	3.33

（续）

监测日	实测值	时段诊断值	逐日诊断值	最终预测值	误差值
2013/6/9	13.34	13.64	13.64	13.64	0.30
2013/6/25	22.23	24.50	24.50	24.50	2.27
2013/7/18	25.42	24.50	24.50	24.50	−0.92
2013/7/25	25.50	21.96	24.61	23.29	−2.22
2013/8/12	25.39	24.50	24.50	24.50	−0.89
2013/8/26	17.69	22.45	23.22	22.84	5.15
2013/9/11	23.94	24.50	24.50	24.50	0.56
2013/9/22	19.94	21.12	22.26	21.69	1.75
2013/9/30	22.99	21.83	20.79	21.31	−1.68
2013/10/9	15.17	19.34	19.01	19.17	4.00
2013/10/21	17.64	15.17	15.17	15.17	−2.47
2013/10/29	14.34	15.04	15.90	15.47	1.13
2013/11/12	15.39	14.16	14.26	14.21	−1.18
2014/3/20	14.94	—	—	—	—
2014/3/21	14.94	13.34	13.89	13.61	−1.33
2014/3/28	12.77	13.34	13.82	13.58	0.81
2014/4/8	14.86	13.37	13.38	13.38	−1.48
2014/4/30	25.20	24.50	24.50	24.50	−0.70
2014/5/9	15.79	19.11	20.43	19.77	3.98
2014/5/19	14.22	14.22	14.71	14.46	0.24
2014/5/30	13.10	13.48	14.15	13.82	0.72
2014/6/11	14.49	12.91	13.07	12.99	−1.5
2014/7/7	13.30	14.49	14.49	14.49	1.19
2014/7/23	13.46	13.30	13.30	13.30	−0.16
2014/8/14	15.57	12.96	14.49	13.73	−1.85
2014/8/29	15.73	19.79	18.58	19.19	3.46
2014/9/30	25.35	24.50	24.50	24.50	−0.85
2014/10/7	23.32	23.85	25.44	24.65	1.33
2014/10/20	22.21	19.76	19.88	19.82	−2.39
2014/10/29	21.83	19.34	18.99	19.17	−2.67
2014/11/8	20.71	18.80	18.99	18.90	−1.82
2014/11/21	19.94	17.46	17.59	17.53	−2.41

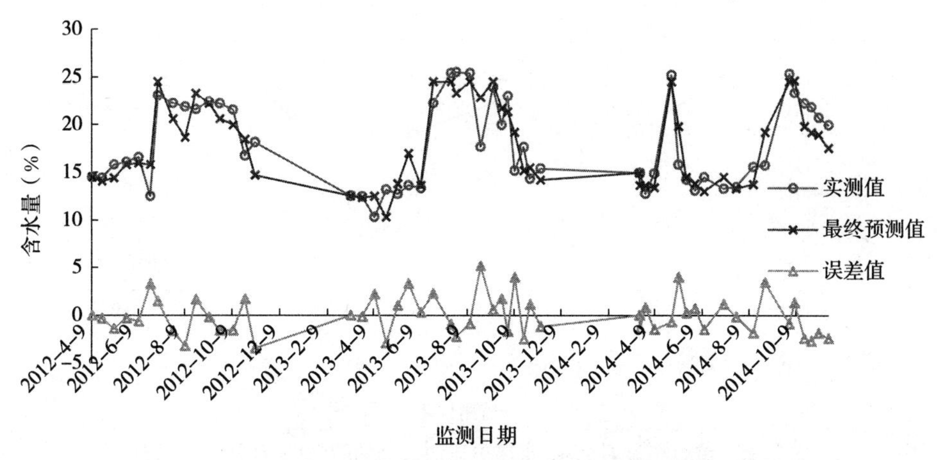

图 3-59　综合模型对 2012—2014 年建模数据自回归验证图（620801J006）

由表 3-96 和图 3-59 可见，模型综合应用得到的最终诊断结果中，误差大于 3 个质量含水量的个数为 8 个，占 16.0%，其中误差大于 5 个质量含水量的有 1 个，占 2.0%；如果将预测误差小于 3 个质量含水量作为合格预测结果，则综合模型预测合格率为 84.00%，自回归预测的平均误差为 1.69%，最大误差为 5.15%，最小误差为 0.12%。

表 3-97　综合模型对 2015 年历史监测数据的验证结果（620801J006）（%）

监测日	实测值	时段诊断值	逐日诊断值	最终预测值	误差值
2015/3/10	19.21	—	—	—	—
2015/3/17	18.68	17.10	16.73	16.91	−1.77
2015/3/30	18.22	15.67	16.79	16.23	−1.99
2015/4/7	18.51	22.10	22.38	22.24	3.73
2015/4/25	18.27	18.51	18.51	18.51	0.24
2015/5/6	18.21	16.14	17.16	16.65	−1.56
2015/5/26	16.89	18.21	18.21	18.21	1.32
2015/6/12	17.71	19.17	22.78	20.98	3.27
2015/7/10	17.70	17.71	17.71	17.71	0.01
2015/7/27	16.00	15.34	16.00	15.67	−0.33
2015/8/9	16.56	16.00	16.00	16.00	−0.56
2015/8/23	17.72	16.56	16.56	16.56	−1.16
2015/9/7	17.93	17.72	17.72	17.72	−0.21
2015/9/22	22.35	22.05	21.08	21.57	−0.78
2015/10/9	21.77	20.91	19.70	20.30	−1.47
2015/10/27	21.75	21.58	20.64	21.11	−0.64
2015/11/10	21.90	18.34	18.96	18.65	−3.25
2015/11/23	21.09	18.52	18.86	18.69	−2.40

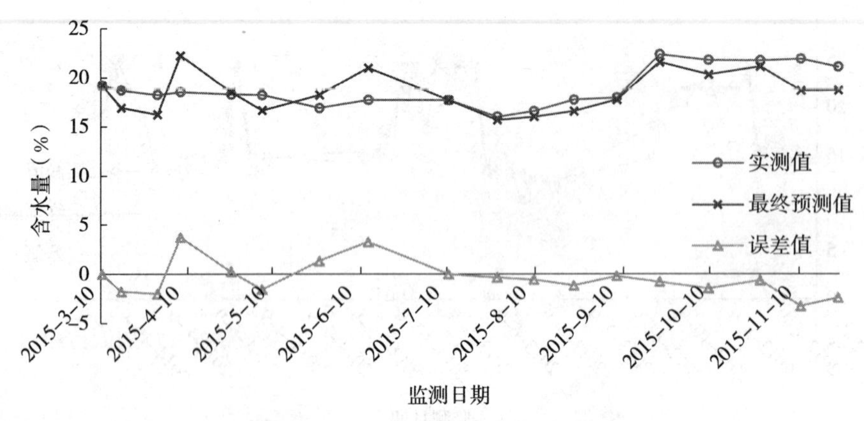

图 3-60　综合模型对 2015 年历史监测数据的验证图（620801J006）

由表 3-97 和图 3-60 可见，模型综合应用得到的最终诊断结果中，误差大于 3 个质量含水量的个数为 3 个，占 17.65%，未出现误差大于 5 个质量含水量的预测结果；如果将预测误差小于 3 个质量含水量作为合格预测结果，则综合模型预测合格率为 76.47%，2015 年历史数据验证结果的平均误差为 1.45%，最大误差为 3.73%，最小误差为 0.01%。

综合模型自回归验证和 2015 年历史监测数据验证结果的合格率分别为 84.00% 和 76.47%。

二、定西市安定区验证

（一）基本情况

安定区位于甘肃省中部，地跨东经 104°13′～105°01′、北纬 35°18～36°02′之间，南北长 82.9km，东西宽 73.3km，与会宁、通渭、陇西、渭源、临洮和榆中相邻，辖辖 2 个街道、12 个镇、7 个乡。全区地势自西南向东北倾斜，地势最高处为西南部高峰乡城门寨，海拔 2 577.3m；最低处为北部关川河谷地，海拔 1671.3m。安定区气候属中温带干旱、半干旱区，大陆性季风气候显著。年平均日照 2 500.1h，年均气温 6.3℃，极端最高温 34.3℃，极端最低气温零下 27.1℃。无霜期 141d。全区正常年降水量 400mm 左右，多集中在秋季，蒸发量约 1 500mm。主要河流有祖厉河一级支流关川河、西巩河及其二级支流东河、西河和称钩河，以及渭河一级支流秦祁河。

（二）土壤墒情监测状况

安定区 2012 年纳入全国土壤墒情网开始进行土壤墒情监测工作，全区共设 6 个农田监测点，本次验证的监测点主要信息见表 3-98。

表 3-98　甘肃省定西市安定区土壤墒情监测点设置情况

监测点编号	设置时间	所处位置	经度	纬度	主要种植作物	土壤类型
621102J001	2012	安定区凤翔镇景家口	104°41′	35°30′	马铃薯、玉米	壤土
621102J002	2012	安定区鲁家沟乡将台	104°32′	35°49′	马铃薯、玉米	壤土
621102J003	2012	安定区凤翔镇景家口	104°41′	35°30′	马铃薯、玉米、小麦	壤土
621102J004	2012	安定区鲁家沟乡将台	104°31′	35°49′	马铃薯、玉米	壤土

（续）

监测点编号	设置时间	所处位置	经度	纬度	主要种植作物	土壤类型
621102J005	2012	安定区青岚乡大坪村	104°40′	35°34′	马铃薯、玉米、小麦	壤土
621102J006	2012	安定区青岚乡大坪村	104°40′	35°35′	马铃薯、小麦	壤土
621102J007	2012	安定区香泉乡马莲村	104°31′	35°25′	马铃薯、玉米	壤土
621102J008	2012	安定区香泉乡马莲村	104°31	35°25′	马铃薯、玉米	壤土

（三）模型使用的气象台站情况

诊断模型所使用的降水量数据来源于 52983 号国家气象站，该台站位于甘肃省榆中市，经度为 104°9′，纬度为 35°52′。

（四）监测点的验证

1. 621102J001 监测点验证

该监测点距离 52983 号国家气象站约 63km。采用 2012—2014 年数据建立 6 个墒情诊断模型并进行了诊断计算，根据计算结果以及实测含水量数据和气象台站降水量数据的对比分析，确定在 2012 年 8 月 19 日和 2014 年 4 月 8 日均增加 50mm 灌溉量。使用调整后的降水量重新建立 6 个诊断模型并确定模型参数，据此进行该监测点的墒情诊断，依据诊断结果并按照综合模型应用流程进行模型优选，时段诊断和逐日诊断的优选模型见表 3-99。

表 3-99　安定区 621102J001 监测点优选诊断模型

项目	优选模型名称
时段诊断	差减统计法、经验统计法、间隔天数统计法
逐日诊断	差减统计法、经验统计法、统计法

按照综合模型应用流程对该监测点进行了建模数据的自回归验证和 2015 年数据的验证。综合模型建模数据自回归验证结果见表 3-100 和图 3-61，2015 年历史数据验证结果见表 3-101和图 3-62（2015 年未进行降水量的调整）。

表 3-100　综合模型对 2012—2014 年建模数据自回归验证结果（621102J001）（%）

监测日	实测值	时段诊断值	逐日诊断值	最终预测值	误差值
2012/5/10	24.20	—	—	—	—
2012/5/25	24.80	23.28	23.73	23.51	−1.30
2012/6/8	21.40	22.12	21.98	22.05	0.65
2012/6/25	21.75	20.46	18.66	19.56	−2.19
2012/7/10	22.40	21.62	21.86	21.74	−0.66
2012/7/23	22.86	23.32	24.83	24.08	1.22
2012/8/10	22.10	21.95	21.21	21.58	−0.52
2012/8/25	26.20	23.08	24.23	23.66	−2.54
2012/9/9	26.80	25.36	26.93	26.15	−0.66
2012/9/24	24.00	23.49	23.58	23.54	−0.46

（续）

监测日	实测值	时段诊断值	逐日诊断值	最终预测值	误差值
2012/10/10	22.60	22.27	20.83	21.55	−1.05
2012/10/25	21.90	21.03	20.74	20.89	−1.01
2012/11/10	21.20	20.47	18.53	19.50	−1.70
2012/11/25	20.90	19.87	19.28	19.58	−1.32
2013/3/11	15.90	—	—	—	—
2013/3/25	16.50	15.69	15.35	15.52	−0.98
2013/4/10	17.40	16.17	15.28	15.72	−1.68
2013/4/25	17.80	16.88	16.45	16.66	−1.14
2013/5/10	17.90	17.65	17.18	17.42	−0.48
2013/5/24	19.20	19.08	18.99	19.04	−0.17
2013/6/13	18.42	19.20	19.20	19.20	0.78
2013/6/25	17.60	18.42	18.42	18.42	0.82
2013/7/15	20.70	20.66	22.39	21.53	0.83
2013/7/25	16.50	19.58	20.31	19.95	3.45
2013/8/12	17.90	16.50	16.50	16.50	−1.40
2013/8/26	17.82	17.52	17.13	17.33	−0.49
2013/9/12	16.82	17.82	17.82	17.82	1.00
2013/9/26	15.80	16.86	16.37	16.62	0.82
2013/10/10	16.89	16.08	15.55	15.81	−1.08
2013/11/15	16.20	16.22	15.28	15.75	−0.45
2013/11/25	15.28	16.02	15.64	15.83	0.55
2013/12/10	13.65	15.21	14.91	15.06	1.41
2014/2/25	10.50	—	—	—	—
2014/3/10	13.20	11.30	11.34	11.32	−1.88
2014/3/26	15.60	13.58	13.55	13.56	−2.04
2014/4/14	20.70	15.60	15.60	15.60	−5.10
2014/4/25	20.00	21.71	22.17	21.94	1.94
2014/5/12	19.69	19.53	18.14	18.84	−0.86
2014/5/27	15.90	19.04	18.60	18.82	2.92
2014/6/25	15.00	16.29	15.44	15.87	0.86
2014/7/10	15.90	17.46	17.36	17.41	1.51
2014/7/28	15.80	16.31	15.48	15.90	0.09
2014/8/25	15.50	15.80	15.80	15.80	0.30
2014/9/10	15.90	15.48	14.83	15.16	−0.74
2014/9/28	16.80	18.27	19.67	18.97	2.17
2014/10/11	18.40	16.58	16.19	16.39	−2.01
2014/10/27	18.00	18.17	16.87	17.52	−0.48
2014/11/11	16.90	17.53	17.06	17.29	0.39
2014/11/25	16.60	16.49	16.11	16.30	−0.30

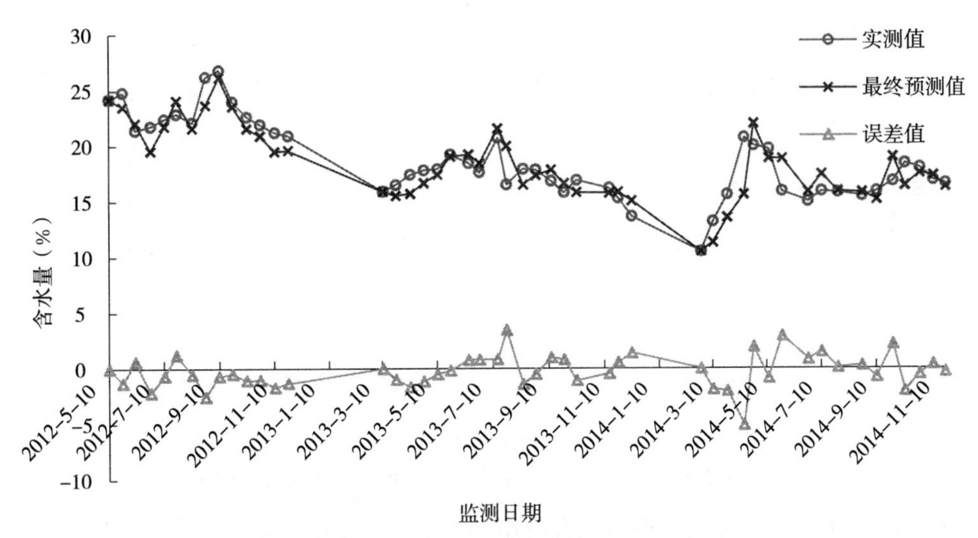

图 3-61　综合模型对 2012—2014 年建模数据自回归验证图（621102J001）

由表 3-100 和图 3-61 可见，模型综合应用得到的最终诊断结果中，误差大于 3 个质量含水量的个数为 2 个，占 4.35%，其中误差大于 5 个质量含水量的有 1 个，占 2.17%；如果将预测误差小于 3 个质量含水量作为合格预测结果，则综合模型预测合格率为 95.65%，自回归预测的平均误差为 1.23%，最大误差为 5.10%，最小误差为 0.09%。

表 3-101　综合模型对 2015 年历史监测数据的验证结果（621102J001）（%）

监测日	实测值	时段诊断值	逐日诊断值	最终预测值	误差值
2015/3/10	13.80	—	—	—	—
2015/3/25	16.30	14.49	13.92	14.21	−2.09
2015/4/10	16.20	16.33	15.46	15.89	−0.31
2015/4/27	15.40	16.06	15.27	15.67	0.26
2015/5/11	15.60	15.40	15.40	15.40	−0.20
2015/5/25	15.70	15.82	15.40	15.61	−0.09
2015/6/10	16.20	16.11	15.39	15.75	−0.45
2015/6/25	16.50	16.20	16.20	16.20	−0.30
2015/7/10	16.80	16.50	16.50	16.50	−0.30
2015/7/27	16.70	16.62	15.73	16.18	−0.52
2015/8/11	16.20	16.85	16.34	16.60	0.40
2015/8/27	12.50	15.98	15.17	15.57	3.07
2015/9/10	10.20	13.34	12.88	13.11	2.91
2015/9/25	12.30	10.20	10.2	10.20	−2.10
2015/10/10	15.50	13.06	12.73	12.89	−2.61
2015/10/26	16.00	15.94	15.14	15.54	−0.46
2015/11/10	15.50	16.18	15.68	15.93	0.43
2015/11/25	15.60	15.44	15.10	15.27	−0.33

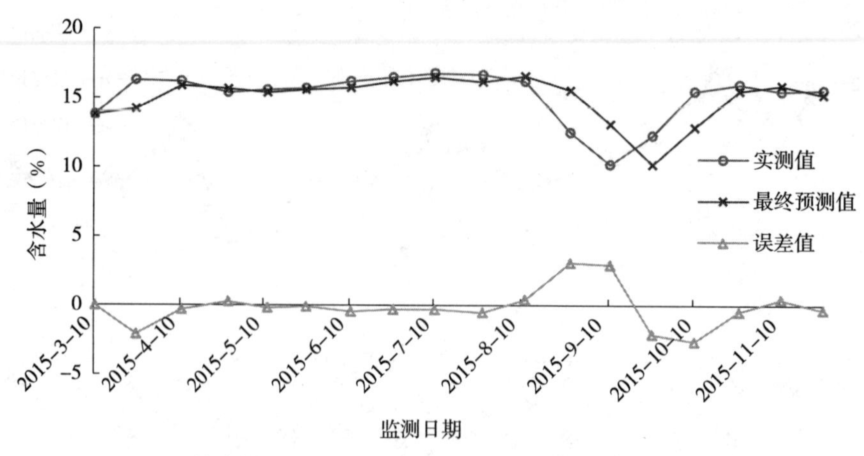

图 3-62　综合模型对 2015 年历史监测数据的验证图（621102J001）

由表 3-101 和图 3-62 可见，模型综合应用得到的最终诊断结果中，误差大于 3 个质量含水量的个数为 1 个，占 5.88%，未出现误差大于 5 个质量含水量的预测结果；如果将预测误差小于 3 个质量含水量作为合格预测结果，则综合模型预测合格率为 94.12%，2015 年历史数据验证结果的平均误差为 0.99%，最大误差为 3.07%，最小误差为 0.09%。

综合模型自回归验证和 2015 年历史监测数据验证结果的合格率分别为 95.65% 和 94.12%。

2. 621102J002 监测点验证

该监测点距离 52983 号国家气象站约 35km。采用 2012—2014 年数据建立 6 个墒情诊断模型并进行了诊断计算，根据计算结果以及实测含水量数据和气象台站降水量数据的对比分析，确定在 2014 年 4 月 8 日增加 80mm 灌溉量。使用调整后的降水量重新建立 6 个诊断模型并确定模型参数，据此进行该监测点的墒情诊断，依据诊断结果并按照综合模型应用流程进行模型优选，时段诊断和逐日诊断的优选模型见表 3-102。

表 3-102　安定区 621102J002 监测点优选诊断模型

项目	优选模型名称
时段诊断	差减统计法、比值统计法、间隔天数统计法
逐日诊断	差减统计法、比值统计法、统计法

按照综合模型应用流程对该监测点进行了建模数据的自回归验证和 2015 年数据的验证。综合模型建模数据自回归验证结果见表 3-103 和图 3-63，2015 年历史数据验证结果见表 3-104 和图 3-64（2015 年未进行降水量的调整）。

表 3-103　综合模型对 2012—2014 年建模数据自回归验证结果（621102J002）（%）

监测日	实测值	时段诊断值	逐日诊断值	最终预测值	误差值
2012/5/10	20.10	—	—	—	—
2012/5/25	22.30	19.90	19.90	19.90	−2.40
2012/6/8	19.80	19.53	19.62	19.58	−0.22

（续）

监测日	实测值	时段诊断值	逐日诊断值	最终预测值	误差值
2012/6/25	20.86	18.84	17.85	18.35	−2.51
2012/7/10	21.00	20.75	20.75	20.75	−0.25
2012/7/23	20.35	22.57	22.89	22.73	2.38
2012/8/10	21.40	19.81	19.37	19.59	−1.81
2012/8/25	23.20	20.70	20.70	20.70	−2.50
2012/9/9	24.00	22.88	22.88	22.88	−1.12
2012/9/24	22.40	20.70	20.64	20.67	−1.73
2012/10/10	20.60	20.44	18.96	19.70	−0.90
2012/10/25	20.10	18.96	18.95	18.96	−1.14
2012/11/10	20.30	18.53	17.57	18.05	−2.25
2012/11/25	19.60	18.44	18.47	18.46	−1.14
2013/3/11	14.80	—	—	—	—
2013/3/25	15.30	14.36	14.36	14.36	−0.94
2013/4/10	16.90	14.82	14.39	14.60	−2.30
2013/4/25	16.30	16.25	16.22	16.24	−0.06
2013/5/10	16.00	16.21	16.21	16.21	0.21
2013/5/24	18.00	17.74	17.76	17.75	−0.25
2013/6/13	17.42	18.00	18.00	18.00	0.58
2013/6/25	17.30	17.42	17.42	17.42	0.12
2013/7/15	19.20	21.28	23.88	22.58	3.38
2013/7/25	16.00	17.92	19.01	18.47	2.47
2013/8/12	17.92	16.00	16.00	16.00	−1.92
2013/8/26	15.30	17.30	17.38	17.34	2.04
2013/9/12	15.41	15.30	15.30	15.30	−0.11
2013/9/26	16.37	15.44	15.44	15.44	−0.93
2013/10/10	16.10	16.27	16.27	16.27	0.17
2013/11/15	15.69	15.91	15.05	15.48	−0.21
2013/11/25	16.41	15.26	15.27	15.27	−1.14
2013/12/10	13.18	15.81	15.81	15.81	2.63
2014/2/25	9.80	—	—	—	—
2014/3/26	10.30	9.97	10.03	10.00	−0.30
2014/4/14	18.00	15.52	18.28	16.90	−1.10
2014/4/25	19.30	19.82	19.98	19.90	0.60
2014/5/12	18.60	18.75	17.97	18.36	−0.24
2014/5/27	14.90	17.9	17.86	17.88	2.98
2014/6/25	15.00	15.63	15.22	15.43	0.43

（续）

监测日	实测值	时段诊断值	逐日诊断值	最终预测值	误差值
2014/7/10	16.20	17.62	17.55	17.59	1.39
2014/7/28	14.60	16.33	16.18	16.26	1.66
2014/8/11	14.30	14.60	14.60	14.60	0.30
2014/8/25	15.20	14.52	14.52	14.52	−0.68
2014/9/28	15.90	15.2	15.2	15.2	−0.7
2014/10/11	17.00	15.56	15.61	15.58	−1.42
2014/10/27	16.50	16.85	16.41	16.63	0.13
2014/11/25	16.30	16.11	15.57	15.84	−0.46

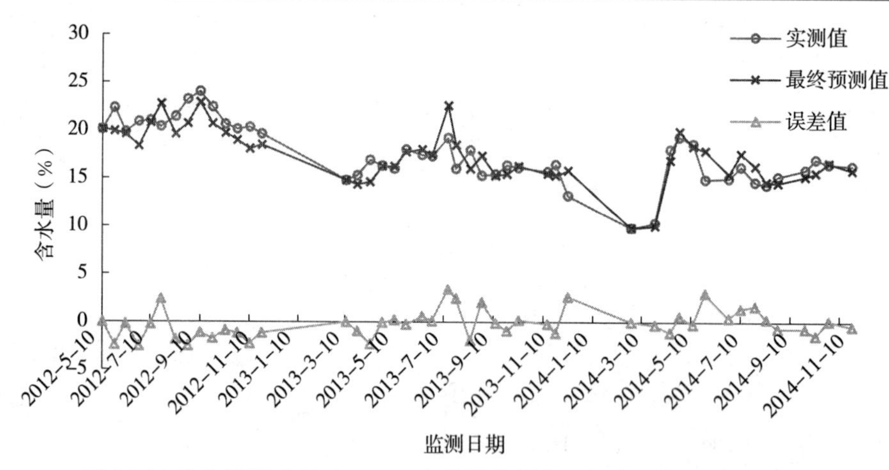

图 3-63　综合模型对 2012—2014 年建模数据自回归验证图（621102J002）

由表 3-103 和图 3-63 可见，模型综合应用得到的最终诊断结果中，误差大于 3 个质量含水量的个数为 1 个，占 2.27%，未出现误差大于 5 个质量含水量的预测结果；如果将预测误差小于 3 个质量含水量作为合格预测结果，则综合模型预测合格率为 97.73%，自回归预测的平均误差为 1.19%，最大误差为 3.38%，最小误差为 0.06%。

表 3-104　综合模型对 2015 年历史监测数据的验证结果（621102J002）（%）

监测日	实测值	时段诊断值	逐日诊断值	最终预测值	误差值
2015/3/10	13.40	—	—	—	—
2015/3/25	14.00	13.73	13.73	13.73	−0.27
2015/4/10	14.00	14.08	14.02	14.05	0.05
2015/4/27	15.20	13.86	13.71	13.78	−1.42
2015/5/11	15.20	15.20	15.20	15.20	0.00
2015/5/25	15.20	15.16	15.31	15.23	0.03
2015/6/10	15.20	15.41	15.58	15.50	0.30
2015/6/25	15.60	15.20	15.20	15.20	−0.40
2015/7/10	15.90	15.60	15.60	15.60	−0.30

（续）

监测日	实测值	时段诊断值	逐日诊断值	最终预测值	误差值
2015/7/27	15.80	15.63	15.39	15.51	−0.29
2015/8/11	15.40	15.86	15.86	15.86	0.46
2015/8/27	10.20	14.96	14.57	14.77	4.57
2015/9/10	8.30	10.92	10.92	10.92	2.62
2015/9/25	12.20	8.30	8.30	8.30	−3.90
2015/10/10	14.80	12.37	12.37	12.37	−2.43
2015/10/26	15.20	15.06	15.05	15.06	−0.14
2015/11/10	14.90	15.22	15.22	15.22	0.32
2015/11/25	15.00	14.53	14.53	14.53	−0.47

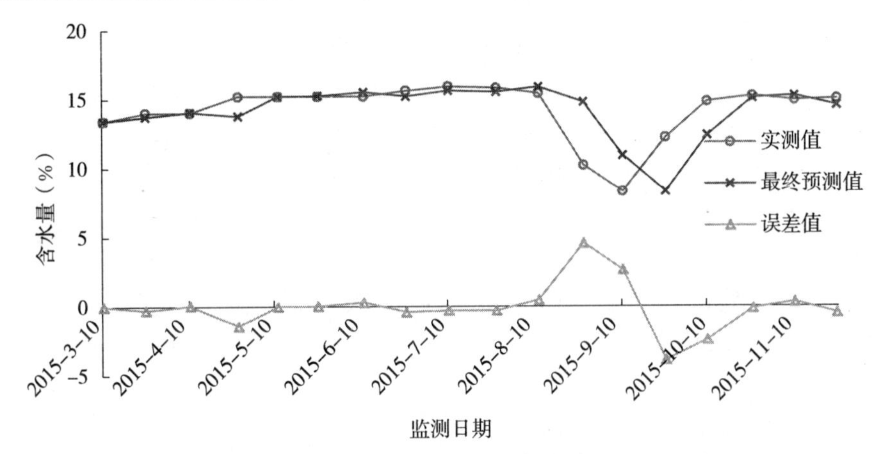

图 3-64　综合模型对 2015 年历史监测数据的验证图（621102J002）

由表 3-104 和图 3-64 可见，模型综合应用得到的最终诊断结果中，误差大于 3 个质量含水量的个数为 2 个，占 11.76%，未出现误差大于 5 个质量含水量的预测结果；如果将预测误差小于 3 个质量含水量作为合格预测结果，则综合模型预测合格率为 88.24%，2015 年历史数据验证结果的平均误差为 1.06%，最大误差为 4.57%，最小误差为 0.00%。

综合模型自回归验证和 2015 年历史监测数据验证结果的合格率分别为 97.73%和 88.24%。

3. 621102J003 监测点验证

该监测点距离 52983 号国家气象站约 63km。采用 2012—2014 年数据建立 6 个墒情诊断模型并进行了诊断计算，通过对比分析计算结果、实测含水量数据和气象台站降水量数据，发现诊断模型所采用的气象台站降水量与该监测点的实际降水情况比较吻合，因此未对模型输入参数进行调整。使用建立的 6 个诊断模型进行该监测点的墒情诊断，依据诊断结果并按照综合模型应用流程进行模型优选，时段诊断和逐日诊断的优选模型见表 3-105。

表 3-105　安定区 621102J003 监测点优选诊断模型

项目	优选模型名称
时段诊断	差减统计法、间隔天数统计法、移动统计法
逐日诊断	差减统计法、间隔天数统计法、统计法

按照综合模型应用流程对该监测点进行了建模数据的自回归验证和 2015 年数据的验证。综合模型建模数据自回归验证结果见表 3-106 和图 3-65，2015 年历史数据验证结果见表 3-107 和图 3-66（2015 年未进行降水量的调整）。

表 3-106　综合模型对 2012—2014 年建模数据自回归验证结果（621102J003）（%）

监测日	实测值	时段诊断值	逐日诊断值	最终预测值	误差值
2012/5/10	16.30	—	—	—	—
2012/5/25	18.40	16.30	16.30	16.30	−2.10
2012/6/8	19.60	15.45	16.53	15.99	−3.61
2012/6/25	16.50	17.69	16.70	17.20	0.70
2012/7/10	19.60	16.50	16.50	16.50	−3.10
2012/8/10	21.00	19.60	19.60	19.60	−1.40
2012/8/25	22.90	20.55	19.49	20.02	−2.88
2012/9/9	24.80	24.54	21.88	23.21	−1.59
2012/9/24	23.40	19.82	19.82	19.82	−3.58
2012/10/10	22.30	19.69	17.63	18.66	−3.64
2012/10/25	21.80	18.65	18.65	18.65	−3.15
2012/11/10	20.40	18.25	16.59	17.42	−2.98
2012/11/25	20.10	17.39	17.39	17.39	−2.71
2013/3/11	12.90	—	—	—	—
2013/3/25	15.00	12.96	12.77	12.86	−2.14
2013/4/10	14.80	13.43	13.85	13.64	−1.16
2013/4/25	11.50	13.45	14.21	13.83	2.33
2013/5/10	13.30	14.03	13.51	13.77	0.47
2013/5/24	17.50	17.63	18.35	17.99	0.49
2013/6/13	16.80	17.50	17.50	17.50	0.70
2013/6/25	16.32	16.80	16.80	16.80	0.48
2013/7/15	20.73	24.30	24.30	24.30	3.57
2013/7/25	16.72	17.67	18.70	18.19	1.47
2013/8/12	17.91	16.72	16.72	16.72	−1.19
2013/8/26	17.69	15.82	16.73	16.27	−1.42
2013/9/12	12.56	17.69	17.69	17.69	5.13
2013/9/26	12.00	13.83	14.03	13.93	1.93
2013/10/10	16.85	14.27	13.77	14.02	−2.83
2013/11/15	14.11	12.25	14.96	13.61	−0.50
2013/11/25	16.23	13.31	13.93	13.62	−2.61
2013/12/10	11.56	13.91	15.24	14.57	3.01
2014/2/25	10.20	—	—	—	—
2014/3/10	16.80	12.72	10.99	11.86	−4.94

（续）

监测日	实测值	时段诊断值	逐日诊断值	最终预测值	误差值
2014/3/26	14.30	15.23	14.81	15.02	0.72
2014/4/14	8.10	13.58	14.97	14.28	6.18
2014/4/25	25.30	24.30	24.30	24.30	−1.00
2014/5/12	21.60	20.68	17.98	19.33	−2.27
2014/5/27	13.30	18.49	18.49	18.49	5.19
2014/6/10	11.00	13.33	13.65	13.49	2.49
2014/6/25	15.60	11.00	11.00	11.00	−4.60
2014/7/10	17.10	19.86	19.88	19.87	2.77
2014/7/28	14.50	16.04	16.54	16.29	1.79
2014/8/11	12.60	14.50	14.50	14.50	1.90
2014/8/25	16.53	13.86	14.09	13.97	−2.56
2014/9/10	17.50	15.38	14.99	15.18	−2.32
2014/9/28	18.60	20.59	22.16	21.38	2.78
2014/10/11	15.43	16.79	16.88	16.84	1.41
2014/10/27	15.30	14.62	15.35	14.98	−0.32
2014/11/25	14.80	12.61	14.42	13.52	−1.29

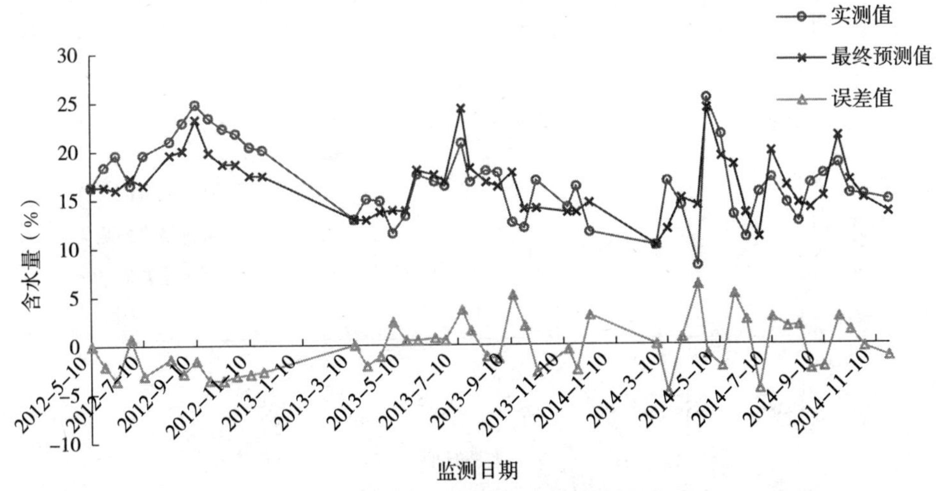

图 3-65　综合模型对 2012—2014 年建模数据自回归验证图（621102J003）

由表 3-106 和图 3-65 可见，模型综合应用得到的最终诊断结果中，误差大于 3 个质量含水量的个数为 12 个，占 26.07%，其中误差大于 5 个质量含水量的有 3 个，占 6.52%；如果将预测误差小于 3 个质量含水量作为合格预测结果，则综合模型预测合格率为 73.93%，自回归预测的平均误差为 2.33%，最大误差为 6.18%，最小误差为 0.32%。

表 3-107　综合模型对 2015 年历史监测数据的验证结果（621102J003）（%）

监测日	实测值	时段诊断值	逐日诊断值	最终预测值	误差值
2015/3/10	12.90	—	—	—	—

（续）

监测日	实测值	时段诊断值	逐日诊断值	最终预测值	误差值
2015/3/25	16.40	13.76	14.20	13.98	−2.42
2015/4/10	15.40	14.53	15.56	15.05	−0.35
2015/5/11	14.90	13.87	16.78	15.33	0.42
2015/5/25	15.26	14.37	15.44	14.91	−0.35
2015/6/10	15.20	14.74	16.13	15.44	0.24
2015/6/25	15.80	15.20	15.20	15.20	−0.60
2015/7/10	18.23	15.80	15.80	15.80	−2.43
2015/7/27	15.50	15.69	16.05	15.87	0.37
2015/8/27	11.30	13.08	14.51	13.80	2.50
2015/9/10	8.70	13.8	13.06	13.43	4.73
2015/9/25	11.60	8.70	8.70	8.70	−2.90
2015/10/10	15.10	13.56	12.62	13.09	−2.01
2015/10/26	15.90	14.71	15.77	15.24	−0.66
2015/11/10	15.10	14.76	15.83	15.29	0.19
2015/11/25	15.10	13.57	14.55	14.06	−1.04

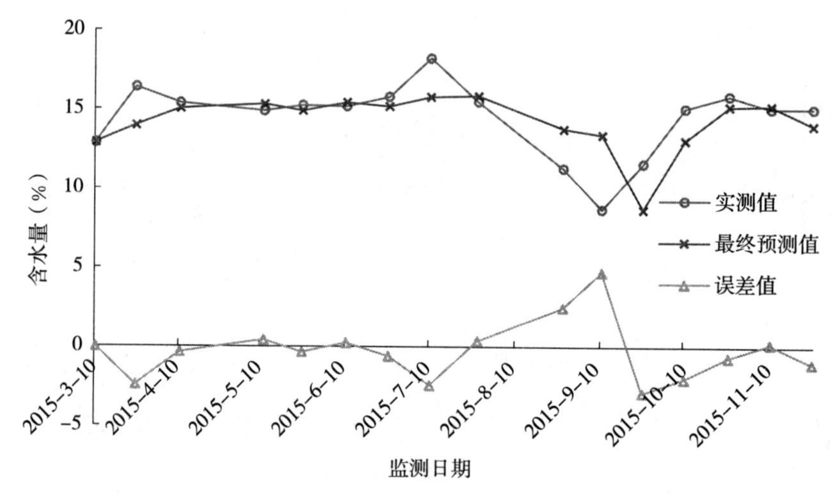

图 3-66　综合模型对 2015 年历史监测数据的验证图（621102J003）

由表 3-107 和图 3-66 可见，模型综合应用得到的最终诊断结果中，误差大于 3 个质量含水量的个数为 1 个，占 6.67%，未出现误差大于 5 个质量含水量的预测结果；如果将预测误差小于 3 个质量含水量作为合格预测结果，则综合模型预测合格率为 93.34%，2015 年历史数据验证结果的平均误差为 1.41%，最大误差为 4.73%，最小误差为 0.19%。

综合模型自回归验证和 2015 年历史监测数据验证结果的合格率分别为 73.93% 和 93.34%。

4. 621102J004 监测点验证

该监测点距离 52983 号国家气象站约 35km。采用 2012—2014 年数据建立 6 个墒情诊断

模型并进行了诊断计算，根据计算结果以及实测含水量数据和气象台站降水量数据的对比分析，确定在 2013 年 10 月 4 日和 2014 年 8 月 19 日均增加 50mm 灌溉量。使用调整后的降水量重新建立 6 个诊断模型并确定模型参数，据此进行该监测点的墒情诊断，依据诊断结果并按照综合模型应用流程进行模型优选，时段诊断和逐日诊断的优选模型见表 3-108。

表 3-108　安定区 621102J004 监测点优选诊断模型

项目	优选模型名称
时段诊断	统计法、间隔天数统计法、移动统计法
逐日诊断	统计法、间隔天数统计法、差减统计法

按照综合模型应用流程对该监测点进行了建模数据的自回归验证和 2015 年数据的验证。综合模型建模数据自回归验证结果见表 3-109 和图 3-67，2015 年历史数据验证结果见表 3-110和图 3-68（2015 年 10 月 4 日增加了 50mm 降水量）。

表 3-109　综合模型对 2012—2014 年建模数据自回归验证结果（621102J004）（%）

监测日	实测值	时段诊断值	逐日诊断值	最终预测值	误差值
2012/5/10	14.30	—	—	—	—
2012/5/25	17.20	14.30	14.30	14.30	−2.90
2012/6/8	18.00	15.13	15.12	15.12	−2.88
2012/6/25	15.90	16.51	15.10	15.81	−0.09
2012/7/10	18.30	15.90	15.90	15.90	−2.40
2012/7/23	21.86	21.00	21.00	21.00	−0.86
2012/8/10	20.00	19.79	18.91	19.35	−0.65
2012/8/25	19.80	19.00	19.00	19.00	−0.80
2012/9/10	22.00	19.80	19.80	19.80	−2.20
2012/9/24	21.20	19.08	18.88	18.98	−2.22
2012/10/10	19.80	19.08	17.00	18.04	−1.76
2012/10/25	20.00	17.47	17.35	17.41	−2.59
2012/11/10	19.60	17.23	15.32	16.28	−3.32
2012/11/25	18.90	16.82	16.70	16.76	−2.14
2013/3/11	12.60	—	—	—	—
2013/3/25	13.50	11.14	11.14	11.14	−2.36
2013/4/10	13.50	12.00	10.60	11.30	−2.20
2013/4/25	10.80	12.02	12.02	12.02	1.22
2013/5/10	11.00	11.16	11.16	11.16	0.16
2013/5/24	16.53	15.77	15.77	15.77	−0.76
2013/6/13	15.82	16.53	16.53	16.53	0.71
2013/6/25	16.20	15.82	15.82	15.82	−0.38
2013/7/15	19.22	21.00	21.00	21.00	1.78

（续）

监测日	实测值	时段诊断值	逐日诊断值	最终预测值	误差值
2013/7/25	16.20	16.74	18.05	17.39	1.19
2013/8/12	17.91	16.20	16.20	16.20	−1.71
2013/8/26	10.74	16.24	16.16	16.20	5.46
2013/9/12	12.89	10.74	10.74	10.74	−2.15
2013/9/26	12.15	12.72	12.72	12.72	0.57
2013/10/10	16.59	17.16	17.16	17.16	0.57
2013/11/15	13.98	12.89	12.76	12.83	−1.16
2013/11/25	14.26	12.66	12.68	12.67	−1.59
2013/12/10	10.58	12.70	12.70	12.70	2.12
2014/2/25	9.50	—	—	—	—
2014/3/10	7.70	8.44	8.44	8.44	0.74
2014/3/26	7.60	6.55	5.46	6.00	−1.60
2014/4/14	7.70	8.27	8.39	8.33	0.63
2014/4/25	19.60	21.00	21.00	21.00	1.40
2014/5/13	16.50	17.88	16.20	17.04	0.54
2014/5/27	12.90	14.27	15.29	14.78	1.88
2014/6/10	11.00	11.98	11.98	11.98	0.98
2014/6/25	15.20	11.00	11.00	11.00	−4.20
2014/7/10	17.30	19.13	19.13	19.13	1.83
2014/7/28	14.90	16.00	15.41	15.71	0.81
2014/8/11	11.20	14.90	14.90	14.90	3.70
2014/8/25	16.00	16.93	16.93	16.93	0.93
2014/9/28	17.20	16.00	16.00	16.00	−1.20
2014/10/11	14.56	15.36	15.46	15.41	0.85
2014/10/27	14.50	14.18	13.14	13.66	−0.84
2014/11/25	14.00	11.95	11.99	11.97	−2.03

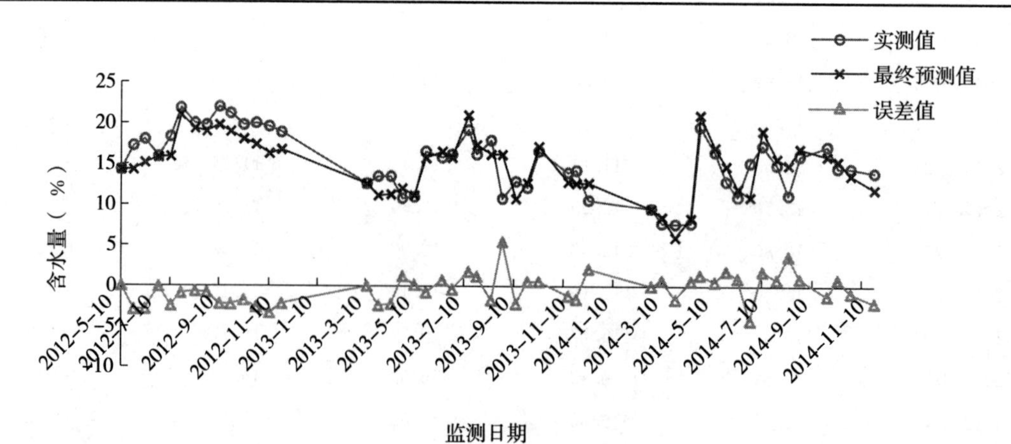

图 3-67　综合模型对 2012—2014 年建模数据自回归验证图（621102J004）

由表 3-109 和图 3-67 可见，模型综合应用得到的最终诊断结果中，误差大于 3 个质量含水量的个数为 4 个，占 8.70%，其中误差大于 5 个质量含水量的有 1 个，占 2.17%；如果将预测误差小于 3 个质量含水量作为合格预测结果，则综合模型预测合格率为 91.30%，自回归预测的平均误差为 1.63%，最大误差为 5.46%，最小误差为 0.09%。

表 3-110　综合模型对 2015 年历史监测数据的验证结果（621102J004）（%）

监测日	实测值	时段诊断值	逐日诊断值	最终预测值	误差值
2015/3/10	12.50	—	—	—	—
2015/3/25	14.50	12.70	12.40	12.55	−1.95
2015/4/10	13.60	13.47	12.79	13.13	−0.47
2015/4/27	13.60	12.62	11.49	12.06	−1.55
2015/5/11	13.80	13.60	13.60	13.60	−0.20
2015/5/25	14.10	13.40	13.53	13.47	−0.63
2015/6/10	14.30	14.00	13.88	13.94	−0.36
2015/6/25	15.30	14.30	14.30	14.30	−1.00
2015/7/10	17.86	15.30	15.30	15.30	−2.56
2015/7/27	15.00	15.81	14.62	15.22	0.22
2015/8/11	14.80	14.32	14.56	14.44	−0.36
2015/8/27	10.20	13.25	11.97	12.61	2.41
2015/9/10	7.90	10.99	10.36	10.67	2.77
2015/9/25	10.60	7.90	7.90	7.90	−2.70
2015/10/10	14.50	14.56	15.88	15.22	0.72
2015/10/26	14.90	13.97	13.66	13.82	−1.08
2015/11/10	14.50	14.05	14.21	14.13	−0.37
2015/11/25	14.50	12.92	13.07	12.99	−1.51

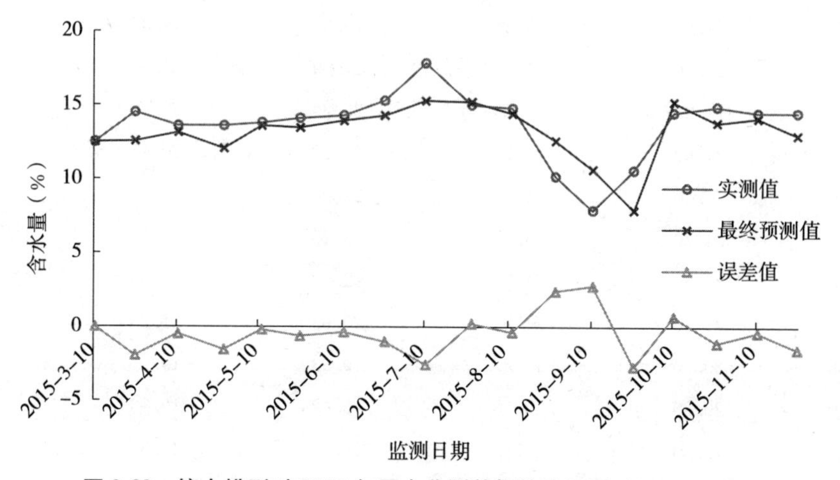

图 3-68　综合模型对 2015 年历史监测数据的验证图（621102J004）

由表3-110和图3-68可见，模型综合应用得到的最终诊断结果中，未出现误差大于3个质量含水量的预测结果；如果将预测误差小于3个质量含水量作为合格预测结果，则综合模型预测合格率为100%，2015年历史数据验证结果的平均误差为1.23%，最大误差为2.77%，最小误差为0.20%。

综合模型自回归验证和2015年历史监测数据验证结果的合格率分别为91.30%和100.00%。

5. 621102J005监测点验证

该监测点距离52983号国家气象站约58km。采用2012—2014年数据建立6个墒情诊断模型并进行了诊断计算，根据计算结果以及实测含水量数据和气象台站降水量数据的对比分析，确定在2014年4月8日增加50mm灌溉量。使用调整后的降水量重新建立6个诊断模型并确定模型参数，据此进行该监测点的墒情诊断，依据诊断结果并按照综合模型应用流程进行模型优选，时段诊断和逐日诊断的优选模型见表3-111。

表3-111　安定区621102J005监测点优选诊断模型

项目	优选模型名称
时段诊断	差减统计法、比值统计法、移动统计法
逐日诊断	差减统计法、比值统计法、统计法

按照综合模型应用流程对该监测点进行了建模数据的自回归验证和2015年数据的验证。综合模型建模数据自回归验证结果见表3-112和图3-69，2015年历史数据验证结果见表3-113和图3-70（2015年未进行降水量的调整）。

表3-112　综合模型对2012—2014年建模数据自回归验证结果（621102J005）（%）

监测日	实测值	时段诊断值	逐日诊断值	最终预测值	误差值
2012/5/10	22.20	—	—	—	—
2012/5/25	23.20	21.65	21.65	21.65	−1.55
2012/6/8	20.50	21.11	21.11	21.11	0.61
2012/6/25	21.90	19.65	19.05	19.35	−2.55
2012/7/10	21.40	21.59	21.59	21.59	0.19
2012/7/23	21.32	23.20	23.20	23.20	1.88
2012/8/10	21.60	20.72	20.22	20.47	−1.13
2012/8/25	24.20	21.18	21.00	21.09	−3.11
2012/9/10	24.20	23.68	23.25	23.46	−0.74
2012/9/24	23.60	21.76	22.02	21.89	−1.71
2012/10/10	21.20	21.94	20.63	21.28	0.08
2012/10/25	20.70	19.97	19.93	19.95	−0.75
2012/11/10	20.80	19.58	18.68	19.13	−1.67
2012/11/25	19.80	19.52	19.55	19.54	−0.26
2013/3/11	14.90	—	—	—	—

（续）

监测日	实测值	时段诊断值	逐日诊断值	最终预测值	误差值
2013/3/25	15.80	14.87	14.87	14.87	−0.93
2013/4/10	17.00	15.61	15.45	15.53	−1.47
2013/4/25	17.00	16.14	16.59	16.36	−0.64
2013/5/10	17.50	16.56	16.95	16.76	−0.74
2013/5/24	18.60	18.49	18.55	18.52	−0.08
2013/6/13	17.54	18.60	18.60	18.60	1.06
2013/6/25	17.35	17.54	17.54	17.54	0.19
2013/7/15	20.10	23.20	23.20	23.20	3.10
2013/7/25	15.80	19.11	19.86	19.48	3.68
2013/8/12	17.00	15.80	15.80	15.80	−1.20
2013/8/26	18.00	16.39	16.84	16.61	−1.39
2013/9/12	17.21	18.00	18.00	18.00	0.79
2013/9/26	15.75	16.57	17.10	16.83	1.08
2013/10/10	16.20	15.92	15.92	15.92	−0.28
2013/11/15	15.76	15.99	15.84	15.92	0.16
2013/11/25	15.98	15.64	15.65	15.65	−0.33
2013/12/10	13.26	15.75	15.75	15.75	2.49
2014/2/25	11.30	—	—	—	—
2014/3/10	10.60	11.59	11.87	11.73	1.13
2014/3/26	12.30	11.24	11.80	11.52	−0.78
2014/4/14	18.20	12.30	12.30	12.30	−5.90
2014/4/25	19.00	23.20	23.20	23.20	4.20
2014/5/13	19.20	18.03	18.22	18.12	−1.08
2014/5/27	15.30	17.96	18.62	18.29	2.99
2014/6/10	15.10	15.35	15.34	15.34	0.24
2014/7/10	15.30	15.10	15.10	15.10	−0.20
2014/7/28	14.80	15.71	15.85	15.78	0.98
2014/8/11	14.80	14.80	14.80	14.80	0.00
2014/8/25	15.30	15.15	15.15	15.15	−0.15
2014/9/10	15.30	15.28	15.24	15.26	−0.04
2014/9/28	16.30	17.17	18.51	17.84	1.54
2014/10/11	17.30	16.06	16.19	16.12	−1.18
2014/10/27	17.60	16.57	16.93	16.75	−0.85
2014/11/11	16.80	16.83	17.22	17.02	0.22
2014/11/25	16.50	16.14	16.45	16.30	−0.20

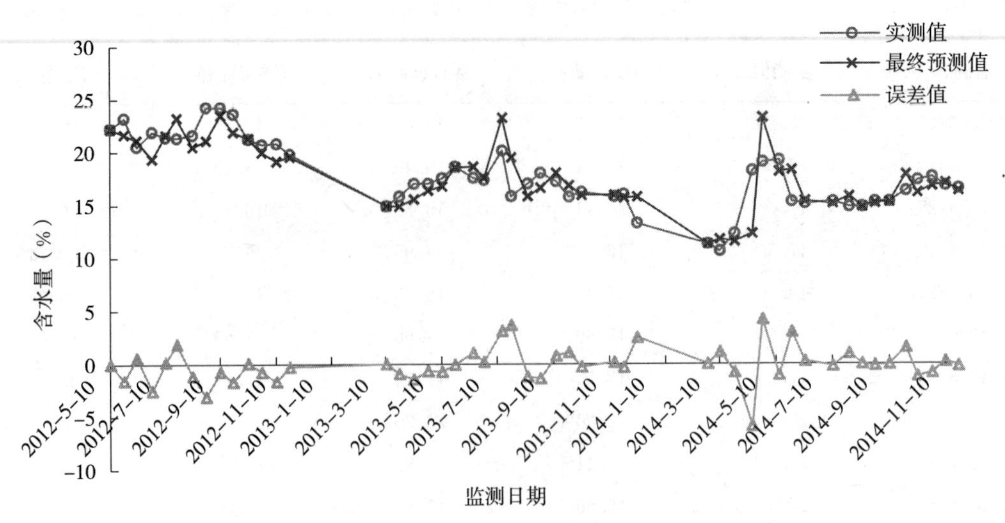

图 3-69　综合模型对 2012—2014 年建模数据自回归验证图（621102J005）

由表 3-112 和图 3-69 可见，模型综合应用得到的最终诊断结果中，误差大于 3 个质量含水量的个数为 5 个，占 10.64%，其中误差大于 5 个质量含水量的有 1 个，占 2.13%；如果将预测误差小于 3 个质量含水量作为合格预测结果，则综合模型预测合格率为 89.36%，自回归预测的平均误差为 1.22%，最大误差为 5.90%，最小误差为 0.00%。

表 3-113　综合模型对 2015 年历史监测数据的验证结果（621102J005）（%）

监测日	实测值	时段诊断值	逐日诊断值	最终预测值	误差值
2015/3/10	13.60	—	—	—	—
2015/3/25	13.80	14.16	14.14	14.15	0.35
2015/4/10	13.80	14.22	14.50	14.36	0.56
2015/4/27	13.80	14.10	14.32	14.21	0.41
2015/5/11	14.30	13.80	13.80	13.80	−0.50
2015/5/25	15.00	14.66	14.76	14.71	−0.29
2015/6/10	15.60	15.40	15.72	15.56	−0.04
2015/6/25	16.00	15.60	15.6	15.60	−0.40
2015/7/10	16.10	16.00	16.00	16.00	−0.10
2015/7/27	16.00	16.04	15.99	16.02	0.02
2015/8/11	15.90	16.18	16.18	16.18	0.28
2015/8/27	12.20	15.73	15.59	15.66	3.46
2015/9/10	10.10	12.91	12.93	12.92	2.82
2015/9/25	12.20	10.10	10.10	10.10	−2.10
2015/10/10	15.10	12.30	12.81	12.56	−2.54
2015/10/26	15.30	15.47	15.62	15.54	0.24
2015/11/10	15.10	15.52	15.52	15.52	0.42
2015/11/25	15.20	15.08	15.08	15.08	−0.12

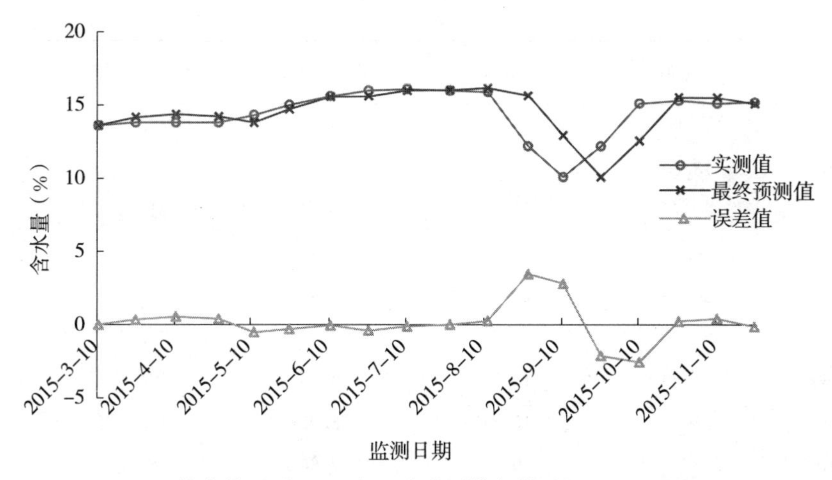

图 3-70　综合模型对 2015 年历史监测数据的验证图（621102J005）

由表 3-113 和图 3-70 可见，模型综合应用得到的最终诊断结果中，误差大于 3 个质量含水量的个数为 1 个，占 5.88%，未出现误差大于 5 个质量含水量的预测结果；如果将预测误差小于 3 个质量含水量作为合格预测结果，则综合模型预测合格率为 94.12%，2015 年历史数据验证结果的平均误差为 0.86%，最大误差为 3.46%，最小误差为 0.02%。

综合模型自回归验证和 2015 年历史监测数据验证结果的合格率分别为 89.36% 和 94.12%。

6. 621102J006 监测点验证

该监测点距离 52983 号国家气象站约 56km。采用 2012—2014 年数据建立 6 个墒情诊断模型并进行了诊断计算，根据计算结果以及实测含水量数据和气象台站降水量数据的对比分析，确定在 2014 年 3 月 4 日和 2014 年 8 月 19 日均增加 50mm 灌溉量。使用调整后的降水量重新建立 6 个诊断模型并确定模型参数，据此进行该监测点的墒情诊断，依据诊断结果并按照综合模型应用流程进行模型优选，时段诊断和逐日诊断的优选模型见表 3-114。

表 3-114　安定区 621102J006 监测点优选诊断模型

项目	优选模型名称
时段诊断	差减统计法、间隔天数统计法、移动统计法
逐日诊断	差减统计法、间隔天数统计法、统计法

按照综合模型应用流程对该监测点进行了建模数据的自回归验证和 2015 年数据的验证。综合模型建模数据自回归验证结果见表 3-115 和图 3-71，2015 年历史数据验证结果见表 3-116和图 3-72（2015 年 10 月 4 日增加了 50mm 降水量）。

表 3-115　综合模型对 2012—2014 年建模数据自回归验证结果（621102J006）（%）

监测日	实测值	时段诊断值	逐日诊断值	最终预测值	误差值
2012/5/10	15.30	—	—	—	—
2012/5/25	17.30	15.30	15.30	15.30	−2.00
2012/6/8	18.60	15.27	15.77	15.52	−3.08

（续）

监测日	实测值	时段诊断值	逐日诊断值	最终预测值	误差值
2012/6/25	15.90	16.94	16.17	16.56	0.65
2012/7/10	18.60	15.90	15.90	15.90	−2.70
2012/7/23	22.76	21.76	21.76	21.76	−1.00
2012/8/10	20.80	20.39	19.10	19.75	−1.05
2012/8/25	20.40	20.58	19.43	20.01	−0.39
2012/9/9	22.20	20.54	20.54	20.54	−1.66
2012/9/16	21.80	18.76	19.57	19.16	−2.64
2012/9/24	22.00	18.81	18.92	18.86	−3.14
2012/10/10	21.00	19.44	17.70	18.57	−2.43
2012/10/25	20.70	18.41	18.41	18.41	−2.29
2012/11/10	20.00	17.86	16.39	17.13	−2.88
2012/11/25	19.00	17.40	17.40	17.40	−1.60
2013/3/11	12.80	—	—	—	—
2013/3/25	14.50	12.67	11.89	12.28	−2.22
2013/4/10	14.40	12.62	12.48	12.55	−1.85
2013/4/25	11.00	12.64	13.36	13.00	2.00
2013/5/10	12.60	12.57	11.87	12.22	−0.38
2013/5/24	17.30	16.14	16.60	16.37	−0.93
2013/6/13	15.98	17.30	17.30	17.30	1.32
2013/6/25	16.22	15.98	15.98	15.98	−0.24
2013/7/15	20.30	21.76	21.76	21.76	1.46
2013/7/25	16.25	17.72	18.75	18.23	1.98
2013/8/12	16.30	16.25	16.25	16.25	−0.05
2013/8/26	18.32	14.40	15.56	14.98	−3.34
2013/9/12	12.53	18.32	18.32	18.32	5.79
2013/9/26	11.27	13.46	12.93	13.19	1.92
2013/10/10	16.65	12.78	12.05	12.41	−4.24
2013/11/15	14.00	11.18	13.94	12.56	−1.44
2013/11/25	14.23	12.91	13.20	13.06	−1.17
2013/12/10	10.62	12.61	13.18	12.89	2.27
2014/2/25	10.80	—	—	—	—
2014/3/10	16.20	16.25	15.73	15.99	−0.21
2014/3/26	14.60	13.88	13.84	13.86	−0.74
2014/4/14	7.90	13.76	13.95	13.86	5.96
2014/4/25	19.50	21.76	21.76	21.76	2.26
2014/5/13	20.40	17.56	16.72	17.14	−3.26

（续）

监测日	实测值	时段诊断值	逐日诊断值	最终预测值	误差值
2014/5/27	13.00	18.21	18.21	18.21	5.21
2014/6/10	13.00	13.01	12.59	12.80	−0.20
2014/6/25	14.30	13.00	13.00	13.00	−1.30
2014/7/10	16.30	18.19	18.52	18.36	2.06
2014/7/28	14.30	14.89	15.55	15.22	0.92
2014/8/11	11.60	14.30	14.30	14.30	2.70
2014/8/25	16.20	16.70	17.30	17.00	0.80
2014/9/10	16.50	14.07	14.16	14.11	−2.39
2014/9/28	17.60	19.63	21.27	20.45	2.85
2014/10/11	14.86	16.14	16.24	16.19	1.33
2014/10/27	14.86	14.45	14.13	14.29	−0.57
2014/11/11	14.20	13.85	14.14	13.99	−0.21
2014/11/25	14.20	12.65	13.25	12.95	−1.25

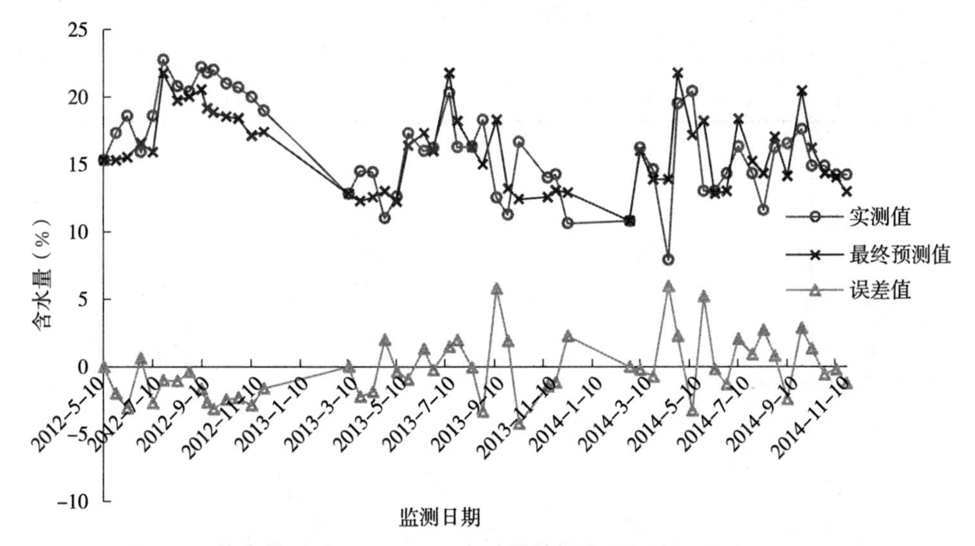

图 3-71　综合模型对 2012—2014 年建模数据自回归验证图（621102J006）

由表 3-115 和图 3-71 可见，模型综合应用得到的最终诊断结果中，误差大于 3 个质量含水量的个数为 8 个，占 16.33%，其中误差大于 5 个质量含水量的有 3 个，占 6.12%；如果将预测误差小于 3 个质量含水量作为合格预测结果，则综合模型预测合格率为 83.67%，自回归预测的平均误差为 1.92%，最大误差为 5.96%，最小误差为 0.05%。

表 3-116　综合模型对 2015 年历史监测数据的验证结果（621102J006）（%）

监测日	实测值	时段诊断值	逐日诊断值	最终预测值	误差值
2015/3/10	12.60	—	—	—	—
2015/3/25	13.60	13.39	12.97	13.18	−0.42

（续）

监测日	实测值	时段诊断值	逐日诊断值	最终预测值	误差值
2015/4/10	13.60	13.29	13.05	13.17	−0.43
2015/4/27	13.60	12.91	12.46	12.69	−0.91
2015/5/11	14.00	13.60	13.60	13.60	−0.40
2015/5/25	14.50	13.48	14.11	13.79	−0.71
2015/6/10	14.70	13.82	14.78	14.30	−0.40
2015/6/25	15.80	14.70	14.70	14.70	−1.10
2015/7/10	17.68	15.80	15.80	15.80	−1.88
2015/7/27	14.90	15.87	15.46	15.67	0.76
2015/8/11	15.50	14.55	14.86	14.70	−0.80
2015/8/27	10.60	13.55	13.47	13.51	2.91
2015/9/10	8.50	12.23	11.27	11.75	3.25
2015/9/25	10.60	8.50	8.50	8.50	−2.10
2015/10/10	14.80	14.8	16.26	15.53	0.73
2015/10/26	15.30	14.53	14.56	14.54	−0.76
2015/11/10	14.80	14.29	14.92	14.61	−0.19
2015/11/25	14.80	13.57	13.83	13.70	−1.10

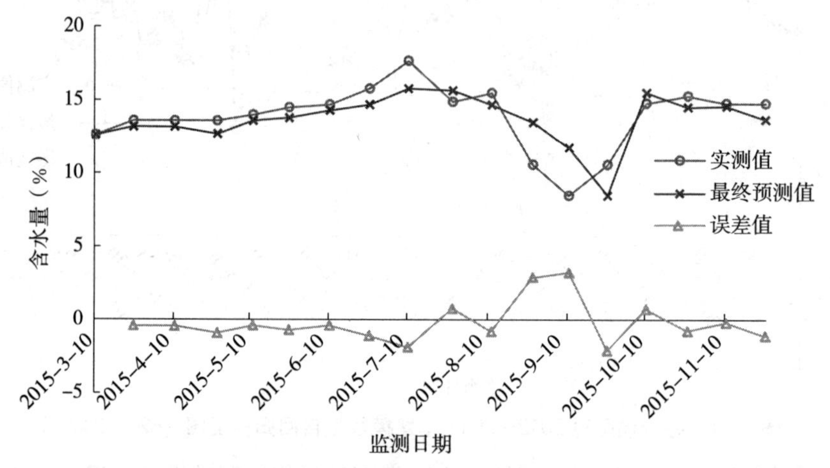

图 3-72　综合模型对 2015 年历史监测数据的验证图（621102J006）

由表 3-116 和图 3-72 可见，模型综合应用得到的最终诊断结果中，误差大于 3 个质量含水量的个数为 1 个，占 5.88%，未出现误差大于 5 个质量含水量的预测结果；如果将预测误差小于 3 个质量含水量作为合格预测结果，则综合模型预测合格率为 94.12%，2015 年历史数据验证结果的平均误差为 1.11%，最大误差为 3.25%，最小误差为 0.19%。

综合模型自回归验证和 2015 年历史监测数据验证结果的合格率分别为 83.67% 和 94.12%。

7. 621102J007 监测点验证

该监测点距离 52983 号国家气象站约 60km。采用 2012—2014 年数据建立 6 个墒情诊断

模型并进行了诊断计算，根据计算结果以及实测含水量数据和气象台站降水量数据的对比分析，确定在2012年8月19日增加50mm灌溉量。使用调整后的降水量重新建立6个诊断模型并确定模型参数，据此进行该监测点的墒情诊断，依据诊断结果并按照综合模型应用流程进行模型优选，时段诊断和逐日诊断的优选模型见表3-117。

表3-117 安定区621102J007监测点优选诊断模型

项目	优选模型名称
时段诊断	差减统计法、比值统计法、间隔天数统计法
逐日诊断	差减统计法、比值统计法、统计法

按照综合模型应用流程对该监测点进行了建模数据的自回归验证和2015年数据的验证。综合模型建模数据自回归验证结果见表3-118和图3-73，2015年历史数据验证结果见表3-119和图3-74（2015年未进行降水量的调整）。

表3-118 综合模型对2012—2014年建模数据自回归验证结果（621102J007）（%）

监测日	实测值	时段诊断值	逐日诊断值	最终预测值	误差值
2012/5/10	25.20	—	—	—	—
2012/5/25	25.00	24.40	24.75	24.580	−0.43
2012/6/8	21.90	22.78	22.34	22.56	0.66
2012/6/25	22.10	21.07	19.70	20.39	−1.72
2012/7/10	22.90	22.28	22.41	22.34	−0.56
2012/7/23	23.56	26.60	26.60	26.60	3.04
2012/8/10	23.20	22.75	22.17	22.46	−0.74
2012/8/25	27.00	24.63	25.56	25.09	−1.91
2012/9/9	27.60	26.46	27.70	27.08	−0.52
2012/9/16	25.00	24.43	26.5	25.46	0.46
2012/9/24	25.20	22.98	22.82	22.90	−2.30
2012/10/10	23.10	23.64	21.99	22.81	−0.29
2012/10/25	22.50	21.72	21.42	21.57	−0.93
2012/11/10	21.90	21.16	19.57	20.37	−1.53
2012/11/25	21.50	20.54	20.18	20.36	−1.14
2013/3/11	16.50	—	—	—	—
2013/3/25	17.50	16.10	16.11	16.11	−1.40
2013/4/10	17.60	16.92	16.45	16.69	−0.91
2013/4/25	17.60	17.01	17.01	17.01	−0.59
2013/5/10	18.30	17.54	17.54	17.54	−0.76
2013/5/24	20.70	19.56	19.58	19.57	−1.13
2013/6/13	18.60	20.70	19.87	20.29	1.69
2013/6/25	17.90	18.60	18.60	18.60	0.70

（续）

监测日	实测值	时段诊断值	逐日诊断值	最终预测值	误差值
2013/7/15	23.20	26.60	26.60	26.60	3.40
2013/7/25	16.89	21.60	22.66	22.13	5.24
2013/8/12	17.85	16.89	16.89	16.89	−0.96
2013/8/26	17.69	17.50	17.59	17.55	−0.15
2013/9/12	16.81	17.69	17.69	17.69	0.88
2013/9/26	17.05	16.88	16.88	16.88	−0.17
2013/10/10	17.05	17.09	17.09	17.09	0.04
2013/11/15	17.21	16.95	16.29	16.62	−0.59
2013/11/25	16.89	16.78	16.79	16.79	−0.11
2013/12/10	14.00	16.42	16.42	16.42	2.42
2014/2/25	13.20	—	—	—	—
2014/3/10	15.20	13.48	13.46	13.47	−1.73
2014/3/26	16.20	15.05	14.93	14.99	−1.21
2014/4/14	19.00	16.31	16.29	16.3	−2.70
2014/4/25	20.00	26.60	26.60	26.60	6.60
2014/5/13	20.60	19.71	18.95	19.33	−1.27
2014/5/27	15.90	19.86	19.74	19.80	3.90
2014/6/25	15.70	16.64	16.45	16.55	0.85
2014/7/10	15.60	18.21	18.21	18.21	2.61
2014/7/28	16.10	16.11	16.30	16.21	0.11
2014/8/25	16.40	16.1	16.10	16.10	−0.30
2014/9/10	16.30	16.15	15.92	16.03	−0.27
2014/9/28	17.90	18.92	20.53	19.72	1.82
2014/10/11	18.40	17.45	17.51	17.48	−0.92
2014/10/27	18.25	18.24	17.76	18.00	−0.25
2014/11/11	17.20	17.74	17.74	17.74	0.54
2014/11/25	16.90	16.69	16.72	16.71	−0.20

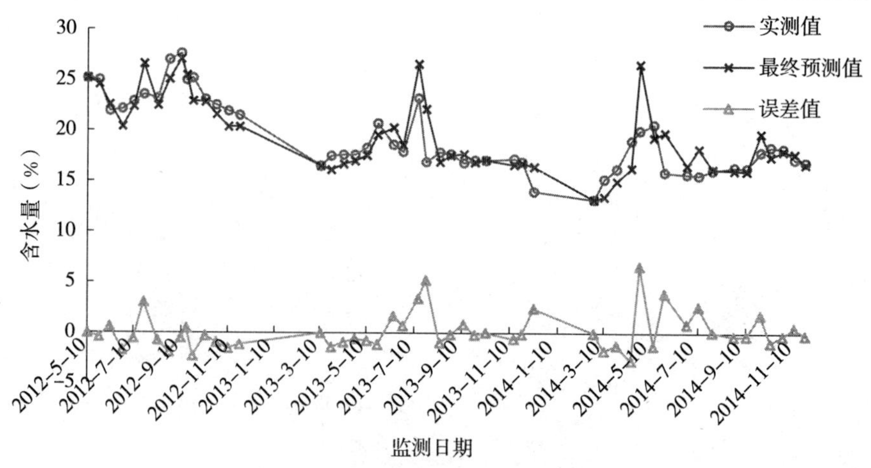

图 3-73　综合模型对 2012—2014 年建模数据自回归验证图（621102J007）

由表3-118和图3-73可见，模型综合应用得到的最终诊断结果中，误差大于3个质量含水量的个数为5个，占10.42%，其中误差大于5个质量含水量的有1个，占2.08%；如果将预测误差小于3个质量含水量作为合格预测结果，则综合模型预测合格率为89.58%，自回归预测的平均误差为1.33%，最大误差为6.60%，最小误差为0.04%。

表3-119　综合模型对2015年历史监测数据的验证结果（621102J007）（%）

监测日	实测值	时段诊断值	逐日诊断值	最终预测值	误差值
2015/3/10	14.52	—	—	—	—
2015/3/25	16.99	14.97	14.96	14.96	−2.03
2015/4/10	16.50	16.87	16.68	16.78	0.27
2015/4/27	18.82	16.29	16.10	16.19	−2.63
2015/5/11	17.90	18.82	18.82	18.82	0.92
2015/5/25	17.60	17.66	17.80	17.73	0.13
2015/6/10	17.70	17.66	17.71	17.69	−0.01
2015/6/25	17.20	17.70	17.70	17.70	0.50
2015/7/10	17.30	17.20	17.20	17.20	−0.10
2015/7/27	17.00	17.04	16.83	16.94	−0.07
2015/8/11	16.40	17.13	17.13	17.13	0.73
2015/8/27	14.30	16.09	15.84	15.96	1.66
2015/9/10	10.90	14.72	14.73	14.73	3.83
2015/9/25	14.30	10.90	10.90	10.90	−3.40
2015/10/10	15.90	14.58	14.58	14.58	−1.32
2015/10/26	16.00	16.27	16.36	16.32	0.31
2015/11/10	16.30	16.18	16.18	16.18	−0.12
2015/11/25	16.30	16.02	16.02	16.02	−0.28

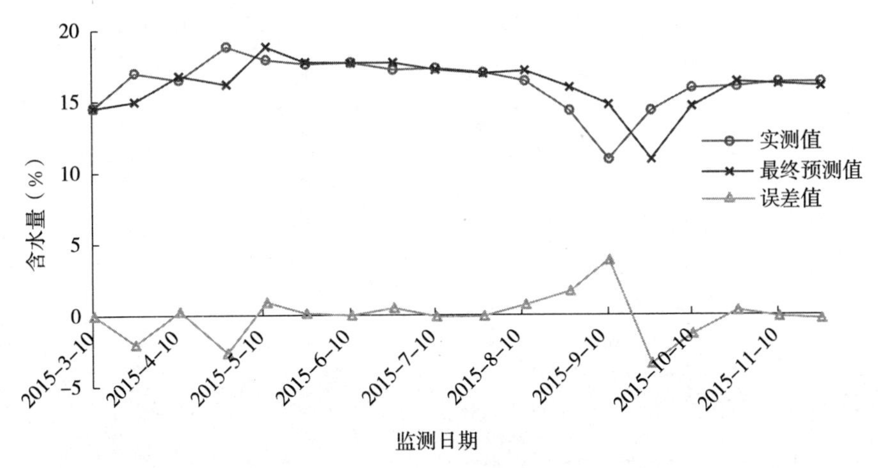

图3-74　综合模型对2015年历史监测数据的验证图（621102J007）

由表3-119和图3-74可见，模型综合应用得到的最终诊断结果中，误差大于3个质量含水量的个数为2个，占11.76%，未出现误差大于5个质量含水量的预测结果；如果将预测误差小于3个质量含水量作为合格预测结果，则综合模型预测合格率为88.24%，2015年历史数据验证结果的平均误差为1.07%，最大误差为3.83%，最小误差为0.01%。

综合模型自回归验证和2015年历史监测数据验证结果的合格率分别为89.58%和88.24%。

8. 621102J008监测点验证

该监测点距离52983号国家气象站约60km。采用2012—2014年数据建立6个墒情诊断模型并进行了诊断计算，根据计算结果以及实测含水量数据和气象台站降水量数据的对比分析，确定在2014年8月19日增加50mm灌溉量。使用调整后的降水量重新建立6个诊断模型并确定模型参数，据此进行该监测点的墒情诊断，依据诊断结果并按照综合模型应用流程进行模型优选，时段诊断和逐日诊断的优选模型见表3-120。

表3-120　安定区621102J008监测点优选诊断模型

项　目	优选模型名称
时段诊断	差减统计法、间隔天数统计法、移动统计法
逐日诊断	差减统计法、间隔天数统计法、统计法

按照综合模型应用流程对该监测点进行了建模数据的自回归验证和2015年数据的验证。综合模型建模数据自回归验证结果见表3-121和图3-75，2015年历史数据验证结果见表3-122和图3-76（2015年3月19日增加了50mm降水量）。

表3-121　综合模型对2012—2014年建模数据自回归验证结果（621102J008）（%）

监测日	实测值	时段诊断值	逐日诊断值	最终预测值	误差值
2012/5/10	17.40	—	—	—	—
2012/5/25	18.75	17.40	17.40	17.40	−1.35
2012/6/8	20.00	16.92	16.99	16.95	−3.05
2012/6/25	17.60	18.42	17.41	17.92	0.31
2012/7/10	20.30	17.60	17.60	17.60	−2.70
2012/7/23	24.76	24.90	24.90	24.90	0.14
2012/8/10	22.10	22.52	21.01	21.76	−0.34
2012/8/25	23.00	21.99	20.93	21.46	−1.54
2012/9/9	25.90	25.95	23.15	24.55	−1.35
2012/9/16	24.00	20.26	22.95	21.60	−2.40
2012/9/24	23.70	20.79	20.86	20.82	−2.88
2012/10/10	22.80	21.17	19.33	20.25	−2.55
2012/10/25	22.30	20.06	20.06	20.06	−2.24
2012/11/10	21.20	19.34	17.64	18.49	−2.71
2012/11/25	20.70	18.51	18.51	18.51	−2.19

（续）

监测日	实测值	时段诊断值	逐日诊断值	最终预测值	误差值
2013/3/11	13.20	—	—	—	—
2013/3/25	15.80	13.21	12.60	12.91	−2.89
2013/4/10	15.10	14.08	13.86	13.97	−1.13
2013/4/25	11.50	13.72	14.17	13.95	2.45
2013/5/10	14.23	13.12	12.78	12.95	−1.28
2013/5/24	19.70	17.95	18.07	18.01	−1.69
2013/6/13	16.95	19.70	19.70	19.70	2.75
2013/6/25	16.30	16.95	16.95	16.95	0.65
2013/7/15	23.34	24.90	24.90	24.90	1.56
2013/7/25	17.24	20.02	21.43	20.72	3.48
2013/8/12	17.80	17.24	17.24	17.24	−0.56
2013/8/26	17.83	16.44	16.94	16.69	−1.14
2013/9/12	13.52	17.83	17.83	17.83	4.31
2013/9/26	14.20	14.39	14.14	14.27	0.07
2013/10/10	17.00	14.47	14.67	14.57	−2.43
2013/11/15	15.86	12.87	14.67	13.77	−2.09
2013/11/25	15.63	14.40	14.99	14.69	−0.94
2013/12/10	12.30	14.07	14.57	14.32	2.02
2014/2/25	12.90	—	—	—	—
2014/3/10	16.10	13.13	12.50	12.81	−3.29
2014/3/26	14.10	14.07	14.03	14.05	−0.05
2014/4/14	8.70	13.98	14.35	14.17	5.47
2014/4/25	22.10	24.90	24.90	24.90	2.80
2014/5/13	22.30	19.95	18.61	19.28	−3.02
2014/5/27	14.20	19.99	19.94	19.96	5.76
2014/6/10	12.00	14.00	13.93	13.96	1.96
2014/6/25	15.20	12.00	12.00	12.00	−3.20
2014/7/10	16.10	19.85	20.06	19.96	3.86
2014/7/28	15.30	15.40	16.20	15.80	0.50
2014/8/11	13.20	15.30	15.30	15.30	2.10
2014/8/25	17.30	18.50	18.55	18.53	1.23
2014/9/10	17.50	15.20	15.19	15.20	−2.30
2014/9/28	19.30	21.54	23.58	22.56	3.26
2014/10/11	16.56	17.12	17.69	17.41	0.85
2014/10/27	16.23	15.92	15.69	15.80	−0.43
2014/11/11	15.20	14.54	15.49	15.01	−0.19
2014/11/25	15.00	13.74	14.33	14.03	−0.97

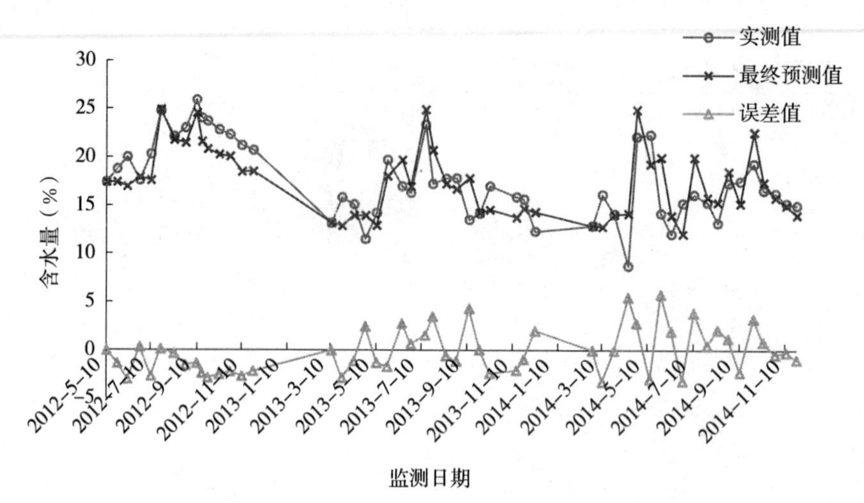

图 3-75 综合模型对 2012—2014 年建模数据自回归验证图（621102J008）

由表 3-121 和图 3-75 可见，模型综合应用得到的最终诊断结果中，误差大于 3 个质量含水量的个数为 10 个，占 20.41%，其中误差大于 5 个质量含水量的有 2 个，占 4.08%；如果将预测误差小于 3 个质量含水量作为合格预测结果，则综合模型预测合格率为 79.59%，自回归预测的平均误差为 2.01%，最大误差为 5.76%，最小误差为 0.05%。

表 3-122 综合模型对 2015 年历史监测数据的验证结果（621102J008）（%）

监测日	实测值	时段诊断值	逐日诊断值	最终预测值	误差值
2015/3/10	13.20	—	—	—	—
2015/3/25	17.30	17.77	18.50	18.14	0.83
2015/4/10	15.90	15.58	15.87	15.72	−0.18
2015/4/27	15.90	14.40	14.55	14.47	−1.43
2015/5/11	15.90	15.90	15.90	15.90	0.00
2015/5/25	15.80	15.01	15.92	15.46	−0.34
2015/6/10	16.00	15.37	16.22	15.80	−0.20
2015/6/25	16.00	16.00	16.00	16.00	0.00
2015/7/10	18.38	16.00	16.00	16.00	−2.38
2015/7/27	16.30	16.32	16.31	16.31	0.01
2015/8/11	15.30	15.36	16.3	15.83	0.53
2015/8/27	12.00	13.81	13.75	13.78	1.78
2015/9/10	10.40	13.25	12.85	13.05	2.65
2015/9/25	12.30	10.40	10.40	10.40	−1.90
2015/10/10	15.30	13.09	12.54	12.82	−2.48
2015/10/26	15.40	14.90	15.56	15.23	−0.17
2015/11/10	15.50	15.06	15.38	15.22	−0.28
2015/11/25	15.60	13.83	14.62	14.23	−1.37

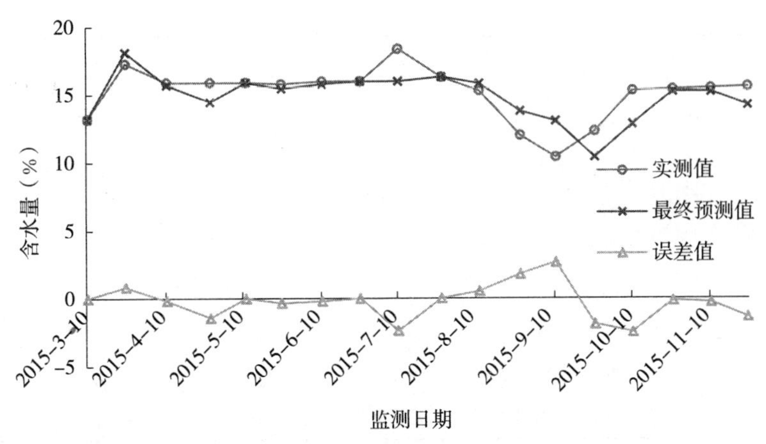

图 3-76　综合模型对 2015 年历史监测数据的验证图（621102J008）

由表 3-122 和图 3-76 可见，模型综合应用得到的最终诊断结果中，未出现误差大于 3 个质量含水量的预测结果；如果将预测误差小于 3 个质量含水量作为合格预测结果，则综合模型预测合格率为 100%，2015 年历史数据验证结果的平均误差为 0.97%，最大误差为 2.65%，最小误差为 0.00%。

综合模型自回归验证和 2015 年历史监测数据验证结果的合格率分别为 79.59% 和 100.00%。

第四节　山 西 省

山西省用于模型验证的监测点包括忻州市偏关县、长治市长治县等 2 个市（县）的 16 个监测点。

一、忻州市偏关县验证

（一）基本情况

偏关县位于山西省西北边陲，处于黄河南流入晋的交汇处。北依长城与内蒙古清水河县接壤，西临黄河与内蒙古准格尔旗准格尔旗隔河相望，南与河曲、五寨两县相连，东于神池、朔州两县（市）毗邻，介于东经 111°01′～111°22′，北纬 39°12′～39°40′之间。属北温带大陆性气候。冬季寒冷少雪，春季温暖干燥，夏季炎热而雨量集中，秋季凉爽而明快。年平均气温 3～8℃，全年平均降水量为 425.3mm，无霜期为 105～145d。气候属大陆性半干燥区。

（二）土壤墒情监测状况

忻州市偏关县 2012 年纳入全国土壤墒情网开始进行土壤墒情监测工作，全区共设 10 个农田监测点，本次验证的监测点主要信息见表 3-123。

表 3-123　忻州市偏关县土壤墒情监测点设置情况

监测点编号	设置时间	所处位置	经度	纬度	主要种植作物	土壤类型
140932J001	2012	偏关县窑头村	110°28′	39°23′	玉米	壤土

（续）

监测点编号	设置时间	所处位置	经度	纬度	主要种植作物	土壤类型
140932J002	2012	偏关县响水村	110°56′	39°23′	玉米	壤土
140932J003	2012	偏关县腰铺村	111°34′	39°25′	玉米	壤土
140932J005	2012	偏关县刘家湾村	111°1′	39°43′	谷子	壤土
140932J006	2012	偏关县寺埝堡村	111°1′	39°34′	谷子	壤土
140932J007	2012	偏关县甘槽咀村	111°22′	39°23′	马铃薯	壤土
140932J008	2012	偏关县东尚峪村	111°30′	39°20′	马铃薯	砂壤土
140932J009	2012	偏关县东尚峪村	111°26′	39°20′	马铃薯	砂壤土
140932J0010	2012	偏关县响水村	110°56′	39°23′	玉米	砂壤土

（三）模型使用的气象台站情况

诊断模型所使用的降水量数据来源于 53564 号国家气象站，该台站位于忻州市河曲县，经度为 111°9′，纬度为 39°23′。

（四）监测点的验证

1. 140932J001 监测点验证

该监测点距离 53564 号国家气象站约 59km。采用 2012—2014 年数据建立 6 个墒情诊断模型并进行了诊断计算，通过对比分析计算结果、实测含水量数据和气象台站降水量数据，发现诊断模型所采用的气象台站降水量与该监测点的实际降水情况比较吻合，因此未对模型输入参数进行调整。使用建立的 6 个诊断模型进行该监测点的墒情诊断，依据诊断结果并按照综合模型应用流程进行模型优选，时段诊断和逐日诊断的优选模型见表 3-124。

表 3-124　忻州市偏关县 140932J001 监测点优选诊断模型

项目	优选模型名称
时段诊断	统计法、差减统计法、比值统计法
逐日诊断	统计法、差减统计法、比值统计法

按照综合模型应用流程对该监测点进行了建模数据的自回归验证和 2015 年数据的验证。综合模型建模数据自回归验证结果见表 3-125 和图 3-77；根据计算结果以及实测含水量数据和气象台站降水量数据的对比分析，确定在 2015 年 9 月 5 日增加 80mm 灌溉量，2015 年数据验证结果见表 3-126 和图 3-78。

表 3-125　综合模型对 2012—2014 年建模数据自回归验证结果（140932J001）（%）

监测日	实测值	时段预测值	逐日预测值	最终预测值	误差值
2012/4/9	11.26	—	—	—	—
2012/4/25	12.54	11.41	11.48	11.44	−1.10
2012/5/10	12.37	12.23	12.29	12.26	−0.11
2012/5/25	12.56	12.24	12.25	12.24	−0.32
2012/6/11	12.71	12.80	12.91	12.85	0.14

（续）

监测日	实测值	时段预测值	逐日预测值	最终预测值	误差值
2012/6/26	13.91	12.71	12.71	12.71	−1.20
2012/7/10	13.78	13.45	13.45	13.45	−0.33
2012/7/27	15.64	13.78	13.78	13.78	−1.86
2012/8/10	13.81	14.64	14.64	14.64	0.83
2012/8/24	12.51	13.81	13.81	13.81	1.30
2012/9/10	11.68	12.51	12.51	12.51	0.83
2012/9/25	11.96	11.79	11.79	11.79	−0.17
2013/3/22	10.42	—	—	—	—
2013/4/12	11.96	10.59	10.73	10.66	−1.30
2013/4/25	10.21	11.92	11.92	11.92	1.71
2013/5/10	9.57	10.46	10.46	10.46	0.89
2013/5/27	9.22	9.98	10.31	10.14	0.92
2013/6/13	10.71	9.22	9.22	9.22	−1.49
2013/6/25	12.43	10.71	10.71	10.71	−1.72
2013/7/12	13.27	12.43	12.43	12.43	−0.84
2013/7/25	12.31	13.15	13.27	13.21	0.90
2013/8/12	13.15	12.31	12.31	12.31	−0.84
2013/8/27	13.32	13.15	13.15	13.15	−0.17
2013/9/12	13.79	13.32	13.32	13.32	−0.47
2013/9/25	13.32	14.64	14.64	14.64	1.32
2014/3/10	12.37	—	—	—	—
2014/3/25	10.74	12.12	12.12	12.12	1.38
2014/4/10	10.32	10.87	10.97	10.92	0.60
2014/4/28	13.19	10.32	10.32	10.32	−2.87
2014/5/23	12.86	12.78	12.54	12.66	−0.20
2014/6/9	12.21	12.86	12.86	12.86	0.65
2014/6/24	12.17	12.13	12.09	12.11	−0.06
2014/7/10	12.78	12.81	13.00	12.91	0.13
2014/8/11	10.73	12.78	12.78	12.78	2.05
2014/8/25	11.23	10.73	10.73	10.73	−0.50
2014/9/9	11.13	11.23	11.23	11.23	0.10
2014/10/10	12.52	11.13	11.13	11.13	−1.39

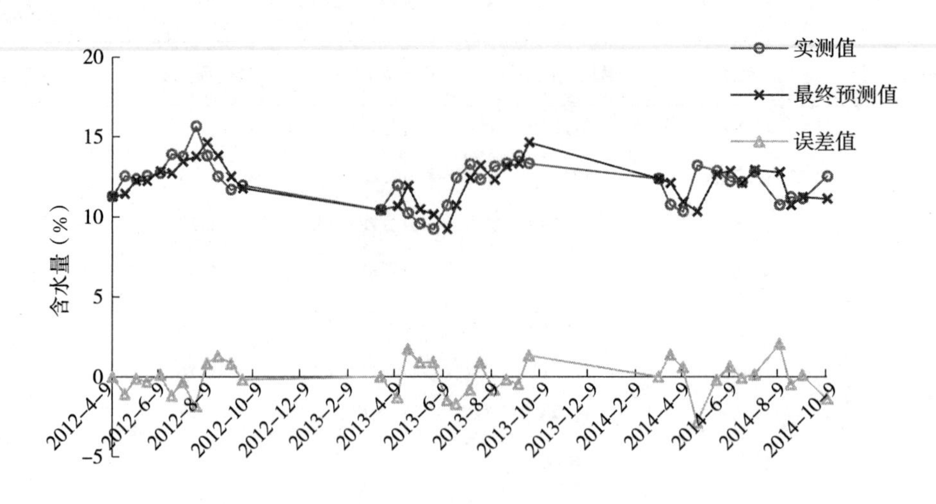

图 3-77　综合模型对 2012—2014 年建模数据自回归验证图（140932J001）

由表 3-125 和图 3-77 可见，模型综合应用得到的最终诊断结果中，未出现误差大于 3 个质量含水量的预测结果；如果将预测误差小于 3 个质量含水量作为合格预测结果，则综合模型预测合格率为 100%，自回归预测的平均误差为 0.90%，最大误差为 2.87%，最小误差为 0.06%。

表 3-126　综合模型对 2015 年历史监测数据的验证结果（140932J001）（%）

监测日	实测值	时段预测值	逐日预测值	最终预测值	误差值
2015/3/10	12.14	0.00	0.00	0.00	0.00
2015/3/25	10.10	12.00	12.01	12.01	1.91
2015/4/9	10.90	10.10	10.10	10.10	−0.80
2015/4/24	11.20	11.03	11.03	11.03	−0.17
2015/5/10	12.10	11.47	11.67	11.57	−0.53
2015/5/22	14.40	12.11	12.10	12.10	−2.30
2015/6/9	11.80	13.08	12.58	12.83	1.03
2015/6/24	12.13	11.80	11.80	11.80	−0.33
2015/7/10	11.12	12.13	12.13	12.13	1.01
2015/7/17	10.82	11.26	11.45	11.36	0.54
2015/7/24	10.14	10.82	10.82	10.82	0.68
2015/8/10	7.30	10.79	11.24	11.02	3.72
2015/9/11	14.82	16.50	13.30	14.90	0.08
2015/9/24	14.13	13.19	13.34	13.26	−0.87
2015/10/9	14.07	14.13	14.13	14.13	0.06
2015/10/26	14.12	13.01	12.56	12.78	−1.34

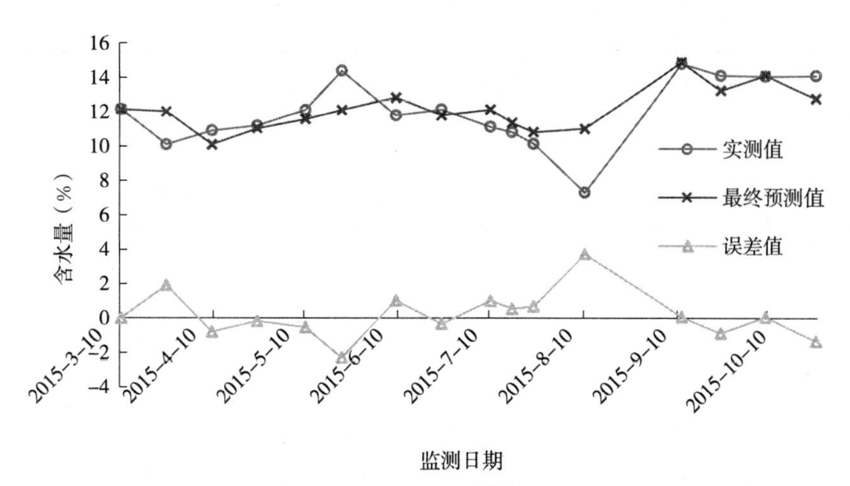

图 3-78　综合模型对 2015 年历史监测数据的验证图（140932J001）

由表 3-126 和图 3-78 可见，模型综合应用得到的最终诊断结果中，误差大于 3 个质量含水量的个数为 1 个，占 6.67%，未出现误差大于 5 个质量含水量的预测结果；如果将预测误差小于 3 个质量含水量作为合格预测结果，则综合模型预测合格率为 93.33%，2015 年历史数据验证结果的平均误差为 1.02%，最大误差为 3.72%，最小误差为 0.06%。

综合模型自回归验证和 2015 年历史监测数据验证结果的合格率分别为 100.00% 和 93.33%。

2. 140932J002 监测点验证

该监测点距离 53564 号国家气象站约 18km。采用 2012—2014 年数据建立 6 个墒情诊断模型并进行了诊断计算，通过对比分析计算结果、实测含水量数据和气象台站降水量数据，发现诊断模型所采用的气象台站降水量与该监测点的实际降水情况比较吻合，因此未对模型输入参数进行调整。使用建立的 6 个诊断模型进行该监测点的墒情诊断，依据诊断结果并按照综合模型应用流程进行模型优选，时段诊断和逐日诊断的优选模型见表 3-127。

表 3-127　忻州市偏关县 140932J002 监测点优选诊断模型

项目	优选模型名称
时段诊断	差减统计法、比值统计法、间隔天数统计法
逐日诊断	差减统计法、移动统计法、统计法

按照综合模型应用流程对该监测点进行了建模数据的自回归验证和 2015 年数据的验证。综合模型建模数据自回归验证结果见表 3-128 和图 3-79；根据计算结果以及实测含水量数据和气象台站降水量数据的对比分析，确定在 2015 年 9 月 5 日增加 80mm 灌溉量，2015 年数据验证结果见表 3-129 和图 3-80。

表 3-128　综合模型对 2012—2014 年建模数据自回归验证结果（140932J002）（%）

监测日	实测值	时段预测值	逐日预测值	最终预测值	误差值
2012/4/9	11.32	—	—	—	—
2012/4/25	12.61	11.57	11.35	11.46	−1.15

（续）

监测日	实测值	时段预测值	逐日预测值	最终预测值	误差值
2012/5/10	12.28	12.13	11.84	11.98	−0.30
2012/5/25	12.61	12.11	12.03	12.07	−0.54
2012/6/11	12.79	12.87	13.09	12.98	0.19
2012/6/26	13.88	12.79	12.79	12.79	−1.09
2012/7/10	13.65	13.35	13.51	13.43	−0.22
2012/7/27	16.32	13.65	13.65	13.65	−2.67
2012/8/10	13.77	15.32	15.32	15.32	1.55
2012/8/24	12.46	13.77	13.77	13.77	1.31
2012/9/10	11.71	12.46	12.46	12.46	0.75
2012/9/25	11.85	11.77	11.74	11.76	−0.10
2013/3/22	10.46	—	—	—	—
2013/4/12	11.84	10.98	10.51	10.75	−1.09
2013/4/25	10.23	11.67	11.71	11.69	1.46
2013/5/10	9.63	10.85	10.36	10.61	0.98
2013/5/27	9.31	10.48	10.14	10.31	1.00
2013/6/13	10.68	9.31	9.31	9.31	−1.37
2013/6/25	12.46	10.68	10.68	10.68	−1.78
2013/7/12	13.29	12.46	12.46	12.46	−0.83
2013/7/25	12.35	13.21	13.37	13.29	0.94
2013/8/12	13.21	12.35	12.35	12.35	−0.86
2013/8/27	13.29	13.21	13.21	13.21	−0.08
2013/9/12	13.86	13.29	13.29	13.29	−0.57
2013/9/25	13.37	15.32	15.32	15.32	1.95
2014/3/10	12.41	—	—	—	—
2014/3/25	10.71	12.00	11.77	11.89	1.18
2014/4/10	10.31	11.14	10.72	10.93	0.62
2014/4/28	13.23	10.31	10.31	10.31	−2.92
2014/5/23	12.82	12.76	12.25	12.50	−0.32
2014/6/9	12.19	12.82	12.82	12.82	0.63
2014/6/24	12.14	12.04	11.98	12.01	−0.13
2014/7/10	12.73	12.9	13.27	13.08	0.35
2014/7/25	12.68	12.73	12.73	12.73	0.05
2014/8/11	10.68	12.68	12.68	12.68	2.00
2014/8/25	11.25	10.68	10.68	10.68	−0.57
2014/9/9	11.09	11.25	11.25	11.25	0.16
2014/10/10	12.54	11.09	11.09	11.09	−1.45

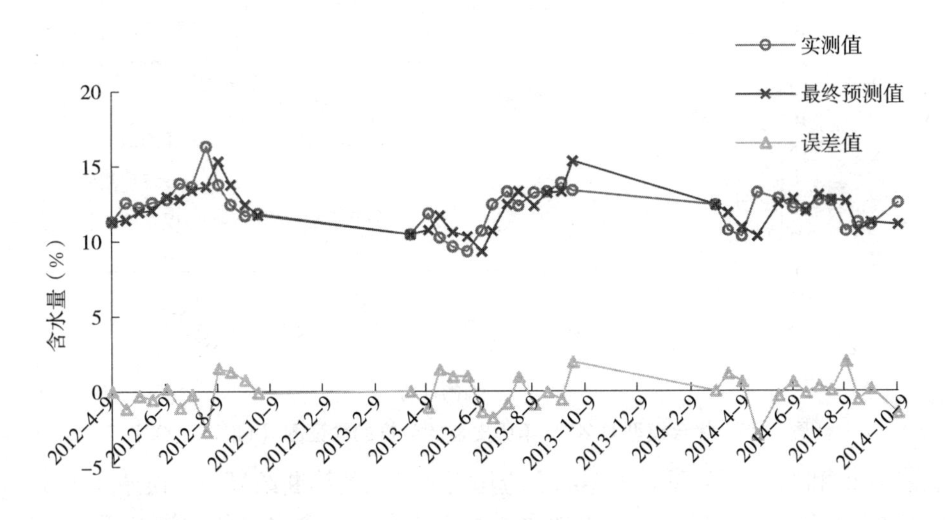

图 3-79　综合模型对 2012—2014 年建模数据自回归验证图（140932J002）

由表 3-128 和图 3-79 可见，模型综合应用得到的最终诊断结果中，未出现误差大于 3 个质量含水量的预测结果；如果将预测误差小于 3 个质量含水量作为合格预测结果，则综合模型预测合格率为 100%，自回归预测的平均误差为 0.95%，最大误差为 2.67%，最小误差为 0.10%。

表 3-129　综合模型对 2015 年历史监测数据的验证结果（140932J002）（%）

监测日	实测值	时段预测值	逐日预测值	最终预测值	误差值
2015/3/10	12.16	—	—	—	—
2015/3/25	9.50	11.89	11.89	11.89	2.39
2015/4/9	10.60	9.50	9.50	9.50	−1.10
2015/4/24	10.90	11.07	10.67	10.87	−0.03
2015/5/10	11.90	11.39	11.41	11.40	−0.50
2015/5/22	11.30	11.70	11.90	11.80	0.50
2015/6/9	12.33	11.60	11.46	11.53	−0.80
2015/6/24	12.47	12.33	12.33	12.33	−0.14
2015/7/10	11.24	12.47	12.47	12.47	1.23
2015/7/17	10.91	10.94	11.50	11.22	0.31
2015/7/24	10.26	10.91	10.91	10.91	0.65
2015/8/10	7.00	11.08	11.26	11.17	4.17
2015/9/11	14.79	11.00	13.76	12.38	−2.41
2015/9/24	14.06	12.94	13.31	13.13	−0.93
2015/10/9	13.98	14.06	14.06	14.06	0.08
2015/10/26	14.04	12.83	12.34	12.58	−1.46

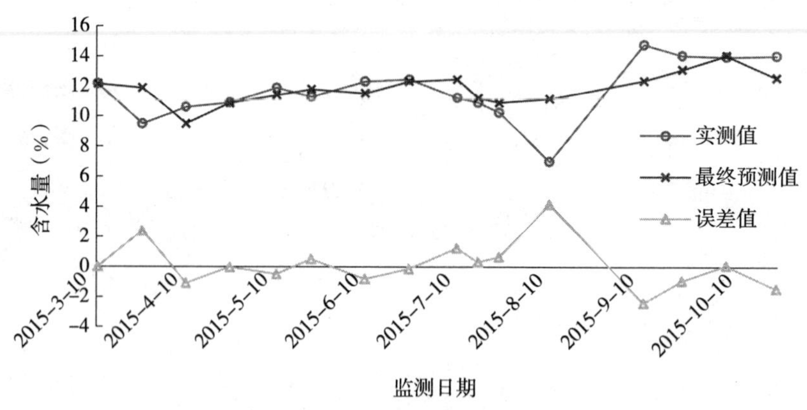

图 3-80　综合模型对 2015 年历史监测数据的验证图（140932J002）

由表 3-129 和图 3-80 可见，模型综合应用得到的最终诊断结果中，误差大于 3 个质量含水量的个数为 1 个，占 6.67%，未出现误差大于 5 个质量含水量的预测结果；如果将预测误差小于 3 个质量含水量作为合格预测结果，则综合模型预测合格率为 93.33%，2015 年历史数据验证结果的平均误差为 1.11%，最大误差为 4.17%，最小误差为 0.03%。

综合模型自回归验证和 2015 年历史监测数据验证结果的合格率分别为 100.00% 和 93.33%。

3. 140932J003 监测点验证

该监测点距离 53564 号国家气象站约 35km。采用 2012—2014 年数据建立 6 个墒情诊断模型并进行了诊断计算，通过对比分析计算结果、实测含水量数据和气象台站降水量数据，发现诊断模型所采用的气象台站降水量与该监测点的实际降水情况比较吻合，因此未对模型输入参数进行调整。使用建立的 6 个诊断模型进行该监测点的墒情诊断，依据诊断结果并按照综合模型应用流程进行模型优选，时段诊断和逐日诊断的优选模型见表 3-130。

表 3-130　忻州市偏关县 140932J003 监测点优选诊断模型

项目	优选模型名称
时段诊断	统计法、差减统计法、比值统计法
逐日诊断	统计法、差减统计法、比值统计法

按照综合模型应用流程对该监测点进行了建模数据的自回归验证和 2015 年数据的验证。综合模型建模数据自回归验证结果见表 3-131 和图 3-81；根据计算结果以及实测含水量数据和气象台站降水量数据的对比分析，确定在 2015 年 9 月 5 日增加 80mm 灌溉量，2015 年数据验证结果见表 3-132 和图 3-82。

表 3-131　综合模型对 2012—2014 年建模数据自回归验证结果（140932J003）（%）

监测日	实测值	时段预测值	逐日预测值	最终预测值	误差值
2012/4/9	11.18	—	—	—	—
2012/4/25	12.47	11.22	11.20	11.21	−1.26
2012/5/10	12.24	12.01	11.97	11.99	−0.25

（续）

监测日	实测值	时段预测值	逐日预测值	最终预测值	误差值
2012/5/25	12.58	12.05	12.00	12.02	−0.56
2012/6/11	12.72	12.93	13.07	13.00	0.28
2012/6/26	13.94	12.72	12.72	12.72	−1.22
2012/7/10	13.81	13.50	13.50	13.50	−0.31
2012/7/27	15.47	13.81	13.81	13.81	−1.66
2012/8/10	14.01	14.47	14.47	14.47	0.46
2012/8/24	12.53	14.01	14.01	14.01	1.48
2012/9/10	11.64	12.53	12.53	12.53	0.89
2012/9/25	11.78	11.65	11.65	11.65	−0.13
2013/3/22	11.02	—	—	—	—
2013/4/12	12.01	10.91	10.83	10.87	−1.14
2013/4/25	10.27	11.78	11.77	11.78	1.51
2013/5/10	9.67	10.38	10.38	10.38	0.71
2013/5/27	9.35	9.96	10.18	10.07	0.72
2013/6/13	10.74	9.35	9.35	9.35	−1.39
2013/6/25	12.39	10.74	10.74	10.74	−1.65
2013/7/12	13.32	12.39	12.39	12.39	−0.93
2013/7/25	12.27	13.27	13.45	13.36	1.09
2013/8/12	13.01	12.27	12.27	12.27	−0.74
2013/8/27	13.11	13.01	13.01	13.01	−0.10
2013/9/12	13.94	13.11	13.11	13.11	−0.83
2013/9/25	13.41	14.47	14.47	14.47	1.06
2014/3/10	12.39	—	—	—	—
2014/3/25	10.81	11.93	11.89	11.91	1.10
2014/4/10	10.35	10.77	10.74	10.75	0.40
2014/4/28	13.27	10.35	10.35	10.35	−2.92
2014/5/23	12.85	12.75	12.47	12.61	−0.24
2014/6/9	12.14	12.85	12.85	12.85	0.71
2014/6/24	12.11	11.97	11.97	11.97	−0.14
2014/7/10	12.81	13.06	13.29	13.18	0.37
2014/7/25	12.77	12.81	12.81	12.81	0.04
2014/8/11	10.76	12.77	12.77	12.77	2.01
2014/8/25	11.24	10.76	10.76	10.76	−0.48
2014/9/9	11.12	11.24	11.24	11.24	0.12
2014/10/10	12.59	11.12	11.12	11.12	−1.47

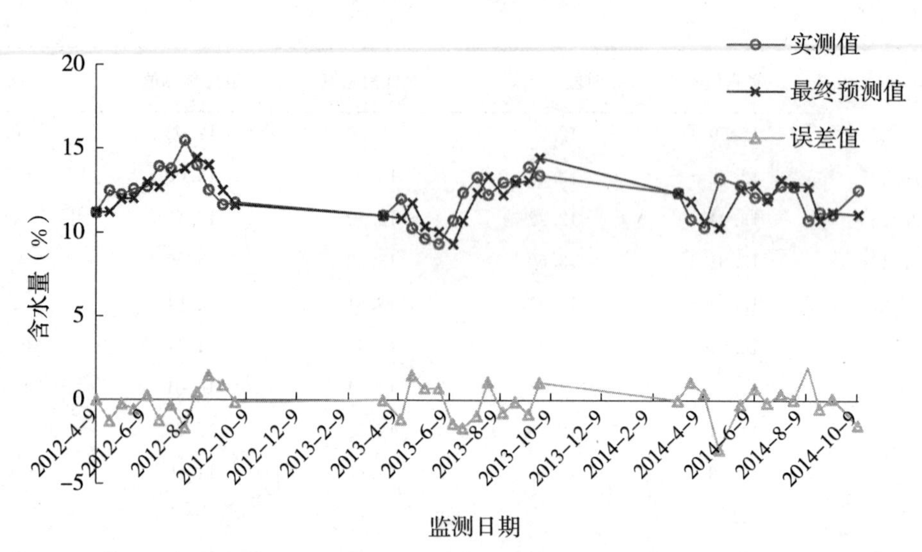

图 3-81 综合模型对 2012—2014 年建模数据自回归验证图（140932J003）

由表 3-131 和图 3-81 可见，模型综合应用得到的最终诊断结果中，未出现误差大于 3 个质量含水量的预测结果；如果将预测误差小于 3 个质量含水量作为合格预测结果，则综合模型预测合格率为 100%，自回归预测的平均误差为 0.87%，最大误差为 2.92%，最小误差为 0.04%。

表 3-132 综合模型对 2015 年历史监测数据的验证结果（140932J003）（%）

监测日	实测值	时段预测值	逐日预测值	最终预测值	误差值
2015/3/10	12.21	—	—	—	—
2015/3/25	10.10	11.84	11.84	11.84	1.74
2015/4/9	10.90	10.10	10.10	10.10	−0.80
2015/4/24	11.10	10.88	10.88	10.88	−0.22
2015/5/10	12.20	11.32	11.46	11.39	−0.81
2015/5/22	13.10	12.05	12.05	12.05	−1.05
2015/6/9	12.67	12.39	12.07	12.23	−0.44
2015/6/24	12.85	12.67	12.67	12.67	−0.18
2015/7/10	11.43	12.85	12.85	12.85	1.42
2015/7/17	11.01	11.36	11.60	11.48	0.47
2015/7/24	10.52	11.01	11.01	11.01	0.49
2015/8/10	7.20	11.04	11.37	11.20	4.00
2015/9/11	14.91	17.41	13.86	15.64	0.73
2015/9/24	14.22	12.91	13.27	13.09	−1.13
2015/10/9	14.11	14.22	14.22	14.22	0.11
2015/10/26	14.18	12.83	12.32	12.57	−1.61

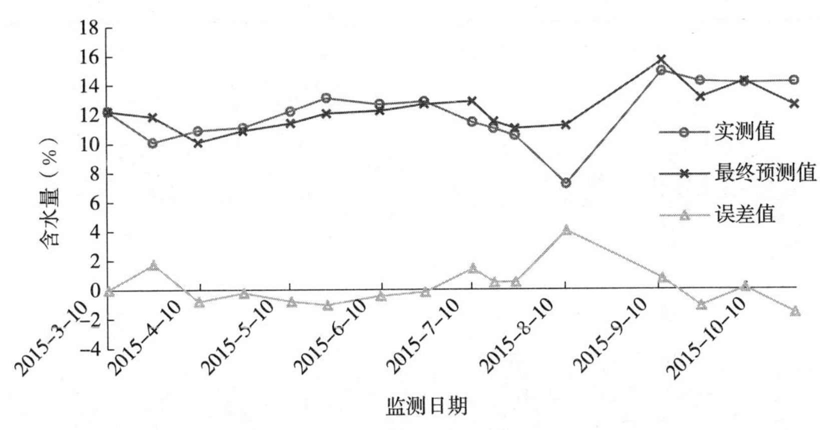

图 3-82　综合模型对 2015 年历史监测数据的验证图（140932J003）

由表 3-132 和图 3-82 可见，模型综合应用得到的最终诊断结果中，误差大于 3 个质量含水量的个数为 1 个，占 6.67%，未出现误差大于 5 个质量含水量的预测结果；如果将预测误差小于 3 个质量含水量作为合格预测结果，则综合模型预测合格率为 93.33%，2015 年历史数据验证结果的平均误差为 1.01%，最大误差为 4.00%，最小误差为 0.11%。

综合模型自回归验证和 2015 年历史监测数据验证结果的合格率分别为 100.00% 和 93.33%。

4. 140932J005 监测点验证

该监测点距离 53564 号国家气象站约 39km。采用 2012—2014 年数据建立 6 个墒情诊断模型并进行了诊断计算，通过对比分析计算结果、实测含水量数据和气象台站降水量数据，发现诊断模型所采用的气象台站降水量与该监测点的实际降水情况比较吻合，因此未对模型输入参数进行调整。使用建立的 6 个诊断模型进行该监测点的墒情诊断，依据诊断结果并按照综合模型应用流程进行模型优选，时段诊断和逐日诊断的优选模型见表 3-133。

表 3-133　忻州市偏关县 140932J005 监测点优选诊断模型

项目	优选模型名称
时段诊断	统计法、差减统计法、比值统计法
逐日诊断	统计法、差减统计法、比值统计法

按照综合模型应用流程对该监测点进行了建模数据的自回归验证和 2015 年数据的验证。综合模型建模数据自回归验证结果见表 3-134 和图 3-83；根据计算结果以及实测含水量数据和气象台站降水量数据的对比分析，确定在 2015 年 9 月 5 日增加 40mm 灌溉量，2015 年数据验证结果见表 3-135 和图 3-84。

表 3-134　综合模型对 2012—2014 年建模数据自回归验证结果（140932J005）（%）

监测日	实测值	时段预测值	逐日预测值	最终预测值	误差值
2012/4/9	11.23	—	—	—	—
2012/5/10	12.39	11.36	11.2	11.28	−1.11

（续）

监测日	实测值	时段预测值	逐日预测值	最终预测值	误差值
2012/5/25	12.65	12.11	12.11	12.11	−0.54
2012/6/11	12.81	12.89	13.03	12.96	0.15
2012/6/26	13.93	12.81	12.81	12.81	−1.12
2012/7/10	13.69	13.40	13.40	13.40	−0.29
2012/7/27	14.79	13.69	13.69	13.69	−1.10
2012/8/10	13.98	13.87	13.87	13.87	−0.11
2012/8/24	12.48	13.98	13.98	13.98	1.50
2012/9/10	11.74	12.48	12.48	12.48	0.74
2012/9/25	11.87	11.71	11.71	11.71	−0.16
2013/3/22	11.22	—	—	—	—
2013/4/12	12.07	11.12	11.05	11.08	−0.99
2013/4/25	10.53	11.81	11.81	11.81	1.28
2013/5/10	10.02	10.67	10.67	10.67	0.65
2013/5/27	9.67	10.35	10.58	10.47	0.80
2013/6/13	10.78	9.67	9.67	9.67	−1.11
2013/6/25	12.51	10.78	10.78	10.78	−1.73
2013/7/12	13.34	12.51	12.51	12.51	−0.83
2013/7/25	12.39	13.20	13.34	13.27	0.88
2013/8/12	12.39	12.39	12.39	12.39	0.00
2013/8/27	13.42	12.39	12.39	12.39	−1.03
2013/9/12	13.82	13.42	13.42	13.42	−0.40
2013/9/25	13.43	13.87	13.87	13.87	0.44
2014/3/10	12.57	—	—	—	—
2014/3/25	10.48	11.99	11.94	11.97	1.49
2014/4/10	10.36	10.61	10.70	10.66	0.30
2014/4/28	13.25	10.36	10.36	10.36	−2.89
2014/5/23	12.91	12.71	12.42	12.56	−0.35
2014/6/9	12.26	12.91	12.91	12.91	0.65
2014/6/24	12.21	12.01	12.01	12.01	−0.20
2014/7/10	12.81	13.01	13.20	13.11	0.30
2014/7/25	12.76	12.81	12.81	12.81	0.05
2014/8/11	10.81	12.76	12.76	12.76	1.95
2014/8/25	11.22	10.81	10.81	10.81	−0.41
2014/9/9	11.15	11.22	11.22	11.22	0.07
2014/10/10	12.42	11.15	11.15	11.15	−1.27

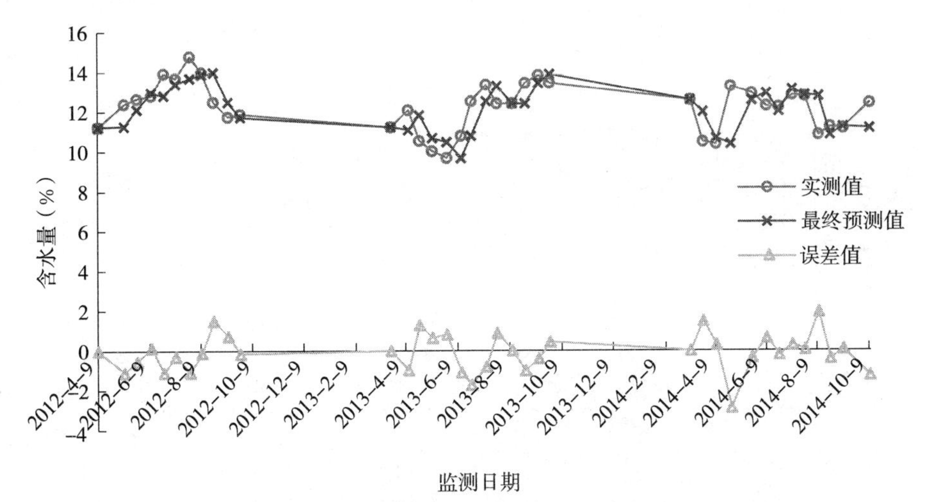

图 3-83　综合模型对 2012—2014 年建模数据自回归验证图（140932J005）

由表 3-134 和图 3-83 可见，模型综合应用得到的最终诊断结果中，未出现误差大于 3 个质量含水量的预测结果；如果将预测误差小于 3 个质量含水量作为合格预测结果，则综合模型预测合格率为 100%，自回归预测的平均误差为 0.79%，最大误差为 2.89%，最小误差为 0.01%。

表 3-135　综合模型对 2015 年历史监测数据的验证结果（140932J005）（%）

监测日	实测值	时段预测值	逐日预测值	最终预测值	误差值
2015/3/10	12.19	—	—	—	—
2015/3/25	11.60	11.81	11.81	11.81	0.21
2015/4/9	12.20	11.60	11.60	11.60	−0.60
2015/4/24	12.40	11.86	11.83	11.85	−0.55
2015/5/10	12.80	12.13	11.99	12.06	−0.74
2015/5/22	12.30	12.30	12.29	12.29	−0.01
2015/6/9	12.39	12.04	11.87	11.95	−0.44
2015/6/24	12.56	12.39	12.39	12.39	−0.17
2015/7/10	11.47	12.56	12.56	12.56	1.09
2015/7/17	11.31	11.41	11.63	11.52	0.21
2015/7/24	10.72	11.31	11.31	11.31	0.59
2015/8/10	10.40	11.21	11.50	11.36	0.96
2015/9/11	14.87	10.40	10.40	10.40	−4.47
2015/9/24	14.00	12.86	13.23	13.05	−0.95
2015/10/9	13.79	14.00	14.00	14.00	0.21
2015/10/26	13.96	12.69	12.17	12.43	−1.53

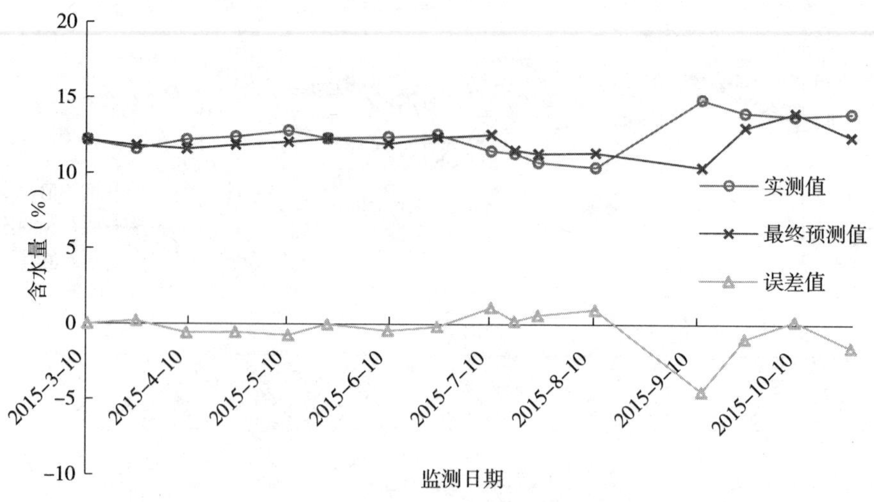

图 3-84　综合模型对 2015 年历史监测数据的验证图（140932J005）

由表 3-135 和图 3-84 可见，模型综合应用得到的最终诊断结果中，误差大于 3 个质量含水量的个数为 1 个，占 6.67%，未出现误差大于 5 个质量含水量的预测结果；如果将预测误差小于 3 个质量含水量作为合格预测结果，则综合模型预测合格率为 93.33%，2015 年历史数据验证结果的平均误差为 0.85%，最大误差为 4.47%，最小误差为 0.21%。

综合模型自回归验证和 2015 年历史监测数据验证结果的合格率分别为 100.00% 和 93.33%。

5. 140932J006 监测点验证

该监测点距离 53564 号国家气象站约 23km。采用 2012—2014 年数据建立 6 个墒情诊断模型并进行了诊断计算，通过对比分析计算结果、实测含水量数据和气象台站降水量数据，发现诊断模型所采用的气象台站降水量与该监测点的实际降水情况比较吻合，因此未对模型输入参数进行调整。使用建立的 6 个诊断模型进行该监测点的墒情诊断，依据诊断结果并按照综合模型应用流程进行模型优选，时段诊断和逐日诊断的优选模型见表 3-136。

表 3-136　忻州市偏关县 140932J006 监测点优选诊断模型

项目	优选模型名称
时段诊断	差减统计法、比值统计法、间隔天数统计法
逐日诊断	差减统计法、比值统计法、统计法

按照综合模型应用流程对该监测点进行了建模数据的自回归验证和 2015 年数据的验证。综合模型建模数据自回归验证结果见表 3-137 和图 3-85；根据计算结果以及实测含水量数据和气象台站降水量数据的对比分析，确定在 2015 年 9 月 5 日增加 40mm 灌溉量，2015 年数据验证结果见表 3-138 和图 3-86。

表 3-137　综合模型对 2012—2014 年建模数据自回归验证结果（140932J006）（%）

监测日	实测值	时段预测值	逐日预测值	最终预测值	误差值
2012/4/9	11.19	—	—	—	—

（续）

监测日	实测值	时段预测值	逐日预测值	最终预测值	误差值
2012/4/25	12.24	11.48	11.26	11.37	−0.87
2012/5/10	12.26	11.93	11.95	11.94	−0.32
2012/5/25	12.71	12.05	12.13	12.09	−0.62
2012/6/11	12.79	12.91	13.12	13.02	0.23
2012/6/26	13.97	12.79	12.79	12.79	−1.18
2012/7/10	13.82	13.45	13.51	13.48	−0.34
2012/7/27	15.38	13.82	13.82	13.82	−1.56
2012/8/10	13.83	14.38	14.38	14.38	0.55
2012/8/24	12.60	13.83	13.83	13.83	1.23
2012/9/10	11.81	12.60	12.60	12.60	0.79
2012/9/25	12.00	11.79	11.80	11.80	−0.21
2013/3/22	11.23	—	—	—	—
2013/4/12	12.05	11.43	11.02	11.22	−0.83
2013/4/25	10.46	11.70	11.84	11.77	1.31
2013/5/10	10.12	10.94	10.56	10.75	0.63
2013/5/27	9.78	10.79	10.51	10.65	0.87
2013/6/13	10.77	9.78	9.78	9.78	−0.99
2013/6/25	12.55	10.77	10.77	10.77	−1.78
2013/7/12	13.36	12.55	12.55	12.55	−0.81
2013/7/25	12.41	13.23	13.41	13.32	0.91
2013/8/12	13.28	12.41	12.41	12.41	−0.87
2013/8/27	13.32	13.28	13.28	13.28	−0.04
2013/9/12	13.76	13.32	13.32	13.32	−0.44
2013/9/25	13.42	14.38	14.38	14.38	0.96
2014/3/10	12.61	—	—	—	—
2014/3/25	10.79	12.10	12.11	12.10	1.31
2014/4/10	10.38	11.18	10.79	10.99	0.60
2014/4/28	13.32	10.38	10.38	10.38	−2.94
2014/5/23	12.88	12.82	12.53	12.67	−0.21
2014/6/9	12.23	12.88	12.88	12.88	0.65
2014/6/24	12.19	12.00	12.07	12.04	−0.15
2014/7/10	12.83	12.88	13.32	13.10	0.27
2014/7/25	12.75	12.83	12.83	12.83	0.08
2014/8/11	10.83	12.75	12.75	12.75	1.92
2014/8/25	11.21	10.83	10.83	10.83	−0.38
2014/9/9	11.14	11.21	11.21	11.21	0.07

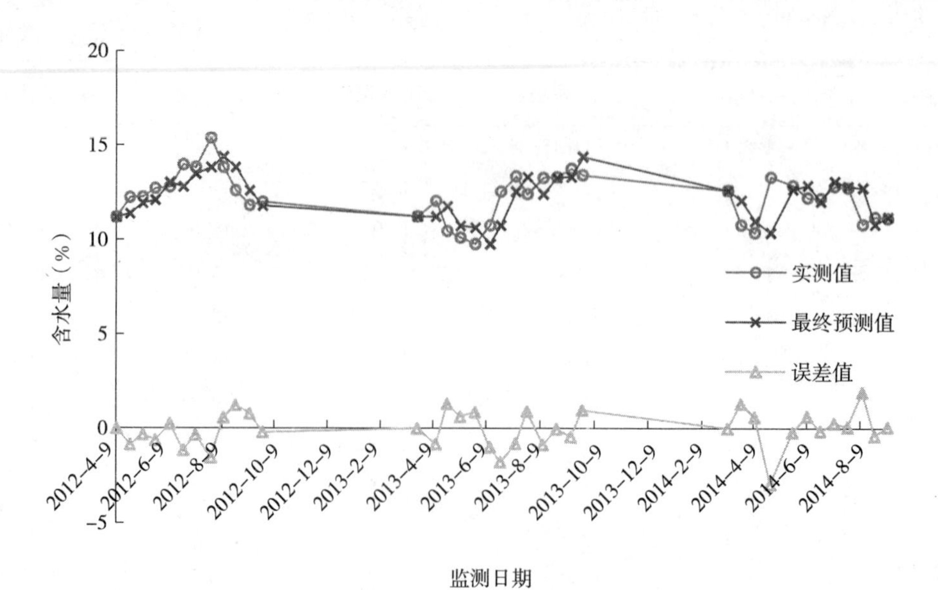

图 3-85　综合模型对 2012—2014 年建模数据自回归验证图（140932J006）

由表 3-137 和图 3-85 可见，模型综合应用得到的最终诊断结果中，未出现误差大于 3 个质量含水量的预测结果；如果将预测误差小于 3 个质量含水量作为合格预测结果，则综合模型预测合格率为 100%，自回归预测的平均误差为 0.79%，最大误差为 2.94%，最小误差为 0.04%。

表 3-138　综合模型对 2015 年历史监测数据的验证结果（140932J006）（%）

监测日	实测值	时段预测值	逐日预测值	最终预测值	误差值
2015/3/10	12.24	—	—	—	—
2015/3/25	11.40	11.90	11.90	11.90	0.50
2015/4/9	12.30	11.40	11.40	11.40	−0.90
2015/4/24	12.50	11.96	11.99	11.98	−0.52
2015/5/10	12.90	12.26	12.13	12.19	−0.71
2015/5/22	14.30	12.19	12.38	12.29	−2.01
2015/6/9	12.00	12.93	12.36	12.64	0.64
2015/6/24	12.34	12.00	12.00	12.00	−0.34
2015/7/10	11.32	12.34	12.34	12.34	1.02
2015/7/17	11.14	10.87	11.56	11.22	0.07
2015/7/24	10.48	11.14	11.14	11.14	0.66
2015/9/11	14.91	10.48	10.48	10.48	−4.43
2015/9/24	13.96	13.07	13.42	13.24	−0.72
2015/10/9	13.73	13.96	13.96	13.96	0.23
2015/10/26	13.94	12.80	12.38	12.59	−1.35

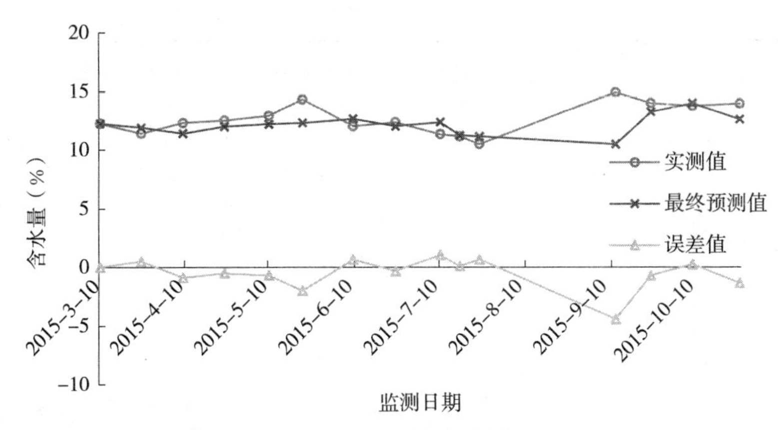

图 3-86 综合模型对 2015 年历史监测数据的验证图（140932J006）

由表 3-138 和图 3-86 可见，模型综合应用得到的最终诊断结果中，误差大于 3 个质量含水量的个数为 1 个，占 7.14%，未出现误差大于 5 个质量含水量的预测结果；如果将预测误差小于 3 个质量含水量作为合格预测结果，则综合模型预测合格率为 92.86%，2015 年历史数据验证结果的平均误差为 1.01%，最大误差为 4.43%，最小误差为 0.07%。

综合模型自回归验证和 2015 年历史监测数据验证结果的合格率分别为 100.00% 和 92.86%。

6. 140932J007 监测点验证

该监测点距离 53564 号国家气象站约 19km。采用 2012—2014 年数据建立 6 个墒情诊断模型并进行了诊断计算，通过对比分析计算结果、实测含水量数据和气象台站降水量数据，发现诊断模型所采用的气象台站降水量与该监测点的实际降水情况比较吻合，因此未对模型输入参数进行调整。使用建立的 6 个诊断模型进行该监测点的墒情诊断，依据诊断结果并按照综合模型应用流程进行模型优选，时段诊断和逐日诊断的优选模型见表 3-139。

表 3-139 忻州市偏关县 140932J007 监测点优选诊断模型

项目	优选模型名称
时段诊断	统计法、差减统计法、比值统计法
逐日诊断	统计法、差减统计法、比值统计法

按照综合模型应用流程对该监测点进行了建模数据的自回归验证和 2015 年数据的验证。综合模型建模数据自回归验证结果见表 3-140 和图 3-87；2015 年数据验证结果见表 3-141 和图 3-88（2015 年未进行降水量的调整）。

表 3-140 综合模型对 2012—2014 年建模数据自回归验证结果（140932J007）（%）

监测日	实测值	时段预测值	逐日预测值	最终预测值	误差值
2012/4/9	13.04	—	—	—	—
2012/4/25	13.95	12.94	12.85	12.89	−1.06
2012/5/10	14.37	13.49	13.49	13.49	−0.88
2012/5/25	14.86	13.84	13.80	13.82	−1.04

（续）

监测日	实测值	时段预测值	逐日预测值	最终预测值	误差值
2012/6/11	14.79	14.57	14.35	14.46	−0.33
2012/6/26	16.01	14.79	14.79	14.79	−1.22
2012/7/10	15.85	15.34	15.34	15.34	−0.51
2012/7/27	14.79	15.85	15.85	15.85	1.06
2012/8/10	15.47	15.01	15.01	15.01	−0.46
2012/8/24	13.88	15.47	15.47	15.47	1.59
2012/9/10	12.96	13.88	13.88	13.88	0.92
2012/9/25	13.05	12.92	12.92	12.92	−0.13
2013/3/22	11.33	—	—	—	—
2013/4/12	13.08	11.72	11.98	11.85	−1.23
2013/4/25	11.16	12.94	12.94	12.94	1.78
2013/5/10	11.75	11.61	11.61	11.61	−0.14
2013/5/27	11.23	12.03	12.22	12.12	0.89
2013/6/13	11.76	11.23	11.23	11.23	−0.53
2013/6/25	12.96	11.76	11.76	11.76	−1.20
2013/7/12	14.02	12.96	12.96	12.96	−1.06
2013/7/25	13.12	14.02	14.16	14.09	0.97
2013/8/12	13.39	13.12	13.12	13.12	−0.27
2013/8/27	13.51	13.39	13.39	13.39	−0.12
2013/9/12	13.96	13.51	13.51	13.51	−0.45
2013/9/25	13.58	15.01	15.01	15.01	1.43
2014/3/10	12.98	—	—	—	—
2014/3/25	11.83	12.83	12.83	12.83	1.00
2014/4/10	11.45	12.06	12.22	12.14	0.69
2014/4/28	14.12	11.45	11.45	11.45	−2.67
2014/5/23	13.47	13.81	13.56	13.69	0.22
2014/6/9	12.98	13.47	13.47	13.47	0.49
2014/6/24	12.96	12.91	12.91	12.91	−0.05
2014/7/10	13.34	13.45	13.75	13.60	0.26
2014/7/25	13.21	13.34	13.34	13.34	0.13
2014/8/11	11.16	13.21	13.21	13.21	2.05
2014/8/25	11.24	11.16	11.16	11.16	−0.08
2014/9/9	11.44	11.24	11.24	11.24	−0.20

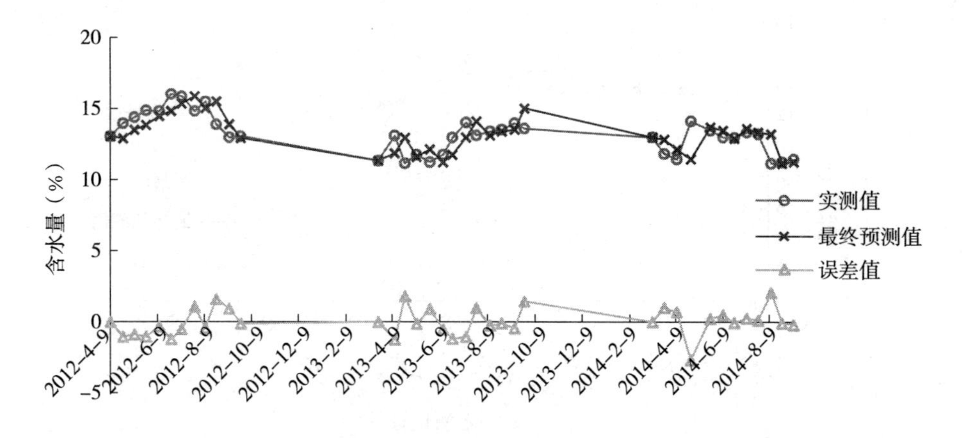

图 3-87　综合模型对 2012—2014 年建模数据自回归验证图（140932J007）

由表 3-140 和图 3-87 可见，模型综合应用得到的最终诊断结果中，未出现误差大于 3 个质量含水量的预测结果；如果将预测误差小于 3 个质量含水量作为合格预测结果，则综合模型预测合格率为 100%，自回归预测的平均误差为 0.80%，最大误差为 2.67%，最小误差为 0.05%。

表 3-141　综合模型对 2015 年历史监测数据的验证结果（140932J007）（%）

监测日	实测值	时段预测值	逐日预测值	最终预测值	误差值
2015/3/10	12.94	0.00	0.00	0.00	−12.94
2015/3/25	13.50	12.81	12.81	12.81	−0.69
2015/4/9	13.90	13.50	13.50	13.50	−0.40
2015/4/24	13.80	13.45	13.45	13.45	−0.35
2015/5/10	13.90	13.48	13.27	13.38	−0.52
2015/5/22	14.90	13.54	13.54	13.54	−1.36
2015/6/9	14.73	14.15	13.68	13.91	−0.82
2015/6/24	15.58	14.73	14.73	14.73	−0.85
2015/7/10	13.22	15.58	15.58	15.58	2.36
2015/7/17	12.74	13.04	13.12	13.08	0.34
2015/7/24	11.22	12.74	12.74	12.74	1.52
2015/8/10	12.80	11.77	12.13	11.95	−0.85
2015/9/11	15.23	12.80	12.80	12.80	−2.43
2015/9/24	14.37	14.30	14.47	14.39	0.02
2015/10/9	14.29	14.37	14.37	14.37	0.08
2015/10/26	14.35	13.81	13.44	13.63	−0.72

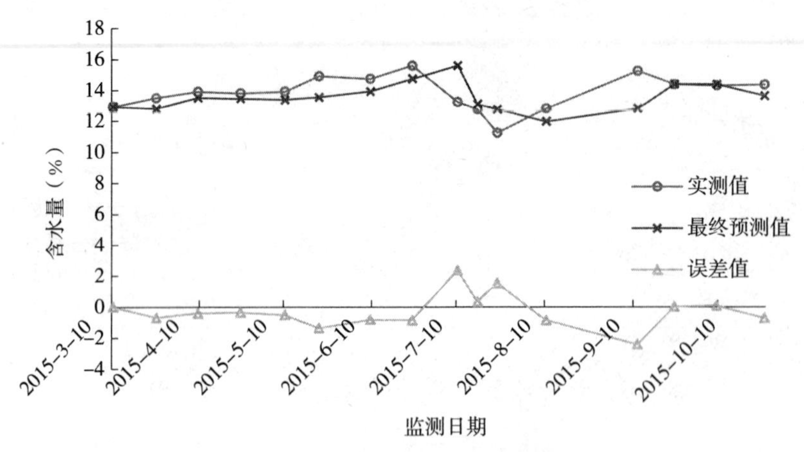

图 3-88　综合模型对 2015 年历史监测数据的验证图（140932J007）

由表 3-141 和图 3-88 可见，模型综合应用得到的最终诊断结果中，未出现误差大于 3 个质量含水量的预测结果；如果将预测误差小于 3 个质量含水量作为合格预测结果，则综合模型预测合格率为 100%，2015 年历史数据验证结果的平均误差为 0.89%，最大误差为 2.43%，最小误差为 0.02%。

综合模型自回归验证和 2015 年历史监测数据验证结果的合格率分别为 100.00% 和 100.00%。

7. 140932J008 监测点验证

该监测点距离 53564 号国家气象站约 31km。采用 2012—2014 年数据建立 6 个墒情诊断模型并进行了诊断计算，通过对比分析计算结果、实测含水量数据和气象台站降水量数据，发现诊断模型所采用的气象台站降水量与该监测点的实际降水情况比较吻合，因此未对模型输入参数进行调整。使用建立的 6 个诊断模型进行该监测点的墒情诊断，依据诊断结果并按照综合模型应用流程进行模型优选，时段诊断和逐日诊断的优选模型见表 3-142。

表 3-142　忻州市偏关县 140932J008 监测点优选诊断模型

项目	优选模型名称
时段诊断	统计法、差减统计法、移动统计法
逐日诊断	统计法、差减统计法、比值统计法

按照综合模型应用流程对该监测点进行了建模数据的自回归验证和 2015 年数据的验证。综合模型建模数据自回归验证结果见表 3-143 和图 3-89；根据计算结果以及实测含水量数据和气象台站降水量数据的对比分析，确定在 2015 年 9 月 5 日增加 40mm 灌溉量，2015 年数据验证结果见表 3-144 和图 3-90。

表 3-143　综合模型对 2012—2014 年建模数据自回归验证结果（140932J008）（%）

监测日	实测值	时段预测值	逐日预测值	最终预测值	误差值
2012/4/9	13.19	—	—	—	—
2012/4/25	13.99	12.73	12.85	12.79	−1.20

（续）

监测日	实测值	时段预测值	逐日预测值	最终预测值	误差值
2012/5/10	14.28	13.17	13.43	13.30	−0.98
2012/5/25	14.79	13.30	13.71	13.50	−1.29
2012/6/11	14.85	14.53	14.35	14.44	−0.41
2012/6/26	16.07	14.85	14.85	14.85	−1.22
2012/7/10	15.87	15.36	15.36	15.36	−0.51
2012/7/27	14.84	15.87	15.87	15.87	1.03
2012/8/10	15.52	15.07	15.07	15.07	−0.45
2012/8/24	13.75	15.52	15.52	15.52	1.77
2012/9/10	13.02	13.75	13.75	13.75	0.73
2012/9/25	13.12	12.81	12.93	12.87	−0.25
2013/3/22	11.82	—	—	—	—
2013/4/12	13.11	11.96	12.05	12.00	−1.11
2013/4/25	11.25	12.71	12.92	12.81	1.56
2013/5/10	11.68	11.57	11.57	11.57	−0.11
2013/5/27	11.34	11.89	12.04	11.97	0.63
2013/6/13	11.86	11.34	11.34	11.34	−0.52
2013/6/25	13.02	11.86	11.86	11.86	−1.16
2013/7/12	14.10	13.02	13.02	13.02	−1.08
2013/7/25	13.23	14.09	14.24	14.16	0.93
2013/8/12	13.35	13.23	13.23	13.23	−0.12
2013/8/27	13.40	13.35	13.35	13.35	−0.05
2013/9/12	13.89	13.40	13.40	13.40	−0.49
2013/9/25	13.54	15.07	15.07	15.07	1.53
2014/3/10	13.06	—	—	—	—
2014/3/25	11.89	12.61	12.83	12.72	0.83
2014/4/10	11.47	12.01	12.10	12.06	0.59
2014/4/28	14.17	11.47	11.47	11.47	−2.70
2014/5/23	13.44	13.36	13.59	13.47	0.03
2014/6/9	12.94	13.44	13.44	13.44	0.50
2014/6/24	12.91	12.78	12.85	12.81	−0.10
2014/7/10	13.31	13.76	13.83	13.79	0.48
2014/7/25	13.19	13.31	13.31	13.31	0.12
2014/8/11	11.19	13.19	13.19	13.19	2.00
2014/8/25	11.25	11.19	11.19	11.19	−0.06
2014/9/9	11.39	11.25	11.25	11.25	−0.14
2014/10/10	12.85	11.39	11.39	11.39	−1.46

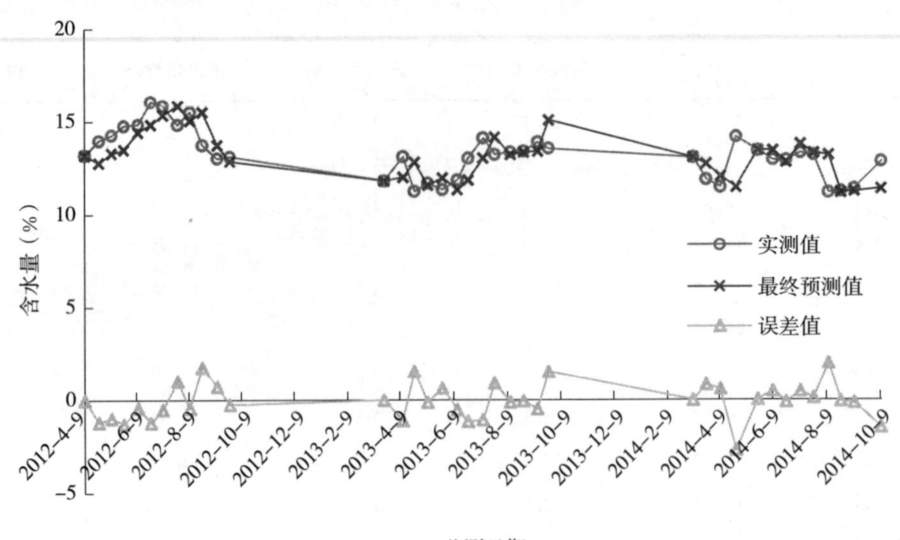

图 3-89　综合模型对 2012—2014 年建模数据自回归验证图（140932J008）

由表 3-143 和图 3-89 可见，模型综合应用得到的最终诊断结果中，未出现误差大于 3 个质量含水量的预测结果；如果将预测误差小于 3 个质量含水量作为合格预测结果，则综合模型预测合格率为 100%，自回归预测的平均误差为 0.80%，最大误差为 2.70%，最小误差为 0.03%。

表 3-144　综合模型对 2015 年历史监测数据的验证结果（140932J008）（%）

监测日	实测值	时段预测值	逐日预测值	最终预测值	误差值
2015/3/10	12.97	—	—	—	—
2015/3/25	12.30	12.61	12.77	12.69	0.39
2015/4/9	13.10	12.30	12.30	12.30	−0.80
2015/4/24	13.30	12.66	12.89	12.77	−0.53
2015/5/10	13.70	12.83	13.03	12.93	−0.77
2015/5/22	14.40	13.26	13.40	13.33	−1.07
2015/6/9	12.48	13.25	13.41	13.33	0.85
2015/6/24	13.86	12.48	12.48	12.48	−1.38
2015/7/10	13.16	13.86	13.86	13.86	0.70
2015/7/17	12.81	12.61	13.07	12.84	0.03
2015/7/24	11.35	12.81	12.81	12.81	1.46
2015/8/10	10.40	11.84	12.16	12.00	1.60
2015/9/11	15.17	10.40	10.40	10.40	−4.77
2015/9/24	14.20	13.31	14.41	13.86	−0.34
2015/10/9	13.99	14.20	14.20	14.20	0.21
2015/10/26	14.17	13.31	13.30	13.30	−0.87

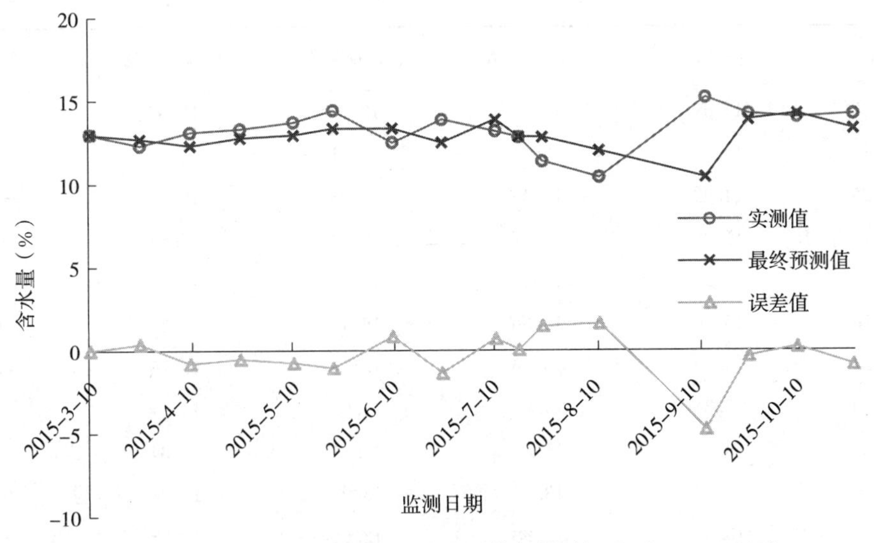

图 3-90　综合模型对 2015 年历史监测数据的验证图（140932J008）

由表 3-144 和图 3-90 可见，模型综合应用得到的最终诊断结果中，误差大于 3 个质量含水量的个数为 1 个，占 6.67%，未出现误差大于 5 个质量含水量的预测结果；如果将预测误差小于 3 个质量含水量作为合格预测结果，则综合模型预测合格率为 93.33%，2015 年历史数据验证结果的平均误差为 1.05%，最大误差为 4.77%，最小误差为 0.03%。

综合模型自回归验证和 2015 年历史监测数据验证结果的合格率分别为 100.00%和 93.33%。

8. 140932J009 监测点验证

该监测点距离 53564 号国家气象站约 25km。采用 2012—2014 年数据建立 6 个墒情诊断模型并进行了诊断计算，通过对比分析计算结果、实测含水量数据和气象台站降水量数据，发现诊断模型所采用的气象台站降水量与该监测点的实际降水情况比较吻合，因此未对模型输入参数进行调整。使用建立的 6 个诊断模型进行该监测点的墒情诊断，依据诊断结果并按照综合模型应用流程进行模型优选，时段诊断和逐日诊断的优选模型见表 3-145。

表 3-145　忻州市偏关县 140932J009 监测点优选诊断模型

项目	优选模型名称
时段诊断	移动统计法、统计法、差减统计法
逐日诊断	移动统计法、统计法、平衡法

按照综合模型应用流程对该监测点进行了建模数据的自回归验证和 2015 年数据的验证。综合模型建模数据自回归验证结果见表 3-146 和图 3-91；根据计算结果以及实测含水量数据和气象台站降水量数据的对比分析，确定在 2015 年 9 月 5 日增加 100mm 灌溉量，2015 年数据验证结果见表 3-147 和图 3-92。

表 3-146　综合模型对 2012—2014 年建模数据自回归验证结果（140932J009）（%）

监测日	实测值	时段预测值	逐日预测值	最终预测值	误差值
2012/4/9	13.22	—	—	—	—

（续）

监测日	实测值	时段预测值	逐日预测值	最终预测值	误差值
2012/4/25	14.01	12.79	12.30	12.55	−1.46
2012/5/10	14.42	13.35	12.51	12.93	−1.49
2012/5/25	14.92	13.49	12.98	13.23	−1.69
2012/6/11	15.08	14.67	16.99	15.83	0.75
2012/6/26	15.97	15.08	15.08	15.08	−0.89
2012/7/10	15.76	15.38	15.41	15.39	−0.37
2012/7/27	15.10	15.76	15.76	15.76	0.66
2012/8/10	15.34	14.97	14.97	14.97	−0.37
2012/8/24	13.92	15.34	15.34	15.34	1.42
2012/9/10	12.97	13.92	13.92	13.92	0.95
2012/9/25	13.00	12.88	12.88	12.88	−0.12
2013/4/12	13.09	—	—	—	—
2013/4/25	11.33	12.71	12.24	12.48	1.15
2013/5/10	11.73	11.50	11.50	11.50	−0.23
2013/5/27	11.37	11.83	11.91	11.87	0.50
2013/6/13	11.73	11.37	11.37	11.37	−0.36
2013/6/25	13.06	11.73	11.73	11.73	−1.33
2013/7/12	14.13	13.06	13.06	13.06	−1.07
2013/7/25	13.27	14.25	16.01	15.13	1.86
2013/8/12	14.79	13.27	13.27	13.27	−1.52
2013/8/27	14.82	14.79	14.79	14.79	−0.03
2013/9/12	13.78	14.82	14.82	14.82	1.04
2013/9/25	13.53	14.97	14.97	14.97	1.44
2014/3/10	13.03	—	—	—	—
2014/3/25	11.86	11.54	12.13	11.84	−0.02
2014/4/10	11.44	11.90	11.76	11.83	0.39
2014/4/28	14.21	11.44	11.44	11.44	−2.77
2014/5/23	13.38	13.55	11.96	12.76	−0.62
2014/6/9	13.01	13.38	13.38	13.38	0.37
2014/6/24	12.98	12.89	10.61	11.75	−1.23
2014/7/10	13.29	13.56	17.97	15.77	2.48
2014/7/25	13.21	13.29	13.29	13.29	0.08
2014/8/11	11.20	13.21	13.21	13.21	2.01
2014/9/9	11.37	11.20	11.20	11.20	−0.17
2014/10/10	12.79	11.37	11.37	11.37	−1.42

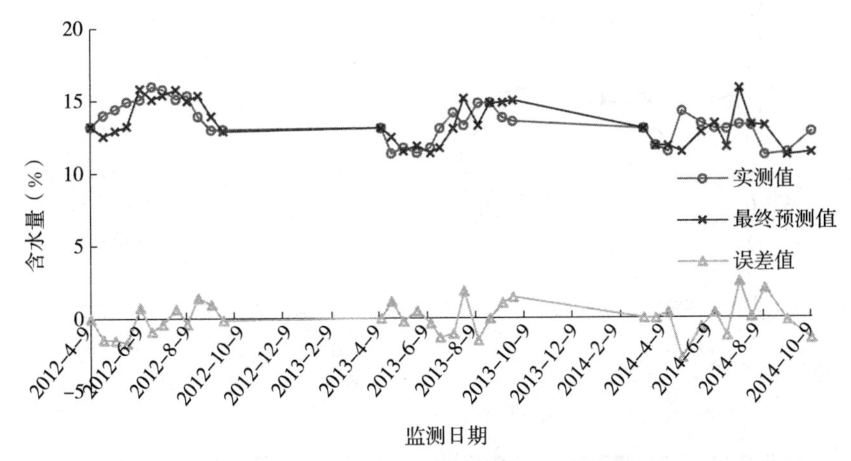

图 3-91　综合模型对 2012—2014 年建模数据自回归验证图（140932J009）

由表 3-146 和图 3-91 可见，模型综合应用得到的最终诊断结果中，未出现误差大于 3 个质量含水量的预测结果；如果将预测误差小于 3 个质量含水量作为合格预测结果，则综合模型预测合格率为 100%，自回归预测的平均误差为 0.98%，最大误差为 2.77%，最小误差为 0.02%。

表 3-147　综合模型对 2015 年历史监测数据的验证结果（140932J009）（%）

监测日	实测值	时段预测值	逐日预测值	最终预测值	误差值
2015/3/10	12.89	—	—	—	—
2015/3/25	12.30	11.54	12.13	11.84	−0.46
2015/4/9	12.80	12.30	12.30	12.30	−0.50
2015/4/24	12.90	12.47	12.19	12.33	−0.57
2015/5/10	13.30	12.85	12.44	12.65	−0.65
2015/5/22	14.80	13.08	13.00	13.04	−1.76
2015/6/9	14.02	13.44	12.37	12.90	−1.12
2015/6/24	14.21	14.02	14.02	14.02	−0.19
2015/7/10	13.26	14.21	14.21	14.21	0.95
2015/7/17	12.68	12.97	13.07	13.02	0.34
2015/7/24	11.46	12.68	12.68	12.68	1.22
2015/8/10	12.30	11.82	12.08	11.95	−0.35
2015/8/25	4.24	12.25	12.30	12.27	8.03
2015/9/11	15.26	14.97	14.97	14.97	−0.29
2015/9/24	14.7	13.44	13.69	13.56	−1.14
2015/10/9	14.56	14.70	14.70	14.70	0.14
2015/10/26	14.71	13.50	12.47	12.99	−1.72

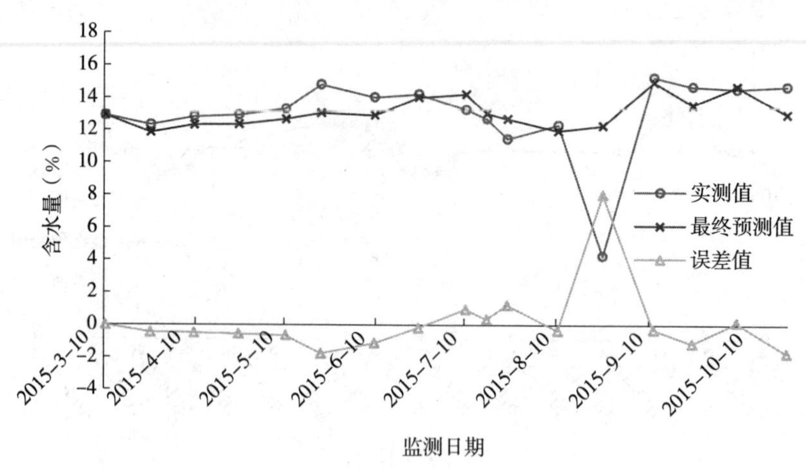

图 3-92　综合模型对 2015 年历史监测数据的验证图（140932J009）

由表 3-147 和图 3-92 可见，模型综合应用得到的最终诊断结果中，误差大于 3 个质量含水量的个数为 1 个，占 6.25%，未出现误差大于 5 个质量含水量的预测结果；如果将预测误差小于 3 个质量含水量作为合格预测结果，则综合模型预测合格率为 93.75%，2015 年历史数据验证结果的平均误差为 1.21%，最大误差为 8.03%，最小误差为 0.14%。

综合模型自回归验证和 2015 年历史监测数据验证结果的合格率分别为 100.00% 和 93.75%。

9. 140932J0010 监测点验证

该监测点距离 53564 号国家气象站约 18km。采用 2012—2014 年数据建立 6 个墒情诊断模型并进行了诊断计算，通过对比分析计算结果、实测含水量数据和气象台站降水量数据，发现诊断模型所采用的气象台站降水量与该监测点的实际降水情况比较吻合，因此未对模型输入参数进行调整。使用建立的 6 个诊断模型进行该监测点的墒情诊断，依据诊断结果并按照综合模型应用流程进行模型优选，时段诊断和逐日诊断的优选模型见表 3-148。

表 3-148　忻州市偏关县 140932J0010 监测点优选诊断模型

项目	优选模型名称
时段诊断	间隔天数统计法、差减统计法、比值统计法
逐日诊断	间隔天数统计法、差减统计法、比值统计法

按照综合模型应用流程对该监测点进行了建模数据的自回归验证和 2015 年数据的验证。综合模型建模数据自回归验证结果见表 3-149 和图 3-93；根据计算结果以及实测含水量数据和气象台站降水量数据的对比分析，确定在 2015 年 9 月 5 日增加 100mm 灌溉量，2015 年数据验证结果见表 3-150 和图 3-94。

表 3-149　综合模型对 2012—2014 年建模数据自回归验证结果（140932J0010）（%）

监测日	实测值	时段预测值	逐日预测值	最终预测值	误差值
2012/5/10	12.45	—	—	—	—
2012/5/25	12.74	12.51	12.51	12.51	−0.23

（续）

监测日	实测值	时段预测值	逐日预测值	最终预测值	误差值
2012/6/11	12.91	12.98	13.12	13.05	0.14
2012/6/26	14.15	12.91	12.91	12.91	−1.24
2012/7/10	14.12	13.90	13.89	13.90	−0.23
2012/7/27	14.3	14.12	14.12	14.12	−0.18
2012/8/10	14.12	15.70	15.70	15.70	1.58
2012/8/24	13.25	14.12	14.12	14.12	0.87
2012/9/10	12.65	13.25	13.25	13.25	0.60
2012/9/25	13.03	12.64	12.64	12.64	−0.39
2013/5/10	10.62	—	—	—	—
2013/5/27	10.26	11.17	11.60	11.38	1.12
2013/6/13	11.27	10.26	10.26	10.26	−1.01
2013/6/25	12.79	11.27	11.27	11.27	−1.52
2013/7/12	13.43	12.79	12.79	12.79	−0.64
2013/7/25	12.76	13.45	13.56	13.51	0.75
2013/8/12	14.38	12.76	12.76	12.76	−1.62
2013/8/27	14.51	14.38	14.38	14.38	−0.13
2013/9/12	13.74	14.51	14.51	14.51	0.77
2013/9/25	13.42	15.70	15.70	15.70	2.28
2014/4/28	13.45	—	—	—	—
2014/5/23	13.22	13.17	13.13	13.15	−0.07
2014/6/9	12.77	13.22	13.22	13.22	0.45
2014/6/24	12.62	12.72	12.72	12.72	0.10
2014/7/10	13.13	12.97	13.26	13.11	−0.02
2014/7/25	12.94	13.13	13.13	13.13	0.19
2014/8/11	11.02	12.94	12.94	12.94	1.92
2014/8/25	11.32	11.02	11.02	11.02	−0.30

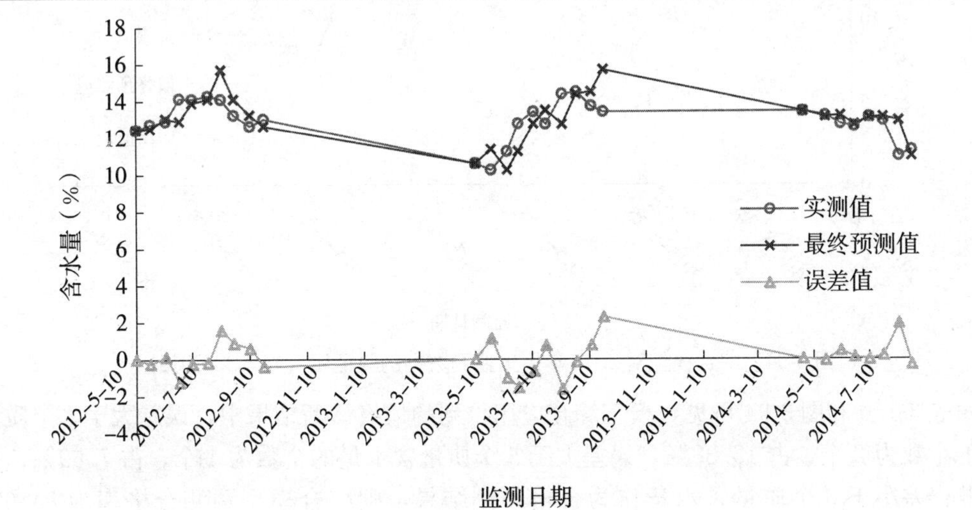

图 3-93　综合模型对 2012—2014 年建模数据自回归验证图（140932J0010）

由表 3-149 和图 3-93 可见，模型综合应用得到的最终诊断结果中，未出现误差大于 3 个质量含水量的预测结果；如果将预测误差小于 3 个质量含水量作为合格预测结果，则综合模型预测合格率为 100%，自回归预测的平均误差为 0.73%，最大误差为 2.28%，最小误差为 0.02%。

表 3-150　综合模型对 2015 年历史监测数据的验证结果（140932J0010）（%）

监测日	实测值	时段预测值	逐日预测值	最终预测值	误差值
2015/3/25	13.30	—	—	—	—
2015/5/10	14.30	12.85	12.78	12.82	−1.49
2015/5/22	15.00	13.69	13.73	13.71	−1.29
2015/6/9	16.70	14.06	13.54	13.80	−2.90
2015/6/24	16.44	16.70	16.70	16.70	0.26
2015/7/10	13.41	16.44	16.44	16.44	3.03
2015/7/17	13.18	13.11	13.14	13.13	−0.05
2015/7/24	12.31	13.18	13.18	13.18	0.87
2015/8/10	13.20	12.44	12.54	12.49	−0.71
2015/8/25	4.60	12.98	12.94	12.96	8.36
2015/9/11	15.51	15.70	15.70	15.70	0.19
2015/9/24	15.02	14.30	14.42	14.36	−0.66
2015/10/9	14.93	15.02	15.02	15.02	0.09
2015/10/26	14.99	14.05	13.61	13.83	−1.16

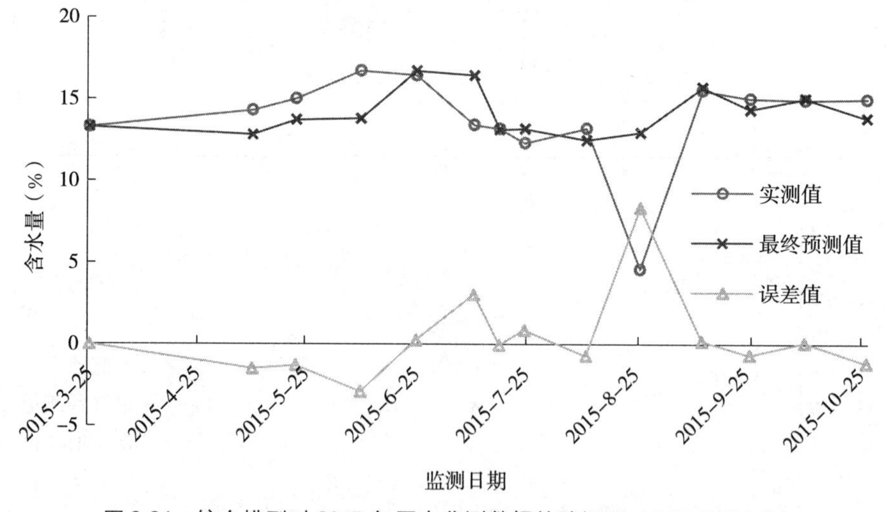

图 3-94　综合模型对 2015 年历史监测数据的验证图（140932J0010）

由表 3-150 和图 3-94 可见，模型综合应用得到的最终诊断结果中，误差大于 3 个质量含水量的个数为 2 个，占 15.38%，误差大于 5 个质量含水量的个数为 1 个，占 7.69%；如果将预测误差小于 3 个质量含水量作为合格预测结果，则综合模型预测合格率为 84.62%，2015 年历史数据验证结果的平均误差为 1.62%，最大误差为 8.36%，最小误差为 0.05%。

综合模型自回归验证和2015年历史监测数据验证结果的合格率分别为100.00%和84.62%。

二、长治市长治县验证

（一）基本情况

长治县隶属于山西省东南部，太行山脉中段西麓，居上党盆地腹地，东迤壶关县，西邻长子县，南毗高平、陵川县，北连长治市郊区，介于东经111°58′～112°44′，北纬35°49′～37°08′之间，为中国人口密集县份。长治县气候属寒温半干燥区，年均气温9℃，1月零下6.2℃，7月22.9℃，年降雨量411mm，霜冻期10月上旬至翌年4月中旬，无霜期160d。长治县内水源较缺，主要河流浊漳河的支流陶清河和荫城河遍布南部山地，出平川后沿西界北流入漳泽水库。

（二）土壤墒情监测状况

长治市长治县2012年纳入全国土壤墒情网开始进行土壤墒情监测工作，全区共设8个农田监测点，本次验证的监测点主要信息见表3-151。

表3-151　长治市长治县土壤墒情监测点设置情况

监测点编号	设置时间	所处位置	经度	纬度	主要种植作物	土壤类型
140421J001	2012	长治县中和村	113°1′	36°2′	玉米	壤土
140421J002	2012	长治县河头村	113°8′	36°2′	玉米	壤土
140421J003	2012	长治县内王村	113°5′	35°57′	玉米	壤土
140421J005	2012	长治县关头村	113°1′	35°55′	玉米	壤土
140421J006	2012	长治县北张村	112°58′	36°2′	玉米	壤土
140421J007	2012	长治县南董村	113°4′	36°5′	玉米	壤土
140421J008	2012	长治县东火村	113°10′	36°56′	玉米	壤土

（三）模型使用的气象台站情况

诊断模型所使用的降水量数据来源于53882号国家气象站，该台站位于长治市长治县，经度为113°4′，纬度为36°3′。

（四）监测点的验证

1.140421J001监测点验证

该监测点距离53882号国家气象站约5km。采用2012—2014年数据建立6个墒情诊断模型并进行了诊断计算，根据计算结果以及实测含水量数据和气象台站降水量数据的对比分析，确定在2014年4月12日增加50mm灌溉量。使用建立的6个诊断模型进行该监测点的墒情诊断，依据诊断结果并按照综合模型应用流程进行模型优选，时段诊断和逐日诊断的优选模型见表3-152。

表3-152　长治市长治县140421J001监测点优选诊断模型

项目	优选模型名称
时段诊断	间隔天数统计法、移动统计法、经验统计法
逐日诊断	间隔天数统计法、统计法、平衡法

按照综合模型应用流程对该监测点进行了建模数据的自回归验证和 2015 年数据的验证。综合模型建模数据自回归验证结果见表 3-153 和图 3-95；2015 年数据验证结果见表 3-154 和图 3-96（2015 年未进行降水量的调整）。

表 3-153　综合模型对 2012—2014 年建模数据自回归验证结果（140421J001）（%）

监测日	实测值	时段预测值	逐日预测值	最终预测值	误差值
2012/6/15	20.40	—	—	—	—
2012/7/25	19.40	19.67	19.77	19.72	0.32
2012/8/10	17.70	19.40	19.4	19.4	1.70
2012/8/27	16.90	17.70	17.70	17.70	0.80
2012/9/28	15.00	16.90	16.90	16.90	1.90
2012/10/11	12.80	13.30	14.12	13.71	0.91
2013/3/12	11.70	—	—	—	—
2013/3/25	11.20	11.60	11.80	11.70	0.50
2013/4/10	10.60	11.98	13.07	12.53	1.93
2013/4/25	13.30	11.79	11.87	11.83	−1.47
2013/5/13	12.00	11.96	12.99	12.47	0.47
2013/5/28	19.60	16.55	21.22	18.88	−0.72
2013/6/13	20.40	19.40	21.66	20.53	0.13
2013/6/25	16.30	16.87	15.85	16.36	0.06
2013/9/25	13.10	17.97	16.42	17.19	4.09
2013/10/10	11.90	11.78	12.49	12.13	0.23
2013/10/28	10.60	12.22	12.31	12.27	1.67
2014/4/10	11.70	—	—	—	—
2014/4/18	19.60	20.20	20.20	20.20	0.60
2014/4/25	19.90	20.20	22.20	21.20	1.30
2014/5/12	18.50	17.05	15.79	16.42	−2.08
2014/5/26	16.90	16.63	15.78	16.20	−0.70
2014/6/10	15.00	14.91	14.91	14.91	−0.09
2014/6/25	17.10	15.00	15.00	15.00	−2.10
2014/7/11	19.90	20.20	20.20	20.20	0.30
2014/7/25	19.00	19.90	19.90	19.90	0.90
2014/8/12	20.40	19.22	22.19	20.71	0.31
2014/9/9	16.60	18.77	17.91	18.34	1.74
2014/9/26	19.30	20.20	20.20	20.20	0.90
2014/10/10	18.20	19.30	19.30	19.30	1.10

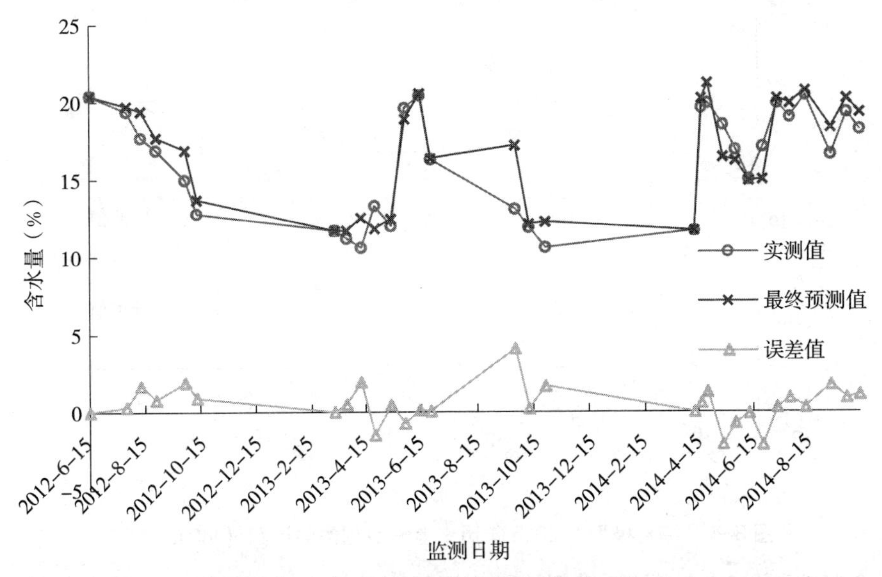

图 3-95　综合模型对 2012—2014 年建模数据自回归验证图（140421J001）

由表 3-153 和图 3-95 可见，模型综合应用得到的最终诊断结果中，误差大于 3 个质量含水量的个数为 1 个，占 3.70%，未出现误差大于 5 个质量含水量的预测结果；如果将预测误差小于 3 个质量含水量作为合格预测结果，则综合模型预测合格率为 96.30%，自回归预测的平均误差为 1.07%，最大误差为 4.09%，最小误差为 0.06%。

表 3-154　综合模型对 2015 年历史监测数据的验证结果（140421J001）（%）

监测日	实测值	时段预测值	逐日预测值	最终预测值	误差值
2015/3/12	14.30	—	—	—	—
2015/3/26	14.00	12.24	13.43	12.83	−1.17
2015/4/13	17.30	14.00	14.00	14.00	−3.30
2015/4/24	15.60	17.30	17.30	17.30	1.70
2015/5/11	21.20	17.08	19.94	18.51	−2.69
2015/5/25	15.20	16.69	15.96	16.32	1.12
2015/6/10	14.90	15.20	15.20	15.20	0.30
2015/7/10	15.80	14.90	14.90	14.90	−0.90
2015/7/28	17.10	17.93	19.56	18.75	1.65
2015/8/10	16.80	17.10	17.10	17.10	0.30
2015/8/25	15.80	15.27	15.27	15.27	−0.53
2015/9/11	18.00	17.80	19.16	18.48	0.48
2015/9/28	14.40	15.24	13.96	14.60	0.20
2015/10/10	12.80	14.09	14.22	14.16	1.36

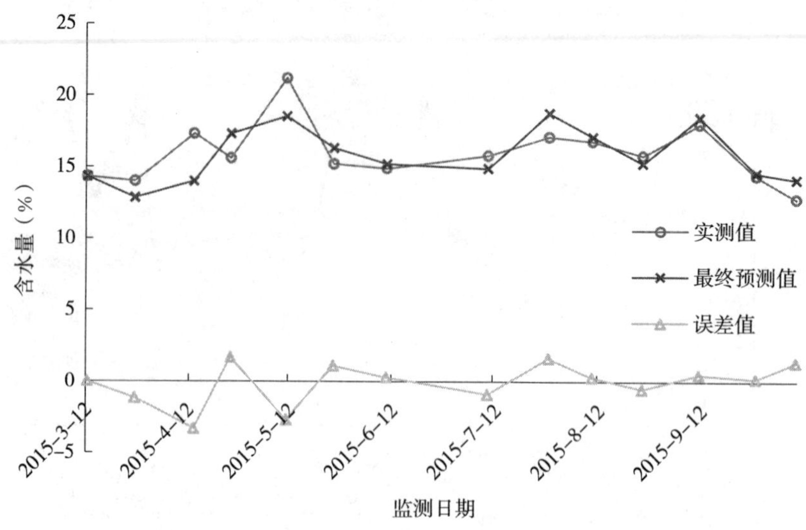

图 3-96　综合模型对 2015 年历史监测数据的验证图（140421J001）

由表 3-154 和图 3-96 可见，模型综合应用得到的最终诊断结果中，误差大于 3 个质量含水量的个数为 1 个，占 7.69%，未出现误差大于 5 个质量含水量的预测结果；如果将预测误差小于 3 个质量含水量作为合格预测结果，则综合模型预测合格率为 92.31%，2015 年历史数据验证结果的平均误差为 1.21%，最大误差为 3.30%，最小误差为 0.20%。

综合模型自回归验证和 2015 年历史监测数据验证结果的合格率分别为 96.30%和 92.31%。

2. 140421J002 监测点验证

该监测点距离 53882 号国家气象站约 6km。采用 2012—2014 年数据建立 6 个墒情诊断模型并进行了诊断计算，根据计算结果以及实测含水量数据和气象台站降水量数据的对比分析，确定在 2014 年 4 月 12 日增加 50mm 灌溉量。使用建立的 6 个诊断模型进行该监测点的墒情诊断，依据诊断结果并按照综合模型应用流程进行模型优选，时段诊断和逐日诊断的优选模型见表 3-155。

表 3-155　长治市长治县 140421J002 监测点优选诊断模型

项目	优选模型名称
时段诊断	间隔天数统计法、移动统计法、平衡法
逐日诊断	间隔天数统计法、差减统计法、经验统计法

按照综合模型应用流程对该监测点进行了建模数据的自回归验证和 2015 年数据的验证。综合模型建模数据自回归验证结果见表 3-156 和图 3-97；2015 年数据验证结果见表 3-157 和图 3-98（2015 年未进行降水量的调整）。

表 3-156　综合模型对 2012—2014 年建模数据自回归验证结果（140421J002）（%）

监测日	实测值	时段预测值	逐日预测值	最终预测值	误差值
2012/6/15	20.71	—	—	—	—
2012/7/25	20.10	20.15	20.01	20.08	−0.02

（续）

监测日	实测值	时段预测值	逐日预测值	最终预测值	误差值
2012/8/10	18.00	18.48	17.82	18.15	0.15
2012/8/27	16.40	18.00	18.00	18.00	1.60
2012/9/28	14.30	16.40	16.40	16.40	2.10
2012/10/11	12.90	11.97	13.60	12.79	−0.11
2013/3/12	12.10	—	—	—	—
2013/3/25	10.80	11.36	12.17	11.77	0.97
2013/4/10	10.20	11.68	12.67	12.18	1.98
2013/4/25	13.70	11.44	11.44	11.44	−2.26
2013/5/13	11.30	11.74	12.88	12.31	1.01
2013/5/28	19.10	18.48	16.08	17.28	−1.82
2013/6/13	19.60	19.41	19.28	19.35	−0.25
2013/6/25	16.40	15.55	17.31	16.43	0.03
2013/9/25	13.20	18.48	16.34	17.41	4.21
2013/10/10	11.70	11.46	12.70	12.08	0.38
2013/10/28	10.50	11.92	13.49	12.71	2.21
2014/4/10	11.80	—	—	—	—
2014/4/18	19.10	20.40	20.40	20.40	1.30
2014/4/25	19.70	19.97	22.04	21.01	1.31
2014/5/12	18.8	13.05	15.64	14.34	−4.46
2014/5/26	17.20	14.58	16.52	15.55	−1.65
2014/6/10	15.30	12.91	14.99	13.95	−1.35
2014/6/25	16.90	15.30	15.30	15.30	−1.60
2014/7/11	20.20	20.40	20.40	20.40	0.20
2014/7/25	19.10	19.68	19.96	19.82	0.72
2014/8/12	20.70	19.57	20.15	19.86	−0.84
2014/9/9	16.70	18.97	18.09	18.53	1.83
2014/9/26	19.60	20.40	20.40	20.40	0.80
2014/10/10	18.30	19.60	19.60	19.60	1.30

由表3-156和图3-97可见，模型综合应用得到的最终诊断结果中，误差大于3个质量含水量的个数为2个，占7.41%，未出现误差大于5个质量含水量的预测结果；如果将预测误差小于3个质量含水量作为合格预测结果，则综合模型预测合格率为92.59%，自回归预测的平均误差为1.35%，最大误差为4.46%，最小误差为0.02%。

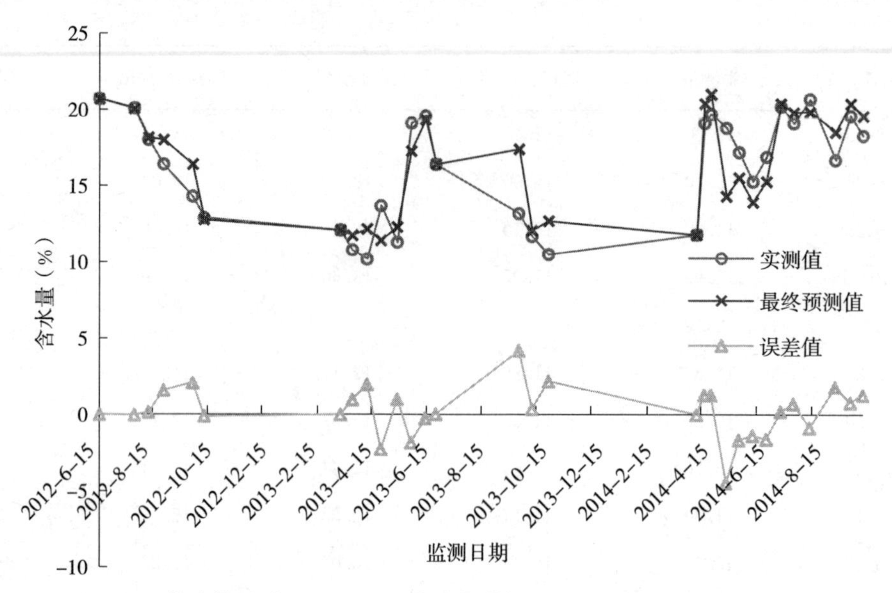

图 3-97 综合模型对 2012—2014 年建模数据自回归验证图（140421J002）

表 3-157 综合模型对 2015 年历史监测数据的验证结果（140421J002）（%）

监测日	实测值	时段预测值	逐日预测值	最终预测值	误差值
2015/3/12	14.60	—	—	—	—
2015/3/26	14.30	12.34	13.64	12.99	−1.31
2015/4/13	17.50	14.30	14.30	14.30	−3.20
2015/4/24	15.90	17.50	17.50	17.50	1.60
2015/5/11	21.40	18.48	18.10	18.29	−3.11
2015/5/25	15.30	14.58	17.94	16.26	0.96
2015/6/10	15.00	15.30	15.30	15.30	0.30
2015/7/10	15.90	15.00	15.00	15.00	−0.90
2015/7/28	17.20	18.48	19.65	19.06	1.86
2015/8/10	17.00	17.20	17.20	17.20	0.20
2015/8/25	15.30	13.69	15.31	14.50	−0.80
2015/9/11	18.10	18.48	18.76	18.62	0.52
2015/9/28	14.50	12.87	14.21	13.54	−0.96
2015/10/10	13.50	13.68	14.16	13.92	0.42

由表 3-157 和图 3-98 可见，模型综合应用得到的最终诊断结果中，误差大于 3 个质量含水量的个数为 2 个，占 15.38%，未出现误差大于 5 个质量含水量的预测结果；如果将预测误差小于 3 个质量含水量作为合格预测结果，则综合模型预测合格率为 84.62%，2015 年历史数据验证结果的平均误差为 1.24%，最大误差为 3.20%，最小误差为 0.20%。

综合模型自回归验证和 2015 年历史监测数据验证结果的合格率分别为 92.59%

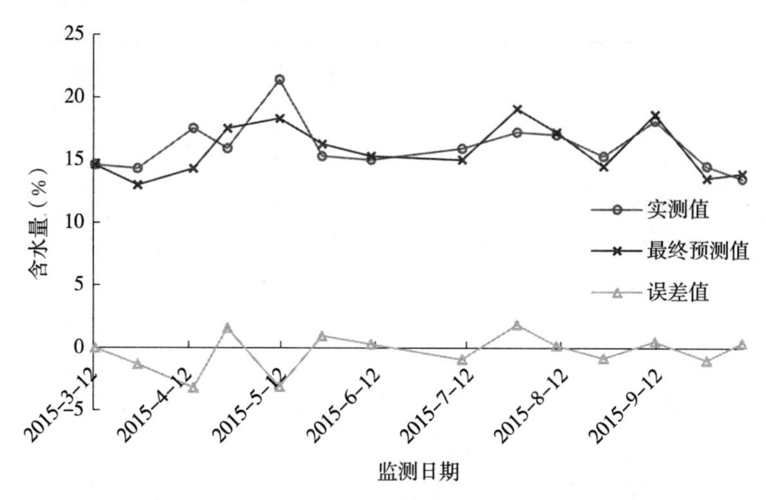

图 3-98　综合模型对 2015 年历史监测数据的验证图（140421J002）

和 84.62%。

3. 140421J003 监测点验证

该监测点距离 53882 号国家气象站约 11km。采用 2012—2014 年数据建立 6 个墒情诊断模型并进行了诊断计算，根据计算结果以及实测含水量数据和气象台站降水量数据的对比分析，确定在 2014 年 4 月 12 日增加 50mm 灌溉量。使用建立的 6 个诊断模型进行该监测点的墒情诊断，依据诊断结果并按照综合模型应用流程进行模型优选，时段诊断和逐日诊断的优选模型见表 3-158。

表 3-158　长治市长治县 140421J003 监测点优选诊断模型

项目	优选模型名称
时段诊断	间隔天数统计法、比值统计法、移动统计法
逐日诊断	间隔天数统计法、比值统计法、统计法

按照综合模型应用流程对该监测点进行了建模数据的自回归验证和 2015 年数据的验证。综合模型建模数据自回归验证结果见表 3-159 和图 3-99；2015 年数据验证结果见表 3-160 和图 3-100（2015 年未进行降水量的调整）。

表 3-159　综合模型对 2012—2014 年建模数据自回归验证结果（140421J003）（%）

监测日	实测值	试单预测值	逐日预测值	最终预测值	误差值
2012/6/15	19.86	—	—	—	—
2012/7/25	18.70	19.76	20.25	20.00	1.30
2012/8/10	18.50	18.70	18.70	18.70	0.20
2012/8/27	17.40	18.50	18.50	18.50	1.10
2012/9/28	15.20	17.40	17.40	17.40	2.20
2012/10/11	13.30	12.86	14.36	13.61	0.31
2013/3/12	12.80	—	—	—	—

（续）

监测日	实测值	试单预测值	逐日预测值	最终预测值	误差值
2013/3/25	11.70	11.85	12.73	12.29	0.59
2013/4/10	11.20	12.29	13.12	12.71	1.51
2013/4/25	14.10	12.08	11.99	12.04	−2.07
2013/5/13	12.20	12.43	13.31	12.87	0.67
2013/5/28	17.10	16.36	16.36	16.36	−0.74
2013/6/13	20.70	18.08	18.78	18.43	−2.27
2013/6/25	16.90	16.79	18.34	17.57	0.67
2013/9/25	13.60	18.36	16.72	17.54	3.94
2013/10/10	12.10	12.27	13.13	12.70	0.60
2013/10/28	10.70	12.27	13.76	13.02	2.32
2014/4/10	12.50	—	—	—	—
2014/4/18	19.90	20.80	20.80	20.80	0.90
2014/4/25	20.10	20.60	22.43	21.52	1.42
2014/5/12	18.80	17.34	16.29	16.82	−1.98
2014/5/26	17.40	17.02	16.87	16.94	−0.46
2014/6/10	15.50	15.46	15.46	15.46	−0.04
2014/6/25	17.40	15.50	15.50	15.50	−1.90
2014/7/11	20.10	20.80	20.80	20.80	0.70
2014/7/25	19.00	19.83	20.07	19.95	0.95
2014/8/12	20.40	19.28	20.28	19.78	−0.62
2014/9/9	16.90	18.80	18.48	18.64	1.74
2014/9/26	19.90	20.80	20.80	20.80	0.90
2014/10/10	18.80	19.90	19.90	19.90	1.10

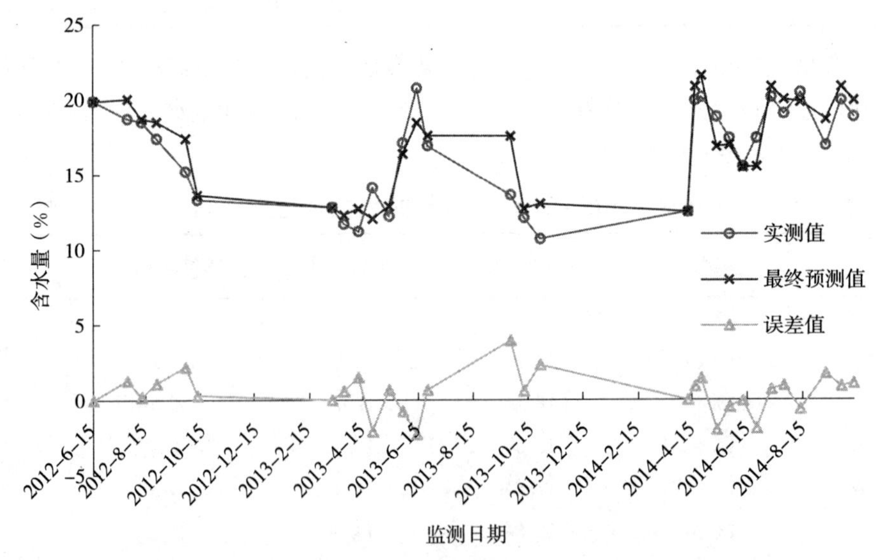

图 3-99　综合模型对 2012—2014 年建模数据自回归验证图（140421J003）

由表 3-159 和图 3-99 可见，模型综合应用得到的最终诊断结果中，误差大于 3 个质量含水量的个数为 1 个，占 3.70%，未出现误差大于 5 个质量含水量的预测结果；如果将预测误差小于 3 个质量含水量作为合格预测结果，则综合模型预测合格率为 96.30%，自回归预测的平均误差为 1.23%，最大误差为 3.94%，最小误差为 0.04%。

表 3-160　综合模型对 2015 年历史监测数据的验证结果（140421J003）（%）

监测日	实测值	时段预测值	逐日预测值	最终预测值	误差值
2015/3/12	14.40	—	—	—	—
2015/3/26	14.10	12.41	13.74	13.08	−1.02
2015/4/13	17.60	14.10	14.10	14.10	−3.50
2015/4/24	16.10	17.60	17.60	17.60	1.50
2015/5/11	21.80	17.37	18.27	17.82	−3.98
2015/5/25	16.00	16.61	18.65	17.63	1.63
2015/6/10	15.60	16.00	16.00	16.00	0.40
2015/7/10	16.00	15.60	15.60	15.60	−0.40
2015/7/28	17.70	17.99	19.71	18.85	1.15
2015/8/10	17.30	17.70	17.70	17.70	0.40
2015/8/25	15.20	15.79	15.79	15.79	0.59
2015/9/11	18.40	17.39	18.74	18.07	−0.34
2015/9/28	15.00	15.80	14.83	15.32	0.32
2015/10/10	13.30	13.49	14.65	14.07	0.77

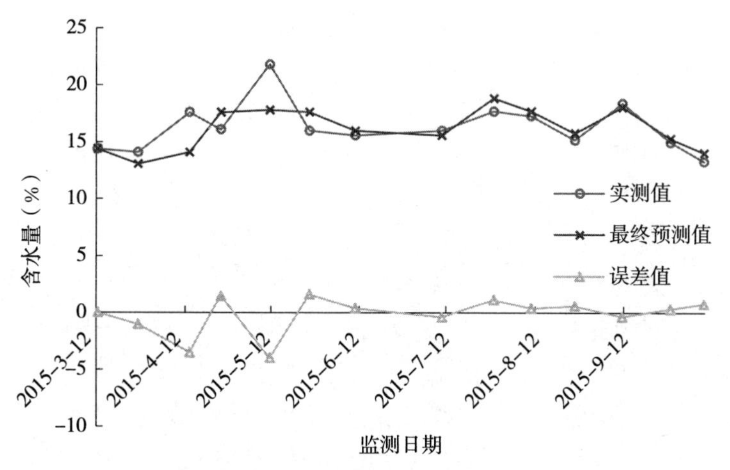

图 3-100　综合模型对 2015 年历史监测数据的验证图（140421J003）

由表 3-160 和图 3-100 可见，模型综合应用得到的最终诊断结果中，误差大于 3 个质量含水量的个数为 2 个，占 15.38%，未出现误差大于 5 个质量含水量的预测结果；如果将预测误差小于 3 个质量含水量作为合格预测结果，则综合模型预测合格率为 84.62%，2015 年历史数据验证结果的平均误差为 1.23%，最大误差为 3.98%，最小误差为 0.32%。

综合模型自回归验证和 2015 年历史监测数据验证结果的合格率分别为 96.30%

和84.62%。

4. 140421J005 监测点验证

该监测点距离53882号国家气象站约15km。采用2012—2014年数据建立6个墒情诊断模型并进行了诊断计算，根据计算结果以及实测含水量数据和气象台站降水量数据的对比分析，确定在2014年4月12日增加50mm灌溉量。使用建立的6个诊断模型进行该监测点的墒情诊断，依据诊断结果并按照综合模型应用流程进行模型优选，时段诊断和逐日诊断的优选模型见表3-161。

表3-161 长治市长治县140421J005监测点优选诊断模型

项目	优选模型名称
时段诊断	间隔天数统计法、统计法、移动统计法
逐日诊断	间隔天数统计法、统计法、比值统计法

按照综合模型应用流程对该监测点进行了建模数据的自回归验证和2015年数据的验证。综合模型建模数据自回归验证结果见表3-162和图3-101；2015年数据验证结果见表3-163和图3-102，根据计算结果以及实测含水量数据和气象台站降水量数据的对比分析，确定在2015年5月6日增加50mm灌溉量。

表3-162 综合模型对2012—2014年建模数据自回归验证结果（140421J005）（%）

监测日	实测值	时段预测值	逐日预测值	最终预测值	误差值
2012/6/15	17.10	—	—	—	—
2012/7/25	18.70	17.66	18.07	17.87	−0.83
2012/8/10	16.60	18.70	18.70	18.70	2.10
2012/8/27	15.00	16.60	16.60	16.60	1.60
2012/9/28	12.90	15.00	15.00	15.00	2.10
2012/10/11	11.80	11.49	12.37	11.93	0.13
2013/3/12	11.30	—	—	—	—
2013/3/25	9.20	10.28	11.26	10.77	1.57
2013/4/10	8.90	9.91	11.25	10.58	1.68
2013/4/25	11.60	9.73	10.11	9.92	−1.68
2013/5/13	12.10	10.73	11.47	11.10	−1.00
2013/5/28	16.00	15.52	15.52	15.52	−0.48
2013/6/13	18.40	16.68	17.16	16.92	−1.48
2013/6/25	14.70	15.53	16.28	15.90	1.20
2013/9/25	12.10	16.49	15.11	15.80	3.70
2013/10/10	10.90	10.97	11.65	11.31	0.41
2013/10/28	9.20	11.01	12.33	11.67	2.47
2014/4/10	10.50	—	—	—	—
2014/4/18	18.40	19.50	19.50	19.50	1.10

（续）

监测日	实测值	时段预测值	逐日预测值	最终预测值	误差值
2014/4/25	19.00	18.79	20.62	19.71	0.70
2014/5/12	17.40	16.03	14.86	15.44	−1.96
2014/5/26	15.50	15.59	15.39	15.49	−0.01
2014/6/10	13.20	13.58	13.71	13.65	0.45
2014/6/25	16.30	13.20	13.20	13.20	−3.10
2014/7/11	18.10	19.50	19.50	19.50	1.40
2014/7/25	17.40	18.10	18.10	18.10	0.70
2014/8/12	18.90	17.52	18.42	17.97	−0.93
2014/9/9	15.80	18.90	18.90	18.90	3.10
2014/9/26	17.10	19.50	19.50	19.50	2.40
2014/10/10	17.10	17.10	17.10	17.10	0.00

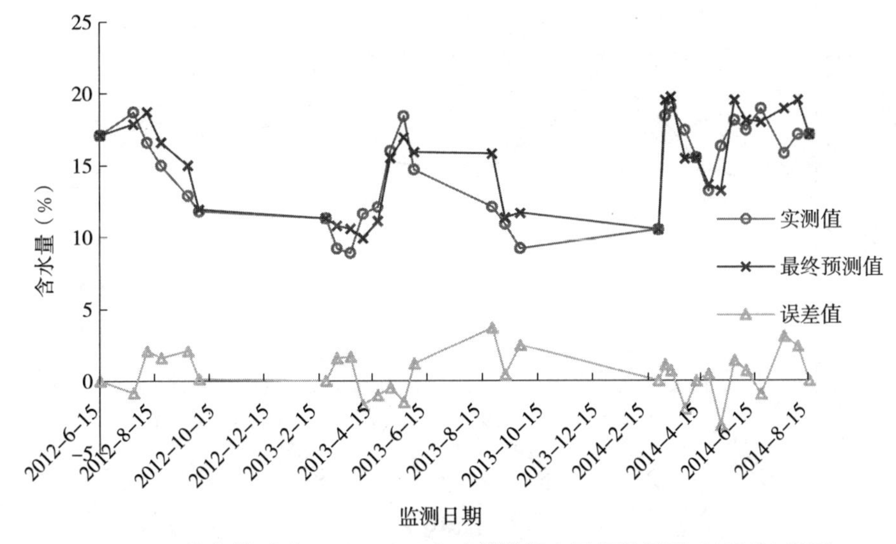

图 3-101　综合模型对 2012—2014 年建模数据自回归验证图（140421J005）

由表 3-162 和图 3-101 可见，模型综合应用得到的最终诊断结果中，误差大于 3 个质量含水量的个数为 3 个，占 11.11%，未出现误差大于 5 个质量含水量的预测结果；如果将预测误差小于 3 个质量含水量作为合格预测结果，则综合模型预测合格率为 88.89%，自回归预测的平均误差为 1.42%，最大误差为 3.70%，最小误差为 0.00%。

表 3-163　综合模型对 2015 年历史监测数据的验证结果（140421J005）（%）

监测日	实测值	时段预测值	逐日预测值	最终预测值	误差值
2015/3/12	13.90	—	—	—	—
2015/3/26	13.60	12.31	12.86	12.58	−1.02
2015/4/13	16.50	13.60	13.60	13.60	−2.90
2015/4/24	14.80	16.50	16.50	16.50	1.70

（续）

监测日	实测值	时段预测值	逐日预测值	最终预测值	误差值
2015/5/11	20.50	19.50	19.50	19.50	−1.00
2015/5/25	13.70	15.14	17.20	16.17	2.47
2015/6/10	13.90	13.70	13.70	13.70	−0.20
2015/7/10	13.70	13.90	13.90	13.90	0.20
2015/7/28	16.30	15.86	17.58	16.72	0.42
2015/8/10	16.50	16.30	16.30	16.30	−0.20
2015/8/25	13.90	14.68	14.68	14.68	0.78
2015/9/11	17.50	15.87	17.02	16.45	−1.06
2015/9/28	13.20	11.24	13.53	12.39	−0.82
2015/10/10	11.80	11.85	12.94	12.39	0.59

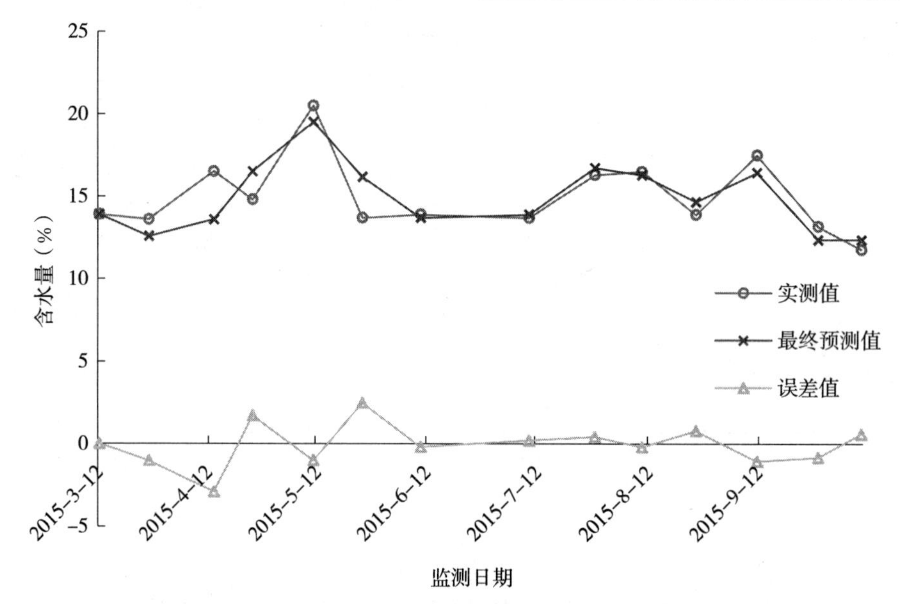

图 3-102　综合模型对 2015 年历史监测数据的验证图（140421J005）

由表 3-163 和图 3-102 可见，模型综合应用得到的最终诊断结果中，未出现误差大于 3 个质量含水量的预测结果；如果将预测误差小于 3 个质量含水量作为合格预测结果，则综合模型预测合格率为 100%，2015 年历史数据验证结果的平均误差为 1.03%，最大误差为 2.90%，最小误差为 0.20%。

综合模型自回归验证和 2015 年历史监测数据验证结果的合格率分别为 88.89% 和 100.00%。

5. 140421J006 监测点验证

该监测点距离 53882 号国家气象站约 15km。采用 2012—2014 年数据建立 6 个墒情诊断模型并进行了诊断计算，根据计算结果以及实测含水量数据和气象台站降水量数据的对比分析，确定在 2014 年 4 月 12 日增加 50mm 灌溉量。使用建立的 6 个诊断模型进行该监测点的墒情诊断，依据诊断结果并按照综合模型应用流程进行模型优选，时段诊断和逐日诊断的优选模型见表 3-164。

表 3-164　长治市长治县 140421J006 监测点优选诊断模型

项目	优选模型名称
时段诊断	间隔天数统计法、差减统计法、移动统计法
逐日诊断	间隔天数统计法、差减统计法、移动统计法

按照综合模型应用流程对该监测点进行了建模数据的自回归验证和 2015 年数据的验证。综合模型建模数据自回归验证结果见表 3-165 和图 3-103；2015 年数据验证结果见表 3-166 和图 3-104，根据计算结果以及实测含水量数据和气象台站降水量数据的对比分析，确定在 2015 年 5 月 6 日增加 50mm 灌溉量。

表 3-165　综合模型对 2012—2014 年建模数据自回归验证结果（140421J006）（%）

监测日	实测值	时段预测值	逐日预测值	最终预测值	误差值
2012/6/15	20.94	—	—	—	—
2012/7/25	19.70	19.44	19.47	19.46	−0.25
2012/8/10	18.00	19.70	19.70	19.70	1.70
2012/8/27	16.70	18.00	18.00	18.00	1.30
2012/9/28	14.60	16.70	16.70	16.70	2.10
2012/10/11	13.50	13.49	11.69	12.59	−0.91
2013/3/12	13.00	—	—	—	—
2013/3/25	11.10	11.86	11.44	11.65	0.55
2013/4/10	10.60	12.00	12.12	12.06	1.46
2013/4/25	14.00	11.82	11.82	11.82	−2.18
2013/5/13	11.90	12.08	11.61	11.84	−0.06
2013/5/28	19.10	16.36	19.78	18.07	−1.03
2013/6/13	19.30	18.93	18.92	18.93	−0.38
2013/6/25	16.20	16.55	15.06	15.81	−0.39
2013/9/25	12.70	16.87	15.71	16.29	3.59
2013/10/10	11.60	11.74	11.33	11.54	−0.06
2013/10/28	10.00	11.99	12.48	12.24	2.24
2014/4/10	11.70	—	—	—	—
2014/4/18	19.30	20.30	20.30	20.30	1.00
2014/4/25	19.80	19.86	21.79	20.83	1.03
2014/5/12	17.80	16.84	12.35	14.59	−3.21
2014/5/26	16.20	16.12	13.75	14.94	−1.26
2014/6/10	14.30	14.43	11.33	12.88	−1.42
2014/6/25	17.20	14.30	14.30	14.30	−2.90
2014/7/11	19.30	20.30	20.30	20.30	1.00

（续）

监测日	实测值	时段预测值	逐日预测值	最终预测值	误差值
2014/7/25	18.30	19.30	19.30	19.30	1.00
2014/8/12	20.10	18.48	19.52	19.00	−1.10
2014/9/9	16.40	18.43	17.54	17.99	1.59
2014/9/26	19.10	20.30	20.30	20.30	1.20
2014/10/10	18.00	19.10	19.10	19.10	1.10

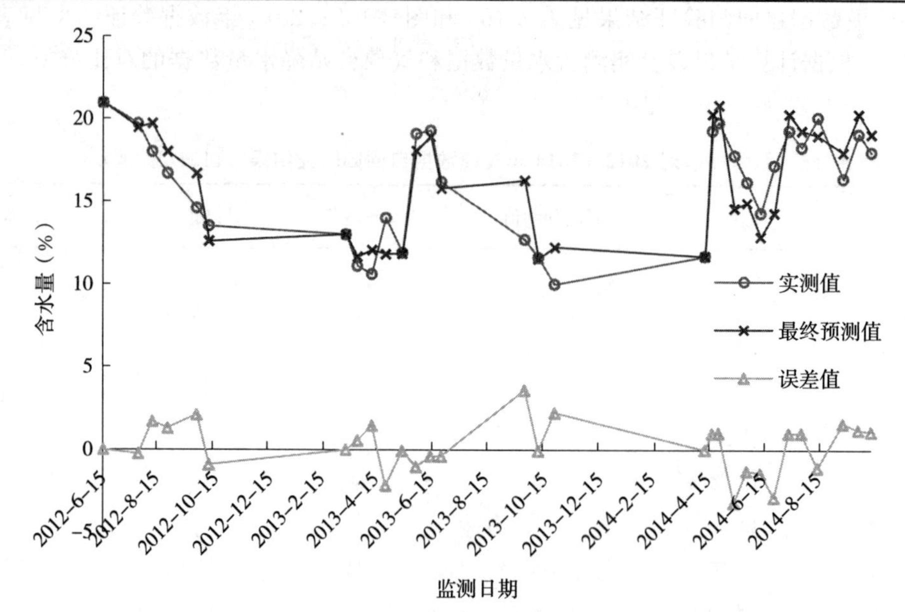

图 3-103　综合模型对 2012—2014 年建模数据自回归验证图（140421J006）

由表 3-165 和图 3-103 可见，模型综合应用得到的最终诊断结果中，误差大于 3 个质量含水量的个数为 2 个，占 7.41%，未出现误差大于 5 个质量含水量的预测结果；如果将预测误差小于 3 个质量含水量作为合格预测结果，则综合模型预测合格率为 92.59%，自回归预测的平均误差为 1.33%，最大误差为 3.59%，最小误差为 0.06%。

表 3-166　综合模型对 2015 年历史监测数据的验证结果（140421J006）（%）

监测日	实测值	时段预测值	逐日预测值	最终预测值	误差值
2015/3/12	14.20	—	—	—	—
2015/3/26	13.90	12.31	13.35	12.83	−1.07
2015/4/13	17.60	13.90	13.90	13.90	−3.70
2015/4/24	15.20	17.60	17.60	17.60	2.40
2015/5/11	21.30	20.30	20.30	20.30	−1.00
2015/5/25	14.50	15.14	15.63	15.39	0.89
2015/6/10	14.50	14.50	14.50	14.50	0.00
2015/7/10	15.10	14.50	14.50	14.50	−0.60

（续）

监测日	实测值	时段预测值	逐日预测值	最终预测值	误差值
2015/7/28	16.70	17.37	19.06	18.22	1.52
2015/8/10	17.10	16.70	16.70	16.70	−0.40
2015/8/25	14.60	14.73	14.76	14.74	0.14
2015/9/11	17.70	16.99	19.11	18.05	0.35
2015/9/28	14.30	0.00	13.90	6.95	−7.35
2015/10/10	12.70	11.85	14.08	12.96	0.26

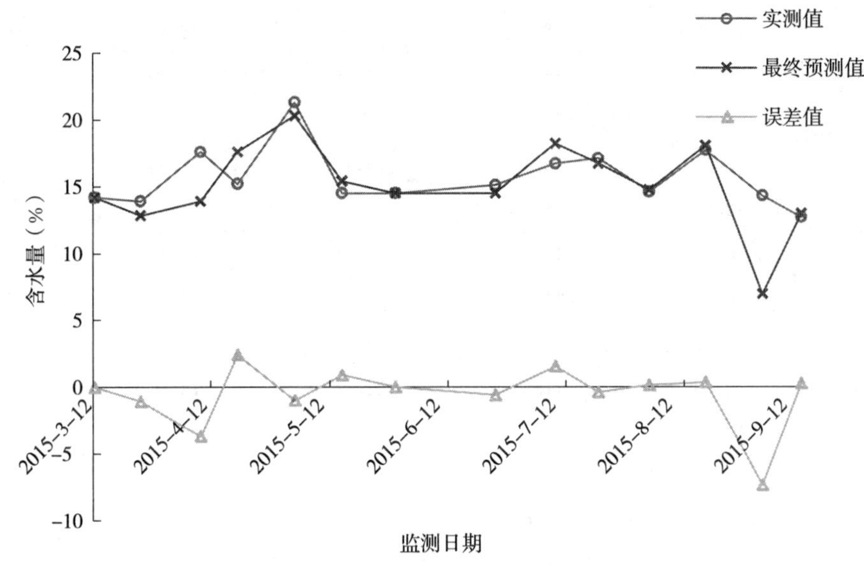

图 3-104　综合模型对 2015 年历史监测数据的验证图（140421J006）

由表 3-166 和图 3-104 可见，模型综合应用得到的最终诊断结果中，误差大于 3 个质量含水量的个数为 2 个，占 15.38%，误差大于 5 个质量含水量的个数为 1 个，占 7.69%；如果将预测误差小于 3 个质量含水量作为合格预测结果，则综合模型预测合格率为 84.62%，2015 年历史数据验证结果的平均误差为 1.51%，最大误差为 7.35%，最小误差为 0.00%。

综合模型自回归验证和 2015 年历史监测数据验证结果的合格率分别为 92.59%和 84.62%。

6. 140421J007 监测点验证

该监测点距离 53882 号国家气象站约 4km。采用 2012—2014 年数据建立 6 个墒情诊断模型并进行了诊断计算，根据计算结果以及实测含水量数据和气象台站降水量数据的对比分析，确定在 2014 年 4 月 12 日增加 50mm 灌溉量。使用建立的 6 个诊断模型进行该监测点的墒情诊断，依据诊断结果并按照综合模型应用流程进行模型优选，时段诊断和逐日诊断的优选模型见表 3-167。

表 3-167　长治市长治县 140421J007 监测点优选诊断模型

项目	优选模型名称
时段诊断	间隔天数统计法、移动统计法、平衡法
逐日诊断	间隔天数统计法、差减统计法、统计法

按照综合模型应用流程对该监测点进行了建模数据的自回归验证和2015年数据的验证。综合模型建模数据自回归验证结果见表3-168和图3-105；2015年数据验证结果见表3-169和图3-106，根据计算结果以及实测含水量数据和气象台站降水量数据的对比分析，确定在2015年5月6日增加50mm灌溉量。

表3-168　综合模型对2012—2014年建模数据自回归验证结果（140421J007）（%）

监测日	实测值	时段预测值	逐日预测值	最终预测值	误差值
2012/6/15	19.83	—	—	—	—
2012/7/25	20.60	20.19	19.83	20.01	−0.59
2012/8/10	18.50	18.73	18.22	18.48	−0.02
2012/8/27	16.60	18.50	18.50	18.50	1.90
2012/9/28	14.50	16.60	16.60	16.60	2.10
2012/10/11	13.90	12.40	13.78	13.09	−0.81
2013/3/12	12.90	—	—	—	—
2013/3/25	10.50	12.19	12.68	12.44	1.94
2013/4/10	10.50	11.52	12.58	12.05	1.55
2013/4/25	13.40	11.50	11.53	11.52	−1.88
2013/5/13	12.30	11.85	12.86	12.36	0.06
2013/5/28	19.00	18.48	16.46	17.47	−1.53
2013/6/13	19.80	19.43	19.21	19.32	−0.48
2013/6/25	16.60	15.62	17.53	16.58	−0.02
2013/9/25	13.10	18.48	16.35	17.41	4.31
2013/10/10	11.50	11.92	12.71	12.32	0.82
2013/10/28	10.30	11.84	13.42	12.63	2.33
2014/4/10	11.50	—	—	—	—
2014/4/18	19.30	20.40	20.40	20.40	1.10
2014/4/25	19.60	20.03	21.98	21.01	1.41
2014/5/12	18.20	13.07	15.76	14.42	−3.78
2014/5/26	16.30	14.60	16.28	15.44	−0.86
2014/6/10	15.00	12.73	14.59	13.66	−1.34
2014/6/25	16.90	15.00	15.00	15.00	−1.90
2014/7/11	19.80	20.40	20.40	20.40	0.60
2014/7/25	19.00	19.80	19.80	19.80	0.80
2014/8/12	20.10	19.59	20.03	19.81	−0.29
2014/9/9	16.90	18.98	17.98	18.48	1.58
2014/9/26	19.00	20.40	20.40	20.40	1.40
2014/10/10	18.00	19.00	19.00	19.00	1.00

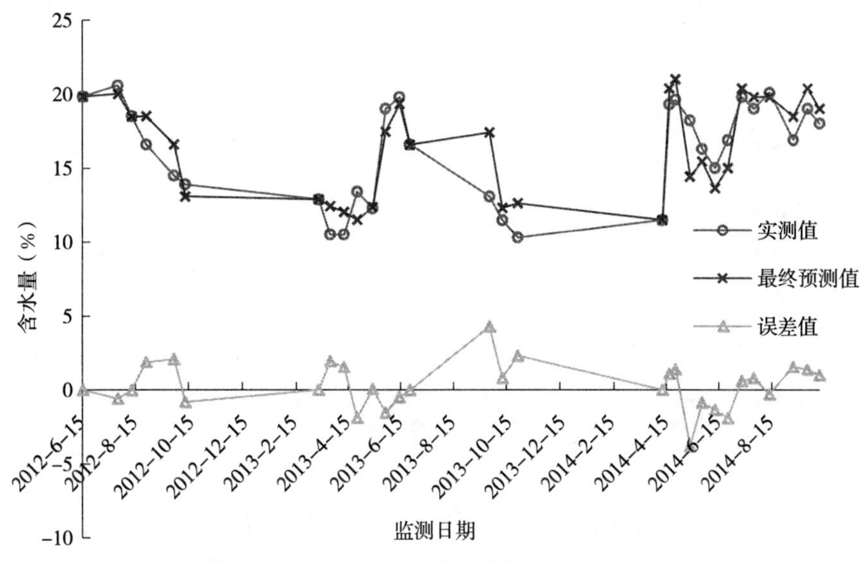

图 3-105　综合模型对 2012—2014 年建模数据自回归验证图（140421J007）

由表 3-168 和图 3-105 可见，模型综合应用得到的最终诊断结果中，误差大于 3 个质量含水量的个数为 2 个，占 7.41%，未出现误差大于 5 个质量含水量的预测结果；如果将预测误差小于 3 个质量含水量作为合格预测结果，则综合模型预测合格率为 92.59%，自回归预测的平均误差为 1.35%，最大误差为 4.31%，最小误差为 0.02%。

表 3-169　综合模型对 2015 年历史监测数据的验证结果（140421J007）（%）

监测日	实测值	时段预测值	逐日预测值	最终预测值	误差值
2015/3/12	14.40	—	—	—	—
2015/3/26	14.10	12.31	13.47	12.89	−1.21
2015/4/13	17.50	14.10	14.10	14.10	−3.40
2015/4/24	15.10	17.50	17.50	17.50	2.40
2015/5/11	21.40	20.40	20.40	20.40	−1.00
2015/5/25	15.00	14.60	15.95	15.28	0.28
2015/6/10	15.20	15.00	15.00	15.00	−0.20
2015/7/10	15.50	15.20	15.20	15.20	−0.30
2015/7/28	17.40	18.48	19.37	18.92	1.52
2015/8/10	16.70	17.40	17.40	17.40	0.70
2015/8/25	15.00	13.65	15.22	14.43	−0.57
2015/9/11	18.20	18.48	19.24	18.86	0.66
2015/9/28	14.20	12.92	13.84	13.38	−0.82
2015/10/10	13.70	11.85	14.03	12.94	−0.76

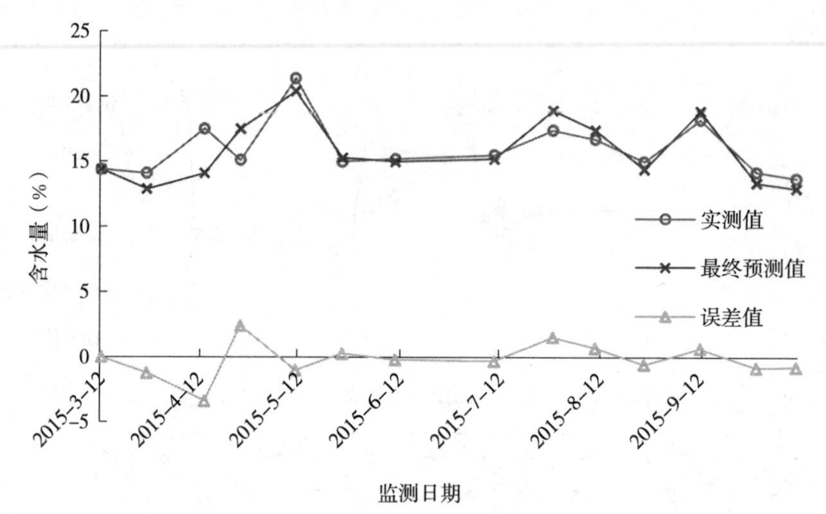

图 3-106　综合模型对 2015 年历史监测数据的验证图（140421J007）

由表 3-169 和图 3-106 可见，模型综合应用得到的最终诊断结果中，误差大于 3 个质量含水量的个数为 1 个，占 7.69%，未出现误差大于 5 个质量含水量的结果；如果将预测误差小于 3 个质量含水量作为合格预测结果，则综合模型预测合格率为 92.31%，2015 年历史数据验证结果的平均误差为 1.06%，最大误差为 3.40%，最小误差为 0.20%。

综合模型自回归验证和 2015 年历史监测数据验证结果的合格率分别为 92.59%和 92.31%。

7. 140421J008 监测点验证

该监测点距离 53882 号国家气象站约 98km。采用 2012—2014 年数据建立 6 个墒情诊断模型并进行了诊断计算，根据计算结果以及实测含水量数据和气象台站降水量数据的对比分析，确定在 2014 年 4 月 12 日增加 50mm 灌溉量。使用建立的 6 个诊断模型进行该监测点的墒情诊断，依据诊断结果并按照综合模型应用流程进行模型优选，时段诊断和逐日诊断的优选模型见表 3-170。

表 3-170　长治市长治县 140421J008 监测点优选诊断模型

项目	优选模型名称
时段诊断	间隔天数统计法、移动统计法、差减统计法
逐日诊断	间隔天数统计法、比值统计法、统计法

按照综合模型应用流程对该监测点进行了建模数据的自回归验证和 2015 年数据的验证。综合模型建模数据自回归验证结果见表 3-171 和图 3-107；2015 年数据验证结果见表 3-172 和图 3-108，根据计算结果以及实测含水量数据和气象台站降水量数据的对比分析，确定在 2015 年 5 月 6 日增加 50mm 灌溉量。

表 3-171　综合模型对 2012—2014 年建模数据自回归验证结果（140421J008）（%）

监测日	实测值	时段预测值	逐日预测值	最终预测值	误差值
2012/6/15	16.58	—	—	—	—
2012/7/25	19.20	17.70	17.98	17.84	−1.36
2012/8/10	16.80	19.20	19.20	19.20	2.40

（续）

监测日	实测值	时段预测值	逐日预测值	最终预测值	误差值
2012/8/27	15.30	16.80	16.80	16.80	1.50
2012/9/28	13.20	15.30	15.30	15.30	2.10
2012/10/11	11.40	11.43	12.52	11.98	0.58
2013/3/12	11.40	—	—	—	—
2013/3/25	9.80	10.46	11.35	10.90	1.10
2013/4/10	9.30	10.71	11.66	11.19	1.89
2013/4/25	11.90	10.51	10.25	10.38	−1.52
2013/5/13	10.90	10.88	11.62	11.25	0.35
2013/5/28	17.90	15.22	15.22	15.22	−2.68
2013/6/13	18.60	17.87	17.88	17.87	−0.73
2013/6/25	15.00	15.34	16.20	15.77	0.77
2013/9/25	12.20	16.73	15.16	15.94	3.74
2013/10/10	11.20	11.02	11.71	11.36	0.16
2013/10/28	9.70	11.22	12.59	11.91	2.21
2014/4/10	10.60	—	—	—	—
2014/4/18	18.10	18.90	18.90	18.90	0.80
2014/4/25	18.70	18.64	20.68	19.66	0.96
2014/5/12	16.80	15.86	14.52	15.19	−1.61
2014/5/26	15.00	15.10	14.88	14.99	−0.01
2014/6/10	13.50	13.27	13.28	13.28	−0.22
2014/6/25	16.10	13.50	13.50	13.50	−2.60
2014/7/11	18.40	18.90	18.90	18.90	0.50
2014/7/25	17.90	18.40	18.40	18.40	0.50
2014/8/12	18.60	18.00	18.70	18.35	−0.25
2014/9/9	15.80	18.60	18.60	18.60	2.80
2014/9/26	17.40	18.90	18.90	18.90	1.50
2014/10/10	16.80	17.40	17.40	17.40	0.60

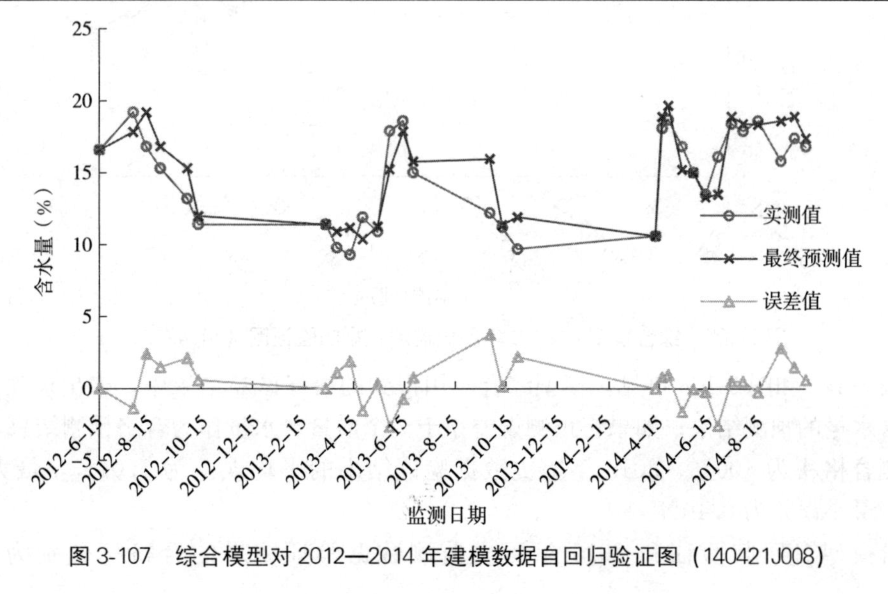

图 3-107　综合模型对 2012—2014 年建模数据自回归验证图（140421J008）

由表 3-171 和图 3-107 可见，模型综合应用得到的最终诊断结果中，误差大于 3 个质量含水量的个数为 1 个，占 3.70%，未出现误差大于 5 个质量含水量的预测结果；如果将预测误差小于 3 个质量含水量作为合格预测结果，则综合模型预测合格率为 96.30%，自回归预测的平均误差为 1.31%，最大误差为 3.74%，最小误差为 0.01%。

表 3-172　综合模型对 2015 年历史监测数据的验证结果（140421J008）（%）

监测日	实测值	时段预测值	逐日预测值	最终预测值	误差值
2015/3/12	14.10	—	—	—	—
2015/3/26	13.80	12.31	12.90	12.60	−1.20
2015/4/13	16.70	13.80	13.80	13.80	−2.90
2015/4/24	14.70	16.70	16.70	16.70	2.00
2015/5/11	19.90	18.90	18.90	18.90	−1.00
2015/5/25	13.70	15.14	16.55	15.84	2.14
2015/6/10	13.90	13.70	13.70	13.70	−0.20
2015/7/10	14.00	13.90	13.90	13.90	−0.10
2015/7/28	16.30	16.29	17.98	17.14	0.83
2015/8/10	16.20	16.30	16.30	16.30	0.10
2015/8/25	14.00	14.36	14.36	14.36	0.36
2015/9/11	17.80	16.16	17.33	16.75	−1.06
2015/9/28	13.20	14.61	13.38	14.00	0.80
2015/10/10	11.90	11.85	12.95	12.40	0.50

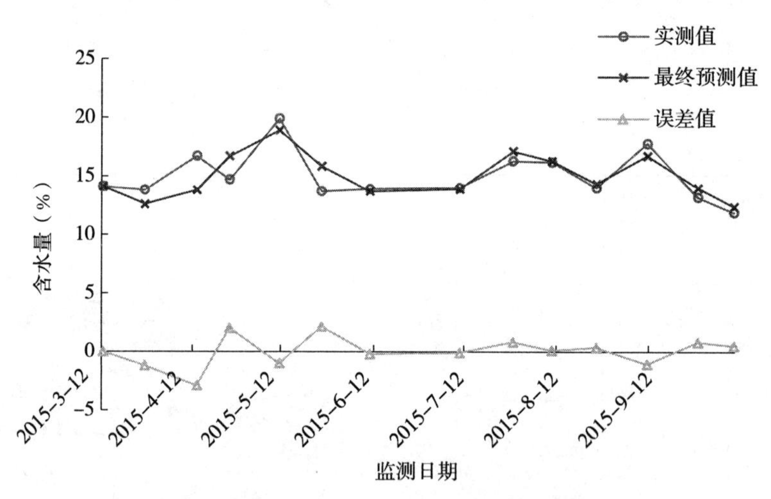

图 3-108　综合模型对 2015 年历史监测数据的验证图（140421J008）

由表 3-172 和图 3-108 可见，模型综合应用得到的最终诊断结果中，未出现误差大于 3 个质量含水量的预测结果；如果将预测误差小于 3 个质量含水量作为合格预测结果，则综合模型预测合格率为 100%，2015 年历史数据验证结果的平均误差为 1.01%，最大误差为 2.90%，最小误差为 0.10%。

综合模型自回归验证和 2015 年历史监测数据验证结果的合格率分别为 96.30%

和100.00%。

第五节　河北省

河北省用于模型验证的监测点包括唐山市滦南县、石家庄市晋州市、邢台市宁晋县等3个市（县）的14个监测点。

一、石家庄市晋州市验证

（一）基本情况

晋州市隶属于河北省石家庄市，地处河北省中南部，介于东经114°58′～115°12′，北纬37°47′～38°09′之间。晋州市属暖温带大陆性季风气候。春季干燥多风，晴多雨少，多偏南风。夏季炎热多雨初夏干热；盛夏多东南风，高温、高湿、多雨。秋季昼暖夜凉，初秋多连阴雨；中秋天高气爽，气候宜人；晚秋多西北风，晴朗少云但降温快。冬季寒冷少雪，盛行西北风，温度低，湿度小，降水少，干燥寒蛉。年平均积温基本满足一年两熟耕作制需要。

（二）土壤墒情监测状况

石家庄市晋州市2011年纳入全国土壤墒情网开始进行土壤墒情监测工作，全区共设11个农田监测点，本次验证的监测点主要信息见表3-173。

表3-173　石家庄市晋州市土壤墒情监测点设置情况

监测点编号	设置时间	所处位置	经度	纬度	主要种植作物	土壤类型
130183J001	2011	晋州市楼底村	115°1′	38°0′	小麦、玉米	壤土
130183J002	2011	晋州市楼底村	115°1′	38°0′	小麦、玉米	壤土
130183J003	2011	晋州市周家庄	115°6′	38°1′	小麦、玉米	壤土
130183J004	2011	晋州市周家庄	115°7′	38°1′	小麦、玉米	壤土
130183J005	2011	晋州市雷陈村	115°2′	38°5′	小麦、玉米	壤土
130183J007	2012	晋州市吕家庄	115°8′	37°59′	小麦、玉米	壤土
130183J008	2012	晋州市七给村	115°6′	38°4′	小麦、玉米	壤土
130183J009	2012	晋州市常营村	115°10′	38°6′	小麦、玉米	壤土
130183J0010	2012	晋州市祁底村	115°4′	38°6′	小麦、玉米	壤土
130183J0011	2012	晋州市西小留村	115°1′	37°54′	小麦、玉米	壤土

（三）模型使用的气象台站情况

诊断模型所使用的降水量数据来源于53698号国家气象站，该台站位于石家庄市，经度为114°25′，纬度为38°2′。

（四）监测点的验证

1. 130183J001监测点验证

该监测点距离53698号国家气象站约52km。采用2011—2014年数据建立6个墒情诊断模型并进行了诊断计算，根据计算结果以及实测含水量数据和气象台站降水量数据的对比分析，确定在2011年7月19日和2012年6月15日分别增加40mm灌溉量。使用建立的6个诊断模型进行该监测点的墒情诊断，依据诊断结果并按照综合模型应用流程进行模型优选，时段诊断和逐日诊断的优选模型见表 3-174。

表 3-174　石家庄市晋州市 130183J001 监测点优选诊断模型

项目	优选模型名称
时段诊断	间隔天数统计法、比值统计法、移动统计法
逐日诊断	间隔天数统计法、比值统计法、差减统计法

按照综合模型应用流程对该监测点进行了建模数据的自回归验证和 2015 年数据的验证。综合模型建模数据自回归验证结果见表 3-175 和图 3-109；2015 年数据验证结果见表 3-176 和图 3-110（2015 年未进行降水量的调整）。

表 3-175　综合模型对 2011—2014 年建模数据自回归验证结果（130183J001）（%）

监测日	实测值	时段预测值	逐日预测值	最终预测值	误差值
2011/5/26	20.30	—	—	—	—
2011/6/9	13.50	20.54	20.89	20.72	7.22
2011/7/25	23.50	20.62	21.91	21.27	−2.23
2011/9/14	22.40	22.80	22.80	22.80	0.40
2011/9/26	20.30	21.39	21.51	21.45	1.15
2011/10/11	20.80	20.60	20.87	20.73	−0.07
2011/10/25	20.50	20.75	20.99	20.87	0.37
2011/11/10	20.30	20.51	21.04	20.78	0.48
2011/11/25	22.49	20.54	20.89	20.72	−1.77
2011/12/12	22.09	21.11	21.11	21.11	−0.98
2012/2/24	23.40	—	—	—	—
2012/3/9	23.30	20.84	20.83	20.83	−2.47
2012/3/30	23.10	20.92	21.13	21.03	−2.07
2012/5/10	23.20	22.17	21.09	21.63	−1.57
2012/6/11	18.10	21.17	21.08	21.13	3.03
2012/6/21	23.80	20.99	21.00	21.00	−2.80
2012/7/10	23.60	22.80	22.80	22.80	−0.80
2012/7/26	21.90	20.87	21.13	21.00	−0.90
2012/8/10	20.10	22.80	22.80	22.80	2.70
2012/8/21	19.80	21.43	21.91	21.67	1.87
2012/9/10	20.50	21.64	21.81	21.73	1.23
2012/9/28	21.50	21.34	21.33	21.33	−0.17
2012/10/10	20.10	20.92	21.21	21.07	0.97
2012/11/12	21.10	20.52	21.08	20.80	−0.30
2012/11/26	23.00	20.95	21.02	20.99	−2.01
2012/12/10	21.70	20.92	20.93	20.92	−0.78
2013/3/11	23.75	—	—	—	—

（续）

监测日	实测值	时段预测值	逐日预测值	最终预测值	误差值
2013/3/25	22.90	20.77	20.66	20.72	−2.18
2013/4/25	23.20	21.19	21.11	21.15	−2.05
2013/5/10	20.40	20.88	20.88	20.88	0.48
2013/5/24	20.60	20.78	20.87	20.83	0.23
2013/6/9	20.20	21.28	21.22	21.25	1.05
2013/6/25	21.60	21.72	21.38	21.55	−0.05
2013/7/9	21.80	21.57	21.60	21.59	−0.21
2013/7/25	22.30	22.80	22.80	22.80	0.50
2013/8/9	23.80	21.46	21.52	21.49	−2.31
2013/8/26	21.60	20.89	21.15	21.02	−0.58
2013/9/25	21.80	22.03	21.60	21.82	0.02
2013/10/11	20.10	21.08	21.03	21.06	0.96
2013/10/25	19.50	20.57	20.83	20.70	1.20
2013/11/19	20.00	20.64	20.94	20.79	0.79
2013/11/25	23.60	20.61	20.79	20.70	−2.90
2013/12/6	23.50	20.78	20.77	20.78	−2.72
2014/1/26	22.80	—	—	—	—
2014/2/26	23.60	20.99	21.01	21.00	−2.60
2014/3/10	21.70	20.81	20.77	20.79	−0.91
2014/3/25	20.20	21.08	21.05	21.07	0.87
2014/4/9	23.70	20.73	20.83	20.78	−2.92
2014/4/25	22.50	20.91	21.18	21.04	−1.46
2014/5/12	20.40	21.44	21.17	21.31	0.91
2014/5/26	20.20	20.59	20.93	20.76	0.56
2014/6/10	18.90	20.52	20.88	20.70	1.80
2014/6/25	19.40	20.27	20.61	20.44	1.04
2014/7/25	19.70	19.40	19.40	19.40	−0.30
2014/8/8	19.50	20.54	20.76	20.65	1.15
2014/8/26	19.30	20.61	20.94	20.77	1.47
2014/9/9	19.50	19.30	19.30	19.30	−0.20
2014/9/24	22.50	19.50	19.50	19.50	−3.00
2014/10/10	21.10	21.12	21.12	21.12	0.02
2014/10/27	19.90	20.85	21.02	20.93	1.03
2014/11/10	18.80	20.69	20.77	20.73	1.93
2014/11/27	22.10	20.58	20.90	20.74	−1.36
2014/12/10	21.90	21.05	21.00	21.02	−0.88
2014/12/25	21.70	21.07	21.02	21.05	−0.65

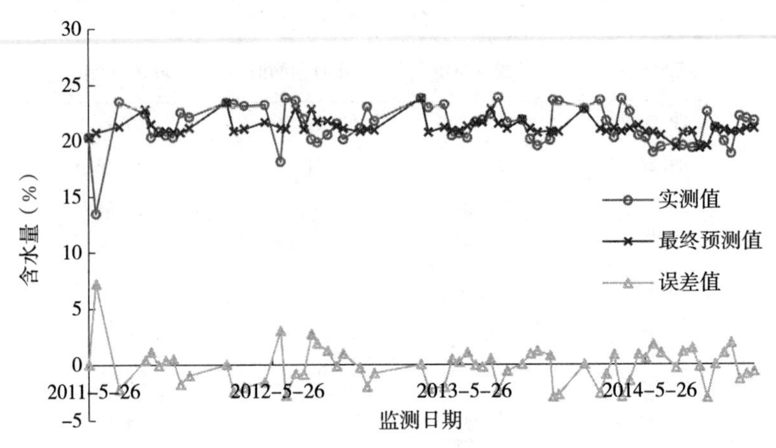

图 3-109　综合模型对 2011—2014 年建模数据自回归验证图（130183J001）

由表 3-175 和图 3-109 可见，模型综合应用得到的最终诊断结果中，误差大于 3 个质量含水量的个数为 3 个，占 5.00%，误差大于 5 个质量含水量的个数为 1 个，占 1.67%；如果将预测误差小于 3 个质量含水量作为合格预测结果，则综合模型预测合格率为 95.00%，自回归预测的平均误差为 1.36%，最大误差为 7.22%，最小误差为 0.02%。

表 3-176　综合模型对 2015 年历史监测数据的验证结果（130183J001）（%）

监测日	实测值	时段预测值	逐日预测值	最终预测值	误差值
2015/2/26	21.90	—	—	—	—
2015/3/10	20.80	0.00	21.02	10.51	−10.29
2015/3/25	18.80	21.00	20.95	20.97	2.17
2015/4/24	21.60	20.36	20.94	20.65	−0.95
2015/7/10	20.90	21.18	21.12	21.15	0.25
2015/7/24	18.10	21.48	21.53	21.50	3.40
2015/8/11	21.80	20.25	20.96	20.6	−1.20
2015/9/25	21.90	22.18	21.58	21.88	−0.02
2015/10/10	19.90	21.35	21.46	21.41	1.51
2015/11/11	21.50	19.90	19.90	19.90	−1.60
2015/12/11	21.30	20.72	21.04	20.88	−0.42

由表 3-176 和图 3-110 可见，模型综合应用得到的最终诊断结果中，误差大于 3 个质量含水量的个数为 2 个，占 20%，误差大于 5 个质量含水量的个数为 1 个，占 10%；如果将预测误差小于 3 个质量含水量作为合格预测结果，则综合模型预测合格率为 80.00%，2015 年历史数据验证结果的平均误差为 2.18%，最大误差为 10.29%，最小误差为 0.02%。

综合模型自回归验证和 2015 年历史监测数据验证结果的合格率分别为 95.00% 和 80.00%。

2. 130183J002 监测点验证

该监测点距离 53698 号国家气象站约 53km。采用 2011—2014 年数据建立 6 个墒情诊断模型并进行了诊断计算，根据计算结果以及实测含水量数据和气象台站降水量数据的对比分

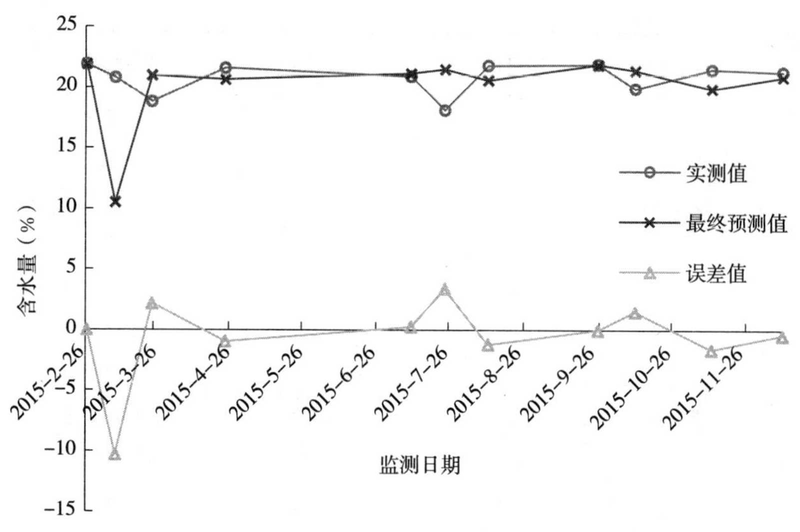

图 3-110　综合模型对 2015 年历史监测数据的验证图（130183J001）

析，确定在 2011 年 7 月 19 日和 2012 年 6 月 15 日分别增加 40mm 灌溉量。使用建立的 6 个诊断模型进行该监测点的墒情诊断，依据诊断结果并按照综合模型应用流程进行模型优选，时段诊断和逐日诊断的优选模型见表 3-177。

表 3-177　石家庄市晋州市 130183J002 监测点优选诊断模型

项目	优选模型名称
时段诊断	统计法、移动统计法、差减统计法
逐日诊断	统计法、移动统计法、差减统计法

按照综合模型应用流程对该监测点进行了建模数据的自回归验证和 2015 年数据的验证。综合模型建模数据自回归验证结果见表 3-178 和图 3-111；2015 年数据验证结果见表 3-179 和图 3-112（2015 年未进行降水量的调整）。

表 3-178　综合模型对 2011—2014 年建模数据自回归验证结果（130183J002）（%）

监测日	实测值	时段预测值	逐日预测值	最终预测值	误差值
2011/5/26	18.20	—	—	—	—
2011/6/9	11.90	18.34	18.56	18.45	6.55
2011/7/25	21.10	20.74	20.53	20.63	−0.47
2011/9/14	20.10	21.00	21.00	21.00	0.90
2011/9/26	17.70	19.32	20.60	19.96	2.26
2011/10/11	18.60	18.34	18.34	18.34	−0.26
2011/10/25	18.30	18.61	18.68	18.64	0.34
2011/11/10	18.10	18.32	18.75	18.54	0.44
2011/11/25	21.28	18.34	18.53	18.44	−2.84
2011/12/12	20.98	19.21	18.92	19.07	−1.91

（续）

监测日	实测值	时段预测值	逐日预测值	最终预测值	误差值
2011/12/26	20.60	19.11	19.11	19.11	−1.49
2012/2/24	20.60	—	—	—	—
2012/3/9	20.50	19.06	19.06	19.06	−1.44
2012/3/30	20.40	19.03	18.87	18.95	−1.45
2012/5/10	21.60	19.48	21.01	20.25	−1.35
2012/5/25	18.70	19.28	19.28	19.28	0.58
2012/6/11	15.00	18.57	18.77	18.67	3.67
2012/6/21	22.00	18.47	20.58	19.53	−2.47
2012/7/10	21.60	21.00	21.00	21.00	−0.60
2012/7/26	19.80	19.25	18.89	19.07	−0.73
2012/8/10	17.90	21.00	21.00	21.00	3.10
2012/8/21	17.80	18.91	20.36	19.64	1.84
2012/9/10	18.10	19.15	20.38	19.77	1.67
2012/9/28	20.50	18.10	18.10	18.10	−2.40
2012/10/10	18.40	19.05	19.20	19.12	0.72
2012/10/26	17.10	18.39	18.63	18.51	1.41
2012/11/12	18.60	17.10	17.10	17.10	−1.50
2012/11/26	21.60	18.61	18.61	18.61	−2.99
2012/12/10	21.10	19.20	19.20	19.20	−1.90
2013/3/11	19.34	—	—	—	—
2013/3/25	18.29	18.75	18.88	18.81	0.52
2013/4/25	19.50	18.33	18.85	18.59	−0.91
2013/5/10	16.20	18.90	18.90	18.90	2.70
2013/5/24	17.50	17.76	17.76	17.76	0.26
2013/6/9	17.10	17.50	17.50	17.50	0.40
2013/6/25	18.50	19.09	20.42	19.76	1.26
2013/7/9	18.90	19.07	20.57	19.82	0.92
2013/7/25	19.00	21.00	21.00	21.00	2.00
2013/8/9	20.70	19.00	19.00	19.00	−1.70
2013/8/26	18.10	19.15	18.93	19.04	0.94
2013/9/25	19.70	19.53	20.58	20.05	0.35
2013/10/11	18.30	0.00	18.74	9.37	−8.93
2013/10/25	17.70	18.40	18.56	18.48	0.78
2013/11/19	17.90	18.14	18.51	18.33	0.43
2013/11/25	17.40	18.18	18.35	18.26	0.86
2013/12/6	21.60	18.18	18.18	18.18	−3.42

（续）

监测日	实测值	时段预测值	逐日预测值	最终预测值	误差值
2014/1/26	20.70	—	—	—	—
2014/2/26	20.80	19.09	18.69	18.89	−1.91
2014/3/10	19.90	19.10	19.10	19.10	−0.80
2014/3/25	18.20	18.95	18.95	18.95	0.75
2014/4/9	21.40	18.47	18.47	18.47	−2.93
2014/4/25	20.40	19.25	18.95	19.10	−1.30
2014/5/9	19.70	19.00	19.07	19.04	−0.66
2014/5/26	18.90	19.70	19.70	19.70	0.80
2014/6/10	16.50	18.57	18.81	18.69	2.19
2014/6/25	16.90	18.09	18.09	18.09	1.19
2014/7/25	19.10	16.90	16.90	16.90	−2.20
2014/8/8	18.90	18.60	18.85	18.72	−0.18
2014/8/26	18.60	18.73	18.67	18.70	0.10
2014/9/9	18.70	18.60	18.60	18.60	−0.10
2014/9/24	20.30	18.70	18.70	18.70	−1.60
2014/10/10	18.80	18.99	18.91	18.95	0.15
2014/10/27	17.80	18.70	18.67	18.69	0.89
2014/11/10	16.60	18.33	18.33	18.33	1.73
2014/11/27	19.80	17.90	18.35	18.12	−1.68
2014/12/10	19.60	18.94	18.94	18.94	−0.66
2014/12/25	19.50	18.91	18.91	18.91	−0.59

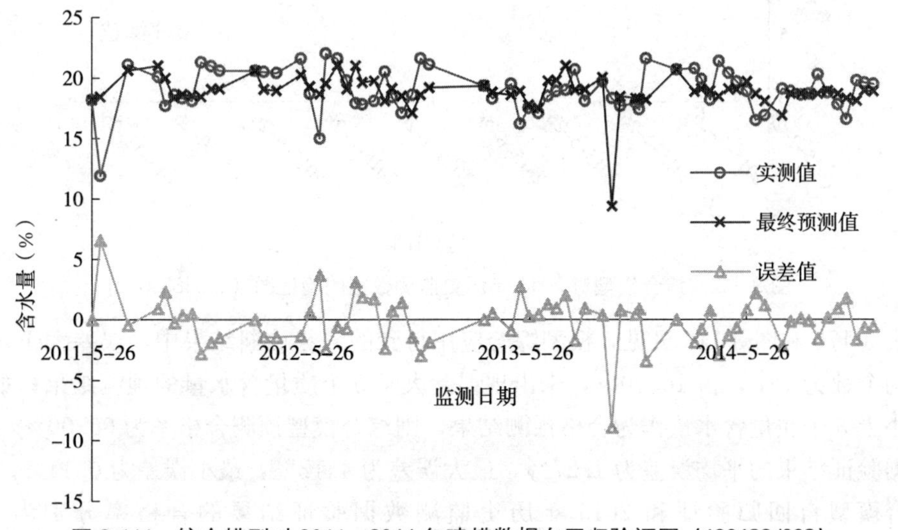

图 3-111　综合模型对 2011—2014 年建模数据自回归验证图（130183J002）

由表 3-178 和图 3-111 可见，模型综合应用得到的最终诊断结果中，误差大于 3 个质量含水量的个数为 5 个，占 7.93%，误差大于 5 个质量含水量的个数为 2 个，占 3.17%；如果将预测误差小于 3 个质量含水量作为合格预测结果，则综合模型预测合格率为 92.07%，自回归预测的平均误差为 1.52%，最大误差为 8.93%，最小误差为 0.10%。

表 3-179　综合模型对 2015 年历史监测数据的验证结果（130183J002）（%）

监测日	实测值	时段预测值	逐日预测值	最终预测值	误差值
2015/2/26	18.70	—	—	—	—
2015/3/10	18.10	18.65	18.65	18.65	0.55
2015/3/25	14.30	18.42	18.42	18.42	4.12
2015/4/24	18.30	17.68	18.31	18.00	−0.30
2015/7/10	18.20	18.31	18.89	18.60	0.40
2015/7/24	16.10	18.20	18.20	18.20	2.10
2015/8/11	19.50	18.06	18.63	18.34	−1.16
2015/9/25	19.80	19.50	19.50	19.50	−0.30
2015/10/10	17.70	19.80	19.80	19.80	2.10
2015/11/11	19.20	17.70	17.70	17.70	−1.50
2015/12/11	18.80	18.58	18.74	18.66	−0.14

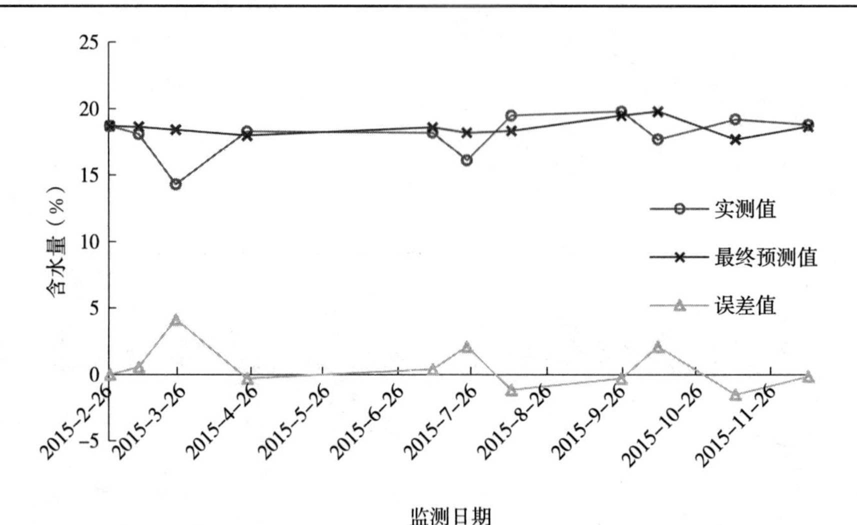

图 3-112　综合模型对 2015 年历史监测数据的验证图（130183J002）

由表 3-179 和图 3-112 可见，模型综合应用得到的最终诊断结果中，误差大于 3 个质量含水量的个数为 1 个，占 10.00%，未出现误差大于 5 个质量含水量的预测结果；如果将预测误差小于 3 个质量含水量作为合格预测结果，则综合模型预测合格率为 90.00%，2015 年历史数据验证结果的平均误差为 1.27%，最大误差为 4.12%，最小误差为 0.14%。

综合模型自回归验证和 2015 年历史监测数据验证结果的合格率分别为 92.07% 和 90.00%。

3. 130183J003 监测点验证

该监测点距离 53698 号国家气象站约 60km。采用 2011—2014 年数据建立 6 个墒情诊断模型并进行了诊断计算，根据计算结果以及实测含水量数据和气象台站降水量数据的对比分析，确定在 2011 年 7 月 19 日和 2012 年 6 月 15 日分别增加 40mm 灌溉量。使用建立的 6 个诊断模型进行该监测点的墒情诊断，依据诊断结果并按照综合模型应用流程进行模型优选，时段诊断和逐日诊断的优选模型见表 3-180。

表 3-180　石家庄市晋州市 130183J003 监测点优选诊断模型

项目	优选模型名称
时段诊断	间隔天数统计法、统计法、差减统计法
逐日诊断	间隔天数统计法、统计法、差减统计法

按照综合模型应用流程对该监测点进行了建模数据的自回归验证和 2015 年数据的验证。综合模型建模数据自回归验证结果见表 3-181 和图 3-113；2015 年数据验证结果见表 3-182 和图 3-114（2015 年未进行降水量的调整）。

表 3-181　综合模型对 2011—2014 年建模数据自回归验证结果（130183J003）（%）

监测日	实测值	时段预测值	逐日预测值	最终预测值	误差值
2011/5/26	16.80	—	—	—	—
2011/6/9	11.30	17.86	17.86	17.86	6.56
2011/7/25	21.60	21.50	19.51	20.51	−1.09
2011/9/14	20.40	20.70	20.70	20.70	0.30
2011/9/26	18.20	19.45	19.45	19.45	1.25
2011/10/11	18.70	18.34	18.34	18.34	−0.36
2011/10/25	18.60	18.59	18.59	18.59	−0.01
2011/11/10	18.20	18.63	18.64	18.63	0.43
2011/11/25	21.39	18.41	18.41	18.41	−2.98
2011/12/12	21.12	19.16	18.79	18.97	−2.15
2011/12/26	20.30	19.03	19.03	19.03	−1.27
2012/2/24	21.60	—	—	—	—
2012/3/9	21.50	19.11	19.11	19.11	−2.39
2012/3/30	21.40	19.14	18.78	18.96	−2.44
2012/5/10	21.40	20.73	18.77	19.75	−1.65
2012/5/25	17.70	19.19	19.19	19.19	1.49
2012/6/11	14.70	18.30	18.48	18.39	3.69
2012/6/21	21.70	18.35	18.42	18.38	−3.32
2012/7/10	21.40	20.70	20.70	20.70	−0.70
2012/7/26	20.10	19.14	18.77	18.96	−1.14
2012/8/10	18.80	20.70	20.70	20.70	1.90

（续）

监测日	实测值	时段预测值	逐日预测值	最终预测值	误差值
2012/8/21	18.30	19.04	19.58	19.31	1.01
2012/9/10	18.70	19.31	19.35	19.33	0.63
2012/9/28	21.50	18.70	18.70	18.70	−2.80
2012/10/10	19.30	19.02	19.25	19.14	−0.17
2012/10/26	17.40	18.78	18.57	18.67	1.27
2012/11/12	18.70	17.40	17.40	17.40	−1.30
2012/11/26	18.10	18.50	18.50	18.50	0.40
2012/12/10	17.50	18.23	18.23	18.23	0.73
2013/3/11	19.16	—	—	—	—
2013/3/25	18.50	18.70	18.70	18.70	0.20
2013/4/25	20.10	18.74	18.73	18.73	−1.37
2013/5/10	17.10	18.88	18.88	18.88	1.78
2013/5/24	17.60	17.82	17.82	17.82	0.22
2013/6/9	17.10	17.60	17.60	17.60	0.50
2013/6/25	18.80	19.17	19.15	19.16	0.36
2013/7/9	19.10	19.16	19.16	19.16	0.06
2013/7/25	18.60	20.70	20.70	20.70	2.10
2013/8/9	21.50	18.60	18.60	18.60	−2.90
2013/8/26	18.40	19.21	18.81	19.01	0.61
2013/9/25	19.10	19.74	19.20	19.47	0.37
2013/10/11	17.70	18.66	18.47	18.56	0.86
2013/10/25	16.80	18.17	18.17	18.17	1.37
2013/11/19	20.20	17.75	18.10	17.92	−2.28
2013/11/25	20.00	18.46	18.89	18.68	−1.33
2013/12/6	19.90	18.69	18.86	18.78	−1.13
2014/1/26	19.70	—	—	—	—
2014/2/26	18.60	18.84	18.43	18.64	0.04
2014/3/10	17.70	18.48	18.48	18.48	0.78
2014/3/25	16.90	18.06	18.06	18.06	1.16
2014/4/9	20.90	17.74	17.74	17.74	−3.16
2014/4/25	20.00	19.11	18.79	18.95	−1.05
2014/5/12	18.30	19.22	18.83	19.03	0.73
2014/5/26	19.30	18.39	18.54	18.46	−0.84
2014/6/10	17.20	18.82	18.82	18.82	1.62
2014/6/25	17.40	18.12	18.12	18.12	0.72
2014/7/25	19.30	17.40	17.40	17.40	−1.90

（续）

监测日	实测值	时段预测值	逐日预测值	最终预测值	误差值
2014/8/8	19.10	18.75	18.81	18.78	−0.32
2014/8/26	18.90	18.68	18.51	18.60	−0.30
2014/9/9	19.10	18.90	18.90	18.90	−0.20
2014/9/24	19.90	19.10	19.10	19.10	−0.80
2014/10/10	18.90	18.95	18.75	18.85	−0.05
2014/10/27	17.70	18.61	18.49	18.55	0.85
2014/11/10	16.80	18.08	18.08	18.08	1.28
2014/11/27	19.90	17.68	18.05	17.87	−2.03
2014/12/10	19.50	18.78	18.85	18.82	−0.68
2014/12/25	19.40	18.78	18.78	18.78	−0.62

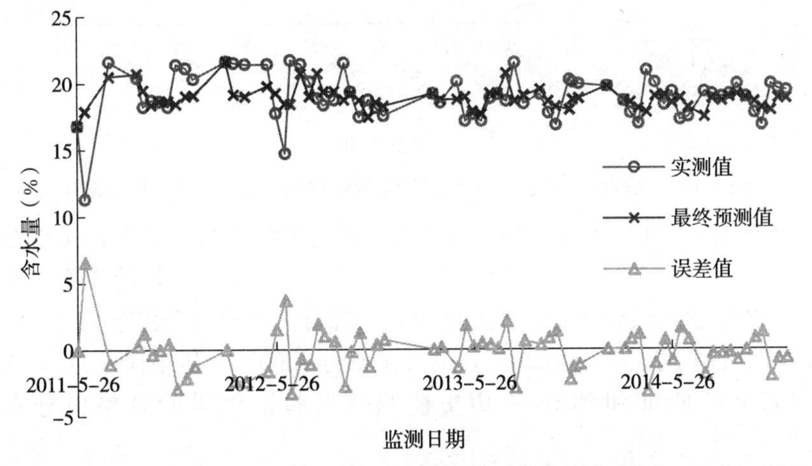

图 3-113　综合模型对 2011—2014 年建模数据自回归验证图（130183J003）

由表 3-181 和图 3-113 可见，模型综合应用得到的最终诊断结果中，误差大于 3 个质量含水量的个数为 4 个，占 6.35%，误差大于 5 个质量含水量的个数为 1 个，占 1.59%；如果将预测误差小于 3 个质量含水量作为合格预测结果，则综合模型预测合格率为 93.65%，自回归预测的平均误差为 1.27%，最大误差为 6.56%，最小误差为 0.01%。

表 3-182　综合模型对 2015 年历史监测数据的验证结果（130183J003）（%）

监测日	实测值	时段预测值	逐日预测值	最终预测值	误差值
2015/2/26	19.00	—	—	—	—
2015/3/10	18.50	18.57	18.62	18.60	0.09
2015/3/25	14.50	18.40	18.40	18.40	3.90
2015/4/24	17.80	17.47	18.01	17.74	−0.06
2015/7/10	17.90	19.17	18.75	18.96	1.06
2015/7/24	15.50	17.9	17.90	17.90	2.40

（续）

监测日	实测值	时段预测值	逐日预测值	最终预测值	误差值
2015/8/11	18.70	17.62	18.36	17.99	−0.71
2015/9/25	19.50	18.70	18.70	18.70	−0.80
2015/10/10	18.20	19.50	19.50	19.50	1.30
2015/11/11	18.10	18.20	18.20	18.20	0.10
2015/12/11	20.10	18.57	18.43	18.50	−1.60

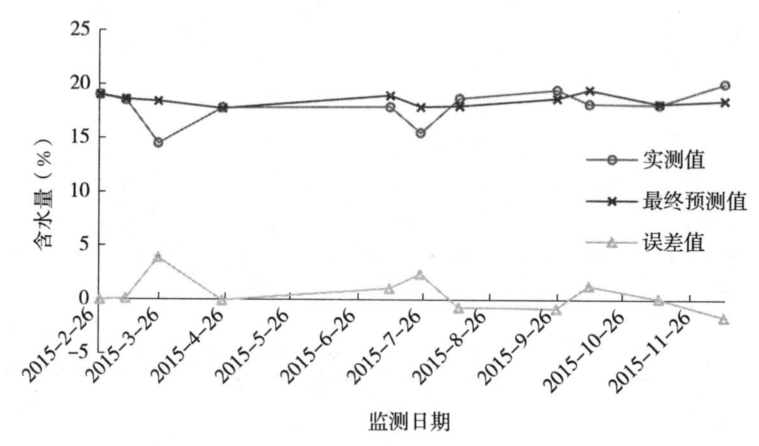

图 3-114　综合模型对 2015 年历史监测数据的验证图（130183J003）

由表 3-182 和图 3-114 可见，模型综合应用得到的最终诊断结果中，误差大于 3 个质量含水量的个数为 1 个，占 10.00%，未出现误差大于 5 个质量含水量的预测结果；如果将预测误差小于 3 个质量含水量作为合格预测结果，则综合模型预测合格率为 90.00%，2015 年历史数据验证结果的平均误差为 1.20%，最大误差为 3.90%，最小误差为 0.06%。

综合模型自回归验证和 2015 年历史监测数据验证结果的合格率分别为 93.65% 和 90.00%。

4. 130183J004 监测点验证

该监测点距离 53698 号国家气象站约 61km。采用 2011—2014 年数据建立 6 个墒情诊断模型并进行了诊断计算，根据计算结果以及实测含水量数据和气象台站降水量数据的对比分析，确定在 2013 年 11 月 19 日和 2014 年 11 月 4 日分别增加 40mm 灌溉量。使用建立的 6 个诊断模型进行该监测点的墒情诊断，依据诊断结果并按照综合模型应用流程进行模型优选，时段诊断和逐日诊断的优选模型见表 3-183。

表 3-183　石家庄市晋州市 130183J004 监测点优选诊断模型

项目	优选模型名称
时段诊断	间隔天数统计法、差减统计法、移动统计法
逐日诊断	间隔天数统计法、差减统计法、统计法

按照综合模型应用流程对该监测点进行了建模数据的自回归验证和 2015 年数据的验证。综合模型建模数据自回归验证结果见表 3-184 和图 3-115；2015 年数据验证结果见表 3-185 和图 3-116（2015 年未进行降水量的调整）。

表 3-184　综合模型对 2011—2014 年建模数据自回归验证结果（130183J004）（%）

监测日	实测值	时段预测值	逐日预测值	最终预测值	误差值
2011/5/26	17.40	—	—	—	—
2011/6/9	12.50	17.69	17.35	17.52	5.02
2011/7/25	20.10	12.50	12.50	12.50	−7.60
2011/9/14	19.30	20.69	20.69	20.69	1.39
2011/9/26	16.70	18.81	18.81	18.81	2.11
2011/10/11	19.00	17.58	16.76	17.17	−1.83
2011/10/25	18.40	18.45	18.47	18.46	0.06
2011/11/10	18.50	17.89	17.90	17.90	−0.60
2011/11/25	21.69	17.90	18.13	18.01	−3.68
2011/12/12	21.30	18.73	18.51	18.62	−2.68
2011/12/26	20.30	18.98	18.98	18.98	−1.32
2012/2/24	21.00	—	—	—	—
2012/3/9	20.90	18.91	18.91	18.91	−1.99
2012/3/30	20.80	18.87	18.43	18.65	−2.15
2012/5/10	18.20	19.32	18.47	18.89	0.69
2012/5/25	19.30	17.89	17.98	17.93	−1.37
2012/6/11	16.10	18.37	18.30	18.33	2.23
2012/6/21	9.50	16.32	16.44	16.38	6.88
2012/7/10	21.60	20.69	20.69	20.69	−0.91
2012/7/26	18.60	18.75	18.47	18.61	0.01
2012/8/10	17.50	20.69	20.69	20.69	3.19
2012/8/21	16.60	18.36	18.60	18.48	1.88
2012/9/10	17.10	18.28	18.65	18.47	1.37
2012/9/28	20.50	17.10	17.10	17.10	−3.40
2012/10/10	18.90	18.79	18.92	18.86	−0.04
2012/10/26	17.60	18.42	18.01	18.22	0.62
2012/11/12	18.40	17.60	17.60	17.60	−0.80
2012/11/26	18.20	17.95	17.99	17.97	−0.23
2012/12/10	17.30	17.98	17.82	17.90	0.60
2013/3/11	19.87	—	—	—	—
2013/3/25	19.10	18.64	18.64	18.64	−0.46
2013/4/25	19.90	18.38	18.07	18.22	−1.68
2013/5/10	19.20	18.64	18.64	18.64	−0.56
2013/5/24	16.20	18.47	18.47	18.47	2.27
2013/6/9	16.10	16.20	16.20	16.20	0.10
2013/6/25	18.40	18.17	18.54	18.35	−0.05

（续）

监测日	实测值	时段预测值	逐日预测值	最终预测值	误差值
2013/7/9	18.10	18.65	18.65	18.65	0.55
2013/7/25	18.90	20.69	20.69	20.69	1.79
2013/8/9	21.00	18.90	18.90	18.90	−2.10
2013/8/26	17.80	18.66	18.49	18.58	0.78
2013/9/25	19.50	18.77	18.66	18.71	−0.79
2013/10/11	18.10	18.55	18.31	18.43	0.33
2013/10/25	17.50	17.91	17.82	17.86	0.36
2013/11/19	17.30	17.46	17.16	17.31	0.01
2013/11/25	21.50	17.06	17.13	17.10	−4.40
2013/12/6	21.40	19.02	19.03	19.03	−2.38
2014/1/26	20.60	—	—	—	—
2014/2/26	20.20	18.85	18.27	18.56	−1.64
2014/3/10	19.80	18.72	18.73	18.73	−1.08
2014/3/25	18.90	18.62	18.62	18.62	−0.28
2014/4/9	21.60	18.40	18.37	18.39	−3.22
2014/4/25	20.20	18.66	18.52	18.59	−1.61
2014/5/12	19.50	18.96	18.75	18.86	−0.64
2014/5/26	19.80	18.55	18.62	18.59	−1.21
2014/6/10	18.00	18.67	18.68	18.68	0.68
2014/6/25	18.30	17.89	17.84	17.86	−0.44
2014/7/25	15.50	18.30	18.30	18.30	2.80
2014/8/8	16.20	17.02	16.00	16.51	0.31
2014/8/26	15.90	16.50	16.44	16.47	0.57
2014/9/9	16.00	15.90	15.90	15.90	−0.10
2014/9/24	19.60	16.00	16.00	16.00	−3.60
2014/10/10	18.20	18.63	18.40	18.52	0.32
2014/10/27	16.90	17.92	17.61	17.77	0.87
2014/11/10	20.40	16.90	16.90	16.90	−3.50
2014/11/27	20.20	18.76	18.36	18.56	−1.64
2014/12/10	19.90	18.71	18.71	18.71	−1.19
2014/12/25	19.80	18.64	18.64	18.64	−1.16

由表 3-184 和图 3-115 可见，模型综合应用得到的最终诊断结果中，误差大于 3 个质量含水量的个数为 10 个，占 15.87%，误差大于 5 个质量含水量的个数为 3 个，占 4.76%；如果将预测误差小于 3 个质量含水量作为合格预测结果，则综合模型预测合格率为 84.13%，自回归预测的平均误差为 1.59%，最大误差为 7.60%，最小误差为 0.01%。

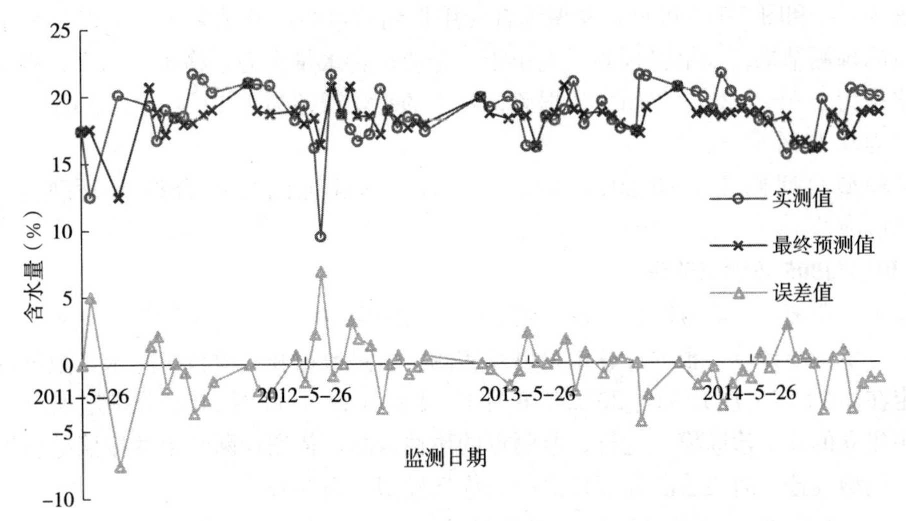

图 3-115　综合模型对 2011—2014 年建模数据自回归验证图（130183J004）

表 3-185　综合模型对 2015 年历史监测数据的验证结果（130183J004）（%）

监测日	实测值	时段预测值	逐日预测值	最终预测值	误差值
2015/2/26	19.70	—	—	—	—
2015/3/10	18.90	18.59	18.60	18.60	−0.31
2015/3/25	15.50	18.40	18.37	18.39	2.89
2015/4/24	18.80	17.14	16.51	16.82	−1.98
2015/7/10	18.00	18.32	17.92	18.12	0.12
2015/7/24	15.20	18.00	18.00	18.00	2.80
2015/8/11	18.40	17.22	16.69	16.96	−1.44
2015/9/25	18.70	18.40	18.40	18.40	−0.30
2015/10/10	18.00	18.70	18.70	18.70	0.70
2015/11/11	18.50	18.00	18.00	18.00	−0.50
2015/12/11	18.00	17.89	17.85	17.87	−0.13

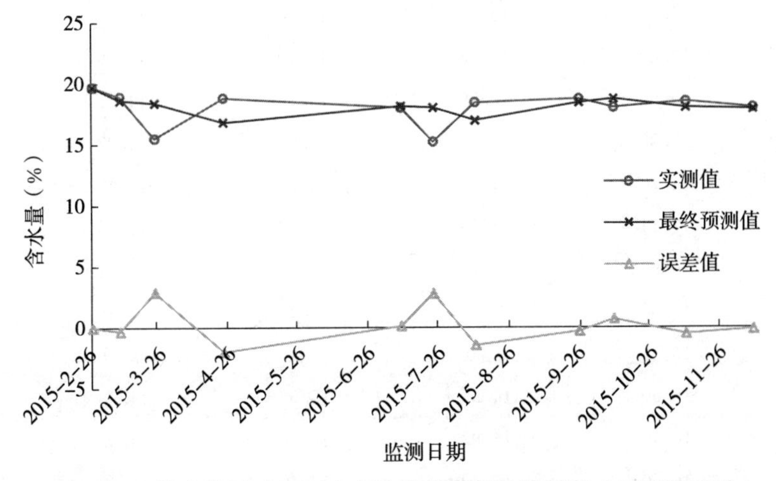

图 3-116　综合模型对 2015 年历史监测数据的验证图（130183J004）

由表3-185和图3-116可见，模型综合应用得到的最终诊断结果中，未误差大于3个质量含水量的预测结果；如果将预测误差小于3个质量含水量作为合格预测结果，则综合模型预测合格率为100%，2015年历史数据验证结果的平均误差为1.12%，最大误差为2.89%，最小误差为0.12%。

综合模型自回归验证和2015年历史监测数据验证结果的合格率分别为84.13%和100.00%。

5. 130183J005监测点验证

该监测点距离53698号国家气象站约54km。采用2011—2014年数据建立6个墒情诊断模型并进行了诊断计算，根据计算结果以及实测含水量数据和气象台站降水量数据的对比分析，确定在2011年7月19日、2012年6月15日和2012年11月20日分别增加40mm灌溉量。使用建立的6个诊断模型进行该监测点的墒情诊断，依据诊断结果并按照综合模型应用流程进行模型优选，时段诊断和逐日诊断的优选模型见表3-186。

表3-186　石家庄市晋州市130183J005监测点优选诊断模型

项目	优选模型名称
时段诊断	比值统计法、差减统计法、间隔天数统计法
逐日诊断	比值统计法、差减统计法、统计法

按照综合模型应用流程对该监测点进行了建模数据的自回归验证和2015年数据的验证。综合模型建模数据自回归验证结果见表3-187和图3-117；2015年数据验证结果见表3-188和图3-118（2015年未进行降水量的调整）。

表3-187　综合模型对2011—2014年建模数据自回归验证结果（130183J005）（%）

监测日	实测值	时段预测值	逐日预测值	最终预测值	误差值
2011/5/26	13.20	0.00	0.00	0.00	−13.20
2011/6/9	10.60	14.42	14.25	14.34	3.74
2011/7/25	17.50	14.31	15.14	14.72	−2.78
2011/9/14	14.80	16.80	16.80	16.80	2.00
2011/9/26	13.00	15.03	15.10	15.06	2.06
2011/10/11	15.90	14.39	14.15	14.27	−1.63
2011/10/25	15.50	15.00	14.95	14.97	−0.53
2011/11/10	14.70	14.99	14.84	14.92	0.22
2011/11/25	17.14	14.79	14.72	14.76	−2.39
2011/12/12	16.93	14.91	14.91	14.91	−2.02
2011/12/26	16.30	14.9	14.9	14.9	−1.40
2012/2/24	16.50	0.00	0.00	0.00	−16.50
2012/3/9	16.50	14.95	15.02	14.98	−1.52
2012/3/30	16.40	14.97	14.89	14.93	−1.47
2012/5/10	16.50	16.40	16.40	16.40	−0.10

（续）

监测日	实测值	时段预测值	逐日预测值	最终预测值	误差值
2012/5/25	14.20	15.00	15.02	15.01	0.81
2012/6/11	11.00	14.69	14.71	14.70	3.70
2012/6/21	17.30	13.56	13.53	13.55	−3.75
2012/7/10	17.80	16.80	16.80	16.80	−1.00
2012/7/26	14.80	14.78	14.92	14.85	0.05
2012/8/10	14.10	16.80	16.80	16.80	2.70
2012/8/21	13.20	14.91	15.09	15.00	1.80
2012/9/10	13.80	14.75	15.09	14.92	1.12
2012/9/28	15.80	13.80	13.80	13.80	−2.00
2012/10/10	14.10	14.97	15.01	14.99	0.89
2012/10/26	13.30	14.65	14.63	14.64	1.34
2012/11/12	14.50	13.30	13.30	13.30	−1.20
2012/11/26	17.70	14.73	14.61	14.67	−3.03
2012/12/10	16.40	14.77	14.69	14.73	−1.67
2013/3/11	15.52	0.00	0.00	0.00	−15.52
2013/3/25	14.43	14.97	14.90	14.93	0.50
2013/4/25	14.90	14.76	14.80	14.78	−0.12
2013/5/10	13.00	14.83	14.74	14.79	1.79
2013/5/24	14.90	14.38	14.11	14.25	−0.65
2013/6/9	12.90	14.90	14.90	14.90	2.00
2013/6/25	14.40	14.65	15.00	14.83	0.43
2013/7/9	14.60	15.01	14.98	14.99	0.39
2013/7/25	15.10	16.80	16.80	16.80	1.70
2013/8/9	17.20	15.10	15.10	15.10	−2.10
2013/8/26	14.50	14.92	14.96	14.94	0.44
2013/9/25	14.40	15.18	15.08	15.13	0.73
2013/10/11	14.80	14.72	14.63	14.67	−0.13
2013/10/25	14.60	14.80	14.74	14.77	0.17
2013/11/19	14.30	14.77	14.67	14.72	0.42
2013/11/25	13.90	14.55	14.54	14.55	0.65
2013/12/6	17.20	14.54	14.40	14.47	−2.73
2014/1/26	16.20	0.00	0.00	0.00	−16.20
2014/2/26	14.50	14.98	14.72	14.85	0.35
2014/3/10	14.30	14.69	14.62	14.66	0.35
2014/3/25	13.50	14.69	14.54	14.62	1.12
2014/4/9	17.20	14.50	14.28	14.39	−2.81

（续）

监测日	实测值	时段预测值	逐日预测值	最终预测值	误差值
2014/4/25	16.30	14.92	14.96	14.94	−1.36
2014/5/12	17.10	16.30	16.30	16.30	−0.80
2014/5/26	16.00	14.90	14.88	14.89	−1.11
2014/6/10	14.10	15.01	15.04	15.03	0.93
2014/6/25	14.30	14.65	14.57	14.61	0.31
2014/7/25	11.70	14.30	14.30	14.30	2.60
2014/8/8	12.60	13.96	13.79	13.88	1.28
2014/8/26	12.40	14.29	14.46	14.38	1.98
2014/9/9	12.60	12.40	12.40	12.40	−0.20
2014/9/24	15.40	12.60	12.60	12.60	−2.80
2014/10/10	14.30	14.97	14.81	14.89	0.59
2014/10/27	15.80	14.70	14.65	14.67	−1.13
2014/11/10	15.30	15.80	15.80	15.80	0.50
2014/11/27	14.90	14.93	14.73	14.83	−0.07
2014/12/10	14.40	14.80	14.74	14.77	0.37
2014/12/25	14.10	14.71	14.57	14.64	0.54

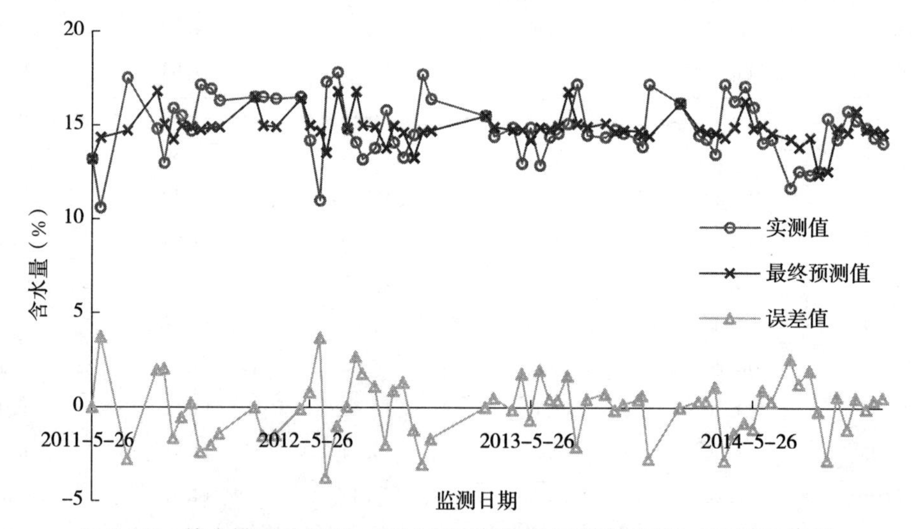

图 3-117　综合模型对 2011—2014 年建模数据自回归验证图（130183J005）

由表 3-187 和图 3-117 可见，模型综合应用得到的最终诊断结果中，误差大于 3 个质量含水量的个数为 4 个，占 6.35%，未出现误差大于 5 个质量含水量的预测结果；如果将预测误差小于 3 个质量含水量作为合格预测结果，则综合模型预测合格率为 93.65%，自回归预测的平均误差为 1.32%，最大误差为 3.75%，最小误差为 0.05%。

表 3-188　综合模型对 2015 年历史监测数据的验证结果（130183J005）（%）

监测日	实测值	时段预测值	逐日预测值	最终预测值	误差值
2015/2/26	13.70	—	—	—	—
2015/3/10	12.70	14.51	14.35	14.43	1.73
2015/3/25	11.10	14.31	14.00	14.16	3.06
2015/4/24	13.70	13.68	14.41	14.05	0.35
2015/7/10	14.30	14.66	14.82	14.74	0.44
2015/7/24	12.20	14.30	14.30	14.30	2.10
2015/8/11	14.40	14.22	14.60	14.41	0.01
2015/9/25	14.20	14.40	14.40	14.40	0.20
2015/10/10	13.50	14.20	14.20	14.20	0.70
2015/11/11	14.90	13.50	13.50	13.50	−1.40
2015/12/11	14.40	14.86	14.72	14.79	0.39

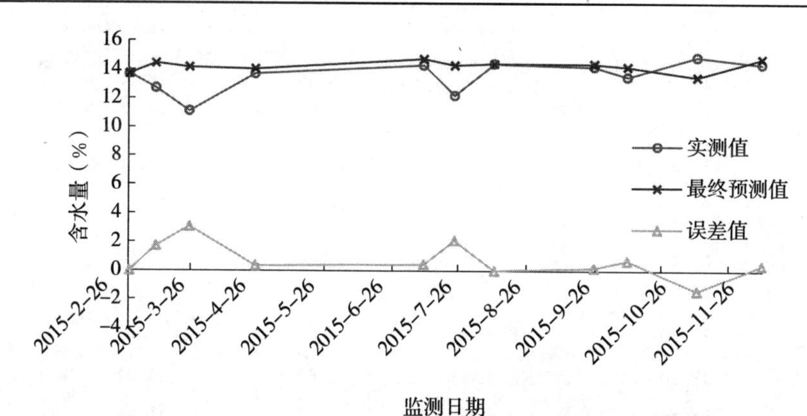

图 3-118　综合模型对 2015 年历史监测数据的验证图（130183J005）

由表 3-188 和图 3-118 可见，模型综合应用得到的最终诊断结果中，误差大于 3 个质量含水量的个数为 1 个，占 10.00%，未出现误差大于 5 个质量含水量的预测结果；如果将预测误差小于 3 个质量含水量作为合格预测结果，则综合模型预测合格率为 90.00%，2015 年历史数据验证结果的平均误差为 1.04%，最大误差为 3.06%，最小误差为 0.01%。

综合模型自回归验证和 2015 年历史监测数据验证结果的合格率分别为 93.65% 和 90.00%。

6. 130183J007 监测点验证

该监测点距离 53698 号国家气象站约 63km。采用 2012—2014 年数据建立 6 个墒情诊断模型并进行了诊断计算，通过对比分析计算结果、实测含水量数据和气象台站降水量数据，发现诊断模型所采用的气象台站降水量与该监测点的实际降水情况比较吻合，因此未对模型输入参数进行调整。使用建立的 6 个诊断模型进行该监测点的墒情诊断，依据诊断结果并按照综合模型应用流程进行模型优选，时段诊断和逐日诊断的优选模型见表 3-189。

表 3-189　石家庄市晋州市 130183J007 监测点优选诊断模型

项目	优选模型名称
时段诊断	间隔天数统计法、比值统计法、差减统计法
逐日诊断	间隔天数统计法、比值统计法、差减统计法

按照综合模型应用流程对该监测点进行了建模数据的自回归验证和 2015 年数据的验证。综合模型建模数据自回归验证结果见表 3-190 和图 3-119；2015 年数据验证结果见表 3-191 和图 3-120（2015 年未进行降水量的调整）。

表 3-190　综合模型对 2012—2014 年建模数据自回归验证结果（130183J007）（%）

监测日	实测值	时段预测值	逐日预测值	最终预测值	误差值
2012/7/10	20.60	—	—	—	—
2012/7/26	18.50	19.00	18.76	18.88	0.38
2012/8/10	16.90	20.40	20.40	20.40	3.50
2012/8/21	17.50	18.36	18.22	18.29	0.79
2012/9/10	18.00	18.27	18.59	18.43	0.43
2012/9/28	18.90	18.00	18.00	18.00	−0.9
2012/10/10	17.10	18.73	18.66	18.69	1.59
2012/10/26	15.70	18.25	18.57	18.41	2.71
2012/11/12	17.80	15.70	15.70	15.70	−2.10
2012/11/26	21.40	18.46	18.46	18.46	−2.94
2012/12/10	20.00	19.04	19.05	19.04	−0.96
2013/3/11	19.63	—	—	—	—
2013/3/25	18.20	18.90	18.84	18.87	0.67
2013/4/25	18.70	18.02	18.60	18.31	−0.39
2013/5/10	20.70	18.68	18.68	18.68	−2.02
2013/5/24	18.50	19.03	19.04	19.03	0.53
2013/6/9	16.40	18.50	18.50	18.50	2.10
2013/6/25	19.20	18.06	18.53	18.30	−0.90
2013/7/9	18.90	18.84	18.82	18.83	−0.07
2013/7/25	19.30	20.40	20.40	20.40	1.10
2013/8/9	20.30	19.30	19.30	19.30	−1.00
2013/8/26	17.30	18.96	18.69	18.82	1.52
2013/9/25	19.20	18.13	18.58	18.36	−0.84
2013/10/11	18.00	18.78	18.70	18.74	0.74
2013/10/25	17.90	18.50	18.50	18.50	0.60
2013/11/19	17.60	18.15	18.63	18.39	0.79
2013/11/25	17.20	18.42	18.41	18.41	1.21
2013/12/6	21.30	18.32	18.31	18.32	−2.98

（续）

监测日	实测值	时段预测值	逐日预测值	最终预测值	误差值
2014/1/26	20.20	—	—	—	—
2014/2/26	18.70	18.53	18.69	18.61	−0.09
2014/3/10	18.50	18.67	18.67	18.67	0.17
2014/3/25	17.90	18.63	18.63	18.63	0.73
2014/4/9	20.70	18.49	18.49	18.49	−2.21
2014/4/25	20.10	18.99	18.75	18.87	−1.23
2014/5/12	19.30	18.97	18.77	18.87	−0.43
2014/5/26	19.90	18.81	18.78	18.80	−1.10
2014/6/10	17.70	18.93	18.91	18.92	1.22
2014/6/25	18.10	18.40	18.40	18.40	0.30
2014/8/8	16.80	18.10	18.10	18.10	1.30
2014/8/26	16.60	18.11	18.56	18.34	1.74
2014/9/9	16.90	16.60	16.60	16.60	−0.30
2014/9/24	19.10	16.90	16.90	16.90	−2.20
2014/10/10	17.80	18.74	18.66	18.70	0.90
2014/10/27	16.30	18.40	18.61	18.51	2.21
2014/11/10	20.60	16.30	16.30	16.30	−4.30
2014/11/27	20.50	19.02	18.76	18.89	−1.61
2014/12/10	20.30	19.01	19.07	19.04	−1.26
2014/12/25	20.20	19.00	19.06	19.03	−1.17

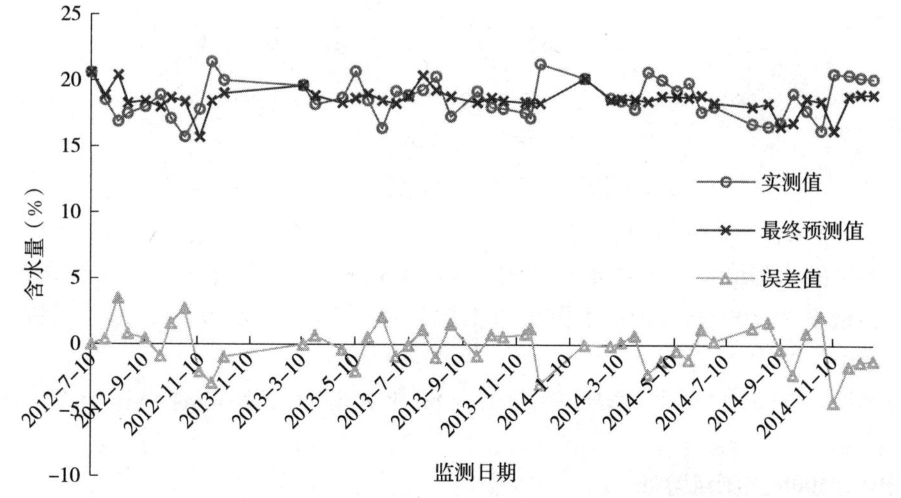

图 3-119　综合模型对 2012—2014 年建模数据自回归验证图（130183J007）

由表 3-190 和图 3-119 可见，模型综合应用得到的最终诊断结果中，误差大于 3 个质量含水量的个数为 2 个，占 4.44%，未出现误差大于 5 个质量含水量的预测结果；如果将预测误差小于 3 个质量含水量作为合格预测结果，则综合模型预测合格率为 95.56%，自回归预测的平均误差为 1.29%，最大误差为 4.30%，最小误差为 0.07%。

表 3-191 综合模型对 2015 年历史监测数据的验证结果（130183J007）（%）

监测日	实测值	时段预测值	逐日预测值	最终预测值	误差值
2015/2/26	19.70	—	—	—	—
2015/3/10	18.80	18.92	18.91	18.91	0.11
2015/3/25	15.90	18.70	18.70	18.70	2.80
2015/4/24	17.60	17.48	18.48	17.98	0.38
2015/7/10	17.80	16.33	18.59	17.46	−0.34
2015/7/24	14.90	17.80	17.80	17.80	2.90
2015/8/11	19.20	17.29	18.32	17.80	−1.40
2015/9/25	18.60	19.20	19.20	19.20	0.60
2015/10/10	18.10	18.60	18.60	18.60	0.50
2015/11/11	19.40	18.10	18.10	18.10	−1.30
2015/12/11	19.10	18.36	18.70	18.53	−0.57

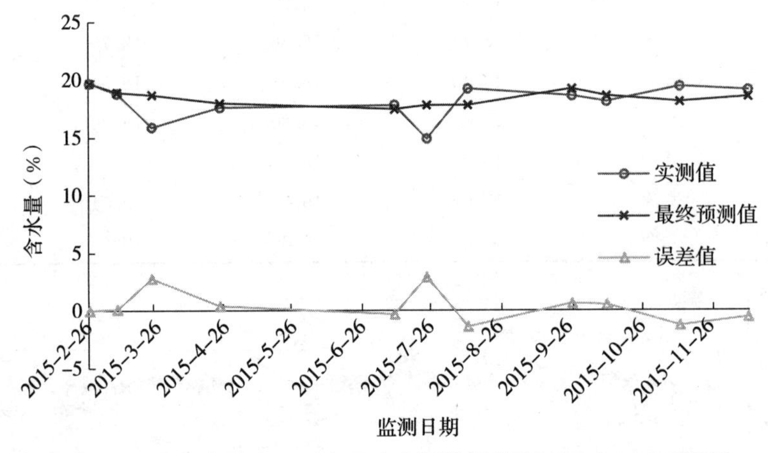

图 3-120 综合模型对 2015 年历史监测数据的验证图（130183J007）

由表 3-191 和图 3-120 可见，模型综合应用得到的最终诊断结果中，未出现误差大于 3 个质量含水量的预测结果；如果将预测误差小于 3 个质量含水量作为合格预测结果，则综合模型预测合格率为 100%，2015 年历史数据验证结果的平均误差为 1.09%，最大误差为 2.90%，最小误差为 0.11%。

综合模型自回归验证和 2015 年历史监测数据验证结果的合格率分别为 95.56% 和 100.00%。

7. 130183J008 监测点验证

该监测点距离 53698 号国家气象站约 60km。采用 2012—2014 年数据建立 6 个墒情诊断模型并进行了诊断计算，通过对比分析计算结果、实测含水量数据和气象台站降水量数据，发现诊断模型所采用的气象台站降水量与该监测点的实际降水情况比较吻合，因此未对模型输入参数进行调整。使用建立的 6 个诊断模型进行该监测点的墒情诊断，依据诊断结果并按照综合模型应用流程进行模型优选，时段诊断和逐日诊断的优选模型见表 3-192。

表 3-192　石家庄市晋州市 130183J008 监测点优选诊断模型

项目	优选模型名称
时段诊断	移动统计法、差减统计法、间隔天数统计法
逐日诊断	移动统计法、差减统计法、比值统计法

按照综合模型应用流程对该监测点进行了建模数据的自回归验证和 2015 年数据的验证。综合模型建模数据自回归验证结果见表 3-193 和图 3-121；2015 年数据验证结果见表 3-194 和图 3-122（2015 年未进行降水量的调整）。

表 3-193　综合模型对 2012—2014 年建模数据自回归验证结果（130183J008）（%）

监测日	实测值	时段预测值	逐日预测值	最终预测值	误差值
2012/7/10	21.80	—	—	—	—
2012/7/26	20.40	18.54	18.59	18.57	−1.83
2012/8/10	18.40	20.80	20.80	20.80	2.40
2012/8/21	17.80	18.76	18.95	18.86	1.06
2012/9/10	18.50	18.53	18.88	18.70	0.20
2012/9/28	18.70	18.50	18.50	18.50	−0.20
2012/10/10	17.30	18.55	18.42	18.49	1.19
2012/10/26	15.60	18.08	18.37	18.22	2.62
2012/11/12	17.70	15.60	15.60	15.60	−2.10
2012/11/26	20.80	18.22	18.22	18.22	−2.58
2012/12/10	19.40	18.84	18.86	18.85	−0.55
2013/3/11	19.31	—	—	—	—
2013/3/25	19.12	18.65	18.65	18.65	−0.47
2013/4/25	19.70	18.46	18.44	18.45	−1.25
2013/5/10	18.30	18.84	18.86	18.85	0.55
2013/5/24	18.40	18.42	18.42	18.42	0.02
2013/6/9	15.60	18.40	18.40	18.40	2.80
2013/6/25	19.00	17.96	18.51	18.24	−0.76
2013/7/9	18.50	18.94	19.00	18.97	0.47
2013/7/25	19.20	20.80	20.80	20.80	1.60
2013/8/9	21.10	19.20	19.20	19.20	−1.90
2013/8/26	18.30	18.51	18.46	18.48	0.18
2013/9/25	18.90	18.82	18.85	18.83	−0.07
2013/10/11	17.50	18.61	18.53	18.57	1.07
2013/10/25	16.60	18.05	18.17	18.11	1.51
2013/11/19	16.90	17.65	18.27	17.96	1.06
2013/11/25	20.70	17.94	17.91	17.93	−2.77
2013/12/6	20.50	18.90	18.90	18.90	−1.60

（续）

监测日	实测值	时段预测值	逐日预测值	最终预测值	误差值
2014/1/26	19.80	—	—	—	—
2014/2/26	19.50	18.58	18.53	18.56	−0.95
2014/3/10	19.20	18.62	18.63	18.62	−0.58
2014/3/25	18.30	18.72	18.72	18.72	0.42
2014/4/9	20.50	18.42	18.42	18.42	−2.08
2014/4/25	19.80	18.50	18.46	18.48	−1.32
2014/5/12	21.40	19.80	19.80	19.80	−1.60
2014/5/26	20.60	18.58	18.45	18.52	−2.08
2014/6/10	15.70	18.51	18.47	18.49	2.79
2014/6/25	16.00	17.60	17.43	17.51	1.51
2014/7/25	17.70	16.00	16.00	16.00	−1.70
2014/8/8	17.90	18.25	18.25	18.25	0.35
2014/8/26	17.70	18.24	18.42	18.33	0.63
2014/9/9	17.80	17.70	17.70	17.70	−0.10
2014/9/24	19.70	17.80	17.80	17.80	−1.90
2014/10/10	18.30	18.51	18.47	18.49	0.19
2014/10/27	15.90	18.40	18.47	18.44	2.54
2014/11/10	19.80	15.90	15.90	15.90	−3.90
2014/11/27	19.60	18.88	18.62	18.75	−0.85
2014/12/10	19.50	18.85	18.82	18.83	−0.67
2014/12/25	19.30	18.82	18.82	18.82	−0.48

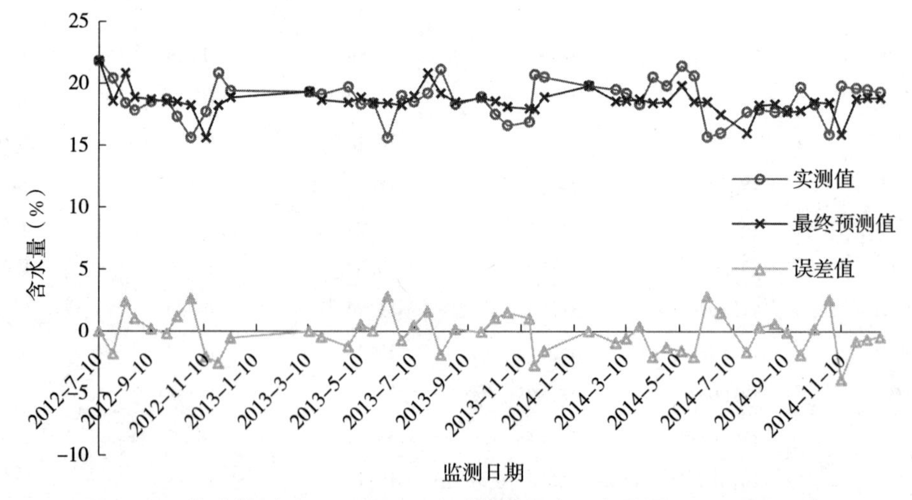

图 3-121　综合模型对 2012—2014 年建模数据自回归验证图（130183J008）

由表 3-193 和图 3-121 可见，模型综合应用得到的最终诊断结果中，误差大于 3 个质量含水量的个数为 1 个，占 2.17%，未出现误差大于 5 个质量含水量的预测结果；如果将预测误差小于 3 个质量含水量作为合格预测结果，则综合模型预测合格率为 97.83%，自回归预测的平均误差为 1.29%，最大误差为 3.90%，最小误差为 0.02%。

表 3-194　综合模型对 2015 年历史监测数据的验证结果（130183J008）（%）

监测日	实测值	时段预测值	逐日预测值	最终预测值	误差值
2015/2/26	18.20	—	—	—	—
2015/3/10	17.30	18.39	18.38	18.38	1.08
2015/3/25	13.80	18.08	18.08	18.08	4.28
2015/4/24	18.50	16.73	17.75	17.24	−1.26
2015/7/10	18.50	17.49	18.43	17.96	−0.54
2015/7/24	16.20	18.50	18.50	18.50	2.30
2015/8/11	18.10	17.76	18.32	18.04	−0.06
2015/9/25	18.30	18.10	18.10	18.1	−0.20
2015/10/10	17.80	18.30	18.30	18.30	0.50
2015/11/11	18.30	17.80	17.80	17.80	−0.50
2015/12/11	18.20	18.20	18.49	18.35	0.15

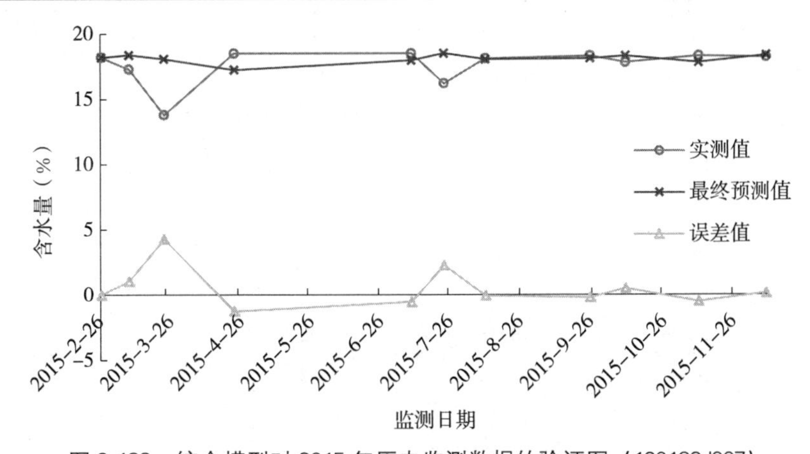

图 3-122　综合模型对 2015 年历史监测数据的验证图（130183J007）

由表 3-194 和图 3-122 可见，模型综合应用得到的最终诊断结果中，误差大于 3 个质量含水量的个数为 1 个，占 10.00%，未出现误差大于 5 个质量含水量的预测结果；如果将预测误差小于 3 个质量含水量作为合格预测结果，则综合模型预测合格率为 90.00%，2015 年历史数据验证结果的平均误差为 1.09%，最大误差为 4.28%，最小误差为 0.06%。

综合模型自回归验证和 2015 年历史监测数据验证结果的合格率分别为 97.83% 和 90.00%。

8. 130183J009 监测点验证

该监测点距离 53698 号国家气象站约 66km。采用 2012—2014 年数据建立 6 个墒情诊断模型并进行了诊断计算，根据计算结果以及实测含水量数据和气象台站降水量数据的对比分析，确定在 2013 年 11 月 19 日增加 40mm 灌溉量。使用建立的 6 个诊断模型进行该监测点的墒情诊断，依据诊断结果并按照综合模型应用流程进行模型优选，时段诊断和逐日诊断的优选模型见表 3-195。

表 3-195　石家庄市晋州市 130183J009 监测点优选诊断模型

项目	优选模型名称
时段诊断	间隔天数统计法、差减统计法、移动统计法
逐日诊断	间隔天数统计法、差减统计法、比值统计法

按照综合模型应用流程对该监测点进行了建模数据的自回归验证和 2015 年数据的验证。综合模型建模数据自回归验证结果见表 3-196 和图 3-123；2015 年数据验证结果见表 3-197 和图 3-124（2015 年未进行降水量的调整）。

表 3-196　综合模型对 2012—2014 年建模数据自回归验证结果（130183J009）（%）

监测日	实测值	时段预测值	逐日预测值	最终预测值	误差值
2012/7/10	21.10	—	—	—	—
2012/7/26	19.00	18.54	18.99	18.77	−0.23
2012/8/10	18.50	20.30	20.30	20.30	1.80
2012/8/21	17.10	18.73	18.49	18.61	1.51
2012/9/10	17.80	18.38	18.30	18.34	0.54
2012/9/28	18.90	17.80	17.80	17.80	−1.10
2012/10/10	16.80	18.68	18.64	18.66	1.86
2012/10/26	15.00	17.85	18.31	18.08	3.08
2012/11/12	18.90	15.00	15.00	15.00	−3.90
2012/11/26	18.70	18.61	18.73	18.67	−0.03
2012/12/10	18.00	18.65	18.65	18.65	0.65
2013/3/11	19.39	—	—	—	—
2013/3/25	18.89	18.65	18.92	18.79	−0.10
2013/4/25	19.80	17.95	18.53	18.24	−1.56
2013/5/10	17.80	18.84	19.01	18.92	1.12
2013/5/24	18.20	18.29	18.29	18.29	0.09
2013/6/9	15.90	18.20	18.20	18.20	2.30
2013/6/25	18.30	17.96	18.12	18.04	−0.26
2013/7/9	17.90	18.49	18.45	18.47	0.57
2013/7/25	18.70	20.30	20.30	20.30	1.60
2013/8/9	21.30	18.70	18.70	18.70	−2.60
2013/8/26	18.80	18.51	18.97	18.74	−0.06
2013/9/25	19.60	18.38	18.59	18.49	−1.11
2013/10/11	17.80	18.76	18.77	18.77	0.97
2013/10/25	16.50	18.05	18.27	18.16	1.66
2013/11/19	15.80	17.30	18.27	17.79	1.99
2013/11/25	21.30	17.49	17.49	17.49	−3.81
2013/12/6	21.20	18.90	19.38	19.14	−2.06

（续）

监测日	实测值	时段预测值	逐日预测值	最终预测值	误差值
2014/1/26	20.70	—	—	—	—
2014/2/26	20.50	18.67	18.74	18.71	−1.79
2014/3/10	19.70	18.62	19.27	18.94	−0.76
2014/3/25	18.40	18.90	19.05	18.97	0.57
2014/4/9	20.40	18.53	18.53	18.53	−1.87
2014/4/25	19.10	18.50	18.79	18.65	−0.45
2014/5/12	18.40	19.10	19.10	19.10	0.70
2014/5/26	19.10	18.51	18.48	18.50	−0.60
2014/6/10	16.60	18.58	18.77	18.68	2.08
2014/6/25	16.90	17.76	17.76	17.76	0.86
2014/7/25	13.30	16.90	16.90	16.90	3.60
2014/8/8	15.50	16.46	15.96	16.21	0.71
2014/8/26	19.80	17.24	18.10	17.67	−2.13
2014/9/9	20.10	19.80	19.80	19.80	−0.30
2014/9/24	20.90	19.18	19.18	19.18	−1.72
2014/10/10	19.50	18.51	18.84	18.68	−0.82
2014/10/27	17.60	18.55	18.74	18.64	1.04
2014/11/10	16.90	17.60	17.60	17.60	0.70
2014/11/27	20.80	17.85	18.34	18.10	−2.71
2014/12/10	20.70	18.90	19.34	19.12	−1.58
2014/12/25	20.60	18.90	19.25	19.08	−1.52

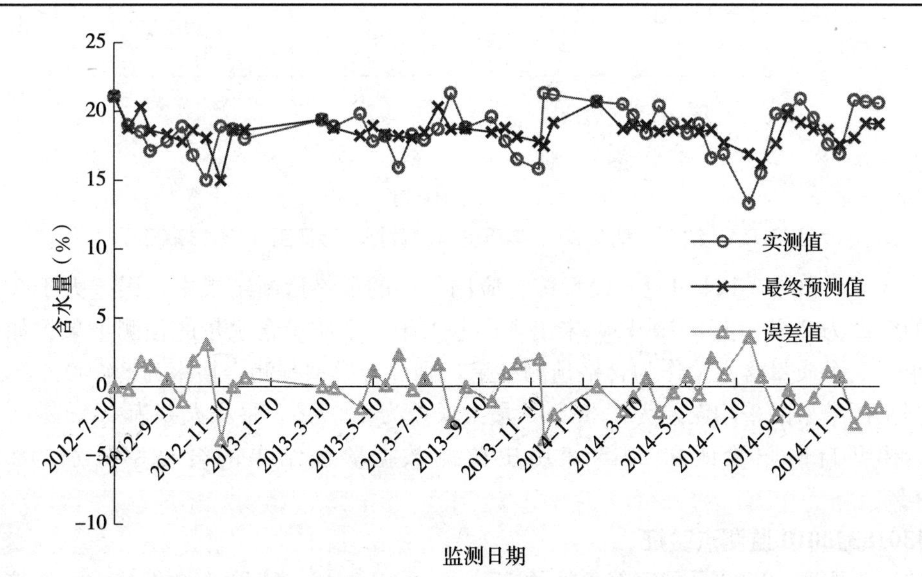

图 3-123　综合模型对 2012—2014 年建模数据自回归验证图（130183J009）

由表 3-196 和图 3-123 可见，模型综合应用得到的最终诊断结果中，误差大于 3 个质量含水量的个数为 4 个，占 8.70%，未出现误差大于 5 个质量含水量的预测结果；如果将预测误差小于 3 个质量含水量作为合格预测结果，则综合模型预测合格率为 91.30%，自回归预测的平均误差为 1.37%，最大误差为 3.90%，最小误差为 0.03%。

表 3-197 综合模型对 2015 年历史监测数据的验证结果（130183J009）（%）

监测日	实测值	时段预测值	逐日预测值	最终预测值	误差值
2015/2/26	20.10	—	—	—	—
2015/3/10	17.90	18.59	19.10	18.84	0.94
2015/3/25	14.20	18.22	18.33	18.27	4.07
2015/4/24	17.70	16.12	17.86	16.99	−0.71
2015/7/10	17.10	15.22	18.48	16.85	−0.25
2015/7/24	13.60	17.10	17.10	17.10	3.50
2015/8/11	19.00	16.45	17.64	17.05	−1.95
2015/9/25	19.10	19.00	19.00	19.00	−0.10
2015/10/10	18.30	19.10	19.10	19.10	0.80
2015/11/11	19.10	18.30	18.30	18.30	−0.80
2015/12/11	19.00	18.09	18.66	18.38	−0.63

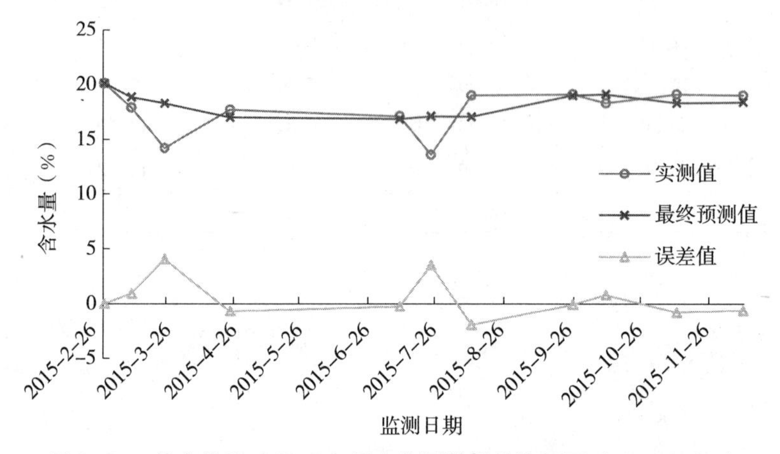

图 3-124 综合模型对 2015 年历史监测数据的验证图（130183J009）

由表 3-197 和图 3-124 可见，模型综合应用得到的最终诊断结果中，误差大于 3 个质量含水量的个数为 2 个，占 20.00%，未出现误差大于 5 个质量含水量的预测结果；如果将预测误差小于 3 个质量含水量作为合格预测结果，则综合模型预测合格率为 80.00%，2015 年历史数据验证结果的平均误差为 1.38%，最大误差为 4.07%，最小误差为 0.10%。

综合模型自回归验证和 2015 年历史监测数据验证结果的合格率分别为 91.30% 和 80.00%。

9. 130183J0010 监测点验证

该监测点距离 53698 号国家气象站约 57km。采用 2012—2014 年数据建立 6 个墒情诊断模型并进行了诊断计算，通过对比分析计算结果、实测含水量数据和气象台站降水量数据，发现诊断模型所采用的气象台站降水量与该监测点的实际降水情况比较吻合，因此未对模型输入参数进行调整。使用建立的6个诊断模型进行该监测点的墒情诊断，依据诊断结果并按照综合模型应用流程进行模型优选，时段诊断和逐日诊断的优选模型见表3-198。

表3-198　石家庄市晋州市130183J0010监测点优选诊断模型

项目	优选模型名称
时段诊断	统计法、差减统计法、移动统计法
逐日诊断	统计法、差减统计法、比值统计法

按照综合模型应用流程对该监测点进行了建模数据的自回归验证和2015年数据的验证。综合模型建模数据自回归验证结果见表3-199和图3-125；2015年数据验证结果见表3-200和图3-126，根据计算结果以及实测含水量数据和气象台站降水量数据的对比分析，确定在2015年8月6日增加50mm灌溉量。

表3-199　综合模型对2012—2014年建模数据自回归验证结果（130183J0010）（%）

监测日	实测值	时段预测值	逐日预测值	最终预测值	误差值
2012/7/10	17.50	—	—	—	—
2012/7/26	14.10	14.55	14.98	14.77	0.67
2012/8/10	12.70	16.50	16.50	16.50	3.80
2012/8/21	12.40	14.15	13.57	13.86	1.46
2012/9/10	12.90	14.17	14.15	14.16	1.26
2012/9/28	15.10	12.90	12.90	12.90	−2.20
2012/10/10	12.80	14.78	14.82	14.80	2.00
2012/10/26	15.80	14.43	14.87	14.65	−1.15
2012/11/12	15.90	15.80	15.80	15.80	−0.10
2012/11/26	14.50	14.75	14.91	14.83	0.33
2012/12/10	13.60	14.93	14.93	14.93	1.33
2013/3/11	15.23	—	—	—	—
2013/3/25	14.07	14.74	14.95	14.85	0.78
2013/4/25	14.40	14.48	14.79	14.64	0.24
2013/5/10	17.20	14.90	14.90	14.90	−2.30
2013/5/24	14.50	14.81	14.82	14.82	0.32
2013/6/9	14.00	14.50	14.50	14.50	0.50
2013/6/25	15.10	14.22	14.42	14.32	−0.78
2013/7/9	14.90	15.44	15.44	15.44	0.54
2013/7/25	14.60	16.50	16.50	16.50	1.90
2013/8/9	16.70	14.60	14.60	14.60	−2.10
2013/8/26	14.10	14.51	15.01	14.76	0.66
2013/9/25	14.90	14.26	14.62	14.44	−0.46

（续）

监测日	实测值	时段预测值	逐日预测值	最终预测值	误差值
2013/10/11	14.50	14.85	14.95	14.90	0.40
2013/10/25	14.40	14.57	14.86	14.71	0.31
2013/11/19	14.50	14.76	14.96	14.86	0.36
2013/11/25	14.20	14.93	14.93	14.93	0.73
2013/12/6	17.40	14.85	14.85	14.85	−2.55
2014/1/26	16.30	—	—	—	—
2014/2/26	13.80	14.70	14.94	14.82	1.02
2014/3/10	13.30	14.67	14.71	14.69	1.39
2014/3/25	17.50	14.61	14.61	14.61	−2.89
2014/4/9	16.80	14.77	14.82	14.8	−2.00
2014/4/25	16.00	14.51	15.03	14.77	−1.23
2014/5/12	17.20	16.00	16.00	16.00	−1.20
2014/5/26	16.10	14.59	15.14	14.87	−1.23
2014/6/10	12.60	14.51	15.23	14.87	2.27
2014/6/25	13.20	14.27	14.24	14.25	1.05
2014/7/25	9.90	13.20	13.20	13.20	3.30
2014/8/8	12.50	13.60	12.67	13.13	0.63
2014/8/26	16.50	14.36	14.86	14.61	−1.89
2014/9/9	16.60	16.50	16.50	16.50	−0.10
2014/9/24	16.70	16.60	16.60	16.60	−0.10
2014/10/10	15.30	14.52	15.04	14.78	−0.52
2014/10/27	14.10	14.71	14.97	14.84	0.74
2014/11/10	16.10	14.10	14.10	14.10	−2.00
2014/11/27	15.90	14.87	14.95	14.91	−0.99
2014/12/10	15.50	14.88	14.88	14.88	−0.62
2014/12/25	15.20	14.91	14.91	14.91	−0.29

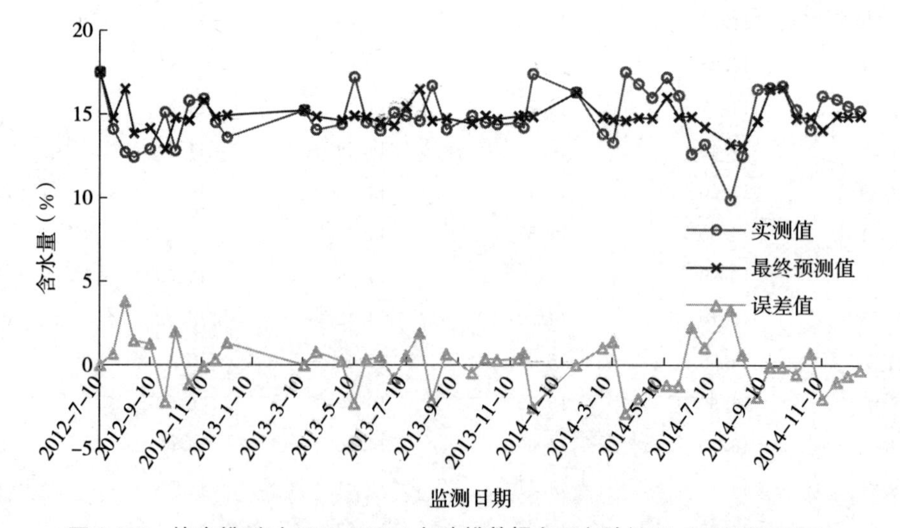

图 3-125　综合模型对 2012—2014 年建模数据自回归验证图（130183J0010）

由表 3-199 和图 3-125 可见，模型综合应用得到的最终诊断结果中，误差大于 3 个质量含水量的个数为 2 个，占 4.35%，未出现误差大于 5 个质量含水量的预测结果；如果将预测误差小于 3 个质量含水量作为合格预测结果，则综合模型预测合格率为 95.65%，自回归预测的平均误差为 1.19%，最大误差为 3.80%，最小误差为 0.10%。

表 3-200　综合模型对 2015 年历史监测数据的验证结果（130183J0010）（%）

监测日	实测值	时段预测值	逐日预测值	最终预测值	误差值
2015/2/26	14.30	—	—	—	—
2015/3/10	12.60	14.79	14.79	14.79	2.19
2015/3/25	10.60	14.42	14.42	14.42	3.82
2015/4/24	15.00	12.76	14.63	13.69	−1.31
2015/7/10	13.90	14.23	14.54	14.39	0.49
2015/7/24	10.80	13.90	13.90	13.90	3.10
2015/8/11	16.90	14.43	14.23	14.33	−2.57
2015/9/25	14.70	16.90	16.90	16.90	2.20
2015/10/10	13.80	14.70	14.70	14.70	0.90
2015/11/11	14.60	13.80	13.80	13.80	−0.80
2015/12/11	15.90	14.61	14.99	14.80	−1.10

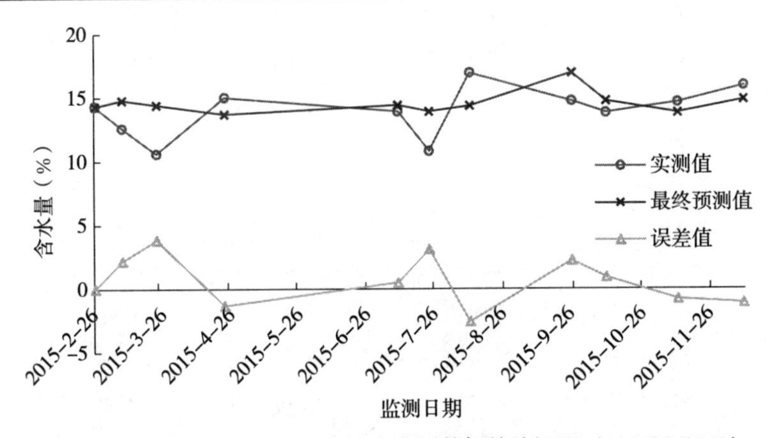

图 3-126　综合模型对 2015 年历史监测数据的验证图（130183J0010）

由表 3-200 和图 3-126 可见，模型综合应用得到的最终诊断结果中，误差大于 3 个质量含水量的个数为 2 个，占 20.00%，未出现误差大于 5 个质量含水量的预测结果；如果将预测误差小于 3 个质量含水量作为合格预测结果，则综合模型预测合格率为 80.00%，2015 年历史数据验证结果的平均误差为 1.85%，最大误差为 3.82%，最小误差为 0.49%。

综合模型自回归验证和 2015 年历史监测数据验证结果的合格率分别为 95.65% 和 80.00%。

10. 130183J0011 监测点验证

该监测点距离 53698 号国家气象站约 55km。采用 2012—2014 年数据建立 6 个墒情诊断模型并进行了诊断计算，根据计算结果以及实测含水量数据和气象台站降水量数据的对比分析，确定在 2013 年 11 月 19 日增加 40mm 灌溉量。使用建立的 6 个诊断模型进行该监测点的墒情诊断，依据诊断结果并按照综合模型应用流程进行模型优选，时段诊断和逐日诊断的优选模型见表 3-201。

表 3-201　石家庄市晋州市 130183J0011 监测点优选诊断模型

项目	优选模型名称
时段诊断	统计法、差减统计法、间隔天数统计法
逐日诊断	统计法、差减统计法、比值统计法

按照综合模型应用流程对该监测点进行了建模数据的自回归验证和 2015 年数据的验证。综合模型建模数据自回归验证结果见表 3-202 和图 3-127；2015 年数据验证结果见表 3-203 和图 3-128，根据计算结果以及实测含水量数据和气象台站降水量数据的对比分析，确定在 2015 年 8 月 6 日增加 50mm 灌溉量。

表 3-202　综合模型对 2012—2014 年建模数据自回归验证结果（130183J0011）（%）

监测日	实测值	时段预测值	逐日预测值	最终预测值	误差值
2012/7/10	23.30	—	—	—	—
2012/7/26	21.10	21.87	21.36	21.61	0.51
2012/8/10	19.30	22.80	22.80	22.80	3.50
2012/8/21	19.50	20.61	20.27	20.44	0.94
2012/9/10	21.20	20.33	20.68	20.50	−0.70
2012/9/28	23.80	21.08	21.20	21.14	−2.66
2012/10/10	21.30	22.03	21.90	21.96	0.66
2012/10/26	19.70	21.13	21.10	21.12	1.42
2012/11/12	20.30	19.70	19.70	19.70	−0.60
2012/11/26	23.20	20.79	20.79	20.79	−2.41
2012/12/10	21.20	21.82	21.81	21.81	0.61
2013/3/11	23.61	—	—	—	—
2013/3/25	22.98	21.96	21.96	21.96	−1.02
2013/4/25	21.90	21.01	21.11	21.06	−0.84
2013/5/10	20.10	21.37	21.37	21.37	1.27
2013/5/24	18.80	20.72	20.72	20.72	1.92
2013/6/9	19.50	18.80	18.80	18.80	−0.70
2013/6/25	21.50	20.43	20.70	20.57	−0.94
2013/7/9	21.00	21.32	21.16	21.24	0.24
2013/7/25	21.80	22.80	22.80	22.80	1.00
2013/8/9	23.60	21.38	21.36	21.37	−2.23
2013/8/26	22.00	21.97	21.28	21.63	−0.37
2013/9/25	21.90	21.35	21.13	21.24	−0.66
2013/10/11	19.90	21.37	21.19	21.28	1.38

（续）

监测日	实测值	时段预测值	逐日预测值	最终预测值	误差值
2013/10/25	19.60	20.63	20.63	20.63	1.03
2013/11/19	19.20	20.00	20.88	20.44	1.24
2013/11/25	23.50	0.00	20.35	10.18	−13.32
2013/12/6	23.40	21.92	21.86	21.89	−1.51
2014/1/26	22.70	—	—	—	—
2014/2/26	23.10	20.90	21.16	21.03	−2.07
2014/3/10	22.10	21.79	21.71	21.75	−0.35
2014/3/25	20.60	21.44	21.44	21.44	0.84
2014/4/9	23.20	20.90	20.90	20.90	−2.30
2014/4/25	22.00	21.83	21.32	21.57	−0.43
2014/5/12	19.10	21.40	21.34	21.37	2.27
2014/5/26	21.80	20.34	20.25	20.29	−1.51
2014/6/10	19.20	21.32	21.32	21.32	2.12
2014/6/25	19.50	20.35	20.35	20.35	0.85
2014/7/25	17.40	19.50	19.50	19.50	2.10
2014/8/8	19.40	19.70	19.49	19.60	0.20
2014/8/26	19.10	20.28	20.85	20.57	1.47
2014/9/9	19.30	19.10	19.10	19.10	−0.20
2014/9/24	21.40	19.30	19.30	19.30	−2.10
2014/10/10	20.60	21.17	21.09	21.13	0.53
2014/10/27	18.60	20.81	21.01	20.91	2.31
2014/11/10	22.80	18.60	18.60	18.60	−4.20
2014/11/27	22.50	21.67	21.30	21.49	−1.02
2014/12/10	22.30	21.58	21.58	21.58	−0.72
2014/12/25	22.10	21.51	21.51	21.51	−0.59

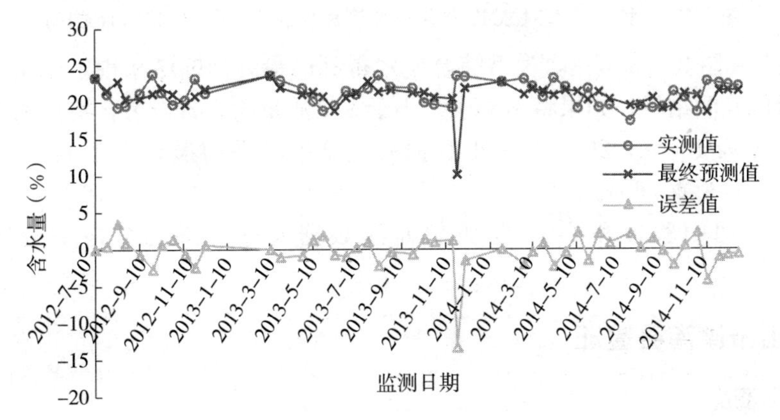

图 3-127　综合模型对 2012—2014 年建模数据自回归验证图（130183J0011）

由表 3-202 和图 3-127 可见，模型综合应用得到的最终诊断结果中，误差大于 3 个质量含水量的个数为 3 个，占 6.52%，误差大于 5 个质量含水量的个数有 1 个，占 2.17%；如果将预测误差小于 3 个质量含水量作为合格预测结果，则综合模型预测合格率为 93.48%，自回归预测的平均误差为 1.56%，最大误差为 13.32%，最小误差为 0.20%。

表 3-203 综合模型对 2015 年历史监测数据的验证结果（130183J0011）（%）

监测日	实测值	时段预测值	逐日预测值	最终预测值	误差值
2015/2/26	21.60	—	—	—	—
2015/3/10	20.40	21.27	21.27	21.27	0.87
2015/3/25	18.10	20.83	20.83	20.83	2.73
2015/4/24	21.20	19.15	20.64	19.9	−1.31
2015/7/10	19.80	17.94	20.99	19.47	−0.34
2015/7/24	17.70	19.80	19.80	19.80	2.10
2015/8/11	22.20	19.68	20.41	20.04	−2.16
2015/9/25	21.50	21.22	21.10	21.16	−0.34
2015/10/10	20.30	21.26	21.29	21.27	0.97
2015/11/11	21.20	20.75	21.12	20.94	−0.26
2015/12/11	21.00	20.37	21.08	20.73	−0.27

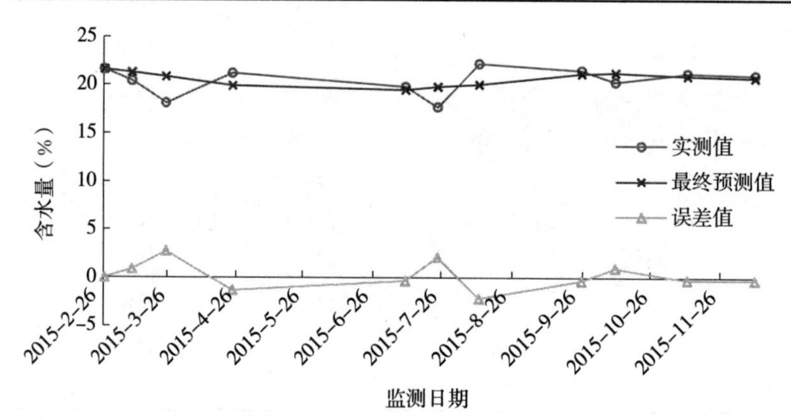

图 3-128 综合模型对 2015 年历史监测数据的验证图（130183J0011）

由表 3-203 和图 3-128 可见，模型综合应用得到的最终诊断结果中，未出现误差大于 3 个质量含水量的预测结果；如果将预测误差小于 3 个质量含水量作为合格预测结果，则综合模型预测合格率为 100%，2015 年历史数据验证结果的平均误差为 1.14%，最大误差为 2.73%，最小误差为 0.26%。

综合模型自回归验证和 2015 年历史监测数据验证结果的合格率分别为 93.48% 和 100.00%。

二、唐山市滦南县验证

（一）基本情况

唐山市滦南县位于河北省东北部，距唐山市 44km，距华北区域副中心城市、冀东北地区文化科教中心秦皇岛市较近，介于东经118°08′～118°53′，北纬39°0′～39°38′之间。滦南县位于东部季风区，属于暖温带沿海半湿润区大陆性气候。其特征是，四季分明，光照充足，雨量偏少且分配不均，冬寒、春暖、夏热、秋凉，温差较大。

（二）土壤墒情监测状况

唐山市滦南县2011年纳入全国土壤墒情网开始进行土壤墒情监测工作，全区共设5个农田监测点，本次验证的监测点主要信息见表3-204。

表3-204　唐山市滦南县全国土壤墒情监测点设置情况

监测点编号	设置时间	所处位置	经度	纬度	主要种植作物	土壤类型
130224J004	2011	滦南县宁坨村	118°36′	39°32′	小麦、玉米、花生	砂壤土
130224J005	2011	滦南县徐庄村	118°32′	39°28′	花生	砂壤土

（三）模型使用的气象台站情况

诊断模型所使用的降水量数据来源于54539号国家气象站，该台站位于乐亭县，经度为118°53′，纬度为39°26′。

（四）监测点的验证

1. 130224J004 监测点验证

该监测点距离54539号国家气象站约27km。采用2011—2014年数据建立6个墒情诊断模型并进行了诊断计算，通过对比分析计算结果、实测含水量数据和气象台站降水量数据，发现诊断模型所采用的气象台站降水量与该监测点的实际降水情况比较吻合，因此未对模型输入参数进行调整。使用建立的6个诊断模型进行该监测点的墒情诊断，依据诊断结果并按照综合模型应用流程进行模型优选，时段诊断和逐日诊断的优选模型见表3-205。

表3-205　唐山市滦南县130224J004监测点优选诊断模型

项目	优选模型名称
时段诊断	统计法、差减统计法、移动统计法
逐日诊断	统计法、差减统计法、间隔天数统计法

按照综合模型应用流程对该监测点进行了建模数据的自回归验证和2015年数据的验证。综合模型建模数据自回归验证结果见表3-206和图3-129；2015年数据验证结果见表3-207和图3-130，根据计算结果以及实测含水量数据和气象台站降水量数据的对比分析，确定在2015年10月23日增加80mm灌溉量。

表3-206　综合模型对2011—2014年建模数据自回归验证结果（130224J004）（%）

监测日	实测值	时段预测值	逐日预测值	最终预测值	误差值
2011/4/12	10.86	—	—	—	—
2011/4/25	7.86	10.86	10.86	10.86	3.00
2011/5/25	3.81	7.68	7.80	7.74	3.93
2011/7/11	9.02	3.81	3.81	3.81	−5.21
2011/8/25	3.49	13.03	13.03	13.03	9.54

（续）

监测日	实测值	时段预测值	逐日预测值	最终预测值	误差值
2011/9/7	6.10	3.49	3.49	3.49	−2.61
2011/9/27	6.29	7.51	7.77	7.64	1.35
2011/10/10	3.72	7.56	7.56	7.56	3.84
2011/10/26	4.72	7.01	7.58	7.29	2.57
2011/11/30	7.77	7.10	7.59	7.34	−0.43
2011/12/9	7.77	7.37	7.77	7.57	−0.20
2011/12/14	7.77	7.82	7.77	7.79	0.02
2012/6/26	8.21	—	—	—	—
2012/7/12	9.94	8.21	8.21	8.21	−1.73
2012/7/25	11.86	9.94	9.94	9.94	−1.92
2012/8/10	8.02	13.03	13.03	13.03	5.01
2012/8/24	4.24	13.03	13.03	13.03	8.79
2012/9/22	6.21	10.39	7.77	9.08	2.87
2012/9/28	8.84	9.13	7.82	8.47	−0.37
2012/10/10	8.64	7.91	7.86	7.89	−0.75
2012/10/25	7.91	7.87	7.87	7.87	−0.04
2012/11/9	11.27	9.25	7.76	8.50	−2.77
2012/11/23	9.17	8.14	8.05	8.10	−1.07
2012/12/11	11.08	7.68	7.86	7.77	−3.31
2012/12/25	8.25	7.37	8.08	7.73	−0.52
2013/1/10	3.96	—	—	—	—
2013/1/25	9.28	5.65	7.15	6.40	−2.88
2013/2/6	9.28	7.49	8.01	7.75	−1.53
2013/2/26	8.81	6.02	7.87	6.95	−1.86
2013/3/10	7.68	6.02	7.99	7.01	−0.67
2013/3/25	8.26	7.75	7.75	7.75	−0.51
2013/4/12	6.98	7.42	7.77	7.59	0.61
2013/4/25	8.82	5.22	7.68	6.45	−2.37
2013/5/10	9.07	7.37	7.96	7.67	−1.40
2013/5/25	2.87	5.49	8.01	6.75	3.88
2013/6/9	9.28	6.49	6.87	6.68	−2.60
2013/6/19	6.68	7.49	7.94	7.72	1.04
2013/7/9	7.78	7.49	7.77	7.63	−0.15
2013/7/25	8.06	7.78	7.78	7.78	−0.28
2013/8/9	9.37	7.52	7.77	7.65	−1.72
2013/8/23	3.96	9.37	9.37	9.37	5.41
2013/9/9	8.65	7.54	7.75	7.64	−1.01
2013/9/26	8.95	8.65	8.65	8.65	−0.30
2013/10/10	8.35	7.45	7.96	7.70	−0.65
2013/10/23	11.17	8.35	8.35	8.35	−2.82

（续）

监测日	实测值	时段预测值	逐日预测值	最终预测值	误差值
2013/11/11	6.10	8.22	7.89	8.05	1.95
2013/11/26	4.65	6.19	7.52	6.86	2.21
2013/12/10	11.73	6.06	7.28	6.67	−5.06
2013/12/24	6.93	6.06	8.12	7.09	0.16
2014/1/10	10.02	—	—	—	—
2014/2/19	9.40	6.07	7.84	6.95	−2.45
2014/2/25	9.20	6.06	8.02	7.04	−2.16
2014/3/10	9.55	7.91	7.99	7.95	−1.60
2014/3/25	8.57	6.02	8.03	7.03	−1.54
2014/4/8	5.16	6.46	7.94	7.20	2.04
2014/4/24	6.53	5.81	7.74	6.77	0.24
2014/5/5	7.34	6.43	7.59	7.01	−0.33
2014/5/13	14.03	7.69	7.84	7.76	−6.27
2014/5/27	8.66	8.47	8.19	8.33	−0.33
2014/6/9	9.28	8.66	8.66	8.66	−0.62
2014/7/11	6.41	9.28	9.28	9.28	2.87
2014/7/24	7.96	6.41	6.41	6.41	−1.55
2014/8/9	8.51	7.31	7.75	7.53	−0.98
2014/8/26	4.10	7.54	7.77	7.66	3.56
2014/9/15	6.97	6.24	7.63	6.93	−0.04
2014/10/28	6.81	6.42	7.80	7.11	0.30
2014/11/12	4.69	5.22	7.65	6.43	1.74
2014/12/25	6.43	6.52	7.81	7.17	0.74

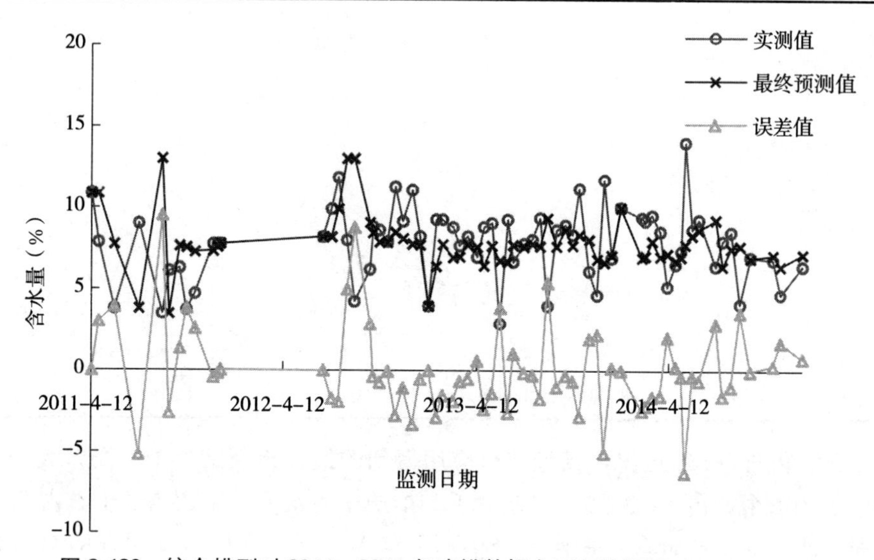

图 3-129　综合模型对 2011—2014 年建模数据自回归验证图（130224J004）

由表 3-206 和图 3-129 可见，模型综合应用得到的最终诊断结果中，误差大于 3 个质量含水量的个数为 13 个，占 20.31%，误差大于 5 个质量含水量的个数为 7 个，占 10.94%；如果将预测误差小于 3 个质量含水量作为合格预测结果，则综合模型预测合格率为 79.69%，自回归预测的平均误差为 2.07%，最大误差为 9.54%，最小误差为 0.02%。

表 3-207 综合模型对 2015 年历史监测数据的验证结果（130224J004）（%）

监测日	实测值	时段预测值	逐日预测值	最终预测值	误差值
2015/1/13	7.94	—	—	—	—
2015/1/26	7.94	6.91	6.43	6.67	−1.27
2015/2/12	7.05	6.77	6.19	6.48	−0.57
2015/3/3	7.17	7.45	7.36	7.41	0.24
2015/3/12	8.77	6.17	6.66	6.41	−2.36
2015/3/31	5.83	7.73	6.19	6.96	1.13
2015/4/10	6.46	5.83	5.83	5.83	−0.63
2015/4/26	5.19	6.46	6.46	6.46	1.27
2015/5/10	7.39	7.04	7.31	7.18	−0.21
2015/5/27	5.57	7.46	7.29	7.37	1.80
2015/6/10	7.58	7.33	7.28	7.30	−0.28
2015/6/19	6.31	13.03	13.03	13.03	6.72
2015/6/24	5.11	6.31	6.31	6.31	1.20
2015/7/10	6.47	7.35	7.61	7.48	1.01
2015/7/28	3.50	7.49	7.41	7.45	3.95
2015/7/31	3.80	7.44	7.48	7.46	3.66
2015/8/7	5.89	7.40	7.55	7.47	1.58
2015/8/11	4.14	6.19	7.22	6.70	2.56
2015/8/13	5.66	7.19	6.92	7.05	1.39
2015/8/18	4.79	6.19	7.19	6.69	1.90
2015/8/20	10.91	13.03	13.03	13.03	2.12
2015/8/25	6.85	8.25	8.13	8.19	1.34
2015/8/28	4.85	6.93	7.43	7.18	2.33
2015/9/10	7.14	13.03	13.03	13.03	5.89
2015/9/24	4.99	7.28	7.29	7.28	2.29
2015/10/13	6.50	4.99	4.99	4.99	−1.51
2015/10/28	14.01	13.03	13.03	13.03	−0.98

由表 3-207 和图 3-130 可见，模型综合应用得到的最终诊断结果中，误差大于 3 个质量含水量的个数为 4 个，占 15.38%，误差大于 5 个质量含水量的个数为 2 个，占 7.69%；如果将预测误差小于 3 个质量含水量作为合格预测结果，则综合模型预测合格率为 84.62%，2015 年历史数据验证结果的平均误差为 1.93%，最大误差为 6.72%，最小误差为 0.21%。

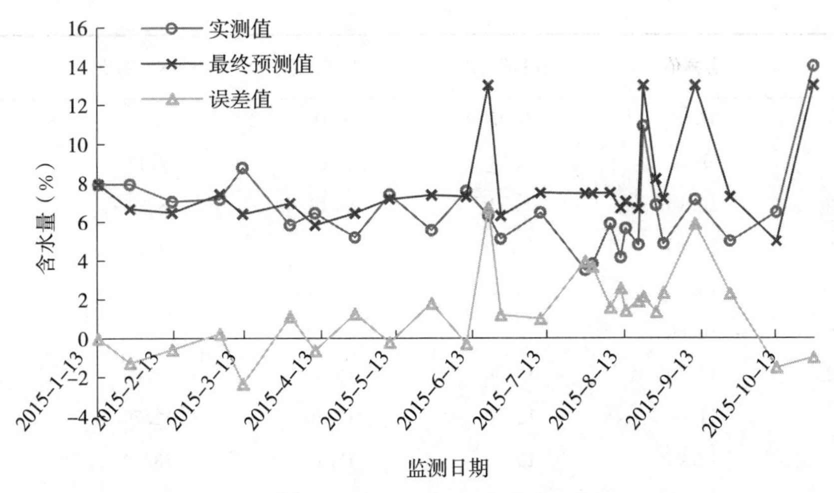

图 3-130 综合模型对 2015 年历史监测数据的验证图（130224J004）

综合模型自回归验证和 2015 年历史监测数据验证结果的合格率分别为 79.69% 和 84.62%。

2. 130224J005 监测点验证

该监测点距离 54539 号国家气象站约 29km。采用 2011—2014 年数据建立 6 个墒情诊断模型并进行了诊断计算，通过对比分析计算结果、实测含水量数据和气象台站降水量数据，发现诊断模型所采用的气象台站降水量与该监测点的实际降水情况比较吻合，因此未对模型输入参数进行调整。使用建立的 6 个诊断模型进行该监测点的墒情诊断，依据诊断结果并按照综合模型应用流程进行模型优选，时段诊断和逐日诊断的优选模型见表 3-208。

表 3-208 唐山市滦南县 130224J005 监测点优选诊断模型

项目	优选模型名称
时段诊断	统计法、差减统计法、间隔天数统计法
逐日诊断	统计法、差减统计法、间隔天数统计法

按照综合模型应用流程对该监测点进行了建模数据的自回归验证和 2015 年数据的验证。综合模型建模数据自回归验证结果见表 3-209 和图 3-131；2015 年数据验证结果见表 3-210 和图 3-132（2015 年未进行降水量的调整）。

表 3-209 综合模型对 2011—2014 年建模数据自回归验证结果（130224J005）（%）

监测日	实测值	时段预测值	逐日预测值	最终预测值	误差值
2011/4/12	14.40	—	—	—	—
2011/4/25	13.53	14.40	14.40	14.40	0.87
2011/5/25	4.76	10.20	8.73	9.47	4.71
2011/7/11	11.56	4.76	4.76	4.76	−6.80
2011/8/25	11.46	13.40	13.4	13.4	1.94
2011/9/7	11.37	11.46	11.46	11.46	0.09

（续）

监测日	实测值	时段预测值	逐日预测值	最终预测值	误差值
2011/9/27	11.45	9.07	8.16	8.62	−2.84
2011/10/10	9.41	9.18	9.16	9.17	−0.24
2011/10/26	13.16	8.52	8.13	8.33	−4.83
2011/11/30	10.83	10.06	8.52	9.29	−1.54
2011/12/14	10.83	9.01	9.00	9.00	−1.83
2012/6/26	10.86	—	—	—	—
2012/7/12	12.70	10.86	10.86	10.86	−1.84
2012/7/25	11.90	12.70	12.70	12.70	0.80
2012/8/10	12.24	13.40	13.40	13.40	1.16
2012/8/24	10.31	13.40	13.40	13.40	3.09
2012/9/22	9.62	10.60	9.73	10.16	0.54
2012/9/28	12.38	8.88	8.76	8.82	−3.56
2012/10/10	11.02	9.59	9.92	9.75	−1.27
2012/10/25	9.57	9.21	9.21	9.21	−0.36
2012/11/9	9.81	9.54	9.54	9.54	−0.27
2012/11/23	9.68	8.69	8.69	8.69	−0.99
2012/12/8	9.29	8.39	8.39	8.39	−0.90
2012/12/25	10.72	8.22	7.68	7.95	−2.77
2013/1/10	6.95	—	—	—	—
2013/1/25	9.19	6.94	6.94	6.94	−2.25
2013/2/6	9.91	8.18	8.18	8.18	−1.73
2013/2/26	9.37	8.40	7.78	8.09	−1.28
2013/3/10	9.02	8.23	8.23	8.23	−0.79
2013/3/25	7.81	8.20	8.20	8.20	0.39
2013/4/12	6.56	7.63	7.54	7.58	1.02
2013/4/25	7.71	6.71	6.71	6.71	−1.00
2013/5/10	4.23	7.47	7.47	7.47	3.24
2013/5/25	6.22	5.44	5.44	5.44	−0.78
2013/6/9	8.06	7.02	7.02	7.02	−1.04
2013/6/19	3.93	7.75	7.95	7.85	3.92
2013/7/9	8.29	8.05	9.00	8.53	0.24
2013/7/25	6.16	8.29	8.29	8.29	2.13
2013/8/9	6.72	8.60	8.60	8.60	1.88
2013/8/23	3.70	6.72	6.72	6.72	3.02
2013/9/9	8.56	7.86	9.05	8.45	−0.11
2013/9/26	8.42	8.56	8.56	8.56	0.14

（续）

监测日	实测值	时段预测值	逐日预测值	最终预测值	误差值
2013/10/10	7.92	7.93	7.93	7.93	0.01
2013/10/25	10.28	7.92	7.92	7.92	−2.36
2013/11/11	3.38	8.71	8.02	8.37	4.99
2013/11/26	5.24	5.00	5.00	5.00	−0.24
2013/12/10	5.31	5.99	5.99	5.99	0.68
2013/12/24	5.66	6.03	6.03	6.03	0.37
2014/1/10	4.18	—	—	—	—
2014/2/19	4.90	5.50	6.47	5.99	1.09
2014/2/25	9.21	5.80	5.80	5.80	−3.41
2014/3/10	8.95	8.26	8.26	8.26	−0.69
2014/3/25	4.53	8.00	8.00	8.00	3.47
2014/4/8	3.92	5.72	5.72	5.72	1.80
2014/4/24	5.08	5.28	6.02	5.65	0.57
2014/5/5	5.84	5.97	5.97	5.97	0.13
2014/5/13	12.27	7.36	7.39	7.38	−4.90
2014/5/27	6.14	9.66	9.66	9.66	3.52
2014/6/9	5.56	6.14	6.14	6.14	0.58
2014/7/11	5.98	5.56	5.56	5.56	−0.42
2014/7/24	3.44	5.98	5.98	5.98	2.54
2014/8/9	6.99	5.48	6.49	5.99	−1.00
2014/8/26	6.56	8.87	8.90	8.88	2.32
2014/9/15	6.26	7.11	7.28	7.19	0.93
2014/10/28	7.33	6.94	7.21	7.08	−0.26
2014/11/12	3.25	7.12	7.12	7.12	3.87
2014/12/25	7.30	5.10	6.39	5.74	−1.56

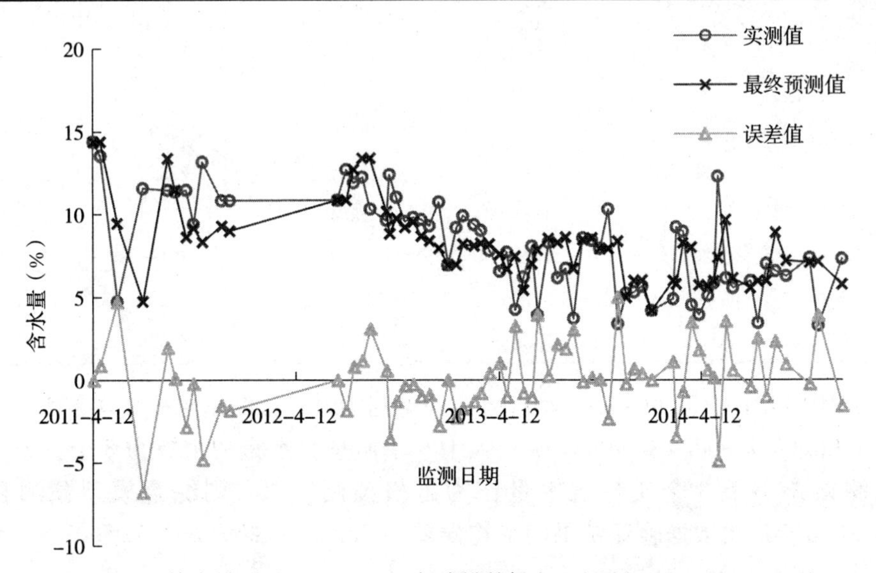

图 3-131　综合模型对 2011—2014 年建模数据自回归验证图（130224J005）

由表3-209和图3-131可见，模型综合应用得到的最终诊断结果中，误差大于3个质量含水量的个数为14个，占22.22%，误差大于5个质量含水量的个数为1个，占1.59%；如果将预测误差小于3个质量含水量作为合格预测结果，则综合模型预测合格率为77.78%，自回归预测的平均误差为1.74%，最大误差为6.80%，最小误差为0.01%。

表3-210 综合模型对2015年历史监测数据的验证结果（130224J005）（%）

监测日	实测值	时段预测值	逐日预测值	最终预测值	误差值
2015/1/26	11.54	9.22	9.19	9.20	−2.34
2015/2/12	7.16	9.16	8.17	8.67	1.51
2015/3/3	7.69	7.35	7.43	7.39	−0.30
2015/3/12	7.37	7.32	7.34	7.33	−0.04
2015/3/31	7.66	7.15	7.03	7.09	−0.57
2015/4/10	8.08	7.66	7.66	7.66	−0.42
2015/4/26	6.47	8.08	8.08	8.08	1.61
2015/5/10	8.00	6.95	6.95	6.95	−1.05
2015/5/27	3.49	7.75	7.48	7.61	4.12
2015/6/10	4.52	5.26	5.26	5.26	0.74
2015/6/19	5.33	13.40	13.40	13.40	8.07
2015/6/24	8.15	5.33	5.33	5.33	−2.82
2015/7/10	6.26	9.18	9.47	9.33	3.07
2015/7/28	4.63	7.03	7.40	7.22	2.59
2015/7/31	4.80	6.58	6.69	6.64	1.84
2015/8/7	4.69	6.91	7.34	7.13	2.44
2015/8/11	6.69	5.69	6.83	6.26	−0.43
2015/8/13	4.34	6.77	7.69	7.23	2.89
2015/8/18	7.47	0.00	5.62	2.81	−4.66
2015/8/20	7.39	13.40	13.40	13.40	6.01
2015/8/25	7.65	7.86	8.11	7.99	0.33
2015/8/28	6.79	7.30	8.04	7.67	0.88
2015/9/10	7.08	13.4	13.4	13.40	6.32
2015/9/24	5.20	7.13	7.13	7.13	1.93
2015/10/13	7.37	5.20	5.20	5.20	−2.17
2015/10/28	7.57	7.33	7.33	7.33	−0.24

由表3-210和图3-132可见，模型综合应用得到的最终诊断结果中，误差大于3个质量含水量的个数为6个，占23.08%，误差大于5个质量含水量的个数为3个，占11.54%；如果将预测误差小于3个质量含水量作为合格预测结果，则综合模型预测合格率为76.92%，2015年历史数据验证结果的平均误差为2.28%，最大误差为8.07%，最小误差为0.04%。

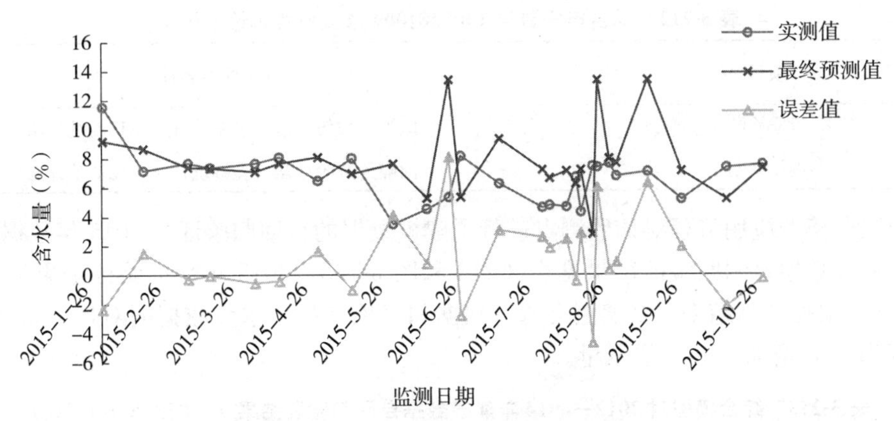

图 3-132　综合模型对 2015 年历史监测数据的验证图（130224J005）

综合模型自回归验证和 2015 年历史监测数据验证结果的合格率分别为 77.78% 和 76.92%。

三、邢台市宁晋县验证

（一）基本情况

宁晋县是河北省邢台市辖县，位于河北省中南部，邢台市东北部，县域介于东经 114°46′～115°15′，北纬37°24′～37°48′之间。宁晋县属于东部季风区，暖温带半干旱地区，大陆性气候显著，四季分明，春季干旱多风，夏季高温高湿，秋季天高气爽，冬季寒冷干燥。

（二）土壤墒情监测状况

邢台市宁晋县 2012 年纳入全国土壤墒情网开始进行土壤墒情监测工作，全区共设 10 个农田监测点，本次验证的监测点主要信息见表 3-211。

表 3-211　邢台市宁晋县土壤墒情监测点设置情况

监测点编号	设置时间	所处位置	经度	纬度	主要种植作物	土壤类型
130528J009	2012	宁晋县大疙瘩村	115°1′	37°26′	棉花	砂壤土
130528J0010	2012	宁晋县新丰头	115°1′	37°27′	棉花	壤土

（三）模型使用的气象台站情况

诊断模型所使用的降水量数据来源于 53798 号国家气象站，该台站位于邢台市，经度为 114°30′，纬度为 37°4′。

（四）监测点的验证

1. 130528J009 监测点验证

该监测点距离 53798 号国家气象站约 61km。采用 2012—2014 年数据建立 6 个墒情诊断模型并进行了诊断计算，根据计算结果以及实测含水量数据和气象台站降水量数据的对比分析，确定在 2013 年 4 月 19 日和 2014 年 9 月 4 日分别增加了 50mm 和 60mm 灌溉量。使用建立的 6 个诊断模型进行该监测点的墒情诊断，依据诊断结果并按照综合模型应用流程进行模型优选，时段诊断和逐日诊断的优选模型见表 3-212。

表 3-212　邢台市宁晋县 130528J009 监测点优选诊断模型

项目	优选模型名称
时段诊断	间隔天数统计法、差减统计法、移动统计法
逐日诊断	间隔天数统计法、差减统计法、比值统计法

按照综合模型应用流程对该监测点进行了建模数据的自回归验证和 2015 年数据的验证。综合模型建模数据自回归验证结果见表 3-213 和图 3-133，2015 年数据验证结果见表 3-214 和图 3-134，根据计算结果以及实测含水量数据和气象台站降水量数据的对比分析，确定在 2015 年 7 月 3 日增加 40mm 灌溉量。

表 3-213　综合模型对 2012—2014 年建模数据自回归验证结果（130528J009）（%）

监测日	实测值	时段预测值	逐日预测值	最终预测值	误差值
2012/8/30	14.30	—	—	—	—
2012/9/4	16.30	15.30	15.30	15.30	−1.00
2012/9/25	12.90	12.81	10.61	11.71	−1.19
2012/10/12	10.00	11.00	10.06	10.53	0.53
2012/10/25	9.50	9.67	9.67	9.67	0.17
2012/11/9	10.00	9.47	9.47	9.47	−0.53
2012/11/24	10.10	9.50	9.74	9.62	−0.48
2013/2/28	13.00	—	—	—	—
2013/3/15	12.10	11.04	10.79	10.92	−1.18
2013/3/25	11.50	9.04	10.60	9.82	−1.68
2013/4/9	9.00	10.10	10.36	10.23	1.23
2013/4/25	14.60	13.37	12.51	12.94	−1.66
2013/5/7	13.10	11.85	10.95	11.40	−1.70
2013/5/25	11.40	11.24	10.20	10.72	−0.68
2013/6/9	8.20	13.05	12.54	12.79	4.59
2013/6/25	14.40	15.30	15.30	15.30	0.90
2013/7/9	13.60	14.40	14.40	14.40	0.80
2013/7/25	15.20	15.30	15.30	15.30	0.10
2013/8/7	13.10	12.63	12.16	12.39	−0.71
2013/8/26	10.40	13.10	13.10	13.10	2.70
2013/9/9	9.60	10.40	10.40	10.40	0.80
2013/9/25	8.20	9.60	9.60	9.60	1.40
2013/10/8	8.60	8.66	8.86	8.76	0.16
2013/10/29	5.00	8.96	9.52	9.24	4.24
2013/11/8	5.70	6.41	6.30	6.35	0.65
2014/5/9	11.80	—	—	—	—
2014/5/27	13.50	11.11	10.21	10.66	−2.84

（续）

监测日	实测值	时段预测值	逐日预测值	最终预测值	误差值
2014/6/9	8.40	13.50	13.50	13.50	5.10
2014/6/26	14.00	13.05	12.47	12.76	−1.24
2014/7/8	14.20	11.83	11.48	11.65	−2.55
2014/7/26	11.10	14.20	14.20	14.20	3.10
2014/8/9	7.80	10.54	10.54	10.54	2.74
2014/9/10	13.60	14.31	13.31	13.81	0.21
2014/9/28	13.30	13.60	13.60	13.63	0.30
2014/10/8	12.90	13.70	12.24	12.97	0.07
2014/11/26	11.60	10.79	9.37	10.08	−1.52
2014/12/10	10.10	10.61	10.61	10.61	0.51

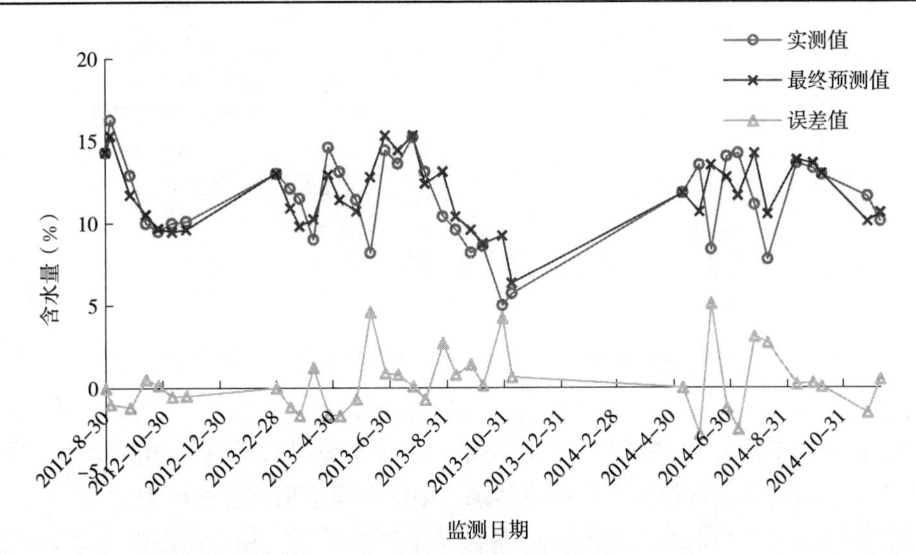

图 3-133　综合模型对 2012—2014 年建模数据自回归验证图（130528J009）

由表 3-213 和图 3-133 可见，模型综合应用得到的最终诊断结果中，误差大于 3 个质量含水量的个数为 4 个，占 11.76%，未出现误差大于 5 个质量含水量的预测结果；如果将预测误差小于 3 个质量含水量作为合格预测结果，则综合模型预测合格率为 88.24%，自回归预测的平均误差为 1.45%，最大误差为 5.10%，最小误差为 0.07%。

表 3-214　综合模型对 2015 年历史监测数据的验证结果（130528J009）（%）

监测日	实测值	时段预测值	逐日预测值	最终预测值	误差值
2015/4/27	14.10	—	—	—	—
2015/5/26	14.10	14.10	14.10	14.10	0.00
2015/6/10	14.00	11.25	11.00	11.12	−2.88
2015/6/29	12.90	11.99	10.99	11.49	−1.41
2015/7/9	16.20	15.30	15.30	15.30	−0.90

（续）

监测日	实测值	时段预测值	逐日预测值	最终预测值	误差值
2015/7/24	15.10	16.20	16.20	16.20	1.10
2015/8/10	15.70	15.10	15.10	15.10	−0.60
2015/8/24	12.60	12.79	11.62	12.20	−0.40
2015/9/15	12.60	13.91	14.56	14.23	1.63
2015/9/23	12.10	10.84	11.80	11.32	−0.78
2015/10/12	13.90	10.84	10.25	10.55	−3.36
2015/10/20	13.30	11.36	11.26	11.31	−1.99
2015/11/11	13.40	13.30	13.30	13.30	−0.10

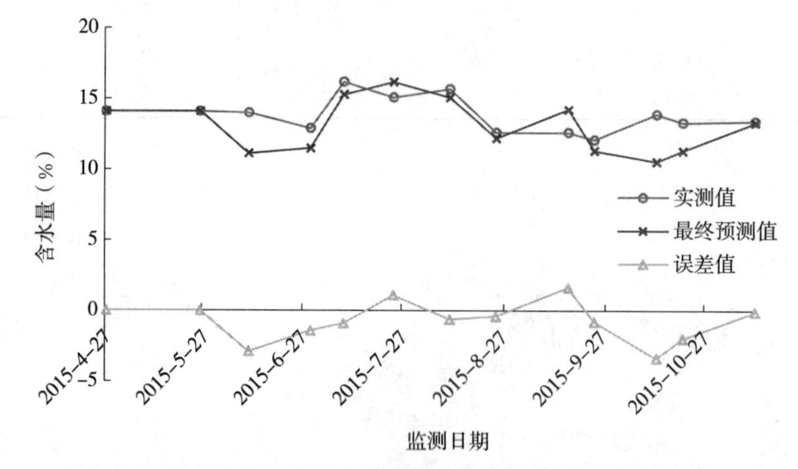

图 3-134　综合模型对 2015 年历史监测数据的验证图（130224J009）

由表 3-214 和图 3-134 可见，模型综合应用得到的最终诊断结果中，误差大于 3 个质量含水量的个数为 1 个，占 8.33%，未出现误差大于 5 个质量含水量的预测结果；如果将预测误差小于 3 个质量含水量作为合格预测结果，则综合模型预测合格率为 91.67%，2015 年历史数据验证结果的平均误差为 1.26%，最大误差为 3.36%，最小误差为 0.00%。

综合模型自回归验证和 2015 年历史监测数据验证结果的合格率分别为 88.24% 和 91.67%。

2. 130528J0010 监测点验证

该监测点距离 53798 号国家气象站约 63km。采用 2012—2014 年数据建立 6 个墒情诊断模型并进行了诊断计算，根据计算结果以及实测含水量数据和气象台站降水量数据的对比分析，确定在 2013 年 4 月 19 日和 2014 年 9 月 4 日分别增加了 50mm 和 60mm 灌溉量。使用建立的 6 个诊断模型进行该监测点的墒情诊断，依据诊断结果并按照综合模型应用流程进行模型优选，时段诊断和逐日诊断的优选模型见表 3-215。

表 3-215　邢台市宁晋县 130528J0010 监测点优选诊断模型

项目	优选模型名称
时段诊断	差减统计法、移动统计法、间隔天数统计法
逐日诊断	差减统计法、统计法、经验统计法

按照综合模型应用流程对该监测点进行了建模数据的自回归验证和2015年数据的验证。综合模型建模数据自回归验证结果见表3-216和图3-135；2015年数据验证结果见表3-217和图3-136，根据计算结果以及实测含水量数据和气象台站降水量数据的对比分析，确定在2015年7月3日增加40mm灌溉量。

表3-216　综合模型对2012—2014年建模数据自回归验证结果（130528J0010）（%）

监测日	实测值	时段预测值	逐日预测值	最终预测值	误差值
2012/8/30	12.90	—	—	—	—
2012/9/4	15.70	5.00	15.40	15.40	−0.30
2012/9/25	11.70	21.00	11.47	12.14	0.44
2012/10/12	11.50	17.00	9.09	9.81	−1.69
2012/10/25	10.60	13.00	10.28	10.27	−0.33
2012/11/9	10.10	15.00	9.61	9.80	−0.30
2012/11/24	10.20	15.00	9.24	9.37	−0.83
2013/2/28	14.10	—	—	—	—
2013/3/15	10.50	15.00	11.84	11.89	1.39
2013/3/25	11.50	10.00	9.25	9.15	−2.35
2013/4/9	10.10	15.00	10.20	10.15	0.05
2013/4/25	15.40	16.00	13.04	13.21	−2.19
2013/5/7	13.80	12.00	12.32	12.47	−1.33
2013/5/25	11.80	18.00	10.78	11.40	−0.40
2013/6/9	11.20	15.00	12.75	12.90	1.70
2013/6/25	14.70	16.00	15.40	15.40	0.70
2013/7/9	14.40	14.00	14.70	14.70	0.30
2013/7/25	15.70	16.00	15.40	15.40	−0.30
2013/8/7	13.50	13.00	13.66	13.34	−0.16
2013/8/26	11.00	19.00	13.50	13.50	2.50
2013/9/9	7.80	14.00	11.00	11.00	3.20
2013/9/25	9.20	16.00	7.80	7.80	−1.40
2013/10/8	7.70	13.00	8.54	8.73	1.03
2013/10/29	4.90	21.00	7.71	7.98	3.08
2013/11/8	5.00	10.00	4.84	5.58	0.58
2014/5/9	13.90	—	—	—	—
2014/5/27	14.20	18.00	11.22	11.81	−2.39
2014/6/9	12.10	13.00	14.20	14.20	2.10
2014/6/26	14.90	17.00	13.98	13.51	−1.39
2014/7/8	15.00	12.00	12.67	12.77	−2.23
2014/7/26	11.90	18.00	15.00	15.00	3.10
2014/8/9	8.10	14.00	11.05	11.09	2.99

（续）

监测日	实测值	时段预测值	逐日预测值	最终预测值	误差值
2014/9/10	15.00	32.00	13.61	13.96	−1.04
2014/9/28	16.20	18.00	15.00	15.00	−1.20
2014/10/8	14.80	10.00	14.49	14.55	−0.26
2014/11/26	12.20	49.00	8.89	10.46	−1.74
2014/12/10	11.10	14.00	11.05	11.09	−0.01

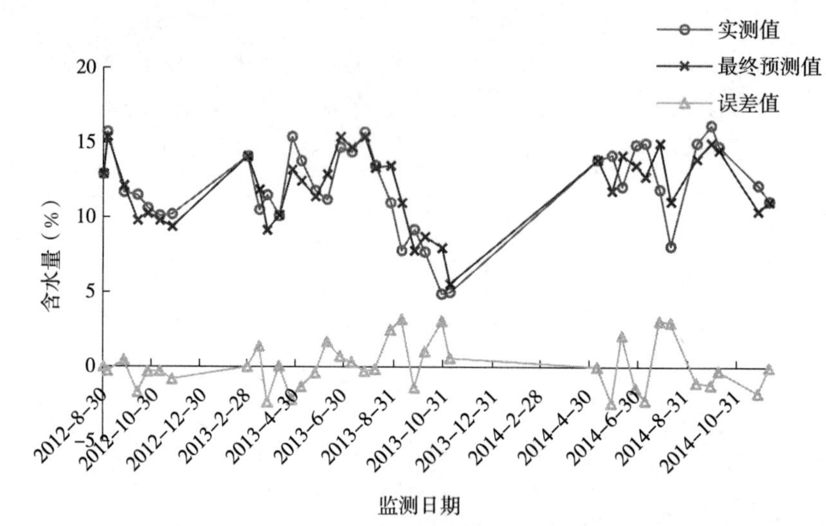

图 3-135　综合模型对 2012—2014 年建模数据自回归验证图（130528J0010）

由表 3-216 和图 3-135 可见，模型综合应用得到的最终诊断结果中，误差大于 3 个质量含水量的个数为 3 个，占 8.82%，未出现误差大于 5 个质量含水量的预测结果；如果将预测误差小于 3 个质量含水量作为合格预测结果，则综合模型预测合格率为 91.18%，自回归预测的平均误差为 1.32%，最大误差为 3.20%，最小误差为 0.01%。

表 3-217　综合模型对 2015 年历史监测数据的验证结果（130528J0010）（%）

监测日	实测值	时段预测值	逐日预测值	最终预测值	误差值
2015/4/27	15.90	—	—	—	—
2015/5/26	15.60	15.90	15.90	15.90	0.30
2015/6/10	13.50	12.62	12.32	12.47	−1.03
2015/6/29	12.80	11.99	11.25	11.62	−1.18
2015/7/9	16.40	15.40	15.40	15.40	−1.00
2015/7/24	15.50	16.40	16.40	16.40	0.90
2015/8/10	15.70	15.50	15.50	15.50	−0.20
2015/8/24	12.70	12.93	13.03	12.98	0.28
2015/9/15	14.30	14.42	15.37	14.89	0.59
2015/9/23	14.30	11.93	13.16	12.54	−1.76
2015/10/12	12.20	12.11	11.31	11.71	−0.49
2015/10/20	12.00	10.98	10.93	10.95	−1.05

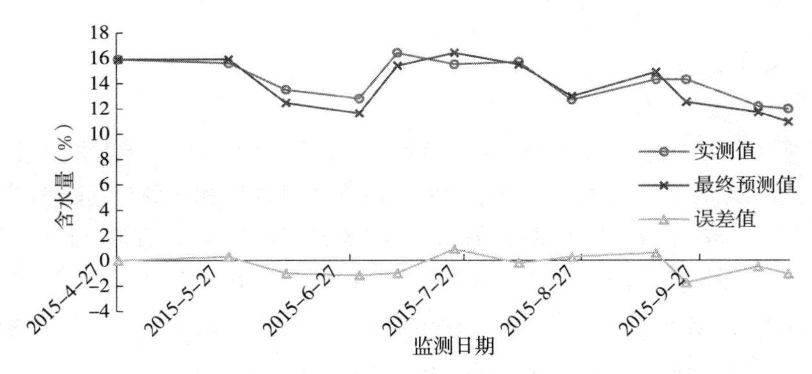

图 3-136　综合模型对 2015 年历史监测数据的验证图（130528J0010）

由表 3-217 和图 3-136 可见，模型综合应用得到的最终诊断结果中，未出现误差大于 3 个质量含水量的预测结果；如果将预测误差小于 3 个质量含水量作为合格预测结果，则综合模型预测合格率为 100%，2015 年历史数据验证结果的平均误差为 0.80%，最大误差为 1.76%，最小误差为 0.20%。

综合模型自回归验证和 2015 年历史监测数据验证结果的合格率分别为 91.18% 和 100.00%。

第六节　河 南 省

河南省用于模型验证的监测点包括郑州市新郑市、洛阳市偃师市、平顶山汝州市 3 个市的 7 个监测点。

一、平顶山市汝州市验证

（一）基本情况

汝州市位于河南省中西部，地处郑州、洛阳、平顶山、许昌四市交界地带，中心地理坐标为：东经 112°30′，北纬 34°05′。全市总面积1 573km²，辖 4 个乡、11 个镇、5 个街道办事处，453 个行政村。汝州市域属暖温带大陆性季风气候，四季分明，春季暖和气温回升快，干旱少雨；夏季炎热，雨量集中，多东南风；秋季凉爽、天气晴朗；冬季寒冷，雨雪稀少，多西北风。

（二）土壤墒情监测状况

汝州市 2012 年纳入全国土壤墒情网开始进行土壤墒情监测工作，全区共设 10 个农田监测点，本次验证的监测点主要信息见表 3-218。

表 3-218　平顶山市汝州市土壤墒情监测点设置情况

监测点编号	设置时间	所处位置	经度	纬度	主要种植作物	土壤类型
410482J005	2012	汝州市临汝镇郝寨村	112°35′	34°16′	冬小麦、夏玉米	砂壤土
410482J009	2012	汝州市纸坊乡纸北村	112°58′	34°7′	冬小麦、夏玉米	砂壤土

（三）模型使用的气象台站情况

诊断模型所使用的降水量数据来源于 57083 号国家气象站，该台站位于河南省郑州市，经度为 113°39′，纬度为 34°43′。

（四）监测点的验证

1. 410482J005 监测点验证

该监测点距离 57083 号国家气象站约 111km。采用 2012—2014 年数据建立 6 个墒情诊断模型并进行了诊断计算，根据计算结果以及实测含水量数据和气象台站降水量数据的对比分析，确定在 2013 年 1 月 20 日和 10 月 22 日、2014 年 2 月 15 日和 11 月 19 日均增加 50mm 灌溉量。使用调整后的降水量重新建立 6 个诊断模型并确定模型参数，据此进行该监测点的墒情诊断，依据诊断结果并按照综合模型应用流程进行模型优选，时段诊断和逐日诊断的优选模型见表 3-219。

表 3-219　汝州市 410482J005 监测点优选诊断模型

项目	优选模型名称
时段诊断	统计法、差减统计法、比值统计法
逐日诊断	统计法、差减统计法、比值统计法

按照综合模型应用流程对该监测点进行了建模数据的自回归验证和 2015 年数据的验证。综合模型建模数据自回归验证结果见表 3-220 和图 3-137，2015 年历史数据验证结果见表 3-221 和图 3-138（2015 年 8 月 20 日增加了 50mm 降水量）。

表 3-220　综合模型对 2012—2014 年建模数据自回归验证结果（410482J005）（%）

监测日	实测值	时段诊断值	逐日诊断值	最终预测值	误差值
2012/5/10	11.94	—	—	—	—
2012/5/23	8.80	12.46	12.46	12.46	3.66
2012/6/12	8.63	10.21	11.23	10.72	2.09
2012/7/13	14.96	8.63	8.63	8.63	−6.33
2012/7/26	14.96	13.50	13.46	13.48	−1.48
2012/8/10	14.56	16.74	16.76	16.75	2.19
2012/8/27	12.05	17.17	18.21	17.69	5.64
2012/9/12	15.42	18.66	18.66	18.66	3.24
2012/9/27	13.34	15.42	15.42	15.42	2.08
2012/10/11	11.19	12.64	14.30	13.47	2.28
2012/10/22	14.40	12.19	12.19	12.19	−2.21
2012/11/8	12.71	13.47	12.99	13.23	0.52
2012/11/26	13.43	12.61	12.42	12.52	−0.91
2012/12/10	12.50	12.68	12.87	12.78	0.28
2012/12/25	11.50	12.59	12.59	12.59	1.09
2013/1/10	12.24	—	—	—	—
2013/1/26	16.23	14.65	16.01	15.33	−0.90
2013/2/16	16.19	13.98	13.38	13.68	−2.51

（续）

监测日	实测值	时段预测值	逐日预测值	最终预测值	误差值
2013/2/27	14.56	13.49	13.44	13.47	−1.09
2013/3/10	15.25	13.18	13.20	13.19	−2.06
2013/3/25	14.73	13.59	13.57	13.58	−1.15
2013/4/10	14.58	13.66	13.17	13.42	−1.16
2013/4/29	17.02	13.98	13.70	13.84	−3.18
2013/5/13	14.59	14.18	14.13	14.15	−0.44
2013/5/30	18.43	18.66	18.66	18.66	0.23
2013/6/7	14.41	13.54	18.56	16.05	1.64
2013/6/25	13.44	13.26	12.72	12.99	−0.45
2013/7/10	14.21	13.44	13.44	13.44	−0.77
2013/7/25	13.44	14.21	14.21	14.21	0.77
2013/8/10	12.17	13.44	13.44	13.44	1.27
2013/8/25	12.40	12.17	12.17	12.17	−0.23
2013/9/10	11.26	12.59	12.65	12.62	1.36
2013/9/26	10.55	11.68	11.88	11.78	1.23
2013/10/7	11.26	11.35	11.35	11.35	0.09
2013/10/28	17.12	11.26	11.26	11.26	−5.86
2013/11/7	16.49	17.12	17.12	17.12	0.63
2013/11/22	14.17	14.16	14.18	14.17	0.00
2013/12/7	12.67	13.74	13.74	13.74	1.07
2013/12/24	13.14	12.34	12.18	12.26	−0.88
2014/1/10	12.85	—	—	—	—
2014/1/22	11.39	12.42	12.42	12.42	1.03
2014/2/12	15.08	12.37	12.64	12.51	−2.57
2014/2/21	19.66	18.66	18.66	18.66	−1.00
2014/3/11	15.60	13.47	12.83	13.15	−2.45
2014/3/26	12.84	13.73	13.73	13.73	0.89
2014/4/10	8.84	12.44	12.44	12.44	3.60
2014/4/23	15.23	12.25	12.25	12.25	−2.98
2014/5/8	9.75	14.21	14.21	14.21	4.46
2014/5/23	9.75	9.75	9.75	9.75	0.00
2014/6/10	11.43	9.75	9.75	9.75	−1.68
2014/6/25	10.57	11.43	11.43	11.43	0.86
2014/7/10	13.37	10.57	10.57	10.57	−2.80
2014/7/25	16.75	13.01	13.01	13.01	−3.74
2014/8/11	17.06	17.12	17.08	17.10	0.04

（续）

监测日	实测值	时段预测值	逐日预测值	最终预测值	误差值
2014/8/25	9.76	13.64	13.65	13.64	3.88
2014/9/25	17.01	18.66	18.66	18.66	1.65
2014/10/10	15.02	17.20	17.18	17.19	2.17
2014/10/24	14.66	13.92	13.92	13.92	−0.74
2014/11/10	15.90	13.22	12.61	12.92	−2.98
2014/11/25	18.86	16.75	16.70	16.72	−2.14
2014/12/10	16.00	14.00	13.96	13.98	−2.02
2014/12/25	15.41	13.48	13.44	13.46	−1.95

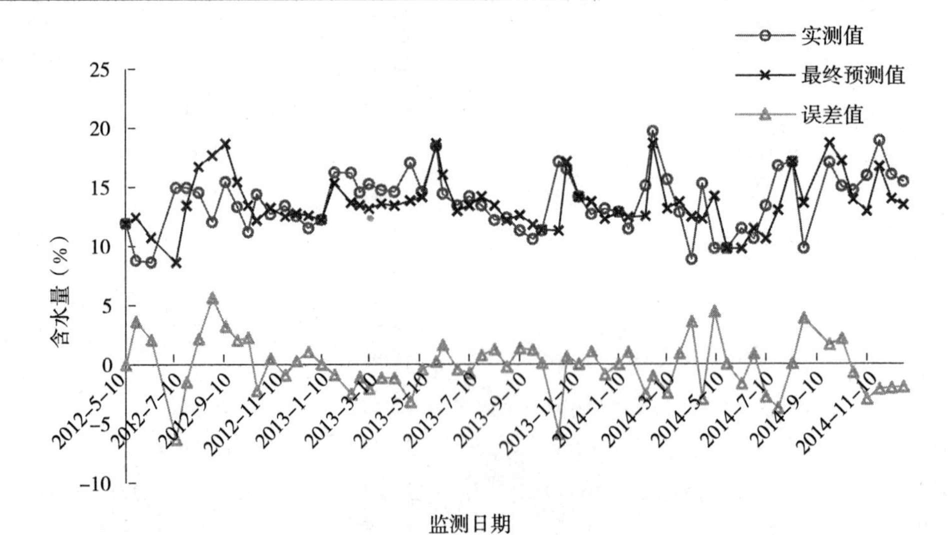

图 3-137　综合模型对 2012—2014 年建模数据自回归验证图（410482J005）

由表 3-220 和图 3-137 可见，模型综合应用得到的最终诊断结果中，误差大于 3 个质量含水量的个数为 10 个，占 16.95%，其中大于 5 个质量含水量的有 3 个，占 5.08%；如果将预测误差小于 3 个质量含水量作为合格预测结果，则综合模型预测合格率为 84.05%，自回归预测的平均误差为 1.84%，最大误差为 6.33%，最小误差为 0.00%。

表 3-221　综合模型对 2015 年历史监测数据的验证结果（410482J005）（%）

监测日	实测值	时段诊断值	逐日诊断值	最终预测值	误差值
2015/1/10	15.56	—	—	—	—
2015/1/24	13.73	13.40	13.66	13.53	−0.20
2015/2/10	15.76	13.32	12.83	13.08	−2.68
2015/2/25	14.02	13.50	13.79	13.64	−0.38
2015/3/10	12.67	12.95	13.00	12.98	0.31
2015/3/25	14.76	12.87	12.87	12.87	−1.89
2015/4/10	16.58	16.54	16.19	16.37	−0.21

（续）

监测日	实测值	时段预测值	逐日预测值	最终预测值	误差值
2015/4/25	15.84	14.48	14.65	14.56	−1.28
2015/5/7	14.74	16.56	15.96	16.26	1.52
2015/5/25	7.57	14.74	14.74	14.74	7.17
2015/6/10	9.80	9.21	11.13	10.17	0.37
2015/6/25	13.12	9.80	9.80	9.80	−3.32
2015/7/9	13.26	15.61	16.49	16.05	2.79
2015/7/24	11.94	18.66	18.66	18.66	6.72
2015/8/12	12.67	11.94	11.94	11.94	−0.73
2015/8/25	16.41	15.32	14.95	15.14	−1.27
2015/9/10	14.39	18.66	18.66	18.66	4.27
2015/9/25	12.64	13.55	13.55	13.55	0.91
2015/10/10	15.03	12.64	12.64	12.64	−2.39
2015/10/23	11.77	13.3	13.42	13.36	1.59
2015/11/10	16.16	14.71	14.84	14.77	−1.39
2015/11/27	17.63	16.16	16.16	16.16	−1.47
2015/12/10	14.12	13.57	13.66	13.62	−0.50
2015/12/25	14.26	13.00	13.00	13.00	−1.26

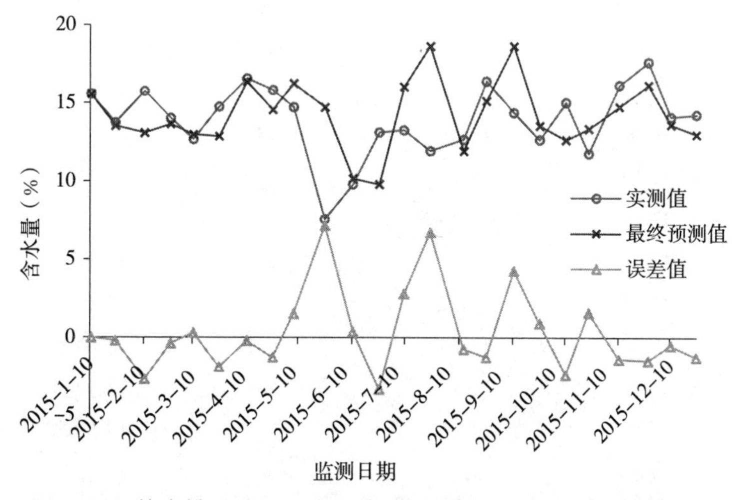

图 3-138　综合模型对 2015 年历史监测数据的验证图（410482J005）

由表 3-221 和图 3-138 可见，模型综合应用得到的最终诊断结果中，误差大于 3 个质量含水量的个数为 4 个，占 17.39%，其中大于 5 个质量含水量的有 2 个，占 8.70%；如果将预测误差小于 3 个质量含水量作为合格预测结果，则综合模型预测合格率为 82.61%，2015 年历史数据验证结果的平均误差为 1.94%，最大误差为 7.17%，最小误差为 0.20%。

综合模型自回归验证和 2015 年历史监测数据验证结果的合格率分别为 84.05% 和 82.61%。

2. 410482J009 监测点验证

该监测点距离 57083 号国家气象站约 93km。采用 2012—2014 年数据建立 6 个墒情诊断模型并进行了诊断计算，根据计算结果以及实测含水量数据和气象台站降水量数据的对比分析，确定在 2012 年 8 月 4 日/2013 年 4 月 21 日、2014 年 8 月 19 日均增加 50mm 灌溉量。使用调整后的降水量重新建立 6 个诊断模型并确定模型参数，据此进行该监测点的墒情诊断，依据诊断结果并按照综合模型应用流程进行模型优选，时段诊断和逐日诊断的优选模型见表 3-222。

表 3-222　汝州市 410482J009 监测点优选诊断模型

项目	优选模型名称
时段诊断	统计法、差减统计法、间隔天数统计法
逐日诊断	统计法、差减统计法、间隔天数统计法

按照综合模型应用流程对该监测点进行了建模数据的自回归验证和 2015 年数据的验证。综合模型建模数据自回归验证结果见表 3-223 和图 3-139，2015 年历史数据验证结果见表 3-224 和图 3-140（2015 年 3 月 5 日、1 月 5 日和 11 月 22 日均增加了 40mm 降水量）。

表 3-223　综合模型对 2012—2014 年建模数据自回归验证结果（410482J009）（%）

监测日	实测值	时段诊断值	逐日诊断值	最终预测值	误差值
2012/5/10	9.73	—	—	—	—
2012/5/23	8.40	10.38	10.39	10.39	1.99
2012/6/12	8.78	8.45	8.49	8.47	−0.31
2012/7/13	14.98	8.78	8.78	8.78	−6.20
2012/7/26	9.54	13.82	13.80	13.81	4.27
2012/8/10	18.85	23.21	23.21	23.21	4.36
2012/8/27	17.37	18.46	18.46	18.46	1.09
2012/9/12	17.26	23.21	23.21	23.21	5.95
2012/9/27	12.74	17.26	17.26	17.26	4.52
2012/9/30	12.66	12.04	14.03	13.03	0.37
2012/10/11	14.17	11.97	13.83	12.90	−1.27
2012/10/30	15.86	13.57	13.50	13.54	−2.33
2012/11/8	14.60	14.28	14.36	14.32	−0.28
2012/11/26	13.37	13.46	12.98	13.22	−0.15
2012/12/10	12.7	12.56	12.75	12.66	−0.04
2012/12/25	13.11	12.39	12.39	12.39	−0.72
2013/1/10	13.96	—	—	—	—
2013/1/26	13.60	13.20	12.62	12.91	−0.69
2013/2/16	14.04	12.77	12.64	12.71	−1.34
2013/2/27	17.59	13.12	13.13	13.13	−4.46

（续）

监测日	实测值	时段预测值	逐日预测值	最终预测值	误差值
2013/3/10	15.17	15.01	15.01	15.01	−0.16
2013/3/25	13.41	13.92	13.92	13.92	0.51
2013/4/10	12.51	12.98	12.66	12.82	0.31
2013/4/27	17.60	15.08	16.20	15.64	−1.96
2013/5/13	13.20	15.32	14.18	14.75	1.55
2013/5/20	10.60	12.61	13.03	12.82	2.22
2013/6/7	16.05	23.21	23.21	23.21	7.16
2013/6/25	14.66	14.10	13.41	13.76	−0.91
2013/7/10	16.09	14.66	14.66	14.66	−1.43
2013/7/25	16.16	16.09	16.09	16.09	−0.07
2013/8/25	13.67	16.16	16.16	16.16	2.49
2013/9/10	11.98	13.18	12.76	12.97	0.99
2013/9/26	13.08	11.41	10.93	11.17	−1.91
2013/10/14	15.03	12.33	11.69	12.01	−3.02
2013/10/28	14.96	13.83	13.80	13.81	−1.15
2013/11/7	17.14	14.96	14.96	14.96	−2.18
2013/11/22	14.57	15.11	15.11	15.11	0.54
2013/12/7	14.59	14.05	14.05	14.05	−0.54
2013/12/24	13.61	13.29	12.74	13.02	−0.59
2014/1/10	19.17	—	—	—	—
2014/3/11	15.35	15.20	13.85	14.53	−0.83
2014/3/26	13.03	14.06	14.06	14.06	1.03
2014/4/10	12.98	12.31	12.31	12.31	−0.67
2014/4/23	17.83	14.33	14.18	14.26	−3.58
2014/5/8	11.86	15.67	15.67	15.67	3.81
2014/5/23	8.80	11.86	11.86	11.86	3.06
2014/6/10	9.13	8.80	8.80	8.80	−0.33
2014/6/25	7.13	9.13	9.13	9.13	2.00
02014/7/10	9.45	7.13	7.13	7.13	−2.32
2014/7/25	9.45	9.98	9.98	9.98	0.53
2014/8/11	11.98	13.77	14.84	14.31	2.33
2014/8/25	16.13	14.02	14.00	14.01	−2.12
2014/9/25	17.72	23.21	23.21	23.21	5.49
2014/10/10	16.95	17.38	17.38	17.38	0.43
2014/10/24	18.93	15.08	15.08	15.08	−3.85
2014/11/10	17.69	15.60	14.06	14.83	−2.86
2014/11/25	15.92	15.35	15.35	15.35	−0.57
2014/12/10	16.58	14.40	14.40	14.40	−2.18
2014/12/25	15.74	14.50	14.50	14.50	−1.24

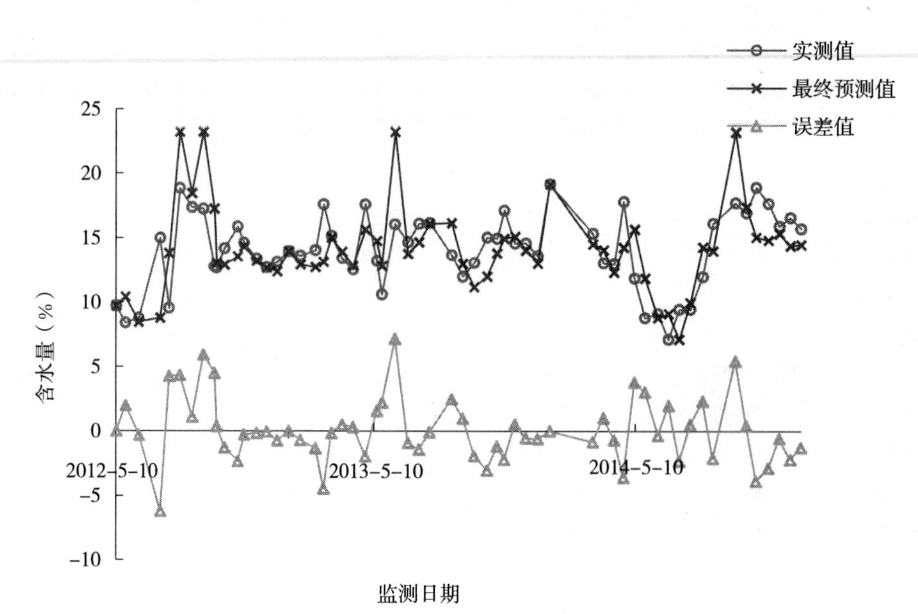

图 3-139　综合模型对 2012—2014 年建模数据自回归验证图（410482J009）

由表 3-223 和图 3-139 可见，模型综合应用得到的最终诊断结果中，误差大于 3 个质量含水量的个数为 13 个，占 23.21%，其中误差大于 5 个质量含水量的有 4 个，占 7.14%；如果将预测误差小于 3 个质量含水量作为合格预测结果，则综合模型预测合格率为 76.79%，自回归预测的平均误差为 1.95%，最大误差为 7.16%，最小误差为 0.04%。

表 3-224　综合模型对 2015 年历史监测数据的验证结果（410482J009）（%）

监测日	实测值	时段诊断值	逐日诊断值	最终预测值	误差值
2015/1/10	14.80	—	—	—	—
2015/1/24	15.00	13.61	13.55	13.58	−1.42
2015/2/10	13.48	13.99	13.38	13.69	0.21
2015/2/25	13.71	12.70	12.70	12.70	−1.01
2015/3/10	16.54	13.71	13.71	13.71	−2.83
2015/3/25	17.24	14.90	14.90	14.90	−2.34
2015/4/10	19.65	17.15	17.19	17.17	−2.48
2015/4/25	18.84	16.53	16.53	16.53	−2.31
2015/5/7	16.36	18.02	17.79	17.91	1.55
2015/5/25	10.43	16.36	16.36	16.36	5.93
2015/6/10	11.95	10.17	9.96	10.07	−1.88
2015/6/25	13.23	11.95	11.95	11.95	−1.28
2015/7/9	16.64	15.14	16.56	15.85	−0.79
2015/7/24	15.05	23.21	23.21	23.21	8.16
2015/8/12	16.93	15.05	15.05	15.05	−1.88
2015/8/25	15.69	15.08	15.09	15.09	−0.60

（续）

监测日	实测值	时段预测值	逐日预测值	最终预测值	误差值
2015/9/10	15.30	23.21	23.21	23.21	7.91
2015/9/25	13.59	14.19	14.19	14.19	0.60
2015/10/10	13.06	13.59	13.59	13.59	0.53
2015/10/23	11.40	12.31	12.31	12.31	0.91
2015/11/10	17.63	23.21	23.21	23.21	5.58
2015/11/27	24.21	23.21	23.21	23.21	−1.00
2015/12/10	17.05	18.33	18.33	18.33	1.28
2015/12/25	15.61	14.74	14.74	14.74	−0.87

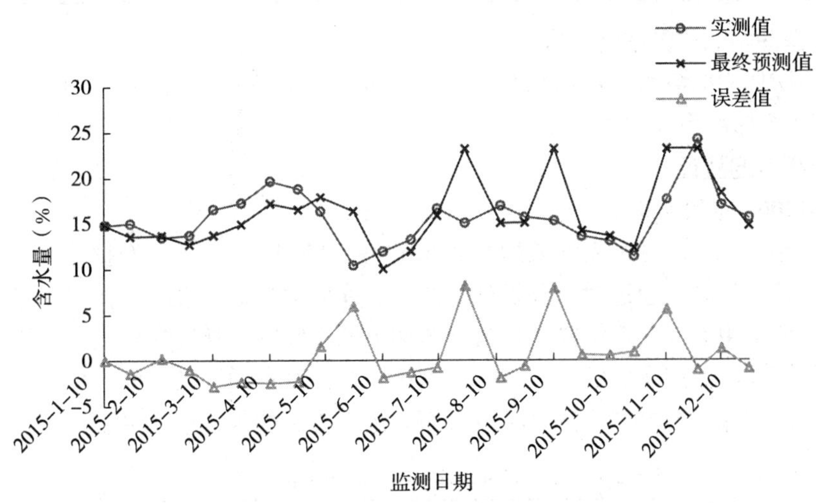

图 3-140　综合模型对 2015 年历史监测数据的验证图（410482J009）

由表 3-224 和图 3-140 可见，模型综合应用得到的最终诊断结果中，误差大于 3 个质量含水量的个数为 4 个，占 17.39%，其中误差大于 5 个质量含水量的有 4 个，占 17.39%；如果将预测误差小于 3 个质量含水量作为合格预测结果，则综合模型预测合格率为 82.61%，2015 年历史数据验证结果的平均误差为 2.32%，最大误差为 8.16%，最小误差为 0.21%。

综合模型自回归验证和 2015 年历史监测数据验证结果的合格率分别为 76.79% 和 82.61%。

二、郑州市新郑市验证

（一）基本情况

新郑市位于河南省中部，北靠郑州，南连长葛，东邻中牟尉氏，西接新密市，地理坐标为东经 113°30′～113°54′，北纬 34°16′～34°39′。全市总面积 873km²，辖 14 个乡（镇），337 个行政村。地势西高东低，西部为浅山丘陵区，东部为平原，西北部为丘岗地。新郑市属暖温带大陆性季风气候，冬半年受冬季风控制，多刮北风，下半年受夏季风控制，多刮南风，全年平均风速为 2.1m/s。冷暖适中，四季分明。春暖、夏热、秋爽、冬寒。年平均气温

14.4℃，年均日照时数为2 114.2h，年平均降水量735mm，全年无霜期208d。

（二）土壤墒情监测状况

郑州市新郑市2012年纳入全国土壤墒情网开始进行土壤墒情监测工作，全区共设10个农田监测点，本次验证的监测点主要信息情况表3-225。

表3-225 郑州市新郑市土壤墒情监测点设置情况

监测点编号	设置时间	所处位置	经度	纬度	主要种植作物	土壤类型
410184J005	2012	新郑市观沟村	113°46′	34°29′	冬小麦、夏玉米	砂土
410184J006	2012	新郑市赵郭李村	113°47′	34°27′	冬小麦、夏玉米	砂壤土
410184J007	2012	新郑市东王马村	113°49′	34°25′	冬小麦、夏玉米	砂土
410184J009	2012	新郑市牌坊庄村	113°44′	34°28′	冬小麦、夏玉米	砂壤土

（三）模型使用的气象台站情况

诊断模型所使用的降水量数据来源于57083号国家气象站，该台站位于河南省郑州市，经度为113°39′，纬度为34°43′。

（四）监测点的验证

1. 410184J005 监测点验证

该监测点距离57083号国家气象站约28km。采用2012—2014年数据建立6个墒情诊断模型并进行了诊断计算，通过对比分析计算结果、实测含水量数据和气象台站降水量数据，发现诊断模型所采用的气象台站降水量与该监测点的实际降水情况比较吻合，因此未对模型输入参数进行调整。使用建立的6个诊断模型进行该监测点的墒情诊断，依据诊断结果并按照综合模型应用流程进行模型优选，时段诊断和逐日诊断的优选模型见表3-226。

表3-226 新郑市410184J005监测点优选诊断模型

项目	优选模型名称
时段诊断	差减统计法、间隔天数统计法、移动统计法
逐日诊断	差减统计法、间隔天数统计法、统计法

按照综合模型应用流程对该监测点进行了建模数据的自回归验证和2015年数据的验证。综合模型建模数据自回归验证结果见表3-227和图3-141，2015年历史数据验证结果见表3-228和图3-142（2015年未进行降水量的调整）。

表3-227 综合模型对2012—2014年建模数据自回归验证结果（410184J005）（%）

监测日	实测值	时段诊断值	逐日诊断值	最终预测值	误差值
2012/4/25	11.12	—	—	—	—
2012/5/10	5.61	8.33	8.33	8.33	2.72
2012/6/25	5.39	2.64	6.82	4.73	−0.66
2012/7/12	11.23	11.00	11.03	11.02	−0.21
2012/8/10	6.93	11.23	11.23	11.23	4.30
2012/9/10	9.30	10.95	10.24	10.59	1.29

（续）

监测日	实测值	时段预测值	逐日预测值	最终预测值	误差值
2012/9/25	7.70	9.30	9.30	9.30	1.60
2012/10/9	7.66	9.75	9.29	9.52	1.86
2012/11/10	4.70	5.67	7.44	6.56	1.86
2012/11/26	6.42	6.84	6.65	6.75	0.33
2012/12/10	6.51	7.12	6.85	6.99	0.48
2012/12/26	7.29	7.27	7.28	7.27	−0.02
2013/1/11	6.11	—	—	—	—
2013/1/25	7.49	7.10	6.71	6.91	−0.58
2013/2/15	7.52	6.88	7.43	7.16	−0.37
2013/2/27	7.46	7.24	7.14	7.19	−0.27
2013/3/10	7.15	7.24	7.11	7.17	0.02
2013/3/26	6.04	7.06	7.11	7.08	1.04
2013/4/11	6.71	7.29	7.24	7.26	0.55
2013/4/22	8.70	7.46	7.21	7.34	−1.36
2013/5/13	7.36	7.56	7.72	7.64	0.28
2013/5/29	14.48	13.48	13.48	13.48	−1.00
2013/6/7	12.03	8.69	8.52	8.6	−3.43
2013/6/25	8.26	8.15	7.81	7.98	−0.28
2013/7/16	9.52	8.26	8.26	8.26	−1.26
2013/8/12	5.07	9.52	9.52	9.52	4.45
2013/8/29	5.81	5.07	5.07	5.07	−0.74
2013/9/5	8.22	6.37	6.66	6.52	−1.70
2013/9/26	4.75	7.08	7.26	7.17	2.42
2013/10/11	4.63	6.37	5.83	6.10	1.47
2013/10/26	3.93	6.64	5.99	6.32	2.39
2013/11/11	11.30	3.93	3.93	3.93	−7.37
2013/11/26	10.00	8.92	8.92	8.92	−1.08
2013/12/10	9.28	7.29	8.07	7.68	−1.60
2013/12/26	5.80	7.66	7.35	7.50	1.70
2014/1/11	5.48	—	—	—	—
2014/1/26	5.25	6.68	6.17	6.42	1.17
2014/2/10	9.85	7.25	7.00	7.12	−2.73
2014/2/21	10.66	7.71	8.49	8.10	−2.56
2014/3/10	8.87	7.67	7.65	7.66	−1.21
2014/3/26	6.66	7.50	7.54	7.52	0.86
2014/4/10	6.62	7.20	6.76	6.98	0.36

（续）

监测日	实测值	时段预测值	逐日预测值	最终预测值	误差值
2014/4/28	10.02	6.62	6.62	6.62	−3.40
2014/5/10	9.66	8.22	8.57	8.39	−1.27
2014/5/25	8.58	9.66	9.66	9.66	1.08
2014/6/10	6.51	7.03	7.40	7.22	0.71
2014/6/26	11.12	6.51	6.51	6.51	−4.61
2014/7/10	9.76	11.12	11.12	11.12	1.36
2014/7/25	5.66	8.26	8.26	8.26	2.60
2014/8/10	10.27	10.87	10.00	10.43	0.16
2014/8/25	8.22	8.11	8.18	8.14	−0.08
2014/9/10	12.49	8.22	8.22	8.22	−4.27
2014/9/25	10.24	13.48	13.48	13.48	3.24
2014/10/10	11.45	11.42	10.28	10.85	−0.60
2014/10/25	11.32	8.81	8.81	8.81	−2.51
2014/11/10	9.66	7.83	7.66	7.75	−1.91
2014/11/26	10.66	7.91	7.84	7.88	−2.78
2014/12/10	10.17	8.45	8.45	8.45	−1.72
2014/12/25	7.92	8.12	8.12	8.12	0.20

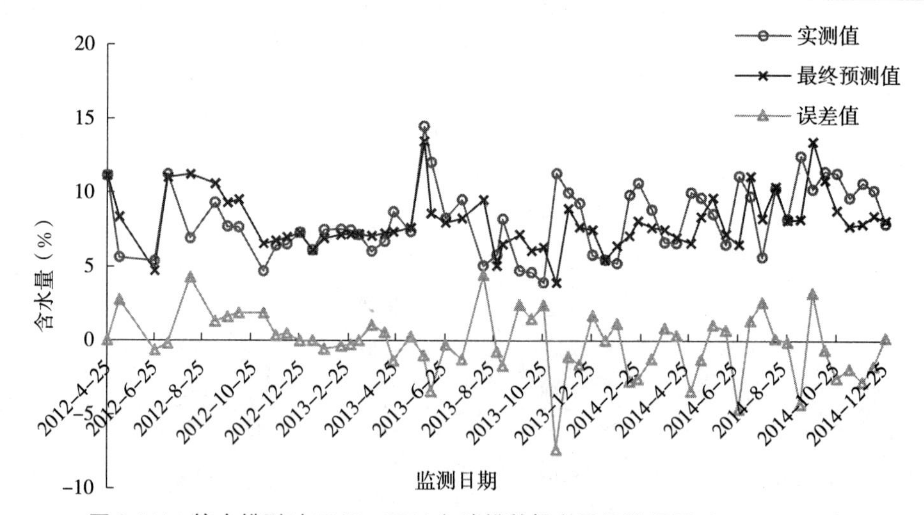

图 3-141　综合模型对 2012—2014 年建模数据自回归验证图（410184J005）

由表 3-227 和图 3-141 可见，模型综合应用得到的最终诊断结果中，误差大于 3 个质量含水量的个数为 8 个，占 14.29%，其中误差大于 5 个质量含水量的有 1 个，占 1.79%；如果将预测误差小于 3 个质量含水量作为合格预测结果，则综合模型预测合格率为 85.71%，自回归预测的平均误差为 1.64%，最大误差为 7.37%，最小误差为 0.02%。

表 3-228　综合模型对 2015 年历史监测数据的验证结果（410184J005）（%）

监测日	实测值	时段诊断值	逐日诊断值	最终预测值	误差值
2015/1/10	11.19	—	—	—	—
2015/1/25	11.07	8.24	8.48	8.36	−2.71
2015/2/10	9.67	8.46	7.83	8.15	−1.53
2015/2/26	8.88	7.66	7.48	7.57	−1.31
2015/3/10	8.13	7.63	7.81	7.72	−0.41
2015/3/25	9.77	7.95	7.89	7.92	−1.85
2015/4/10	9.99	10.13	10.36	10.25	0.26
2015/4/24	9.34	8.51	8.51	8.51	−0.83
2015/5/12	9.58	10.33	11.10	10.72	1.14
2015/5/29	7.35	7.66	7.41	7.53	0.18
2015/6/9	7.80	7.29	7.09	7.19	−0.61
2015/6/30	10.37	11.06	11.32	11.19	0.82
2015/7/25	8.76	12.71	10.61	11.66	2.90
2015/8/10	7.92	8.76	8.76	8.76	0.84

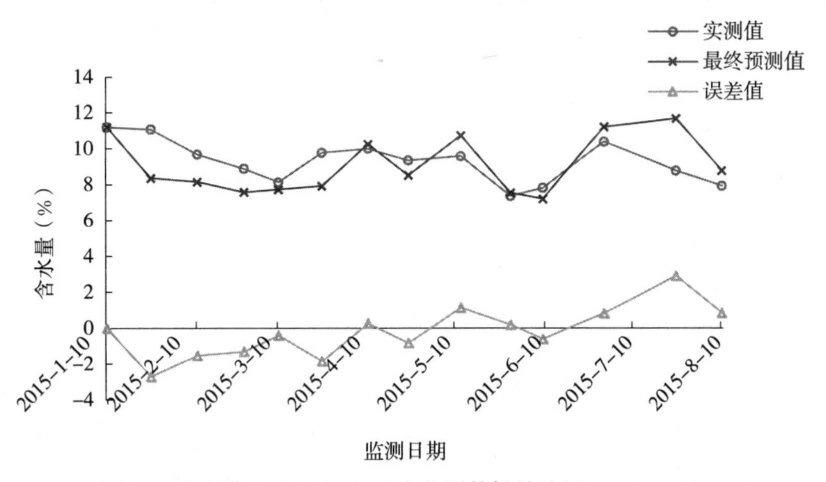

图 3-142　综合模型对 2015 年历史监测数据的验证图（410184J005）

由表 3-228 和图 3-142 可见，模型综合应用得到的最终诊断结果中，未出现误差大于 3 个质量含水量的预测结果；如果将预测误差小于 3 个质量含水量作为合格预测结果，则综合模型预测合格率为 100%，2015 年历史数据验证结果的平均误差为 1.18%，最大误差为 2.90%，最小误差为 0.18%。

综合模型自回归验证和 2015 年历史监测数据验证结果的合格率分别为 85.71% 和 100.00%。

2. 410184J006 监测点验证

该监测点距离 57083 号国家气象站约 33km。采用 2012—2014 年数据建立 6 个墒情诊断模型并进行了诊断计算，根据计算结果以及实测含水量数据和气象台站降水量数据的对比分析，确定在 2013 年 3 月 20 日增加了 50mm 灌溉量，2013 年 10 月 20 日、11 月 5 日和 2014

年 9 月 4 日均增加 40mm 灌溉量。使用调整后的降水量重新建立 6 个诊断模型并确定模型参数，据此进行该监测点的墒情诊断，依据诊断结果并按照综合模型应用流程进行模型优选，时段诊断和逐日诊断的优选模型见表 3-229。

表 3-229 新郑市 410184J006 监测点优选诊断模型

项目	优选模型名称
时段诊断	统计法、间隔天数统计法、移动统计法
逐日诊断	统计法、间隔天数统计法、差减统计法

按照综合模型应用流程对该监测点进行了建模数据的自回归验证和 2015 年数据的验证。综合模型建模数据自回归验证结果见表 3-230 和图 3-143，2015 年历史数据验证结果见表 3-231和图 3-144（2015 年未进行降水量的调整）。

表 3-230 综合模型对 2012—2014 年建模数据自回归验证结果（410184J006）（%）

监测日	实测值	时段诊断值	逐日诊断值	最终预测值	误差值
2012/4/25	15.75	—	—	—	—
2012/5/10	8.48	12.27	12.52	12.40	3.92
2012/6/25	10.13	8.12	9.96	9.04	−1.09
2012/7/12	15.00	15.11	15.06	15.09	0.09
2012/7/25	5.95	11.73	12.92	12.33	6.38
2012/8/10	12.76	13.00	14.01	13.51	0.75
2012/9/10	12.46	16.74	14.38	15.56	3.10
2012/9/25	13.72	12.46	12.46	12.46	−1.26
2012/10/9	10.61	14.23	13.71	13.97	3.36
2012/11/10	11.89	10.34	10.80	10.57	−1.32
2012/11/26	12.36	11.24	10.75	11.00	−1.36
2012/12/10	11.33	11.19	11.40	11.30	−0.03
2012/12/26	13.18	11.06	10.93	11.00	−2.18
2013/1/11	12.49	—	—	—	—
2013/1/25	13.59	11.45	11.46	11.45	−2.14
2013/2/15	12.10	11.65	11.43	11.54	−0.56
2013/2/27	12.08	11.06	11.07	11.07	−1.01
2013/3/10	11.36	11.05	11.05	11.05	−0.31
2013/3/26	15.94	14.41	14.20	14.31	−1.63
2013/4/11	14.86	12.59	11.90	12.25	−2.61
2013/4/22	16.57	11.68	12.60	12.14	−4.43
2013/5/13	12.61	13.07	12.05	12.56	−0.05
2013/5/29	18.10	17.10	17.10	17.10	−1.00
2013/6/7	15.63	13.19	15.06	14.12	−1.51

（续）

监测日	实测值	时段预测值	逐日预测值	最终预测值	误差值
2013/6/25	12.19	12.35	11.57	11.96	−0.23
2013/7/16	13.05	12.19	12.19	12.19	−0.86
2013/8/12	5.82	13.05	13.05	13.05	7.23
2013/8/29	10.79	5.82	5.82	5.82	−4.97
2013/9/5	6.55	10.38	10.69	10.53	3.98
2013/9/26	7.78	8.88	9.38	9.13	1.35
2013/10/11	8.25	8.58	8.81	8.69	0.44
2013/10/26	13.08	8.25	8.25	8.25	−4.83
2013/11/11	17.36	15.25	14.99	15.12	−2.24
2013/11/26	16.41	13.60	13.74	13.67	−2.74
2013/12/10	15.72	12.26	12.73	12.50	−3.22
2013/12/26	11.00	12.26	11.45	11.86	0.86
2014/1/11	10.12	—	—	—	—
2014/1/26	10.08	9.67	10.03	9.85	−0.23
2014/2/10	12.94	10.80	10.87	10.84	−2.10
2014/2/21	13.58	11.77	12.15	11.96	−1.62
2014/3/10	11.78	11.70	11.01	11.36	−0.42
2014/3/26	9.26	11.16	10.85	11.00	1.74
2014/4/10	8.56	9.27	9.61	9.44	0.88
2014/4/28	14.90	8.56	8.56	8.56	−6.34
2014/5/10	10.24	11.71	12.92	12.32	2.08
2014/5/25	8.73	10.24	10.24	10.24	1.51
2014/6/10	9.35	9.50	9.96	9.73	0.38
2014/6/26	9.26	9.35	9.35	9.35	0.09
2014/7/10	11.63	9.26	9.26	9.26	−2.37
2014/7/25	8.80	11.23	11.23	11.23	2.43
2014/8/10	12.66	13.26	13.71	13.48	0.82
2014/8/25	12.06	11.40	11.40	11.40	−0.66
2014/9/10	17.10	15.09	15.21	15.15	−1.95
2014/9/25	17.23	17.1	17.10	17.10	−0.13
2014/10/10	14.04	15.33	15.33	15.33	1.29
2014/10/25	13.78	12.35	12.43	12.39	−1.39
2014/11/10	12.93	11.71	11.00	11.36	−1.57
2014/11/26	13.93	11.87	11.37	11.62	−2.31
2014/12/10	14.54	12.10	12.20	12.15	−2.39
2014/12/25	13.26	11.82	12.12	11.97	−1.29

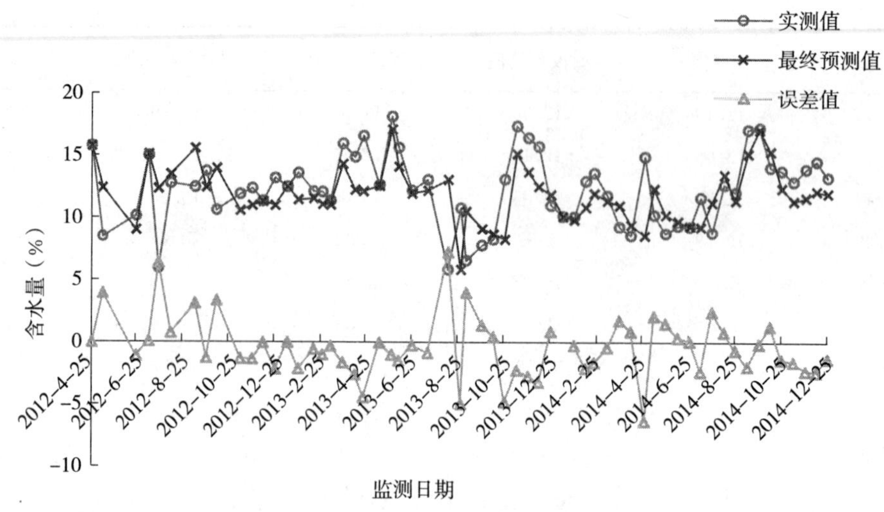

图 3-143　综合模型对 2012—2014 年建模数据自回归验证图（410184J006）

由表 3-230 和图 3-143 可见，模型综合应用得到的最终诊断结果中，误差大于 3 个质量含水量的个数为 11 个，占 19.30%，其中误差大于 5 个质量含水量的有 3 个，占 5.26%；如果将预测误差小于 3 个质量含水量作为合格预测结果，则综合模型预测合格率为 90.70%，自回归预测的平均误差为 1.91%，最大误差为 7.23%，最小误差为 0.03%。

表 3-231　综合模型对 2015 年历史监测数据的验证结果（410184J006）（%）

监测日	实测值	时段诊断值	逐日诊断值	最终预测值	误差值
2015/1/10	14.52	—	—	—	—
2015/1/25	13.45	11.73	12.28	12.00	−1.45
2015/2/10	12.10	11.98	11.26	11.62	−0.48
2015/2/26	12.36	11.11	10.60	10.86	−1.50
2015/3/10	12.17	11.19	11.25	11.22	−0.95
2015/3/25	12.90	11.68	11.68	11.68	−1.22
2015/4/10	13.40	14.67	14.37	14.52	1.12
2015/4/24	13.07	12.31	12.31	12.31	−0.76
2015/5/12	15.27	15.08	15.28	15.18	−0.09
2015/5/29	11.31	11.85	11.39	11.62	0.31
2015/6/9	11.61	10.69	10.69	10.69	−0.92
2015/6/30	15.86	15.59	15.63	15.61	−0.25
2015/7/26	12.86	15.86	15.86	15.86	3.00
2015/8/10	12.53	12.86	12.86	12.86	0.33

由表 3-231 和图 3-144 可见，模型综合应用得到的最终诊断结果中，误差大于 3 个质量含水量的个数为 1 个，占 7.69%，未出现误差大于 5 个质量含水量的预测结果；如果将预测误差小于 3 个质量含水量作为合格预测结果，则综合模型预测合格率为 92.31%，2015 年历史数据验证结果的平均误差为 0.95%，最大误差为 3.00%，最小误差为 0.09%。

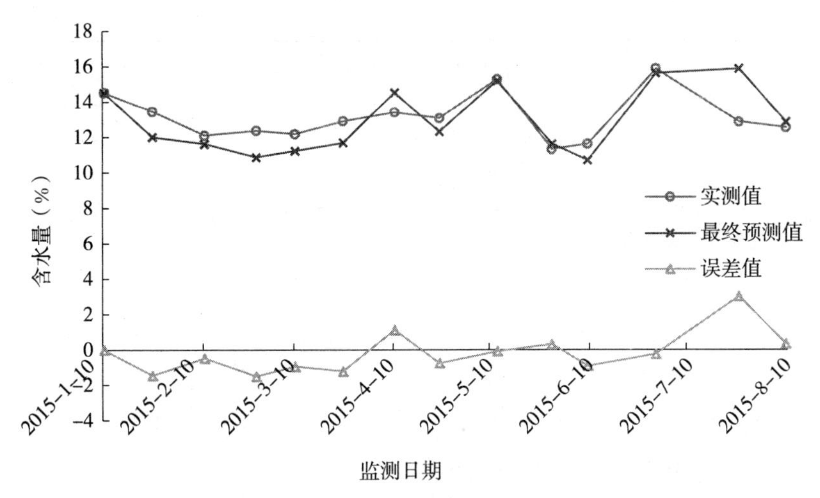

图 3-144　综合模型对 2015 年历史监测数据的验证图（410184J006）

综合模型自回归验证和 2015 年历史监测数据验证结果的合格率分别为 90.70%和 92.31%。

3. 410184J007 监测点验证

该监测点距离 57083 号国家气象站约 38km。采用 2012—2014 年数据建立 6 个墒情诊断模型并进行了诊断计算，通过对比分析计算结果、实测含水量数据和气象台站降水量数据，发现诊断模型所采用的气象台站降水量与该监测点的实际降水情况比较吻合，因此未对模型输入参数进行调整。使用建立的 6 个诊断模型进行该监测点的墒情诊断，依据诊断结果并按照综合模型应用流程进行模型优选，依据诊断结果并按照综合模型应用流程进行模型优选，时段诊断和逐日诊断的优选模型见表 3-232。

表 3-232　新郑市 410184J007 监测点优选诊断模型

项目	优选模型名称
时段诊断	经验统计法、间隔天数统计法、移动统计法
逐日诊断	经验统计法、间隔天数统计法、差减统计法

按照综合模型应用流程对该监测点进行了建模数据的自回归验证和 2015 年数据的验证。综合模型建模数据自回归验证结果见表 3-233 和图 3-145，2015 年历史数据验证结果见表 3-234和图 3-146（2015 年 1 月 19 日增加了 40mm 降水量）。

表 3-233　综合模型对 2012—2014 年建模数据自回归验证结果（410184J007）（%）

监测日	实测值	时段诊断值	逐日诊断值	最终预测值	误差值
2012/4/25	13.26	—	—	—	—
2012/5/10	5.27	7.54	7.56	7.55	2.28
2012/6/25	7.81	6.69	7.38	7.03	−0.78
2012/7/12	13.72	11.00	11.38	11.19	−2.53
2012/7/25	4.56	7.41	8.09	7.75	3.19

（续）

监测日	实测值	时段预测值	逐日预测值	最终预测值	误差值
2012/8/10	9.64	11.29	10.20	10.74	1.10
2012/9/10	8.87	13.04	10.66	11.85	2.98
2012/9/25	8.32	8.87	8.87	8.87	0.55
2012/10/9	5.57	9.75	9.57	9.66	4.09
2012/11/10	6.55	7.24	7.64	7.44	0.89
2012/11/26	7.88	7.16	7.47	7.31	−0.57
2012/12/10	7.17	7.24	7.65	7.44	0.27
2012/12/26	7.86	7.27	7.67	7.47	−0.39
2013/1/11	7.24	—	—	—	—
2013/1/25	8.15	7.10	7.47	7.29	−0.86
2013/2/15	7.90	7.53	7.74	7.63	−0.27
2013/2/27	7.56	7.24	7.53	7.38	−0.18
2013/3/10	6.87	7.24	7.43	7.33	0.46
2013/3/26	7.66	7.06	7.47	7.26	−0.40
2013/4/11	6.84	7.68	7.72	7.70	0.86
2013/4/22	7.46	7.50	7.50	7.50	0.04
2013/5/13	6.39	7.63	7.75	7.69	1.30
2013/5/29	15.67	14.67	14.67	14.67	−1.00
2013/6/7	13.71	5.80	10.97	8.38	−5.33
2013/6/25	7.94	7.41	7.92	7.67	−0.27
2013/7/16	8.31	7.94	7.94	7.94	−0.37
2013/8/12	4.00	8.31	8.31	8.31	4.31
2013/8/29	4.25	4.00	4.00	4.00	−0.25
2013/9/5	5.83	5.66	5.74	5.70	−0.13
2013/9/26	4.74	7.18	7.33	7.26	2.52
2013/10/11	4.89	6.12	6.11	6.12	1.23
2013/10/26	9.21	6.31	6.31	6.31	−2.90
2013/11/11	11.68	9.21	9.21	9.21	−2.47
2013/11/26	10.49	8.95	8.99	8.97	−1.52
2013/12/26	6.05	7.66	7.62	7.64	1.59
2014/1/11	5.68	—	—	—	—
2014/1/26	5.33	6.68	6.87	6.77	1.44
2014/2/10	8.47	6.91	6.93	6.92	−1.55
2014/2/21	9.47	7.71	8.17	7.94	−1.53
2014/3/10	8.29	7.67	7.59	7.63	−0.66
2014/3/26	7.73	7.50	7.66	7.58	−0.15

（续）

监测日	实测值	时段预测值	逐日预测值	最终预测值	误差值
2014/4/10	6.89	7.27	7.49	7.38	0.49
2014/4/28	9.81	6.89	6.89	6.89	−2.92
2014/5/10	7.22	8.21	8.57	8.39	1.17
2014/5/25	6.86	7.22	7.22	7.22	0.36
2014/6/10	10.07	7.03	7.48	7.26	−2.81
2014/6/26	10.64	10.07	10.07	10.07	−0.57
2014/7/10	9.96	10.64	10.64	10.64	0.68
2014/7/25	5.99	8.36	8.36	8.36	2.37
2014/8/10	10.50	10.87	9.96	10.41	−0.09
2014/8/25	8.43	8.11	8.29	8.20	−0.23
2014/9/25	11.11	14.67	14.67	14.67	3.56
2014/10/10	12.59	11.42	10.67	11.04	−1.55
2014/10/25	11.71	8.44	8.44	8.44	−3.27
2014/11/10	9.23	7.83	7.73	7.78	−1.45
2014/11/26	10.23	7.91	7.87	7.89	−2.34
2014/12/10	10.76	8.39	8.39	8.39	−2.37
2014/12/25	8.67	8.33	8.32	8.33	−0.34

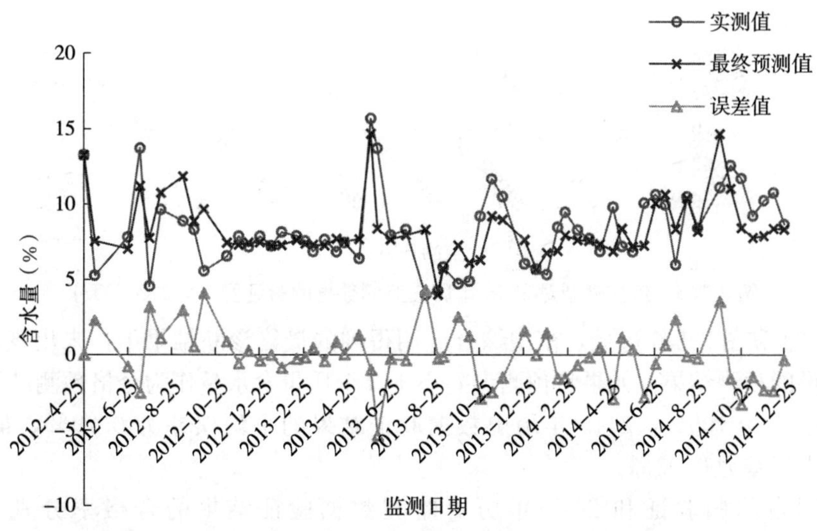

图 3-145　综合模型对 2012—2014 年建模数据自回归验证图（410184J007）

由表 3-233 和图 3-145 可见，模型综合应用得到的最终诊断结果中，误差大于 3 个质量含水量的个数为 6 个，占 10.91%，其中误差大于 5 个质量含水量的有 1 个，占 1.82%；如果将预测误差小于 3 个质量含水量作为合格预测结果，则综合模型预测合格率为 89.19%，自回归预测的平均误差为 1.45%，最大误差为 5.33%，最小误差为 0.04%。

表 3-234 综合模型对 2015 年历史监测数据的验证结果（410184J007）（%）

监测日	实测值	时段诊断值	逐日诊断值	最终预测值	误差值
2015/1/10	11.67	—	—	—	—
2015/1/25	11.92	11.67	11.67	11.67	−0.25
2015/2/10	9.21	8.48	7.95	8.22	−0.99
2015/2/26	8.53	7.86	7.56	7.71	−0.82
2015/3/10	8.52	7.70	7.73	7.72	−0.8
2015/3/25	10.11	8.09	8.09	8.09	−2.02
2015/4/10	10.50	10.69	10.72	10.70	0.20
2015/4/24	9.27	8.71	8.71	8.71	−0.56
2015/5/12	10.23	11.02	11.49	11.25	1.02
2015/5/29	7.82	7.98	7.60	7.79	−0.03
2015/6/9	7.45	7.52	7.52	7.52	0.07
2015/6/30	11.65	10.64	11.21	10.92	−0.73
2015/7/25	8.68	11.58	10.65	11.11	2.43
2015/8/10	8.28	8.68	8.68	8.68	0.40

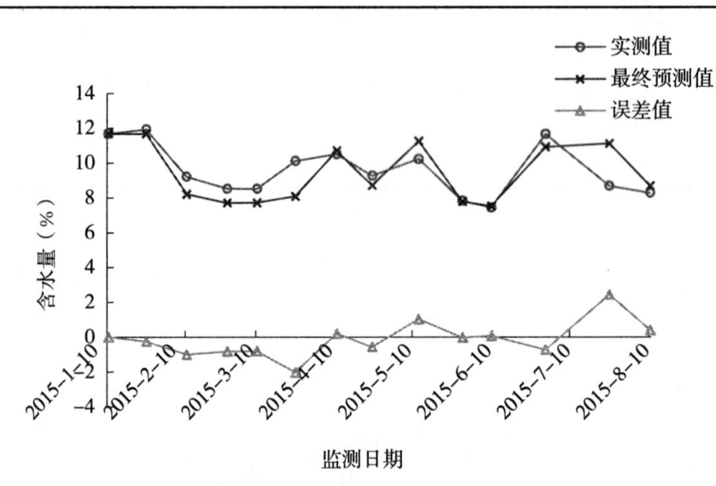

图 3-146 综合模型对 2015 年历史监测数据的验证图（410184J007）

由表 3-234 和图 3-146 可见，模型综合应用得到的最终诊断结果中，未出现误差大于 3 个质量含水量的预测结果；如果将预测误差小于 3 个质量含水量作为合格预测结果，则综合模型预测合格率为 100%，2015 年历史数据验证结果的平均误差为 0.79%，最大误差为 2.43%，最小误差为 0.03%。

综合模型自回归验证和 2015 年历史监测数据验证结果的合格率分别为 89.19% 和 100.00%。

4. 410184J009 监测点验证

该监测点距离 57083 号国家气象站约 30km。采用 2012—2014 年数据建立 6 个墒情诊断模型并进行了诊断计算，根据计算结果以及实测含水量数据和气象台站降水量数据的对比分析，确定在 2013 年 3 月 4 日增加了 40mm 灌溉量，2013 年 10 月 20 日增加了 50mm 灌溉量，2013 年 11 月 20 日增加了 80mm 灌溉量，2014 年 4 月 22 日和 9 月 4 日均增加 50mm 灌溉量。使用调整后的降水量重新建立 6 个诊断模型并确定模型参数，据此进行该监测点的墒情诊断，依据诊断结果并按照综合模型应用流程进行模型优选，时段诊断和逐日诊断的优选模型见表 3-235。

表 3-235　新郑市 410184J009 监测点优选诊断模型

项目	优选模型名称
时段诊断	经验统计法、差减统计法、移动统计法
逐日诊断	经验统计法、差减统计法、间隔天数统计法

按照综合模型应用流程对该监测点进行了建模数据的自回归验证和 2015 年数据的验证。综合模型建模数据自回归验证结果见表 3-236 和图 3-147，2015 年历史数据验证结果见表 3-237和图 3-148（2015 年未进行降水量的调整）。

表 3-236　综合模型对 2012—2014 年建模数据自回归验证结果（410184J009）（%）

监测日	实测值	时段诊断值	逐日诊断值	最终预测值	误差值
2012/4/25	18.57	—	—	—	—
2012/5/10	9.18	11.69	11.70	11.70	2.52
2012/6/25	10.87	9.33	10.31	9.82	−1.05
2012/7/12	16.64	16.06	16.67	16.37	−0.27
2012/7/25	12.17	12.29	13.15	12.72	0.55
2012/8/10	15.53	15.60	15.90	15.75	0.22
2012/9/10	13.92	20.39	15.77	18.08	4.16
2012/9/25	14.27	13.92	13.92	13.92	−0.35
2012/10/9	12.06	14.88	14.70	14.79	2.73
2012/11/10	13.08	11.55	11.03	11.29	−1.79
2012/11/26	11.17	11.76	11.05	11.41	0.24
2012/12/10	9.98	10.49	10.87	10.68	0.70
2012/12/26	11.26	9.83	10.78	10.30	−0.96
2013/1/11	12.78	—	—	—	—
2013/1/25	13.07	11.55	11.55	11.55	−1.52
2013/2/15	12.80	11.84	11.32	11.58	−1.22
2013/2/27	12.25	11.34	11.35	11.35	−0.90
2013/3/10	15.86	14.92	13.48	14.20	−1.66
2013/3/26	14.24	12.42	11.52	11.97	−2.27
2013/4/11	13.10	12.40	11.57	11.99	−1.11
2013/4/22	12.54	11.92	11.92	11.92	−0.62
2013/5/13	13.02	12.16	11.35	11.76	−1.26
2013/5/29	16.47	19.41	19.41	19.41	2.94

（续）

监测日	实测值	时段预测值	逐日预测值	最终预测值	误差值
2013/6/7	15.82	12.23	17.27	14.75	−1.07
2013/6/25	12.99	12.34	11.46	11.90	−1.09
2013/7/16	13.32	12.99	12.99	12.99	−0.33
2013/8/12	10.07	13.32	13.32	13.32	3.25
2013/8/29	5.73	10.07	10.07	10.07	4.34
2013/9/5	4.69	6.14	7.45	6.80	2.11
2013/9/26	6.95	6.42	7.97	7.19	0.24
2013/10/11	6.65	6.96	8.48	7.72	1.07
2013/10/26	13.15	13.23	11.27	12.25	−0.90
2013/11/26	20.41	18.67	18.41	18.54	−1.87
2013/12/10	15.08	10.93	11.02	10.97	−4.11
2013/12/26	11.62	12.14	11.14	11.64	0.02
2014/1/11	10.61	—	—	—	—
2014/1/26	10.55	10.42	10.42	10.42	−0.13
2014/2/10	14.38	11.13	11.13	11.13	−3.25
2014/2/21	15.64	12.34	12.79	12.56	−3.08
2014/3/10	13.60	12.23	11.32	11.77	−1.83
2014/3/26	8.69	11.95	11.25	11.60	2.91
2014/4/10	8.66	9.06	9.63	9.35	0.69
2014/4/28	17.07	19.41	19.41	19.41	2.34
2014/5/10	10.43	12.37	13.14	12.76	2.33
2014/5/25	10.05	10.43	10.43	10.43	0.38
2014/6/10	7.78	9.47	10.50	9.99	2.21
2014/6/26	7.22	7.78	7.78	7.78	0.56
2014/7/10	12.79	7.22	7.22	7.22	−5.57
2014/7/25	9.34	11.76	11.76	11.76	2.42
2014/8/10	12.50	13.43	14.34	13.88	1.38
2014/8/25	11.99	10.82	11.27	11.04	−0.95
2014/9/10	18.92	19.41	19.41	19.41	0.49
2014/9/25	18.10	19.41	19.41	19.41	1.31
2014/10/10	15.85	16.36	16.43	16.40	0.55
2014/10/25	14.95	12.95	13.00	12.97	−1.98
2014/11/10	13.79	12.15	11.13	11.64	−2.15
2014/11/26	14.99	12.21	11.54	11.87	−3.12
2014/12/10	15.81	12.58	12.59	12.58	−3.23
2014/12/25	12.30	12.15	12.17	12.16	−0.14

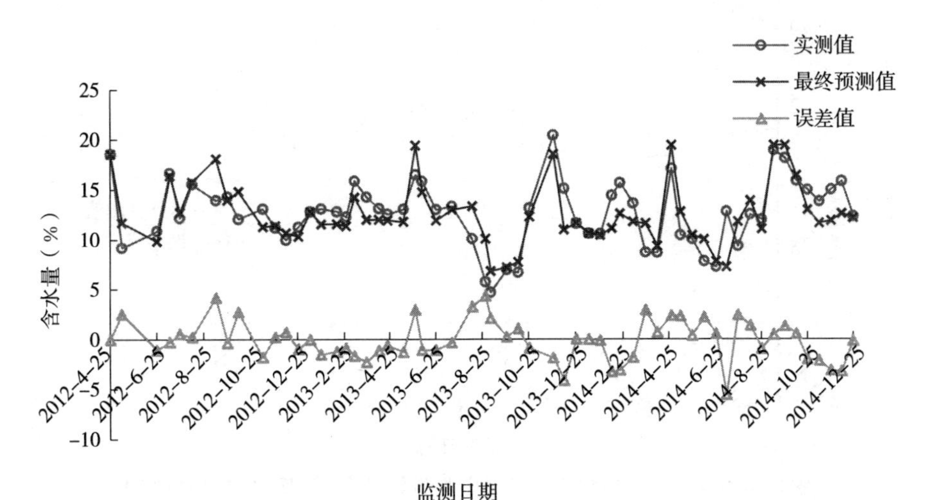

图 3-147 综合模型对 2012—2014 年建模数据自回归验证图（410184J009）

由表 3-236 和图 3-147 可见，模型综合应用得到的最终诊断结果中，误差大于 3 个质量含水量的个数为 9 个，占 16.07%，其中误差大于 5 个质量含水量的有 1 个，占 1.79%；如果将预测误差小于 3 个质量含水量作为合格预测结果，则综合模型预测合格率为 83.93%，自回归预测的平均误差为 1.65%，最大误差为 5.57%，最小误差为 0.02%。

表 3-237 综合模型对 2015 年历史监测数据的验证结果（410184J009）（%）

监测日	实测值	时段诊断值	逐日诊断值	最终预测值	误差值
2015/1/10	13.46	—	—	—	—
2015/1/25	13.06	11.82	11.82	11.82	−1.24
2015/2/10	13.04	11.85	11.17	11.51	−1.53
2015/2/26	12.76	11.50	10.85	11.17	−1.59
2015/3/10	12.60	11.33	11.38	11.35	−1.25
2015/3/25	14.40	11.89	11.89	11.89	−2.51
2015/4/10	14.50	15.64	16.01	15.83	1.33
2015/4/24	13.93	12.80	12.80	12.80	−1.13
2015/5/12	14.61	16.40	17.28	16.84	2.23
2015/5/29	11.94	12.11	11.05	11.58	−0.36
2015/6/9	11.04	10.80	11.02	10.91	−0.13
2015/6/30	15.14	15.90	15.92	15.91	0.77
2015/7/25	12.45	17.01	15.57	16.29	3.84
2015/8/10	12.94	12.45	12.45	12.45	−0.49

由表 3-237 和图 3-148 可见，模型综合应用得到的最终诊断结果中，误差大于 3 个质量含水量的个数为 1 个，占 7.69%，未出现误差大于 5 个质量含水量的预测结果；如果将预测误差小于 3 个质量含水量作为合格预测结果，则综合模型预测合格率为 92.31%，2015 年历史数据验证结果的平均误差为 1.42%，最大误差为 3.84%，最小误差为 0.13%。

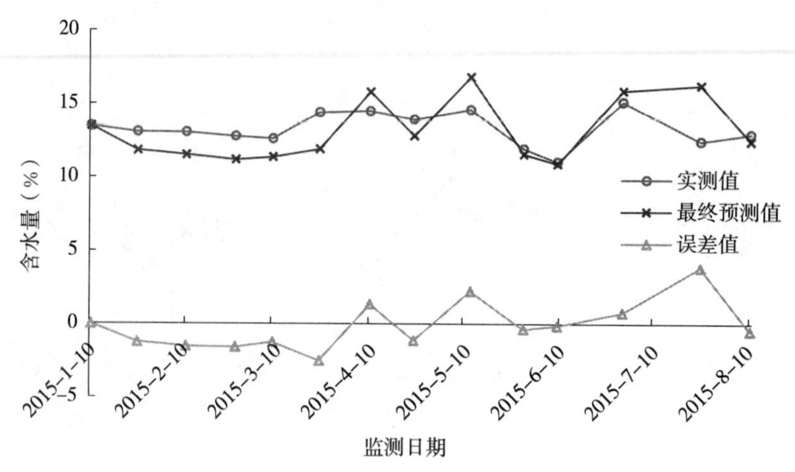

图 3-148　综合模型对 2015 年历史监测数据的验证图（410184J009）

综合模型自回归验证和 2015 年历史监测数据验证结果的合格率分别为 83.93% 和 92.31%。

三、洛阳市偃师市验证

（一）基本情况

偃师市位于河南省中西部地区的洛阳盆地东隅，地理坐标为东经 112°26′～113°00′，北纬 34°28′～34°50′之间，总面积 948.43km²，下辖 9 镇 2 乡 1 区。偃师市南北高中间低，地貌景观略呈槽形，地表形态复杂多样，大体可分为山地、丘陵、坡地、平原四种类型。南部万安山，山势由东向西降低，海拔 300～900m，万安山北侧为丘陵和洪积冲积坡地，海拔 150～400m，中部伊洛河冲积平原，地势平坦，海拔 115～135m，北部邙山丘陵，东西走向，岭脊突起，海拔 140～300m。偃师市地处暖温带地区，属暖温带大陆性季风气候。年平均气温为 14.2℃，无霜期年平均为 211d，年平均降水量在 500～600mm 之间，全年实际日照时数为 2248.3 小时，多年平均风向以东北风、西风最多，其次是东风、南风，北风最小。年平均相对湿度为 69%。

（二）土壤墒情监测状况

偃师市 2012 年纳入全国土壤墒情网开始进行土壤墒情监测工作，全区共设 6 个农田监测点，本次验证的监测点主要信息见表 3-238。

表 3-238　洛阳市偃师市土壤墒情监测点设置情况

监测点编号	设置时间	所处位置	经度	纬度	主要种植作物	土壤类型
410381J006	2012	偃师市东寺庄村	112°47′	34°41′	冬小麦、夏玉米	壤土

（三）模型使用的气象台站情况

诊断模型所使用的降水量数据来源于 57071 号国家气象站，该台站位于河南省洛阳市孟津县，经度为 112°26′，纬度为 34°49′。

（四）监测点的验证

410381J006 监测点验证

该监测点距离 57071 号国家气象站约 36km。采用 2012—2014 年数据建立 6 个墒情诊断

模型并进行了诊断计算，根据计算结果以及实测含水量数据和气象台站降水量数据的对比分析，确定在 2013 年 10 月 9 日和 12 月 20 日、2014 年 4 月 8 日和 6 月 19 日均增加 50mm 灌溉量。使用调整后的降水量重新建立 6 个诊断模型并确定模型参数，据此进行该监测点的墒情诊断，依据诊断结果并按照综合模型应用流程进行模型优选，时段诊断和逐日诊断的优选模型见表 3-239。

表 3-239　偃师市 410381J006 监测点优选诊断模型

项目	优选模型名称
时段诊断	差减统计法、比值统计法、移动统计法
逐日诊断	差减统计法、比值统计法、间隔天数统计法

按照综合模型应用流程对该监测点进行了建模数据的自回归验证和 2015 年数据的验证。综合模型建模数据自回归验证结果见表 3-240 和图 3-149，2015 年历史数据验证结果见表 3-241和图 3-150（2015 年 2 月 20 日增加了 60mm 降水量）。

表 3-240　综合模型对 2012—2014 年建模数据自回归验证结果（410381J006）（%）

监测日	实测值	时段诊断值	逐日诊断值	最终预测值	误差值
2012/4/12	18.11	—	—	—	—
2012/4/25	18.05	18.11	18.11	18.11	0.06
2012/5/10	20.04	18.99	18.96	18.97	−1.07
2012/5/28	13.54	19.82	19.48	19.65	6.11
2012/6/8	11.94	15.46	16.93	16.19	4.25
2012/6/26	16.54	15.99	18.61	17.30	0.76
2012/7/12	21.59	25.21	25.21	25.21	3.62
2012/7/26	19.41	20.08	20.08	20.08	0.67
2012/8/10	21.76	19.41	19.41	19.41	−2.35
2012/8/28	21.77	23.57	23.74	23.65	1.88
2012/9/12	21.73	22.61	22.64	22.63	0.90
2012/9/25	21.51	20.13	21.63	20.88	−0.63
2012/10/10	14.6	20.02	20.00	20.01	5.41
2012/10/24	15.69	16.13	17.67	16.90	1.21
2012/11/9	21.70	17.15	19.24	18.20	−3.50
2012/11/26	21.70	20.13	19.60	19.86	−1.84
2012/12/11	21.46	20.07	19.96	20.02	−1.44
2012/12/25	21.25	20.19	20.17	20.18	−1.07
2013/1/11	22.90	—	—	—	—
2013/1/25	24.39	20.33	20.38	20.36	−4.03
2013/2/10	20.04	20.47	20.28	20.38	0.34
2013/2/25	20.06	19.50	19.50	19.50	−0.56

（续）

监测日	实测值	时段预测值	逐日预测值	最终预测值	误差值
2013/3/11	18.21	19.48	19.48	19.48	1.27
2013/3/26	21.95	18.97	18.95	18.96	−2.99
2013/4/11	17.87	20.45	20.04	20.25	2.38
2013/4/28	19.48	17.87	17.87	17.87	−1.61
2013/5/14	20.76	19.68	19.72	19.70	−1.06
2013/5/30	25.12	22.97	23.08	23.03	−2.09
2013/6/9	20.50	19.68	22.86	21.27	0.77
2013/6/25	21.92	21.10	20.70	20.90	−1.02
2013/7/10	21.79	22.97	23.02	22.99	1.20
2013/7/25	22.06	21.18	21.14	21.16	−0.9
2013/8/9	21.02	21.03	21.00	21.01	−0.01
2013/8/27	22.30	20.18	19.52	19.85	−2.45
2013/9/3	18.82	19.97	20.07	20.02	1.20
2013/9/26	19.14	19.24	19.23	19.24	0.10
2013/10/15	23.71	21.99	22.72	22.35	−1.36
2013/10/22	21.97	19.91	22.95	21.43	−0.54
2013/11/12	22.62	22.23	22.16	22.20	−0.42
2013/11/27	21.86	20.50	20.58	20.54	−1.32
2013/12/10	21.48	19.96	19.89	19.93	−1.55
2013/12/26	24.01	22.12	22.12	22.12	−1.89
2014/1/10	22.71	—	—	—	—
2014/1/25	21.16	19.97	19.98	19.98	−1.18
2014/2/12	22.58	20.97	20.95	20.96	−1.62
2014/2/21	21.99	20.31	20.77	20.54	−1.45
2014/3/11	21.12	20.11	19.66	19.88	−1.24
2014/3/25	15.46	19.93	19.93	19.93	4.47
2014/4/14	22.08	22.15	22.76	22.45	0.37
2014/4/25	21.74	25.21	25.21	25.21	3.47
2014/5/14	17.82	20.78	20.09	20.43	2.61
2014/5/26	14.43	20.56	20.49	20.52	6.09
2014/6/10	13.93	15.32	17.46	16.39	2.46
2014/6/25	25.61	23.8	19.59	21.70	−3.91
2014/7/10	19.97	22.46	22.53	22.50	2.53
2014/7/25	23.21	19.95	19.94	19.95	−3.26
2014/8/12	20.66	22.19	21.97	22.08	1.42
2014/8/26	20.40	19.87	19.98	19.93	−0.47

（续）

监测日	实测值	时段预测值	逐日预测值	最终预测值	误差值
2014/9/11	24.78	23.55	23.30	23.43	−1.35
2014/9/25	26.21	25.21	25.21	25.21	−1.00
2014/10/10	21.32	23.04	23.10	23.07	1.75
2014/10/27	21.32	20.28	19.96	20.12	−1.20
2014/11/7	19.62	19.91	19.91	19.91	0.29
2014/11/26	19.39	19.71	19.63	19.67	0.28
2014/12/11	22.15	19.32	19.32	19.32	−2.83
2014/12/26	21.18	19.97	19.94	19.95	−1.23

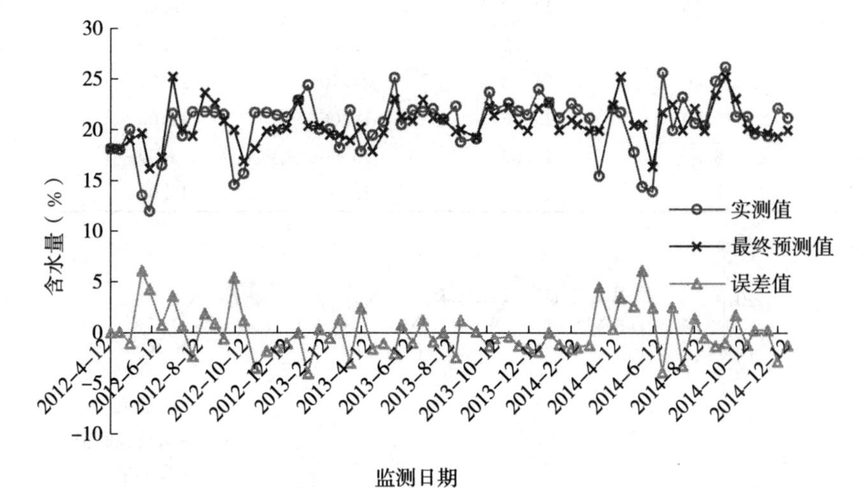

图 3-149　综合模型对 2012—2014 年建模数据自回归验证图（410381J006）

由表 3-240 和图 3-149 可见，模型综合应用得到的最终诊断结果中，误差大于 3 个质量含水量的个数为 11 个，占 17.46%，其中误差大于 5 个质量含水量的有 3 个，占 4.76%；如果将预测误差小于 3 个质量含水量作为合格预测结果，则综合模型预测合格率为 82.54%，自回归预测的平均误差为 1.81%，最大误差为 6.11%，最小误差为 0.01%。

表 3-241　综合模型对 2015 年历史监测数据的验证结果（410381J006）（%）

监测日	实测值	时段诊断值	逐日诊断值	最终预测值	误差值
2015/1/9	15.73	—	—	—	—
2015/1/26	15.18	16.75	18.86	17.81	2.63
2015/2/10	15.12	16.30	18.06	17.18	2.06
2015/2/26	22.50	20.13	22.01	21.07	−1.43
2015/3/11	21.00	20.04	20.03	20.03	−0.97
2015/3/25	17.37	20.16	20.16	20.16	2.79
2015/4/10	22.14	21.62	22.40	22.01	−0.13
2015/4/24	18.17	20.73	20.76	20.75	2.58

（续）

监测日	实测值	时段预测值	逐日预测值	最终预测值	误差值
2015/5/11	21.42	21.50	22.51	22.01	0.59
2015/5/25	18.17	20.01	20.13	20.07	1.90
2015/6/11	15.56	19.52	19.90	19.71	4.15
2015/6/25	21.10	20.24	20.24	20.24	−0.86
2015/7/24	15.56	24.10	21.42	22.76	7.20
2015/8/11	17.19	17.74	19.89	18.82	1.63
2015/8/25	19.06	17.19	17.19	17.19	−1.87
2015/9/10	12.85	21.81	22.20	22.00	9.15
2015/9/24	14.42	12.85	12.85	12.85	−1.57
2015/10/11	20.15	14.42	14.42	14.42	−5.73
2015/10/26	20.89	22.02	21.56	21.79	0.90
2015/11/10	19.06	21.32	21.10	21.21	2.15
2015/11/24	15.90	19.06	19.06	19.06	3.16
2015/12/10	18.80	15.90	15.90	15.90	−2.90
2015/12/25	17.35	19.08	19.08	19.08	1.73

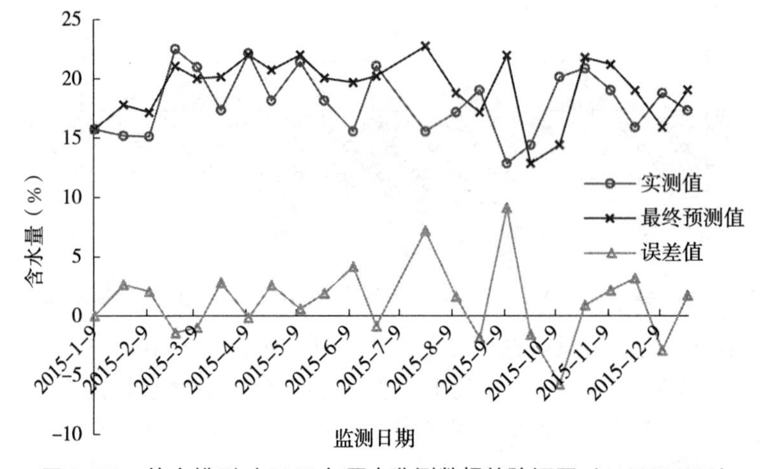

图 3-150　综合模型对 2015 年历史监测数据的验证图（410381J006）

由表 3-241 和图 3-150 可见，模型综合应用得到的最终诊断结果中，误差大于 3 个质量含水量的个数为 5 个，占 22.73%，其中大于 5 个质量含水量的有 3 个，占 13.64%；如果将预测误差小于 3 个质量含水量作为合格预测结果，则综合模型预测合格率为 79.27%，2015 年历史数据验证结果的平均误差为 2.64%，最大误差为 9.15%，最小误差为 0.13%。

综合模型自回归验证和 2015 年历史监测数据验证结果的合格率分别为 82.54% 和 79.27%。

第七节　湖 南 省

湖南省用于模型验证的监测点包括湘西土家族苗族自治州泸溪县、益阳市赫山区、怀化市洪江市、永州市冷水滩区 4 个市（县）的 12 个监测点。

一、益阳市赫山区验证

（一）基本情况

赫山区隶属于湖南省益阳市，位于湘中偏北，地处洞庭湖畔，地理坐标为东经112°11′～112°43′，北纬28°16′～28°53′。东邻湘阴、望城两县，南界宁乡县，西接桃江县，北望资阳区。区域总面积1 285km²，辖12个乡镇4个街道及1个工业园。赫山区西南山丘起伏，东北江湖交错。地势自西南向东北，呈三级阶梯状倾斜递降，地面高程大部分在海拔100m以下，区境以平原为主，山、丘、岗地貌齐全。赫山区属于中亚热带向北亚热带过渡的季风湿润性气候。其特点是四季分明，光热丰富，雨量充沛，盛夏较热，冬季较冷，春暖迟，秋季短，夏季多偏南风，其他季节偏北为主导风向。年平均气温16.9℃，最热月（7月）平均气温29℃，最冷月（1月）平均气温4.5℃，年无霜期272d。年日照1 553.7h，年雨量1 432.8mm，降水时空分布于4～8月，2～5月为湿季，7～9月为干季，10月至翌年1月及6月为过渡季节。

（二）土壤墒情监测状况

赫山区2012年纳入全国土壤墒情网开始进行土壤墒情监测工作，全区共设5个农田监测点和1个自动监测点，本次验证的监测点主要信息见表3-242。

表3-242　湖南省益阳市赫山区土壤墒情监测点设置情况

监测点编号	设置时间	所处位置	经度	纬度	主要种植作物	土壤类型
430903Z001	2012	赫山区衡龙桥镇槐奇岭村	112°28′	28°24′	红薯、蔬菜	黏壤土
430903J001	2012	赫山区会龙山街道黄泥湖村	112°33′	28°37′	蔬菜、辣椒	砂壤土
430903J002	2012	赫山区新市渡镇跳石村	112°33′	28°24′	茶叶	黏壤土
430903J003	2012	赫山区沧水铺镇水井坳村	112°33′	28°37′	辣椒、大白菜	黏壤土

（三）模型使用的气象台站情况

诊断模型所使用的降水量数据来源于57671号国家气象站，该台站位于湖南省益阳市沅江市，经度为112°22′，纬度为28°51′。

（四）监测点的验证

1. 430903Z001监测点验证

该监测点距离57671号国家气象站约51km。采用2012—2014年数据建立6个墒情诊断模型并进行了诊断计算，通过对比分析计算结果、实测含水量数据和气象台站降水量数据，发现诊断模型所采用的气象台站降水量与该监测点的实际降水情况比较吻合，因此未对模型输入参数进行调整。使用建立的6个诊断模型进行该监测点的墒情诊断，依据诊断结果并按照综合模型应用流程进行模型优选，时段诊断和逐日诊断的优选模型见表3-243。

表3-243　赫山区430903Z001监测点优选诊断模型

项目	优选模型名称
时段诊断	差减统计法、比值统计法、间隔天数统计法
逐日诊断	差减统计法、比值统计法、统计法

按照综合模型应用流程对该监测点进行了建模数据的自回归验证和2015年数据的验证。综合模型建模数据自回归验证结果见表3-244和图3-151，2015年历史数据验证结果见表3-245和图3-152（2015年9月25日增加了40mm降水量）。

表3-244 综合模型对2012—2014年建模数据自回归验证结果（430903Z001）（%）

监测日	实测值	时段诊断值	逐日诊断值	最终预测值	误差值
2012/5/10	31.27	—	—	—	—
2012/5/25	31.99	30.16	30.16	30.16	−1.83
2012/6/10	30.86	30.95	29.48	30.22	−0.64
2012/6/25	25.49	27.60	27.47	27.53	2.04
2012/7/10	24.00	27.35	27.53	27.44	3.44
2012/7/25	28.56	27.06	27.64	27.35	−1.21
2012/8/10	28.11	27.52	27.14	27.33	−0.78
2012/8/25	28.53	27.82	27.83	27.83	−0.70
2012/9/10	27.32	27.39	26.82	27.10	−0.22
2012/9/25	30.20	27.33	27.32	27.32	−2.88
2012/10/10	26.28	27.09	27.18	27.14	0.86
2013/3/10	26.32	—	—	—	—
2013/3/25	30.15	27.31	27.37	27.34	−2.81
2013/4/10	26.79	28.64	27.78	28.21	1.42
2013/4/25	28.78	26.75	26.79	26.77	−2.01
2013/5/10	29.16	28.02	28.02	28.02	−1.14
2013/5/25	28.03	29.66	29.74	29.70	1.67
2013/6/10	29.46	27.94	28.03	27.99	−1.47
2013/6/25	26.84	27.05	27.10	27.08	0.24
2013/7/10	23.85	27.10	27.11	27.11	3.26
2013/7/25	22.83	24.60	23.95	24.27	1.44
2013/8/10	22.79	23.90	23.24	23.57	0.78
2013/8/25	26.85	26.15	26.67	26.41	−0.44
2013/9/10	27.50	27.63	27.93	27.78	0.28
2013/9/25	30.45	28.18	28.07	28.13	−2.32
2013/10/10	26.83	28.75	28.80	28.78	1.95
2013/10/25	25.35	25.81	25.67	25.74	0.39
2014/3/10	28.60	—	—	—	—
2014/3/25	29.41	26.93	26.88	26.91	−2.50
2014/4/10	29.10	28.05	27.48	27.77	−1.33
2014/4/25	29.90	27.47	27.64	27.56	−2.35
2014/5/10	30.10	28.82	28.81	28.82	−1.29
2014/5/25	29.58	30.55	30.40	30.48	0.90

（续）

监测日	实测值	时段预测值	逐日预测值	最终预测值	误差值
2014/6/10	28.00	27.53	26.51	27.02	−0.98
2014/6/25	28.56	27.23	27.22	27.22	−1.34
2014/7/10	27.02	29.94	29.99	29.96	2.94
2014/7/25	24.84	28.78	28.91	28.85	4.01
2014/8/10	23.41	25.10	24.55	24.83	1.42
2014/8/25	28.77	26.48	26.96	26.72	−2.05
2014/9/10	26.65	26.88	26.13	26.51	−0.14
2014/9/26	25.76	26.06	25.54	25.80	0.04
2014/10/10	23.90	25.37	25.04	25.21	1.31

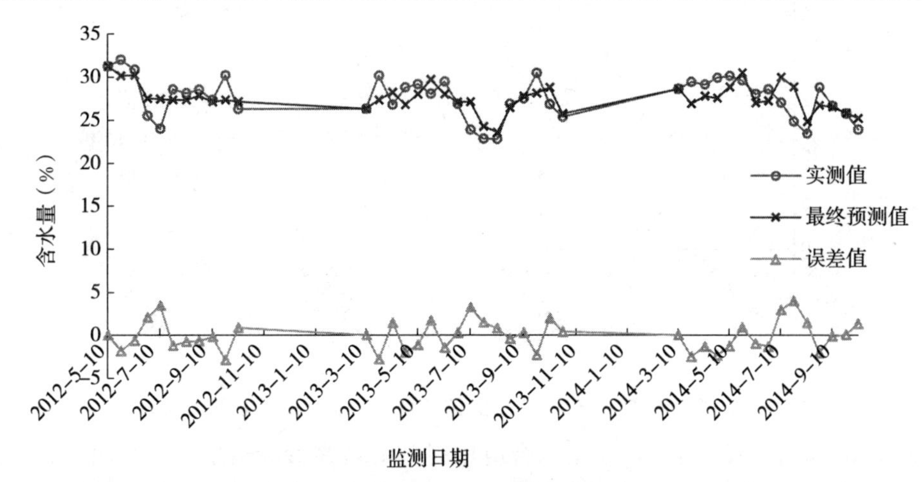

图 3-151　综合模型对 2012—2014 年建模数据自回归验证图（430903Z001）

由表 3-244 和图 3-151 可见，模型综合应用得到的最终诊断结果中，误差大于 3 个质量含水量的个数为 3 个，占 7.69%，未出现误差大于 5 个质量含水量的预测结果；如果将预测误差小于 3 个质量含水量作为合格预测结果，则综合模型预测合格率为 92.31%，自回归预测的平均误差为 1.51%，最大误差为 4.01%，最小误差为 0.04%。

表 3-245　综合模型对 2015 年历史监测数据的验证结果（430903Z001）（%）

监测日	实测值	时段诊断值	逐日诊断值	最终预测值	误差值
2015/3/10	28.81	—	—	—	—
2015/3/25	27.90	27.49	27.61	27.55	−0.35
2015/4/10	29.08	28.38	28.33	28.36	−0.72
2015/4/25	25.11	27.60	27.74	27.67	2.56
2015/5/10	28.24	27.80	28.31	28.06	−0.18
2015/5/25	27.69	28.23	28.12	28.17	0.48
2015/6/10	28.77	30.56	31.39	30.98	2.21
2015/6/25	28.46	28.96	28.82	28.89	0.43

（续）

监测日	实测值	时段预测值	逐日预测值	最终预测值	误差值
2015/7/10	28.26	28.31	28.21	28.26	0.00
2015/7/25	27.83	27.80	27.76	27.78	−0.05
2015/8/10	24.67	26.60	25.82	26.21	1.54
2015/8/25	25.19	26.10	26.1	26.10	0.91
2015/9/10	27.52	25.41	25.05	25.23	−2.29
2015/9/25	30.26	28.79	28.66	28.73	−1.53
2015/10/10	28.83	28.57	28.65	28.61	−0.22

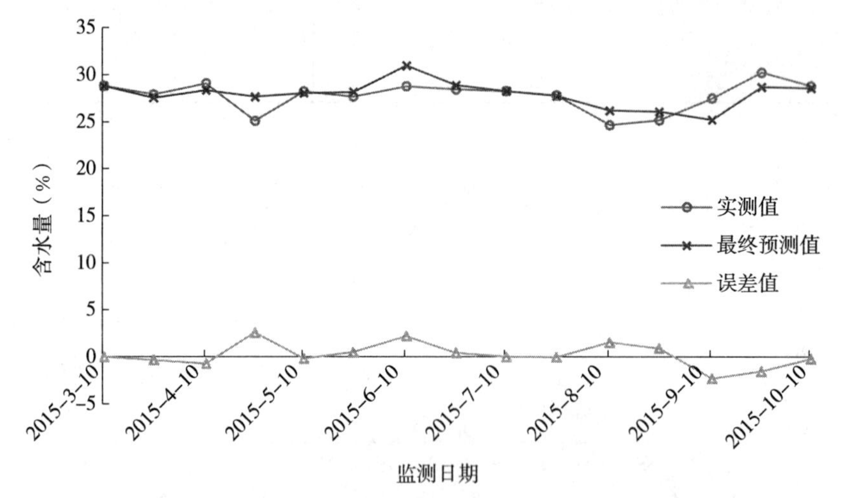

图 3-152　综合模型对 2015 年历史监测数据的验证图（430903Z001）

由表 3-245 和图 3-152 可见，模型综合应用得到的最终诊断结果中，未出现误差大于 3 个质量含水量的预测结果；如果将预测误差小于 3 个质量含水量作为合格预测结果，则综合模型预测合格率为 100%，2015 年历史数据验证结果的平均误差为 0.96%，最大误差为 2.56%，最小误差为 0.00%。

综合模型自回归验证和 2015 年历史监测数据验证结果的合格率分别为 92.31% 和 100.00%。

2. 430903J001 监测点验证

该监测点距离 57671 号国家气象站约 32km。采用 2012—2014 年数据建立 6 个墒情诊断模型并进行了诊断计算，通过对比分析计算结果、实测含水量数据和气象台站降水量数据，发现诊断模型所采用的气象台站降水量与该监测点的实际降水情况比较吻合，因此未对模型输入参数进行调整。使用建立的 6 个诊断模型进行该监测点的墒情诊断，依据诊断结果并按照综合模型应用流程进行模型优选，时段诊断和逐日诊断的优选模型见表 3-246。

表 3-246　赫山区 430903J001 监测点优选诊断模型

项目	优选模型名称
时段诊断	差减统计法、统计法、移动统计法
逐日诊断	差减统计法、统计法、移动统计法

按照综合模型应用流程对该监测点进行了建模数据的自回归验证和2015年数据的验证。综合模型建模数据自回归验证结果见表3-247和图3-153，2015年历史数据验证结果见表3-248和图3-154（2015年6月10日增加了50mm降水量）。

表3-247　综合模型对2012—2014年建模数据自回归验证结果（430903J001）（%）

监测日	实测值	时段诊断值	逐日诊断值	最终预测值	误差值
2012/6/10	33.70	—	—	—	—
2012/6/25	28.50	27.46	27.54	27.50	−1.00
2012/7/10	21.20	28.73	28.73	28.73	7.53
2012/7/25	30.10	29.07	29.07	29.07	−1.03
2012/8/10	29.40	28.47	28.02	28.24	−1.16
2012/8/25	29.80	28.24	28.24	28.24	−1.56
2012/9/10	28.40	28.27	27.37	27.82	−0.58
2012/9/25	29.90	27.62	28.17	27.90	−2.00
2012/10/10	26.10	26.34	24.51	25.43	−0.67
2013/3/10	27.20	—	—	—	—
2013/3/25	30.20	27.62	28.34	27.98	−2.22
2013/4/10	26.90	28.60	28.08	28.34	1.44
2013/4/25	28.70	27.41	27.41	27.41	−1.29
2013/5/10	31.90	28.24	28.22	28.23	−3.67
2013/5/26	29.20	30.86	30.39	30.62	1.42
2013/6/10	29.40	28.29	28.29	28.29	−1.11
2013/6/25	26.70	26.88	26.65	26.77	0.07
2013/7/10	23.90	27.61	28.16	27.89	3.99
2013/7/25	19.30	22.58	22.58	22.58	3.28
2013/8/10	16.50	17.50	15.66	16.58	0.08
2013/8/25	26.60	27.28	28.51	27.89	1.29
2013/9/10	27.40	27.79	28.37	28.08	0.68
2013/9/25	30.20	28.08	28.08	28.08	−2.12
2013/10/10	26.60	28.53	28.53	28.53	1.93
2014/3/10	28.20	—	—	—	—
2014/3/25	29.30	26.53	26.53	26.53	−2.77
2014/4/10	28.90	28.12	28.09	28.10	−0.80
2014/4/25	29.60	27.89	27.61	27.75	−1.85
2014/5/10	29.80	28.85	28.66	28.76	−1.04
2014/5/25	29.90	30.49	30.49	30.49	0.59
2014/6/10	29.10	28.32	27.30	27.81	−1.29
2014/6/25	29.20	27.98	27.83	27.90	−1.30
2014/7/10	26.90	30.27	30.27	30.27	3.37

（续）

监测日	实测值	时段预测值	逐日预测值	最终预测值	误差值
2014/7/25	24.30	28.91	28.91	28.91	4.61
2014/8/10	23.20	23.15	22.04	22.59	−0.61
2014/8/25	29.70	27.98	28.52	28.25	−1.45
2014/9/1	26.30	26.75	28.36	27.56	1.26
2014/9/25	25.60	25.64	24.27	24.96	−0.64
2014/10/10	25.40	24.06	23.91	23.98	−1.42

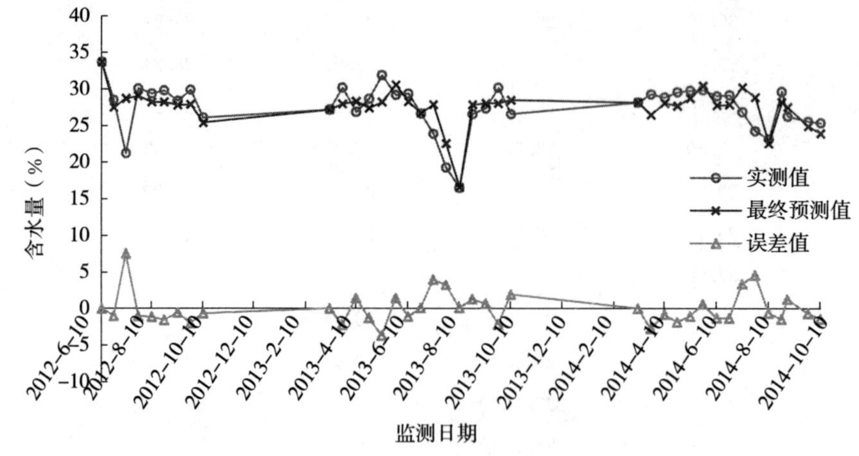

图 3-153　综合模型对 2012—2014 年建模数据自回归验证图（430903J001）

由表 3-247 和图 3-153 可见，模型综合应用得到的最终诊断结果中，误差大于 3 个质量含水量的个数为 6 个，占 16.67%，其中误差大于 5 个质量含水量的有 1 个，占 2.78%；如果将预测误差小于 3 个质量含水量作为合格预测结果，则综合模型预测合格率为 73.33%，自回归预测的平均误差为 1.75%，最大误差为 7.53%，最小误差为 0.07%。

表 3-248　综合模型对 2015 年历史监测数据的验证结果（430903J001）（%）

监测日	实测值	时段诊断值	逐日诊断值	最终预测值	误差值
2015/3/10	28.60	—	—	—	—
2015/3/25	28.40	27.72	27.48	27.60	−0.80
2015/4/10	28.90	28.53	28.52	28.52	−0.38
2015/4/25	25.60	27.72	27.67	27.69	2.09
2015/5/10	29.60	28.33	29.22	28.78	−0.82
2015/5/25	28.10	28.71	28.71	28.71	0.61
2015/6/10	29.90	32.25	34.00	33.12	3.22
2015/6/25	29.30	29.40	29.40	29.40	0.10
2015/7/10	29.10	28.58	28.58	28.58	−0.52
2015/7/25	28.70	28.01	28.01	28.01	−0.69
2015/8/1	27.80	25.41	27.51	26.46	−1.34

（续）

监测日	实测值	时段预测值	逐日预测值	最终预测值	误差值
2015/8/25	28.30	27.91	27.78	27.84	−0.46
2015/9/10	29.80	26.55	25.80	26.18	−3.62
2015/9/25	30.20	28.76	28.76	28.76	−1.44
2015/10/10	28.90	28.41	28.50	28.46	−0.44

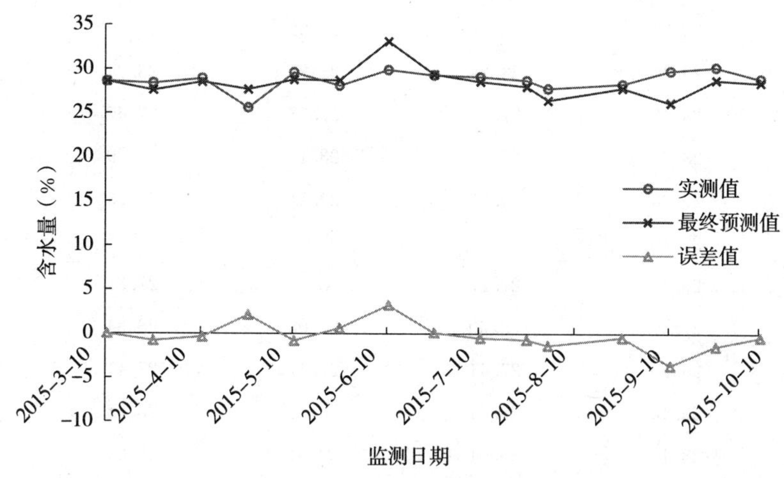

图 3-154　综合模型对 2015 年历史监测数据的验证图（430903J001）

由表 3-248 和图 3-154 可见，模型综合应用得到的最终诊断结果中，误差大于 3 个质量含水量的个数为 2 个，占 14.29%，其中误差大于 5 个质量含水量的有 1 个，占 7.14%；如果将预测误差小于 3 个质量含水量作为合格预测结果，则综合模型预测合格率为 75.71%，2015 年历史数据验证结果的平均误差为 1.19%，最大误差为 3.62%，最小误差为 0.10%。

综合模型自回归验证和 2015 年历史监测数据验证结果的合格率分别为 73.33% 和 75.71%。

3. 430903J002 监测点验证

该监测点距离 57671 号国家气象站约 54km。采用 2012—2014 年数据建立 6 个墒情诊断模型并进行了诊断计算，通过对比分析计算结果、实测含水量数据和气象台站降水量数据，发现诊断模型所采用的气象台站降水量与该监测点的实际降水情况比较吻合，因此未对模型输入参数进行调整。使用建立的 6 个诊断模型进行该监测点的墒情诊断，依据诊断结果并按照综合模型应用流程进行模型优选，时段诊断和逐日诊断的优选模型见表 3-249。

表 3-249　赫山区 430903J002 监测点优选诊断模型

项目	优选模型名称
时段诊断	间隔天数统计法、统计法、移动统计法
逐日诊断	间隔天数统计法、统计法、移动统计法

按照综合模型应用流程对该监测点进行了建模数据的自回归验证和 2015 年数据的验证。综合模型建模数据自回归验证结果见表 3-250 和图 3-155，2015 年历史数据验证结果见表 3-251和图 3-156（2015 年 6 月 10 日增加了 50mm 降水量）。

表 3-250　综合模型对 2012—2014 年建模数据自回归验证结果（430903J002）（%）

监测日	实测值	时段诊断值	逐日诊断值	最终预测值	误差值
2012/6/10	33.70	—	—	—	—
2012/6/25	27.40	27.46	27.54	27.50	0.10
2012/7/10	21.70	28.27	28.49	28.38	6.68
2012/7/25	30.20	28.87	28.87	28.87	−1.33
2012/8/10	28.90	28.39	28.02	28.20	−0.70
2012/8/25	29.40	28.24	28.24	28.24	−1.16
2012/9/10	28.40	27.96	27.37	27.67	−0.73
2012/9/25	28.70	27.62	28.17	27.89	−0.81
2012/10/10	25.90	25.96	24.51	25.23	−0.67
2013/3/10	25.40	—	—	—	—
2013/3/25	28.30	27.27	28.34	27.81	−0.49
2013/4/10	27.50	28.60	28.08	28.34	0.84
2013/4/25	29.20	27.41	27.41	27.41	−1.79
2013/5/10	29.40	28.24	28.22	28.23	−1.17
2013/5/25	28.10	30.01	30.01	30.01	1.91
2013/6/10	28.70	28.26	28.29	28.28	−0.42
2013/6/25	26.50	26.18	26.18	26.18	−0.32
2013/7/10	22.80	27.61	28.16	27.89	5.09
2013/7/25	18.60	20.61	20.61	20.61	2.01
2013/8/10	13.60	15.24	11.33	13.28	−0.32
2013/8/25	26.60	26.85	28.51	27.68	1.08
2013/9/10	27.50	27.79	28.37	28.08	0.58
2013/9/25	29.80	28.09	28.09	28.09	−1.71
2013/10/10	25.90	28.28	28.28	28.28	2.38
2014/3/10	28.50	—	—	—	—
2014/3/25	29.30	26.28	26.28	26.28	−3.02
2014/4/10	28.40	28.12	28.09	28.10	−0.30
2014/4/25	29.50	27.89	27.23	27.56	−1.94
2014/5/10	29.80	28.85	28.60	28.73	−1.07
2014/5/25	30.20	30.86	30.86	30.86	0.66
2014/6/10	28.30	28.52	27.30	27.91	−0.39
2014/6/25	28.50	27.98	27.40	27.69	−0.81
2014/7/10	26.40	30.29	30.29	30.29	3.89
2014/7/25	24.10	28.72	28.72	28.72	4.62
2014/8/10	23.10	22.23	20.22	21.22	−1.88
2014/8/25	29.20	27.66	28.52	28.09	−1.11

（续）

监测日	实测值	时段预测值	逐日预测值	最终预测值	误差值
2014/9/10	26.10	26.08	25.18	25.63	−0.47
2014/9/25	25.40	24.60	24.60	24.60	−0.80
2014/10/10	23.20	23.27	23.27	23.27	0.07

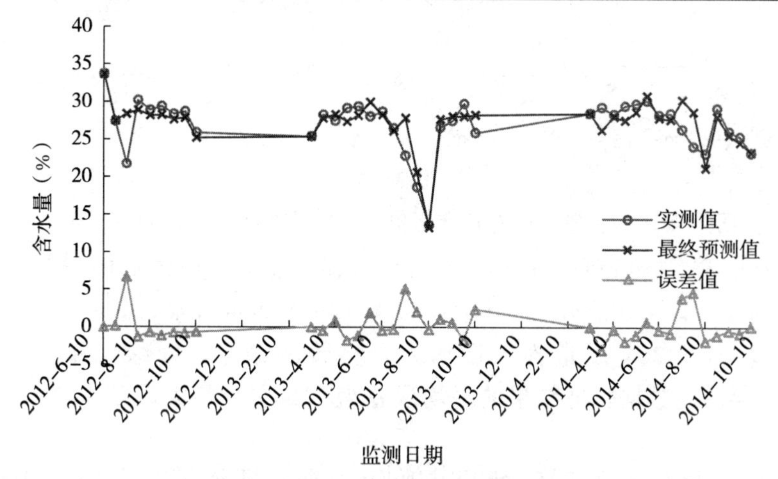

图 3-155　综合模型对 2012—2014 年建模数据自回归验证图（430903J002）

由表 3-250 和图 3-155 可见，模型综合应用得到的最终诊断结果中，误差大于 3 个质量含水量的个数为 5 个，占 13.89%，其中误差大于 5 个质量含水量的有 2 个，占 5.56%；如果将预测误差小于 3 个质量含水量作为合格预测结果，则综合模型预测合格率为 86.11%，自回归预测的平均误差为 1.48%，最大误差为 6.68%，最小误差为 0.07%。

表 3-251　综合模型对 2015 年历史监测数据的验证结果（430903J002）（%）

监测日	实测值	时段诊断值	逐日诊断值	最终预测值	误差值
2015/3/10	28.30	—	—	—	—
2015/3/25	27.80	27.06	27.19	27.13	−0.67
2015/4/10	29.40	28.82	28.39	28.61	−0.79
2015/4/25	24.80	27.72	27.83	27.77	2.97
2015/5/10	29.80	29.62	29.11	29.36	−0.44
2015/5/25	28.30	28.38	28.80	28.59	0.29
2015/6/10	29.10	35.73	35.40	35.56	6.46
2015/6/25	28.90	29.41	29.16	29.29	0.39
2015/7/10	28.50	28.35	28.37	28.36	−0.14
2015/7/25	28.30	27.94	27.60	27.77	−0.53
2015/8/10	27.90	24.95	23.55	24.25	−3.65
2015/8/25	28.50	27.72	27.78	27.75	−0.75
2015/9/10	30.20	24.95	25.20	25.08	−5.12
2015/9/22	30.20	28.01	28.46	28.24	−1.96

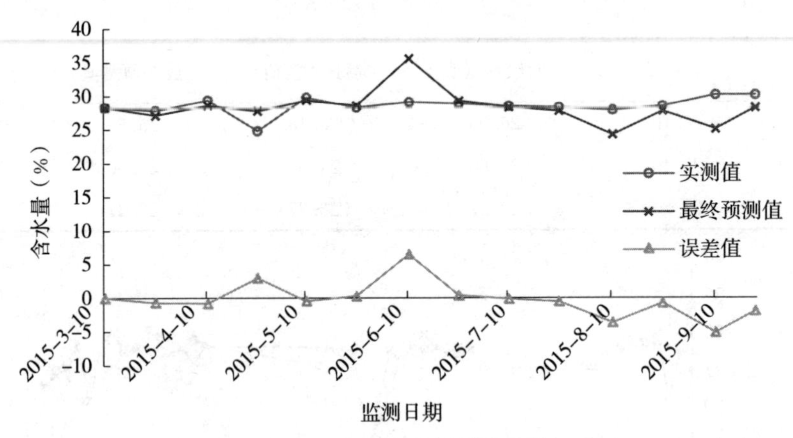

图 3-156 综合模型对 2015 年历史监测数据的验证图（430903J002）

由表 3-251 和图 3-156 可见，模型综合应用得到的最终诊断结果中，误差大于 3 个质量含水量的个数为 3 个，占 23.08%，其中误差大于 5 个质量含水量的有 2 个，占 15.38%；如果将预测误差小于 3 个质量含水量作为合格预测结果，则综合模型预测合格率为 76.92%，2015 年历史数据验证结果的平均误差为 1.86%，最大误差为 6.46%，最小误差为 0.14%。

综合模型自回归验证和 2015 年历史监测数据验证结果的合格率分别为 86.11% 和 76.92%。

4. 430903J003 监测点验证

该监测点距离 57671 号国家气象站约 32km。采用 2012—2014 年数据建立 6 个墒情诊断模型并进行了诊断计算，通过对比分析计算结果、实测含水量数据和气象台站降水量数据，发现诊断模型所采用的气象台站降水量与该监测点的实际降水情况比较吻合，因此未对模型输入参数进行调整。使用建立的 6 个诊断模型进行该监测点的墒情诊断，依据诊断结果并按照综合模型应用流程进行模型优选，时段诊断和逐日诊断的优选模型见表 3-252。

表 3-252 赫山区 430903J003 监测点优选诊断模型

项目	优选模型名称
时段诊断	差减统计法、统计法、移动统计法
逐日诊断	差减统计法、统计法、移动统计法

按照综合模型应用流程对该监测点进行了建模数据的自回归验证和 2015 年数据的验证。综合模型建模数据自回归验证结果见表 3-253 和图 3-157，2015 年历史数据验证结果见表 3-254和图 3-158（2015 年 6 月 10 日增加了 50mm 降水量）。

表 3-253 综合模型对 2012—2014 年建模数据自回归验证结果（430903J003）（%）

监测日	实测值	时段诊断值	逐日诊断值	最终预测值	误差值
2012/6/10	28.50	—	—	—	—
2012/6/25	25.10	27.07	27.07	27.07	1.97
2012/7/10	18.60	27.30	28.49	27.90	9.30

（续）

监测日	实测值	时段预测值	逐日预测值	最终预测值	误差值
2012/7/25	27.40	26.59	28.58	27.58	0.18
2012/8/10	28.60	28.03	28.02	28.02	−0.58
2012/8/25	29.40	28.24	28.24	28.24	−1.16
2012/9/10	27.50	28.43	27.61	28.02	0.52
2012/9/25	29.80	27.62	28.17	27.89	−1.91
2012/10/10	27.60	26.34	24.51	25.43	−2.17
2013/3/10	27.30	—	—	—	—
2013/3/25	29.80	27.50	28.34	27.92	−1.88
2013/4/10	28.80	28.75	28.08	28.41	−0.39
2013/4/25	30.60	27.97	27.97	27.97	−2.63
2013/5/10	30.70	29.25	29.25	29.25	−1.45
2013/5/27	28.40	30.72	30.48	30.60	2.20
2013/6/10	28.90	28.26	28.29	28.28	−0.62
2013/6/26	26.50	26.99	26.14	26.57	0.07
2013/7/10	23.60	27.61	28.16	27.89	4.29
2013/7/25	20.20	22.49	22.49	22.49	2.29
2013/8/10	19.80	18.61	16.93	17.77	−2.03
2013/8/25	26.20	26.46	28.51	27.49	1.29
2013/9/10	27.40	27.79	28.37	28.08	0.68
2013/9/25	30.10	27.92	27.83	27.88	−2.22
2013/10/10	27.20	28.93	28.93	28.93	1.73
2014/3/10	28.60	—	—	—	—
2014/3/25	29.50	27.12	26.90	27.01	−2.49
2014/4/10	28.70	28.54	28.09	28.31	−0.39
2014/4/25	29.50	27.89	27.82	27.85	−1.65
2014/5/10	30.60	28.85	28.73	28.79	−1.81
2014/5/25	30.70	30.61	30.61	30.61	−0.09
2014/6/10	28.90	29.52	28.47	29.00	0.10
2014/6/25	29.10	28.05	28.05	28.05	−1.05
2014/7/10	26.90	29.80	29.80	29.80	2.90
2014/7/25	24.50	28.29	28.62	28.45	3.95
2014/8/10	23.60	23.53	22.55	23.04	−0.56
2014/8/25	29.40	26.68	28.52	27.60	−1.80
2014/9/10	26.40	27.46	26.41	26.94	0.54
2014/9/25	25.90	25.57	25.57	25.57	−0.33
2014/10/10	23.40	24.71	23.91	24.31	0.91

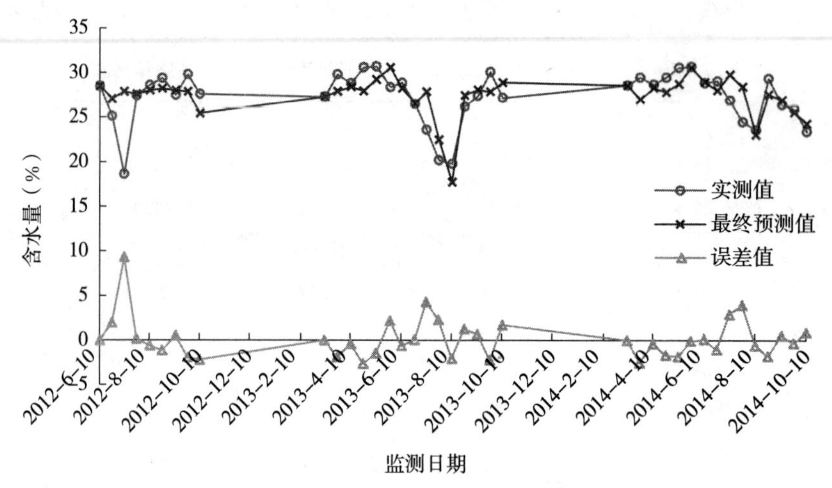

图 3-157　综合模型对 2012—2014 年建模数据自回归验证图（430903J003）

由表 3-253 和图 3-157 可见，模型综合应用得到的最终诊断结果中，误差大于 3 个质量含水量的个数为 3 个，占 8.33%，其中误差大于 5 个质量含水量的有 1 个，占 2.78%；如果将预测误差小于 3 个质量含水量作为合格预测结果，则综合模型预测合格率为 91.67%，自回归预测的平均误差为 1.67%，最大误差为 9.30%，最小误差为 0.07%。

表 3-254　综合模型对 2015 年历史监测数据的验证结果（430903J003）（%）

监测日	实测值	时段诊断值	逐日诊断值	最终预测值	误差值
2015/3/10	29.20	—	—	—	—
2015/3/25	28.70	27.97	28.27	28.12	−0.58
2015/4/10	29.60	28.56	28.70	28.63	−0.97
2015/4/25	25.30	28.18	28.58	28.38	3.08
2015/5/10	28.30	27.48	28.10	27.79	−0.51
2015/5/25	27.40	28.23	28.30	28.27	0.87
2015/6/10	28.90	30.64	33.98	32.31	3.41
2015/6/25	28.70	28.97	29.19	29.08	0.38
2015/7/10	28.40	28.45	28.41	28.43	0.03
2015/7/25	28.20	27.94	27.86	27.90	−0.30
2015/8/10	28.10	26.62	25.96	26.29	−1.81
2015/8/25	28.60	27.74	27.82	27.78	−0.82
2015/9/10	29.90	26.83	26.08	26.45	−3.45
2015/9/25	30.60	29.10	28.96	29.03	−1.57

由表 3-254 和图 3-158 可见，模型综合应用得到的最终诊断结果中，误差大于 3 个质量含水量的个数为 3 个，占 23.08%，未出现误差大于 5 个质量含水量的预测结果；如果将预测误差小于 3 个质量含水量作为合格预测结果，则综合模型预测合格率为 76.92%，2015 年历史数据验证结果的平均误差为 1.77%，最大误差为 4.52%，最小误差为 0.14%。

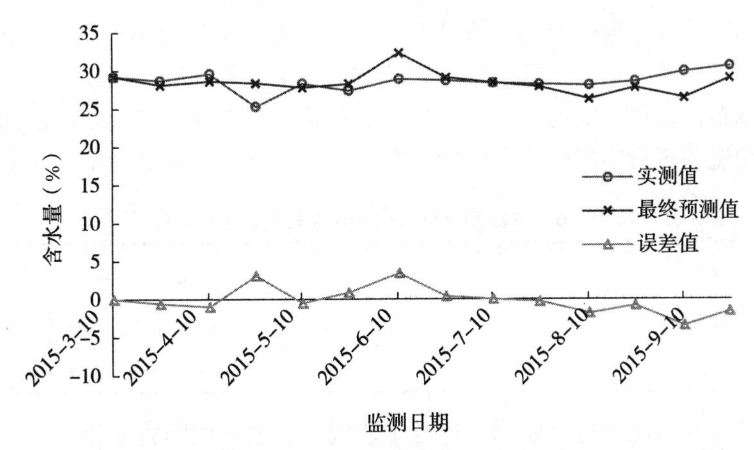

图 3-158　综合模型对 2015 年历史监测数据的验证图（430903J003）

综合模型自回归验证和 2015 年历史监测数据验证结果的合格率分别为 91.67% 和 76.92%。

二、怀化市洪江市验证

（一）基本情况

洪江市位于湖南省西南部，沅水上游，云贵高原东部边缘的雪峰山区，东接溆浦县、洞口县，南邻绥宁县、会同县，西界芷江侗族自治县，北依怀化市，总面积2 173.54km²，耕地面积26 493hm²，下辖 11 个乡、2 个民族乡。地理坐标为东经 109°32′～110°31′，北纬 26°91′～27°29′。洪江市位于云贵高原东部边缘的雪峰山区，地势受雪峰山脉影响，东南高，西北低，山地夹丘陵与河谷平原相连。东南部多山地，海拔在 400m 以上，中部安洪江谷盆地，地势低凹，且较平坦，海拔在 300～400m 之间。区域内气候温和，四季分明，日照充足，雨量充沛，年平均气温 17℃。

（二）土壤墒情监测状况

洪江市 2012 年纳入全国土壤墒情网开始进行土壤墒情监测工作，全区共设 5 个农田监测点，本次验证的监测点主要信息见表 3-255。

表 3-255　湖南省怀化市洪江市土壤墒情监测点设置情况

监测点编号	设置时间	所处位置	经度	纬度	主要种植作物	土壤类型
431281J001	2012	洪江市岳溪村	109°44′	27°7′	辣椒、白菜	—
431281J002	2012	洪江市板桥村	109°46′	27°9′	玉米、萝卜	—
431281J003	2012	洪江市严家团村	109°52′	27°14′	辣椒、白菜	—
431281J005	2012	洪江市力丰村	109°46′	27°14′	柑橘	—

（三）模型使用的气象台站情况

诊断模型所使用的降水量数据来源于 57745 号国家气象站，该台站位于湖南省怀化市芷江市，经度为 109°41′，纬度为 27°27′。

（四）监测点的验证

1. 431281J001 监测点验证

该监测点距离 57745 号国家气象站约 37km。采用 2012—2014 年数据建立 6 个墒情诊断

模型并进行了诊断计算，通过对比分析计算结果、实测含水量数据和气象台站降水量数据，发现诊断模型所采用的气象台站降水量与该监测点的实际降水情况比较吻合，因此未对模型输入参数进行调整。使用建立的 6 个诊断模型进行该监测点的墒情诊断，依据诊断结果并按照综合模型应用流程进行模型优选，时段诊断和逐日诊断的优选模型见表 3-256。

表 3-256　洪江市 431281J001 监测点优选诊断模型

项目	优选模型名称
时段诊断	差减统计法、比值统计法、间隔天数统计法
逐日诊断	差减统计法、比值统计法、间隔天数统计法

按照综合模型应用流程对该监测点进行了建模数据的自回归验证和 2015 年数据的验证。综合模型建模数据自回归验证结果见表 3-257 和图 3-159，2015 年历史数据验证结果见表 3-258和图 3-160（2015 年未进行降水量的调整）。

表 3-257　综合模型对 2012—2014 年建模数据自回归验证结果（431281J001）（%）

监测日	实测值	时段诊断值	逐日诊断值	最终预测值	误差值
2012/5/25	26.30	—	—	—	—
2012/6/11	26.90	24.91	24.01	24.46	−2.44
2012/6/27	21.20	24.91	23.77	24.34	3.14
2012/7/11	19.39	21.95	22.31	22.13	2.74
2012/7/30	22.74	21.57	22.48	22.03	−0.72
2012/8/13	22.24	22.72	22.74	22.73	0.49
2012/8/27	21.61	22.39	22.46	22.43	0.82
2012/9/11	22.44	22.17	22.26	22.21	−0.23
2012/9/25	22.74	23.13	23.11	23.12	0.38
2012/10/11	22.85	22.66	22.74	22.70	−0.15
2012/10/26	22.49	22.75	22.85	22.80	0.31
2013/2/28	22.22	—	—	—	—
2013/3/11	21.38	22.45	22.44	22.45	1.07
2013/3/25	21.80	22.40	22.50	22.45	0.65
2013/4/11	22.74	22.42	22.68	22.55	−0.19
2013/4/27	23.60	22.99	22.97	22.98	−0.62
2013/5/10	23.85	23.73	23.84	23.78	−0.07
2013/5/27	22.74	23.88	23.62	23.75	1.01
2013/6/9	23.10	22.68	22.97	22.83	−0.27
2013/6/26	22.49	23.02	22.87	22.94	0.45
2013/7/11	22.74	22.74	22.71	22.73	−0.01
2013/7/26	20.21	22.48	22.48	22.48	2.27
2013/8/10	19.69	21.17	21.22	21.19	1.50

（续）

监测日	实测值	时段预测值	逐日预测值	最终预测值	误差值
2013/8/26	23.55	21.43	22.22	21.83	−1.73
2013/9/27	24.15	24.64	23.78	24.21	0.06
2013/10/11	24.18	23.14	23.18	23.16	−1.02
2013/10/28	23.85	23.23	22.75	22.99	−0.86
2013/11/29	23.87	24.05	22.91	23.48	−0.39
2013/12/15	23.57	23.03	22.64	22.83	−0.74
2013/12/28	23.60	23.11	23.11	23.11	−0.49
2014/1/10	23.52	—	—	—	—
2014/1/26	23.49	22.89	22.57	22.73	−0.76
2014/2/10	23.77	22.91	22.91	22.91	−0.86
2014/2/24	22.44	23.15	23.17	23.16	0.72
2014/3/10	22.44	22.57	22.66	22.62	0.18
2014/3/31	22.02	22.86	22.73	22.80	0.78
2014/4/15	22.08	22.51	22.48	22.50	0.42
2014/4/28	22.30	22.40	22.38	22.39	0.09
2014/5/13	22.27	22.94	22.97	22.96	0.69
2014/5/25	23.60	22.94	23.16	23.05	−0.55
2014/6/10	25.26	23.73	23.39	23.56	−1.70
2014/6/24	23.45	24.33	24.39	24.36	0.91
2014/7/11	23.33	23.76	23.92	23.84	0.51
2014/7/24	22.63	23.81	23.80	23.80	1.17
2014/8/9	21.37	22.68	22.48	22.58	1.21
2014/8/25	23.42	22.39	22.89	22.64	−0.78
2014/9/10	23.51	23.29	23.19	23.24	−0.27
2014/9/26	23.56	23.23	22.83	23.03	−0.53
2014/10/10	23.65	23.09	23.09	23.09	−0.56
2014/10/24	23.51	22.96	22.94	22.95	−0.56
2014/11/8	24.29	23.71	23.75	23.73	−0.56
2014/11/24	24.91	23.29	22.85	23.07	−1.84
2014/12/10	25.02	23.57	22.95	23.26	−1.76
2014/12/25	24.82	23.49	23.52	23.50	−1.32

由表3-257和图3-159可见，模型综合应用得到的最终诊断结果中，误差大于3个质量含水量的个数为1个，占1.96%，未出现误差大于5个质量含水量的预测结果；如果将预测误差小于3个质量含水量作为合格预测结果，则综合模型预测合格率为98.04%，自回归预测的平均误差为0.85%，最大误差为3.14%，最小误差为0.01%。

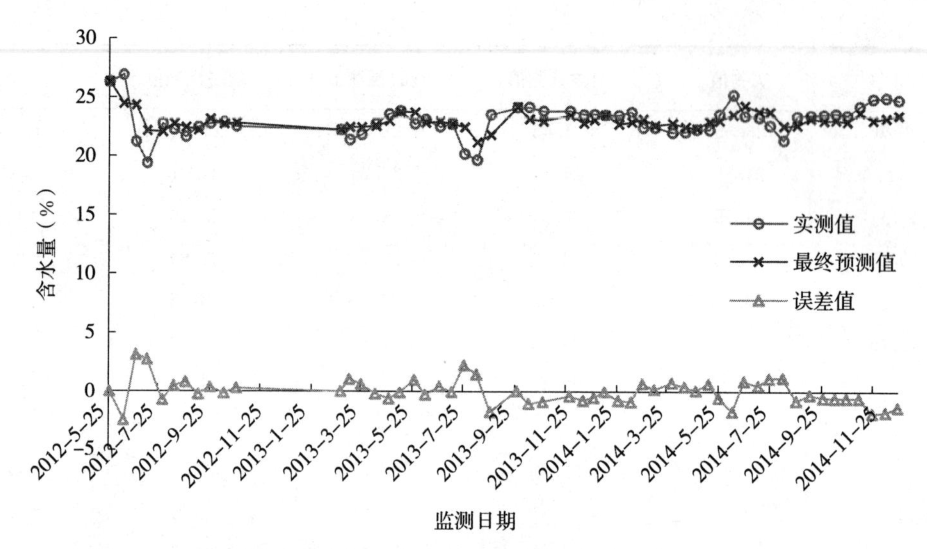

图 3-159　综合模型对 2012—2014 年建模数据自回归验证图（431281J001）

表 3-258　综合模型对 2015 年历史监测数据的验证结果（431281J001）（%）

监测日	实测值	时段诊断值	逐日诊断值	最终预测值	误差值
2015/1/10	24.67	—	—	—	—
2015/1/25	24.29	23.37	23.44	23.40	−0.89
2015/2/9	23.97	23.28	23.32	23.30	−0.67
2015/2/24	23.36	23.23	23.25	23.24	−0.12
2015/3/9	23.42	22.81	22.89	22.85	−0.57
2015/3/25	23.47	23.19	23.19	23.19	−0.28
2015/4/8	23.53	23.21	23.24	23.22	−0.31
2015/4/23	23.59	22.99	22.99	22.99	−0.60
2015/5/8	23.65	23.28	23.35	23.32	−0.33
2015/5/26	23.71	23.87	23.89	23.88	0.17
2015/6/8	24.03	23.73	23.71	23.72	−0.31
2015/6/23	24.09	24.47	24.51	24.49	0.40
2015/7/8	23.77	23.83	23.85	23.84	0.07
2015/7/24	23.39	23.45	23.06	23.26	−0.13
2015/8/10	23.37	23.01	22.75	22.88	−0.49
2015/8/24	23.71	23.79	23.84	23.82	0.11
2015/9/10	23.76	23.62	23.71	23.67	−0.09
2015/9/24	23.86	23.46	23.52	23.49	−0.37
2015/10/8	23.91	23.40	23.40	23.40	−0.51
2015/10/23	23.71	23.03	22.95	22.99	−0.72
2015/11/11	23.65	23.53	23.47	23.50	−0.15
2015/11/23	23.83	23.20	23.19	23.19	−0.64
2015/12/8	23.91	23.11	23.12	23.11	−0.80
2015/12/25	23.97	23.03	22.49	22.76	−1.21

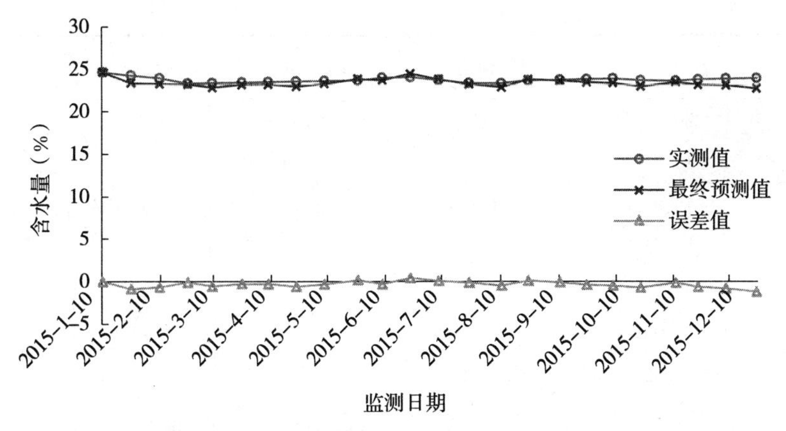

图 3-160　综合模型对 2015 年历史监测数据的验证图（431281J001）

由表 3-258 和图 3-160 可见，模型综合应用得到的最终诊断结果中，未出现误差大于 3 个质量含水量的预测结果；如果将预测误差小于 3 个质量含水量作为合格预测结果，则综合模型预测合格率为 100%，2015 年历史数据验证结果的平均误差为 0.43%，最大误差为 1.21%，最小误差为 0.07%。

综合模型自回归验证和 2015 年历史监测数据验证结果的合格率分别为 98.04% 和 100.00%。

2. 431281J002 监测点验证

该监测点距离 57745 号国家气象站约 35km。采用 2012—2014 年数据建立 6 个墒情诊断模型并进行了诊断计算，通过对比分析计算结果、实测含水量数据和气象台站降水量数据，发现诊断模型所采用的气象台站降水量与该监测点的实际降水情况比较吻合，因此未对模型输入参数进行调整。使用建立的 6 个诊断模型进行该监测点的墒情诊断，依据诊断结果并按照综合模型应用流程进行模型优选，时段诊断和逐日诊断的优选模型见表 3-259。

表 3-259　洪江市 431281J002 监测点优选诊断模型

项目	优选模型名称
时段诊断	差减统计法、比值统计法、平衡法
逐日诊断	差减统计法、移动统计法、统计法

按照综合模型应用流程对该监测点进行了建模数据的自回归验证和 2015 年数据的验证。综合模型建模数据自回归验证结果见表 3-260 和图 3-161，2015 年历史数据验证结果见表 3-261和图 3-162（2015 年未进行降水量的调整）。

表 3-260　综合模型对 2012—2014 年建模数据自回归验证结果（431281J002）（%）

监测日	实测值	时段诊断值	逐日诊断值	最终预测值	误差值
2012/5/25	24.00	—	—	—	—
2012/6/12	25.10	22.41	21.73	22.07	−3.03
2012/6/27	19.30	22.70	22.71	22.71	3.41
2012/7/11	17.46	19.30	19.30	19.30	1.84

（续）

监测日	实测值	时段预测值	逐日预测值	最终预测值	误差值
2012/7/30	20.09	22.17	21.77	21.97	1.88
2012/8/13	19.56	20.47	21.51	20.99	1.43
2012/8/27	19.03	19.56	19.56	19.56	0.53
2012/9/11	20.75	19.03	19.03	19.03	−1.72
2012/9/25	20.92	22.17	21.80	21.99	1.07
2012/10/11	21.02	20.65	21.43	21.04	0.02
2012/10/26	20.82	20.72	21.50	21.11	0.29
2013/2/28	20.57	—	—	—	—
2013/3/11	19.91	21.68	21.52	21.60	1.69
2013/3/25	19.99	22.17	21.78	21.98	1.99
2013/4/11	21.05	19.99	19.99	19.99	−1.06
2013/4/27	21.28	22.17	21.66	21.92	0.64
2013/5/10	21.81	22.17	21.82	22.00	0.19
2013/5/27	20.57	22.17	21.79	21.98	1.41
2013/6/9	20.82	20.88	21.64	21.26	0.44
2013/6/26	20.34	20.73	21.46	21.10	0.76
2013/7/11	20.59	22.17	21.63	21.90	1.31
2013/7/26	18.82	19.63	18.23	18.93	0.11
2013/8/10	18.49	19.48	18.44	18.96	0.47
2013/8/26	21.33	22.17	21.68	21.93	0.60
2013/9/27	21.76	22.17	21.86	22.02	0.26
2013/10/11	21.86	19.90	20.96	20.43	−1.43
2013/10/28	21.56	19.27	20.61	19.94	−1.62
2013/11/29	21.78	22.17	21.52	21.85	0.07
2013/12/15	22.09	19.62	20.02	19.82	−2.27
2013/12/28	21.51	21.19	21.53	21.36	−0.15
2014/1/10	21.35	—	—	—	—
2014/1/26	21.45	19.64	20.44	20.04	−1.41
2014/2/10	21.63	20.04	20.50	20.27	−1.36
2014/2/24	20.47	20.97	21.50	21.23	0.76
2014/3/10	20.42	20.48	21.56	21.02	0.60
2014/3/31	19.91	22.17	21.65	21.91	2.00
2014/4/15	19.96	22.17	21.64	21.91	1.95
2014/4/28	20.19	19.96	19.96	19.96	−0.23
2014/5/13	20.42	22.17	21.77	21.97	1.55
2014/5/25	21.58	22.17	21.84	22.01	0.43

（续）

监测日	实测值	时段预测值	逐日预测值	最终预测值	误差值
2014/6/10	22.00	22.17	21.71	21.94	−0.06
2014/6/24	20.42	22.17	21.78	21.98	1.56
2014/7/11	20.35	22.17	21.83	22.00	1.65
2014/7/24	19.91	22.17	21.86	22.02	2.11
2014/8/9	18.82	19.91	19.91	19.91	1.09
2014/8/25	20.4	22.17	21.75	21.96	1.56
2014/9/10	20.47	22.17	21.65	21.91	1.44
2014/9/26	20.52	20.58	21.41	21.00	0.48
2014/10/10	20.60	20.50	21.51	21.01	0.41
2014/10/24	20.47	20.08	20.34	20.21	−0.26
2014/11/8	21.16	22.17	21.81	21.99	0.83
2014/11/24	21.69	19.67	20.46	20.07	−1.62
2014/12/10	21.79	19.67	20.59	20.13	−1.66
2014/12/25	21.62	19.85	20.93	20.39	−1.23

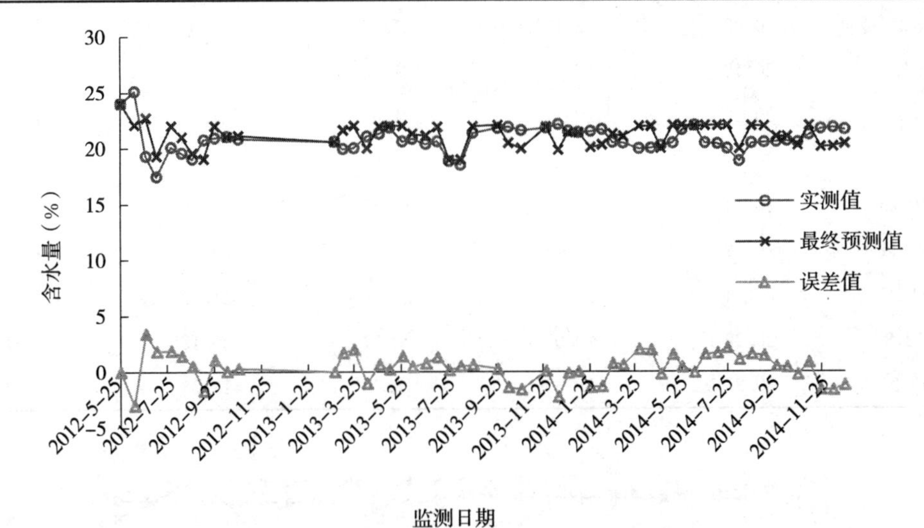

图 3-161　综合模型对 2012—2014 年建模数据自回归验证图（431281J002）

由表 3-260 和图 3-161 可见，模型综合应用得到的最终诊断结果中，误差大于 3 个质量含水量的个数为 2 个，占 3.92%，未出现误差大于 5 个质量含水量的预测结果；如果将预测误差小于 3 个质量含水量作为合格预测结果，则综合模型预测合格率为 96.08%，自回归预测的平均误差为 1.14%，最大误差为 3.41%，最小误差为 0.02%。

表 3-261　综合模型对 2015 年历史监测数据的验证结果（431281J002）（%）

监测日	实测值	时段诊断值	逐日诊断值	最终预测值	误差值
2015/1/10	21.49	—	—	—	—

（续）

监测日	实测值	时段预测值	逐日预测值	最终预测值	误差值
2015/1/25	21.21	19.89	20.80	20.35	−0.86
2015/2/9	20.90	20.07	20.71	20.39	−0.51
2015/2/24	20.35	20.64	21.45	21.04	0.69
2015/3/9	20.42	20.29	20.28	20.29	−0.13
2015/3/25	20.47	20.56	21.63	21.10	0.63
2015/4/8	20.50	20.59	21.64	21.11	0.61
2015/4/23	20.52	20.07	20.35	20.21	−0.31
2015/5/8	20.55	22.17	21.64	21.91	1.36
2015/5/26	20.55	22.17	21.80	21.99	1.44
2015/6/8	20.78	22.17	21.79	21.98	1.20
2015/6/23	20.80	22.17	21.92	22.05	1.25
2015/7/8	20.37	22.17	21.77	21.97	1.60
2015/7/24	20.04	22.17	21.69	21.93	1.89
2015/8/10	19.69	20.24	21.46	20.85	1.16
2015/8/24	20.02	22.17	21.85	22.01	1.99
2015/9/10	20.12	22.17	21.76	21.97	1.85
2015/9/24	20.22	22.17	21.69	21.93	1.71
2015/10/8	20.27	22.17	21.65	21.91	1.64
2015/10/23	20.14	19.62	19.17	19.40	−0.74
2015/11/11	20.12	22.17	21.72	21.95	1.83
2015/11/23	20.24	21.28	21.58	21.43	1.19
2015/12/8	20.29	20.07	20.17	20.12	−0.17
2015/12/25	20.37	19.53	18.23	18.88	−1.49

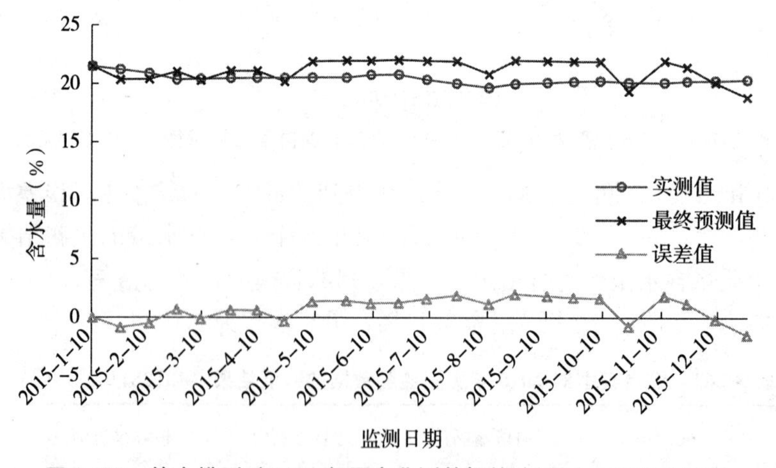

图 3-162 综合模型对 2015 年历史监测数据的验证图（431281J002）

由表 3-261 和图 3-162 可见，模型综合应用得到的最终诊断结果中，未出现误差大于 3 个质量含水量的预测结果；如果将预测误差小于 3 个质量含水量作为合格预测结果，则综合模型预测合格率为 100%，2015 年历史数据验证结果的平均误差为 0.43%，最大误差为 1.99%，最小误差为 0.13%。

综合模型自回归验证和 2015 年历史监测数据验证结果的合格率分别为 96.08% 和 100.00%。

3. 431281J003 监测点验证

该监测点距离 57745 号国家气象站约 30km。采用 2012—2014 年数据建立 6 个墒情诊断模型并进行了诊断计算，通过对比分析计算结果、实测含水量数据和气象台站降水量数据，发现诊断模型所采用的气象台站降水量与该监测点的实际降水情况比较吻合，因此未对模型输入参数进行调整。使用建立的 6 个诊断模型进行该监测点的墒情诊断，依据诊断结果并按照综合模型应用流程进行模型优选，时段诊断和逐日诊断的优选模型见表 3-262。

表 3-262 洪江市 431281J003 监测点优选诊断模型

项目	优选模型名称
时段诊断	差减统计法、间隔天数统计法、平衡法
逐日诊断	差减统计法、移动统计法、统计法

按照综合模型应用流程对该监测点进行了建模数据的自回归验证和 2015 年数据的验证。综合模型建模数据自回归验证结果见表 3-263 和图 3-163，2015 年历史数据验证结果见表 3-264和图 3-164（2015 年未进行降水量的调整）。

表 3-263 综合模型对 2012—2014 年建模数据自回归验证结果（431281J003）（%）

监测日	实测值	时段诊断值	逐日诊断值	最终预测值	误差值
2012/5/25	25.10	—	—	—	—
2012/6/12	28.70	24.51	24.03	24.27	−4.43
2012/6/27	23.60	25.70	25.70	25.70	2.10
2012/7/11	20.37	23.40	23.75	23.58	3.21
2012/7/30	24.47	22.59	23.32	22.96	−1.52
2012/8/13	23.60	23.74	23.74	23.74	0.14
2012/8/27	22.96	23.31	23.31	23.31	0.35
2012/9/11	23.25	23.14	23.14	23.14	−0.11
2012/9/25	23.66	23.77	23.77	23.77	0.11
2012/10/11	23.92	23.41	23.21	23.31	−0.61
2012/10/26	23.77	23.51	23.50	23.51	−0.26
2013/2/28	23.95	—	—	—	—
2013/3/11	22.20	23.62	23.54	23.58	1.38
2013/3/25	23.37	23.18	23.27	23.22	−0.15
2013/4/11	24.30	23.50	23.38	23.44	−0.86

（续）

监测日	实测值	时段预测值	逐日预测值	最终预测值	误差值
2013/4/27	24.65	23.93	23.71	23.82	−0.83
2013/5/10	25.55	24.37	24.41	24.39	−1.16
2013/5/27	24.07	24.78	24.30	24.54	0.47
2013/6/9	24.12	23.55	23.73	23.64	−0.48
2013/6/26	23.22	23.78	23.39	23.59	0.37
2013/7/11	23.66	23.36	23.36	23.36	−0.30
2013/7/26	20.72	22.59	18.23	20.41	−0.31
2013/8/10	20.52	21.99	18.44	20.22	−0.30
2013/8/26	24.18	22.32	23.03	22.68	−1.51
2013/9/27	24.76	25.41	24.17	24.79	0.03
2013/10/11	24.82	22.86	21.34	22.10	−2.72
2013/10/28	24.47	22.28	21.32	21.80	−2.67
2013/11/29	24.61	24.93	23.42	24.18	−0.43
2013/12/15	25.23	22.50	20.02	21.26	−3.97
2013/12/28	24.59	24.07	24.08	24.07	−0.52
2014/1/10	24.21	—	—	—	—
2014/1/26	24.50	22.50	20.96	21.73	−2.77
2014/2/10	24.79	22.73	20.50	21.62	−3.17
2014/2/24	23.45	23.84	23.86	23.85	0.40
2014/3/10	23.40	23.32	23.37	23.35	−0.05
2014/3/31	22.84	23.74	23.40	23.57	0.73
2014/4/15	22.99	23.21	23.21	23.21	0.22
2014/4/28	23.31	23.17	23.14	23.16	−0.15
2014/5/13	23.25	23.68	23.68	23.68	0.43
2014/5/25	25.17	23.67	23.92	23.8	−1.37
2014/6/10	24.21	24.59	24.05	24.32	0.11
2014/6/24	22.49	24.05	24.11	24.08	1.59
2014/7/11	22.38	23.57	24.00	23.78	1.40
2014/7/24	21.80	23.62	23.62	23.62	1.82
2014/8/9	20.67	22.70	22.80	22.75	2.08
2014/8/25	22.44	22.54	23.30	22.92	0.48
2014/9/10	22.58	23.13	23.36	23.25	0.67
2014/9/26	22.63	23.12	23.10	23.11	0.48
2014/10/10	22.69	22.98	22.98	22.98	0.29
2014/10/24	22.55	22.85	20.36	21.6	−0.95
2014/11/8	23.29	23.52	23.52	23.52	0.23
2014/11/24	23.87	22.50	21.35	21.93	−1.94
2014/12/10	23.98	22.50	21.32	21.91	−2.07
2014/12/25	23.79	22.69	21.04	21.86	−1.93

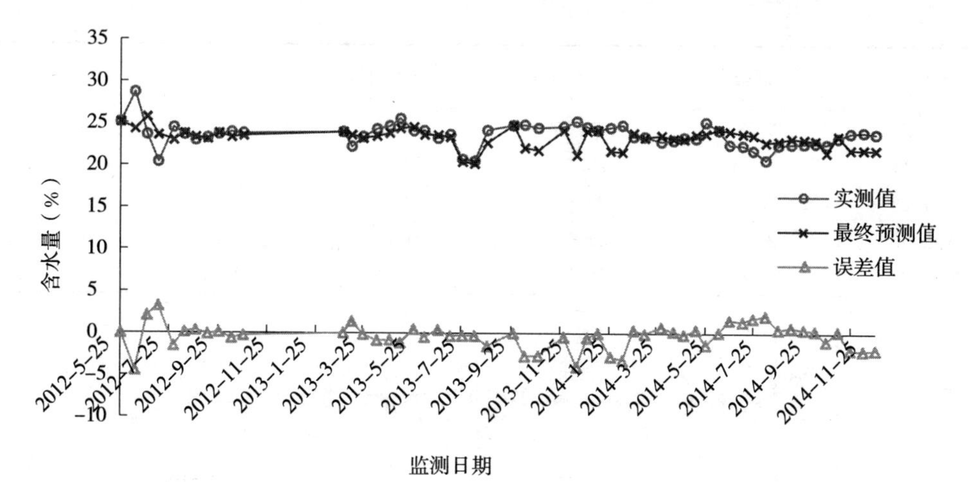

图 3-163　综合模型对 2012—2014 年建模数据自回归验证图（431281J003）

由表 3-263 和图 3-163 可见，模型综合应用得到的最终诊断结果中，误差大于 3 个质量含水量的个数为 3 个，占 5.88%，未出现误差大于 5 个质量含水量的预测结果；如果将预测误差小于 3 个质量含水量作为合格预测结果，则综合模型预测合格率为 94.12%，自回归预测的平均误差为 1.09%，最大误差为 4.43%，最小误差为 0.03%。

表 3-264　综合模型对 2015 年历史监测数据的验证结果（431281J003）（%）

监测日	实测值	时段诊断值	逐日诊断值	最终预测值	误差值
2015/1/10	23.65	—	—	—	—
2015/1/25	23.35	22.70	21.10	21.90	−1.45
2015/2/9	23.02	22.73	21.32	22.02	−1.00
2015/2/24	22.38	23.11	23.09	23.10	0.72
2015/3/9	22.41	22.67	21.45	22.06	−0.35
2015/3/25	22.44	23.05	23.28	23.17	0.72
2015/4/8	22.47	23.04	23.05	23.05	0.58
2015/4/23	22.49	22.73	21.42	22.07	−0.42
2015/5/8	22.55	23.07	23.07	23.07	0.52
2015/5/26	22.60	23.60	23.90	23.75	1.15
2015/6/8	22.88	23.47	23.47	23.47	0.59
2015/6/23	22.94	24.11	24.13	24.12	1.18
2015/7/8	22.52	23.55	23.55	23.55	1.03
2015/7/24	22.14	23.17	23.27	23.22	1.08
2015/8/10	22.02	22.84	22.98	22.91	0.89
2015/8/24	22.25	23.43	23.47	23.45	1.20
2015/9/10	22.33	23.23	23.63	23.43	1.10
2015/9/24	22.38	23.10	23.10	23.10	0.72
2015/10/8	22.47	23.03	23.04	23.04	0.57

（续）

监测日	实测值	时段预测值	逐日预测值	最终预测值	误差值
2015/10/23	22.38	22.51	19.17	20.84	−1.54
2015/11/11	22.30	23.31	23.52	23.42	1.12
2015/11/23	22.44	23.40	22.91	23.15	0.71
2015/12/8	22.52	22.73	21.38	22.05	−0.47
2015/12/25	22.60	22.51	18.23	20.37	−2.23

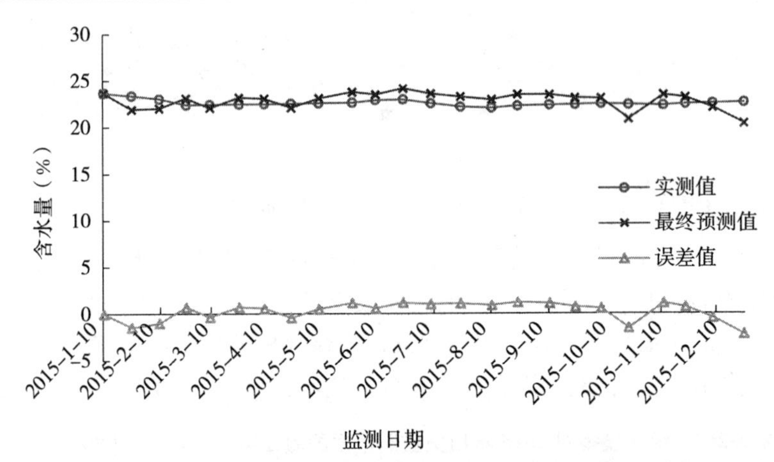

图 3-164 综合模型对 2015 年历史监测数据的验证图（431281J003）

由表 3-264 和图 3-164 可见，模型综合应用得到的最终诊断结果中，未出现误差大于 3 个质量含水量的预测结果；如果将预测误差小于 3 个质量含水量作为合格预测结果，则综合模型预测合格率为 100%，2015 年历史数据验证结果的平均误差为 0.93%，最大误差为 2.23%，最小误差为 0.35%。

综合模型自回归验证和 2015 年历史监测数据验证结果的合格率分别为 94.12% 和 100.00%。

4. 431281J005 监测点验证

该监测点距离 57745 号国家气象站约 26km。采用 2012—2014 年数据建立 6 个墒情诊断模型并进行了诊断计算，通过对比分析计算结果、实测含水量数据和气象台站降水量数据，发现诊断模型所采用的气象台站降水量与该监测点的实际降水情况比较吻合，因此未对模型输入参数进行调整。使用建立的 6 个诊断模型进行该监测点的墒情诊断，依据诊断结果并按照综合模型应用流程进行模型优选，时段诊断和逐日诊断的优选模型见表 3-264。

表 3-265 洪江市 431281J005 监测点优选诊断模型

项目	优选模型名称
时段诊断	差减统计法、比值统计法、统计法
逐日诊断	差减统计法、比值统计法、间隔天数统计法

按照综合模型应用流程对该监测点进行了建模数据的自回归验证和 2015 年数据的验证。综合模型建模数据自回归验证结果见表 3-266 和图 3-165，2015 年历史数据验证结果见表 3-267和图 3-166（2015 年未进行降水量的调整）。

表 3-266　综合模型对 2012—2014 年建模数据自回归验证结果（431281J005）（%）

监测日	实测值	时段诊断值	逐日诊断值	最终预测值	误差值
2012/5/25	—	—	—	—	—
2012/6/12	35.60	22.50	21.98	22.24	−13.36
2012/6/27	18.90	21.88	21.88	21.88	2.98
2012/7/11	19.20	18.90	18.90	18.90	−0.30
2012/7/30	20.62	22.59	22.05	22.32	1.70
2012/8/13	20.20	21.27	21.29	21.28	1.08
2012/8/27	18.70	21.13	21.20	21.16	2.46
2012/9/11	21.33	18.70	18.70	18.70	−2.63
2012/9/25	21.59	22.39	22.40	22.39	0.80
2012/10/11	21.72	21.18	21.22	21.20	−0.52
2012/10/26	20.83	21.26	21.28	21.27	0.44
2013/2/28	21.09	—	—	—	—
2013/3/11	19.94	21.26	21.31	21.28	1.34
2013/3/25	20.67	22.19	22.06	22.13	1.46
2013/4/11	21.75	21.55	21.41	21.48	−0.27
2013/4/27	22.01	21.77	21.61	21.69	−0.32
2013/5/10	23.07	22.67	22.89	22.78	−0.29
2013/5/27	20.67	23.05	22.60	22.83	2.16
2013/6/9	21.54	21.22	21.53	21.37	−0.17
2013/6/26	21.07	21.49	21.25	21.37	0.30
2013/7/11	21.46	21.51	21.51	21.51	0.05
2013/7/26	19.36	20.08	20.17	20.13	0.77
2013/8/10	18.88	19.49	19.55	19.52	0.64
2013/8/26	23.12	21.69	21.65	21.67	−1.45
2013/9/27	23.54	25.62	23.04	24.33	0.79
2013/10/11	23.20	20.41	20.72	20.56	−2.64
2013/10/28	22.38	20.63	20.24	20.43	−1.95
2013/11/29	22.43	22.62	21.31	21.97	−0.46
2013/12/15	22.51	20.30	19.78	20.04	−2.47
2013/12/28	22.14	21.41	21.34	21.37	−0.77
2014/1/10	22.12	—	—	—	—
2014/1/26	22.04	20.31	19.94	20.13	−1.91
2014/2/10	22.45	20.40	20.50	20.45	−2.00
2014/2/24	21.07	21.34	21.29	21.31	0.24
2014/3/10	21.22	21.28	21.36	21.32	0.10
2014/3/31	20.73	21.67	21.56	21.62	0.89

（续）

监测日	实测值	时段预测值	逐日预测值	最终预测值	误差值
2014/4/15	20.80	21.52	21.52	21.52	0.72
2014/4/28	21.04	21.29	21.31	21.30	0.26
2014/5/13	20.96	22.18	22.00	22.09	1.13
2014/5/25	22.72	22.22	22.64	22.43	−0.29
2014/6/10	22.86	22.85	22.04	22.44	−0.42
2014/6/24	21.14	22.40	22.63	22.52	1.38
2014/7/11	21.00	22.69	23.07	22.88	1.88
2014/7/24	20.44	22.95	22.89	22.92	2.48
2014/8/9	19.29	21.29	21.07	21.18	1.89
2014/8/25	21.06	22.25	21.93	22.09	1.03
2014/9/10	21.11	21.72	21.58	21.65	0.54
2014/9/26	21.19	21.52	21.21	21.36	0.17
2014/10/10	21.29	21.27	21.30	21.29	0.00
2014/10/24	21.16	20.17	20.23	20.20	−0.96
2014/11/8	21.84	22.50	22.43	22.46	0.62
2014/11/24	22.38	20.46	20.11	20.29	−2.09
2014/12/10	22.46	20.67	20.18	20.42	−2.04
2014/12/25	22.28	20.33	20.44	20.39	−1.89

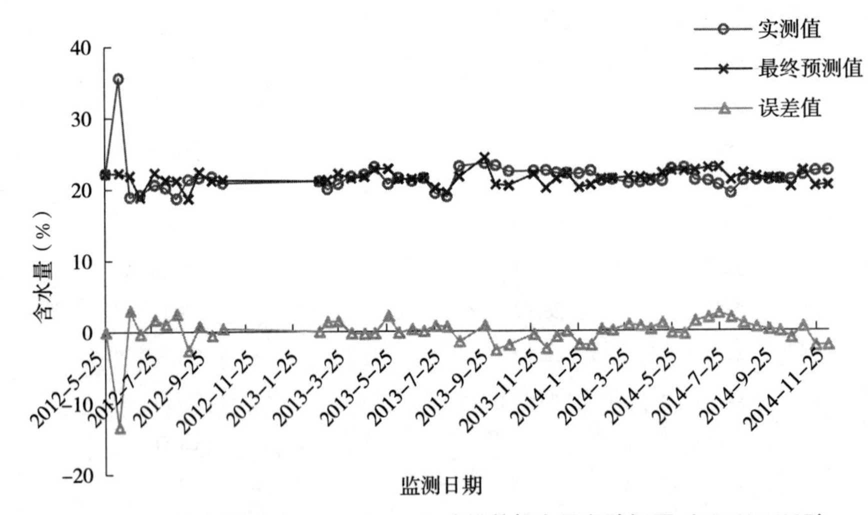

图 3-165　综合模型对 2012—2014 年建模数据自回归验证图（431281J005）

由表 3-266 和图 3-165 可见，模型综合应用得到的最终诊断结果中，误差大于 3 个质量含水量的个数为 1 个（该监测日的预测误差也大于 5 个质量含水量），占 1.96%；如果将预测误差小于 3 个质量含水量作为合格预测结果，则综合模型预测合格率为 98.04%，自回归预测的平均误差为 1.36%，最大误差为 13.36%，最小误差为 0.00%。

表 3-267　综合模型对 2015 年历史监测数据的验证结果（431281J005）（%）

监测日	实测值	时段诊断值	逐日诊断值	最终预测值	误差值
2015/1/10	22.15	—	—	—	—
2015/1/25	21.84	20.31	20.38	20.34	−1.50
2015/2/9	21.53	20.42	20.53	20.48	−1.05
2015/2/24	20.93	21.19	21.24	21.22	0.29
2015/3/9	21.01	20.11	20.51	20.31	−0.70
2015/3/25	21.03	21.52	21.53	21.52	0.49
2015/4/8	21.09	21.52	21.53	21.52	0.43
2015/4/23	21.11	20.40	20.46	20.43	−0.68
2015/5/8	20.93	21.54	21.53	21.54	0.61
2015/5/26	21.19	22.77	22.83	22.80	1.61
2015/6/8	21.48	22.35	22.25	22.30	0.82
2015/6/23	21.48	24.05	24.06	24.05	2.57
2015/7/8	21.01	22.15	22.12	22.14	1.13
2015/7/24	20.57	21.74	21.68	21.71	1.14
2015/8/10	20.49	21.19	21.24	21.22	0.73
2015/8/24	20.77	23.04	22.74	22.89	2.12
2015/9/10	20.85	22.19	22.03	22.11	1.26
2015/9/24	20.93	21.76	21.69	21.73	0.80
2015/10/8	20.98	21.54	21.55	21.55	0.57
2015/10/23	20.85	19.98	19.93	19.95	−0.90
2015/11/11	20.83	21.94	21.83	21.88	1.05
2015/11/23	20.93	21.37	21.38	21.37	0.44
2015/12/8	21.03	20.29	20.30	20.29	−0.74
2015/12/25	21.16	19.99	19.78	19.88	−1.28

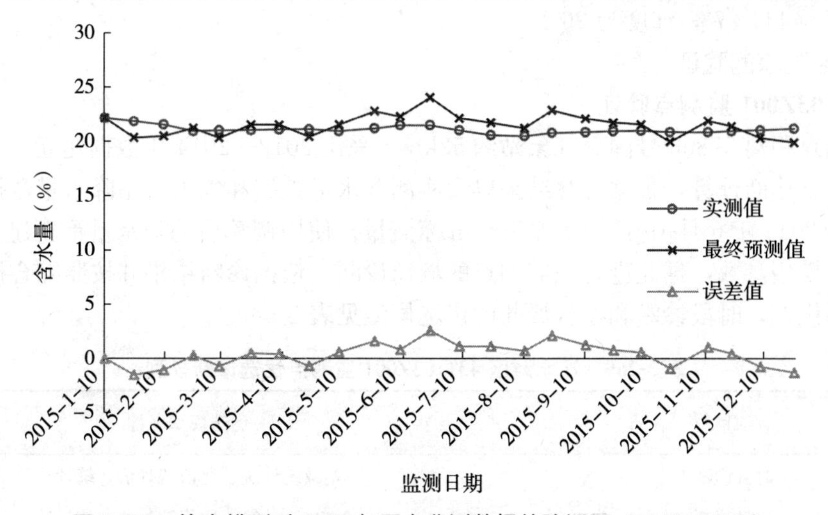

图 3-166　综合模型对 2015 年历史监测数据的验证图（431281J005）

由表3-267和图3-166可见，模型综合应用得到的最终诊断结果中，未出现误差大于3个质量含水量的预测结果；如果将预测误差小于3个质量含水量作为合格预测结果，则综合模型预测合格率为100%，2015年历史数据验证结果的平均误差为1.00%，最大误差为2.57%，最小误差为0.29%。

综合模型自回归验证和2015年历史监测数据验证结果的合格率分别为98.04%和100.00%。

三、永州市冷水滩区验证

（一）基本情况

冷水滩区为湖南省永州市辖区，是永州市委、市人民政府所在地。位于湖南省西南部，地理坐标为东经111°28′～111°47′，北纬26°15′～26°49′。居湘江上游，东邻祁阳，西接东安，南界零陵，北连祁东。下辖8个街道、11个镇、1个乡、1个工业园区、1个农业开发区，土地面积1 221km^2，耕地面积37 452.16hm^2。冷水滩区地质比较古老，地层从震旦系到第四系均有出露。地势北高南低，地貌以岗地、平原为主，山地、丘陵、水域兼有。冷水滩区属亚热带季风湿润气候。

（二）土壤墒情监测状况

永州市冷水滩区2012年纳入全国土壤墒情网开始进行土壤墒情监测工作，全区共设1个自动监测点和4个移动监测点，本次验证的监测点主要信息见表3-268。

表3-268　永州市冷水滩区市土壤墒情监测点设置情况

监测点编号	设置时间	所处位置	经度	纬度	主要种植作物	土壤类型
431103Z001	2012	冷水滩花桥街镇枫木井村	111°31′	26°41′	玉米、甘薯	黏壤土
431103Y003	2012	冷水滩高溪市镇甄家冲村	111°36′	26°34′	甘薯、大豆	黏壤土
431103Y005	2012	冷水滩伊塘镇姚家村	111°44′	26°23′	柑橘	黏土

（三）模型使用的气象台站情况

诊断模型所使用的降水量数据来源于57866号国家气象站，该台站位于湖南省永州市零陵区，经度为111°37′，纬度为26°14′。

（四）监测点的验证

1. 431103Z001监测点验证

该监测点距离57866号国家气象站约52km。采用2012—2014年数据建立6个墒情诊断模型并进行了诊断计算，根据计算结果以及实测含水量数据和气象台站降水量数据的对比分析，确定在2014年6月19日均增加80mm灌溉量。使用调整后的降水量重新建立6个诊断模型并确定模型参数，据此进行该监测点的墒情诊断，依据诊断结果并按照综合模型应用流程进行模型优选，时段诊断和逐日诊断的优选模型见表3-269。

表3-269　冷水滩区431103Z001监测点优选诊断模型

项目	优选模型名称
时段诊断	差减统计法、比值统计法、统计法
逐日诊断	差减统计法、比值统计法、统计法

按照综合模型应用流程对该监测点进行了建模数据的自回归验证和2015年数据的验证。综合模型建模数据自回归验证结果见表3-270和图3-167，2015年历史数据验证结果见表3-271和图3-168（2015年未进行降水量的调整）。

表3-270　综合模型对2012—2014年建模数据自回归验证结果（431103Z001）（%）

监测日	实测值	时段诊断值	逐日诊断值	最终预测值	误差值
2012/5/14	29.70	—	—	—	—
2012/5/25	29.10	28.71	28.57	28.64	−0.46
2012/6/9	30.20	28.25	28.25	28.25	−1.95
2012/6/25	29.40	29.09	28.19	28.64	−0.76
2012/7/10	27.30	27.32	27.34	27.33	0.03
2012/7/25	27.10	26.66	26.75	26.71	−0.39
2012/8/10	28.90	26.53	26.29	26.41	−2.49
2012/8/25	28.30	28.53	28.53	28.53	0.23
2012/9/10	27.40	27.35	26.49	26.92	−0.48
2012/9/26	28.10	26.58	26.05	26.31	−1.79
2012/10/10	28.60	26.53	26.41	26.47	−2.13
2012/10/25	28.30	26.84	26.88	26.86	−1.44
2012/11/10	28.90	27.48	26.81	27.15	−1.75
2013/3/11	26.40	—	—	—	—
2013/3/25	27.30	26.47	26.40	26.44	−0.86
2013/4/25	27.80	27.73	25.68	26.71	−1.09
2013/5/25	27.80	28.78	27.52	28.15	0.35
2013/6/10	27.90	27.29	26.97	27.13	−0.77
2013/6/25	27.30	26.95	26.95	26.95	−0.35
2013/9/25	27.80	28.86	24.62	26.74	−1.06
2013/10/25	26.90	26.41	25.57	25.99	−0.91
2013/11/10	25.80	25.79	24.67	25.23	−0.57
2014/3/10	26.60	—	—	—	—
2014/3/25	26.10	25.75	25.80	25.78	−0.32
2014/4/25	26.00	26.88	25.58	26.23	0.23
2014/5/10	24.80	25.95	26.00	25.98	1.18
2014/5/26	23.90	25.89	26.13	26.01	2.11
2014/6/10	17.80	24.33	24.38	24.35	6.55
2014/6/25	26.00	23.36	23.36	23.36	−2.64
2014/7/9	15.60	25.73	25.74	25.74	10.14
2014/7/24	14.70	15.60	15.60	15.60	0.90
2014/8/11	15.90	14.70	14.70	14.70	−1.20
2014/8/25	18.60	19.22	19.31	19.26	0.66
2014/9/10	21.60	18.60	18.60	18.60	−3.00

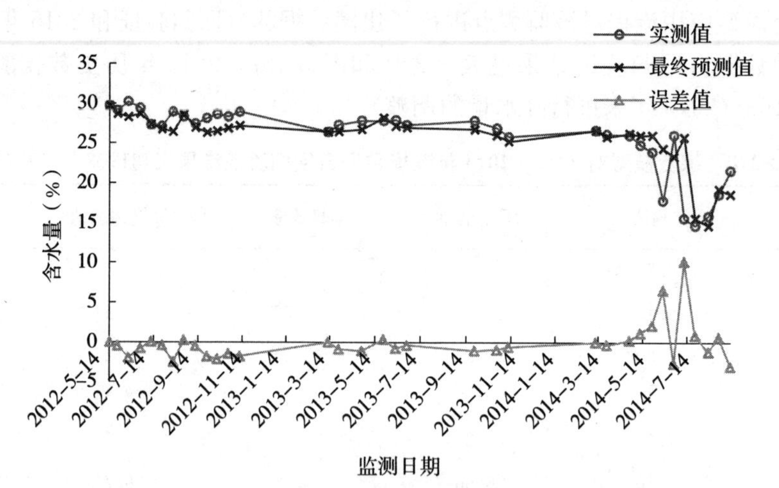

图 3-167 综合模型对 2012—2014 年建模数据自回归验证图（431103Z001）

由表 3-270 和图 3-167 可见，模型综合应用得到的最终诊断结果中，误差大于 3 个质量含水量的个数为 3 个，占 9.68%，其中大于 5 个质量含水量的有 2 个，占 6.45%；如果将预测误差小于 3 个质量含水量作为合格预测结果，则综合模型预测合格率为 90.32%，自回归预测的平均误差为 1.57%，最大误差为 10.14%，最小误差为 0.03%。

表 3-271 综合模型对 2015 年历史监测数据的验证结果（431103Z001）（%）

监测日	实测值	时段诊断值	逐日诊断值	最终预测值	误差值
2015/3/12	28.30	—	—	—	—
2015/3/25	23.00	27.36	27.36	27.36	4.36
2015/4/10	21.10	23.49	23.93	23.71	2.61
2015/4/25	20.60	20.08	20.08	20.08	−0.52
2015/5/10	23.00	21.61	21.63	21.62	−1.38
2015/5/25	28.10	25.44	25.44	25.44	−2.66
2015/6/15	28.50	27.51	26.52	27.01	−1.49
2015/6/25	21.50	27.53	27.53	27.53	6.03
2015/7/12	24.80	22.57	23.48	23.03	−1.77
2015/7/28	23.40	24.79	24.80	24.79	1.39
2015/8/10	22.90	22.18	22.44	22.31	−0.59
2015/8/25	21.80	23.70	23.59	23.64	1.84
2015/9/10	22.40	23.53	24.56	24.05	1.65
2015/9/25	22.60	21.40	21.40	21.40	−1.20

由表 3-271 和图 3-168 可见，模型综合应用得到的最终诊断结果中，误差大于 3 个质量含水量的个数为 2 个，占 15.38%，其中大于 5 个质量含水量的有 1 个，占 7.69%；如果将预测误差小于 3 个质量含水量作为合格预测结果，则综合模型预测合格率为 84.62%，2015 年历史数据验证结果的平均误差为 2.11%，最大误差为 6.03%，最小误差为 0.52%。

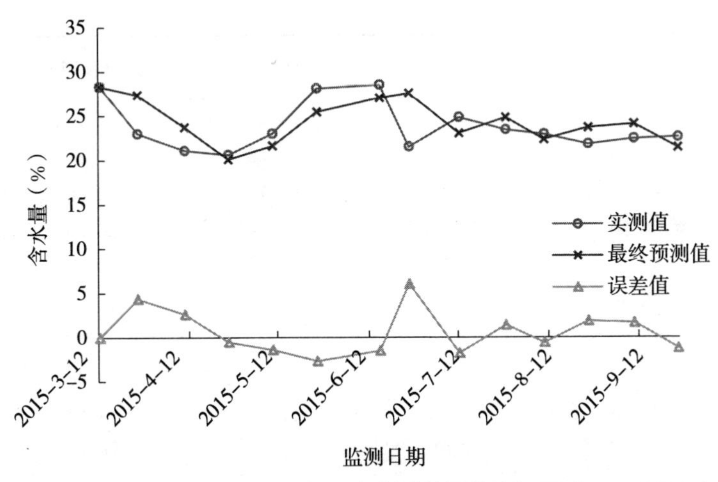

图 3-168　综合模型对 2015 年历史监测数据的验证图（431103Z001）

综合模型自回归验证和 2015 年历史监测数据验证结果的合格率分别为 90.32% 和 84.62%。

2. 431103Y003 监测点验证

该监测点距离 57866 号国家气象站约 37km。采用 2012—2014 年数据建立 6 个墒情诊断模型并进行了诊断计算，根据计算结果以及实测含水量数据和气象台站降水量数据的对比分析，确定在 2014 年 6 月 19 日均增加 80mm 灌溉量。使用调整后的降水量重新建立 6 个诊断模型并确定模型参数，据此进行该监测点的墒情诊断，依据诊断结果并按照综合模型应用流程进行模型优选，时段诊断和逐日诊断的优选模型见表 3-272。

表 3-272　冷水滩区 431103Y003 监测点优选诊断模型

项目	优选模型名称
时段诊断	差减统计法、经验统计法、间隔天数统计法
逐日诊断	差减统计法、经验统计法、统计法

按照综合模型应用流程对该监测点进行了建模数据的自回归验证和 2015 年数据的验证。综合模型建模数据自回归验证结果见表 3-273 和图 3-169，2015 年历史数据验证结果见表 3-274和图 3-170（2015 年未进行降水量的调整）。

表 3-273　综合模型对 2012—2014 年建模数据自回归验证结果（431103Y003）（%）

监测日	实测值	时段诊断值	逐日诊断值	最终预测值	误差值
2012/5/14	28.50	—	—	—	—
2012/5/26	29.40	27.33	27.53	27.43	−1.97
2012/6/9	32.10	28.42	28.44	28.43	−3.67
2012/6/25	30.80	30.45	29.18	29.82	−0.98
2012/7/10	27.30	27.87	27.72	27.80	0.50
2012/7/25	27.10	26.70	26.75	26.73	−0.37
2012/8/10	28.50	26.57	26.29	26.43	−2.07

（续）

监测日	实测值	时段预测值	逐日预测值	最终预测值	误差值
2012/8/25	28.70	28.24	28.23	28.24	−0.46
2012/9/10	27.10	27.57	26.83	27.20	0.10
2012/9/26	27.60	26.42	25.76	26.09	−1.51
2012/10/10	28.30	26.17	26.22	26.20	−2.10
2012/10/25	27.80	26.57	26.60	26.59	−1.21
2012/11/10	28.90	27.11	26.51	26.81	−2.09
2013/3/25	27.20	—	—	—	—
2013/4/25	27.70	27.79	25.58	26.68	−1.02
2013/5/25	27.30	28.88	27.42	28.15	0.85
2013/6/10	27.40	27.01	26.75	26.88	−0.52
2013/6/25	26.80	26.52	26.50	26.51	−0.29
2013/9/25	27.70	28.75	24.91	26.83	−0.87
2013/10/25	27.10	26.30	25.48	25.89	−1.21
2013/11/10	26.10	25.89	25.02	25.45	−0.65
2014/3/10	26.50	—	—	—	—
2014/3/25	26.20	25.80	25.71	25.75	−0.45
2014/4/25	26.10	27.12	25.67	26.40	0.30
2014/5/10	25.20	26.11	26.10	26.10	0.90
2014/5/26	25.20	26.08	26.48	26.28	1.08
2014/6/10	16.90	25.37	25.45	25.41	8.51
2014/6/25	25.70	19.53	23.07	21.30	−4.40
2014/7/10	17.00	25.65	25.70	25.67	8.67
2014/7/24	15.10	17.00	17.00	17.00	1.90
2014/8/11	16.70	15.10	15.10	15.10	−1.60
2014/8/25	19.00	18.94	19.99	19.46	0.46
2014/9/10	22.20	19.00	19.00	19.00	−3.20

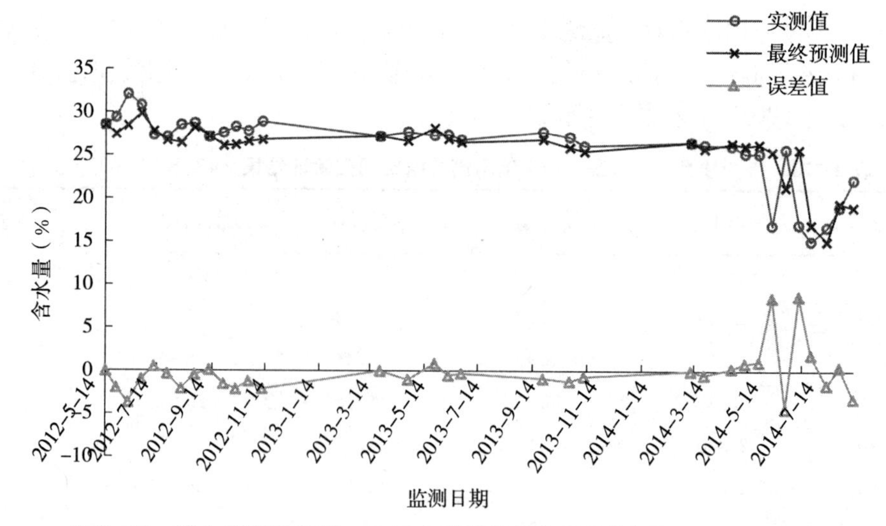

图 3-169　综合模型对 2012—2014 年建模数据自回归验证图（431103Y003）

由表 3-273 和图 3-169 可见，模型综合应用得到的最终诊断结果中，误差大于 3 个质量含水量的个数为 5 个，占 16.67%，其中大于 5 个质量含水量的有 2 个，占 6.67%；如果将预测误差小于 3 个质量含水量作为合格预测结果，则综合模型预测合格率为 83.33%，自回归预测的平均误差为 1.79%，最大误差为 8.67%，最小误差为 0.10%。

表 3-274　综合模型对 2015 年历史监测数据的验证结果（431103Y003）（%）

监测日	实测值	时段诊断值	逐日诊断值	最终预测值	误差值
2015/3/9	29.00	—	—	—	—
2015/3/25	24.10	27.88	27.08	27.48	3.38
2015/4/10	20.90	24.44	24.58	24.51	3.61
2015/4/25	20.30	21.39	20.07	20.73	0.43
2015/5/10	24.00	21.62	21.52	21.57	−2.43
2015/5/25	28.30	25.36	25.83	25.60	−2.70
2015/6/15	28.00	27.66	26.65	27.15	−0.85
2015/6/25	21.20	26.93	27.09	27.01	5.81
2015/7/12	23.90	22.59	23.60	23.09	−0.81
2015/7/28	23.00	24.29	24.62	24.46	1.46
2015/8/10	22.90	22.89	22.18	22.54	−0.36
2015/8/25	22.50	23.90	23.82	23.86	1.36
2015/9/10	22.80	23.83	24.91	24.37	1.57
2015/9/25	23.10	22.82	21.94	22.38	−0.72

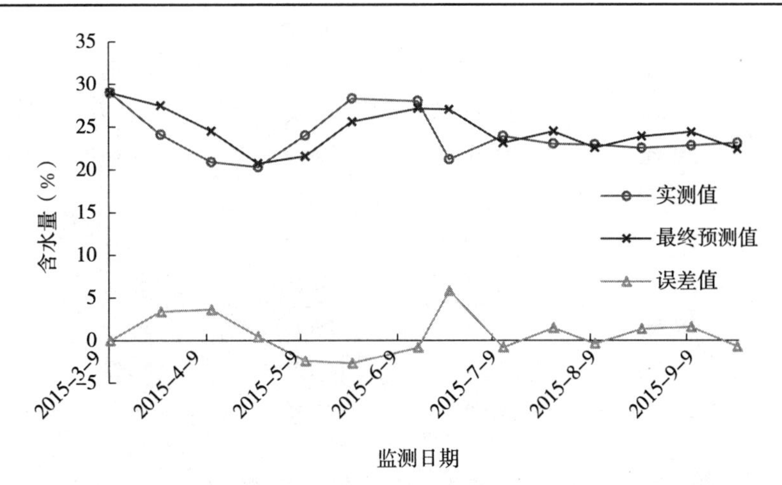

图 3-170　综合模型对 2015 年历史监测数据的验证图（431103Y003）

由表 3-274 和图 3-170 可见，模型综合应用得到的最终诊断结果中，误差大于 3 个质量含水量的个数为 3 个，占 23.08%，其中误差大于 5 个质量含水量的有 1 个，占 7.69%；如果将预测误差小于 3 个质量含水量作为合格预测结果，则综合模型预测合格率为 76.92%，2015 年历史数据验证结果的平均误差为 1.96%，最大误差为 5.81%，最小误差为 0.36%。

综合模型自回归验证和 2015 年历史监测数据验证结果的合格率分别为 83.33% 和 76.92%。

3. 431103Y005 监测点验证

该监测点距离 57866 号国家气象站约 21km。采用 2012—2014 年数据建立 6 个墒情诊断模型并进行了诊断计算，根据计算结果以及实测含水量数据和气象台站降水量数据的对比分析，确定在 2014 年 6 月 19 日均增加 80mm 灌溉量。使用调整后的降水量重新建立 6 个诊断模型并确定模型参数，据此进行该监测点的墒情诊断，依据诊断结果并按照综合模型应用流程进行模型优选，时段诊断和逐日诊断的优选模型见表 3-275。

表 3-275 冷水滩区 431103Y005 监测点优选诊断模型

项目	优选模型名称
时段诊断	差减统计法、比值统计法、间隔天数统计法
逐日诊断	差减统计法、比值统计法、统计法

按照综合模型应用流程对该监测点进行了建模数据的自回归验证和 2015 年数据的验证。综合模型建模数据自回归验证结果见表 3-276 和图 3-171，2015 年历史数据验证结果见表 3-277和图 3-172（2015 年未进行降水量的调整）。

表 3-276 综合模型对 2012—2014 年建模数据自回归验证结果（431103Y005）（%）

监测日	实测值	时段诊断值	逐日诊断值	最终预测值	误差值
2012/5/14	30.60	—	—	—	—
2012/5/26	31.10	29.32	29.64	29.48	−1.62
2012/6/9	32.50	30.08	30.09	30.09	−2.41
2012/6/25	31.10	31.24	30.17	30.71	−0.39
2012/7/10	28.10	28.79	28.92	28.86	0.76
2012/7/25	27.80	27.43	27.42	27.43	−0.38
2012/8/10	28.80	27.19	26.60	26.90	−1.91
2012/8/25	28.30	28.58	28.57	28.57	0.27
2012/9/10	27.40	27.50	26.74	27.12	−0.28
2012/9/26	27.50	26.78	26.08	26.43	−1.07
2012/10/10	28.70	26.38	26.40	26.39	−2.31
2012/10/25	28.40	27.21	27.27	27.24	−1.16
2012/11/10	28.50	27.72	27.12	27.42	−1.08
2013/3/11	26.50	—	—	—	—
2013/3/25	27.60	26.58	26.50	26.54	−1.06
2013/4/25	28.10	27.99	25.97	26.98	−1.12
2013/5/25	27.50	29.00	27.82	28.41	0.91
2013/6/10	27.60	27.22	26.76	26.99	−0.61
2013/6/25	27.00	26.86	26.79	26.83	−0.18
2013/9/25	28.20	28.54	24.87	26.71	−1.49
2013/10/25	27.50	26.92	25.99	26.45	−1.05

（续）

监测日	实测值	时段预测值	逐日预测值	最终预测值	误差值
2013/11/10	26.50	26.38	25.59	25.99	−0.51
2014/3/10	25.80	—	—	—	—
2014/3/25	25.70	25.34	25.28	25.31	−0.39
2014/4/25	25.50	26.52	25.44	25.98	0.48
2014/5/10	24.50	25.60	25.5	25.55	1.05
2014/5/26	24.00	25.27	25.82	25.55	1.55
2014/6/10	17.60	24.32	24.24	24.28	6.68
2014/6/25	24.80	19.38	22.06	20.72	−4.08
2014/7/10	15.50	24.90	24.80	24.85	9.35
2014/7/24	14.50	15.50	15.50	15.50	1.00
2014/8/11	15.30	14.5	14.50	14.50	−0.80
2014/8/25	18.20	16.91	18.09	17.50	−0.70
2014/9/10	21.40	18.20	18.20	18.20	−3.20

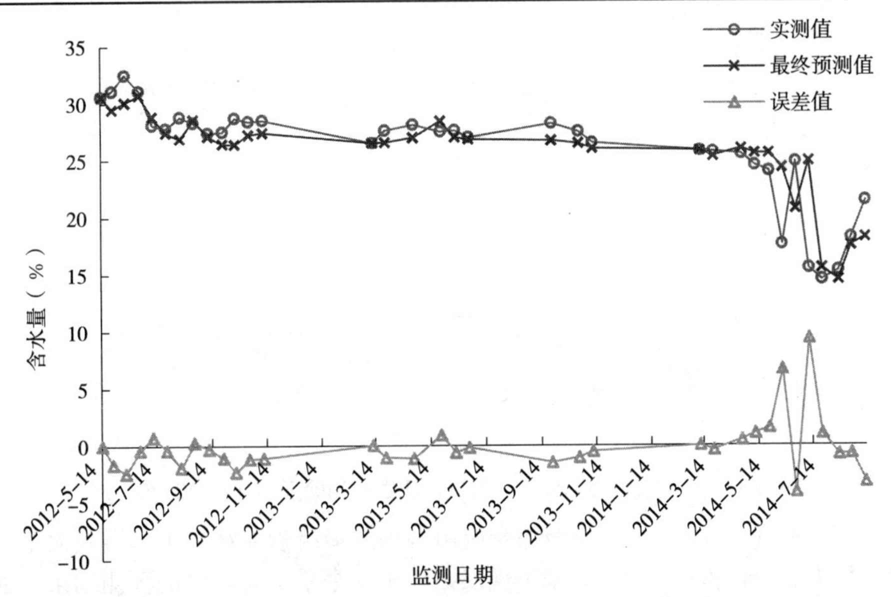

图 3-171　综合模型对 2012—2014 年建模数据自回归验证图（431103Y005）

由表 3-276 和图 3-171 可见，模型综合应用得到的最终诊断结果中，误差大于 3 个质量含水量的个数为 4 个，占 12.90%，其中大于 5 个质量含水量的有 2 个，占 6.45%；如果将预测误差小于 3 个质量含水量作为合格预测结果，则综合模型预测合格率为 87.10%，自回归预测的平均误差为 1.51%，最大误差为 9.35%，最小误差为 0.00%。

表 3-277　综合模型对 2015 年历史监测数据的验证结果（431103Y005）（%）

监测日	实测值	时段诊断值	逐日诊断值	最终预测值	误差值
2015/3/9	25.50	—	—	—	—

（续）

监测日	实测值	时段预测值	逐日预测值	最终预测值	误差值
2015/3/25	22.60	25.36	25.25	25.30	2.70
2015/4/10	21.00	23.05	23.51	23.28	2.28
2015/4/25	20.50	21.12	20.10	20.61	0.11
2015/5/10	23.20	21.29	21.32	21.31	−1.89
2015/5/25	25.80	24.32	25.04	24.68	−1.12
2015/6/15	26.00	25.93	25.54	25.74	−0.26
2015/6/25	22.00	25.46	25.74	25.60	3.60
2015/7/12	26.70	22.77	23.34	23.06	−3.64
2015/7/28	25.80	26.20	25.90	26.05	0.25
2015/8/10	25.60	25.07	24.96	25.01	−0.59
2015/8/25	24.50	25.66	25.60	25.63	1.13
2015/9/10	24.60	25.01	25.49	25.25	0.65
2015/9/25	25.00	24.13	23.73	23.93	−1.07

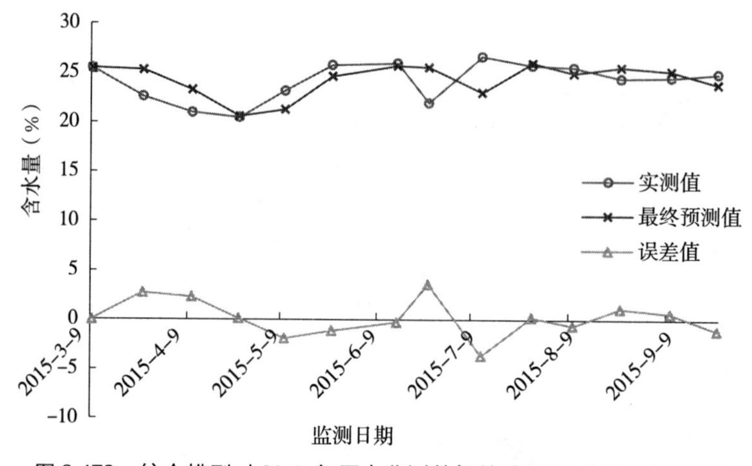

图 3-172　综合模型对 2015 年历史监测数据的验证图（431103Y005）

由表 3-277 和图 3-172 可见，模型综合应用得到的最终诊断结果中，误差大于 3 个质量含水量的个数为 2 个，占 15.38%，未出现误差大于 5 个质量含水量的预测结果；如果将预测误差小于 3 个质量含水量作为合格预测结果，则综合模型预测合格率为 84.62%，2015 年历史数据验证结果的平均误差为 1.48%，最大误差为 3.64%，最小误差为 0.11%。

综合模型自回归验证和 2015 年历史监测数据验证结果的合格率分别为 87.10% 和 84.62%。

四、湘西土家族苗族自治州泸溪县验证

（一）基本情况

泸溪县位于湖南省西部，湘西土家族苗族自治州东南部，地理坐标为东经 109°40′～110°14′，北纬 27°54′～28°28′。东邻沅陵、南界辰溪、麻阳，西接吉首、凤凰，北连古丈，

共辖 4 乡 7 镇。总面积1 565km^2，其中耕地13 733hm^2，主要农作物有稻谷、油菜、辣椒、荸荠、莲藕、大蒜、椪柑等。泸溪处于武陵山脉向雪峰山脉过渡地带，是“八山半水一分田、半分道路和村庄”的山区县，其地貌自东向西南排成“川”字形状，一般海拔 300～500m，最高处县西南八面山峰海 884.3m。境域气候属中亚热带季风湿润气候，春夏秋冬四季分明，年平均气温 17.5℃，无霜期 286d，日照1 495.6h，降水量1 435.7mm，气候温和，雨量充沛，无霜期长。

（二）土壤墒情监测状况

湘西土家族苗族自治州泸溪县 2012 年纳入全国土壤墒情网开始进行土壤墒情监测工作，全区共设 10 个农田监测点，本次验证的监测点主要信息见表 3-278。

表 3-278　湘西土家族苗族自治州泸溪县土壤墒情监测点设置情况

监测点编号	设置时间	所处位置	经度	纬度	主要种植作物	土壤类型
433122J002	2012	泸溪县浦市镇毛家滩	110°7′	28°11′	椪柑	砂壤土

（三）模型使用的气象台站情况

诊断模型所使用的降水量数据来源于 57655 号国家气象站，该台站位于湖南省怀化市沅陵县，经度为 110°24′，纬度为 28°28′。

（四）监测点的验证

433122J002 监测点验证

该监测点距离 57655 号国家气象站约 42km。采用 2012—2014 年数据建立 6 个墒情诊断模型并进行了诊断计算，根据计算结果以及实测含水量数据和气象台站降水量数据的对比分析，确定在 2014 年 9 月 4 日均增加 50mm 灌溉量。使用调整后的降水量重新建立 6 个诊断模型并确定模型参数，据此进行该监测点的墒情诊断，依据诊断结果并按照综合模型应用流程进行模型优选，时段诊断和逐日诊断的优选模型见表 3-279。

表 3-279　泸溪县 433122J002 监测点优选诊断模型

项目	优选模型名称
时段诊断	差减统计法、移动统计法、间隔天数统计法
逐日诊断	差减统计法、经验统计法、统计法

按照综合模型应用流程对该监测点进行了建模数据的自回归验证和 2015 年数据的验证。综合模型建模数据自回归验证结果见表 3-280 和图 3-173，2015 年历史数据验证结果见表 3-281和图 3-174（2015 年未进行降水量的调整）。

表 3-280　综合模型对 2012—2014 年建模数据自回归验证结果（433122J002）（%）

监测日	实测值	时段诊断值	逐日诊断值	最终预测值	误差值
2012/4/11	19.68	—	—	—	—
2012/5/10	21.23	19.60	18.66	19.13	−2.10
2012/6/25	19.63	20.57	15.98	18.28	−1.36
2012/7/10	16.16	18.33	18.33	18.33	2.17

（续）

监测日	实测值	时段预测值	逐日预测值	最终预测值	误差值
2012/7/25	19.97	19.20	19.77	19.49	−0.48
2012/8/10	18.18	19.97	19.97	19.97	1.79
2012/8/25	15.25	16.76	16.36	16.56	1.31
2012/9/10	13.05	15.25	15.25	15.25	2.20
2012/9/26	14.77	15.02	15.63	15.32	0.55
2012/10/10	17.24	14.77	14.77	14.77	−2.47
2012/12/25	18.49	17.24	17.24	17.24	−1.25
2013/3/10	17.09	—	—	—	—
2013/3/25	17.60	17.46	16.75	17.10	−0.50
2013/4/25	17.29	17.97	17.03	17.50	0.21
2013/5/25	17.10	17.54	16.62	17.08	−0.02
2013/6/9	17.85	17.84	17.58	17.71	−0.14
2013/6/25	11.77	17.39	16.50	16.94	5.17
2013/7/10	12.13	15.32	13.89	14.61	2.48
2013/7/25	8.96	13.13	11.67	12.40	3.44
2013/8/2	7.96	7.22	8.99	8.11	0.15
2013/8/10	6.81	8.63	8.55	8.59	1.78
2013/8/25	14.36	13.86	10.44	12.15	−2.21
2013/9/10	17.66	16.89	17.59	17.24	−0.42
2013/10/10	16.32	17.95	17.17	17.56	1.24
2013/10/25	13.54	15.60	15.27	15.44	1.90
2013/11/10	17.39	13.54	13.54	13.54	−3.85
2013/11/25	19.74	17.38	16.78	17.08	−2.66
2013/12/10	18.51	16.39	16.58	16.49	−2.02
2013/12/25	19.25	16.94	16.47	16.71	−2.54
2014/3/10	19.86	—	—	—	—
2014/3/25	19.68	17.69	16.68	17.19	−2.49
2014/4/10	19.33	18.02	17.25	17.63	−1.70
2014/5/9	20.81	19.33	19.33	19.33	−1.48
2014/6/25	17.21	21.74	17.51	19.63	2.42
2014/7/10	18.14	17.31	16.58	16.94	−1.20
2014/7/25	18.26	19.22	19.95	19.59	1.33
2014/8/10	13.08	18.26	18.26	18.26	5.18
2014/9/10	18.46	15.00	16.46	15.73	−2.73
2014/9/25	17.89	17.32	17.38	17.35	−0.54
2014/10/10	14.93	17.32	17.02	17.17	2.24

（续）

监测日	实测值	时段预测值	逐日预测值	最终预测值	误差值
2014/10/25	13.31	14.60	14.03	14.32	1.01
2014/11/10	18.35	19.46	18.48	18.97	0.62
2014/11/25	19.01	17.40	17.42	17.41	−1.60
2014/12/25	18.27	17.20	15.89	16.55	−1.72

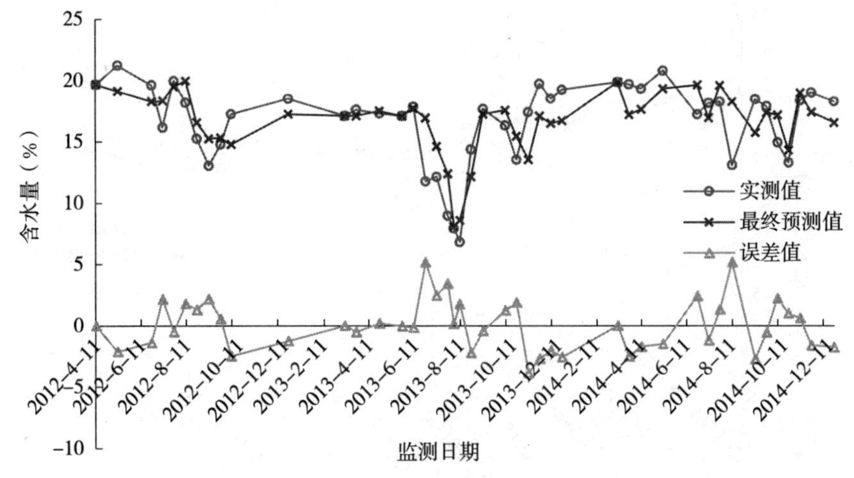

图 3-173　综合模型对 2012—2014 年建模数据自回归验证图（433122J002）

由表 3-280 和图 3-173 可见，模型综合应用得到的最终诊断结果中，误差大于 3 个质量含水量的个数为 4 个，占 9.76%，其中大于 5 个质量含水量的有 2 个，占 4.88%；如果将预测误差小于 3 个质量含水量作为合格预测结果，则综合模型预测合格率为 90.24%，自回归预测的平均误差为 1.77%，最大误差为 5.18%，最小误差为 0.02%。

表 3-281　综合模型对 2015 年历史监测数据的验证结果（433122J002）（%）

监测日	实测值	时段诊断值	逐日诊断值	最终预测值	误差值
2015/3/10	19.57	—	—	—	—
2015/3/25	18.84	17.57	16.63	17.1	−1.74
2015/4/10	19.42	18.05	17.73	17.89	−1.53
2015/4/25	17.34	19.42	19.42	19.42	2.08
2015/5/25	16.92	17.57	17.04	17.31	0.39
2015/6/25	17.70	18.47	17.00	17.74	0.04
2015/7/10	15.77	17.31	16.90	17.10	1.33
2015/7/25	15.54	16.67	16.24	16.46	0.92
2015/8/10	12.27	15.21	14.16	14.69	2.42
2015/8/25	16.39	15.73	14.70	15.22	−1.17
2015/9/10	14.95	15.71	14.63	15.17	0.22
2015/10/10	14.59	15.97	15.98	15.98	1.39

（续）

监测日	实测值	时段预测值	逐日预测值	最终预测值	误差值
2015/10/25	14.15	14.56	13.75	14.16	0.01
2015/11/25	15.66	14.15	14.15	14.15	−1.51
2015/12/10	16.36	15.24	14.77	15.00	−1.36
2015/12/25	16.83	15.59	15.24	15.42	−1.41

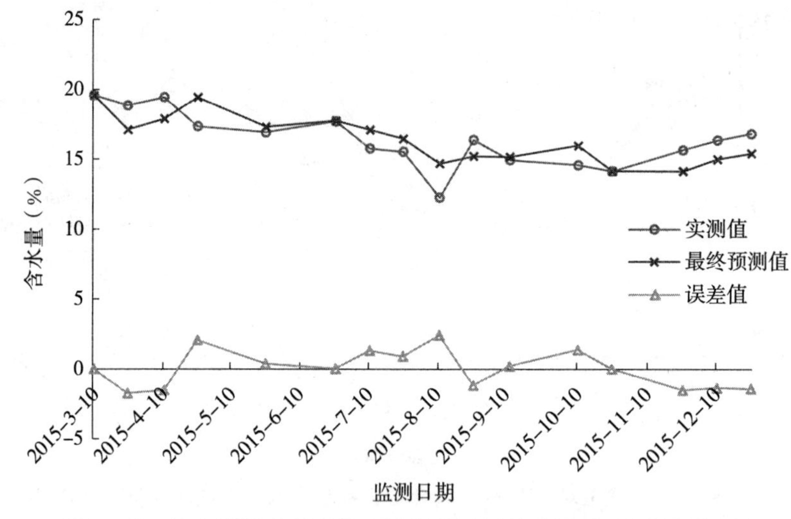

图 3-174　综合模型对 2015 年历史监测数据的验证图（433122J002）

由表 3-281 和图 3-174 可见，模型综合应用得到的最终诊断结果中，未出现误差大于 3 个质量含水量的预测结果；如果将预测误差小于 3 个质量含水量作为合格预测结果，则综合模型预测合格率为 100%，2015 年历史数据验证结果的平均误差为 1.17%，最大误差为 2.42%，最小误差为 0.01%。

综合模型自回归验证和 2015 年历史监测数据验证结果的合格率分别为 90.24% 和 100.00%。

第四章　墒情诊断模型的评价

第一节　平衡法诊断模型评价

一、优选模型评价

按照综合模型应用流程对87个墒情监测点进行验证过程中，平衡法诊断模型被确认为优选模型的次数为时段5次、逐日5次，占全部监测点优选模型的比例均为5.75%，在6种诊断模型中占比最低。因此从优选模型方面看，该模型较差。

二、适用性评价

适用性评价主要评价该模型单独使用情况下对全部87个监测点的诊断结果，以单个监测点诊断合格率为75%以上为模型适用性标准。时段诊断模型结果表明，自回归和2015年数据验证合格的监测点数分别为50个和36个，占比分别为57.47%和41.38%；逐日诊断模型结果表明，合格的监测点数分别为43个和47个，占比分别为49.43%和54.02%。平衡法模型诊断结果汇总见表4-1，从适用性角度看，该模型适用性一般。

表4-1　平衡法模型诊断结果汇总

诊断方法	时段诊断		逐日诊断	
	自回归验证	2015年数据验证	自回归验证	2015年数据验证
诊断合格的监测点数	50	36	43	47
合格点数占总监测点比例（%）	57.47	41.38	49.43	54.02

三、平衡法诊断模型存在问题分析

从模型构建原理角度考虑，平衡法诊断模型符合质量守恒定律，但实际验证过程中发现该模型的诊断误差较大、适用性不强，主要原因包括以下几个方面：一是设计模型算法时无法获取相对准确的土壤水分来源和损失量；二是在模型建立过程中筛选建模历史数据的合理性不充分；三是诊断过程中分段预测时所依据的（P_w+P_i）参数设定依据不足；四是土壤含水量从低到高和从高到低过程中，土壤孔隙会发生变化，直接影响土壤水的运动。

以上分析说明：参数设定是平衡法墒情诊断模型预测准确性的关键因素，通过对不同土壤类型、不同气候条件下土壤水分平衡试验获取相对科学准确的数据将会大幅提高该模型的预测精度；因土壤含水量影响因素多且复杂，通过大量数据分析，从统计学层面获取相关参数，从而建立统计学模型，是实现土壤墒情诊断相对科学且实用的方法。

第二节　统计法诊断模型评价

一、优选模型评价

按照综合模型应用流程对 87 个墒情监测点进行验证过程中，统计法诊断模型被确认为优选模型的次数为时段 36 次、逐日 71 次，占全部监测点优选模型的比例分别为 41.38％和 81.61％，在六种诊断模型中位于第三位。因此从优选模型方面看，该模型较好。

二、适用性评价

适用性评价主要评价该模型单独使用情况下对全部 87 个监测点的诊断结果，以单个监测点诊断合格率为 75％以上为模型适用性标准。时段诊断模型结果表明，自回归和 2015 年数据验证合格的监测点数分别为 64 个和 54 个，占比分别为 73.56％和 62.07％；逐日诊断模型结果表明，合格的监测点数分别为 79 个和 80 个，占比分别为 90.80％和 91.95％。统计法模型诊断结果汇总见表 4-2，因此从适用性角度看，该模型适用性好，逐日诊断的结果好于时段诊断。

表 4-2　统计法模型诊断结果汇总

诊断方法	时段诊断		逐日诊断	
	自回归验证	2015 年数据验证	自回归验证	2015 年数据验证
诊断合格的监测点数	64	54	79	80
合格点数占总监测点比例（％）	73.56	62.07	90.80	91.95

三、统计法诊断模型存在问题分析

统计法诊断模型是基于相邻两个监测日时段的累计降水量和上一个监测日的实测含水量，同时考虑两者对后期含水量交互影响而建立的。在实际验证中发现该模型在优选模型、适用性方面均比较好，缺点是容易出现异常高值，原因可能与模型中（P_iP_w）有关，当 P_i 和 P_w 出现极大或极小情况时，容易导致预测值严重失真。

基于以上分析，统计法诊断模型不失为一种准确度较高的土壤墒情诊断与预测方法，但需要解决异常预测值问题，以进一步完善模型算法。

第三节　差减统计法诊断模型评价

一、优选模型评价

按照综合模型应用流程对 87 个墒情监测点进行验证过程中，差减统计法诊断模型被确认为优选模型的次数为时段 72 次、逐日 76 次，占全部监测点优选模型的比例分别为 82.76％和 87.36％，在 6 种诊断模型中位于第一位。因此从优选模型方面看，该模型较好。

二、适用性评价

适用性评价主要评价该模型单独使用情况下对全部 87 个监测点的诊断结果，以单个监测点诊断合格率为75%以上为模型适用性标准。时段诊断模型结果表明，自回归和2015年数据验证合格的监测点数分别为82个和80个，占比分别为94.25%和91.95%；逐日诊断模型结果表明，合格的监测点数分别为77个和83个，占比分别为88.51%和95.40%。差减统计法模型诊断结果汇总见表4-3，因此从适用性角度看，该模型适用性好，逐日诊断与时段诊断的效果相近。

表4-3　差减统计法模型诊断结果汇总

诊断方法	时段诊断		逐日诊断	
	自回归验证	2015年数据验证	自回归验证	2015年数据验证
诊断合格的监测点数	82	80	77	83
合格点数占总监测点比例（%）	94.25	91.95	88.51	95.40

三、差减统计法诊断模型存在问题分析

差减统计法基于土壤水分平衡原理，通过对历史墒情监测数据进行统计分析，发现土壤含水量变化值与前一个监测日的土壤含水量（P_i）和时段降水量（P_w）之间存在相关性，在此基础上建立的差减统计法诊断模型具备如下两个特点，第一是从历史数据中挖掘出实际的土壤含水量变化量，而这一变化量是客观的、真实的；第二是根据大量历史数据挖掘出土壤含水量变幅与实测含水量和累计降水量之间的相关性。基于以上两点该模型既获取了相对科学的模型参数，又用统计学方法克服了因导致土壤含水量变化的因子众多且变化不易确定的问题，因此该模型的预测准确率较高。归根到底是该模型建立在质量守恒定律基础上，所有参数又都是通过统计方法获得的，综合了质量守恒定律和统计学规律。

第四节　比值统计法诊断模型评价

一、优选模型评价

按照综合模型应用流程对87个墒情监测点进行验证过程中，比值统计法诊断模型被确认为优选模型的次数为时段37次、逐日49次，占全部监测点优选模型的比例分别为42.53%和56.32%，在6种诊断模型中位于第四位。因此从优选模型方面看，该模型较好。

二、适用性评价

适用性评价主要评价该模型单独使用情况下对全部87个监测点的诊断结果，以单个监测点诊断合格率为75%以上为模型适用性标准。时段诊断模型结果表明，自回归和2015年数据验证合格的监测点数分别为76个和78个，占比分别为87.36%和89.66%；逐日诊断模型结果表明，合格的监测点数分别为72个和80个，占比分别为82.76%和91.95%。比值统计法模型诊断结果汇总见表4-4，因此从适用性角度看，该模型适用性好，逐日诊断与时段诊断的效果相近。

表 4-4 比值统计法模型诊断结果汇总

诊断方法	时段诊断		逐日诊断	
	自回归验证	2015 年数据验证	自回归验证	2015 年数据验证
诊断合格的监测点数	76	78	72	80
合格点数占总监测点比例（%）	87.36	89.66	82.76	91.95

三、比值统计法诊断模型存在问题分析

比值统计法诊断模型基于相邻两个监测日的含水量比值与前一个实测含水量和累计降水量的相关性而建立，是基于统计学原理建立的墒情诊断模型。从各项验证结果分析来看，预测准确率相对较高，适用性较好。

第五节 间隔天数统计法诊断模型评价

一、优选模型评价

按照综合模型应用流程对 87 个墒情监测点进行验证过程中，间隔天数统计法诊断模型被确认为优选模型的次数为时段 62 次、逐日 47 次，占全部监测点优选模型的比例分别为 71.26%和 54.02%，在六种诊断模型中位于第二位。因此从优选模型方面看，该模型较好。

二、适用性评价

适用性评价主要评价该模型单独使用情况下对全部 87 个监测点的诊断结果，以单个监测点诊断合格率为 75%以上为模型适用性标准。时段诊断模型结果表明，自回归和 2015 年数据验证合格的监测点数分别为 86 个和 79 个，占比分别为 98.85%和 90.80%；逐日诊断模型结果表明，合格的监测点数分别为 81 个和 83 个，占比分别为 93.10%和 95.40%。间隔天数统计法模型诊断结果汇总见表 4-5，因此从适用性角度看，该模型适用性好，逐日诊断与时段诊断的效果相近。

表 4-5 间隔天数统计法模型诊断结果汇总

诊断方法	时段诊断		逐日诊断	
	自回归验证	2015 年数据验证	自回归验证	2015 年数据验证
诊断合格的监测点数	86	79	81	83
合格点数占总监测点比例（%）	98.85	90.80	93.10	95.40

三、间隔天数统计法诊断模型存在问题分析

间隔天数统计法诊断模型是基于相邻两个监测日间的累计降水量、上一个监测日的实测含水量和相邻两个监测日间的时间间隔而建立的墒情诊断模型。在该模型实际验证中发现在优选模型、适用性方面均比较好；从模型构成上看，该模型以相邻两个监测日间的间隔天数替代了统计法中相邻两个监测日间的累计降水量和上一个监测日的实测含水量的乘积，从实际诊断结果的验证过程来看，这一改变克服了统计法容易出现异常预测值的问题。

第六节　移动统计法诊断模型评价

一、优选模型评价

按照综合模型应用流程对 87 个墒情监测点进行验证过程中，移动统计法诊断模型被确认为优选模型的次数为时段 49 次、逐日 13 次，占全部监测点优选模型的比例分别为 56.33%和 14.94%，在 6 种诊断模型中位于第五位。因此从优选模型方面看，该模型被选中的概率不高。

二、适用性评价

适用性评价主要评价该模型单独使用情况下对全部 87 个监测点的诊断结果，以单个监测点诊断合格率为 75%以上为模型适用性标准。时段诊断模型结果表明，自回归和 2015 年数据验证合格的监测点数分别为 85 个和 75 个，占比分别为 97.70%和 86.21%；逐日诊断模型结果表明，合格的监测点数分别为 62 个和 59 个，占比分别为 71.26%和 67.82%。移动统计法模型诊断结果汇总见表 4-6，因此从适用性角度看，该模型适用性较好，时段诊断结果好于逐日诊断。

表 4-6　移动统计法模型诊断结果汇总

诊断方法	时段诊断		逐日诊断	
	自回归验证	2015 年数据验证	自回归验证	2015 年数据验证
诊断合格的监测点数	85	75	62	59
合格点数占总监测点比例（%）	97.70	86.21	71.26	67.82

三、移动统计法诊断模型存在问题分析

移动统计法诊断模型的最大特点是对历史墒情监测数据进行分段研究，挖掘每段含水量数据与相关影响因子的相关性，再将分段相关性结论连续使用，从而构成了一个移动的（即模型参数随统计规律变化）的诊断模型。该模型在某种程度上巧妙地避开了部分不易确定和不易获得的含水量变化影响因子，采用大数据统计分析方法对土壤含水量不同范围分别进行统计分析，找出土壤含水量与相邻两次监测日间日均降水量的相关性关系。从各项验证结果分析来看，预测准确率相对较高，适用性较好。随积累的原始数据量的增加，该模型的预测准确性将得到进一步提高。

第七节　6 种诊断模型综合评价

从优选模型比例、验证方法指标、验证方式指标、异常值指标四个方面对 6 种诊断模型进行综合评价。

优选模型比例指标指各种方法被综合诊断确定为优选模型的次数占总验证监测点数的比例，结果见表 4-7；验证方法指标指自回归验证合格率与 2015 年数据验证合格率比较结果，以时段和逐日合格率的均值为统计标准，结果见表 4-8；验证方式指标指时段诊断与逐日诊

断合格率比较结果，以自回归验证和2015年验证合格率的均值为统计标准，结果见表4-9；异常值指标指各种诊断模型验证过程中是否出现异常预测值，分为出现和未出现两种情况，结果见表4-10。按照以上四项评价指标对6个墒情诊断模型进行评价，结果见表4-11。

表4-7　6个模型成为优选模型的指标比较

诊断模型	平衡法	统计法	差减统计法	比值统计法	间隔天数统计法	移动统计法
时段优选模型	5	36	72	37	62	49
逐日优选模型	5	71	76	49	47	13
优选模型合计	10	107	148	86	109	62
优选模型排序	6	3	1	4	2	5

表4-8　6个模型验证方法验证合格率指标比较

验证方法	时段诊断				逐日诊断			
	自回归验证（%）	2015年数据验证（%）	平均值（%）	合格率排序	自回归验证（%）	2015年数据验证（%）	平均值（%）	合格率排序
平衡法	57.47	41.38	49.43	6	49.43	54.02	51.73	6
统计法	73.56	62.07	67.82	5	90.80	91.95	91.38	3
差减统计法	94.25	91.95	93.10	2	88.51	95.40	91.96	2
比值统计法	87.36	89.66	88.51	4	82.76	91.95	87.36	4
间隔天数统计法	98.85	90.80	94.83	1	93.10	95.40	94.25	1
移动统计法	97.70	86.21	91.96	3	71.26	67.82	69.54	5

表4-9　6个模型验证方式验证合格率指标比较

验证方法	自回归验证				2015年数据验证			
	时段诊断（%）	逐日诊断（%）	平均值（%）	合格率排序	时段诊断（%）	逐日诊断（%）	平均值（%）	合格率排序
平衡法	57.47	49.43	53.45	6	41.38	54.02	47.70	6
统计法	73.56	90.80	82.18	5	62.07	91.95	77.01	5
差减统计法	94.25	88.51	91.38	2	91.95	95.40	93.68	1
比值统计法	87.36	82.76	85.06	3	89.66	91.95	90.81	3
间隔天数统计法	98.85	93.10	95.98	1	90.80	95.40	93.10	2
移动统计法	97.70	71.26	84.48	4	86.21	67.82	77.02	4

表4-10　6个模型诊断过程异常值指标比较

诊断模型	平衡法	统计法	差减统计法	比值统计法	间隔天数统计法	移动统计法
诊断异常值	有	有	无	无	无	无

表4-11　6种模型各种指标评价

评价指标	优选模型指标	验证方法指标	验证方式指标	异常值指标	综合评价结果
差减统计法	1	2	1	1	1
间隔天数统计法	2	1	1	1	1

（续）

评价指标	优选模型指标	验证方法指标	验证方式指标	异常值指标	综合评价结果
移动统计法	5	3	3	1	2
比值统计法	4	4	2	1	3
统计法	3	3	4	2	4
平衡法	6	5	5	2	5

从表 4-11 可以得出结论：在重点考虑采用综合诊断流程的同时，也避免出现异常值的情况下，6 个诊断模型优劣顺序如下：差减统计法＝间隔天数统计法＞移动统计法＞比值统计法＞统计法＞平衡法；而着眼于各种模型的预测功能情况下，逐日预测的稳定性以及准确性应该是首选的指标，此种背景下差减统计法、间隔天数统计法、移动统计法、比值统计法和统计法都是比较适用的模型。

第五章　墒情模型应用条件评价

第一节　模型省际适宜性评价

6个模型应用于7个省被优选的顺序为差减统计法、间隔天数统计法、统计法、比值统计法、移动统计法、平衡法，表5-1进一步表明6个模型被优选的比例在各省之间没有明显的差异。

表5-1　各省6个模型被优选次数和比率

省别	平衡法		统计法		差减统计法		比值统计法		间隔天数统计法		移动统计法		总计次数
	选中次数	所占比率（%）	选中次数	所占比率（%）	选中次数	所占比率（%）	选中次数	所占比率（%）	选中次数	所占比率（%）	选中次数	所占比率（%）	
吉林省	1	2.78	7	19.44	8	22.22	7	19.44	8	22.22	5	13.89	36
内蒙古自治区	0	0.00	27	23.68	35	30.70	14	12.28	27	23.68	11	9.65	114
甘肃省	3	3.85	16	20.51	22	28.21	11	14.10	17	21.79	9	11.54	78
山西省	4	4.17	20	20.83	22	22.92	20	20.83	18	18.75	12	12.50	96
河北省	0	0.00	15	17.86	27	32.14	12	14.29	19	22.62	11	13.10	84
河南省	0	0.00	7	16.67	12	28.57	8	19.05	10	23.81	5	11.90	42
湖南省	2	2.78	15	20.83	22	30.56	14	19.44	10	13.89	9	12.50	72

第二节　省和县综合模型诊断合格率差异性评价

表5-2为综合模型对各省和县诊断的合格率，可见7个省和23个县之间的合格率没有明显差异，说明综合模型在地域上没有选择性，具有普适性。

表5-2　各省和县20××—2014年自回归和2015年验证的平均合格率

省别	县别	20××—2014年自回归平均合格率（%）（县级）	2015年验证平均合格率（%）（县级）	20××—2014年自回归平均合格率（%）（省级）	2015年验证平均合格率（%）（省级）
吉林省	东丰县	85.71	75.00	86.38	89.52
	洮南市	94.44	84.62		
	通榆县	80.91	95.00		
	长岭县	88.14	93.75		

（续）

省别	县别	20××—2014 年自回归平均合格率（%）（县级）	2015 年验证平均合格率（%）（县级）	20××—2014 年自回归平均合格率（%）（省级）	2015 年验证平均合格率（%）（省级）
内蒙古自治区	达茂旗	88.69	91.54	88.71	94.31
	丰镇市	91.39	98.89		
	科尔沁区	76.19	77.78		
	太仆寺旗	86.01	93.81		
	武川县	92.96	97.62		
甘肃省	安定区	88.89	94.02	86.81	90.89
	平凉市辖区	83.48	85.88		
山西省	偏关县	100.00	93.10	97.22	91.79
	长治县	93.65	90.11		
河北省	晋州市	94.53	89.00	91.49	88.73
	滦南县	76.38	80.31		
	宁晋县	91.43	95.83		
河南省	汝州市	82.64	82.61	82.62	90.69
	新郑市	82.63	98.08		
	偃师市	82.54	77.27		
湖南省	赫山区	88.35	84.89	91.23	90.48
	洪江市	96.57	100.00		
	冷水滩区	89.10	82.05		
	泸溪县	87.80	100.00		

第三节 模型气候条件适宜性评价

全部 87 个监测点分布在 7 个省和 23 个县，其气候分区如表 5-3，从中可见模型对于气候条件具有普遍的适宜性。由于模型对于气候条件具有普适性，所以没有统计模型诊断合格率与地貌之间的关系，87 个点只涉及平原和少量丘陵地貌单元。

表 5-3 87 个监测点所属气候区

省别	气候区
吉林省	北温带大陆性季风气候区
内蒙古自治区	温带大陆性季风气候区为主
甘肃省	大陆性温带季风气候区为主
山西省	暖温带、中温带大陆性气候区
河北省	温带大陆性季风气候区
河南省	暖温带—亚热带、湿润—半湿润季风气候区
湖南省	亚热带湿润季风气候

第四节　模型诊断合格率与距气象站距离关系

图 5-1 为 85 个点诊断合格率与距气象站距离的散点图，可见两者之间没有明显的相关关系，说明在适宜的距离内模型具有适宜性，也说明气象站的降水量可以基本代替监测点的降水量。由于模型对于监测点与气象站的距离具有适宜性，所以没有进一步统计模型与海拔、与气象站方位的关系。

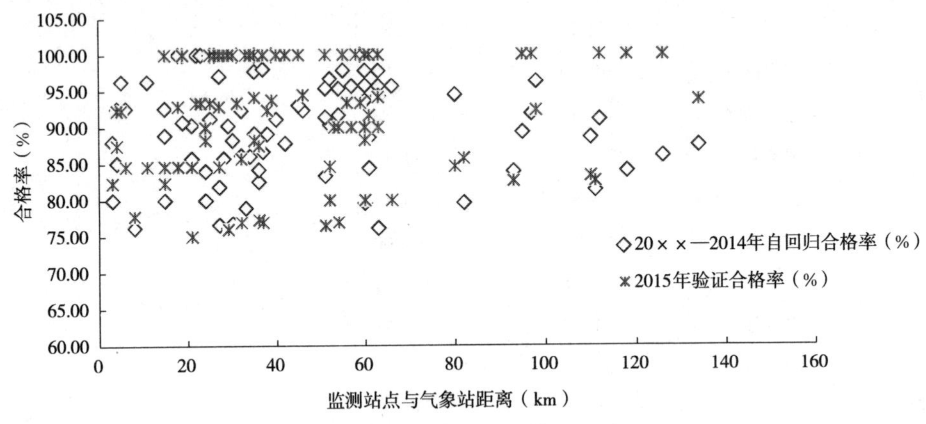

图 5-1　诊断合格率与距气象站距离关系

第五节　模型诊断合格率与土壤质地关系

由于 87 个点涉及的土壤类型比较多，从土壤学原理上分析，与土壤含水量更为密切的土壤属性是质地和有机质含量，在 87 个点多监测数据中，有 82 个点记录了监测点的土壤质地，共包括黏土、黏壤土、壤土、砂壤土和砂土五类。为探明模型诊断合格率与土壤质地间的关系，进行了自回归验证合格率与土壤质地之间的相关性分析（图 5-2）和 2015 年数据验证合格率与土壤质地之间的相关性分析（图 5-3）。结果表明，模型对土壤质地也具有普遍适用性（图 5-2 和图 5-3 中“1、2、3、4、5”分别代表“黏土、黏壤土、壤土、砂壤土和砂土”）。

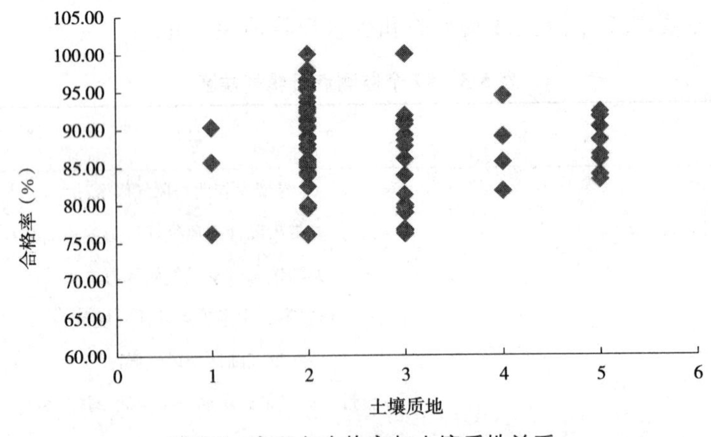

图 5-2　自回归合格率与土壤质地关系

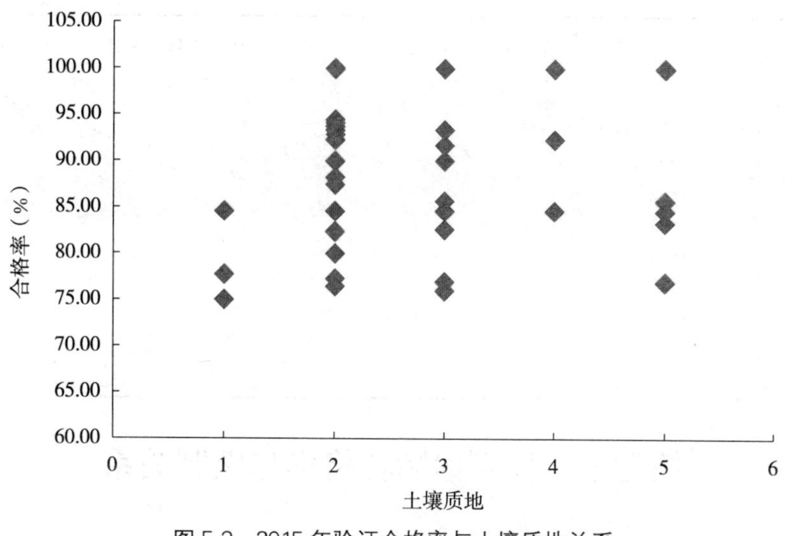

图 5-3　2015 年验证合格率与土壤质地关系

第六节　模型诊断合格率与监测时间（季节）关系

表 5-4 为各省墒情监测时间，这些时间跨越了生育期，基本除了冬季都进行了监测，其中吉林省和内蒙古自治区为 4～10 月、甘肃省为 2～12 月、山西省为 3～10 月、河北省、河南省为 1～12 月、湖南省大多为 3～11 月。从中可见，模型在时间和季节上具有广泛的适宜性，与作物和管理等下垫面因素基本没有关系，因此模型具有广泛的应用前景。

表 5-4　各省墒情监测时间（季节）

省别	县别	监测时段	1 月	2 月	3 月	4 月	5 月	6 月	7 月	8 月	9 月	10 月	11 月	12 月
吉林省	东丰县	4～10 月												
	洮南市	4～8 月												
	通榆县	4～9 月												
	长岭县	4～9 月												
内蒙古自治区	达茂旗	4～10 月												
	丰镇市	4～10 月												
	科尔沁区	4～10 月												
	太仆寺旗	4～10 月												
	武川县	4～11 月												
甘肃省	安定区	2～12 月												
	平凉市	3～11 月												
山西省	偏关县	3～10 月												
	长治县	3～10 月												

（续）

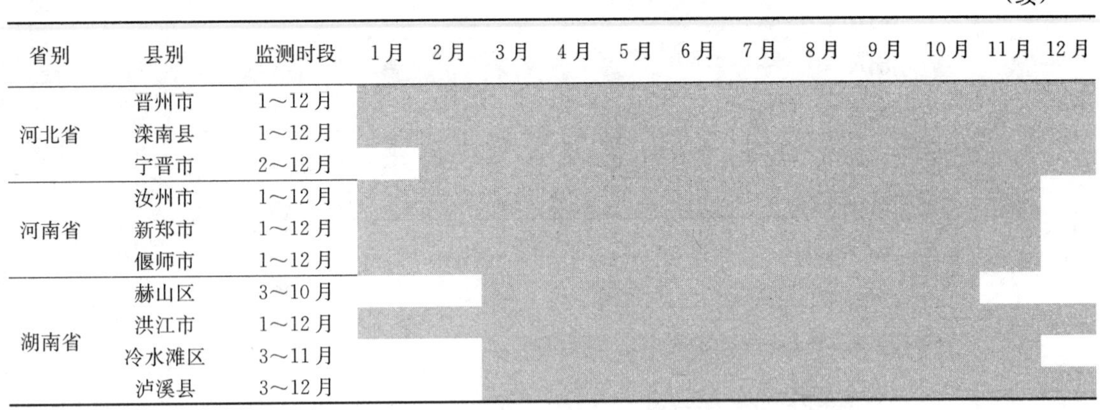

省别	县别	监测时段	1月	2月	3月	4月	5月	6月	7月	8月	9月	10月	11月	12月
河北省	晋州市	1～12月												
	滦南县	1～12月												
	宁晋市	2～12月												
河南省	汝州市	1～12月												
	新郑市	1～12月												
	偃师市	1～12月												
湖南省	赫山区	3～10月												
	洪江市	1～12月												
	冷水滩区	3～11月												
	泸溪县	3～12月												

第七节　模型诊断合格率与熟制关系

吉林省、内蒙古自治区、甘肃省和山西省的耕作制度是一年一熟，河北省、河南省和湖南省耕作制度是一年两熟（河北省北部一年一熟；山西省、甘肃省南部部分地区一年二熟或两年三熟）。从图 5-4 和图 5-5 可以看出，模型在熟制上具有适宜性，图中 1 代表一年一熟制，2 代表一年两熟制。

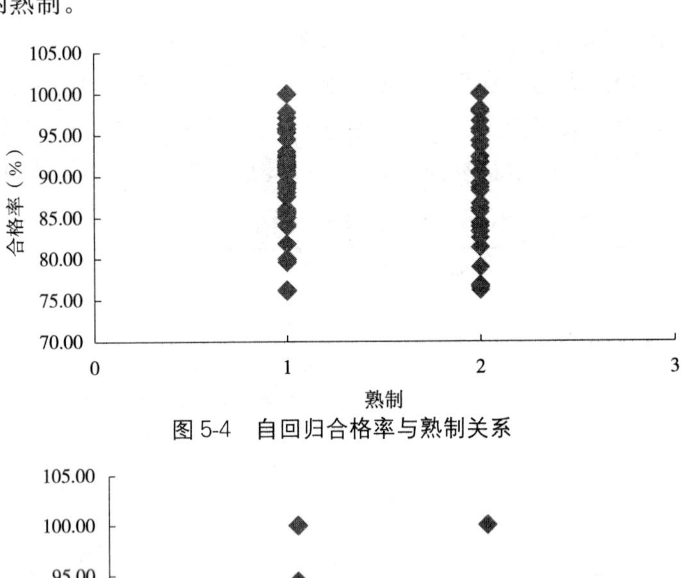

图 5-4　自回归合格率与熟制关系

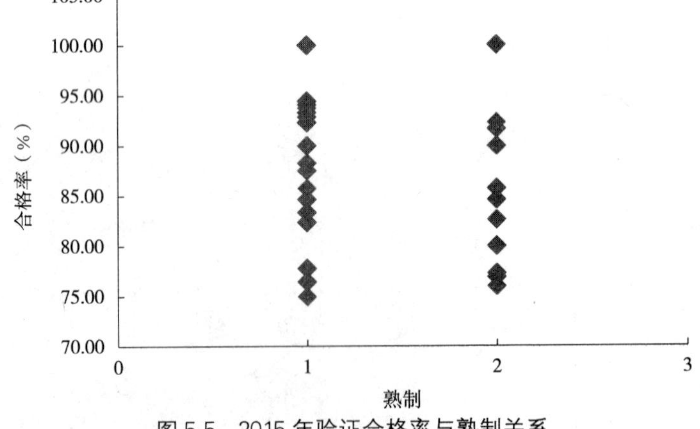

图 5-5　2015 年验证合格率与熟制关系

第八节　模型诊断合格率与作物种类关系

表 5-5 为 87 个监测点的各省和县的作物种类，从中可见模型对于作物种类具有普遍适宜性。

表 5-5　模型诊断合格率与作物种类关系

省别	县别	主要作物
吉林省	东丰县	玉米
	洮南市	玉米
	通榆县	玉米
	长岭县	玉米
内蒙古自治区	达茂旗	马铃薯
	丰镇市	马铃薯、玉米
	科尔沁区	玉米
	太仆寺旗	小麦、胡麻、马铃薯、莜麦
	武川县	马铃薯、油菜
甘肃省	安定区	马铃薯、玉米
	平凉市	小麦、玉米
山西省	偏关县	马铃薯、谷子、玉米
	长治县	玉米
河北省	晋州市	小麦、玉米
	滦南县	小麦、玉米、花生
河南省	宁晋市	冬小麦、夏玉米
	汝州市	冬小麦、夏玉米
	新郑市	冬小麦、夏玉米
	偃师市	冬小麦、夏玉米
湖南省	赫山区	红薯、蔬菜、茶叶
	洪江市	蔬菜、柑橘
	冷水滩区	玉米、甘薯、大豆、柑橘
	泸溪县	椪柑

第九节　小　　结

通过上述八节内容的逐一分析，可以得出以下三个重要结论：（一）6 个模型和综合模型具有普遍适宜性，不受“天”、“地”、“人”和“时间（季节）”等的影响；（二）模型具有普遍适宜性的外在原因是建立模型时除了考虑三个独立变量（P_i、P_w、Days）外，没有再考虑其他的“天”、“地”、“人”和“时间”的影响因素，包括有无作物覆盖和土壤孔隙随时间的变化等；（三）模型具有普遍适宜性的内在原因是建立模型时因地制宜，每个监测点单独优选模型和参数体系，相当于将质量守恒定律和统计学规律相结合因地制宜地建立模型，也相当于将传统水量平衡法和消减指数法的优点集合在一起的综合方法。

第十节　墒情诊断模型参数表

表 5-6 为 87 个监测点的不同模型方法所使用的参数，从中可见对于相同模型，不同监测点的参数可能相同也可能不同，没有明显的规律。

表 5-6 87 个监测点的不同方法模型的参数

省别	市别	县别	监测站点号	最大含水量（%）	最小含水量（%）	平均含水量（%）	平衡法参数	平衡法散点图（P_i+P_w）的最大值（最终选取的部分）	移动统计法			方法比较参数
									步长	中心点最小值	中心点最大值	
吉林省	辽源市	东丰县	220421J005	28.7	14.9	23.22	65、80	92.62	3	20	27	20、50、100
吉林省	白城市	洮南县	220881J005	32.5	21.9	27.26	70、100	140.204	2	25	30	20、50、100
吉林省	白城市	通榆县	220822J003	10.53	3.63	7.54	30、50	131.269	2	4	9	20、50、80
吉林省	白城市	通榆县	220822J004	15.27	3.7	8.98	30、50	127.665	2	4	10	20、50、80
吉林省	松原市	长岭县	220722J001	21.98	9.91	16.26	55、80	117.107	3	12	20	20、50、80
吉林省	松原市	长岭县	220722J005	24.76	12.53	16.95	55、80	121.086	2	13	22	20、50、80
内蒙古自治区	包头市	达茂旗	150223J001	16.32	3.15	8.69	45、80	67.901	2	5	14	20、50、80
内蒙古自治区	包头市	达茂旗	150223J002	16.29	3.63	9.19	45、80	66.245	2	6	14	20、50、80
内蒙古自治区	包头市	达茂旗	150223J003	15.08	3.42	7.62	45、80	67.234	2	5	13	20、50、80
内蒙古自治区	包头市	达茂旗	150223J004	15.12	2.68	7.43	45、80	60.044	2	4	13	20、50、80
内蒙古自治区	包头市	达茂旗	150223J005	15.09	2.68	9.23	45、80	67.142	2	6	13	20、50、80
内蒙古自治区	乌兰察布市	丰镇市	150981J001	19.12	7.93	13.12	40、80	85.265	2	10	14	20、50、80
内蒙古自治区	乌兰察布市	丰镇市	150981J002	19.16	7.83	12.61	40、80	72.905	2	10	13	20、50、80
内蒙古自治区	乌兰察布市	丰镇市	150981J003	19.43	6.21	13.4	40、80	80.886	2	8	15	20、50、80
内蒙古自治区	乌兰察布市	丰镇市	150981J004	19.4	7.54	12.85	40、80	72.951	2	9	13	20、50、80
内蒙古自治区	乌兰察布市	丰镇市	150981J005	18.05	7.93	12.29	40、80	70.398	2	10	13	20、50、80
内蒙古自治区	通辽市	科尔沁区	150502J002	28.85	10.45	20.4	50、80	76.405	2	14	26	20、50、80
内蒙古自治区	锡林郭勒盟	太仆寺旗	152527J001	18.6	5.38	11.82	50、80	112.83	2	7	15	20、50、80
内蒙古自治区	锡林郭勒盟	太仆寺旗	152527J002	16.5	5.48	12.34	50、80	114.71	2	7	14	20、50、80
内蒙古自治区	锡林郭勒盟	太仆寺旗	152527J003	20.19	5.85	13.31	50、80	117.47	2	7	18	20、50、80
内蒙古自治区	锡林郭勒盟	太仆寺旗	152527J004	17.8	7.6	13.88	50、80	117.47	2	9	15	20、50、80

（续）

省别	市别	县别	监测站点号	最大含水量（%）	最小含水量（%）	平均含水量（%）	平衡法参数	平衡法散点图（P_i+P_w）的最大值（最终选取的部分）	移动统计法			方法比较参数
									步长	中心点最小值	中心点最大值	
内蒙古自治区	锡林郭勒盟	太仆寺旗	152527J005	16.5	6.2	11.28	50、80	109.61	2	9	14	20、50、80
内蒙古自治区	呼和浩特市	武川县	150125J003	25.9	4.5	9.08	50、80	63.3	2	5	12	20、50、80
内蒙古自治区	呼和浩特市	武川县	150125J004	15.8	3.6	7.3	50、80	61.69	2	5	11	20、50、80
内蒙古自治区	呼和浩特市	武川县	150125J005	11.9	3.9	7.03	50、80	63.76	2	6	8	20、50、80
甘肃省	定西市	安定区	621102J001	26.8	10.2	17.68	60、80	78.68	2	14	25	20、50、100
甘肃省	定西市	安定区	621102J002	24	8.3	16.57	60、80	65.66	2	15	23	20、50、100
甘肃省	定西市	安定区	621102J003	25.3	8.1	16.19	60、80	66.69	2	11	24	20、50、80
甘肃省	定西市	安定区	621102J004	22	7.6	14.85	60、80	67.919	2	10	21	20、50、80
甘肃省	定西市	安定区	621102J005	24.2	10.1	16.87	60、80	65.3	2	11	23	20、50、100
甘肃省	定西市	安定区	621102J006	22.76	7.9	15.6	60、80	69.69	2	11	21	20、50、80
甘肃省	定西市	安定区	621102J007	27.6	10.9	18.5	60、80	67.28	2	16	26	20、50、100
甘肃省	定西市	安定区	621102J008	25.9	8.7	16.91	60、80	64.73	2	12	24	20、50、80
甘肃省	平凉市辖区	平凉市	620801J001	25.33	10.36	17.1	60、80	71.659	2	11	24	20、50、80
甘肃省	平凉市辖区	平凉市	620801J002	24.61	11.79	16.94	60、80	77.321	2	12	23	20、50、80
甘肃省	平凉市辖区	平凉市	620801J004	24.41	11.11	16.51	60、80	79.509	2	12	23	20、50、80
甘肃省	平凉市辖区	平凉市	620801J005	24.29	11.02	16.11	60、80	75.021	2	12	23	20、50、80
甘肃省	平凉市辖区	平凉市	620801J006	25.5	10.3	18.11	60、80	78.119	2	12	24	20、50、80
山西省	忻州市	偏关县	140932J001	15.64	7.3	12.11	40、80	108.151	2	10	14	20、50、80
山西省	忻州市	偏关县	140932J002	16.32	7	12.06	40、80	108.082	2	10	12	20、50、80
山西省	忻州市	偏关县	140932J003	15.47	7.2	12.16	40、80	108.013	2	10	14	20、50、80
山西省	忻州市	偏关县	140932J005	14.87	9.67	12.29	40、80	108.243	2	10	13	20、50、80

（续）

省别	市别	县别	监测站点号	最大含水量（%）	最小含水量（%）	平均含水量（%）	平衡法参数	平衡法散点图（P_i+P_w）的最大值（最终选取的部分）	移动统计法			方法比较参数
									步长	中心点最小值	中心点最大值	
山西省	忻州	偏关县	140932J006	16.01	11.16	13.39	40、80	108.187	2	10	14	20、50、80
山西省	忻州	偏关县	140932J007	15.38	9.78	12.38	40、80	109.968	2	12	15	20、50、80
山西省	忻州	偏关县	140932J008	16.07	10.4	13.21	40、80	109.853	2	12	15	20、50、80
山西省	忻州	偏关县	140932J009	15.97	4.24	13.25	40、80	110.014	2	12	14	20、50、80
山西省	忻州	偏关县	140932J010	16.7	4.6	13.2	40、80	109.186	2	11	13	20、50、80
山西省	长治市	长治县	140421J001	21.2	10.6	16.1	50、80	171.85	2	11	19	20、50、80
山西省	长治市	长治县	140421J002	21.4	10.2	16.13	50、80	172.08	2	11	19	20、50、80
山西省	长治市	长治县	140421J003	21.8	10.7	16.39	50、80	172.54	2	12	19	20、50、80
山西省	长治市	长治县	140421J005	20.5	8.9	14.8	50、80	170.01	2	9	18	20、50、80
山西省	长治市	长治县	140421J006	21.3	10	15.91	50、80	171.39	2	11	19	20、50、80
山西省	长治市	长治县	140421J007	21.4	10.3	16.06	50、80	172.54	2	11	19	20、50、80
山西省	长治市	长治县	140421J008	19.9	9.3	14.87	50、80	170.01	2	10	18	20、50、80
河北省	石家庄市	晋州市	130183J001	23.8	13.5	21.24	60、80	94.8	2	19	22	20、50、80
河北省	石家庄市	晋州市	130183J002	22	11.9	18.89	60、80	75.6	2	16	21	20、50、80
河北省	石家庄市	晋州市	130183J003	21.7	11.3	18.83	60、80	76.01	2	15	20	20、50、80
河北省	石家庄市	晋州市	130183J004	21.69	9.5	18.54	60、80	73.53	2	16	20	20、50、80
河北省	石家庄市	晋州市	130183J005	17.8	10.6	14.7	45、80	66.4	2	11	16	20、50、80
河北省	石家庄市	晋州市	130183J007	21.4	14.9	18.58	60、80	73.3	2	16	20	20、50、80
河北省	石家庄市	晋州市	130183J008	21.8	13.8	18.52	60、80	73.25	2	16	20	20、50、80
河北省	石家庄市	晋州市	130183J009	21.3	13.3	18.46	60、80	78.08	2	16	20	20、50、80
河北省	石家庄市	晋州市	130183J010	17.5	9.9	14.7	45、80	63.87	2	13	16	20、50、80
河北省	石家庄市	晋州市	130183J011	23.8	17.4	21.03	60、80	70.95	2	18	22	20、50、80
河北省	唐山市	滦南县	130224J004	14.03	2.87	7.44	60、80	71.86	2	3	11	20、50、80
河北省	唐山市	滦南县	130224J005	14.4	3.25	7.81	60、80	73.238	2	3	13	20、50、80
河北省	邢台市	宁晋县	130528J009	16.3	5	12.04	45、80	90.56	2	8	15	20、50、80

（续）

省别	市别	县别	监测站点号	最大含水量（%）	最小含水量（%）	平均含水量（%）	平衡法参数	平衡法散点图（P_i+P_w）的最大值（最终选取的部分）	移动统计法			方法比较参数
									步长	中心点最小值	中心点最大值	
河北省	邢台市	宁晋县	130528J010	16.4	4.9	12.56	45、80	95.9	2	8	15	20、50、80
河南省	平顶山	汝州市	410482J005	19.66	7.57	13.82	50、80	69.472	2	9	17	20、50、80
河南省	平顶山	汝州市	410482J009	24.21	7.13	14.49	50、80	73.284	2	8	18	20、50、80
河南省	郑州市	新郑市	410184J005	14.48	3.93	8.42	40、80	74.778	2	4	12	20、50、80
河南省	郑州市	新郑市	410184J006	18.1	5.82	12.45	50、80	82	2	6	17	20、50、80
河南省	郑州市	新郑市	410184J007	15.67	4	8.59	45、80	79.883	2	5	13	20、50、80
河南省	郑州市	新郑市	410184J009	20.41	4.69	12.78	50、80	85.855	2	5	18	20、50、80
河南省	洛阳市	偃师市	410381J006	26.21	11.94	19.91	65、80	79.167	2	13	25	20、50、80
湖南省	益阳市	赫山区	430903J001	33.7	16.5	27.86	75、100	217.19	4	19	30	20、50、250
湖南省	益阳市	赫山区	430903J002	33.7	13.6	27.4	75、100	217.19	4	19	31	20、50、250
湖南省	益阳市	赫山区	430903J003	30.7	18.6	27.62	75、100	164.13	3	21	28	20、50、250
湖南省	益阳市	赫山区	430903Z001	31.99	22.79	27.63	75、100	217.88	2	24	30	20、50、250
湖南省	怀化市	洪江市	431281J001	26.9	19.39	23.28	60、100	123.93	2	21	25	20、50、500
湖南省	怀化市	洪江市	431281J002	25.1	17.46	20.67	60、100	119.78	2	19	23	20、50、500
湖南省	怀化市	洪江市	431281J003	28.7	20.37	23.27	60、100	141.1	2	20	26	20、50、500
湖南省	怀化市	洪江市	431281J005	35.6	18.7	21.44	60、100	135.902	2	19	21	20、50、500
湖南省	永州市	冷水滩区	431103Y003	32.1	15.1	25.22	75、100	240.7	4	16	28	20、50、250
湖南省	永州市	冷水滩区	431103Y005	32.5	14.5	25.35	75、100	241.39	4	17	28	20、50、250
湖南省	永州市	冷水滩区	431103Z001	30.2	14.7	25.12	75、100	241.62	4	17	26	20、50、250
湖南省	湘西土家族苗族自治州	泸溪县	433122J002	21.33	6.81	16.56	55、80	111.115	3	7	20	20、50、500

注：平衡法参数：平衡法墒情诊断模型计算过程中分段计算的参数；

平衡法散点图（P_i+P_w）的最大值：以 P_i+P_w 为横坐标、以 P_v/Days 为纵坐标做散点图，最终所选取的散点图横坐标的最大值，见第二章第一节；

移动统计法-步长：移动统计法建立方程时所选取的前期含水量作图范围，即中心点±a（a=2，3，4），见第二章第六节；

移动统计法-中心点最小值：移动统计法建立方程时所选取的前期含水量最小作图范围中心点，见第二章第六节；

移动统计法-中心点最大值：移动统计法建立方程时所选取的前期含水量最大作图范围中心点，见第二章第六节；

方法比较参数：“时段诊断值”和“逐日诊断值”的选取原则参数。

第六章　墒情诊断模型的理论分析、综合评价和展望

第一节　墒情诊断模型的理论分析

一、出发点

目前农业部在全国400余个县设立了土壤墒情监测网点，每个网点在生长季节一般间隔15d测定1次土壤质量含水量，由土壤容重可以换算成土壤容积含水量，根据监测土体深度还可以换算成含水量高度（mm），一般分0～20cm和20～40cm两层测定，除此之外，基本没有降水量等其他观测数据。

我们试图建立基于降水量的土壤墒情诊断模型的目的是：通过长期观测数据，建立本地降水量与土壤墒情（即土壤含水量）之间的定量关系。如果历史数据验证证明通过这种定量关系预测的土壤含水量误差比较小，可以作为墒情半定量诊断依据的话，则可以实现根据降水量逐日预测土壤墒情的目的，于是可以建立省级或全国级的土壤墒情逐日预测网。随着物联网土壤墒情监测技术的不断应用，土壤墒情监测数据会越来越多，最后达到一定的监测密度，再结合模型就可以实现实时墒情监测、诊断和预报服务的目的。

二、数据

土壤墒情监测一般每隔15d测定1次土壤含水量，一般分0～20cm和20～40cm两层，部分监测点有初始时测定的土壤容重数据；降水量数据是从就近的国家标准气象站获得的每天降水量的数据，它与监测点不是一个具体地点，有的相距十几、几十甚至上百千米。以上两类数据在地点上的非一致性是建立模型在数据上的最大难点，可以理解为气象站的数据只是反映具体监测点降水量的大致情况，两个地点在降水时间、降水量、降水持续时间、降水强度等方面都是不同的，甚至下垫面因素也不一样；反过来也可以这样理解，气象站降水量大致等于具体监测点的降水量。虽然数据上有这样的不一致性，但是在我国广大地方特别是北方地区，降水一般还是具有区域性的特点，即一次普遍性降水的情况下，整个地区基本上都降水。降水量在空间上的分布永远都是不均匀的，正所谓“隔道不下雨”，然而这并不影响降水量与墒情的宏观关系。一个普遍的共识是：能改变墒情等级的降水一般都具有明显的区域性特征，而非区域性的降水一般都不会改变一个地区绝大部分土壤的墒情等级。我们初步分析的结论是：就近气象站降水量可以作为土壤墒情变化的主要自然驱动力；就近气象站的降水量具体是否可以反映土壤墒情情况要等数据挖掘结果出来后才能获得最终结论。

三、软件

本书所使用的软件为Excel和编写的各类墒情算法软件，一般前期探讨算法时使用Excel，当算法成熟后编制软件并使用。

四、变量设置

以平衡法为例的变量设置：考虑土层深度 0～20cm；设任意监测时间的年月日变量为 T_i，土壤质量含水量为 P_i，土壤容重为 ρ（g/cm^3）；间隔 n 天后再次监测时间的年月日变量为 T_{i+1}，土壤质量含水量为 P_{i+1}；n 天内每一天降水量都是已知数据，其合计为 P_w；这 n 天内蒸发、渗漏和径流合计为 P_v，称为“蒸渗流”项。其他方法变量设置见每个模型算法。

五、6 个墒情诊断模型的汇总

（一）平衡法

平衡法墒情诊断模型数学表达式为：

$$P_{(i+1)}=P_i+P_w-P_v \quad (6\text{-}1)$$

式中，$P_{(i+1)}$ 为后一次实测的土壤含水量（mm 高度）；P_i 为前一次实测的土壤含水量（mm 高度）；P_w 为相邻两个监测日之间的降水量（mm）；P_v 为“蒸渗流”（mm）。

（二）统计法

统计法墒情诊断模型数学表达式为：

$$P_{(i+1)}=aP_i+bP_w+c\,(P_iP_w)+d \quad (6\text{-}2)$$

式（6-2）的含义是：下次监测日土壤含水量与上次监测日含水量有关，与时段降水量有关，可能还与不同的降水量与上次监测的含水量乘积有关，也就是说同样的降水量在不同的上次含水量基础上对墒情的影响是不同的。

（三）差减统计法

差减统计法墒情诊断模型数学表达式为：

$$\Delta P=P_{(i+1)}-P_i=aP_i+bP_w+c \quad (6\text{-}3)$$

式（6-3）的含义是：两个间隔日监测的土壤含水量之差与上次监测日含水量有关，与时段降水量有关。

（四）比值统计法

比值统计法墒情诊断模型数学表达式为：

$$K=P_{(i+1)}/P_i=aP_i+bP_w+c \quad (6\text{-}4)$$

式（6-4）的含义是：两个间隔日监测的土壤含水量之比与上次监测日含水量有关，与时段降水量有关。

（五）间隔天数统计法

间隔天数统计法墒情诊断模型数学表达式为：

$$P_{(i+1)}=aP_i+bP_w+c\mathrm{Days}+d \quad (6\text{-}5)$$

式（6-5）的含义是：下个监测日土壤含水量除与上次监测日含水量、时段降水量有关外，还与间隔天数有关。

（六）移动统计法

移动统计法墒情诊断模型数学表达式为：

先求每个时段内平均每日降水量（P_w/Days）；将所有监测的 P_i 进行从小到大排序，每 5～9 个含水量等级为一组，按组做 P_w/Days（横坐标）和 P_{i+1}（纵坐标）散点图，于是得到一系列统计模型，统一模型的表达式因地制宜，可能为线性方程或多项式方程或幂函数方程等，线性方程如下：

$$P_{(i+1)}=aP_w/Days+b \quad (6\text{-}6)$$

六、6个墒情诊断模型的比较及优缺点分析

见表6-1、表6-2。

表6-1 6个墒情诊断模型的比较

模型名称	数学表达式	共性变量	个性变量
平衡法	$P_{(i+1)}=(P_i+P_w)-P_v$	$P_{(i+1)}$，P_i，P_w	P_v
统计法	$P_{(i+1)}=aP_i+bP_w+c(P_iP_w)+d$	$P_{(i+1)}$，P_i，P_w	P_iP_w
差减统计法	$\Delta P=P_{(i+1)}-P_i=aP_i+bP_w+c$	$P_{(i+1)}$，P_i，P_w	
比值统计法	$K=P_{(i+1)}/Pi=aP_i+bP_w+c$	$P_{(i+1)}$，P_i，P_w	
间隔天数统计法	$P_{(i+1)}=aP_i+bP_w+cDays+d$	$P_{(i+1)}$，P_i，P_w	Days
移动统计法	$P_{(i+1)}=aP_w/Days+b$	$P_{(i+1)}$，（隐含 P_i），P_w	Days

表6-2 6个墒情诊断模型的优缺点分析

模型名称	优点	缺点
平衡法	遵循质量守恒定律，变量含义明确，在 $P_{(i+1)}$、P_i、P_w已知情况下反求 P_v，在预测时根据（P_i+P_w）与 P_v 定量关系求出 P_v，然后求出 $P_{(i+1)}$	当（P_i+P_w）超过一定数值后，所求出 P_v失真。因此要设（P_i+P_w）上限，这需要根据具体情况和专业知识确定
统计法	在考虑 P_i和 P_w因素外增加（P_iP_w）的交互项	$P_{(i+1)}$除受这3个变量影响外，其他因素没有被考虑，这是统计方法的局限性
差减统计法	遵循质量守恒定律，以主要影响因素 P_i和 P_w为自变量统计其与墒情变化量的关系	同统计法
比值统计法	以主要影响因素 P_i和 P_w为自变量统计其与墒情比值的关系	同统计法
间隔天数统计法	以主要影响因素 P_i和 P_w为自变量再增加间隔天数自变量统计 $P_{(i+1)}$变化规律	同统计法
移动统计法	通过将 P_i 分组降低了变量维数，仅使用一个变量 $P_w/Days$ 进行预测	同统计法

七、6个墒情诊断模型和传统3个模型的关系

图6-1为6个墒情诊断模型和传统3个模型的关系，6个墒情诊断模型均遵循统计学规律，其中平衡法和差减统计法还遵循质量守恒定律。

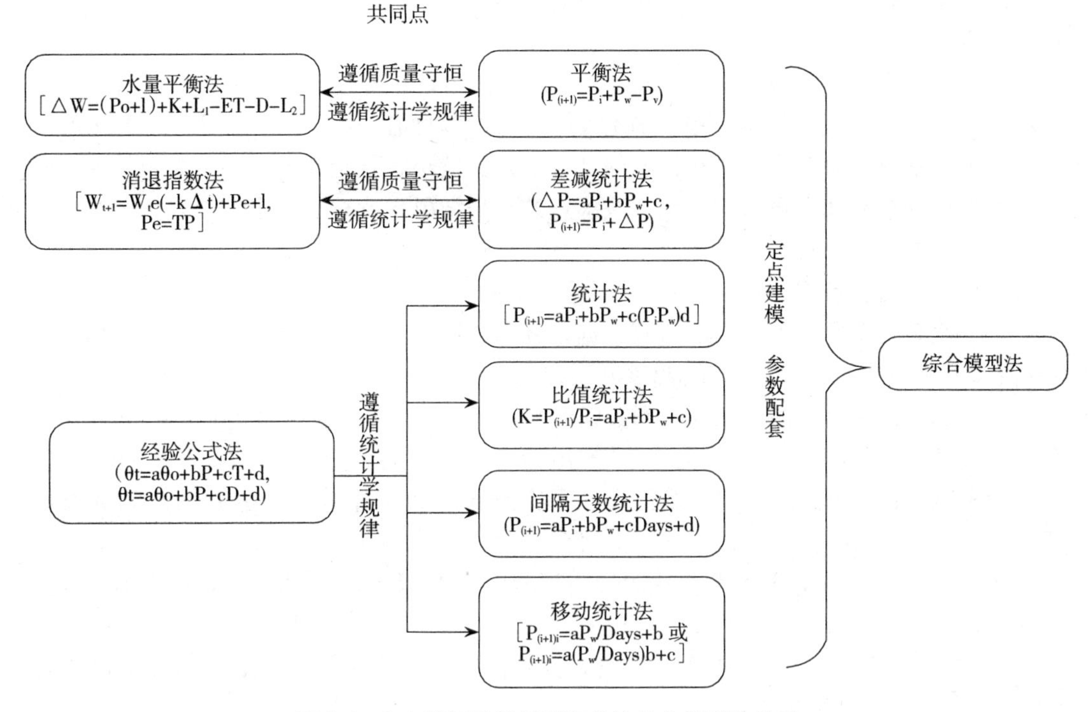

图 6-1　6 个墒情诊断模型和传统 3 个模型的关系

八、建立综合模型的必要性

根据以往研究经验，农业资源环境问题的预测模型中的自变量如果超过 3 个以上，很难预测准确，因此，在土壤墒情诊断模型建立时，尽量把自变量控制在 3 个以内，本系列模型中的自变量分 1 个（移动统计法）、2 个（平衡法、差减统计法、比值统计法）、3 个（统计法、间隔天数统计法）三种情况。由于两个监测日之间的时间内，有种植作物和不种植作物之区别，种植作物过程中作物也处于不断生长发育的变化中，降水有或没有，有降水的情况下也因降水量、降水强度、降水时间等不同而异，气温、风、日照和湿度等一系列气象因素也促进或制约水分的运动，降水和不断干燥过程也将使土壤上下层孔隙状况发生变化，再加上人为管理田间的作业存在，诸多的不确定性并没有记录，就算气象资料有数据也是按天给出的，阴天晴天中的每一个小时气象数据都在变化，考虑到以上的影响因素过多，因此，不能期望仅根据降水量并且是就近气象站的降水量（或许是几十甚至上百公里以外的气象站数据）就能很精确地诊断出土壤墒情等级或土壤含水量，在所获得的数据中最重要的灌溉数据也是缺失的。

基于以上的分析，不能不说仅基于距离很远的异地的降水量而建立的土壤墒情诊断模型在科研上是一次大胆的冒险研究课题，而研究结果却给了我们一个很大的惊喜，这或许是大数据分析方法和模型的优势所在，即忽略细节，研判大趋势！

为什么只选择了 87 个监测点的数据建立和验证系列模型？实际情况是：我们至少有 400 余个点和至少 2 年的监测数据，由于种种原因，只有这 87 个点数据是比较完善的。我们经常提醒自己，用所能找到的所有数据验证模型，这样做出的结果才是真实的；同时我们也不断地告诫自己，正确的模型只有用规范的数据才能证明模型的正确性，而非规范的数据不能验证模型的正确与否。

以上 6 个模型也是在我们提出和建立的 20 多个模型中优选确定的，然而他们在诊断和预测时总是存在这样或那样的问题，在诊断一个具体时间的墒情时，不同方法之间差异很大，但是多数情况下总有一个方法诊断的结果误差比较小，于是我们想到，能否从这 6 个方法中先优选出 3 个方法，再从这 3 个方法确定的 3 个结果中优选出一个结果，这就产生了综合诊断模型和方法。

综合诊断方法要点如下：

（1）利用某一个监测点的历史监测数据，分别采用以上 6 个模型进行计算，根据计算的“误差值大于 3%的个数”结果，选出诊断误差最小的 3 种方法；

（2）根据 P_{w15}（由于两个相邻监测日间的间隔天数不同，将两个相邻监测日间的降水量转化为标准的 15d 的降水量，即 P_{w15}）从选出的 3 个方法的预测结果中选择出一个预测值，得到时段模型法的“预测值Ⅰ”，以甘肃省平凉市辖区为例通过统计分析确定的选取原则如下：

①当 $P_w \leqslant 20$mm 时，取 3 个方法的最小预测值，因为 15d 内 20mm 降水量不足以保持墒情不降低；

②当 20mm$< P_w \leqslant$50mm 且 $P_i < 20$ 时，预测值取 P_i，因为 15d 内 20～50mm 降水量基本可以保持 $P_i < 20$ 情况下墒情不降低；

③当 20mm$< P_w \leqslant$50mm 且 $P_i \geqslant 20$ 时，取 3 个方法的最大预测值，因为 15d 内20～50mm 降水量基本可以保持 $P_i \geqslant 20$ 情况下的墒情略有增加；

④当 50mm$< P_w \leqslant$80mm 时，取 3 个方法的最大预测值，因为 15d 内 50～80mm 降水量基本可以使 P_{i+1} 达到显著增加；

⑤当 $P_w >$80mm 时，取所有历史实测值中的最大值减 1，因为 15d 内>80mm 降水量基本可以使 P_{i+1} 达到监测数据中的最大含水量，考虑到降水时间的不确定性再减 1 个含水量。

（3）进行逐日验证方法得到一个“预测值Ⅱ”。

（4）取“预测值Ⅰ”和“预测值Ⅱ”的均值作为最终的预测结果，即时段和逐日的均值。实际情况下，也可能根据 P_i 和 P_w 等具体情况取“预测值Ⅰ”和“预测值Ⅱ”中的一个作为最终预测结果。

甘肃省平凉市辖区的选取原则参数为 20、50、80，不同土壤墒情监测站点的选取原则参数具有特异性，均是由其自身站点数据经统计分析确定。

第二节　墒情诊断模型的综合评价

一、原理方面

6 个模型都遵循统计学规律，其中平衡法和差减统计法还遵循质量守恒定律，P_v 是通过统计方法建立的与（$P_i + P_w$）的定量关系；模型构建简单，易于理解和推广应用。

二、参数方面

6 个模型中共有的变量有 $P_{(i+1)}$、P_i、P_w，加上 P_v、P_iP_w、Days 三个特殊变量，历史数

据中，$P_{(i+1)}$、P_i、P_w，P_iP_w、Days 都是已知数据，P_v 通过差减法可以获得具体数值，可见 6 个变量在历史数据中都有确定的数值，因此参数 a、b、c、d 都是可以通过统计方法求出的，可见模型参数容易获得。

三、应用方面

在模型建立过程和参数优选中，每个监测点都进行单独运算，因此模型和参数是特异的，它包含了监测点的各项环境影响因素如气候、地貌、土壤、作物和耕作方式等，因此，所建立的模型和参数体系有望得到广泛应用。

四、展望

随监测的历史数据的不断增加，监测点的模型和参数将会更加稳定，诊断和预测精度会更高。

第三节　墒情诊断模型的展望

一、提供了系列性的墒情监测、诊断和预报的建模方法

本系列模型的建立的作用：为土壤墒情历史数据挖掘提供了实用的系列定量模型；可以作为逐日土壤墒情预测的算法，为适时播种、农耕和收获等提供土壤墒情状况信息和为水肥管理提供决策依据；并可以作为物联网监测土壤墒情辅助校验方法而使用；在更大区域上为利用遥感数据监测土壤墒情提供了高效的土壤墒情估算方法，以弥补土壤墒情监测数据不足的缺陷，并可以为国家节水灌溉政策制定和及时推出季节性节水措施提供历史和实时决策数据；本系列模型的建立为土壤墒情数值化和信息化监测、诊断和预报提供了理论方法、模型方法和指标体系。

二、为肥料氮和磷面源污染研究提供水运动数据和参数

肥料氮和磷面源污染研究进展缓慢的一个主要原因是缺少大范围的水运行参数，本系列模型的建立可以通过历史上几十年的气象站的降水量来模拟多年和每年的土壤墒情以及蒸渗流等情况，再利用地表水和地下水的水量和水质等监测数据，加上每年统计年鉴上的肥料氮、磷施用量、作物单产等数据，就可以建立肥料氮、磷多年的面源污染诊断和预测模型，本书虽然未涉及到肥料氮、磷面源污染模型问题，但这至少是一个研究思路供读者参考。

三、对其他学科研究的意义

长期以来，农业、气象、水利、环境和生态等学科都缺少大范围的土壤含水量监测数据，有了系列墒情诊断模型和历史上一个地区几十年的每日降水量的数据，就可以反演出历史上每一天的土壤含水量，这些数据虽然是反演出来的，但是从大趋势和时间序列来讲，对于相关研究工作而言确实是一笔巨大的数据财富。

图书在版编目（CIP）数据

墒情诊断理论、方法及其验证/侯彦林等著．—北京：中国农业出版社，2017.10

ISBN 978-7-109-22684-5

Ⅰ.①墒…　Ⅱ.①侯…　Ⅲ.①土壤—墒情—监测—研究　Ⅳ.①S15

中国版本图书馆 CIP 数据核字（2017）第 016270 号

中国农业出版社出版

（北京市朝阳区麦子店街 18 号楼）

（邮政编码 100125）

责任编辑　贺志清

中国农业出版社印刷厂印刷　　新华书店北京发行所发行

2017 年 10 月第 1 版　　2017 年 10 月北京第 1 次印刷

开本：787mm×1092mm 1/16　　印张：25.75

字数：624 千字

定价：100.00 元